"十二五"普通高等教育本科规划教材

电气测量技术

何道清　邸春芳　张　禾　编

化学工业出版社
·北京·

本书根据现代电气/电子测量领域仪器仪表的工程应用实际和发展趋势，较系统地介绍经典电气测量的基本原理、基本方法以及常用电气测量仪器仪表的结构、原理和使用、检定方法及其对主要电气参量及电磁参数的测量技术，并适当增加现代电子仪器和数字仪表的电气测量技术和方法。每章末附有相当数量的思考题与习题供教学使用，以便加深理解、巩固知识。

本书主要作为高等院校仪器仪表、电气工程及其自动化、机电工程等专业电工/电气测量或相关课程的教材，也可作为其他相近专业高年级本科生或硕士研究生的学习参考用书，同时可供从事电气测量的工程技术人员参考。

本书免费提供内容丰富的教学电子课件和习题解题参考，如有需要或教学交流，请与编者（hedaoqing@swpu.edu.cn）或出版社（www.cipedu.com.cn）联系。

图书在版编目（CIP）数据

电气测量技术/何道清，邸春芳，张禾编．—北京：化学工业出版社，2015.9（2025.2重印）
“十二五”普通高等教育本科规划教材
ISBN 978-7-122-24846-6

Ⅰ.①电… Ⅱ.①何…②邸…③张… Ⅲ.①电气测量-高等学校-教材 Ⅳ.①TM93

中国版本图书馆CIP数据核字（2015）第179853号

责任编辑：金 杰 杨 菁 闫 敏　　文字编辑：颜克俭
责任校对：吴 静　　装帧设计：刘剑宁

出版发行：化学工业出版社（北京市东城区青年湖南街13号 邮政编码100011）
印　装：北京盛通数码印刷有限公司
787mm×1092mm 1/16 印张20 字数491千字 2025年2月北京第1版第10次印刷

购书咨询：010-64518888　　售后服务：010-64518899
网　址：http://www.cip.com.cn
凡购买本书，如有缺损质量问题，本社销售中心负责调换。

定　价：54.00元

前言

电气测量不仅可以直接测量和控制科学研究与实际生产过程中的各种电磁参量，而且几乎所有的“非电量”都可以通过传感器转换成电量进行测量，即非电量电测技术。近年来，随着科学技术的进步和发展，电气测量领域不断出现新的测量原理、方法，测量手段也在不断更新并日臻完善。因此，电气测量技术在各种测量技术中占有极其重要的地位，应用非常广泛。可以说电气测量技术是仪器仪表及电气工程类专业技术人员必须掌握的一门基本技术。

本书根据现代电气/电子测量领域仪器仪表的工程应用实际和发展趋势，较系统地介绍经典电气测量的基本原理、基本方法以及常用电气测量仪器仪表的结构、原理和使用、检定方法及其对主要电气参量及电磁参数的测量技术，并适当增加现代电子仪器、电子测量技术和数字仪表、数字测量技术，旨在扩大电气测量的知识面。全书共分为 6 篇 19 章：第 1 篇分为 2 章，介绍电气测量的基本概念和电学计量器具；第 2 篇分为 7 章，介绍常用电气测量指示仪表的结构、原理、特性、检定方法以及用它们进行电参量的直读测量方法；第 3 篇分为 4 章，介绍常用比较仪器的结构、原理及比较测量法；第 4 篇分为 4 章，介绍磁测量的基本知识及测量磁场和磁性材料磁特性的基本原理和方法；第 5 篇 1 章，介绍主要电子仪器的结构、原理及电子测量技术；第 6 篇 1 章，介绍数字仪表的原理、结构及数字测量技术。本书主要作为高等院校仪器仪表、电气工程及其自动化、机电工程等类专业电工/电气测量或相关课程的教材，也可作为其他相近专业高年级本科生或硕士研究生的学习参考用书，同时可供从事电气测量的工程技术人员参考。

本书在编写过程中，力求做到取材广泛、知识结构体系科学合理，教材的通用性好（带 * 的章节，可根据不同专业、不同层次或学时作为选讲或自学内容，不影响电气测量技术的基本知识体系）；基本概念清楚、内容深入浅出、文字通俗易懂、便于学习；单位、符号和图表编写规范；注重理论与工程实际相结合，并尽可能反映电气测量仪表与电气测量技术的发展水平；每章末附有相当数量的思考题与习题供教学使用，以便加深理解、巩固知识。编写时编者参考了国内外有关电气测量、电子测量、数字化测量技术及仪表类书籍和资料，谨向其作者表示感谢。

本书免费提供内容丰富的教学电子课件和习题解题参考，如有需要或教学交流，请与编者（hedaoqing@swpu.edu.cn）或出版社（www.cipedu.com.cn）联系。

鉴于编者水平有限，恳请读者对书中不妥之处给予批评指正。

编　者

2015 年 7 月

目录

第1篇 电气测量概论

电气测量技术是人们掌握电气知识、发展电磁理论和电磁技术的重要手段。由于电气测量具有测量方便、易于实现自动化和遥测等固有优点，它不仅可以直接对电气参量及电磁参数进行测量，而且由于传感器技术的发展，几乎所有的“非电量”都可以通过传感器转换成电量进行测量，所以，它在各种测量技术中占有很重要的地位。

本篇主要介绍有关电气测量技术的基本概念、基本方法和电学量具。

第1章 电气测量的基本知识

1.1 电气测量概述

1.1.1 测量的概念

测量是人类对自然界的客观事物取得数量概念的一种认识过程。在这一过程中，借助于专门的设备，通过实验方法，求出以测量单位表示的被测量的数值大小。

测量可分为绝对测量与相对测量。

测量中，当被测量是通过对一个或数个基本量的直接测量或利用物理常数值进行测量时，则称为绝对测量。绝对测量主要用来决定各个测量单位，用于基准的建立，它虽然在理论上是完全正确的，但由于绝对测量必然有着非常复杂的操作过程，因此，它远不如相对测量应用得广泛。

通过物理实验方法，将被测量与作为单位的量进行比较的过程，称为相对测量。通常在科学技术和工程实际中所进行的测量一般都是相对测量。

通过测量得到的结果，通常是用数字标出的，这个数字就表明了被测量为测量单位的多少倍。

设被测量为 A_0，测量单位为 X_0，则测量结果为

$$A_x = \frac{A_0}{X_0}$$

所以

$$A_0 = A_x X_0 \tag{1-1}$$

显然，作为测量单位的标准量 X_0 与被测量 A_0 必须是同类量，而测量结果 A_x 是一个无单位的数字量。

例如，当我们用“天平”称东西时，就把被测物放到“天平”一端的盘子里，而在“天平”另一端的盘子里加入“砝码”，不断地调整放到盘中的砝码的大小和个数，最后使“天平”达到平衡，这时我们就可由砝码的总质量而确定被测物的质量了。如果在“天平”平衡

时，盘中有一个10g的砝码、一个1g的砝码、两个0.1g的砝码，那么被测物的总质量就是11.2g，这表明被测量的质量为测量单位“g”的11.2倍。在这里，10g、1g、0.1g的砝码都是质量的测量单位的整数或分数的实物复制体，这些都是质量的度量器。“天平”作为一种测量仪器起着把被测量的质量与质量度量器进行比较的作用。

这个例子虽然简单，但它却包含了测量的基本概念：测量是将被测量与标准量进行比较的过程。在这个过程中，它一定需要有作为测量单位的复制实体的度量器的参与（直接参与或间接参与）；同时又需要有能将被测量与度量器进行比较的测量仪器的参与。

测量过程一般包括三个阶段。

① 准备阶段　首先要明确“被测量”的性质及测量所要达到的目的，然后选定测量方式，选择合适的测量方法及相应的测量仪器。

② 测量阶段　建立测量仪器所必需的测量条件，慎重地进行操作，认真记录测量数据。

③ 数据处理阶段　根据记录的数据，考虑测量条件的实际情况，进行数据处理，以求得测量结果和测量误差。

总之，研究一个完整的测量过程，通常必须研究如下几个主要方面：测量对象；测量方式和方法；测量设备，其中包括度量器与测量仪器仪表。

在测量工作中，常用的名词术语如下。

① 准确度　测量结果与被测量真实值间相接近的程度，它是测量结果准确程度的量度。

② 精密度　在测量中所测数值重复一致的程度，它表明在同一条件下进行重复测量时，所得到的一组测量结果彼此之间相符合的程度，它是测量重复性的量度。

③ 灵敏度　仪器仪表读数的变化量（响应）与相应的被测量的变化的比值。

④ 分辨率　仪器仪表所能反映的被测量的最小变化值。实际上，分辨率是灵敏度的倒数。

⑤ 误差　测量结果对被测量真实值的偏离程度。

⑥ 量限（量程）　仪器仪表在规定的准确度下对应于某一测量范围内所能测量的最大值（测量上限－测量下限）。

准确度与误差：准确度与误差本身的含义是相反的，但两者又是紧密联系的，测量结果的准确度高，它的误差就小，因此在实际测量中往往采用误差大小来表示准确度的高低。

准确度与精密度：准确度与精密度的含义是不同的，两者容易混淆。为了搞清这两个概念，可以举两个例子来加以说明。假定有两只同类型、同规格的电压表，它们原来所标注的准确度也相同，若其中一只电压表因内部的附加电阻变质而实际准确度下降，那么，当用这两只仪表测量电压时，尽管它们有相同的精密度（表现在两只仪表读数的有效位数相同），但两者的准确度却相差很大。可见，仪表的精密度并不能一定保证其准确度，然而精密度却是一定准确度的前提，仪表有什么样的准确度等级，也就要求有什么样的精密度相适应。精密度低，准确度也不会高。例如用万用表测量某一电阻，得测量值为1.4MΩ，若用另一个高准确度的电桥测量这个电阻，得测量值为1384572Ω，显然电桥测量的准确度高，它的精密度也是与之适应的。因此，在正常条件下，准确度和精密度是紧密相关的，精密度高，准确度也高，两者是一致的，特别在精密测量中，人们往往就用精密度（也称精度）来描述测量的准确度。

1.1.2　电气测量的发展和地位

电气测量就是借助于各种电气测量器具（测量仪器仪表、量具及附属设备），对科学技术和工程实际中的各种电磁现象和电磁过程进行定量分析研究的过程。它的成长和发展是与电磁学理论及电磁技术的成长和发展密切相关、互相促进的。它的发展大体上经历了以下几个时期。

早在远古时代，人们已经了解到“摩擦生电”的现象。在我国，也很早就发现了天然磁铁，并制造了指南针。但当时人们对电磁的认识是很肤浅的。

直到18世纪，库仑（Coulomb）制成了叫做扭摆的测量仪器，首先用实验方法从数量上确定了电荷间相互作用的规律——库仑定律；18世纪末到19世纪初，伏打（Volta）制成了“伏打电池”，从此得到了电流；欧姆（Ohm）通过实验得出了有名的“欧姆定律”；1831年法拉第发现了“电磁感应定律”；这些定律奠定了电路理论和电工技术的基础。1873年，麦克斯韦（Maxwell）提出“麦克斯韦方程”，则奠定了电磁场理论的基础。19世纪中叶以后，发电机、电动机的发明，为人类利用电能开辟了宽阔的道路。所有这些，都促进了电气测量技术的发展。在此期间，人们制造了电磁系、感应系、铁磁电动系等仪表。正是有了这些测量仪表，相应地出现了多种测量单位。当时，仅电阻就有15种单位，电流有5种单位。如此众多的单位使得测量结果无法比较，在1881年召开的国际会议上规定了统一的电学单位制，统一了测量单位。

20世纪以来，尤其是20世纪60年代以来，由于电子技术、大规模集成电路以及计算机技术的迅速发展，使电气测量进入了一个新的时期，正朝着快速测量、小型化、数字化、多功能、高准确度、高灵敏度、高可靠性及智能化、虚拟化等方面发展。

总之，电磁理论和电磁技术的发展推动着电气测量技术的提高；而电气测量技术的提高又促进了电磁理论和电磁技术的发展。

由于电气测量具有测量方便、易于实现自动化、遥测等固有优点，电气测量仪器仪表广泛应用于科学技术和工程实际测量中，不但可以直接对电磁参量进行测量，而且，由于传感技术的发展，几乎所有的“非电量”都可以通过传感器转换成电量进行测量，因此，电气测量技术在各种测量技术中占有很重要的地位，应用极为广泛。

1.1.3　电气测量的任务

电气测量的任务就是，利用一定的电气测量器具和电气测量技术，测量各种电磁参量。

电参量可以分为电量（电压、电流、电功率、电能、……）和电路参数（电阻、电感、电容、互感、……）。

磁参量也可以分为磁量（磁通、磁感应强度、磁场强度、……）和磁路参数（磁阻、磁性材料的磁导率、……）。

电气测量器具是为了测量目的而用的技术装备，它包括电气测量仪器（仪表）和电磁量具。

电气测量仪器（仪表）可将被测电磁参量转换成示值或其等效信息。它包括各系列、各类直读指示仪表（磁电系、电磁系、电动系、感应系、整流系、电子式、数字式等以及电压表、电流表、功率表、频率表、相位表、电阻表等）；各类仪器（交、直流电桥，交、直流电位差计，示波器等）；及其他辅助设备（分流器、分压箱、仪用互感器等）。

电磁量具是以固定形式复现某个量的一个或多个已知量值的器具。主要包括：标准电池；标准电阻或电阻箱；标准电容或电容箱；标准电感或电感箱；标准互感器；磁学基准器等。

利用电气测量器具进行测量时，必须掌握其结构、工作原理、技术特性、使用方法及其计量检定，以便充分发挥其性能，获得较好的测量结果，这是“电气测量技术”课程的基本内容，也是工程和实验检测技术人员应具备的基本知识。

电气测量技术是为了进行测量而采用的原理、方法、手段和技术措施。对于某一测量对象，一般有多种测量技术可供选择，而某种测量技术又往往可用于不同的测量对象。用于同一测量对象，不同的测量技术的效果可能大致相同，也可能大不相同。在电气测量中，对不同参量、不同量程、不同频率等，往往要采用不同的测量技术，主要有：直接和间接测量技术；直接和非直接比较测量技术；无源参量和有源参量测量技术；变换测量技术；减小测量不确定度的校准技术、垫整和误差倍增技术、测量数据处理技术；以及接地、防干扰、阻抗匹配等技术措施。

电气测量技术是检测技术人员必须具备的基本技能。因为有了一定的测量器具，还必须根据被测对象和要求，选择合适的测量技术才能获得最佳的测量效果。

电气测量是一门实践性很强的课程。学习电气测量的原理和方法后，还必须进行实际的电气测量基本实验操作训练，加深对电气测量器具的结构、原理和技术性能的理解，掌握电气测量的基本方法和技术并能熟练地测量各种基本电磁参量。

1.2 电气测量的方法和分类

同一物理量可以用各种不同的方法进行测量。但是在一定条件下，要根据被测量的性质、特点以及对准确度的要求等因素选择测量方法。根据各种测量的性质和特点可将测量方法作如下分类。

1.2.1 根据获得测量结果的过程分类

根据获得测量结果的过程可以将测量分为三类。

（1）直接测量

将被测量与作为标准的量具直接比较，或用事先刻度好的测量仪表进行测量，从而直接获得被测量的数值，这种测量方式称为直接测量。例如，用电流表测量电流、用直流电桥测量电阻等属于直接测量，因为被测量的数据能够直接从仪表或仪器上得到。

（2）间接测量

测量中，通过对与被测量有一定函数关系的几个量进行直接测量，然后再按这个函数关系通过计算而获得被测量数值，这种测量方式称为间接测量。例如用伏安法测电阻就是间接测量，因为这种测量是先测出电阻两端的电压 U 和通过电阻中的电流 I，然后再根据公式 $R=U/I$ 计算出电阻值。

间接测量比直接测量要复杂一些，一般在不能使用直接测量或直接测量达不到测量要求时，才采用间接测量。

（3）组合测量

如果被测量有多个，而且能以某些可测量的不同组合形式（函数关系）表示时，可先通过直接或间接地测量这些组合的数值，再通过解联立方程组求得未知的被测量数值，这种测量方式称为组合测量。例如，金属导体的电阻 R_t 与温度 t 之间的函数关系为

$$R_t=R_{20}[1+\alpha(t-20℃)+\beta(t-20℃)^2] \tag{1-2}$$

式中，R_{20} 为导体在温度为 20℃时的阻值；R_t 为导体在温度为 t 时的阻值；α，β 为导体的电阻温度系数。

如果要确定某一标准电阻与温度之间的函数关系，则需要测定式(1-2) 中的 α，β 和 R_{20}，为此我们可以在不同的温度下进行三次测量即可达到目的。在一次测量中，只能测得

一个温度 t 以及相对应的 R_t，三次测量分别得到

$$R_{t1}=R_{20}[1+\alpha(t_1-20℃)+\beta(t_1+20℃)^2]$$
$$R_{t2}=R_{20}[1+\alpha(t_2-20℃)+\beta(t_2-20℃)^2]$$
$$R_{t3}=R_{20}[1+\alpha(t_3-20℃)+\beta(t_3-20℃)^2]$$

可见，测出标准电阻在温度 t_1、t_2、t_3 时的阻值 R_{t1}、R_{t2}、R_{t3}，再通过求解以上方程组，即可求得 α、β、R_{20} 的值，从而确定 R_t 与 t 之间的确切函数关系。当然，在组合测量中，所能列出的方程式数目应等于被测量的数目。

1.2.2 根据所用器具分类

根据在测量过程中所用测量器具不同可分为直读测量法和比较测量法两类。

(1) 直读测量法

用直接指示被测量数值的指示仪表进行测量，能够直接在仪表上读取读数的测量方法称为直读测量法。在直读测量的过程中，度量器具不直接参与作用。例如用欧姆表测量电阻时，我们在测量过程中并没有直接使用标准电阻来与被测量的电阻进行比较，而是直接根据欧姆表的指针所指示在欧姆标尺上的位置，来读取被测电阻的数值，当然，在这种测量过程中，标准电阻间接地参与作用，因为欧姆表的标尺是事先利用标准电阻“校准”过的。此外，用电流表测电流、电压表测电压等均属于直读测量的例子。

直读测量法所用设备简单，操作方便，在电气测量中得到广泛应用。但这种测量方法准确度较低，一般不能用于高准确度的测量。

(2) 比较测量法

将被测量与度量器具通过较量仪器进行比较，从而获得被测量数值的方法称为比较测量法。这种测量法的特点是在测量过程中要有度量器具直接参与作用。例如用电桥测电阻。比较测量法的准确度较高，但测量操作比较麻烦，相应的仪器设备也较昂贵，这是比较测量法的不足之处。

根据被测量与标准量进行比较时的特点不同又可以将比较测量法分为以下四种。

① 平衡法（零值法） 这种测量方法是将被测量 x 与已知的标准量 A 相比较。在测量过程中，连续改变标准量，使它产生的效应与被测量产生的效应相互抵消或平衡，这种测量方法称为平衡法。由于在平衡时指示器指零，所以又称零值法。这时被测量可以由标准量通过一定的关系式求出。电桥和电位差计都是采用平衡法原理。平衡法的准确度主要取决于标准量的准确度和指零仪器的灵敏度。

② 微差法 如果在上述平衡过程中，被测量 x 与标准量 A 不能平衡或标准量不便于调节，则可以通过测量仪器测量二者的差值 $a=x-A$ 或正比于差值 a 的量，进而根据标准量的数值 A 和差值 a 确定被测量 x 的大小（$x=A+a$），这种方法就称为微差法。微差法的测量取决于标准量的误差及测量差值的误差，显然，差值越小，则测量差值的误差对测量结果的误差的影响越小。例如，若差值为被测量总量的千分之一，测差值的误差为百分之一时，则测差值的误差反映在测量结果的测量误差中仅为十万分之一，可见，微差法可以有着很高的测量准确度。并且，在采用微差法进行测量时，一般尽量选取标准量 A 与被测量 x 相接近，这样可以减少测量误差。

③ 替代法 将被测量 x 与标准量 A 分别接入同一测量装置，在标准量替代被测量的情况下，调节标准量使测量装置的工作状态保持不变，从而可以用标准量的数值来确定被测量的大小（$x=A$），这种方法称为替代法。用替代法测量时，由于测量装置在被测量和标准量

分别作用时的状态是一样的，因此装置本身的性能及各种外界因素对测量的影响也是几乎相同的，这样就极大地减小了所有外界因素对测量结果的影响，因此，替代法在高精度的测量技术中得到比较广泛的应用。替代法的测量准确度主要取决于标准量的准确度和测量装置的灵敏度。

④ 重合法　重合法是将被测量的一系列均匀交替的信号与某个已知参考量相比较，当两者的信号出现重合的状态或现象时，就可以确定被测量的大小。

根据以上分类方法，我们可以看到，在直接测量和间接测量中都包括直读测量和比较测量；同时，在直读测量和比较测量中也都包括直接测量和间接测量。它们之间的关系可以用图 1-1 表示。

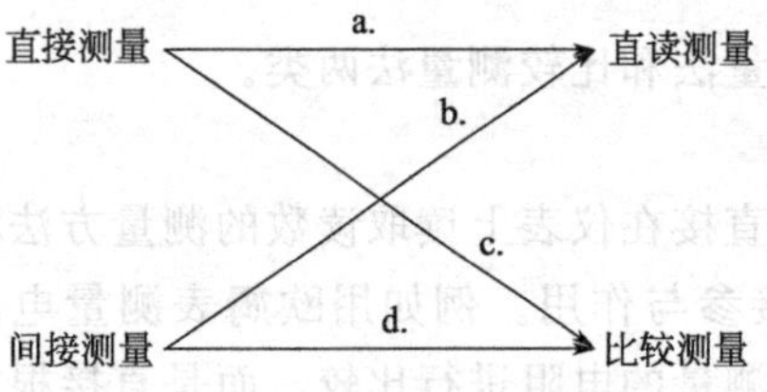

图 1-1　测量的关系

举例：a. 用功率表测功率；b. 用电流表、电压表测电阻；c. 用电桥测电阻；d. 用电位差计测量电流。

当然，还有其他一些分类方法。如根据测量精度可分为精密测量（实验室测量）和工程测量；以及自动测量和半自动测量；原位测量和远距离测量（遥测技术）等。

1.3　电气测量仪器仪表的分类

电气测量仪器仪表（电工仪器仪表）的测量对象主要是电学量和磁学量。电气测量仪器仪表的种类很多，根据它们的原理、用途等方面的特性，可以将它们分为以下几大类。

(1) 指示仪表

指示仪表是基于直读法来进行测量的仪表，对于这类仪表，可由它们的指示器的偏转角位移直接读出测量结果，如电流表、电压表、功率表等均属于此类。这类仪表也被称为模拟式仪表或机电式指示仪表。

指示仪表又可分为安装式仪表和可携式仪表等（参见第 3 章 3.1 节）。

(2) 积算仪表

积算仪表用以测量与时间有关的量，在测量时间内仪表对被测量进行累计。电度表就是用来积算电能的一种积算仪表。

(3) 较量仪器

较量仪器是基于比较法来进行测量的仪器，它又可分为直流仪器和交流仪器两种类型。电位差计和电桥是较量仪器中最为广泛使用的仪器。

(4) 记录仪表和示波器

记录仪表是把被测量与另一变量的函数变化关系连续记录下来，如 X-Y 记录仪等。示波器是用来观测和记录变化迅速的被测量的仪器。

(5) 数字仪表

数字仪表是采用逻辑电路，用数码显示被测量的仪表。近年来数字仪表的种类越来越多，如数字电压表、数字频率表、数字相位表、数字万用表、数字电能表等。

(6) 测磁仪器

用于测量基本磁学量及磁性材料磁特性的仪器。

(7) 扩大量限装置

扩大量限装置是用来扩大电工仪器仪表测量范围的装置。它们有分流器、附加电阻、测量用互感器、放大器等。

（8）校验装置

按一定测量方法和电路，将一些测量仪器、度量器和附属设备组合而成的整体称为校验装置，它们有指示仪表校验装置、电度表校验装置、互感器校验装置、电位差计装置和电桥装置等。

本书除记录仪表不作专门介绍外，对常用的电气测量仪器仪表基本上按以上分类进行介绍。

1.4　测量误差及其消除方法

任何测量都要力求准确。但是，在实际的测量中，由于测量仪器仪表不准确，测量方法不完善，试验条件和观测经验等方面因素的影响，使得测量结果与被测量的真实值之间总是存在着差别，这种差别就叫做测量误差，即误差。

1.4.1　测量误差的分类和来源

产生误差的原因是很多的，根据误差的性质一般可分为系统误差、随机误差和疏失误差三类。

（1）系统误差

系统误差是一种在测量过程中或者遵循一定的规律变化，或者保持不变的误差。造成系统误差的原因主要有以下几方面。

① 测量器具误差　由于标准量具、仪器仪表本身结构和制作上的不完善，而产生的误差。当这些测量器具组合在一起形成一个完整的测量装置后，则它们形成的综合误差也就确定了。所以这类误差是系统误差。

指示仪表在正常工作条件下的误差称为仪表的基本误差。

② 环境误差　测量时，由于周围环境的影响（例如温度、湿度、电磁场、电源频率等）发生变化而引起的测量误差，如果这种变化是有规律的，则属于系统误差。例如标准电池的电动势随温度的变化是有规律的，所以属于系统误差。

对于指示仪表，凡不能满足正常工作条件而引起的误差称为仪表的附加误差。

③ 方法误差　由于测量方法不当，或者所依据的理论有一定的缺陷所引起的误差称为方法误差。例如引用近似公式，以及未足够估计漏电、热电动势、接触电阻、仪表内阻等影响，都会造成系统误差。例如伏安法测电阻，不可避免地会产生方法误差。

④ 人员误差　由于操作人员生理和心理上的差异以及他们的读数习惯、分辨能力所引起的误差称为人员误差。

系统误差决定了测量的正确度。系统误差越小，测量结果越准确。

（2）随机误差

随机误差是一种大小和符号都不固定的具有偶然性的误差，因此也称为偶然误差。产生随机误差的原因很多，例如温度、湿度的起伏，电磁场的微变，电源电压、频率的变化，以及操作人员感觉器官的生理变化等，都会引起偶然误差。所以，在完全相同的条件下，以同样的仔细程度重复进行同一个量的测量时，测量结果往往不完全相同。

随机误差决定了测量的精密度。

系统误差和随机误差反映测量的准确度。

（3）疏失误差

疏失误差是由于测量过程中操作、读数、记录和计算等方面的疏失错误所引起的误差，这是一种明显地歪曲测量结果的误差。很显然，凡是含有疏失误差的实验数据是不可靠的，应当剔除。

1.4.2 测量误差的消除方法

(1) 系统误差的消除

在测量过程中，不可避免地存在着系统误差。产生系统误差的原因是多种多样的。对于测量器具误差和环境误差等引起的系统误差可以采取一些措施加以消除。通常在工程上，当系统误差被减小到可以忽略的程度时，就认为它已被消除了。消除系统误差没有统一的方法，必须根据测量中的实际情况进行具体分析。下面介绍消除系统误差的一些常用方法。

① 引入校正值　在测量之前，对测量中所使用的仪器仪表和度量器具用更高准确度的仪器仪表和度量器具进行校准，作出它们的校正曲线或校正表格。在测量时，根据这些曲线或表格，可以对测试所得的数据引入更正值，这样由测量器具所引起的系统误差就能减小到可以忽略的程度。

② 消除产生环境误差（附加误差）的根源　在测量过程中，尽量使各种仪器仪表和度量器具在规定的正常条件下工作，这样可以消除各种外界环境因素所引起的附加误差。例如正确安装和调整好仪表；使仪表的环境温度、湿度、外来电磁场、电源电压的波形、频率等都能符合该仪表所规定的要求。

③ 采用特殊测量方法

a. 正负误差补偿法　当系统误差为恒值误差时，可以对被测量在不同的试验条件下进行两次测量，其中一次所包含的误差为正，而另一次所包含的误差为负，取这两次测量数据的平均值作为测量结果，就可以消除这种恒值误差。

例如安培表测量电流时，考虑到外磁场对仪表读数的影响，可以将安培表转动 180°再测量一次，取这两次测量数据的平均值作为测量结果。如果外磁场是恒定不变的，那么其中一次的读数偏大，而另一次的读数则偏小，这样，在求平均值时，其正负误差就相互抵消，从而消除了外磁场对测量结果的影响。

又如指针式仪表，由于活动部分的摩擦作用，结果对同一大小的被测量，在其数值上升或下降情况下进行测量时，就会有不同的读数。为了消除这种误差，可使被测量由小增大到某一点，再从大减小到同一点，进行两次测量，然后再取两次测量的平均值，就可消除摩擦所引起的系统误差。

b. 替代法　在保持整个测量装置的工作状态不变的条件下，用可变的等值标准量去替代被测量，并使仪表读数不变。这样的测量结果就和测量仪表的误差及外界条件的影响无关，从而消除了系统误差。例如用电桥测电阻时，用标准电阻替代被测电阻，并调整标准电阻使电桥达到原来的平衡状态，则被测电阻值就等于这个标准电阻值，这就排除了电桥本身和外界因素的影响，消除了由它们所引起的系统误差。

c. 等时距对称观测法　这种方法能够有效地用来消除随时间线性变化的系统误差。

我们以图 1-2 所示测量电阻的一种线路为例来说明等时距对称观测法。图 1-2 中被测电阻 R_x 与标准电阻 R_n 是相互串联的，如果测量中流过的电流 I 保持不变，那么我们在分别用仪表测得 R_x 与 R_n 两端电压 U_x 与 U_n 以后，则被测电阻 R_x 的值可以按式(1-3) 计算求得

$$R_x=\frac{U_x}{U_n}R_n \tag{1-3}$$

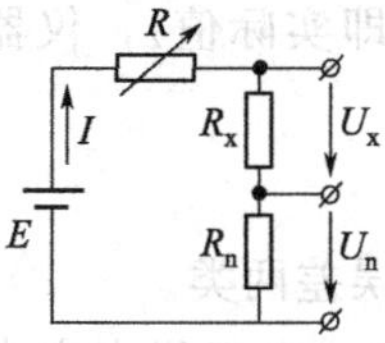

图 1-2 测量电阻的线路图

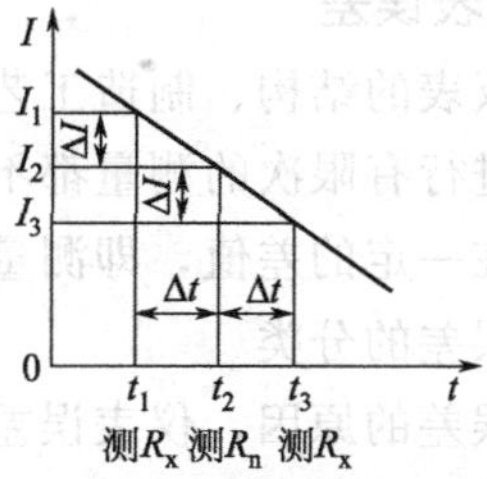

图 1-3 电流随时间变化的曲线

如果在测量过程中，由于电源不稳定，使得电路中的电流随时间线性减小（见图 1-3），那么由于U_x与U_n不是在同一时刻测得的，这个电流变化就会引起系统误差，这是因为

$$\frac{U_x}{U_n}=\frac{I_1R_x}{I_2R_n}\neq\frac{R_x}{R_n}$$

式中，I_1 为测量U_x时电路中的电流；I_2 为测量U_n时电路中的电流。

为了消除这种电流线性变化所带来的系统误差，可采用等时距对称观测法。这时可每隔相等的时间间隔 Δt 进行三次测量，即先在 t_1 时刻测量 R_x 上的电压 U_x，再在 t_2 时刻测量 R_n 上的电压 U_n，然后在 t_3 时刻再测量 R_x 上的电压 U_x。考虑到电流是均匀线性减小的，若设 t_2 时刻的电流 I_2 为 I，在 Δt 时间内电流的变化量为 ΔI，则在 t_1 时刻的电流 $I_1=I+\Delta I$，而在 t_3 时刻的电流 $I_3=I-\Delta I$，因此在 t_1、t_2、t_3 时刻所对应的电压分别为

$$t_1: U_x(t_1)=I_1R_x=(I+\Delta I)R_x$$

$$t_2: U_n(t_2)=I_2R_n=IR_n$$

$$t_3: U_x(t_3)=I_3R_x=(I-\Delta I)R_x$$

取 t_1 和 t_3 时刻对应的电压 U_x 的平均值

$$\overline{U}_x=\frac{U_x(t_1)+U_x(t_3)}{2}=\frac{(I+\Delta I)R_x+(I-\Delta I)R_x}{2}=IR_x$$

可见，按上式所求得的$\overline{U}_x$值所对应的电流也就是 t_2 时刻的电流值，因此，采用 t_2 时刻对应的$U_n(t_2)$ 值来进行计算，则测量结果不再受到电流线性减小的影响，即

$$R_x=\frac{\overline{U}_x}{U_n(t_2)}R_n=\frac{[U_x(t_1)+U_x(t_3)]/2}{U_n(t_2)}R_n$$

（2）随机误差的消除

与系统误差不同，对于随机误差，不具有确定的规律性，不能用试验的方法加以检查和消除，但随机误差遵从统计规律，可以根据多次测量中各种随机误差出现的概率用概率论和数理统计学的方法加以处理。理论和实践证明，在足够多次的测量中，绝对值相等的正误差与负误差出现的机会（次数）是相同的，而且，小误差比大误差出现的机会总是更多。这样，在足够多次数的测量中，随机误差的算术平均值必然趋近于零。这是因为在一系列测量的随机误差总和中，正、负误差相互抵消的结果。由此可知，为了消除随机误差对测量结果的影响，可以采用增加重复测量次数的方法来达到。测量次数越多，测量结果的算术平均值则越趋近于实际值。

在工程测量中，由于随机误差较小，通常可以不予考虑。

至于疏失误差，由于它是显然的错误，并且常常严重地歪曲了测量结果，因此，包含有疏失误差的观测结果是不可信的，应予剔除。

1.4.3 仪表误差

由于仪器仪表的结构、制造工艺及材料的性能不可能完美无缺，因此，用任何仪器仪表对某一被测量进行有限次的测量都不能求得被测量的真值（即实际值），仪器仪表的读数与真值之间总存在一定的差值，即测量误差。

（1）仪表误差的分类

根据产生误差的原因，仪表误差可分为基本误差和附加误差两类。

① 基本误差　仪表在规定的正常工作条件下进行测量时，由于仪表本身的结构、制造工艺、材料性能不完善所造成的误差称为仪表的基本误差。这种误差是无法消除的，故又称为仪表的固有误差。

例如：活动部分的轴尖和轴承之间的摩擦误差、活动部分的重心与转轴不重合造成的不平衡误差、标度尺刻度划分不精密所造成的分度误差、指针受温度影响或其他原因产生变形以及仪表内部磁场改变等所造成的误差，都属于仪表的基本误差。

仪表正常工作条件通常是指：仪表指针调整到机械零位；仪表按规定的工作位置安放；除地磁场外，没有外来的电磁场或铁磁物质的影响；周围温度为20℃或仪表所标注的工作温度；交流仪表的使用频率和波形符合仪表的规定。

② 附加误差　由于仪表偏离其规定的正常工作条件时所引起的误差称为附加误差。使仪表产生附加误差的那些工作条件的变化常称为影响量的变化，这些影响量中任何一个超出仪表使用的正常规定值，都会使仪表产生附加误差。

因此，当仪表在非规定的正常工作条件下工作时，除具有基本误差外，还有附加误差。

（2）测量误差的几种表达形式

仪表测量误差的大小可用绝对误差、相对误差和引用误差来表示。

① 绝对误差　仪表的测量值 A_x 与被测量的真值（相对真值）A_0 之间的差值称为仪表测量的绝对误差，用 Δ 表示，则

$$\Delta = A_x - A_0 \tag{1-4}$$

被测量的真值可由标准表（用来检定工作仪表的高准确度的仪表）指示。

绝对误差可正可负，而且具有被测量的量纲；绝对误差一般只保留一位有效数字。

例如：实际值为100V的电压，用电压表1测量时，指示101V，用电压表2测量时指示99.5V，则它们在测量100V电压时的绝对误差分别为

$$\Delta_1 = 101 - 100 = +1\ (\text{V})$$

$$\Delta_2 = 99.5 - 100 = -0.5\ (\text{V})$$

可见，Δ 为正时，测得的值偏大；Δ 为负时，测得的值偏小。测量同一个量时，Δ 的绝对值越小，测量结果越准确。

为了得到被测量的实际值，由式(1-4）得

$$A_0 = A_x + (-\Delta) = A_x + C$$

式中，$C = -\Delta$，称为更正值。更正值和绝对误差的大小相等、符号相反。

② 相对误差　测量不同大小的被测量时，用绝对误差难以比较测量结果的准确程度，这时要用相对误差。相对误差是绝对误差 Δ 与被测量的真值 A_0 之比值，通常以百分数来表示，即

$$\delta_{实}=\frac{\Delta}{A_0}\times 100\% \tag{1-5}$$

这种相对误差称为实际相对误差。

实际测量中，由于 A_0 难以测得，有时用仪表示值 A_x 代替真值，则

$$\delta_{示}=\frac{\Delta}{A_x}\times 100\% \tag{1-6}$$

这种形式的相对误差称为示值相对误差。

相对误差亦可正可负，但不具有被测量的量纲，只是一个纯数字；相对误差一般只保留一位或两位有效数字。

例如，用同一只量限（即仪表测量范围的上限值）为100V的电压表，分别去测量真值为80V和20V的两个电压，其读数分别为81V和20.8V。则测量结果的绝对误差分别为

$$\Delta_1=81-80=+1\ (\text{V})$$

$$\Delta_2=20.8-20=+0.8\ (\text{V})$$

而相对误差分别为

$$\delta_1=\frac{\Delta_1}{80}\times 100\%=\frac{1}{80}\times 100\%=1.25\%$$

$$\delta_2=\frac{\Delta_2}{20}\times 100\%=\frac{0.8}{20}\times 100\%=4\%$$

可见，虽然测量20V电压时的绝对误差小些，但它对测量结果的影响却大些，占了测量结果的4%。因此，在工程上，凡要求计算测量结果的误差时，一般都用相对误差。

(3) 仪表误差

① 引用误差　相对误差（或绝对误差）虽然可以用来表示某测量结果的准确度，但若用来表示测量仪表的准确度则不太合适，因为测量仪表是用来测量某一规定范围（通常称为量限）内的被测量，而不是只测量某一固定大小的被测量的。而且，同一个仪表的基本误差，在刻度范围内变化不大，但是标度尺不同位置的读数变化却很大，这样相对误差的变化也就很大。所以用相对误差衡量仪表的准确性能是不方便的。

为了方便起见，通常用引用误差来衡量仪表的准确性能。引用误差用仪表的基本误差与量限之比的百分数来表示，即

$$\gamma=\frac{\Delta}{A_m}\times 100\% \tag{1-7}$$

式中，γ 为仪表的引用误差；Δ 为仪表的基本误差；A_m 为仪表的量限。

上述引用误差的计算方法适合于大量使用的单向标度尺的仪表。对于双向标度尺的仪表，引用误差是仪表基本误差与两个上限的绝对值之和的百分比，即

$$\gamma=\frac{\Delta}{|-A_m|+|+A_m|}\times 100\%$$

对于无零位标度尺的仪表，引用误差是基本误差与上下量限差值的百分比，即

$$\gamma=\frac{\Delta}{A_{m_1}-A_{m_2}}\times 100\%$$

对于标度尺为对数、双曲线或指数为3以及3以上的仪表，引用误差是以工作部分的长度的百分比表示的，即

$$\gamma=\frac{\Delta l}{l_m}\times 100\%$$

② 仪表的准确度与准确度等级　仪表的准确度是用误差的大小来说明指示值与被测量真值的符合程度。误差越小，准确度越高。

虽然引用误差能较好地反映仪表的准确性能，但是由于仪表在不同的刻度上基本误差不完全相等，其值有大有小，其符号也有正有负，为了保险起见，用最大引用误差来衡量仪表的准确度更为合适。最大引用误差定义为

$$\gamma_m=\frac{\Delta_m}{A_m}\times 100\% \tag{1-8}$$

式中，γ_m 为仪表的最大引用误差；Δ_m 为仪表在不同刻度上的最大基本误差；A_m 为仪表的量限。

仪表的准确度是用仪表的最大引用误差 γ_m 来表示，并以 γ_m 的大小来划分仪表的准确度等级 a，其定义为

$$a\%=|\gamma_m|=\frac{|\Delta_m|}{A_m}\times 100\%$$

即

$$a=\frac{|\Delta_m|}{A_m}\times 100 \tag{1-9}$$

例如，一只量限 $A_m=300\text{V}$ 的电压表，其最大绝对误差 $\Delta_m=1.5\text{V}$，则该电压表的最大引用误差为

$$\gamma_m=\frac{\Delta_m}{A_m}\times 100\%=\frac{1.5}{300}\times 100\%=0.5\%$$

所以

$$a=\frac{|\Delta_m|}{A_m}\times 100=\frac{1.5}{300}\times 100=0.5$$

因此，该仪表的准确度为 0.5%，而准确度等级为 0.5 级。

根据我国国家标准 GB 776—65《电气测量指示仪表通用技术条件》的规定，目前我国生产的电气测量指示仪表的准确度等级 a 分为 0.1、0.2、0.5、1.0、1.5、2.5、5.0 七个等级，各准确度等级所允许的最大引用误差范围如表 1-1 所示。由于仪表制造工业技术的发展，又出现了准确度等级为 0.05 级的仪表。由于仪表的准确度等级不是连续划分的，所以凡准确度在两个等级之间时，属于后一级。例如，γ_m 在±0.5%到±1%之间的仪表为 1.0 级仪表。

表 1-1　仪表准确度等级与允许的最大引用误差范围

准确度等级 a	0.1	0.2	0.5	1.0	1.5	2.5	5.0
允许的基本误差/%	±0.1	±0.2	±0.5	±1.0	±1.5	±2.5	±5.0

上述准确度等级是以仪表量限的百分数表示的；有极少数仪表的准确度等级是按示值的百分数（即示值相对误差）表示的；还有极少数仪表的准确度等级是按仪表标尺长度的百分数来表示的。

仪表准确度等级的数字越小，允许的基本误差也越小，表示仪表的准确度越高。通常 0.1、0.2 级仪表用作标准表，用以检定其他准确度较低的仪表；0.5、1.0、1.5 级仪表用于

实验室测量；1.5、2.5、5.0 级仪表用于工程测量。

仪表的准确度等级只表示仪表本身的基本误差。因此，仪表的基本误差就是仪表的最大引用误差。仪表测量的基本误差大小与仪表的分度值相对应。当仪表使用在非正常条件下时，其附加误差在《通用技术条件》中有相应的规定。

还应该指出，仪表的准确度等级只是从整体上反映仪表的误差性能，在使用仪表进行测量时所产生的测量误差往往低于仪表的准确度等级。

例如，用量限为 10A，准确度为 0.5 级的电流表去测量 10A 和 5A 的电流，求测量的相对误差。

测量 10A 电流时所能产生的最大基本误差

$$\Delta_m = \pm a\% \times A_m = \pm 0.5\% \times 10 = \pm 0.05\ (A)$$

因而测量 10A 时的最大相对误差

$$\delta = \frac{\Delta_m}{A_x} \times 100\% = \frac{\pm 0.05}{10} \times 100\% = \pm 0.5\%$$

测量 5A 时所能产生的最大基本误差

$$\Delta_m = \pm a\% \times A_m = \pm 0.5\% \times 10 = \pm 0.05\ (A)$$

因而测量 5A 时所能产生的最大相对误差

$$\delta = \frac{\Delta_m}{A_x} \times 100\% = \frac{\pm 0.05}{5} \times 100\% = \pm 1\%$$

由此可见，当仪表的准确度等级给定后，被测量的值离仪表的量限越远，测量误差越大，测量准确度越低。

由仪表准确度的定义式(1-9) 知，

$$|\Delta_m| = a\% \times A_m \tag{1-10}$$

因此，当 a 与 A_m 确定后，对于大小不同的被测量 A_x，其绝对误差都应按 Δ_m 计算，而测量的相对误差为

$$\delta = \frac{\Delta_m}{A_x} \times 100\%$$

显然，如果 A_x 越小，δ 越大；A_x 越大，δ 越小；当 $A_x = A_m$ 时，$\delta = \gamma_m$，这时测量的准确度最高。因此，为了提高测量的准确度，一方面要选择准确度等级 a 合适的仪表，更应该注意根据被测量 A_x 的大小选择量限合适的仪表，一般应使被测量 $A_x > A_m/2$，最好使 $A_x \geqslant 2A_m/3$。否则所选仪表的准确度等级虽高，但测量的准确度却可能较低。

例 1-1　有两只直流毫安表，它们的准确度等级和量限分别为：

0.5 级，0～500mA

1.5 级，0～100mA

现要测 50mA 的直流电流，选用哪一只表测量的准确度高？

解　由式(1-10) 知，用第一只表测量时，测量的绝对误差可能为

$$\Delta_{m_1} = \pm a_1\% \times A_{m_1} = \pm 0.5\% \times 500 = \pm 2.5\ (A)$$

相对误差为

$$\delta_1 = \frac{\Delta_{m_1}}{A_x} \times 100\% = \frac{\pm 2.5}{50} \times 100\% = \pm 5\%$$

而用第二只表测量时

$$\Delta_{m_2}=\pm a_2\%\times A_{m_2}=\pm1.5\%\times100=\pm1.5\ (A)$$

$$\delta_2=\frac{\Delta_{m_2}}{A_x}\times100\%=\frac{\pm1.5}{50}\times100\%=\pm3\%$$

显然，用第二只表测量时，相对误差小，即测量的准确度高。

由上例知，虽然第一只表本身的准确度高于第二只表，但由于第一只表的量限过大，被测量仅为量限的1/10，所以其测量准确度反而低于第二只表测量的准确度。

思考题与习题

1-1　直接测量与直读测量有什么区别？

1-2　在电气测量中产生系统误差的因素有哪些？怎样消除？

1-3　什么是测量误差？什么是仪表的基本误差？什么是仪表的附加误差？仪表的准确度等级是否代表测量的准确度？

1-4　有两块直流毫安表，它们的准确度等级和量限分别为

1.0级，0～250mA；2.5级，0～75mA

现要测量50mA的直流电流，为了减小测量误差，应选那块表好？为什么？

1-5　有一磁电系电压表，量限为100V，原来的准确度为0.5级。现对它进行校验，测试结果见表1-2，试判断该表目前的准确度等级。

表1-2　电压表校验数据　　单位：V

被校表读数	0	10	20	30	40	50	60	70	80	90	100
标准表读数	0	9.2	19.2	30.1	40.3	50.6	60.1	69.9	80	90.1	99.8

1-6　在正常工作条件下测量时，假设 $I_2=I-I_1$。已知 $I=4A$，$\delta=\pm1.0\%$；$I_1=1A$，$\delta_1=\pm1.0\%$。求：

(1) I_2（间接测量结果）的最大相对误差；

(2) 若 I_1 改为3.5A，δ_1 不变，再求 I_2 的最大相对误差；

(3) 由(1)、(2)的结果能得出怎样的带规律性的结论？

1-7　在正常工作条件下进行测量，假设 $I=I_1+I_2$。已知 $I_1=3A$，$\delta_1=\pm1.0\%$；$I_2=1A$，$\delta_2=\pm1.0\%$。求：

(1) I 的最大相对误差；

(2) 若 I_1 改为1A，I_2 改为0.5A，而 δ_1、δ_2 均不变，再求 I 的相对误差；

(3) 由(1)、(2)的结果能得出怎样的带规律性的结论？

第 2 章　电学度量器

2.1 度量器

在进行电工测量时，实际上就是将被测电学量直接或间接与作为测量单位的同类量进行比较，以确定被测电学量的大小。作为测量单位或测量单位的分数、整数倍的复制体，就是度量器（或称量具）。

在电学计量中，根据度量器在量值传递上的作用和不同的准确度，分为基准度量器（基准器）、标准度量器（标准器）和工作度量器（工作量具）三大类。

（1）基准器

基准器是用现代科学技术所能达到的最高准确度来复现和保存测量单位的度量器，它具有最高的准确度，由国际及各国的最高计量部门保存。它是国家处理测量事务的准绳和基础。在我国，基准器被保存在中国计量科学研究院。

基准器又分为国家基准（主基准）、副基准、工作基准等。

在电学计量中，主要的基准器有电压基准器、电阻基准器及计算电容基准器等，它们共同构成了电学计量的基础。

电压基准器是用经过严格考核挑选，稳定性和其他性能好的饱和标准电池组组成，并以它们成组的标准电池电动势的平均值来保存电压单位（伏特，V）的量值。

电阻基准器是用稳定性极好的 1Ω 标准电阻组组成，并以它们成组的电阻值的平均值来保存电阻单位（欧姆，Ω）的量值。

计算电容基准则是按“汤姆森-蓝帕德定理”制造的交叉电容器，电容量为 1 皮法（pF）。

（2）标准器

它的准确度低于基准器，供计量部门对工作度量器进行检定或标定时使用。按其用途不同又分为一等标准器和二等标准器。

（3）工作量具

它是专供日常测量中使用的度量器。按其准确度（或年稳定度）分为若干级别；其级别通常标在铭牌上。在电学计量中常用的工作量具有标准电池、标准电阻、标准电容、标准电感等。

（4）对度量器的共同要求

① 复制性好　制造容易，能较方便地用度量器形式实现测量单位。

② 稳定　能较长期地保持它所复制单位的量值不变化或只发生很小的变化。

③ 可靠　外界因素变化（例如温度）对其影响小，并能进行更正。

④ 准确　有足够的制造精度，在一定条件下，标准值与实际值应尽量接近。

⑤ 可比性好　能很方便地与其他标准度量器进行比较，便于标定其量值，从而保证其准确度，同时要求使用方便。

度量器是电气测量设备的一个重要组成部分。进行精密测量时，往往要用到某些度量器；使用比较仪器进行测量就是把被测量的量与某些度量器相比较，以确定被测量的大小。

本章介绍日常测量时使用的电气度量器的结构、特性、使用和维护。

2.2 标准电池

标准电池是复制电压或电动势单位—伏特（V）的量具，标准电池利用化学作用产生的电动势并不恰好是1伏特，而是稍大于1伏特（1.0185～1.0195V），但这个数值准确、稳定、受外界影响小，也容易校正。

标准电池是一种化学电池，电池所用的化学物质均经过严格提纯，化学成分非常稳定，用量也十分准确。标准电池按电解液的浓度分为饱和标准电池及不饱和标准电池两种。

2.2.1 饱和标准电池

饱和标准电池的原理结构如图 2-1(a) 为 H 型结构，图 2-1(b) 为单管型结构。各种化学物质都放在严密封闭的玻璃管内。电池的正极是纯汞（Hg）；负极是镉汞齐（CdHg）；上面放着硫酸亚汞（Hg_2SO_4）作为去极化剂；再上面放着硫酸镉结晶（$3CdSO_4 \cdot 8H_2O$）；负电极上面也放着硫酸镉结晶；在硫酸镉结晶体上面灌以硫酸镉饱和溶液（$CdSO_4$）作为电解液，正负极的引出线均用铂丝制成，由于电池内有硫酸镉结晶体，所以在任何温度下，硫酸镉溶液均呈饱和状态。

为了防止标准电池中的各种成分在振动时相互混合，在有的标准电池中采用了微孔材料制成的塞片作保护。

饱和标准电池的电动势比较稳定，即它的电动势的实际值在长时间内只有较小的变化，可以制成等级比较高的标准电池。饱和标准电池的电动势随温度变化比较大，即它的温度系数比较大，但只要知道它在20℃时的电动势值 E_{20}，我们便可以用以下经验公式（1908 年沃尔夫提出的“国际公式”）计算出它在温度 t 时的电动势 E_t：

$$E_t=[E_{20}-40.6\times10^{-6}(t-20)-0.95\times10^{-6}(t-20)^2+0.01\times10^{-6}(t-20)^3]\text{V} \quad (2\text{-}1)$$

式中，t 为标准电池所处温度值；E_{20} 为标准电池在 20℃时的电动势值；E_t 为标准电池在温度为 t℃时的电动势值。

对于高准确度的标准电池和精密的电气测量，我国有关单位于 1975 年提出了更精确的计算 0～40℃的电动势公式：

$$E_t=[E_{20}-39.94\times10^{-6}(t-20)-0.929\times10^{-6}(t-20)^2+0.0090\times10^{-6}(t-20)^3-0.00006\times10^{-6}(t-20)^4]\text{V} \quad (2\text{-}2)$$

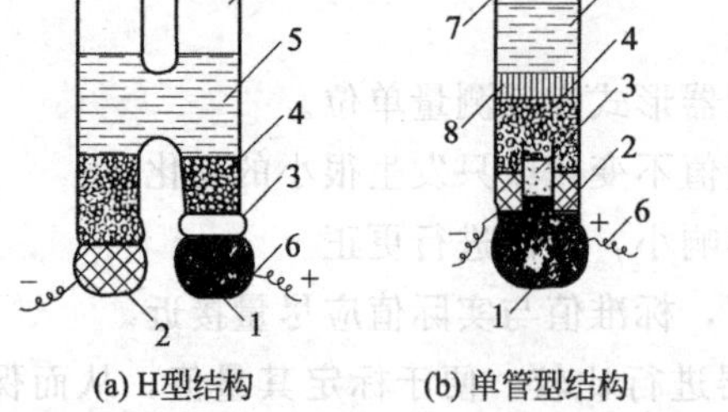

(a) H型结构　(b) 单管型结构

图 2-1　饱和标准电池

1—汞 Hg（电池正极）；2—10％镉汞齐 CdHg（电池负极）；3—硫酸亚汞（Hg_2SO_4）（去极化剂）；4—硫酸镉结晶体；（$3CdSO_4 \cdot 8H_2O$）；5—硫酸镉饱和溶液（$CdSO_4$）（电解液）；6—铂引线；7—玻璃容器；8—孔塞片

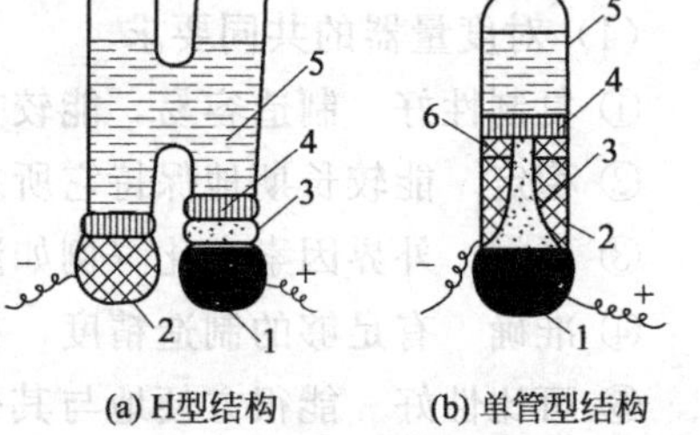

(a) H型结构　(b) 单管型结构

图 2-2　不饱和标准电池

1—汞 Hg（电池正极）；2—12.5％镉汞齐 CdHg（电池负极）；3—硫酸亚汞（Hg_2SO_4）（去极化剂）；4—微孔塞片；5—硫酸镉溶液；6—石英砂

2.2.2　不饱和标准电池

不饱和标准电池的原理结构如图 2-2 所示。从图可以看出，它的结构与饱和标准电池的结构基本相同，不同之处在于这种电池内没有硫酸镉结晶体，因而其中的硫酸镉溶液的浓度处于不饱和状态。

由于不饱和标准电池的电解液不饱和，因此，这种标准电池的稳定性要比饱和标准电池差，只能制成较低等级的标准电池。但是，这种电池的优点是它的温度系数小，当温度在 10～40℃之间变化时，温度每变化 1℃，它的电动势的变化不超过 15μV，所以在使用时一般不需进行温度校正。在非 20℃ 的温度下使用时，近似取用电池在 20℃时的电动势值即可。

2.2.3　标准电池的主要技术特性

我国标准电池的等级是按照稳定程度来划分的，表 2-1 列出了不同等级的标准电池的主要技术特性。

表 2-1　标准电池的主要技术特性

类型	稳定度级别及国产型号举例	20℃时电动势实际值 E_{20}/μV		1min 内允许流过的最大电流/μA	1 年内电动势的允许变化/μV	温度/℃		内阻不大于/Ω		相对湿度/%
		从	到			保证准确度	可使用于	新的	使用中的	
饱和	0.0002	1.018590	1.0186800	0.1	2	19～21	15～25	700		≤80
	0.0005 BC11	1.018590	1.018680	0.1	5	18～22	10～30	700		≤80
	0.001	1.018590	1.018680	0.1	10	15～25	5～35	700	1500	≤80
	0.005 BC8	1.01855	1.01868	1	50	10～30	0～40	700	2000	≤80
	0.01	1.01855	1.01868	1	100	5～40	0～40	700	3000	≤80
不饱和	0.005	1.01880	1.01930	1	50	15～25	10～30	500		≤80
	0.01 B4C24	1.01880	1.01930	1	100	10～30	5～40	500	3000	≤80
	0.02 BC7	1.0186	1.0196	10	200	5～40	0～50	500	3000	≤80

注：1. 电池的电路对其外壳的绝缘电阻，在正常条件下（使用温度范围内，相对湿度≤80%），对于 0.005～0.02 级的电池不小于 1000MΩ，对于 0.0002～0.001 级的电池不小于 10000MΩ。

2. 出厂的小型电池（重量<60g），其内阻<1500Ω。

3. 在检定时，3～5 天内电动势值允许变化，一般要求不大于 1/3 年变化值。

从表中可以看出以下几点。

① 饱和标准电池在一年中电动势的允许变化为几到几十微伏，级别较高；不饱和标准电池在一年中电动势的允许变化上百微伏，级别较低。对于标准电池伏特基准组电动势平均值的年变化约为千万分之二以下。

② 饱和标准电池的内阻较高，一般为 500～1000Ω，允许流过的电流极小，1min 内允许流过的最大电流仅为 0.1～1μA；不饱和标准电池的内阻稍低，一般不大于 500Ω，1min 内允许通过的电流为 1～10μA。

③ 级别高的标准电池，其保证准确度的温度范围是比较窄的，所以使用和保存时应注意环境温度。

2.2.4　标准电池的使用和维护

标准电池的准确度和稳定度与使用和维护有极大关系。使用和保存标准电池时必须注意以下几点，否则会降低标准电池的准确度，甚至可能损坏标准电池。

① 使用和存放标准电池地点的温度和湿度，应根据标准电池的级别，符合表 2-1 中所规定的范围，同时必须使正负极处在同一温度下使用。

② 温度的波动应尽量小。环境温度变化太剧烈会造成标准电池内部的化学反应加剧，致使电动势不稳定，长期下去可能引起电池损坏。而且温度的骤然变化，也常造成电动势变化滞后于温度变化，使得电动势的值更不正确。

③ 标准电池应远离高热源、冷源和免受阳光的直接照射。因为标准电池内正电极支路的去极化剂在光线作用下易于变质，以致失去作用，最后导致标准电池极化作用加剧而损坏。

④ 标准电池不得过载。标准电池的输出或输入电流不得超过表 2-1 中的规定值，应该强调指出，电池的两极间必须有良好的绝缘，不能让人体的任何部分同时接触标准电池的两个端钮；绝对禁止用电压表或万用表去测量标准电池的电压，否则标准电池将会因电流过大而损坏。凡是误用电压表或万用表测量过电压或曾消耗较大电流的标准电池，一律不能再用。只有经过长时间多次考核，证明该电池的电动势仍然稳定，各项参数仍然符合要求后，方可决定继续使用。

⑤ 标准电池严禁倒置、摇晃和振动，必须按规定的正常位置放置，平稳携取。经过运输以后，必须静置足够时间（一般为 1～3 天）以后再用。被颠倒过的电池，绝对不能再用。如果经过长期反复考核，证明它确实并未损坏时，也应将它用在不十分重要的地方，以防万一。

⑥ 标准电池的极性绝对不能接反。

⑦ 标准电池出厂时的检定证书及历年的检定数据，是衡量该标准电池质量好坏的技术依据，使用者必须注意保存。

2.3 标准电阻

标准电阻是复制电阻单位——欧姆（Ω）的量具。对标准电阻的要求是：准确度高，稳定性好，可靠性好。通常标准电阻是由锰铜材料（铜占 84%，锰占 12%，镍占 4%）绕制的，因为锰铜的电阻系数高（约为 0.00045～0.000048Ω・m），电阻温度系数低（约为 0.00001/℃），且较为稳定，而且与铜接触热电势小（约为 1.5μV/℃）。通过适当的工艺处理和采用特殊的绕制方法，可以得到满足上述要求的标准电阻。标准电阻的结构如图 2-3 所示。

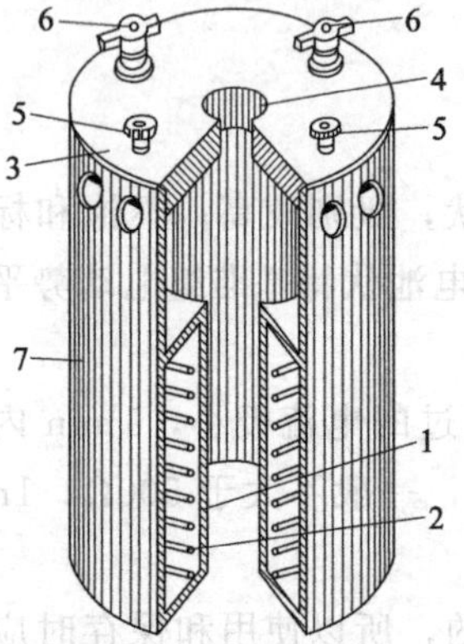

图 2-3　标准电阻结构

1—绕线骨架；2—绕在骨架上的锰铜线；3—固定端钮的上盖；4—温度计插孔；5—电位端钮；6—电流端钮；7—镀镍黄铜或胶木外壳

标准电阻可以做成单个的固定电阻，也可以组合成可变电阻箱。标准电阻分为直流标准电阻和交流标准电阻，前者用于直流测量中，后者用于交流测量中。从工艺上来说，交流标准电阻要采用特殊的绕法以减小它的分布电感 L 和分布电容 C。通常用时间常数（$L/R-CR$）来考虑分布电感和分布电容的影响。

2.3.1 固定标准电阻

这种标准电阻的名义值一般为 10^n Ω，n 通常是 −4～+5 之间的整数，如一套 0.01 级的 BZ3 型标准电阻为 10^{-3}～10^5 Ω，共 9 只。

图 2-3 就是固定标准电阻的结构图。在标准电阻铭牌上给出的电阻值是指温度为 20℃时的名义值，若在规定温度范围内的其他温度下使用这个标准电阻时，它的电阻值应按下列近似公式计算：

$$R_t = R_{20}[1+\alpha(t-20)+\beta(t-20)^2] \tag{2-3}$$

式中，R_{20} 为温度为 20℃时的电阻值，Ω；R_t 为温度为 t℃时的电阻值，Ω；α，β 为该标准电阻的一次和二次项电阻温度系数。

所有的标准电阻出厂时均给出 R_{20}、α、β 的数值。

表 2-2 给出了标准电阻的主要技术特性、用途及使用条件。

表 2-2　标准电阻的主要技术特性、用途及使用条件

准确度级别	电阻名义值/Ω	功率/W 额定值	功率/W 最大值	电压/V 额定值	电压/V 最大值	使用环境条件 温度/℃	使用环境条件 相对湿度/%	用途	参考型号
一等	$10^{-3}\sim10^5$	0.03				20±1	<80	用于省市及大型企业和科研部门作电阻量值的传递标准	
二等	$10^{-3}\sim10^5$	0.1				20±2	<80		
0.005	$10^{-3}\sim10^5$	0.1	0.3			20±5	<80	计量部门作电阻标准	BZ15
0.01	10^{-4}	0.1				20±10	<80	低阻值标准	BZ14
	$10^{-3}\sim10^5$	0.1	1			20±10	<80	直流电路中作电阻标准	BZ3,BZ10
	$10^{-5}\sim10^{-1}$	1	3			20±10	<80	大功率电阻标准	BZ6
	$10^6\sim10^7$			100	300	20±10	<70	高阻值标准	BZ9
0.02	$10^{-4}\sim10^5$	0.1	1			20±15	<80	一般测量用标准	BZ3/1 BZ10/1
	10^6			100	300	20±15	<70	高阻测量用标准	BZ16
	10^7			300	500	20±15	<70	高阻测量用标准	BZ16
0.05	10^{-4}	1	10			20±15	<80	大功率低阻测量用标准	
	$10^6\sim10^8$			300	500	20±15	<80	高阻测量用标准	BZ16(10^8Ω)

注：1. 表格中的准确度等级是指标准电阻的基本误差，它表示实际值对名义值的相对偏差，如 0.01 级的标准电阻，其基本误差不超过 0.01%。

2. 因为电阻值与温度有关，因此使用时对环境温度有一定限制，对输入标准电阻的功率要有一定限制，以免过热。

3. 标准电阻还有一个指标，叫作年变化率 γ。级别高的标准电阻年变化率小，如 0.01 级的 γ 在±0.001%范围内；0.02 级的 γ 在±0.002%范围内。

由于电阻避免不了温度变化的影响，因此，为了保证电阻值的准确度，除对周围环境温度有限定要求外，对电阻因通过电流而引起的自身温升，也就是电阻消耗的最大允许功率也作了限制，即要严格限定允许流过标准电阻的电流大小。通常用标准电阻的允许功率为 1W 这个限定值（高准确度级别电阻为 0.25W）来估算最大允许工作电流值，即

$$I = \sqrt{P/R} = \sqrt{1/R}\,(\text{A}) \tag{2-4}$$

按式(2-4) 可算出不同阻值标准电阻允许通过的电流 I，如 1Ω 的标准电阻允许通过 1A 的电流，10Ω 的标准电阻允许通过的电流为 0.316A。流过标准电阻的电流超过允许值，将影响其阻值的准确度，超过过多便可能使其烧毁。

2.3.2 电位端钮和电流端钮

图 2-3 所示标准电阻结构中有四个接线端钮。标准电阻一般都制成四端电阻，其原理如图 2-4(b) 所示，其中一对端钮（C，C）称为电流端钮，它们对应结构图上较粗大的那一对端钮，利用这一对端钮可以把标准电阻接入电路中，电流 I 从这对端钮通入标准电阻；另一对端钮（P，P）为电位端钮，它们对应结构图上较细小的那一对端钮，它们在电流端钮之间，从这一对端钮上接入测量仪器得到的电压 U 只是标准电阻 R 上的电压。四端标准电阻的电阻值为：

$$R=U/I \tag{2-5}$$

显然，电流端钮处的接触电阻上的电压未包括在 U 中，所以此接触电阻也就未计入电阻 R 中。而对于两端电阻，如图 2-4(a) 所示，则两个接线端钮处的接触电阻就包括在电阻 R 中，从而影响到电阻 R 的值。而且，接触电阻的数值不稳定，约为 $10^{-5}\sim10^{-3}\,\Omega$，这个接触电阻对于标准电阻，特别是对于低阻值的标准电阻来说，是一个不准确的因素，难以实现精密测量。

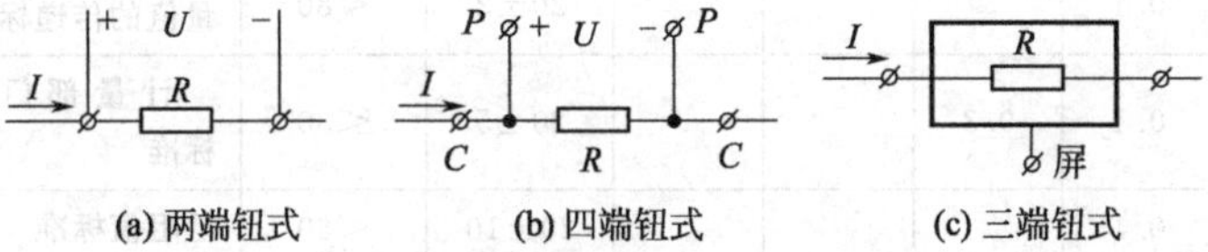

(a) 两端钮式　(b) 四端钮式　(c) 三端钮式

图 2-4　电阻的接线端钮

通常电压 U 是用内阻很大的仪器进行测量的，这样，接到电位端钮的测量支路的电阻要比电位端钮的接触电阻大得多，所以，这种电位端钮的接触电阻对测量结果的影响是可以忽略的。

因此，标准电阻通常做成四个端钮的。标准电阻上标明的电阻值是两个电位端钮间的电阻值。

图 2-4(c) 是三端式标准电阻，用于阻值高于 $10^6\,\Omega$ 的标准电阻，其中一个端钮是屏蔽端钮。

2.3.3 可变直流电阻箱

测量中有时需要阻值可以调节的标准电阻，为此，可将若干标准电阻安装在一个箱子中，利用转换开关逐级改变电阻数值，这就是实验室中广泛应用的可变电阻箱。

图 2-5 是一种四档十进位可变电阻箱的结构。按图示转换并关的位置我们可以得到 $R=3152\Omega$ 的电阻。

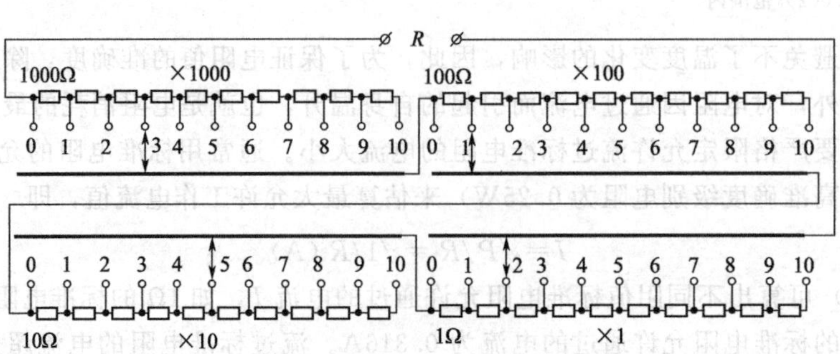

图 2-5　可变电阻箱的线路结构

还有一种用 5 个电阻实现十进位转换的线路结构，如图 2-6 所示。这种线路结构广泛地用在国产的可变电阻箱中。

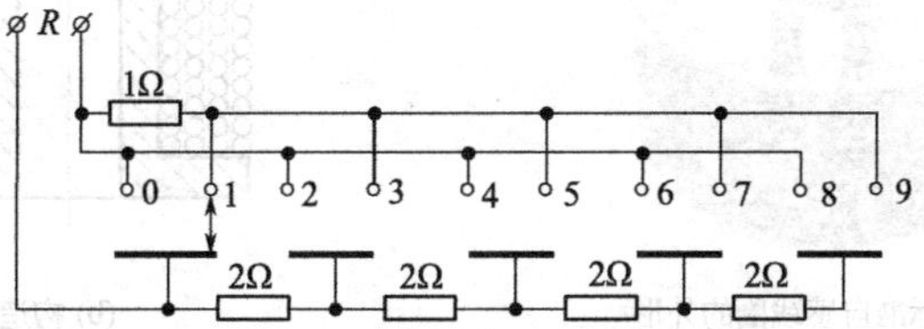

图 2-6　可变电阻箱的另一种线路结构

按准确度不同，可变电阻箱分为 0.01、0.02、0.05、0.1、0.2 和 0.5 六个等级。不同等级的电阻箱对工作条件有不同的要求。使用可变电阻箱时应该注意通过的电流不要超过它的额定值，还应注意爱护可变电阻箱的转换装置。

不同等级的可变电阻箱的基本误差应符合以下计算式

$$|\Delta| \leqslant (a\%R + b) \tag{2-6}$$

式中，Δ 为基本误差，Ω；a 为准确度等级；R 为可变电阻箱所指示的电阻值，Ω；b 为考虑转换开关接触电阻的常数，Ω。对于 0.01～0.05 级电阻箱 b 取 0.002；对于 0.1～0.5 级，b 取 0.005。

2.3.4　交流标准电阻

用于交流测量的标准电阻，其阻值、允许通过的电流、使用温度范围等基本上与直流标准电阻相同，但在绕制方法上有所不同，这时要考虑减小分布电感 L 和分布电容 C，即减小时间常数 $\tau = L/R - RC$。通常采用的绕制方式有双线并绕方式和交叉绕制方式。使用交流标准电阻时还要注意它的使用频率范围。例如国产 ZX32 型交流电阻箱的时间常数 $\tau = (15\sim50)\times10^{-8}$s，用于 0～20000Hz 的频率范围。

2.3.5　标准电阻的使用和维护

标准电阻使用和保存不当，将会导致电阻值变化或电阻损坏。使用与保存注意事项如下。

① 应在规定的技术条件下使用和保管。环境要清洁，无腐蚀性气体；尽量置于相对湿度为 30%～80% 的恒温环境中；避免光线直接照射，以免其上盖绝缘变坏；避免温度剧烈变化。

② 应避免碰撞和剧烈震动。

③ 不应过载使用。

④ 0.01 级以上的高精度标准电阻，最好是放在有中性变压器油的恒温槽内使用。

⑤ 如果标准电阻在偏离 +20℃ 的情况下使用，应按式(2-3) 计算出使用温度 t℃ 时的电阻值 R_t。

⑥ 标准电阻的出厂证明书及历年检定数据应很好地保存。

2.4　标准电感

电感的单位是亨利（H）。它的单位值是用标准电感来保存的。标准电感包括标准自感和标准互感。标准电感通常是用绝缘铜导线绕在绝缘材料（例如大理石或陶瓷）做成的支架上面制成的平式线圈。如图 2-7 所示，为标准自感线圈的外形和结构。

(a) 标准自感线圈的外形

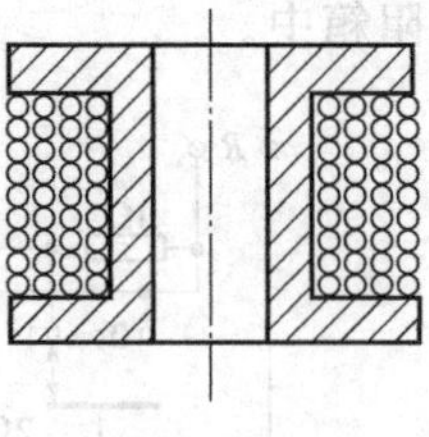

(b) 构造

图 2-7　标准自感线圈的外形与结构

2.4.1　对标准电感的技术要求

① 电感值稳定，即电感值随时间的变化小。

② 电感线圈的品质因数尽可能高，即电阻值要低，涡流损耗要小。

③ 电感值与电流无关。

④ 电感值与频率的关系尽可能小。

2.4.2　标准电感器的主要技术性能

标准电感器的主要技术性能见表 2-3。

表 2-3　标准电感器的主要技术性能

准确度级别	固有误差 δ/%	年不稳定度 γ/($\times10^{-4}$/年)	温度系数 α/($\times10^{-5}$/℃)
0.01	±0.01	±0.5	±1
0.02	±0.02	±0.8	±2
0.05	±0.05	±1.5	±5
0.1	±0.1	±3	±5
0.2	±0.2	±6	±10
0.5	±0.5	±15	±10
1.0	±1.0	±30	±10

电感基准一般是由几只 10mH 的标准电感组成的；也有少数国家用 30mH 或 50mH 组成。电感基准的准确度一般为 $1/10^4$ 左右。有的国家电感基准的数据由可计算的电感线圈传递得到，它的误差可小于 $1/10^5$，从实用考虑，过分追求高准确度也是没有必要的。我国的电感基准误差约为 $3/10^5$。

作为工作量具使用的标准电感是由小至 μH，大到 H 名义值不等的一整套组成（即标准电感的名义值为 10^n H，n 在 $-6\sim0$ 之间）。准确度级别最高的为 0.001 级，最低的为 0.5 级。大于 1H 的电感线圈已无法采用空芯线圈结构制成，必须改用铁磁材料，这样准确度大大降低。

我国上海沪光仪器厂生产的 BG8 型标准自感线圈的规格如下：额定值为 1H、0.1H、0.01H、0.001H、0.0001H。基本误差为±0.01%～±0.05%。

标准互感线圈的结构、要求、技术性能与标准自感线圈相同，只不过它有两个互相绝缘的绕组。

2.4.3　实际线圈的等效电路

理想电感线圈没有损耗，电压和电流相差 90°，如图 2-8 所示。实际的自感线圈不可避免地总伴随有导线电阻 R 和匝间分布电容 C，其等效电路如图 2-9(a) 所示。

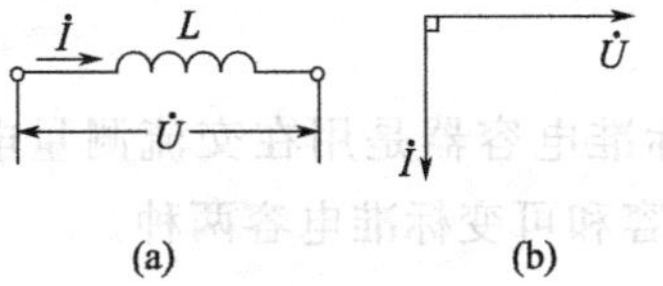

图 2-8 理想电感线圈及其相量图

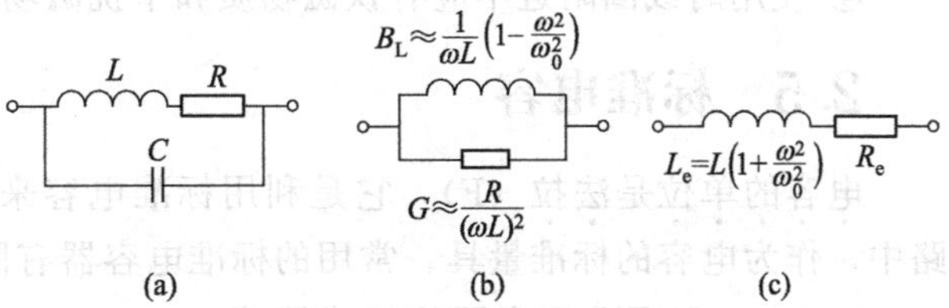

图 2-9 自感线圈的等效电路

根据阻抗串并联公式，可得图 2-9(a) 电路的等效导纳

$$Y=\frac{1}{R+j\omega L}+j\omega C=\frac{R}{R^2+(\omega L)^2}-j\frac{\omega L}{R^2+(\omega L)^2}+j\omega C$$

通常线圈的导线电阻比感抗小得多，即 $R\ll\omega L$，所以

$$Y\approx\frac{R}{(\omega L)^2}-j\left(\frac{1}{\omega L}-\omega C\right)=\frac{R}{(\omega L)^2}-j\frac{1}{\omega L}\left(1-\frac{\omega^2}{\omega_0^2}\right)=G-jB_L \tag{2-7}$$

由此，不难从图 2-9(a) 得到简化的并联等效电路图 2-9(b)，其中 $\omega_0=1/\sqrt{LC}$，由于 C 很小，所以 ω_0 较高。

再从图 2-9(b) 不难得到图 2-9(c) 所示的串联等效电路。这个电路的等效电抗 X 是我们所关心的

$$X=\frac{\frac{1}{\omega L}\left(1-\frac{\omega^2}{\omega_0^2}\right)}{\left[\frac{R}{(\omega L)^2}\right]^2+\left[\frac{1}{\omega L}\left(1-\frac{\omega^2}{\omega_0^2}\right)\right]^2}$$

由于 $R\ll\omega L$，分母的第一项可以忽略；在使用频率不高时 $\omega\ll\omega_0$，便得到以下近似式

$$X\approx\frac{1}{\frac{1}{\omega L}\left(1-\frac{\omega^2}{\omega_0^2}\right)}\approx\omega L\left(1+\frac{\omega^2}{\omega_0^2}\right)=\omega L_e \tag{2-8}$$

因此，串联等效电路的等效自感 $L_e=L\left(1+\frac{\omega^2}{\omega_0^2}\right)$。可见线圈的自感是随使用频率而变的。另外，等效自感 L_e 也随匝间分布电容而变。当使用环境的温度改变时，匝间分布电容将发生变化，从而自感值 L_e 也将发生变化。作为标准自感，我们希望自感值与频率的关系尽可能小。

通常，定义电感线圈的品质因数 Q 为

$$Q=\frac{\text{无功功率}}{\text{有功功率}}=\frac{X}{R}=\frac{\omega L_e}{R_e}=\frac{\omega L}{R_e}\left(1+\frac{\omega^2}{\omega_0^2}\right) \tag{2-9}$$

一般总是要求 Q 值尽可能高，而且电感值尽可能不受频率的影响。

2.4.4 标准电感的使用和维护

① 在使用保管时，应放在适当的温度环境中（0～35℃），以免自感线圈的骨架和导线因温度过高而引起永久性形变，导致电感值的不稳定。

② 不可将标准电感放在湿度大的环境中，因有的电感线圈受湿度影响大，在相对湿度变化 10%时，电感变化可达 $(2\sim3)\times10^{-5}$ H。

③ 电感线圈附近（尤其在轴上），不要有导电金属物，否则会增加涡流而使电感值变小，在扩展频率使用时，要考虑分布电容及涡流的影响。

④ 使用时线圈附近不应有铁磁物质和干扰磁场。

2.5 标准电容

电容的单位是法拉（F），它是利用标准电容来保存的。标准电容器是用在交流测量电路中，作为电容的标准量具。常用的标准电容器有固定标准电容和可变标准电容两种。

2.5.1 对标准电容器的技术要求

① 电容值稳定，即电容值随时间的变化尽可能小。

② 电容器的损耗因数 $D=\tan\delta$ 要尽量小。

③ 电容值随温度、湿度、频率和电压的变化要小。

根据以上要求制造标准电容器首先要选用高质量的介质，以减小介质损耗。按所用介质不同，标准电容器分空气电容器和云母电容器两种。空气是理想的介质材料，但由于空气的介电常数小，一般只能作小容量（1000pF 以下）的固定标准电容器或可变标准电容器。空气电容器的性能好，例如上海沪光仪器厂生产的 BR13 型标准空气电容器，其额定值有：1pF、10pF、100pF、1000pF 四种，其基本误差为：0.01%，$\tan\delta<5\times10^{-5}$，用在 50～10000Hz 范围内电容变化小于±0.05%。为了制造大容量的标准电容器，通常以云母作为电介质，其介电常数为空气的 6～7 倍。云母的性能不如空气，它的介质损耗、介电常数随温度的变化（温度系数 α）都较大。云母电容器除一般做成固定标准电容器外，还做成十进位式的电容箱，如 RX7 型十进位式电容箱中的一套标准电容器就是用云母为介质的。此外，制造电容器极板的材料要用刚性好、膨胀系数小、耐腐蚀的材料。

2.5.2 实际电容器的等效电路

理想的电容器没有损耗，电压和电流相差 90°，如图 2-10 所示。实际电容器具有介质损耗，这时电压 $\dot{U}$ 和电流 $\dot{I}$ 的相差小于 90°，等于 $90°-\delta$，如图 2-11 所示。δ 称为损耗角。$\tan\delta$ 称为损耗因数，又常用 D 表示，即 $D=\tan\delta$。我们用损耗因数来表示介质损耗的相对大小。一般优质电容器的损耗角 δ 很小，因此有 $\tan\delta\approx\delta$。

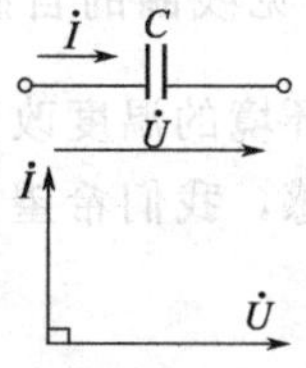

图 2-10　理想电容器及相量图

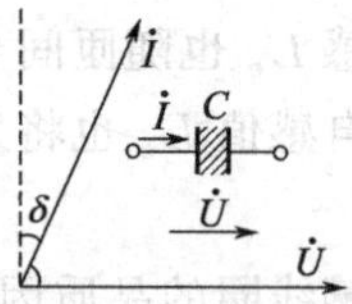

图 2-11　实际电容器及相量图

根据电路理论，一个有损耗的实际电容器，可以用一个无损耗的理想电容器 C_S 和一个电阻 R_S 的串联电路等效；或用一个 C_P 和 R_P 的并联电路等效。这两种等效电路及其相应的相量图如图 2-12 和图 2-13 所示。

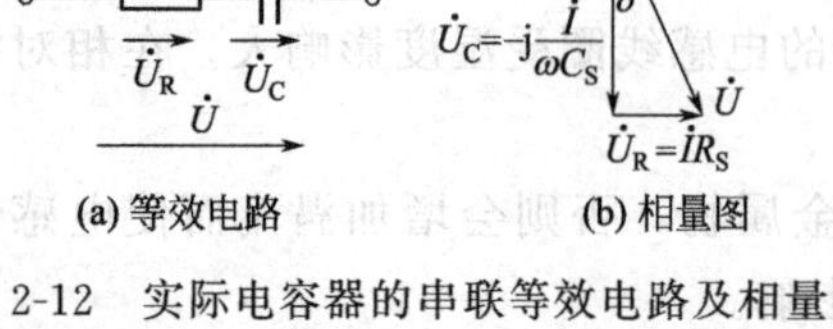

(a) 等效电路　(b) 相量图

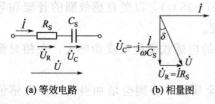

图 2-12　实际电容器的串联等效电路及相量图

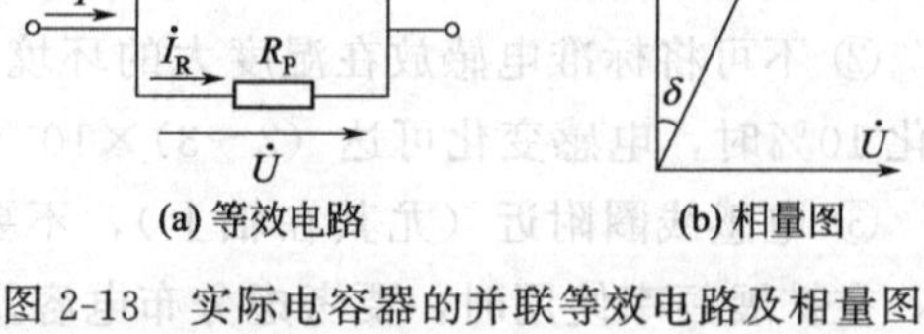

(a) 等效电路　(b) 相量图

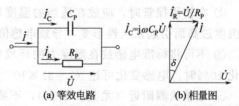

图 2-13　实际电容器的并联等效电路及相量图

这两种等效电路的阻抗或导纳分别为：$Z=R_S+\frac{1}{j\omega C_S}$；$Y=\frac{1}{R_P}+j\omega C_P$。

同一个电容器的两种等效电路，其阻抗值应该是相等的，但构成等效电路的参数是互不相等的，根据 $Y=1/Z$，可得它们之间的关系为

$$C_S=C_P\left(1+\frac{1}{\omega^2 C_P^2 R_P^2}\right)=C_P(1+\tan^2\delta) \tag{2-10}$$

$$R_S=\frac{R_P}{1+\omega^2 C_P^2 R_P^2}=\frac{\tan^2\delta}{1+\tan^2\delta}R_P \tag{2-11}$$

由相量图得

$$\tan\delta=\omega R_S C_S=\frac{1}{\omega R_P C_P} \tag{2-12}$$

通常 $C_S \neq C_P$；$R_S \neq R_P$，而且它们随着频率的改变而改变。只有当 $\tan\delta$ 很小时，即 R_S 很小以及 R_P 很大时，才有 $C_S \approx C_P$。对于标准电容器，这个条件通常是满足的。

2.5.3 标准电容器的屏蔽

图 2-14(a) 是两个端钮的电容器。实际上，由于电容器的两个极板对地有杂散电容 C_{10} 和 C_{20}，其值一般很大，而且不稳定，两端电容器的等效电路如图 2-14(b) 所示。如果将这两端电容器的 1、2 端接入电路中，则 1、2 两端的等效电容是：

$$C_{12}=C+\frac{C_{10}C_{20}}{C_{10}+C_{20}} \tag{2-13}$$

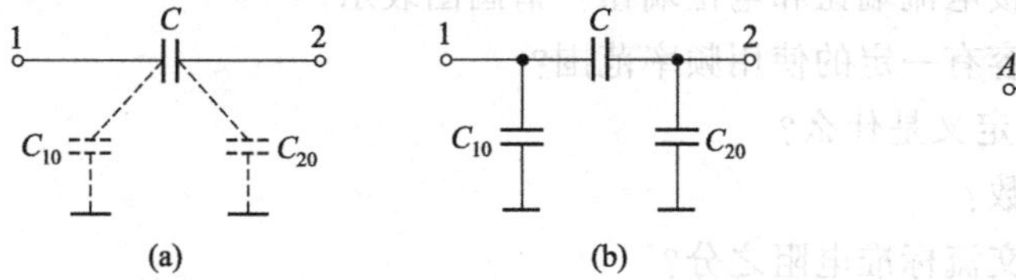

图 2-14　两端电容器及其对地杂散电容的等效电路

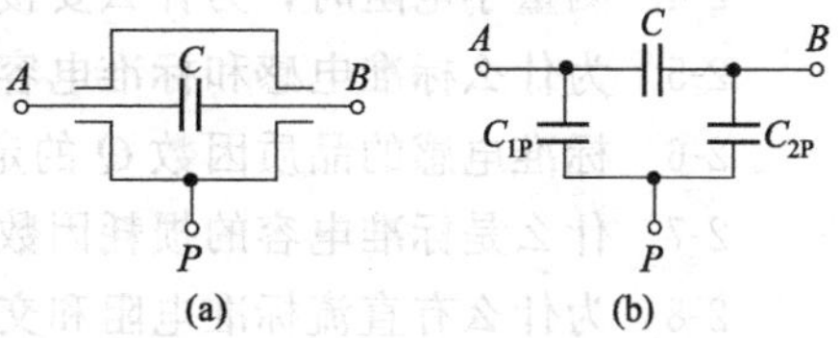

图 2-15　三端电容器及其等效电路

由于杂散电容数值不稳定，它的电容值随电容器的放置位置以及外界环境而变，使 C_{12} 的值也不稳定，特别是对小值的标准电容器影响更为显著。当对地杂散电容的影响不可忽略时，标准电容通常用金属屏蔽罩屏蔽起来，制成三端电容，如图 2-15(a) 所示。金属屏蔽上的接线端钮 P 称为屏蔽端钮。因此，一般标准电容都有三个端钮 A、B、P，故称为三端电容器。由于有了屏蔽，电容器两极板对屏蔽罩将有电容 C_{1P} 和 C_{2P}，而屏蔽罩对地也将有电容 C_{P0}。其等效电路如图 2-15(b) 所示。在使用这种电容时，通常使屏蔽的电位为零或固定在某一数值上，这时 C_{1P}、C_{2P}、C_{P0} 均为固定值，在测量中就有可能设法消除它们的影响。

2.5.4 标准电容器的主要技术性能

标准电容器的主要技术性能见表 2-4。

表 2-4　标准电容器的主要技术性能

准确度等级	固有误差 δ/%	年不稳定值 γ /($\times10^{-4}$/年)	损耗因数 $D/\times10^{-4}$		温度系数 α/($\times10^{-5}$/℃)	
			气体介质	固体介质	气体介质	固体介质
0.01	±0.01	±0.5	0.5	2	±1	±3
0.02	±0.02	±0.8	0.5	3	±2	±3
0.05	±0.05	±1.5	1	5	±5	±5
0.1	±0.1	±3	1	5	±5	±5
0.2	±0.2	±6	1	10	±10	±10

早期的电容基准是由几个 10^5pF 的云母电容器组成。近来已改为由几只 10pF 的熔融石英电容器组成。因为石英电容器的稳定性很高，也容易对它定值，它的年变化约为 $1/10^7$，而且电容的温度系数小，绝缘性能好，损耗小。

2.5.5 标准电容器的使用及维护

① 标准电容器的主要技术标准应符合表 2-4 的规定。

② 精密测量时，应注意屏蔽端钮的正确接法，以设法消除对地电容的影响。

③ 保存的环境温度应稳定，避免由温度变化而引起电容量的不可逆变化。

④ 精密测量时，为确保电容内部温度与测试温度一致，应将电容器预先置于测试温度环境中，一般不少于 4h。

⑤ 标准电容器不可长期放置潮湿环境中，要加以密封，防止潮气侵入，以保证电容量的稳定；标准电容器通常都有屏蔽，屏蔽的目的是为了防止外电场的影响。

⑥ 大容量的电容器（大于 0.1μF），在使用时应注意由引线电感和频率所引起的附加误差，以及引线电阻所产生的附加损耗。

思考题与习题

2-1 饱和标准电池和不饱和标准电池有什么不同的特点？

2-2 某饱和标准电池在 20℃时，电动势为 1.0185V，问 25℃时它的电动势是多少？

2-3 为什么不能用万用表测量标准电池的电动势？

2-4 测量小电阻时，为什么要接电流端钮和电位端钮？请画图表示。

2-5 为什么标准电感和标准电容有一定的使用频率范围？

2-6 标准电感的品质因数 Q 的定义是什么？

2-7 什么是标准电容的损耗因数？

2-8 为什么有直流标准电阻和交流标准电阻之分？

第2篇　电气测量指示仪表及直读测量

电气测量指示仪表是电工测量中使用方法最简便仪表，可以用来测量各种电参量（如电压、电流、功率、电阻、电感、电容、相位等），并能够直接指示出被测量的大小和单位(直读测量)，应用最广泛。

电气测量指示仪表主要有：磁电系（含整流系）仪表，电磁系仪表，电动系仪表，感应系仪表等。本篇首先介绍电气测量指示仪表的结构原理和技术特性，然后介绍利用电气测量指示仪表对电参量进行直读测量的方法。合理选用仪表，正确进行测量。

第3章　电气测量指示仪表的一般知识

3.1　电气测量指示仪表的分类

电气测量指示仪表的种类很多，所以分类方法也很多，主要有以下几种。

① 按仪表的工作原理分　主要有：磁电系、电磁系、电动系、感应系、整流系、静电系、热电系、电子系。本书着重介绍前面四种，另外附带介绍整流系的电流表和电压表。

② 按被测量的名称（或单位）分　有：电流表（安培表、毫安表、微安表），电压表(伏特表、毫伏表)，功率表（瓦特表），高阻表（兆欧表），欧姆表，电度表（瓦时表），相位表（功率因数表），频率表以及多种用途的万用表、伏安表等。

③ 按被测量的变化规律分　有：直流表、交流表、交直流两用表。

④ 按使用方式分　有：安装式仪表和可携式仪表。

安装式仪表固定在开关板或电气设备的面板上，又称开关板式，准确度一般较低，价格便宜；可携式仪表不作固定安装，可供实验室以及工作现场使用，准确度一般较高，价格较贵。

此外，还可以按仪表的准确度等级、对外电场（或磁场）的防御能力以及使用条件等分类。

3.2　电气测量指示仪表的组成

3.2.1　仪表的组成

电气测量指示仪表虽然种类繁多，其测量对象也各不相同，但是它们的组成原理是基本相同的，它们的主要作用都是将被测量变换成仪表活动部分（指针）的偏转角或位移。电气指示仪表通常由测量机构和测量线路两个基本部分组成，如图 3-1 所示。测量机构能够在被测量作用下，引起指针发生偏转。测量机构中有可以带动指针偏转的活动部分和静止不动的固定部分。一般引起测量机构活动部分

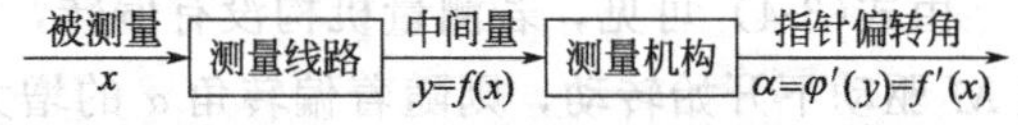

图 3-1　电气测量指示仪表的组成方框图

偏转的作用力矩是由电流和磁场的相互作用而产生的，因此，必须给测量机构施加一定的电流，活动部分才能偏转。一般测量机构中允许通过的电流较小，即测量机构能够直接接受的量 y 一般是较微弱的电流。如果被测量 x 是较大的电流或其他量（如电压、功率等)，则必须通过一定的电路将被测量 x 变换为测量机构能够直接接受的中间量 y，起这种作用的电路称为测量线路，如电流表中的分流器，电压表中的附加电阻等都属于测量线路。

3.2.2 仪表测量机构的组成原理

测量机构是电气测量指示仪表的核心，它的任务是将它所接受的中间量按一定比例转变为指针的偏转或位移，并能准确而迅速地指示出被测量的数值大小。任何测量机构都必须包括四个基本部分，即驱动装置、控制装置、阻尼装置及指示装置。各部分作用如下。

(1) 驱动装置

测量机构中接受中间量 y 以后，对活动部分产生转动力矩的装置称为驱动装置。驱动装置一般由固定的磁路系统（永久磁铁或固定线圈）及可动的线圈或铁磁元件组成。当线圈中通以电流时，电流与磁场之间相互作用产生电磁力矩，该力矩驱动与指针相连的活动部分，使之发生偏转。故称该力矩为转动力矩，用 M 表示。为了能从指针的偏转角反映出测量机构所接受的中间量的大小，转动力矩要和测量机构所接受的量有一定的函数关系，即

$$M=\varphi(y) \tag{3-1}$$

式中，M 为作用于活动部分的转动力矩；y 为测量机构所接受的量。

在有些测量机构中，转动力矩还与偏转角 α 有一定关系，则

$$M=\varphi(y,\alpha) \tag{3-2}$$

由于被测量 x 与测量机构所接受的中间量 y 有一定的函数关系 $y=f(x)$，所以转动力矩与被测量之间的函数关系为

$$M=\varphi(y)=\varphi[f(x)]=F(x) \tag{3-3}$$

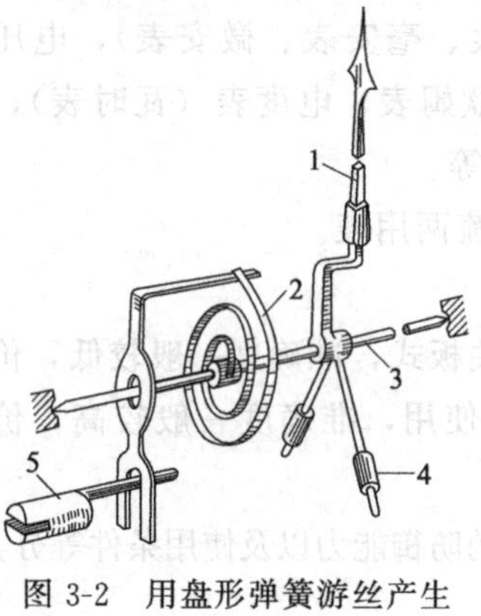

图 3-2 用盘形弹簧游丝产生反作用力矩

1—指针；2—游丝；3—轴；4—平衡锤；5—调零器

(2) 控制装置

测量机构中，对活动部分产生反作用力矩 M_f 的装置称为控制装置。控制装置一般由弹性元件——游丝或张丝组成，如图 3-2 所示。

如果只有转动力矩作用在活动部分上，它就会在转动力矩的作用方向上，一直偏转下去，直到受到阻挡为止。这就无法用指针的偏转来反映所接受的量的大小而达到测量的目的。因此，除了转动力矩之外，还要有一个反作用力矩作用在测量机构的活动部分上，并且希望反作用力矩的方向与转动力矩的方向相反，其大小则与指针的偏转角成正比，即

$$M_f=D\alpha \tag{3-4}$$

式中，M_f 为作用在活动部分的反作用力矩；α 为与活动部分相连的指针偏转的角度；D 为反作用力矩系数，取决于游丝或张丝的物理性能和几何尺寸。

由式(3-4) 可见，若测量机构没有偏转，则反作用力矩 M_f 为零；若活动部分在转动力矩 M 驱动下开始转动，则随着偏转角 α 的增大，反作用力矩也成比例地增大，直到它等于转动力矩时，指针才能平衡在一定的偏转角 α 上。M、M_f 和 α 之间的关系如图 3-3 所示。

当 $M=M_f$ 时，由式(3-3)、式(3-4) 可得

$$\alpha=\frac{1}{D}\varphi(y)=\frac{1}{D}F(x) \qquad (3\text{-}5)$$

由式(3-5) 可知，偏转角的大小就可以反映测量机构所接受的中间量 y 以及被测量 x 的大小，达到测量的目的。

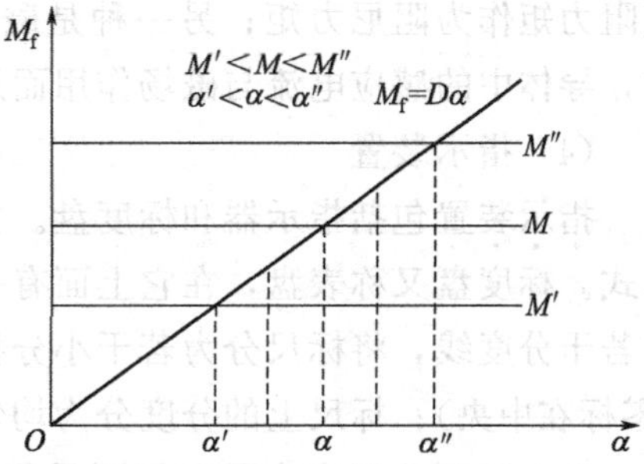

图 3-3　M、M_f 与 α 间关系

(3) 阻尼装置

测量机构中，对活动部分产生阻尼力矩的装置称为阻尼装置。只有转动力矩和反作用力矩作用于测量机构的活动部分是不够的，因为活动部分偏转到式(3-5) 所确定的平衡位置时，它还具有一定的动能，而不能立即在平衡位置处静止下来，必然要在平衡位置附近不停地摆动，直到这部分动能被消耗尽才能稳定下来。这需要较长的时间，因而增加了读数的困难。所以，为了使活动部分能较快地稳定在平衡位置，还要有第三种力矩作用在测量机构的活动部分上，这个力矩就是阻尼力矩，用 M_P 表示。阻尼力矩的特点是，其大小要与活动部分的偏转速度成正比，其方向与该速度的方向相反，即

$$M_P=-p\dot{\alpha} \qquad (3\text{-}6)$$

式中，p 为阻尼力矩系数；$\dot{\alpha}$ 为活动部分偏转角速度 $\dot{\alpha}=\mathrm{d}\alpha/\mathrm{d}t$；负号表示 M_P 与 $\dot{\alpha}$ 的方向相反。

此式表明，当活动部分偏转得快时，阻尼力矩就大，它使活动部分的偏转慢下来；当活动部分完全稳定后，偏转速度为零，阻尼力矩也就不存在了。

阻尼力矩只对活动部分的摆动起阻碍作用，并不改变由转动力矩和反作用力矩所确定的平衡位置，也就是对测量结果没有影响。它只影响活动部分的动态特性，因此，阻尼力矩是一种动态力矩。

适当选择阻尼力矩系数 p，活动部分就能较快地稳定到平衡位置上，这种阻尼状态称为临界阻尼状态。临界阻尼状态时的阻尼力矩称为临界阻尼力矩，用 M_c 表示。

当阻尼力矩 M_P 较大（即 $M_P>M_c$）时，活动部分缓慢地偏转到平衡位置，这种阻尼状态称为过阻尼状态。

当阻尼力矩 M_P 较小（即 $M_P<M_c$）时，活动部分偏转到平衡位置时，不能马上稳定下来，需要作一系列衰减的周期性摆动，才能稳定下来。这种阻尼状态称为欠阻尼状态。

电气测量指示仪表的测量机构中，产生阻尼力矩的阻尼装置通常有两种，如图 3-4 所示：一种是空气阻尼器，它是利用与活动部分相连的阻尼翼片在阻尼箱中运动时所受到的空

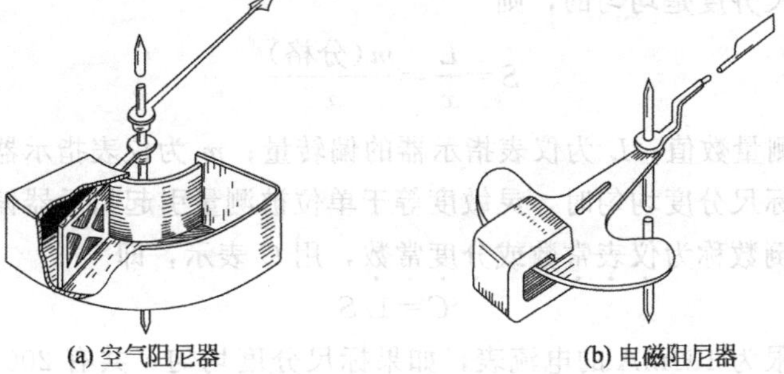

(a) 空气阻尼器　　(b) 电磁阻尼器

图 3-4　阻尼器

气阻力矩作为阻尼力矩；另一种是磁感应阻尼器，它是利用活动部分的导体在磁场中运动时，导体中的感应电流与磁场作用而形成的电磁力矩作为阻尼力矩。

(4) 指示装置

指示装置包括指示器和标度盘。指示器与测量机构的活动部分相连，一般为指针式或光标式。标度盘又称表盘，在它上面有一条或几条标度尺（简称标尺），在每一条标度尺上又有若干分度线，将标尺分为若干小分格。根据仪表的不同，标尺可分为单向标尺和双向标尺（零标在中央）；标尺上的分度分为均匀分度和不均匀分度等。

以上四部分便构成了电气测量仪表的测量机构。从测量机构的作用原理分析，驱动装置、控制装置和阻尼装置是测量机构中不可缺少的部分，故称它们为测量机构的三要素。正是由于它们分别产生的转动力矩 M、反作用力矩 M_f 和阻尼力矩 M_P，才使活动部分产生与被测量成一定关系的偏转角并很快地稳定下来。这三种力矩中，转动力矩与反作用力力矩是一对主要矛盾，而其中转动力矩又是矛盾的主要方面。正是由于产生转动力矩的机构各不相同，便构成了各种不同类型的测量机构，如磁电系、电磁系、电动系、感应系等。

作用在测量机构上的力矩除上面所介绍的三种力矩外，还有由转轴的轴尖和轴承之间产生的摩擦力矩，以及由于活动部分的重心与转轴不重合而产生的不平衡力矩等。由于这些力矩是不固定的，因而会增加测量机构的测量误差。

3.3 电气测量指示仪表的主要技术特性

指示仪表的技术特性是表征仪表质量好坏的重要依据。在国家标准 GB 776—76《电气测量指示仪表通用技术条件》中，对仪表的技术特性有明确的要求，制造厂家所生产的仪表必须符合这个要求。计量部门对仪表的检定，也就是要看仪表在主要技术特性方面是否符合国家标准和检定规程的要求。

直读式电气测量指示仪表的主要技术特性包括：灵敏度、误差、刻度单位、分度、仪表的功耗、阻尼时间、过载能力等。

(1) 仪表灵敏度和仪表常数

仪表指示器偏转的变化量 ΔL（或 $\Delta\alpha$）与被测量的变化量 Δx 之比，称为仪表的灵敏度，用 S 表示，即

$$S=\Delta L/\Delta x$$

当 $\Delta x\to 0$ 时

$$S=\lim_{\Delta x\to 0}\frac{\Delta L}{\Delta x}=\frac{\mathrm{d}L}{\mathrm{d}x} \tag{3-7}$$

如果仪表的标尺分度是均匀的，则

$$S=\frac{L}{x}=\frac{m(\text{分格})}{x}$$

式中，x 为被测量数值；L 为仪表指示器的偏转量；m 为仪表指示器偏转的分格数。

因此，当仪表标尺分度均匀时，灵敏度等于单位被测量引起指示器偏转的分格数。

仪表灵敏度的倒数称为仪表常数或分度常数，用 C 表示，即

$$C=1/S \tag{3-8}$$

例如，一只量限为 100mA 的电流表，如果标尺分度均匀，共有 200 个分格，那么它的灵敏度和仪表常数分别为

$$S=\frac{200\text{div}}{100\text{mA}}=2\text{div/mA}$$

$$C=\frac{1}{S}=\frac{1\text{mA}}{2\text{div}}=0.5\text{mA/div}$$

显然，仪表的灵敏度和仪表常数反映了仪表对被测量的分辨力。如果仪表的灵敏度越高，则仪表常数越小，对被测量的分辨力越强，当然仪表的量限也越小。不同类型和规格的仪表灵敏度相差很大，选用仪表时，应根据被测量的大小选择灵敏度合适的仪表不要一味追求高灵敏度的仪表。否则，会使测量超过仪表的量限而不能测量。

（2）仪表的误差和准确度

电气测量指示仪表的误差（或准确度）用准确度等级 a 表示，从整体上反映仪表的误差性能，在使用仪表进行具体测量时所产生的测量误差往往低于仪表的准确度等级。

在规定的正常使用条件下，一只仪表在整个标尺分度线上的实际误差小于或等于该仪表准确度等级所允许的误差范围。否则仪表为不合格或降级使用。在选用仪表的准确度等级时要与进行测量所要求的准确度相适应，一味追求用高准确度的仪表是不经济的，同时也是没有必要的。通常 0.1 级和 0.2 级仪表多用作标准表以校准其他的工作仪表，0.5～1.5 级通常在实验室使用，配电盘使用的仪表一般准确度较低。

（3）仪表功耗

仪表在工作时都要消耗一部分功率——功耗，这部分功率来自被测电路。如果仪表消耗的功率太大，一方面会引起仪表内部元件的温升，同时会改变被测电路的工作状态，它们都将引起测量误差。因此要求仪表的功耗越低越好。不同类型及不同量限的仪表内部功耗不同。仪表的内部功耗可根据仪表的参数（例如仪表的内阻）及工作电流或电压进行计算。

（4）仪表的阻尼时间

阻尼时间是指被测量开始变动到仪表的指示在平衡位置左右的摆幅不大于标尺全长的 1%时所需要的时间。为了读数迅速，阻尼时间越短越好。一般仪表的阻尼时间不应超过 4s，最多不得超过 6s。

（5）仪表的过载能力

仪表在使用中，有时由于量限选择不当或电路发生意外而使施加到仪表上的被测量超过仪表正常工作所能接受的量，这时仪表工作在过载状态。过载情况严重时，可能烧坏仪表内部的线圈或者由于瞬时转矩过大造成机械损坏，例如轴尖、轴承、游丝损坏或打弯指针等。为了适应使用中的一些意外情况，各种仪表应具有一定的耐过载能力。不同类型的仪表过载能力不同。

（6）抗外界干扰能力

仪表在工作时，要受到环境温度、湿度及外部磁场、电场的影响。

为了减小由于环境温度、湿度造成的附加误差，在《电气测量指示仪表通用技术条件》中规定了仪表按温度和湿度的不同情况分为 A、A_1、B、B_1、C 五组，各组仪表对温度和湿度的要求如表 3-1 所示。在仪表的表盘上一般都注明仪表属于哪一组，如不注明，则属于 A 组仪表。

为了减少由于外部磁场或电场的干扰，在仪表内部往往加屏蔽装置，视要求不同，一般分为Ⅰ、Ⅱ、Ⅲ、Ⅳ级屏蔽。各等级在规定条件下所引起的附加误差不应超过表 3-2 中所列数据。由表中数字可见，Ⅰ级的屏蔽最好，防御能力最强，以下依次减弱。0.1、0.2、0.5级仪表的防御外界磁场能力应不低于Ⅱ级。仪表的屏蔽情况也在表盘上注明。

表 3-1　各组仪表对温度、湿度的要求

环境条件＼组别		A 组	A_1 组	B 组	B_1 组	C 组
工作条件	温度	0～40℃		−20～＋50℃		−40～＋60℃
	湿度（当时温度）	95%（＋25℃）	85%（＋25℃）	95%（＋25℃）	85%（＋25℃）	85%（＋25℃）
最恶劣条件	温度	−40～＋60℃		−40～＋60℃		−50～＋65℃
	湿度（当时温度）	95%（＋35℃）		95%（＋35℃）		95%（＋35℃）

表 3-2　防御外界场的能力

仪表对外界场的防御等级	允许附加误差/%
Ⅰ	±0.5
Ⅱ	±1.0
Ⅲ	±2.5
Ⅳ	±5.0

(7) 其他

为了保证仪表使用安全，应有足够高的绝缘电阻和耐压能力；为了读数方便，应有良好的读数装置（例如分度清晰并尽可能均匀）等；另外还希望仪表的结构简单、坚固，价格低廉。

以上技术特性也是我们选择仪表时的主要依据。在仪表选定之后，还要正确使用它，保证有正常的工作条件，否则会引起附加误差。在进行测量时还要正确读数；当刻度盘上有几条刻度线时，应先根据被测量的种类、大小，选好应读哪一条刻度尺；读数时，视线要与刻度尺的平面垂直，以消除读数误差；若指针指在两条分度线之间时，应根据仪表的准确度做出正确的估计。

① 电工仪表的标志　不同种类的电工仪表具有不同的技术特性。为了便于选择和使用仪表，通常把这些技术特性用不同的符号标示在仪表的刻度盘或面板上，叫做仪表的标志。根据国家标准，每个仪表应有测量对象的单位、准确度等级、电流种类和相数、工作原理的系别、使用条件组别、工作位置、绝缘强度试验电压的大小、仪表型号以及各种额定值的标志。

② 电工仪表的型号　电工仪表的产品型号是按规定的标准编制的，对于安装式和可携式指示仪表的型号各有不同的编制规则。

安装式仪表型号的基本组成形式如图 3-5 所示。

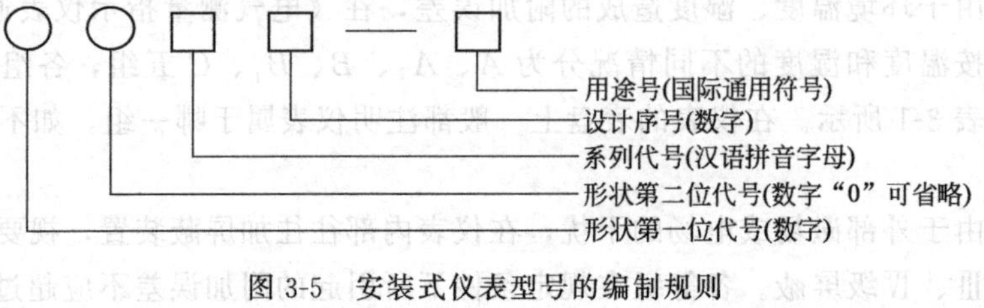

图 3-5　安装式仪表型号的编制规则

表 3-3　电工仪表产品型号

类别代号＼组别代号	A	B	C	D	E	F	G	H	J	K	L	P	Q	R	S	T	U	X	Z	Y
指示电表		谐振(振簧)	磁电	电动	热电		感应				整流	补偿	静电	热线	双金属	电磁	充电		电子	其余
D 电度表	安培小时计	标准		单相		伏特小时计		总耗	直流		打点记录				三相三线	三相四线		无功	最高需量	其余
M 各种(专用)仪表						万用表复用表	钳形表				整流				交流				组合(成套)仪表	其余
H 仪用互感器					校验装置	放大器			电压		电流									其余
C 测量仪器		比较装置	冲击装置	磁导计	测定仪	测量用线圈		铁损计	磁力计		测量装置				退磁装置	磁通计			校验装置	其余
L 自动记录仪器			磁电	电动						自动控制	整流		桥式			动铁	电位差计		电子	其余
A 微电计		谐振	磁电																电子	其余
Z 电阻度量			欧姆表															电阻箱	电阻	其余
Q 电桥						复用			直流						交流					其余
R 电容度量						法拉计												电容箱		其余
G 电感度量								亨利计										电感箱		其余
B 标准度量			电池				自感	互感						电容	电子时间常数	时间			电阻	其余
K 自动控制仪器			磁电										桥式				电位差计		电子	其余
U 电位差计									直流						交流				电子	其余
S 示波器			磁电																	其余
J 遥测电表			磁电	电动							直流								电子	其余
P 数字电表			欧姆表			检验装置						频率表						相位表	伏特表	其余
X 校验装置						复用														其余
F 附件配件			振动子	电子元件电阻温度计	热电偶热电堆	复用	光照设备	热电变换器	分压箱倍率器附加电阻	开关	分流器分流箱				传送器				整流器	其余
Y 其余															交流					其余

例如：QJ28 型直流电桥，Q 表示电桥，J 表示直流，28 表示设计序号；DS2 型三相三线有功电度表，D 表示电度表，S 表示三相三线，2 表示设计序号。

形状第一位代号按仪表面板形状最大尺寸编，形状第二位代号按外壳形状尺寸特征编；系列代号表示仪表的不同系列，如磁电系用 C，电磁系用 T，电动系用 D，感应系用 G，整流系用 L，静电系用 Q 来表示等。例如 42C3-A 型直流电流表，“42”为形状代号，按形状代号可从有关标准中查出仪表的外形和尺寸，“C”表示是磁电系仪表，“3”为设计序号，“A”表示用来测量电流。

对于可携式仪表，则不用形状代号。第一位为组别号，亦即用来表示仪表的不同系列，以下部分的组成形式和安装式仪表相同。例如 T24-V 型交流电压表，“T”表示电磁系，“24”为设计序号，“V”表示用来测量电压。

除上面所说的指示类仪表外，其他各类仪表的型号，还应在组别号前面再加上一个类别号，也以汉语拼音字母表示。如电度表用 D、电桥用 Q、数字电表用 P 等。这些仪表的组别号所代表的意义也和指示仪表不同。常用电工仪表的型号和类组代号，如表 3-3 所示。

使用仪表时，必须首先观察表面的各种标记，以确定该仪表是否符合测量的需要。

思考题与习题

一般电气测量指示仪表由哪几部分组成？它们各起什么作用？

第 4 章 磁电系仪表

磁电系仪表（在国家标准 GB 776—65《电气测量指示仪表通用技术条件》中定名为动磁系仪表）是电气测量指示仪表中应用最广泛的一类仪表。它不仅普遍应用于测量直流电流和直流电压，而且配合一定的测量线路或换能器，还可以测量其他电量、电路参数以及非电量。例如，加上整流器时可以用来测量交流电流和交流电压；加上附加电源，可以用来测量电阻；加上传感器可用来测量温度、压力等。如采用特殊结构还可以构成检流计，用来测量极其微小的电流（10^{-10} A）；以及特殊结构的兆欧表测量绝缘电阻。因此，磁电系仪表在电气测量指示仪表中占有极其重要的地位。本章首先介绍磁电系测量机构的一般结构、作用原理及特性，然后分别介绍常用的各种磁电系仪表的构成及其应用。

4.1 磁电系测量机构

利用永久磁铁的磁场对载流线圈中的电流作用而产生转矩的测量机构叫做磁电系测量机构。由磁电系测量机构组成的仪表称为磁电系仪表。

4.1.1 磁电系测量机构的结构

磁电系测量机构是磁电系仪表的核心，其一般结构如图 4-1 所示。

仪表的测量机构由固定部分和活动部分组成。固定部分是测量机构的磁路系统，活动部分包括铝框及绕在铝框上的线圈、转轴（或张丝、悬丝）、游丝、指示器（指针或光指示器中的反射镜等）。

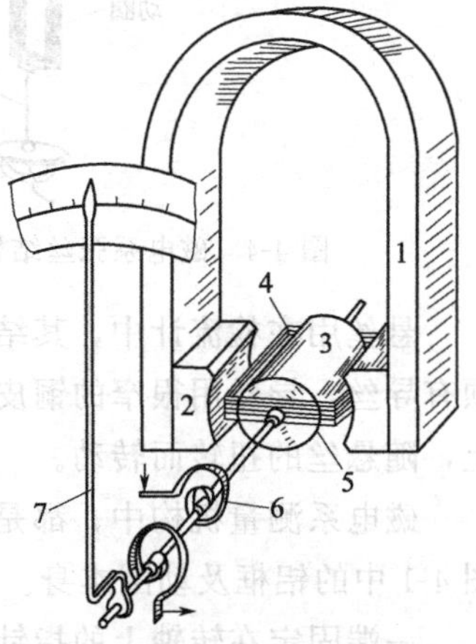

图 4-1 磁电系测量机构的结构

1—永久磁铁；2—极掌；3—铁芯；

4—铝框；5—线圈；

6—游丝；7—指针

磁电系测量机构的磁路系统包括：产生磁场的永久磁铁，连接在永久磁铁两极的半圆筒形的极掌，两个极掌空腔中固定连结于支架上的圆柱形铁芯，极掌与圆柱形铁芯间有一定的空气隙。

空气隙中形成大小相等、方向为辐射状（均匀辐射形）磁场。活动部分的可动线圈就处在这个磁场中。如图 4-2 所示。空气隙中的磁感应强度应该稳定，受外磁场、温度及机械振动影响要小。空气隙中磁场的磁感应强度越大，仪表的灵敏度越高。所以要用剩磁大和矫顽力高的硬磁材料做永久磁铁。原来多用钨钢和铬钢，空气隙中磁感应强度约为 0.08～0.12T。现在，高灵敏度仪表多用铝镍钴合金，空气隙中磁感强度可达 0.2～0.3T 以上，甚至可高达 0.5～0.6T，因此，磁铁尺寸、重量以及仪表的尺寸都可以相应缩小。

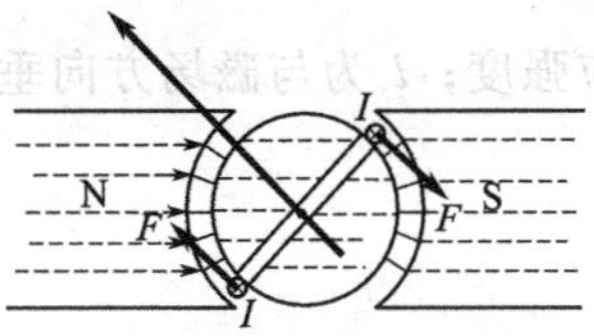

图 4-2 磁电系测量机构的磁场

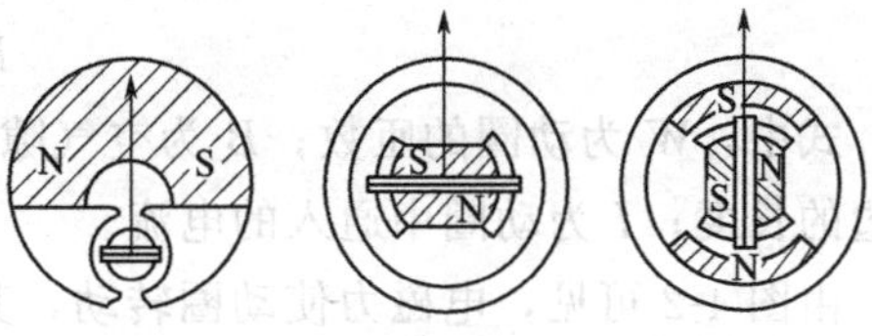

(a) 外磁式　(b) 内磁式　(c) 内外磁式

图 4-3 磁电系测量机构的磁路

磁电系测量机构的磁路系统根据永久磁铁和可动线圈的相对位置可分为：外磁式、内磁式和内外磁三种，如图 4-3 所示。目前在磁电系测量机构中，外磁式结构应用最广，我们也着重讨论这种型式的测量机构。

磁电系测量机构的可动线圈是很细的漆包线绕制的矩形线框。它可以绕在铝框上，但高灵敏度的仪表常不用铝框，以减轻可动部分的重量。仪表的转轴分成两半（故称半轴），一端固定在动圈上，另一端安装轴尖后支承在宝石轴承里。指针固定在上半轴上。

反作用力矩通常用游丝、张丝或悬丝产生。磁电系测量机构中的游丝有两个（见图 4-1），它们的螺旋方向相反，游丝的内端固定在转轴上，并分别与动圈导线的两个端头相连，外端固定在支架上，电流通过游丝引入动圈。当转轴转动时，游丝变形而产生反作用力矩。

高灵敏度磁电系测量机构中广泛采用张丝，其结构如图 4-4 所示。张丝分上、下两根，一端与动圈相接，另一端固定在弹片上。弹片具有弹力，可以用来调整张丝的张力，从而调整动圈转动时张丝反作用力矩的大小。

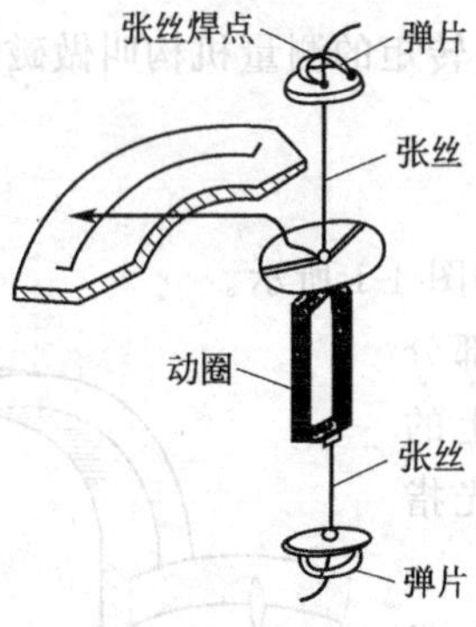

图 4-4　磁电系张丝结构示意图

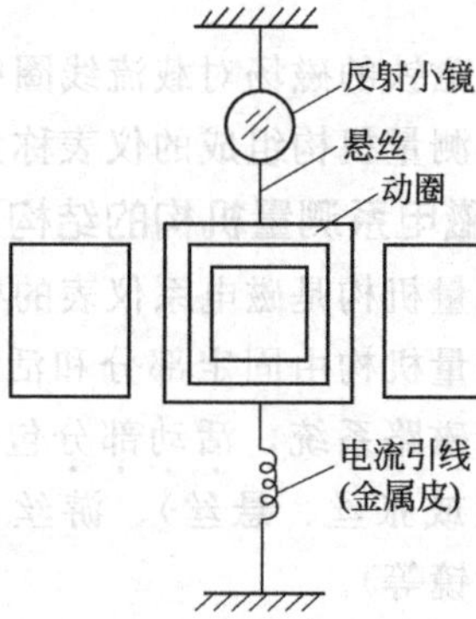

图 4-5　磁电系检流计结构示意图

悬丝用在检流计中，其结构如图 4-5 所示。悬丝将动圈悬挂起来，为了引入电流，还必须有导丝，导丝用很窄的铜皮做成，不产生反作用力矩。图中作指示用的反射镜固定在悬丝上，随悬丝的扭转而转动。

磁电系测量机构中，都是利用电磁感应阻尼器产生阻尼力矩，构成阻尼装置的部件是图 4-1 中的铝框及动圈本身。

一端固定在转轴上的指针和表盘上的标度尺构成了读数装置。

4.1.2　磁电系测量机构的工作原理

磁电系测量机构中的驱动装置主要是由磁路系统和可动载流线圈组成。由于磁路系统结构的特点，使空气隙中磁场呈均匀辐射状，如图 4-2 所示。转轴和圆柱形铁芯轴线重合的矩形动圈的长边 l 和磁场方向垂直，并且在它的转动范围内，磁感应强度 B 的大小是相等的。

当动圈中通入电流 I 时，动圈与磁场方向垂直的每边导线受到电磁力的作用，其大小是

$$F=WBlI \tag{4-1}$$

式中，W 为动圈的匝数；B 为空气隙中磁场的磁感应强度；l 为与磁场方向垂直的动圈长边的长度；I 为动圈中通入的电流。

由图 4-2 可见，电磁力使动圈转动，其转动力矩

$$M=2F\frac{b}{2}=WBlIb=WBSI \tag{4-2}$$

式中，b 为动圈的宽度；$S(=lb)$ 为动圈所包围的面积。

在转动力矩的作用下，动圈按一定方向（如图 4-2 中的顺时针方向）转动。随着动圈的转动，游丝发生形变而产生反作用力矩，且随活动部分偏转角 α 的增加而增加，即

$$M_f = D\alpha \tag{4-3}$$

当反作用力矩增加到与转动力矩相等时，活动部分最终将停留在某平衡位置，这时

$$M_f = M$$

即

$$D\alpha = WBSI$$

所以

$$\alpha = \frac{WBSI}{D} = S_I I \tag{4-4}$$

式中，$S_I = \dfrac{WBS}{D}$为磁电系测量机构对电流的灵敏度。

对于任何一块定型的仪表，其 W、B、S、D 都是一定的，所以 S_I 是一个常数，因此，磁电系测量机构的偏转角 α 与通入线圈中的电流 I 成正比，因而标尺上的刻度是均匀的。

磁电系测量机构可以用来直接测量直流电流，也可以用来测量与电流成一定比例关系的其他量，例如电压、电阻及经过变换器变换的非电量。

磁电系测量机构的阻尼力矩 M_P 是由绕有线圈的铝框架产生的。其原理为：当线圈在磁场中运动时，闭合的铝框架切割磁力线产生感应电动势，从而在铝框中产生感应电流，该电流与空气隙中的磁场又互相作用，产生一个力矩，这一力矩的方向总是与线圈转动的方向相反，从而阻止线圈来回摆动，促使线圈很快地静止下来。线圈转动越快，即转动角速度越大，感应电流也越大，阻止线圈运动的力矩也越大；线圈停止转动时，感应电流消失，此力矩也不存在，所以，这个力矩是阻尼力矩 M_P（$M_P = -p\dot{\alpha}$）。

当然，当动圈与外电路构成闭合回路时，动圈本身的偏转也要产生感应电流，因而产生阻尼力矩。由于动圈中的感应电流与外电路电阻有关，因此，其阻尼力矩也与外电路电阻有关；而且由于动圈中的感应电流远小于铝框中的感应电流，所以动圈本身产生的阻尼力矩一般远小于铝框中产生的阻尼力矩。

4.2　磁电系电流表

磁电系测量机构可直接用来测量电流，做成电流表，图 4-6 为测量电流的简单电路。磁电系电流表按其量限可分为微安表（μA）、毫安表（mA）、安培表（A）、千安表（kA）。

由于磁电系测量机构中的游丝和动圈导线允许通过的电流较小，一般在微安级至几十毫安范围内，因此测量机构只能直接构成微安表和小量限的毫安表。过大的电流会因过热而烧坏动圈导线的绝缘或使游丝过热而变质，所以为了测量较大的电流，则必须配上一定的测量线路扩大量限。电流表的测量线路就是与测量机构（俗称表头）相并联的分流器。构成分流器的电阻称为分流电阻。利用分流器可以构成多种单量限电流表和多量限电流表。

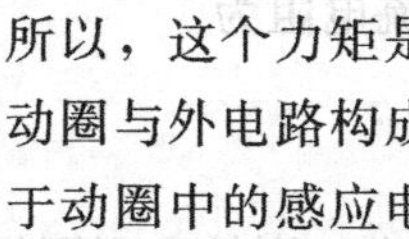

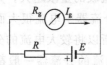

图 4-6　用电流表测电流的简单电路

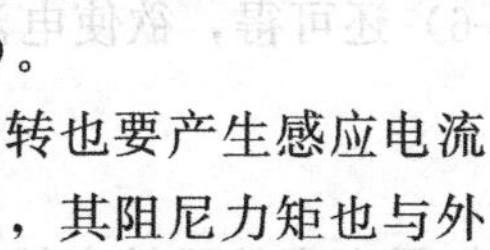

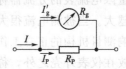

图 4-7　单量限电流表的分流器

4.2.1 单量限电流表

单量限电流表的分流器是由一个分流电阻构成的，如图 4-7 所示。图中 I'_g 为通过表头的电流（满偏电流为 I_g）；R_g 为表头的内阻，它是游丝和动圈导线的总电阻；R_P 为分流电阻。由于 R_P 与测量机构并联，测量时，被测电流只有一部分通过表头，而其余部分则通过 R_P，因此可以扩大电流量限。

它们的关系为：

$$I'_g R_g = I_P R_P$$

而

$$I_P R_P = \frac{R_P R_g}{R_P + R_g} I$$

所以

$$I'_g = \frac{R_P}{R_P + R_g} I \tag{4-5}$$

式中，I 为被测电流。

由式(4-5) 可知，R_P 和 R_g 为常数时，I'_g 与 I 之间存在一定的比例关系，如果在电流表满偏时，即 $I'_g = I_g$，电流量限便扩大为

$$I = \frac{R_P + R_g}{R_P} I_g = K I_g \tag{4-6}$$

式中，$K = \frac{I}{I_g} = \frac{R_P + R_g}{R_P}$ 称为分流系数。它表示被测电流与表头中流过的电流之比，也就是电流量限扩大的倍数。

由式(4-6) 还可得，欲使电流量限扩大 K 倍时，所需分流电阻为

$$R_P = \frac{R_g}{K - 1} \tag{4-7}$$

显然，如果表头的灵敏度越高，即表头的满偏电流 I_g 越小，则扩大到同样电流量限时，分流系数 K 越大，分流电阻 R_P 越小。

例 4-1 已知一磁电系表头内阻 $R_g = 1\text{k}\Omega$，满偏电流 $I_g = 100\mu\text{A}$，若将该表头改装为量限为 5A 的电流表，问分流电阻 R_P 为多大？

解 根据定义，分流系数为

$$K = \frac{I}{I_g} = \frac{5}{100 \times 10^{-6}} = 5 \times 10^4$$

则分流电阻为

$$R_P = \frac{R_g}{K - 1} = \frac{1 \times 10^3}{5 \times 10^4 - 1} = 0.02\ (\Omega)$$

4.2.2 分流器

构成单量限电流表的分流器称为单量限分流器。如果电流表的量限越大，则分流器中流过的电流也越大。当被测电流很大时（如 50A 以上），由于分流器中电流很大而使其发热很严重，将影响测量机构的正常工作。而且它的体积也很大，所以将较大电流的分流器作成单独的装置，放在仪表外壳之外，称为“外附分流器”；较小电流的分流器一般都放在仪表内部，称为“内附分流器”。

"外附分流器"的结构形式如图 4-8(a) 所示。为了减小接触电阻对分流系数的影响，它们都具有两对接线端钮，粗的一对叫"电流端钮"，串接于被测的大电流电路中；细的一对叫"电位端钮"，与测量机构（表头）并联，如图 4-8(b) 所示。

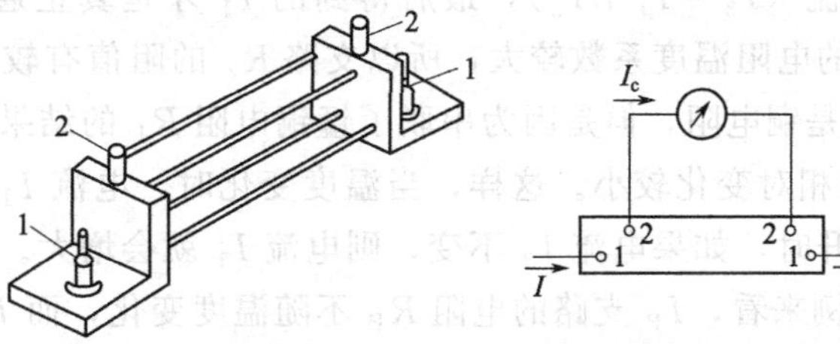

(a) 结构形式　　(b) 接法

图 4-8 "外附分流器"结构形式及接法

1—电流端钮；2—电压端钮

"外附分流器"又分为专用分流器和定值分流器两种。专用分流器只能用于与它一起校准过的电流表；定值分流器上一般标明额定电流值和额定电压值，根据国家标准 GB 776—76 规定，定值分流器电位端钮间的额定电压在额定电流下统一规定为 30mV、45mV、75mV、100mV、150mV 和 300mV。只要表头的额定电压（等于表头的内阻 R_g 与表头满偏电流 I_g 的乘积）与分流器铭牌上标明的额定电压相同时，即可配合使用，这时电流表的量限就等于分流器的额定电流值。

当利用分流器扩大量限时，只有在分流器的电阻值 R_P 和测量机构的电阻值 R_g 都保持不变的条件下才能得到准确的测量结果。分流器一般用锰铜制成，其电阻率大，温度系数小（即当温度变化时电阻值变化很小），而测量机构中的游丝是用磷青铜或铍青铜做成的，载流线圈是用铜线或铝线绕制，它们的电阻温度系数较大。所以，在温度变化时，分流系数必然要发生变化，被测电流在线圈和分流器中的分配关系就会改变，因而影响仪表测量的准确度。因此，为了减小这种误差，就必须在仪表中采取各种温度补偿措施。

(1) 串联温度补偿

在测量机构支路中串联一个温度补偿电阻 R_t，即构成温度补偿电路，如图 4-9 所示。图中电阻 R_t 也是用锰铜制成的，而且其电阻值要比测量机构的电阻 R_g 大得多。这样，当温度变化时，虽然 R_g 有所改变，但由于 R_t 基本上不变，所以测量机构支路的总电阻（R_t+R_g）的相对变化很小，电流分配的比例几乎不变，这就有效地补偿了温度误差。

这种温度误差补偿的方式比较简单。但是，要得到满意的补偿效果，电阻 R_t 的数值必须足够大。而 R_t 太大时必将限制通过测量机构的电流，因此要求测量机构的灵敏度很高。所以这种简单的串联温度补偿不适用于高精度的仪表中，通常只在安装式仪表中采用。例如：国产 1C2-A 型直流电流表就是采用这样的补偿电路。

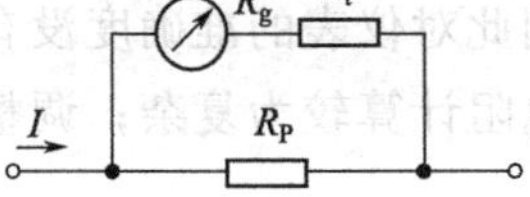

图 4-9　串联温度补偿电路

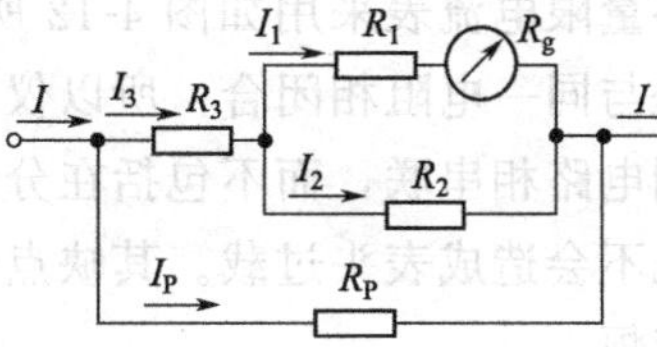

图 4-10　串并联温度补偿电路

(2) 串并联温度补偿电路

这种补偿电路是由电阻的串并联构成的，如图 4-10 所示。图中 R_1 和 R_3 为锰铜电阻，R_2 是铜电阻，R_g 是测量机构线圈的铜电阻，而 R_P 为锰铜的分流电阻。

图 4-10 中被测电流 I 进入仪表电路后要经两次分流：首先经过 R_P 的分流（$I=I_P+I_3$），然后又有 R_2 的分流（$I_3=I_1+I_2$），最后得到的 I_1 才是真正通过测量机构的电流。当温度变化时，由于铜的电阻温度系数较大，所以支路 R_2 的阻值有较大的变化；而在测量机构支路中，R_g 虽然也是铜电阻，但是因为串联了锰铜电阻 R_1 的结果，使这个支路的总电阻（R_1+R_g）随温度的相对变化较小。这样，当温度变化时，电流 I_1 和 I_2 的分配比例就发生了变化。当温度上升时，如果电流 I_3 不变，则电流 I_1 就会增大。但是在另一方面，从电流 I_3 和 I_P 的分配比例来看，I_P 支路的电阻 R_P 不随温度变化，而 I_3 支路中由于铜电阻 R_2 和 R_g 存在，使得其总电阻将随温度的上升而增加，因此电流 I_3 将随温度的上升而减小。总之，如果被测电流 I 一定，则在后面的分流中，I_1 将随温度的上升而有增大的趋势，但是在前面的分流中，I_3 却因温度的上升而减小。适当地选择各电阻的数值，可以做到当温度上升时，I_1 的较大分配正好被 I_3 的较小分配所补偿。这样，流进测量机构的电流 I_1 就只取决于被测电流 I 的大小，而不再随温度变化，这就达到了温度补偿的目的。

串并联温度补偿电路广泛应用在可携式仪表中，例如国产 C4-A、C32-A 等型直流电流表就采用这种电路。

4.2.3 多量限电流表

在一个仪表中采用不同阻值的分流电阻，便可以制成多量限的电流表。

多量限电流表可能的一种接线为图 4-11 所示的独立分流线路，它是用转换开关转接不同的分流电阻，以改变量限。这种接线方法的优点是各量限具有独立的分流电阻，互不干扰，调整方便。但也有严重的缺点：温度误差随量限的变化而变化；换接开关的接触电阻包括在分流电阻内（与分流电阻串联），将引起很大的误差，而且接触电阻的大小变化很大，所引起的误差可能在很大范围内变动；如果由于接触不良而造成分流电路断开，则被测电流将全部通过测量机构使表头过载甚至烧坏。所以这种线路只在较低准确度的仪表中可能被采用，一般情况下很少采用。

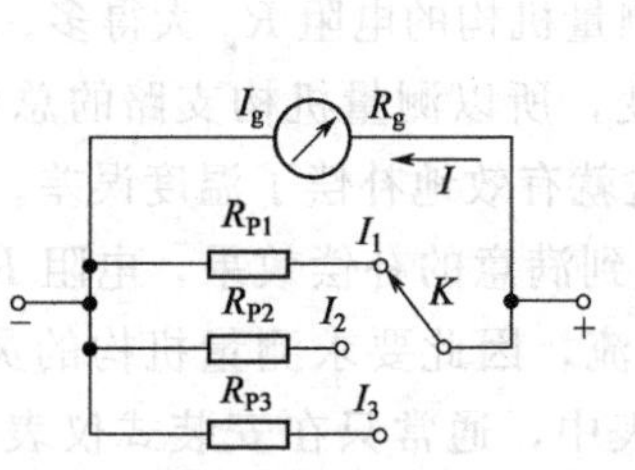

图 4-11 用独立分流电阻扩大量限

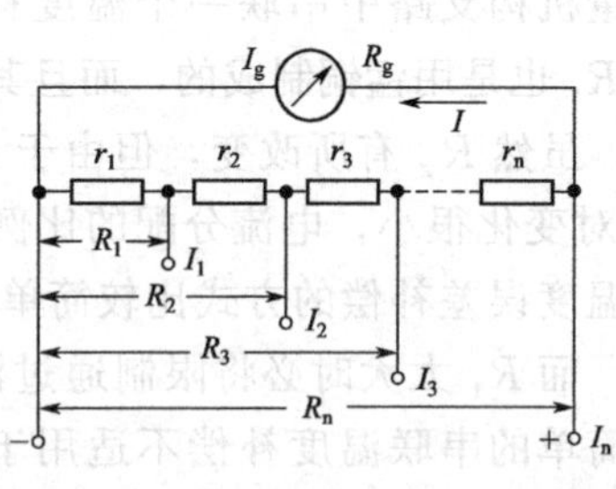

图 4-12 用环形分流电阻扩大量限

最常见的多量限电流表采用如图 4-12 所示的环形分流线路。其优点是：无论量限如何改变，表头总是与同一电阻相闭合，所以仪表的阻尼时间和温度误差不随量限而变；开关的接触电阻与被测电路相串联，而不包括在分流电阻内，因此对仪表的准确度没有影响；转换开关接触不良也不会造成表头过载。其缺点是：各分流电阻计算较为复杂；调整阻值时，相互牵连，较为麻烦。

电路计算如下。

① 独立分流电阻接法（又称开路连接分流器） 由式(4-7) 知，各分流电阻为

$$R_{Pi}=\frac{R_g}{K_i-1} \tag{4-8}$$

式中，$K_i=I_i/I_g$ 为分流系数（量限扩大倍数）。

② 环形分流电阻接法（又称闭路连接分流器）　由图 4-12 可见，电阻 r_1、r_2、r_3、…、r_n 与表头串联接成环形，最大量限为 I_1，最低量限为 I_n，并用 R_1、R_2、R_3、…、R_n 分别表示各量限的分流电阻，则最低量限的总分流电阻为

$$R_n=\frac{I_g}{I_n-I_g}\cdot R_g=\frac{R_g}{K_n-1} \tag{4-9}$$

式中，I_g 为表头的满偏电流；R_g 为表头内阻；$K_n=I_n/I_g$ 为最低量限的分流系数。

任一量限时，表头支路压降和分流支路压降相等，即令任一量限的分流电阻和电流分别为 R_i 和 I_i，则

$$I_g(R_g+R_n-R_i)=(I_i-I_g)R_i$$

所以

$$I_iR_i=I_g(R_g+R_n)=I_g\Sigma R \tag{4-10}$$

式中，$\Sigma R=R_g+R_n$ 为表头回路总电阻。

由式(4-10) 可知，任一量限的电流 I_i 与该量限分流电阻 R_i 的乘积都是相等的，即存在下述关系

$$I_1R_1=I_2R_2=I_3R_3=\cdots=I_nR_n=I_iR_i=I_g\Sigma R=K_U \tag{4-11}$$

因为电流表制成之后，其测量机构满偏电流 I_g、内阻 R_g 和总分流电阻 R_n 都是一定的，所以 K_U 是一个常数。

由式(4-11) 可得

$$R_i=K_U/I_i \tag{4-12}$$

例 4-2　一只毫安表的接线如图 4-13 所示。已知表头内阻 $R_g=900\Omega$，满偏电流 $I_g=1\text{mA}$，各量限电流分别为 10mA、50mA、250mA 和 1000mA，求电阻 r_1、r_2、r_3 和 r_4 的阻值。

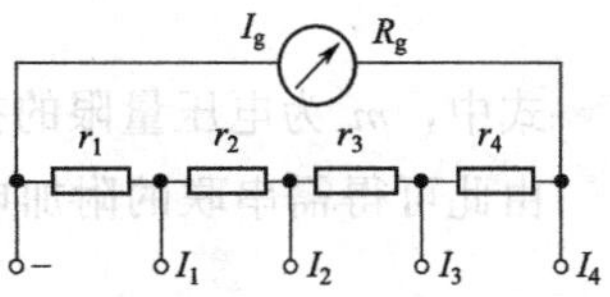

图 4-13　例 4-2 图

解　由式(4-9) 可知

$$R_4=\frac{R_g}{K_4-1}=\frac{900}{\frac{10}{1}-1}=100\ (\Omega)$$

由式(4-11) 可得

$$K_U=I_4R_4=10\times10^{-3}\times100=1.00\ (\text{V})$$

$$R_1=\frac{K_U}{I_1}=\frac{1.00}{1}=1.00\ (\Omega)$$

$$R_2=\frac{K_U}{I_2}=\frac{1.00}{0.25}=4.00\ (\Omega)$$

$$R_3=\frac{K_U}{I_3}=\frac{1.00}{0.05}=20.00\ (\Omega)$$

由此可得

$$r_1=R_1=1.00\ (\Omega)$$

$$r_2=R_2-R_1=4.00-1.00=3.00\ (\Omega)$$

$$r_3 = R_3 - R_2 = 20.00 - 4.00 = 16.0\ (\Omega)$$

$$r_4 = R_4 - R_3 = 100.00 - 20.00 = 80.0\ (\Omega)$$

4.3 磁电系电压表

磁电系测量机构（即表头）不仅能直接测量直流电流，也能直接测量直流电压。测量机构的指针偏转角 α 与电流成正比，而测量机构又有一定的电阻 R_g，所以 α 也与其两端的电压成正比。将测量机构并联到被测电压的两端间，指针就能产生与该电压成正比的偏转。如果表头的内阻为 R_g，满偏电流为 I_g，则能够直接测量的最大电压 $U_g = I_g R_g$。U_g 称为表头的额定电压。由于 I_g 很小，R_g 也不大，所以磁电系测量机构能够直接测量的电压也很小，一般只有毫伏级。同样，只要配上一定的测量线路，就可以构成单量限和多量限的磁电系电压表。

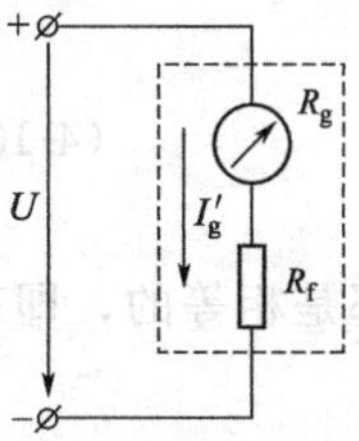

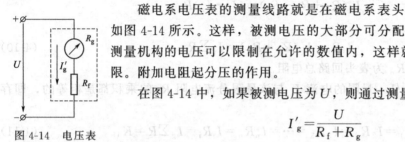

图 4-14　电压表的附加电阻

磁电系电压表的测量线路就是在磁电系表头上串联一附加电阻器，如图 4-14 所示。这样，被测电压的大部分可分配在附加电阻 R_f 上，而测量机构的电压可以限制在允许的数值内，这样就扩大了测量电压的量限。附加电阻起分压的作用。

在图 4-14 中，如果被测电压为 U，则通过测量机构的电流为

$$I'_g = \frac{U}{R_f + R_g}$$

只要附加电阻 R_f 恒定不变，则 I'_g 便与被测两点间电压 U 成正比，仪表的偏转可以直接指示被测电压，并按扩大量限后的电压值刻度。

可以根据扩大量限的要求来适当选择附加电阻。因为

$$\frac{U}{U_g} = \frac{R_g + R_f}{R_g} = m$$

式中，m 为电压量限的扩大倍数。

由此可得需串联的附加电阻为

$$R_f = (m-1)R_g \tag{4-13}$$

例 4-3　一个满偏电流 $I_g = 500\mu A$，内阻 $R_g = 200\Omega$ 的磁电系测量机构，要制成 30V 量限的电压表，应串联多大的附加电阻？

解　测量机构的额定电压为

$$U_g = I_g R_g = 500 \times 200 = 0.1 \times 10^6\ (\mu V) = 0.1V$$

其电压扩大倍数 m 为

$$m = U/U_g = 30/0.1 = 300$$

故附加电阻为

$$R_f = (m-1)R_g = (300-1) \times 200 = 59800(\Omega) = 59.8\ (k\Omega)$$

电压表也可制成多量限的，只要按量限串联不同的附加电阻即可。多量限电压表的测量线路如图 4-15 所示。图中 U_g 为表头的额定电压，R_g 为表头内阻。图 4-15(a) 中，各量限单独使用附加电阻，图 4-15(b) 中，各量限共用附加电阻。

电路计算如下。

① 各量限单独使用附加电阻的多量限电压表　根据定义，电压量限扩大倍数为

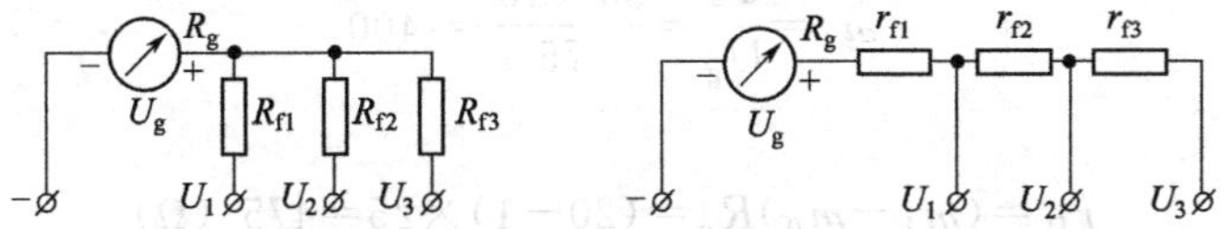

(a) 各量限单独使用附加电阻　　(b) 各量限共用附加电阻

图 4-15　多量限电压表的测量线路

$$m_i=U_i/U_g$$

由式(4-13) 可得

$$R_{fi}=(m_i-1)R_g \tag{4-14}$$

② 各量限共用附加电阻的多量限电压表　同样有

$$m_i=U_i/U_g$$
$$R_{fi}=(m_i-1)R_g$$

由图 4-15(b) 可知

$$R_{f1}=r_{f1}$$
$$R_{f2}=r_{f1}+r_{f2}=R_{f1}+r_{f2}$$
$$R_{f3}=r_{f1}+r_{f2}+r_{f3}=R_{f2}+r_{f3}$$
$$\cdots$$
$$R_{fn}=r_{f1}+r_{f2}+r_{f3}+\cdots+r_{fn}=R_{f(n-1)}+r_{fn}$$

所以

$$r_{f1}=R_{f1}=(m_1-1)R_g$$
$$r_{f2}=R_{f2}-R_{f1}=(m_2-m_1)R_g$$
$$r_{f3}=R_{f3}-R_{f2}=(m_3-m_2)R_g$$
$$\cdots$$
$$r_{fn}=R_{fn}-R_{f(n-1)}=(m_n-m_{n-1})R_g$$

若令 $m_0=U_0/U_g=1$，即 $U_0=U_g$（不扩大量限的情况），则

$$r_{fi}=(m_i-m_{i-1})R_g \tag{4-15}$$

或更简单的计算方法

$$r_{fi}=(U_i-U_{i-1})/I_g\text{（自证）} \tag{4-16}$$

例 4-4　已知表头满偏电流 $I_g=3\text{mA}$，内阻 $R_g=25\Omega$，要制成量限为 1.5V、3V、15V、30V 的四量限电压表，试求所需串联的电阻 r_{f1}、r_{f2}、r_{f3}、r_{f4}。

解　表头的额定电压为

$$U_g=I_gR_g=3\times25=75\ (\text{mV})$$

各量限的扩大倍数为

$$m_1=\frac{U_1}{U_g}=\frac{1.5\times10^3}{75}=20$$

$$m_2=\frac{U_2}{U_g}=\frac{3\times10^3}{75}=40$$

$$m_3=\frac{U_3}{U_g}=\frac{15\times10^3}{75}=200$$

$$m_4=\frac{U_4}{U_g}=\frac{30\times10^3}{75}=400$$

由式(4-15）得

$$r_{f1}=(m_1-m_0)R_g=(20-1)\times25=475\ (\Omega)$$
$$r_{f2}=(m_2-m_1)R_g=(40-20)\times25=500\ (\Omega)$$
$$r_{f3}=(m_3-m_2)R_g=(200-40)\times25=4000\ (\Omega)$$
$$r_{f4}=(m_4-m_3)R_g=(400-200)\times25=5000\ (\Omega)$$

也可直接利用式(4-16）求串联电阻，例如求 r_{f3} 时，

$$r_{f3}=\frac{U_3-U_2}{I_g}=\frac{(15-3)\times10^3}{3}=4000\ (\Omega)$$

由于 $U_g=I_gR_g$，如果表头的灵敏度越高（即 I_g 越小），则 U_g 越小，因而对同样的电压量限扩大的倍数越大，则附加电阻的阻值应越大。

附加电阻器也是用锰铜丝绕制的。与分流器一样，附加电阻器也有“内附附加电阻器”和“外附附加电阻器”两种。“外附附加电阻器”又有专用和定值两种之分。专用的“外附附加电阻器”只能用于和它一起校准过的仪表；定值“外附附加电阻器”则应标明其额定电压值和额定电流值。根据国家标准规定，其额定电流值在额定电压下规定为 0.05mA、0.1mA、0.2mA、0.5mA、1.0mA、5.0mA、7.5mA、15mA、30mA 和 60mA。只要表头的满偏电流 I_g 与附加电阻器上标明的额定电流相同，即可配合使用，这时电压表的量限就是“外附附加电阻器”上所标明的额定电压值。

电压表测量电压时是并联在被测支路上的，因此电压表的内阻 R_V（即测量机构电阻与附加电阻之和，$R_V=R_g+R_f$）越大，对被测电路的影响越小。一定的电压表，其各量限的内阻与相应的电压量限的比值为一常数（实际是电压表表头额定电流的倒数），其单位为“Ω/V”，它是电压表的一个重要参数，常常标注在电压表的刻度盘上。

例如　量限为 5V 的电压表，内阻为 100kΩ，测该电压表内阻参数为 20k/V，这个参数大，说明该电压表并联到被测电路上对电路的分流作用小（最大分流为 0.05mA)。

应当指出，在有些资料上，常将该参数（Ω/V）称为电压表的电压灵敏度，用“S_U”表示。因为该参数不仅表明了电压表的内阻值，还表明了电压表表头的灵敏度。例如一只电压表的 $S_U=10\text{k}\Omega/\text{V}$，如果用 5V 挡测量 1V 的电压，则通过表头的电流为

$$\frac{1\text{V}}{5\times10\text{k}\Omega}=20\mu\text{A}$$

如果另一只电压表的 $S_U=5\text{k}\Omega/\text{V}$，则利用 5V 挡测量 1V 电压时，通过表头的电流为

$$\frac{1\text{V}}{5\times5\text{k}\Omega}=40\mu\text{A}$$

显然，用同样量限挡去测量 1V 电压，前者表头中仅需 20μA 的电流，而后者需要 40μA 电流，说明前者的电压灵敏度高。因此，S_U 的数值越大，电压表的电压灵敏度越高。反过来也说明，如果表头的灵敏度越高，则用它构成的电压表，其内阻值越大。由于磁电系表头的灵敏度高，因此磁电系电压表的内阻较大，一般在 2kΩ/V 以上，高的可达 100kΩ/V。这是磁电系电压表的重要特点。

上述要求电压表内阻大的观点，也可以从功率损耗的角度来分析。由于电压表并联在被测电路上，它消耗的功率为 $P_V=U^2/R_V$，R_V 越大，P_V 越小，对被测电路的影响也越小。

当然，对于同一只电压表，量限越高，串联的附加电阻也越大，因而其电压灵敏度就越低。

对于一般的电压表来说，由于附加电阻的接入，保证了足够的温度补偿，所以温度误差是很小的。但对准确度等级较高的毫伏表来说，当附加电阻很小，因而不能提供足够的温度补偿时，就应采用串并联温度补偿的电路。

4.4　磁电系欧姆表

4.4.1　欧姆表的基本原理

磁电系测量机构配上适当的测量线路还可以构成测量电阻用的欧姆表。欧姆表的被测量是电阻，这是一个无源量。为了能通过测量机构活动部分偏转的大小来反映被测电阻值，必须将被测量电阻转化为测量机构中的电流。因此，在测量线路中除了要有电阻外，还要有辅助电源。图4-16为欧姆表测电阻的简单原理电路。图中辅助电源为干电池，其端电压为U，辅助电源与表头以及固定电阻R相串联，被测电阻R_x从a、b两个端钮上接入电路。电路中的工作电流为

$$I=\frac{U}{R_g+R+R_x} \tag{4-17}$$

因此，只要U和R一定，则R_x与I有一一对应关系，即表头指针偏转的大小与被测电阻的大小一一对应。这样，只要将表头的标尺按电阻值刻度，就可以直接指示出被测电阻值。

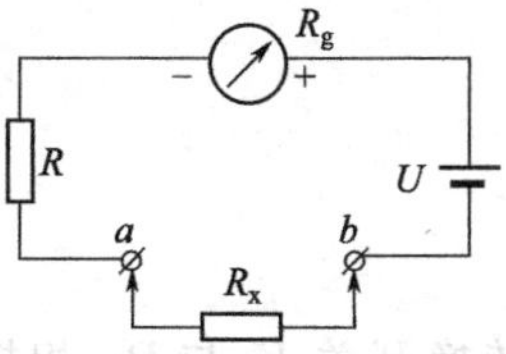

图4-16　欧姆表测量电阻原理电路图

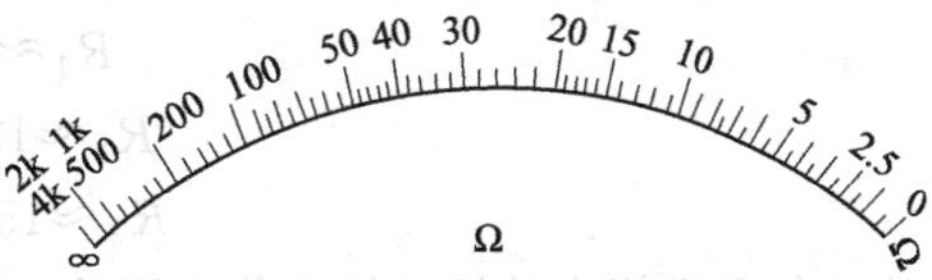

图4-17　欧姆表标尺

由式(4-17)可见，R_x越大，I值越小，偏转角度也就越小。所以欧姆刻度尺为**反向刻度**；同时，由于工作电流I与被测电阻R_x不成正比关系，所以，测量电阻的刻度尺**分度不均匀**。欧姆表刻度如图4-17所示。

固定电阻R起限流作用，R的值应满足当a、b端短接（即$R_x=0$）时，表头的指针满偏，即此时表头中的电流应正好等于满偏电流I_g，故有

$$\frac{U}{R_g+R}=\frac{U}{R_0}=I_g \tag{4-18}$$

式中，$R_0=R_g+R$为从a、b端看进去的戴维南等效电阻，称为欧姆表的等效内阻。

因此，式(4-17)可以改写为

$$I=\frac{U}{R_0+R_x} \tag{4-19}$$

显然，当$R_x=0$时，$I=I_g$，指针满偏；当$R_x=\infty$时，$I=0$，指针不偏转；当$R_x=R_0$时，$I=U/(2R_0)=I_g/2$，指针偏转到标尺的中心位置。因此欧姆表标尺中心位置的电阻值为R_0，故R_0也称为欧姆表的**中值电阻**或**欧姆表中心**。由此可以设计一种测电流表或电压表内阻的实验方法，读者可自己思考。

4.4.2　欧姆表的倍率

欧姆表标尺刻度在0～∞范围，原理上可以测所有电阻值，但是，由于其标尺分度很不

均匀（见图 4-17），特别是标尺左半段（$R_0 \to \infty$）的电阻值分布甚密不易读数，所以其有效测量值范围在 1/10～10 倍中值电阻内，超出此范围，误差甚大。要测量各种不同大小的电阻值，欧姆表应当做成具有不同中值电阻的多挡欧姆表。为了共用一条刻度尺使读数方便，各挡中值电阻值应是十进制的。而且，在保证中值电阻十进制扩大而扩大量限时，还要考虑电阻的增加，流过表头电流的减小，因而以改变分流电阻的办法来保证电阻增加时，流过表头电流不减小。

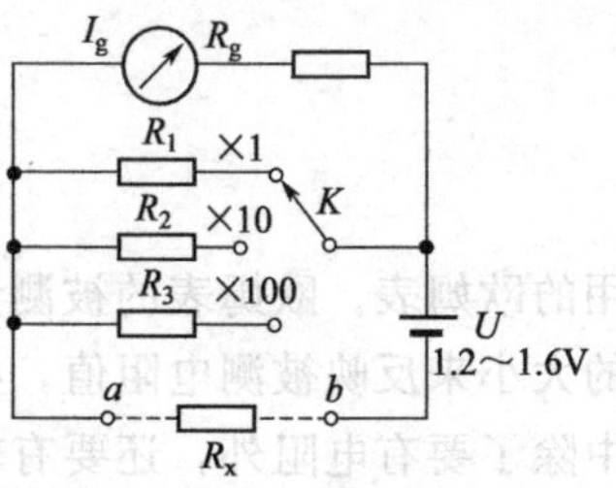

图 4-18　多挡欧姆表原理图

例如，在图 4-18 所示的多挡欧姆表原理图中，设干电池电压 $U=1.5V$，表头的内阻 $R_g=1k\Omega$，表头的满偏电流 $I_g=20\mu A$，为了满足当 $R_x=0$ 时指针满偏，由式(4-18) 得到限流电阻为

$$R=\frac{U}{I_g}-R_g=\frac{1.5}{20\times10^{-6}}-1000$$

$$=75000-1000=74000\ (\Omega)=74\ (k\Omega)$$

如果要做成中值电阻为 15Ω、150Ω、1.5kΩ 的多挡欧姆表，则应分别并联电阻 R_1、R_2、R_3，按中值电阻的定义，应有如下关系：

$$R_1 /\!/ (R_g+R)=R_{01}=15\Omega$$

$$R_2 /\!/ (R_g+R)=R_{02}=150\Omega$$

$$R_3 /\!/ (R_g+R)=R_{03}=1.5k\Omega$$

由上面各式可计算得

$$R_1\approx15\Omega$$

$$R_2\approx150.3\Omega$$

$$R_3\approx1530.6\Omega$$

显然，如果欧姆表的标尺按中值电阻为 15Ω 刻度，则当转换开关 K 与 R_1 相接时，标尺示值就是被测电阻值，故用“×1”表示；如果 K 与 R_2 相接，这时中值电阻为 150Ω，因此，应将标尺示值扩大 10 倍才是被测电阻值，故用“×10”表示；同理，当 K 与 R_3 相接时，标尺示值应扩大 100 倍，故用“×100”表示。因此，欧姆表是按中值电阻倍率分挡，而每一挡的测量范围都是 0～∞，这是与多量限电流表、电压表的量限划分不同之处。

4.4.3　欧姆表的调零

欧姆表还有一个特殊问题，就是欧姆调零问题。由图 4-16 所示的原理图可见，在 R_g 和 R 确定之后，如果干电池的端电压 U 高于 1.5V，则当 $R_x=0$ 时，由于表头中电流超过 I_g，而使指针超过欧姆零点；如果 U 低于 1.5V，则当 $R_x=0$ 时，由于表头中电流达不到 I_g，而使指针达不到欧姆零点。因而，都给测量带来误差。为此，在欧姆表中必须增设欧姆调零装置。使用欧姆表时，必须首先将零欧姆调准。

欧姆调零装置有两种：一种是采用磁分路以调整磁电系测量机构的空气隙磁场 B 从而调整测量机构的电流灵敏度，以补偿因电源电压的改变而造成的仪表零欧姆电流的变化；另一种是用调零电路调整零欧姆指示，广泛用在欧姆表及万用表的欧姆挡中。常见的调零电路有以下两种。

(1) 串联调零电路

如图 4-19 所示，用来调零的可调电阻 R_w 与表头串联，电源电压降低时，总电流 I_1 减小，此时如果减小 R_w，使表头支路的电流增大，从而 I_g 仍能在零欧姆时达到满偏；同理，当电源电压增高时，可以增大 R_w，使 I_g 满偏。MF10，MF14，MF30 等多种型号的万用表中采用这种电路。

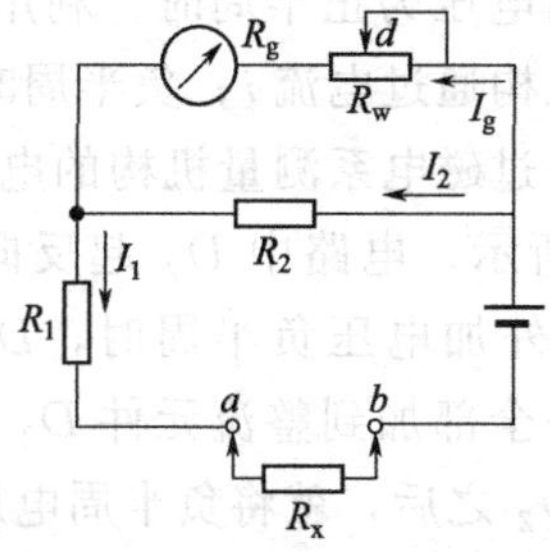

图 4-19　欧姆表的串联调零电路

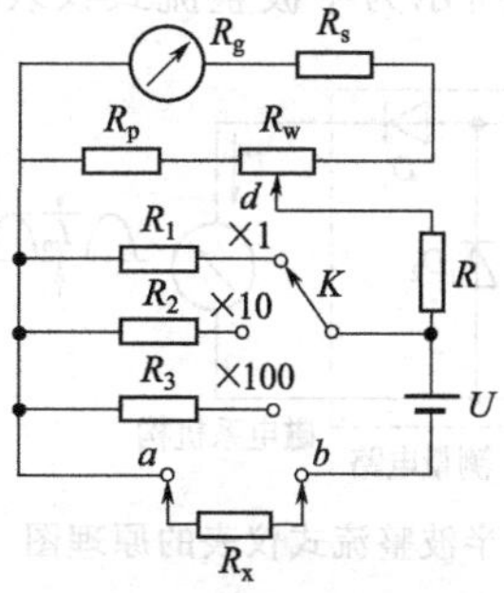

图 4-20　欧姆表的分压调零电路

（2）平衡调零（或分压调零）电路

如图 4-20 所示，在表头上并接分流器。分流器由固定电阻 R_P 和电位器 R_w 的一部分构成，一般 R_P 的阻值为（R_s+R_g）的 5～10 倍，R_w 取 2～3kΩ。为了调整效果好，R_w 经常接成如图 4-20 所示的分压器形式，这样在调整 R_w 的可动端 d 时，与表头并联、串联的电阻都发生变化，因而改变了分流系数。如果电源电压 U 增大或降低，则将 a、b 短接后，调节 R_w 的可动端，可使表头满偏，因而达到了欧姆调零的目的。故称电位器 R_w 为零欧姆调整器。

还需要指出的是，因为干电池有内阻，因此，当 K 拨在不同位置时，由于干电池向外提供的电流不同，使干电池内部的压降也不同，所以，对于不同的欧姆挡，调节零点时，电位器 R_w 的可动点的位置不同。也就是说，在测量电阻时，每换一次挡都要重新调零。另外，当干电池电压太低时，可能无法调节到零点，这时必须更换电池。同时也可以看到，由于调零电位器的影响，使欧姆表的中值电阻值略有变化，因此，欧姆表的准确度较低，一般低于 2.5 级。图 4-17 中标明该欧姆表的准确度等级为 2.5 级。应该注意的是，欧姆表的准确度等级与一般指示仪表的准确度等级的表示方法不同，它是以欧姆标尺全长的百分数表示的。另外，一般不单独制成欧姆表，而是作为万用表中的一部分。

4.5　带整流器的磁电系仪表

磁电系测量机构只适宜于直接测量直流。当给磁电系测量机构通入随时间变化的电流时，其活动部分将在永久磁铁的磁场中受到随时间变化的转动力矩。由于活动部分有一定惯性，其转动来不及跟随转动力矩的变化而变化，因而指针的偏转角将与转动力矩的平均值，即电流的平均值成正比：

$$\alpha \propto \frac{1}{T}\int_0^T i\,\mathrm{d}t \tag{4-20}$$

式中，i 为变化的电流；T 为电流变化周期。

若通入测量机构的是正弦交流电流，其平均值为零，则活动部分就不发生偏转。所以，只用磁电系测量机构是不能测量交流电流的。如果给测量机构配上整流电路（测量线路），把交流按一定关系转换成能被测量机构接受的直流，就构成了整流式仪表，便可以测量交流了。

在整流式仪表中，常用的整流电路有半波整流和全波整流两种。

4.5.1 半波整流式仪表

图 4-21 所示为半波整流式仪表的原理图。图中虚线框为测量电路，a、b 两端为仪表对外接线柱。当外加电压为正半周时，利用 D_1 的单向导电性，使测量机构通过电流 i；负半周时，D_1 阻止电流通过，因而通过磁电系测量机构的电流波形如图 4-21 的右侧波形所示。电路中 D_2 起反向保护作用，如果没有 D_2，在外加电压负半周时，D_1 相当于开路，外加电压几乎全部加到整流元件 D_1 上，很可能将它击穿，并入 D_2 之后，就将负半周电压短路了。

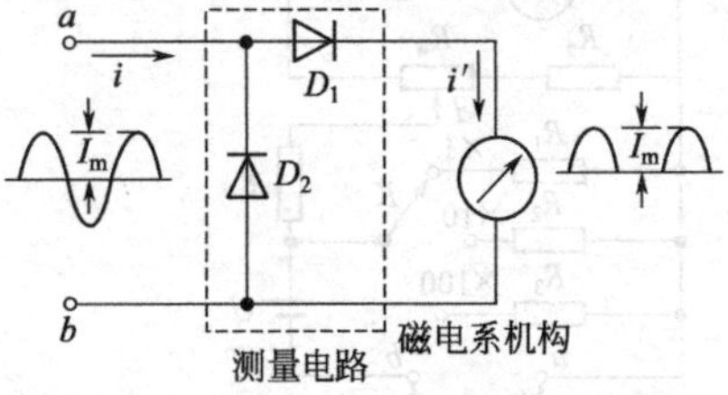

图 4-21　半波整流式仪表的原理图

由于磁电系机构的偏转角与通过它的电流的平均值成正比，即

$$\alpha \propto \frac{1}{T}\int_0^T i' \mathrm{d}t = I'_{平均}$$

在正弦半波整流情况下，设 $i = I_m \sin\omega t$，则

$$I'_{平均} = \frac{1}{T}\int_0^{T/2} I_m \sin\omega t \, \mathrm{d}t = \frac{1}{T}\int_0^{T/2} \frac{1}{\omega} I_m \sin\omega t \, \mathrm{d}\omega t$$

$$= \frac{I_m}{T\omega}\int_0^{\pi} \sin\theta \, \mathrm{d}\theta = \frac{I_m}{2\pi} 2 = \frac{I_m}{\pi}$$

所以

$$\alpha \propto I_m / \pi$$

此式说明整流式仪表的指针偏转角取决于流过测量机构的电流的平均值。而在实际应用中，要测量的是交流电流或交流电压的有效值。所以，整流式仪表总是按正弦情况下交流有效值来刻度，因而从仪表的表盘上可读得正弦电压或电流的有效值。

为此，必须将电流平均值转化为电流有效值，所以定义波形因数为

$$K_f = I_{有效} / I_{平均}$$

不同的波形，波形因数 K_f 有不同的数值（见表 18-1）。对于正弦波形的交流电

$$I_{有效} = \sqrt{\frac{1}{T}\int_0^T i^2 \mathrm{d}t} = \sqrt{\frac{1}{T}\int_0^T I_m^2 \sin^2 \omega t \, \mathrm{d}t} = I_m / \sqrt{2}$$

所以，半波整流时，其波形因数为

$$K_f = \frac{I_{有效}}{I'_{平均}} = \frac{I_m/\sqrt{2}}{I_m/\pi} = \pi/\sqrt{2} = 2.22 \tag{4-21}$$

$$I_{有效} = 2.22 I'_{平均}$$

因为整流式仪表一般是用来测量正弦交流电压和电流的。所以在半波整流式仪表的刻度盘上按平均值乘以波形因数 $K_f = 2.22$ 刻度，便可以直接从表盘上读取被测正弦电流或电压的有效值。

4.5.2 全波整流式仪表

图 4-22 为全波整流式仪表的原理图，即由四个整流元件构成桥式整流电路。当外加电压为正弦波时，流过磁电系测量机构的是图中右侧所

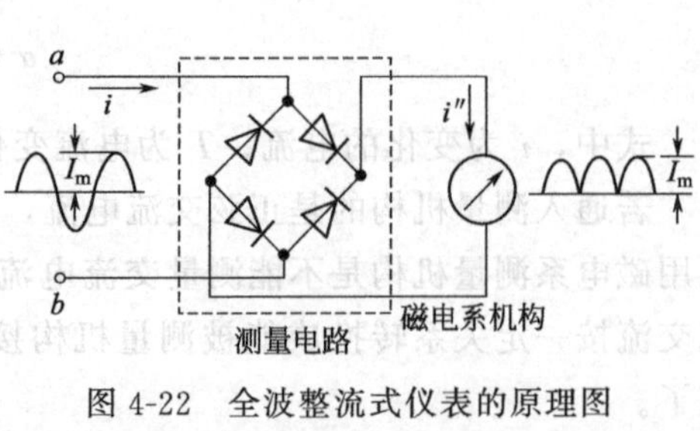

图 4-22　全波整流式仪表的原理图

示的全波整流电流。

同样，测量机构的偏转角与通过它的电流平均值成正比，即

$$\alpha \propto \frac{1}{T}\int_0^T i'' \mathrm{d}t = I''_{平均}$$

在正弦全波整流下，有

$$I''_{平均} = \sqrt{\frac{1}{T}\int_0^T I_m \sin\omega t \, \mathrm{d}t} = \frac{1}{T}\left(2\int_0^{T/2} I_m \sin\omega t \, \mathrm{d}t\right) = 2I_m/\pi$$

所以，$\alpha \propto 2I_m/\pi$。此时，波形因数为

$$K_f = \frac{I_{有效}}{I''_{平均}} = \frac{I/\sqrt{2}}{2I_m/\pi} = \pi/2\sqrt{2} = 1.11 \tag{4-22}$$

$$I_{有效} = 1.11 I''_{平均}$$

这时仪表刻度盘按平均值的 1.11 倍刻度，即可直接从表盘上读取被测正弦交流电流或电压的有效值。

4.5.3　整流系电流表和电压表

磁电系测量机构配以整流电路便构成整流系测量机构。整流系测量机构加上分流器或附加电阻器后可以做成整流系电流表或整流系电压表。改变分流电阻或附加电阻，即可改变电流表或电压表的量限，从而构成多量限仪表。半波整流三量限电压表的测量线路如图 4-23 所示。

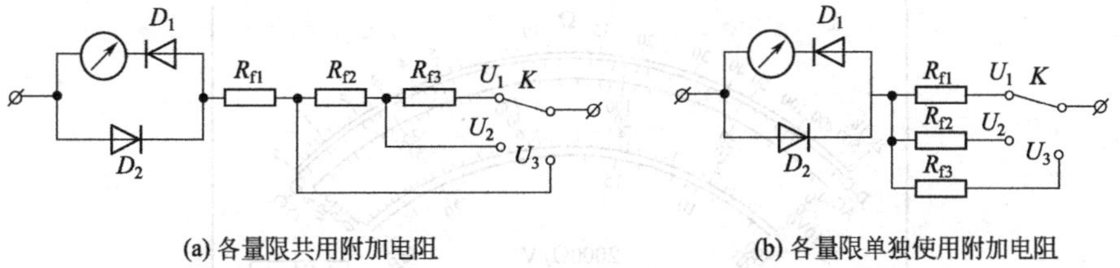

图 4-23　半波整流式三量限电压表的测量线路

整流系仪表，由于整流元件的电阻受温度的影响较大，因此，随着温度的变化将带来较大的测量误差。为了减小这种误差，需要进行温度补偿。例如在测量机构中串入一个用铜线绕制的具有正温度系数的电阻，可以补偿整流元件的电阻（具有负温度系数）随温度变化而引起的误差。另外，由于整流元件极间电容的影响，当被测量频率变化时，会引起频率误差，因此，在测量机构中串入电阻和电容相并联的支路，以进行频率补偿，如图 4-24 所示。

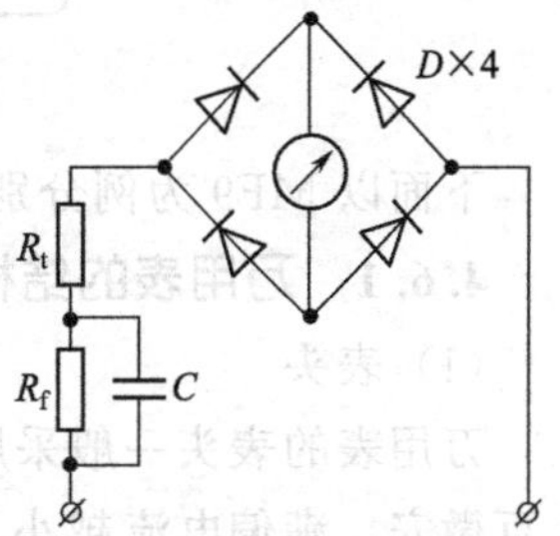

图 4-24　整流式仪表的温度和频率补偿电路

整流系仪表的主要优点是灵敏度高，特别是整流系电压表内阻大；另外，频率范围较宽，设有特殊频率补偿的整流系仪表其频率范围可达 1～2kHz，加有较好频率补偿的其频率范围可达 10kHz。但由于整流系仪表中误差来源多，因此准确度较低，一般只能达到 1.5 级，最高可达 1.0 级。

最后，应强调指出的是，整流系仪表测量机构的偏转角是与通入的电流的平均值成正比的，而仪表的标尺又是按正弦交流电流的有效值进行刻度的，因此，无论是半波或全波整流

式仪表，只有在测量正弦量时，指针的指示值才是被测量的有效值；当被测量为周期非正弦量时，指针指示值并不是被测量的有效值。这时如将指针指示值除以 2.22（对半波整流式仪表）或除以 1.11（对全波整流式仪表），可以得到被测周期非正弦量经过半波或全波整流后的平均值。再乘以相应的波形因数，才能得到被测周期非正弦量的有效值。

4.6 万用表

万用表也叫繁用表或三用表，它是一种可以测量多种电参量的多量限可携式仪表。由于它具有测量的种类多、量限范围宽、价格低廉以及使用和携带方便等一系列优点，万用表在电气维修、生产及计量等许多技术部门中，已成为不可缺少的测试仪表。

一般万用表可以测量直流电流、直流电压、交流电压、直流电阻和音频电平等电参量。有的万用表还可以测量交流电流、电容、电感以及晶体管的 β 值等。

万用表的型式是多种多样的，但其构成原理基本相同。它主要由测量机构（表头）、测量线路和转换开关三大部分组成。有的新型万用表还增设一些特殊线路、保护电路等。

通过转换开关的换接可以实现对不同测量线路的选择，把被测量转换成适于测量机构直接测量的直流电流，所以各种测量同用一个“表头”指示，因而万用表的表盘上有许多条不同量的刻度（见图 4-25）。万用表的直流电流挡和直流电压档就是一个多量限的直流电流表和直流电压表，交流电压挡就是一个多量限的整流系电压表；欧姆挡则是一个多挡欧姆表。它们共用一个表头及部分可以共用的电路。

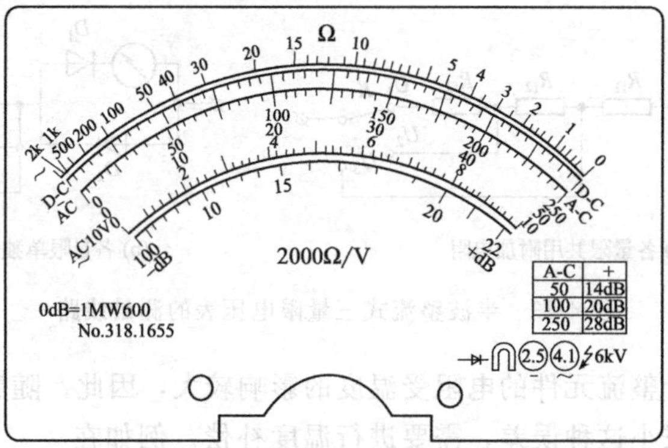

图 4-25 MF9 型万用表的表盘

下面以 MF9 为例分别介绍万用表的结构原理、使用和维护。

4.6.1 万用表的结构

(1) 表头

万用表的表头一般采用高灵敏度的磁电系测量机构，表头的满偏电流一般为几十微安到几百微安。满偏电流越小，灵敏度就越高，用它构成的直流电压挡内阻就越大，一般可达 2～10kΩ/V，大的可达 100kΩ/V。构成交流电压表时，“Ω/V”值略低一些。表头本身的准确度一般在 0.5 级以上，做成万用表后，直流电流、电压及电阻挡一般为 2.5 级，有的可达到 1.0 级，交流电压挡一般为 5.0 级。表头的表盘上有多种标尺，并且标有交、直流电压挡的内阻、准确度等级以及其他标志符号，国产 MF9 型万用表的表盘如图 4-25 所示。

(2) 测量线路

万用表的测量线路，就是共用一块表头，将前面所介绍的磁电系电流表、电压表、欧姆表以及带整流器的磁电系电压表的测量线路组合在一起，通过转换开关的换接实现对不同测量线路和不同量限的选择，因而能测量多种电参量，并具有多种量程。

（3）转换开关

转换开关是万用表选择不同测量线路和不同量程的切换元件。转换开关里有固定触点和活动触点，当固定触点和活动触点闭合时接通电路。活动触点通常称为“刀”，固定触点称为“掷”。万用表中的转换开关通常是多刀多掷的，各刀同步联动，旋转刀的位置可以和不同挡位的固定触点相接触，有几个挡位就叫做几掷。MF9 型万用表的转换开关为三刀十八掷。

4.6.2　万用表原理电路

图 4-26 是 MF9 型万用表的原理电路图。这种万用表可以测量直流电流、直流电压、直流电阻、交流电压和音频电平等电参量。

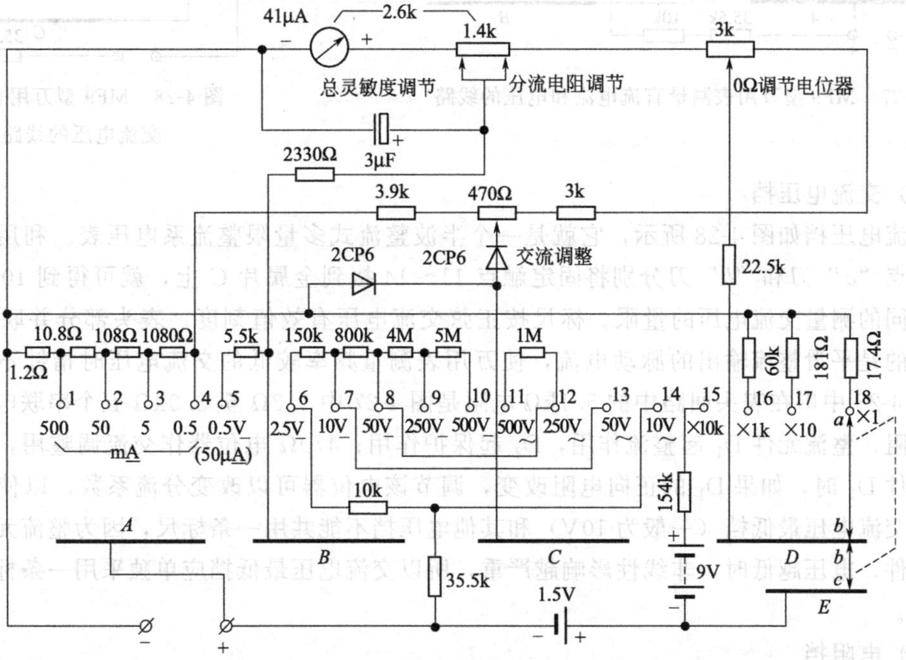

图 4-26　MF9 型万用表原理线路图

如将图 4-26 所示的总电路进行分解，便可清楚地看到该万用表分别测量各电参量时的工作情况。

（1）直流电流挡

直流电流挡如图 4-27 所示。由图可以看出，它就是一个多量限的直流电流表。利用转换开关的活动触点“*a*”刀和“*b*”刀，分别将固定触点 1～5 接到金属片 *A* 上，就可得到 5 个不同的测量直流电流的量限。电流量限的改变是由环形分流器实现的。在电流量限为 0.05mA 的支路中还串联了 5.5kΩ 和 2.33kΩ 两个电阻，使该量限同时兼作直流电压的最小量限 0.5V。

（2）直流电压挡

直流电压挡如图 4-27 所示，它就是一个多量限的直流电压表。利用转换开关的活动触点“*a*”刀和“*b*”分别将固定触点 5～10 接到金属片 *A* 或 *B* 上，就可以得到 0.5～500V 六个不同的测量直流电压的量限。其最低量限 0.5V 就是直流电流的最小量限 0.05mA，它单独配用附加电阻，其余各个量限，是采用共用附加电阻分压线路。从图中还可以看到，在直流电压挡时，表头仍保持与电流挡所用的各分流电阻并联，然后再与附加电阻串联，这样就相当于一个灵敏度较低而内阻较小的表头与附加电阻串联，其好处是可以使得直流电压挡与交流电压挡共用一些附加电阻元件。缺点是降低了直流电压挡的内阻。

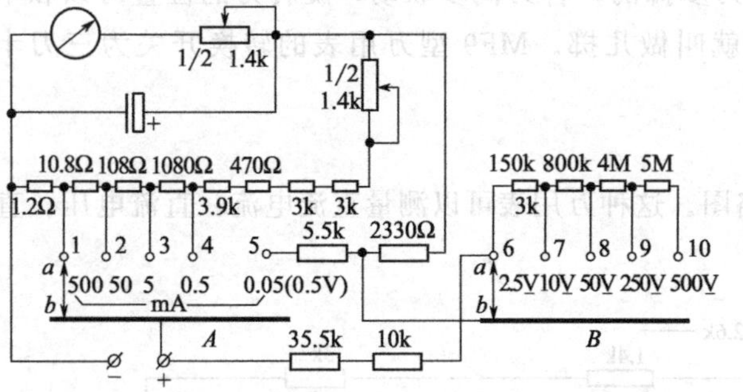

图 4-27 MF9 型万用表测量直流电流和电压的线路

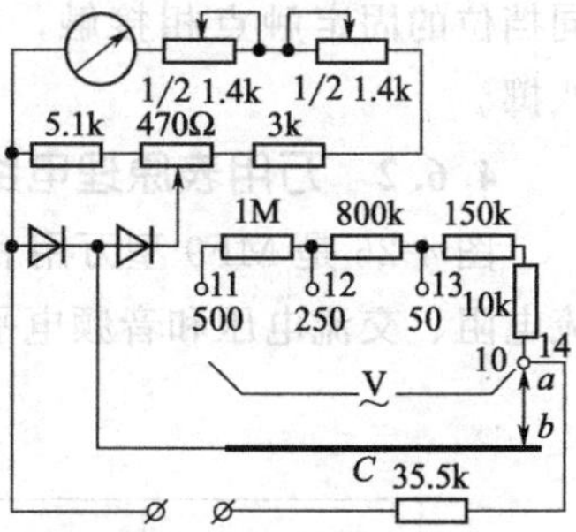

图 4-28 MF9 型万用表测量交流电压的线路

(3) 交流电压挡

交流电压挡如图 4-28 所示，它就是一个半波整流式多量限整流系电压表。利用开关的活动触点“a”刀和“b”刀分别将固定触点 11～14 接到金属片 C 上，就可得到 10～500V 四个不同的测量交流电压的量限。标尺按正弦交流电压有效值刻度。表头部分并联 3μF 电容的目的是平滑整流输出的脉动电流，使万用表测量频率较低的交流电压时指针不至于抖动。图 4-28 中串在表头回路中的 5.1kΩ 电阻是图 4-27 中 1.2Ω 至 3.9kΩ 五个串联电阻的总等效电阻，整流元件 D_1 起整流作用，D_2 起保护作用；470Ω 电位器作交流调整用，当更换整流元件 D_1 时，如果 D_1 的正向电阻改变，调节该电位器可以改变分流系数，以使标尺不变，但交流电压最低档（一般为 10V）和其他电压挡不能共用一条标尺，因为整流元件是非线性元件，电压越低时，非线性影响越严重，所以交流电压最低挡应单独采用一条标尺。见图 4-25。

(4) 电阻挡

电阻挡如图 4-29 所示，它就是一个多挡欧姆表。利用转换开关的活动触点“a”刀、“b”刀和“c”刀分别将固定触点 16～18 接到金属片 D 和 E 上，就可以得到 $R\times1$、$R\times10$、$R\times1$k 三个不同倍率的电阻挡。各挡分别接入分流电阻 17.4Ω、181Ω、60kΩ，使中值电阻分别为 18Ω、180Ω、18kΩ。各挡分流电阻不但改变了电路的灵敏度，而且也保证了各挡内阻等于相应的中值电阻。当“a”刀和“b”刀将固定点 15 接到金属片 D 时，得到 $R\times10$k 挡，为使该挡中值电阻达 180kΩ，一方面提高电压到 10.5V（增加一个 9V 电池，连同原来 1.5V 干电池，共 9V+1.5V）；另一方面在 9V 电池线路中串接一只 154kΩ 的电阻。

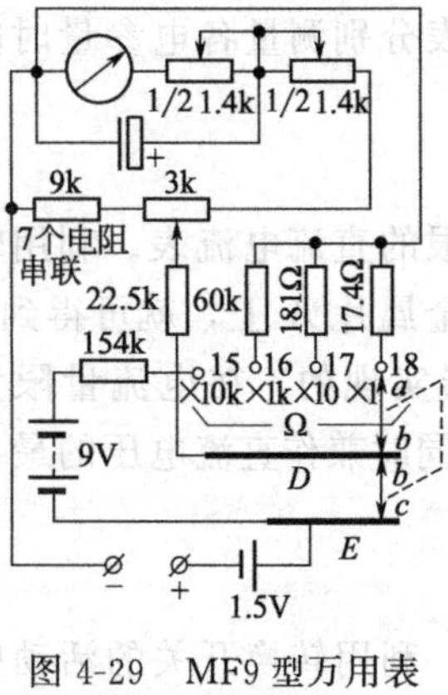

图 4-29 MF9 型万用表测量电阻的线路

欧姆挡采用了分压式零欧姆调整线路，3kΩ 电位器为零欧姆调整器。22.5kΩ 的电阻是限流电阻。

（5）电平的测量

在万用表的表盘上一般有分贝标尺（见图4-25），它是用来测量电平的。下面先介绍“分贝”、“电平”的概念，然后再介绍有关电平测量的知识。

分贝是测量功率或电压增益和衰减的单位，用符号dB表示。它是这样规定的：当一个系统的输出功率P_2为输入功率P_1的10倍时，该系统的功率增益定义为1“贝尔”，它的1/10称为1“分贝尔”，简称“分贝”。根据这一定义，系统功率增益的分贝数为

$$S=10\lg\frac{P_2}{P_1}\ (\mathrm{dB}) \tag{4-23}$$

由上式知，如果$P_1=P_2$，则功率增益为0dB；如果$P_2=10P_1$，则功率增益为10dB；如果$P_2=100P_1$，功率增益为20dB，……。$P_2>P_1$时，dB值为正，表示增益；当$P_1<P_2$时，dB值为负，表示衰减。

因此，分贝数实际上就是用对数形式表示的功率的放大倍数或衰减倍数。为什么要用这种形式呢？这是因为人的感觉器官对功率的感受程度是与功率的对数成正比的，而不是与功率本身成正比。特别是人的听觉对声音的感觉更是如此，当声音的功率增加一倍时，人的听觉并没有响声增加一倍的感觉，只有当声音的功率增加到10倍时，听起来的响声才增加一倍。此外，这样表示比较方便。人的听觉范围相差100万倍（可听域2×10^{-5}Pa，痛域为20Pa）是个很大的数字，而用声级表示，则听觉变化范围只有0～120dB；在多级放大器中，总的功率放大倍数是各级功率放大倍数的乘积，一般也是一个很大的数字，例如某一功率放大器中各级功率放大倍数分别为100、120、150、180，则总的功率放大倍数为

$$K_P=100\times120\times150\times180=3.24\times10^8 \tag{4-24}$$

这也是一个很大的数字，读、用都不方便，若用分贝表示，则总的功率增益分贝数为

$$S=10\lg K_P=10\lg\ (3.24\times10^8)\ =85.1\ (\mathrm{dB}) \tag{4-25}$$

这样就很方便。

在工程技术中，由于测量相应的电压U_1和U_2比较方便，所以经常将电压增益也用分贝表示。根据$P=U^2/R$，在电阻一定的情况下，如果系统的输入电压为U_1，输出电压为U_2，则系统电压增益的分贝数定义为

$$S=20\lg\frac{U_2}{U_1}(\mathrm{dB}) \tag{4-26}$$

由式(4-26)可知，如果$U_2=U_1$，则电压的增益为0dB；如果$U_2=10U_1$，则电压的增益为20dB；如果$U_2=0.1U_1$，则电压增益为-20dB，或者说电压衰减了20dB。

所谓电平，在通信系统中实际上是一个用对数来表示功率相对大小的参数。如果首先选定某一功率P_0为基准，则系统中某一处的功率P_2相对于P_0的增益定义为该处电平的数值。按此定义，只要将式(4-23)中的P_1以P_0代替，就可以得出被测处的电平值为

$$S=10\lg\frac{P_2}{P_0}(\mathrm{dB}) \tag{4-27}$$

一般将在600Ω的负载电阻上消耗的交流功率为1mW时规定为功率基准P_0，因此，式(4-27)可以写为

$$S=10\lg\frac{P_2}{0.001\mathrm{W}}(\mathrm{dB}) \tag{4-28}$$

显然，如果 $P_2=P_0=0.001W$，且负载电阻也为 600Ω，则该处的电平为零。因此 P_0 又称为零电平或零分贝标准功率。

根据 $U=\sqrt{PR}$，对应于零分贝功率 P_0 的零分贝电压值 U_0 为

$$U_0=\sqrt{P_0R}=\sqrt{1\times10^{-3}\times600}=0.775(\mathrm{V}) \tag{4-29}$$

则由式(4-26) 可知，如果负载电阻为 600Ω，则该处的电平值也可表示为

$$S=20\lg\frac{U_2}{U_0}=20\lg\frac{U_2}{0.775}(\mathrm{dB}) \tag{4-30}$$

因此，在万用表的表盘上，对应于交流电压 0.775V 的位置，就是 dB 标尺的 0dB 分度线。

在万用表中，通常都以交流电压最低量限（一般为 10V）作为分贝标尺的分度基准，则由式(4-30) 可得出在 7.75V 的分度线处，其电平值为

$$S=20\lg\frac{7.75}{0.775}=20\ (\mathrm{dB})$$

同理可得 0.245V 分度线处的电平值为

$$S=20\lg\frac{0.245}{0.775}=-10\ (\mathrm{dB})$$

按同样方法，可以求出万用表 10V 交流标尺上其他分度线所对应的分贝标尺，见图 4-25。

有的万用表将在 500Ω 的负载电阻上消耗的功率为 6mW 时规定为零分贝功率，则按式(4-19) 可计算出零分贝电压 U_0 为 1.732V。

在明确了电平的概念以及万用表的分贝标尺以后，可以利用万用表很方便地测出系统某处的电平值。测量电平的方法与测量交流电压的方法完全相同，在测 −10～22dB 的电平时，交流电压挡放在 10V 量限上。测得电平后就可以计算出系统的功率及电压放大倍数。例如用零电平为 $P_0=1\mathrm{mW}$、负载电阻为 600Ω 的万用表测得某放大器的输入电平为：$S_1=5\mathrm{dB}$，输出电平为：$S_2=20\mathrm{dB}$，则放大器总的电压增益为

$$S=S_2-S_1=20-5=15\ (\mathrm{dB})$$

由式(4-26) 可得，电压放大倍数为

$$K_\mathrm{V}=\frac{U_2}{U_1}=\lg^{-1}\frac{S}{20}=\lg^{-1}\frac{15}{20}=\lg^{-1}0.75=5.6$$

由式(4-25) 可得，功率放大倍数为

$$K_\mathrm{P}=\frac{P_2}{P_1}=\lg^{-1}\frac{S}{10}=\lg^{-1}\frac{15}{10}=\lg^{-1}1.5=31.6$$

由式(4-27) 可以计算出 P_1 和 P_2 分别为

$$P_1=P_0\times\lg^{-1}\frac{S_1}{10}=1\times10^{-3}\times\lg^{-1}\frac{5}{10}=1\times10^{-3}\times3.16=3.16\times10^{-3}\ (\mathrm{W})$$

$$P_2=P_0\times\lg^{-1}\frac{S_2}{10}=1\times10^{-3}\times\lg^{-1}\frac{20}{10}=1\times10^{-3}\times100=0.1\ (\mathrm{W})$$

最后还应说明的是，如果用交流电压的其他量限测电平时，则应按式(4-31) 换算出电平值，即

$$S=S_{10}+20\lg\frac{U_\mathrm{m}}{10\mathrm{V}} \tag{4-31}$$

式中，S_{10}为用交流 10V 挡作为分贝标尺的分贝数；U_m 为所选用的交流电压量限；$20\lg\frac{U_m}{10V}$为量限变化引起的分贝更正值，一般标注在表盘上。

因此，如果用交流 50V 挡测量某处电平，在分贝标尺上的读数为 0dB，则该处的实际电平为

$$S=0+20\lg\frac{50V}{10V}=14\ (dB)$$

同理，如果用交流 250V 挡测某处电平，在分贝标尺上的读数为 0dB，则该处的实际电平为

$$S=0+20\lg\frac{250V}{10V}=28\ (dB)$$

以上换算关系见图 4-25 中右下方的表格。

例如，用交流 50V 挡测某处电平，在分贝标尺上的读数为 10dB，则该处的实际电平为

$$S=10+20\lg\frac{50V}{10V}=10+14=24\ (dB)$$

如果所用的万用表是以 600Ω、1mW 为零电平，而被测电平的负载电阻不是 600Ω，则测得的电平值必须经过换算才能得出真正的电平值。设此时被测负载电阻为 R，其上的电压为 U，功率为 P，则该点的实际电平为

$$S=10\lg\frac{P}{0.001W}=10\lg\frac{U^2/R}{(0.775V)^2/600\Omega}$$

$$=10\lg\frac{\frac{U^2}{600\Omega}\cdot\frac{600\Omega}{R}}{(0.775V)^2/600\Omega}+10\lg\frac{600\Omega}{R}$$

$$=S_{600}+10\lg\frac{600\Omega}{R}(dB) \tag{4-32}$$

式中，S_{600}为用以 600Ω、1mW 为零电平的万用表测出的电平读数；$10\lg\frac{600\Omega}{R}$为负载电阻变化引起的分贝更正值。

例如，负载电阻为 $R=50\Omega$ 时，则分贝更正值为

$$10\lg\frac{600\Omega}{R}=10\lg\frac{600\Omega}{50\Omega}=+10.8\ (dB)$$

利用万用表测分贝增益（或衰减）时，精度可达 0.1dB。

4.6.3　万用表的正确使用和维护

万用表的测量项目多，量程多，而且结构型式各异，使用时稍有马虎，就容易出错，甚至损坏仪表。所以在使用万用表时要注意下列事项。

（1）正确选择转换开关和接线柱（或插孔）的位置

在万用表未接入被测对象之前，首先要根据被测量的类型和大小选择转换开关的正确位置。如果误用电流挡或欧姆挡去测量电压，将会损坏仪表。在测量电压、电流时，如果量限选得太小，也会损坏仪表。在被测量大小不祥时，应先用高挡试测，然后再改用合适的量限。另外，在测直流电流、直流电压时，要注意正负极性；测电流时，测棒要与被测电路串联；测电压时，测棒要与被测电压并联。

(2) 正确读数

万用表的标尺有好几条，一定要按被测量的类型和所选量限对应的标尺读数。当交流标尺与直流标尺不同时，不能将交流标尺与直流标尺窜用，交流电压最低挡的标尺一般不能与其他交流电压挡窜用。

(3) 用欧姆挡测电阻应注意

① 根据被测电阻的大致范围选择合适的倍率挡，使该挡的中值电阻与被测电阻接近。

② 首先要将测棒短路（相当于$R_x=0$），调节“调零电位器”进行欧姆调零，然后再进行测量。每换一次倍率，都必须重新进行欧姆调零后，才可进行测量。

③ 用欧姆挡进行测量时，是使用的仪表内部电源，因此，严禁在被测电阻带电情况下测量。必须切断外电源或将被测电阻从电路中断开后方可进行测量。

④ 用欧姆挡测量晶体管时，应注意测棒的“+”端实际上是与内部电池的负极相连，“−”端与电池的正极相连（注意：数字万用表与此相反!）；同时，注意尽量不用×1、×10挡，因为此时电池提供的电流较大，易烧坏管子；也不要用×10k挡，因该挡电池电压较高，易使管子击穿。

⑤ 测电阻，尤其是大电阻，不能用两手接触测棒的导体部分，以防并入人体电阻而影响测量结果。

⑥ 万用表使用完毕后，应将转换开关选择在交流电压挡的最高量限上，或选择在空挡上（有的万用表中设有此挡），绝对不能停留在电阻挡。

4.7 兆欧表

绝缘材料的好坏对电气设备的正常运行和安全用电有着重大影响，而说明绝缘材料性能的一个重要指标是它的绝缘电阻。兆欧表是专门用来检查和测量电气设备或供电线路的绝缘电阻的可携式指示仪表。由于它是用来测量大电阻的，所以它的刻度尺单位是“兆欧”，故称兆欧表；又因为它内部有一台手摇发电机，故又称为摇表。

为什么绝缘电阻不用万用表的欧姆档来测量而必须用摇表呢？其原因在于：绝缘电阻阻值都比较大，一般为几十兆欧或几百兆欧数量级，在这个范围内万用表刻度不准确；如果将万用表中欧姆挡的中值电阻也做成几十或几百兆欧，则必须在万用表中增加上百伏乃至上千伏的附加电源，指针才能发生明显的偏转，这显然是不现实的。所以，要测量绝缘电阻，必须采用特殊结构的兆欧表。

4.7.1 兆欧表的结构

兆欧表的结构主要由两部分组成：一是比率型磁电系测量机构；二是手摇发电机。此外，配以适当的测量线路。

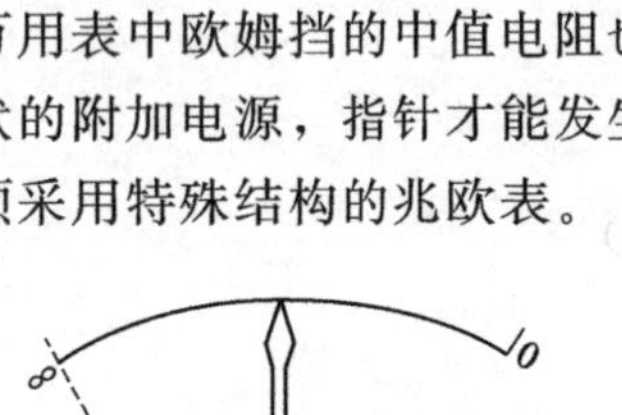

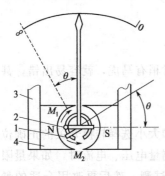

图 4-30 兆欧表的结构示意图
1—动圈 1；2—动圈 2；3—永久磁铁；4—极掌

比率型磁电系测量机构如图 4-30 所示。从图中可见，它的驱动装置也是由永久磁铁、铁芯和动圈构成，因此也属于磁电系结构。但它与前面所介绍的磁电系结构又有明显的区别。一是它没有产生反作用力矩的游丝，却有两个动圈，规定：动圈 1 为电流线圈，产生顺时针方向转矩——转动力矩；动圈 2 为电压线圈，产生逆时针方向转矩——反作用力矩。两个线圈按一定的夹角θ固接在同一轴上。动圈的电流采用柔软的细金属丝（简称“导丝”）引入。二是仪表的内圆柱形铁芯上开有缺口，或将铁芯做成椭圆形，这样，仪表磁路系统的空气隙中的磁场是不均匀的。由下面的原理分析可知，这种测量机构中活动部分的偏转角决定于两个动圈中的电流之比，故称为比率型测量机构。

兆欧表内的辅助电源一般是一台手摇直流发电机。发电机的体积很小，但电压很高。不同型号的兆欧表，测量电阻的范围不同，其发电机的电压也不同，有 100V、250V、500V、1000V、2500V、5000V 等，当然。手摇式发电机发出的电压还与手摇的速度有关。由于电子技术的发展，近年来生产的兆欧表，也有的改用晶体管直流变换器作为辅助电源，通过变换器将干电池的低压直流转换为高压直流，这样不仅减小手摇的麻烦，而且制造方便和经济。

4.7.2　兆欧表的工作原理

兆欧表的原理电路如图 4-31 所示，由手摇直流发电机 F、比率型磁电系测量机构、电阻 R_c、R_v 所组成，其中两条互相垂直且与水平成 45°角的线段⊗表示两个动圈。被测绝缘电阻 R_x 接在兆欧表的“线”(L) 和“地”(E) 两个端子上。在“线”端钮外面有一个铜质圆环，叫保护环，又叫屏蔽接线端钮，它直接与手摇发电机 F 的负端相连。手摇发电机 F 两端接两条并联支路：一条支路由动圈 1、限流电阻 R_c 和被测电阻 R_x 串联而成；另一条支路由动圈 2，限流电阻 R_v 串联而成。

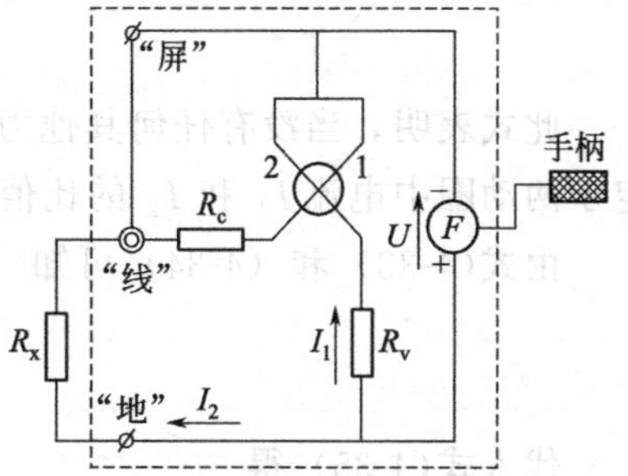

图 4-31　兆欧表的原理电路

1—动圈 1；2—动圈 2；F—手摇发电机；R_v，R_c—附加电阻；R_x—待测绝缘电阻

动圈 1 支路的电流 I_1 与被测绝缘电阻 R_x 的大小有关

$$I_1=\frac{U}{R_c+R_x} \tag{4-33}$$

式中，U 为手摇发电机端电压。

由上式可见，R_x 越小，I_1 就越大，磁场与载流 (I_1) 动圈 1 作用产生的力矩 M_1 就越大。

动圈 2 支路的电流 I_2 与 R_v 有关

$$I_2=\frac{U}{R_v} \tag{4-34}$$

磁场与载流 (I_2) 动圈 2 作用产生力矩 M_2。

选择两动圈电流的引入方向，使得磁场与它们相互作用所产生的力矩 M_1 和 M_2 的方向刚好相反，则其中一个力矩称为转动力矩，另一个力矩就称为反作用力矩。按规定：动圈 1 为电流线圈，产生顺时针方向转矩 M_1——转动力矩；动圈 2 为电压线圈，产生逆时针方向转矩 M_2——反作用力矩。当“线”、“地”开路时，只有 I_2 流过动圈 2，产生转矩 M_2，活动部分逆时针偏转到最大位置，对应 $R_x=\infty$；当“线”、“地”短路时，I_1 最大，指针顺时针偏转到最大位置，对应 $R_x=0$；当 R_x 为 0～∞间任意值时，I_1、I_2 由式(4-33) 和式(4-34) 决定，指针偏转角如下所述。

由于空气隙中的磁场分布不均匀，磁场与载流动圈作用产生的力矩不仅与动圈中的电流有关，而且与动圈所处的位置也有关，即与活动部分的偏转角 α 有关，所以，有关系

$$M_1=KI_1f_1(\alpha)$$

$$M_2 = KI_2 f_2(\alpha)$$

式中，K 为比例系数。但应注意两式中的 $f_1(\alpha) \neq f_2(\alpha)$，这是因为对应于偏转角 α，两动圈在不均匀磁场中所处位置不同。

接上被测电阻 R_x，摇动发电机手柄，电机产生的电压加到两个动圈支路上，流过两个动圈的电流分别为 I_1 和 I_2，动圈在不均匀磁场中受到方向相反的力矩 M_1 和 M_2 的作用，仪表活动部分将平衡在 $M_1 = M_2$ 的某一位置上，即

$$KI_1 f_1(\alpha) = KI_2 f_2(\alpha)$$

或

$$\frac{I_1}{I_2} = \frac{f_2(\alpha)}{f_1(\alpha)} = f(\alpha)$$

则

$$\alpha = F\left(\frac{I_1}{I_2}\right) \tag{4-35}$$

此式表明，当没有任何其他力矩作用于仪表活动部分时，兆欧表活动部分的偏转角 α 决定于两动圈中电流 I_1 和 I_2 的比值，所以通常又称这种仪表为“比率表”。

由式(4-33) 和 (4-34) 可知

$$\frac{I_1}{I_2} = \frac{R_v}{R_c + R_x}$$

代入式(4-35) 得

$$\alpha = F\left(\frac{R_v}{R_c + R_x}\right) \tag{4-36}$$

可见，用这种仪表测量电阻 R_x 时，由于仪表内附电阻 R_c 和 R_v 是一定的，所以指针的偏转角 α 便仅是被测电阻 R_x 的函数，而与电源电压 U 无关。因此，当手摇发电机转速发生变化时，只要转速不是过慢，兆欧表的读数总是不变的。这也是比率表的一个特点。

因为比率表中没有产生反作用力矩的游丝，所以，不工作时指针可停留在标尺的任意位置上。

几种国产兆欧表的主要技术数据如表 4-1 所示。

表 4-1　部分兆欧表的主要技术数据

型号	发电机电压/V	测量范围/MΩ	最小分度/MΩ	准确度等级
ZC11-1	100(±10%)	0～500	0.05	1.0
ZC11-3	500(±10%)	0～2000	0.2	1.0
ZC11-5	2500(±10%)	0～10000	1	1.5
ZC11-8	500(±10%)	0～100	0.05	1.0
ZC25-1	100(±10%)	0～100	0.05	1.0

4.7.3　兆欧表的使用

兆欧表使用时如接线和操作不正确，不仅会影响到测量结果，而且会危及人身和设备安全，因而必须注意。

(1) 正确选择兆欧表的电压及其测量范围

所选兆欧表的电压一定要与被测电气设备的耐压相对应。例如，测量高压设备的绝缘电阻，应该用电压高的兆欧表，这样才能反映设备在工作电压下的绝缘电阻；而测量

低压电气设备的绝缘电阻，不能用电压高的兆欧表，否则会使设备的绝缘受到损坏。其具体选择原则是，工作电压在 48V 以下的电气设备用 100V 或 250V 兆欧表，工作电压在 48V 以上到 500V 的电气设备用 500V 的兆欧表，500V 以上的电气设备用 1000V 或 2500V 的兆欧表。

所选兆欧表的测量范围应不过多地超出被测绝缘电阻的范围，以免产生较大的误差。具体选择可参见表 4-1。

（2）兆欧表的接线

兆欧表接线柱有三个："线"（L）、"地"（E）和"屏"（G）。在进行一般测量时，只要把被测绝缘电阻接在"线"和"地"之间即可。例如测量绝缘电阻时，可按图 4-32 所示接线。在被测绝缘电阻表面不干净或潮湿的情况下，为了排除其表面漏电流的影响，必须使用"屏"（G）接线柱。例如，在测量一电缆的外皮与芯线之间的绝缘电阻时，应按图 4-33 接线，这样绝缘电阻的表面漏电流 I_{js} 经"屏"接线柱流回电源负极，而不经过动圈。仅反映体电阻的体电流 I_{jv} 经过动圈 1 流回电源负极。因此，兆欧表的测量结果，真正反映体电阻。

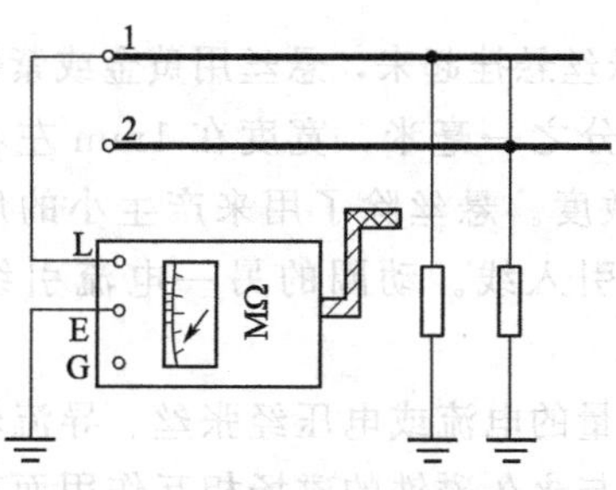

图 4-32　测量线路绝缘电阻

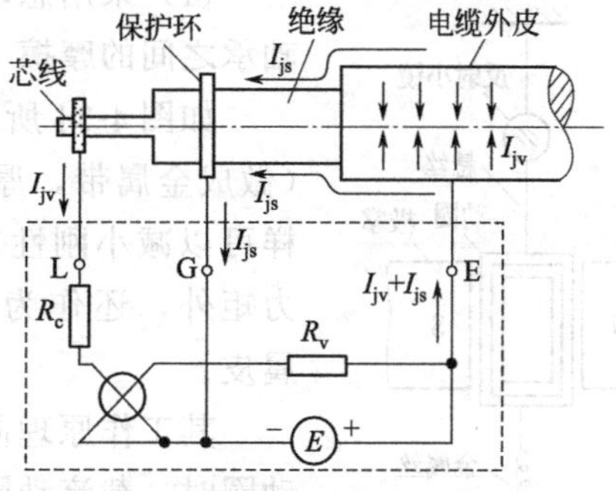

图 4-33　测量电缆绝缘电阻的接线

（3）使用前检查兆欧表能否正常工作

先使"L"、"E"开路，摇动发电机手柄到额定转速，指针应指在"∞"位置；再将"L"、"E"短接，缓慢转动发电机手柄，指针应指在"0"位。否则，兆欧表应调修。

（4）对被测对象的处理

不允许用兆欧表测量带电设备的绝缘电阻，以防止发生人身和设备事故。因此，测量前必须切断被测设备的电源，对于含有大电容的设备，停电后不可马上测量，还必须将设备接地短路放电，待完全放电后再进行测量。用兆欧表测量过的设备也要及时放电。另外，被测物的表面应擦干净，以减小表面漏电的影响。

（5）测量过程中应注意的事项

虽说兆欧表的测量结果与发电机的电压无关，但如果发电机电压偏低，将会带来很大的测量误差。为此，测量时应使手摇发电机的转速保持在规定的范围内，一般规定额定转速为 120r/min，而且应在摇测 1min 后进行读数。另外，应注意不要将兆欧表的测量引线绞在一起，其原因是：在测量时，兆欧表的电压较高，如果将两根引线绞在一起，当导线绝缘不良时，相当于在被测电气设备上并联了一只电阻，因而影响测量结果。

（6）测量结束时应注意事项

当手摇发电机未停止转动以及被测物未放电以前，不可用手触及被测物的测量部分和进行拆线，以免造成触电事故。

4.8 磁电系检流计和冲击检流计

一般指针式磁电系仪表虽然灵敏度较高，但对于微小的电流和电压（10^{-8}A、10^{-6}V或更小）还无法测量，主要原因是：轴尖和轴承之间摩擦的影响，使这样的电流或电压对偏转机构不能引起能够觉察的反应。因此，为了能够测量微小电流和电压，还需进一步提高测量机构的灵敏度。为此，在磁电系测量机构的结构上采取一些特殊的措施，构成了磁电系检流计。

由于检流计是一种高灵敏度仪表，因此它不仅广泛用作检测某一被测电路是否有电流或电压的指零仪器（用于电桥或电位差计比较测量中充当零指示器），而且也用来直接测量线路中的微小电流、电压和短暂的脉冲电量。测量短暂脉冲电量的检流计叫做冲击检流计，它主要用于磁测量。

4.8.1 检流计的结构特点

因为检流计需要有很高的灵敏度，所以在磁电系结构上要采取一些特殊措施。

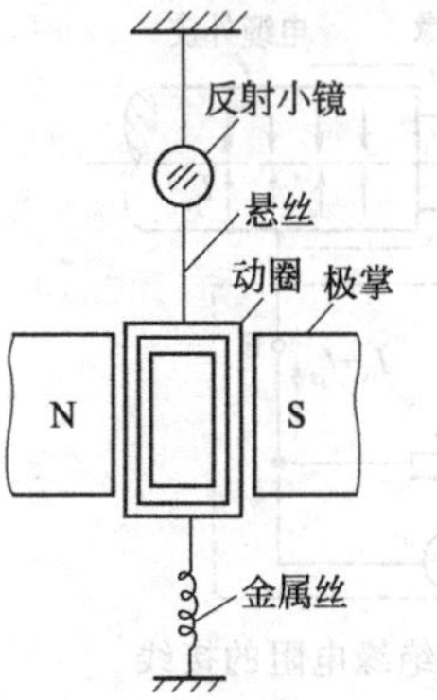

图 4-34 磁电系检流计结构示意图

(1) 采用悬丝（吊丝或张丝）悬挂动圈，以消除可动部分轴与轴承之间的摩擦

如图 4-34 所示，动圈由悬丝悬挂起来，悬丝用黄金或紫铜制成（做成金属带，厚度只有几十分之一毫米，宽度在 1mm 左右，这样可以减小刚性）以提高灵敏度。悬丝除了用来产生小的反作用力矩外，还作为动圈电流的引入线。动圈的另一电流引线是金属皮。

其工作原理同样为：被测量的电流或电压经张丝、导流丝流过动圈时，载流动圈产生的磁场与永久磁铁的磁场相互作用而产生转动力矩

$$M=W_{\mathrm{d}}BSI \tag{4-37}$$

式中，W_{d} 为动圈的匝数；B 为空气隙中的磁感应强度；S 为动圈的截面积；I 为流过动圈的电流。它使活动部分偏转，同时张丝受扭力而产生反作用力矩

$$M_{\mathrm{f}}=D\alpha \tag{4-38}$$

式中，D 为反作用力矩系数；α 为活动部分偏转角。

当 $M_{\mathrm{f}}=M$ 时，则

$$\alpha=\frac{W_{\mathrm{d}}SB}{D}I=S_{\mathrm{I}}I \tag{4-39}$$

此式与式(4-4) 一致。式中 B、W_{d}、S、D 都是仪表结构的常数，不随偏转角 α 的改变而改变，所以，α 与被测量 I 的大小成正比关系。而 $S_{\mathrm{I}}=\frac{W_{\mathrm{d}}BS}{D}$ 是仪表的灵敏度，它表示单位被测电流的变化所引起的检流计的偏转格数，即

$$S_{\mathrm{I}}=\frac{\mathrm{d}\alpha}{\mathrm{d}I} \tag{4-40}$$

(2) 采用光指示读数装置

除了一些体积小，灵敏度不太高的检流计，采用指针式读数装置外，为了进一步提高检

流计的灵敏度和改善活动部分的运动特性，大多数检流计都采用光指示读数装置。如图4-34 所示，在张丝上吊一个极为轻薄的反射镜，在离小镜一定距离处安装一个标尺，如图 4-35 所示的光标读数装置。小灯以一束平行光线投射到反射小镜上，当电流通过动圈时，磁场对载流动圈的作用力矩使动圈转动，小镜的反射光线也随之改变方向，并形成一条细小的光带投射到刻度尺上，指示出活动部分的偏转大小。光指示读数装置实际上就是“光线指针”代替金属机械指针的读数装置。其主要优点在于：减轻活动部分的重量，改善了活动部分的运动特性，对提高灵敏度有利；“光线指针”较长，进一步提高了灵敏度；同时也减少了由于指针重量不平衡所带来的误差。

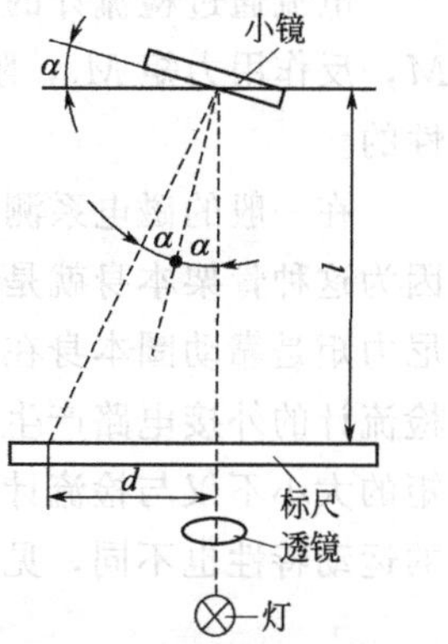

图 4-35　光标读数装置

这种检流计的灵敏度很高，为使机械振动不致引起读数的错误，使用时应将它安装在稳固的位置上，或坚实的墙壁上，所以常被称为墙式检流计，AC4 型检流计就是这种型式。

另一种使用方便，灵敏度稍低的便携式检流计，它的光标在仪表内部经多次反射（以提高灵敏度）在刻度尺上指示活动部分的偏转。AC15 型检流计就是这种型式。

常用的磁电系光电检流计结构如图 4-36 和图 4-37 所示。

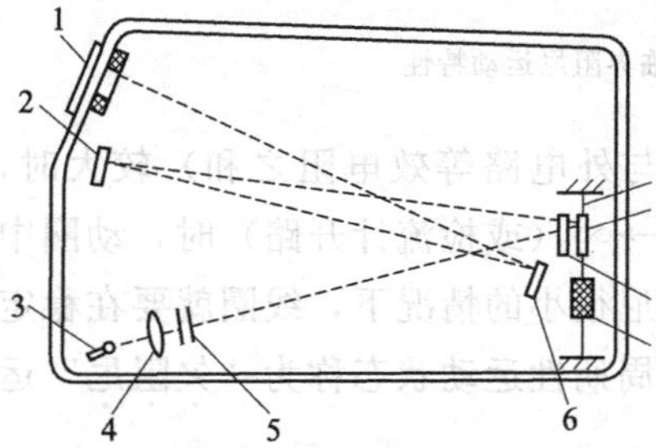

图 4-36　便携式检流计结构

1—标度盘；2，6—反射镜；3—灯；4，7—透镜；5—光栏；8—动圈；9—平面镜；10—张丝

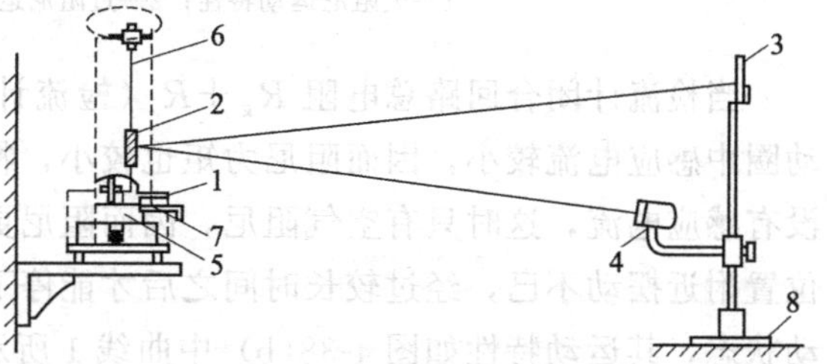

图 4-37　安装式检流计结构

1—动圈；2—动镜；3—标度尺；4—光源；5—磁铁；6—悬丝；7—可调磁分路；8—外装标度尺底座

4. 8. 2　检流计的特性及参数

使用检流计时，重要的不仅是它的灵敏度，还有它活动部分的运动特性（阻尼情况），因为能否正确而迅速地读取被测量的数值与选择合适的灵敏度及阻尼状态有关。

（1）电流灵敏度和电流常数

检流计的电流灵敏度 S_I 由式(4-40) 可知，而检流计铭牌上标明的是检流计的电流常数 C_I，它是电流灵敏度 S_I 的倒数，即

$$C_I=\frac{1}{S_I} \tag{4-41}$$

电流常数 C_I 的单位为 A/mm。

检流计的 S_I 和 C_I 也可以通过实验确定。墙式检流计的 C_I 是在标尺与反射小镜相距 1m 时测定的。

（2）动圈的运动特性及临界电阻

电流通过检流计的线圈时，线圈将有偏转，这时有三个力矩作用于线圈上：转动力矩 M，反作用力矩 M_f，阻尼力矩 M_P。从使用角度来说，阻尼力矩是最能影响检流计运动特性的。

在一般的磁电系测量机构中，阻止线圈运动的阻尼力矩主要是由铝质线圈骨架产生的，因为这种骨架本身就是一个处在磁场中的闭合回路。检流计中的动圈是没有骨架的，它的阻尼力矩是靠动圈本身在磁场中的运动产生的。动圈在磁场中运动所产生的感应电动势要通过检流计的外接电路产生感应电流，从而才产生相应的阻尼力矩，见图 4-38(a)。这个阻尼力矩的大小不仅与检流计的结构参数有关，还与被测电路的电阻 R 有关。阻值 R 不同，动圈的运动特性也不同，见图 4-38(b)。

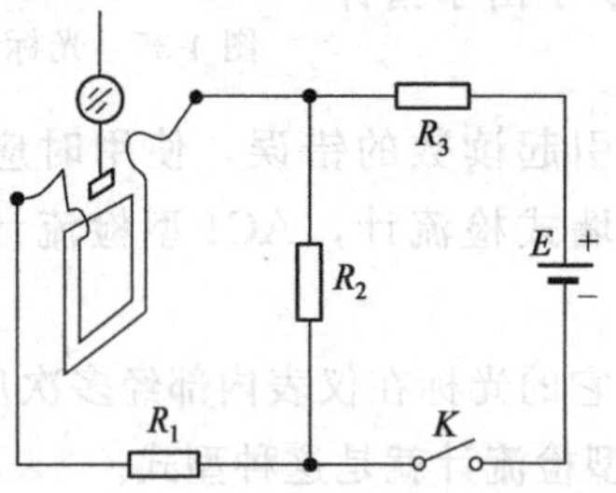

(a) 检流计的动圈与外电路

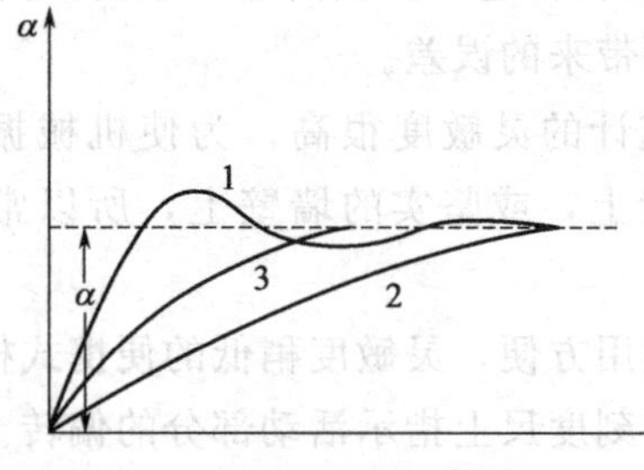

(b) 检流计活动部分运动特性

图 4-38　检流计的运动特性

1—欠阻尼运动特性；2—过阻尼运动特性；3—临界阻尼运动特性

当检流计闭合回路总电阻 R_g+R（检流计动圈电阻与外电路等效电阻之和）较大时，动圈中感应电流较小，因而阻尼力矩也较小，特别是当 $R\to\infty$（或检流计开路）时，动圈中没有感应电流，这时只有空气阻尼，因而阻尼更小。在阻尼很小的情况下，线圈就要在稳定位置附近摆动不已，经过较长时间之后才能停下来，这种周期性运动状态称为“欠阻尼”运动状态，其运动特性如图 4-38(b) 中曲线 1 所示。

当检流计闭合回路总电阻过小时，感应电流较大，阻尼作用加强，使检流计活动部分的运动成为非周期运动，运动缓慢，需要较长时间才能达到最后稳定位置。这种运动状态称为“过阻尼”运动状态，其运动特性见图 4-38(b) 中曲线 2 所示。

如果选择合适大小的回路电阻，使检流计活动部分能在最短的时间内达到稳定位置而又不发生周期振动，这个阻尼时间为最佳，这种运动状态称为“临界阻尼”运动，其运动特性见图 4-38(b) 中曲线 3 所示。这时的外接电阻 $R=R_c$，称为外临界电阻。

检流计外临界电阻 R_c 是检流计的一个重要参数，通常标注在铭牌上。在选用检流计作指零仪器时，要保证检流计在稍微欠阻尼情况下运动，就必须使检流计的实际外接电阻比它的外临界电阻值大一些。如外接电阻不能满足此要求时，常要接入分流器或附加电阻来匹配。

(3) 自然振荡周期和阻尼时间

自然振荡周期和阻尼时间是衡量检流计运动特性的主要参数，它们都可以通过实验测定。

前面讲到，在检流计开路时，阻尼很小，活动部分在稳定位置附近作周期性运动，这时的振荡周期就称为自然振荡周期。在测定检流计的自然振荡周期时，通常是在检流计的指示

器偏转到最大位置时，断开外电路，从这瞬间起计算可动部分摆动一周所需的时间。而且，还可以证明

$$T_0 \propto \sqrt{J/D} \tag{4-42}$$

式中，T_0 为自然振荡周期；J 为可动部分的转动惯量；D 为反作用力矩系数。

阻尼时间是指检流计在临界阻尼状态下，由最大偏转状态切断电流开始，到指示器回到零位时所需要的时间。

在选用检流计时，应注意以上参数，使其与其他仪器（如电桥、电位差计等）相适应。表 4-2 中列举几种国产检流计型号及参数，供选用检流计时参考。

表 4-2　几种检流计型号及参数

<table>
<tr><th>型号</th><th>电流常数/(A/mm)</th><th>内阻/Ω</th><th>外临界电阻/Ω</th><th>阻尼时间/s</th></tr>
<tr><td>AC5/1</td><td>5×10^{-6}</td><td>＜20</td><td>＜150</td><td rowspan="3">＜2.5</td></tr>
<tr><td>AC5/2</td><td>2×10^{-6}</td><td>＜50</td><td>＜500</td></tr>
<tr><td>AC5/3</td><td>7×10^{-7}</td><td>＜250</td><td>＜3000</td></tr>
<tr><td>AC15/1</td><td>3×10^{-9}</td><td>1.5k</td><td>100k</td><td rowspan="4">4</td></tr>
<tr><td>AC15/2</td><td>1.5×10^{-9}</td><td>500</td><td>10k</td></tr>
<tr><td>AC15/3</td><td>3×10^{-10}</td><td>100</td><td>1k</td></tr>
<tr><td>AC15/4</td><td>5×10^{-9}</td><td>50</td><td>500</td></tr>
</table>

4.8.3　检流计的正确使用和维护

使用检流计时必须注意以下几点。

① 不要受任何机械振动，必须轻拿轻放。搬动和用完时，要将活动部分用止动器锁住或将联结动圈的两接线柱用金属片或导线短接，这样可以使活动部分处于过阻尼状态以减小活动部分的摆动。

② 使用时要按规定工作位置放置，具有水准器者，要按水准器调节检流计的位置，使其处于水平位置。

③ 不能将检流计放在磁场源附近，同时应采用适当措施消除漏电流、接触热电动势及附加感应对被测电流的影响。

④ 要根据被测对象，选择灵敏度和外临界电阻合适的检流计。

⑤ 检流计进行测量时，其灵敏度应逐步提高。当被测电流的大致范围未知时，应串入一个大保护电阻（几兆欧）或配一个分流器。测量时，根据指示器的偏转情况，逐步提高灵敏度。

⑥ 不允许用万用表、欧姆表或电桥测量检流计内阻，以免通入过大电流烧坏检流计。

4.8.4　冲击检流计

冲击检流计是活动部分具有很大自然振动周期的磁电系检流计。冲击检流计有悬丝结构和张丝结构两种，其结构示意图如图 4-39、图 4-40 所示。为了增大其自然振动周期，一方面增加线圈的宽度，并且在动圈上边（或下边）附加重物，以增加可动部分的转动惯量 J；另一方面减小悬丝的反作用力矩系数 D（即刚性）。对于张丝结构的冲击检流计，还应在其动圈两端并联大容量的电容器。

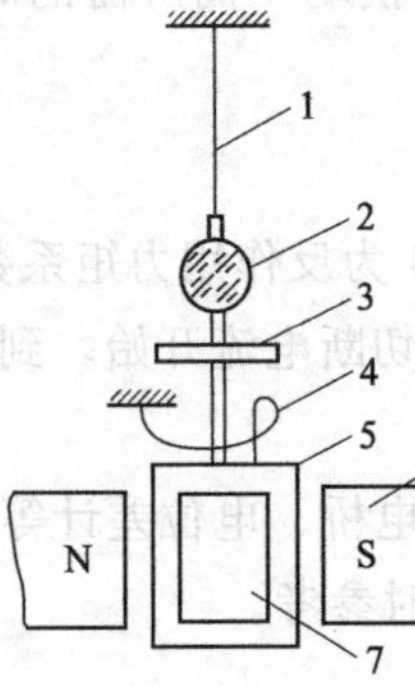

图 4-39　悬丝结构冲击检流计

1—悬丝；2—动镜；3—负荷件；4—导流丝；5—动圈；6—磁铁；7—铁芯

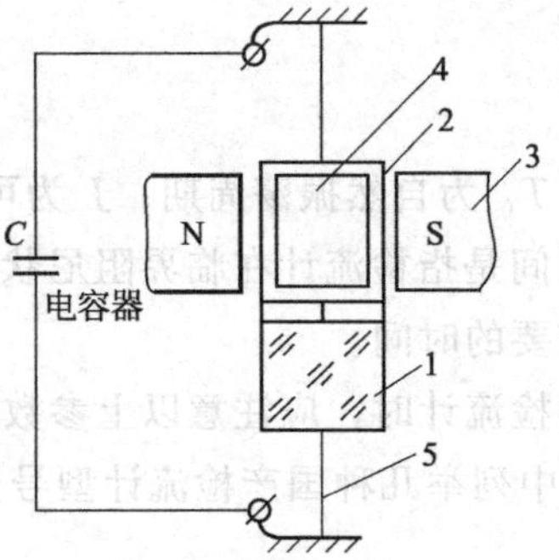

图 4-40　张丝结构冲击检流计

1—动镜；2—动圈；3—磁铁；4—铁芯；5—张丝

由于冲击检流计具有上述特点，因此可用来测量短暂的脉冲电量。如图 4-41 所示的脉冲电流 i 通过冲击检流计时，由于活动部分的惯性较大，在脉冲电流存在期间，虽受到力矩的作用，但其活动部分来不及偏转，当脉冲电流快结束时，活动部分才开始偏转，并在到达最大的偏转 α_m 之后，经过一段欠阻尼状态的运动过程，最后回复到原来位置。

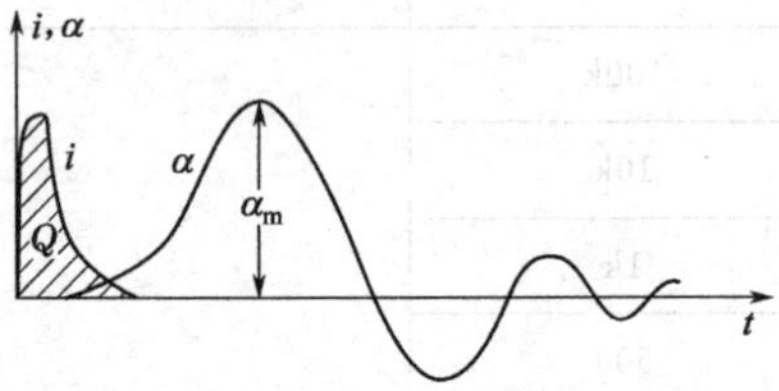

图 4-41　作用在冲击检流计上的脉冲电流及检流计的偏转

i—脉冲电流；Q—脉冲电量；t—时间；α—偏转角；α_m—最大偏转角

可以证明，当冲击检流计的自然振荡周期比被测脉冲电流通过的时间长得多时，它的第一次最大偏转 α_m 与脉冲电量 Q 成正比，即

$$\alpha_m \propto Q$$

可以写成

$$Q = C_q \alpha_m \tag{4-38}$$

式中，C_q 为电量冲击常数，一般通过实验方法确定。

因此，在 C_q 确定之后，就可以利用冲击检流计测量脉冲电量。冲击检流计还可以用来测电容、绝缘电阻、恒定磁通等。

近年来，由于光电子技术的发展，利用光电放大原理，研究制造出光电放大式检流计，使其灵敏度又提高 1～2 个数量级，而且稳定可靠，使用方便。因而，在精密测量中得到了广泛的应用。

*4.9　晶体管放大式检流计

晶体管放大式检流计是一种高灵敏度的电子放大式检流计。近年来，随着电子技术的飞跃发展，人们普遍地感到利用电子放大式检流计测量直流小信号更为方便，这是因为它利用电子技术将小信号放大后，再用表头指示。因而抗震性强，携带方便；又由于这种电子放大式检流计的输入阻抗一般都在几十千欧以上，因而不像一般磁电系检流计由于考虑使用中的阻尼状态，在一种类型检流计中因外临界电阻不同而要选用许多不同型号检流计。而对于电子放大式检流计，只需根据被测信号源的电阻和电压数值，选用一种检流计就可以了。由于电子放大式检流计有许多独特的优点，所以得到广泛的应用和迅速的发展，有可能在某些场合取代张丝式检流计，成为测量微弱信号或指零装置的一个发展方向。

晶体管检流计可用于交直流电路中作为指零仪，由于在交流测量中灵敏度要求较低，本节只介绍直流晶体管式检流计。

图 4-42 为晶体管放大式检流计的原理框图。由图可见，晶体管检流计由调制器、交流放大器、解调器、振荡器、电源和指示器等组成。

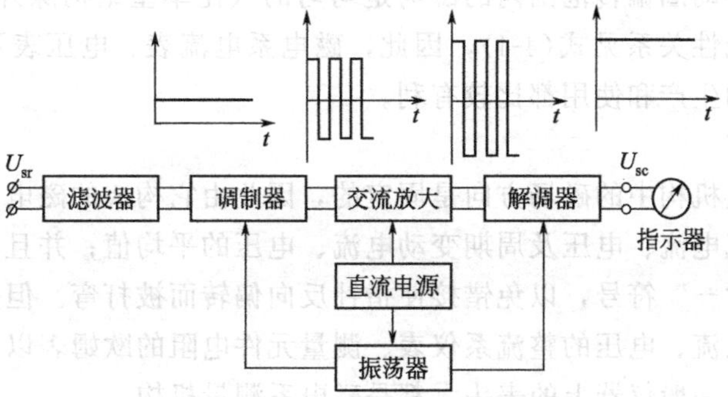

图 4-42　晶体管放大式检流计原理方框图

当输入的微小直流信号 U_{sr} 经滤波器，滤去迭加的交流干扰信号后送至调制器，调制器将直流信号变为交流信号。经交流放大器将这个信号放大，最后经解调器把放大了的交流信号还原成与输入信号相对应的但已经放大了若干倍的直流信号 U_{sc}，推动指示仪表进行指示。振荡器为调制器和解调器提供振荡信号。由于信号放大是由交流放大器担任，而交流放大器的漂移可以忽略不计，所以这种调制式直流放大器的漂移可以做得很小。若直接用直流放大器放大则漂移大，元件要求高，制造工艺复杂。目前使用的晶体管检流计大都是用调制式的直流放大器。

如果要测量更小的信号电流和电压时，例如低于 1×10^{-11} A/mm 和 0.5×10^{-7} V/mm 时，必须采用另一种灵敏度更高的检流计，即光电放大式检流计。如上海电表厂生产的 AC11 型光电放大式检流计。

4.10　磁电系仪表的技术特性

磁电系测量机构具有一系列优点，它的应用比任何一种其他形式的测量机构都广泛得多，磁电系仪表的主要技术特性如下。

(1) 准确度高

由于磁电系测量机构中的磁场是由永久磁铁产生的，所以磁场较强，动圈中仅需很小的电流就可产生较大的转动力矩，因此动圈的匝数可以较少，绕制动圈的导线直径可以较小，从而减少了轴承摩擦力矩以及温度等因素的影响所造成的误差。所以磁电系仪表的准确度较高，一般可达 0.2～1.0 级，高的可达 0.1 级甚至 0.05 级。

(2) 灵敏度高

由于仪表内部磁场较强，动圈中很小的电流就可以使活动部分产生较大的偏转，因此磁电系仪表的灵敏度较高，其仪表常数一般可达 1μA/div；采用悬丝结构的检流计，其仪表常数可达 1×10^{-10} A/div。

(3) 抗外磁场干扰能力强

由于内部磁场强，因此当外磁场不是太强时，对其内部的影响较小，所以抗外磁场干扰能力强。

(4) 内部功耗小

由于测量机构的灵敏度高，通过的电流小。所以功率损耗小，可以减小仪表的温度误差；构成电压表的内阻大，对被测电路的影响小，有利于提高测量的准确度。

(5) 分度均匀

由于测量机构中动圈偏转范围内的磁场是均匀的（比率型结构除外）；活动部分的偏转角与动圈中电流呈线性关系见式(4-4)，因此，磁电系电流表、电压表及检流计的分度是均匀的，这对于仪表的生产和使用都比较有利。

(6) 应用范围广

由于磁电系测量机构中的磁场方向是固定的，因此由它构成的磁电系电流表、电压表及检流计只能测量直流电流、电压及周期变动电流、电压的平均值；并且在使用时应注意仪表接线端钮的“+”、“−”符号，以免错接使指针反向偏转而被打弯。但是加上适当的变换器可以构成测量交流电流、电压的整流系仪表、测量元件电阻的欧姆表以及可以测量温度、压力等非电量的仪表。一般仪器上的表头大都是磁电系测量机构。

(7) 过载能力小

由于绕制动圈的导线直径较细，而且电流经过游丝引进动圈，如果电流过大，不仅要烧坏线圈，而且游丝也会因过热而变形，导致反作用力矩变化而影响仪表的准确度。因此，磁电系仪表的过载能力小。

(8) 结构较复杂、成本较高

准确度越高的磁电系仪表，结构越复杂、成本越高。因此，准确度在 0.1 级以上的磁电系仪表只在计量室中作为标准表使用。

思考题与习题

4-1 一般的磁电系测量机构中的驱动装置、控制装置和阻尼装置是由哪些部件组成的？其作用原理是什么？

4-2 磁电系测量机构测量的基本量是什么？它有何优缺点？

4-3 将 $R_1=40\text{k}\Omega$、$R_2=60\text{k}\Omega$ 的两个电阻串联后，接到电压为 100V 的电源上，电源内阻可略去不计，则两电阻上的压降实际为多少？若用一内阻为 50kΩ 的电压表分别测量两个电阻上的电压，则其读数将为多少？

4-4 如图 4-43 所示万用表的原理电路中，已知磁电系表头的满偏电流 $I_g=100\mu\text{A}$，表头支路的总电阻 $R_g=1600\Omega$，现制成简易的万用表。

(1) 若各电流挡分别为 50mA、5mA、0.5mA，求分流电阻 R_1、R_2、R_3。

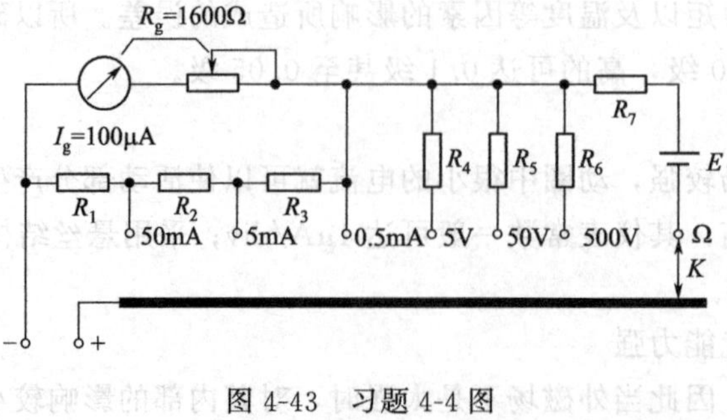

图 4-43 习题 4-4 图

(2) 若各电压挡分别为5V、50V、500V，求附加电阻R_4、R_5、R_6。

(3) 若欧姆表的中值电阻为1500Ω，求电阻R_7及附加电源的端电压U。

4-5　上题中各电流挡的内阻是多少？各电压挡的内阻又是多少？各电压挡的“Ω/V”数是多少？如果表头的满偏电流$I_g=50\mu A$，各电流挡内阻增大还是减小？各电压档内阻是增大还是减小？

4-6　量程为250V、内阻参数为10kΩ/V的电压表，其实际内阻R_V为多少欧姆？半量程处的内阻是否减半？测量机构的电流量程是多少？

4-7　某欧姆表的中值电阻有10Ω、100Ω、1kΩ、10kΩ四挡，今要测量阻值约为750Ω的电阻，试说明其测试步骤。

4-8　为什么万用表的交流挡只能测得正弦交流电压的有效值？若要测非正弦交流电的平均值应如何读数？

4-9　将220V交流正弦电压全波整流后，用磁电系电压表测量，问电压表的读数是多少？

4-10　什么叫电平？用万用表测电平时应该用什么挡进行测量？怎样读数？当被测负载电阻不等于零分贝标准的电阻时，电平值应怎样换算？

4-11　用万用表测量某放大电路的输入信号为3dB，输出信号为53dB，求该电路的电压放大倍数。如果负载电阻为16Ω，试计算其功率放大倍数。

4-12　磁电系兆欧表在结构上有何特点？在测量电阻时它与欧姆表的根本区别是什么？使用兆欧表应注意些什么？

4-13　为什么检流计能测微小电流，其结构上有何特点？

4-14　为什么检流计在搬动时要将接线柱两端短路？能否用万用表的欧姆挡测量检流计的内阻？为什么？

4-15　将两个具有相等电位差U的带电电容器逐个连接到一只冲击检流计上，使它们放电，分别获得7.25格和5.75格的最大偏转。已知其中一电容器的电容值为C_0，则另一个电容器的电容值是多少？

第5章　电磁系仪表

电磁系仪表是一种交、直流两用的电气测量指示仪表。其测量机构主要是由固定线圈和可动铁片所组成。由于它具有结构简单、过载能力强、工作可靠、造价低廉以及可以交、直流两用等一系列优点，所以，电磁系仪表在实验室或工程中都得到广泛的应用。特别是开关板式交流电流表和电压表，一般都采用电磁系。电磁系仪表主要用于制造电流表和电压表，也可以做成比率计型表用来测量电容、相位和频率等。

5.1　电磁系测量机构

利用载流线圈的磁场对铁磁元件的作用而产生转动力矩的测量机构称为电磁系测量机构。由电磁系测量机构组成的仪表称为电磁系仪表。

5.1.1　电磁系测量机构的结构

电磁系仪表的测量机构主要是由固定线圈和可动铁片组成。常见的电磁系测量机构，按其作用原理，可以分为圆线圈排斥式和扁线圈吸入式两种。

（1）圆线圈排斥式

排斥式结构示意图如图 5-1(a) 所示。

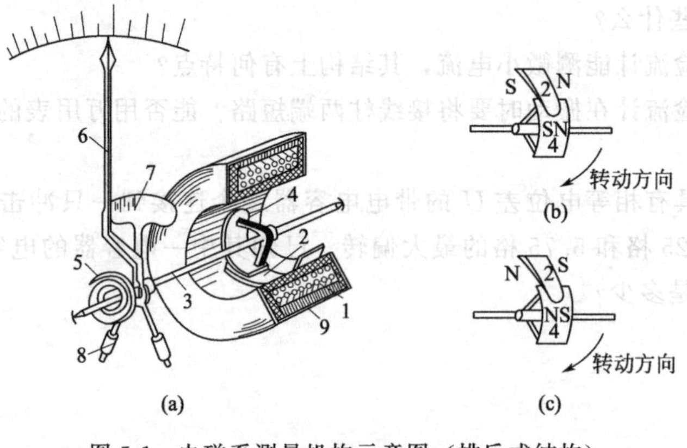

图 5-1　电磁系测量机构示意图（排斥式结构）

1—固定线圈；2—定铁片；3—转轴；4—动铁片；5—游丝；6—指针；7—阻尼片；8—平衡锤；9—磁屏蔽

固定部分包括圆形线圈和固定在线圈内壁的软铁片；可动部分包括固定在转轴上的可动铁片以及游丝、指针、阻尼片及平衡锤。游丝不通电流。

固定部分与可动铁片构成产生转动力矩的驱动装置；游丝是产生反作用力矩的控制装置；阻尼装置一般采用空气阻尼器或磁感应阻尼器，图 5-1(a) 中与转轴相连接的翼片为磁感应阻尼片，它与永久磁铁（图中未画出）构成磁感应阻尼器；指针与标尺构成读数装置。

当电流通过线圈时，两个铁片同时被磁化，由于两铁片的同一侧的极性是相同的，如图 5-1(b) 所示，于是它们互相排斥，产生转动力矩，使可动铁片转动，带动指针偏转，指示被测电流的大小。当线圈中电流的方向改变时，线圈磁场方向改变，两铁片被磁化的极性同时改变，仍互相排斥，使可动铁片转动的方向不变，如图 5-1(c) 所示。由于这种结构的转动力矩是由磁排斥力产生的，故称为排斥式结构。而且，可见这种测量机构可以直接用来测量交直流电流和电压。

(2) 扁线圈吸入式

吸入式结构示意图如图 5-2(a) 所示。

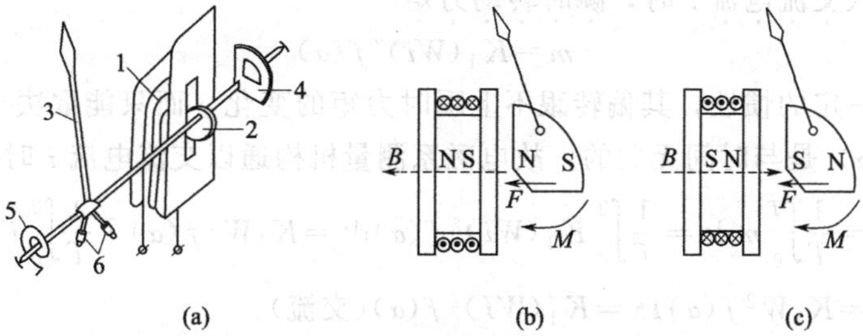

图 5-2　电磁系测量机构示意图（吸入式结构）

1—扁线圈；2—软铁片；3—指针；4—阻尼片；5—游丝；6—平衡锤

吸入式测量机构的固定部分就是固定的扁线圈，可动部分包括偏心地装在转轴上的软铁片，及固定在转轴上的指针、阻尼片、游丝和平衡锤。同样，游丝不通电流。

固定的扁形线圈与可动软铁片构成产生转动力矩的驱动装置；游丝是产生反作用力矩的控制装置；阻尼装置就是阻尼片，仍为空气阻尼器或磁感应阻尼器；指针与标尺（未画出）构成读数装置。

当电流通过扁线圈时，线圈的磁场使可动软铁片 2 磁化，并对铁片产生吸引力，从而产生转动力矩使铁片转动，带动指针偏转，指示被测电流的大小。当线圈中的电流改变方向时，线圈磁场的极性改变，被磁化的软铁片的极性也同时改变，因而线圈对软铁片仍相互吸引，软铁片转动的方向不变 [见图 5-2(b)，图 5-2(c)]。由于这种结构的转动力矩是由磁吸引力产生的，故称为吸入式结构。而且，可见这种测量机构同样可以直接用来测量交直流电流和电压。

圆线圈排斥式测量机构的应用比较广泛，几乎所有开关板式电磁系电流表和电压表都用这种结构，高精度的可携式仪表（如 0.2 级 T24 型仪表）也用这种结构。

扁线圈吸入式测量机构常用来做成 0.5 级及以下的可携式电流表和电压表，并可做成无定位结构以防御外磁场的影响（见 5.4 节）。

5.1.2　电磁系测量机构的工作原理

无论是排斥式或吸入式电磁系测量机构，其转动力矩都是由载流固定线圈产生的磁场对铁片的排斥或吸引力所产生的。排斥力和吸引力的大小都和线圈的磁动势（WI）有关，W 是线圈的匝数。

当固定线圈中通入直流电流 I 时，线圈磁场的强弱与（WI）成正比，如果铁片工作在它的磁化曲线的直线部分，则它被线圈磁场磁化后磁极磁性的强弱也与线圈的（WI）成正比。对于排斥式结构，两铁片间的排斥力的大小与铁片磁性强度的乘积成正比，也就是与线圈的 $(WI)^2$ 成正比；对于吸入式结构，线圈对可动铁片的吸引力大小与两者磁极磁性的强度的乘积成正比，也与线圈的 $(WI)^2$ 成正比。可见，无论排斥式或吸入式，转动力矩都与固定线圈的磁势（WI）的平方成正比。另外，转动力矩还与可动部分的偏转角有关，因为线圈中的磁场是不均匀的，而可动铁片偏转时又将改变磁场的分布情况。因此，电磁系测量机构的转动力矩可表达为

$$M=K_{\mathrm{I}}(WI)^2 f(\alpha)\text{(直流)} \tag{5-1}$$

式中，K_{I} 为由线圈尺寸、铁片形状和尺寸、铁片材料决定的一个常数；$f(\alpha)$ 为由偏转角 α 决定的一个函数，它还与铁片形状、铁片与线圈间距等因素有关。

当线圈中通入交流电流 i 时，瞬时转动力矩

$$m=K_1(Wi)^2 f(\alpha)$$

由于可动部分有一定的惯性，其偏转跟不上瞬时力矩的变化，而只能取决于转矩的平均值，即平均转矩。$f(\alpha)$ 是与时间无关的，故电磁系测量机构通以交流电流 i 时的平均转矩为

$$M=\frac{1}{T}\int_0^T m\,\mathrm{d}t=\frac{1}{T}\int_0^T K_1(Wi)^2 f(\alpha)\,\mathrm{d}t=K_1W^2 f(\alpha)\cdot\frac{1}{T}\int_0^T i^2\,\mathrm{d}t$$

$$=K_1W^2 f(\alpha)I^2=K_1(WI)^2 f(\alpha)\text{(交流)} \tag{5-2}$$

式中，$I=\sqrt{\dfrac{1}{T}\displaystyle\int_0^T i^2\,\mathrm{d}t}$ 为交流电流 i 的有效值。

电磁系测量机构的反作用力矩是游丝产生的，即

$$M_{\mathrm{f}}=D\alpha \tag{5-3}$$

当反作用力矩与转动力矩相等时，即 $M_{\mathrm{f}}=M$，可动部分处于一定平衡位置上而指示读数，因此有

$$M_{\mathrm{f}}=D\alpha=M=K_1(WI)^2 f(\alpha)$$

$$\alpha=\frac{K_1}{D}(WI)^2 f(\alpha)=KI^2 f(\alpha) \tag{5-4}$$

式中，$K=\dfrac{K_1}{D}W$ 为仪表结构所决定的常数。

由上面的分析可见，电磁系测量机构的偏转角与直流或交流（正弦或非正弦）有效值的平方成正比，所以它的刻度盘可直接按有效值刻度，但其分度是不均匀的，前密后疏。如果选择适当的铁片形状、尺寸及与线圈的距离，使 α 较小时的 $f(\alpha)$ 较大，而 α 较大时的 $f(\alpha)$ 减小，就可使后面的刻度不致太疏，在标尺的一定范围内获得较为均匀的刻度。但这类仪表标尺的起始部分的刻度仍很密，在量限的 20%（有的是 30%）以内只能估计，误差很大，故一般不用这一部分刻度。电磁系测量机构所测量的基本量是电流的有效值，故对直流和交流均适用。

5.2 电磁系电流表

由于电磁系测量机构中，被测电流是通过固定线圈，所以可以把这种测量机构直接串在被测电路中去测量较大的电流，因此，电磁系电流表就是电磁系测量机构，而无需采用分流器。量限不太大时，线圈可用绝缘导线，量限大时可用粗铜线绕制。低量限用的导线细，匝数多；高量限用的导线粗，匝数少。一般利用测量机构本身可以测量的最大电流约为 200A。200A 以上的电流的测量，必须通过电流互感器。与电流互感器配套使用的开关板式电磁系电流表的量限都是 5A。

电磁系电流表通常分为安装式和可携式两种。安装式电流表多做成单量限的，并用于交流电流的测量。可携式电流表通常做成多量限的。如国产 T24 型 VA 表已多达 16 个量限。

多量限电磁系电流表通常是将固定线圈绕组分段，利用转换开关、插头或端钮的换接，使其两段或几段绕组组成串、并联来改变电流的量限。图 5-3 为电流表改变量限的示意图，

其固定线圈分成 W_1、W_2 两个绕组，两绕组的匝数和导线截面积均相同，可根据量限的需要来决定它们应该串联还是并联。为在改变量限时能用同一刻度尺读数，就必须保证固定线圈的总安匝数（磁动势 WI）和线圈内的磁场分布不变。图 5-3(a) 为两绕组串联，其电流量限为 I_m；图 5-3(b) 为两绕组并联，其电流量限为 $2I_m$。

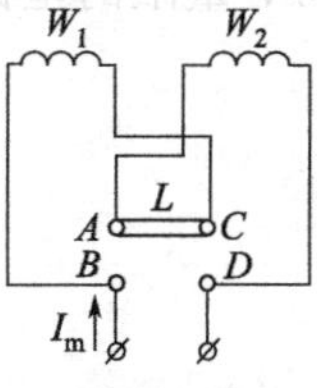

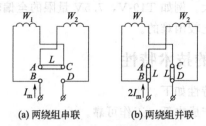

(a) 两绕组串联　(b) 两绕组并联

图 5-3　电磁系电流表改变量限示意图

W_1、W_2—绕组；A、B、C、D—端钮；L—金属片

当电磁系电流表只用于交流电流的测量时，可采用电流互感器来改变量限。

5.3　电磁系电压表

电磁系电压表由电磁系测量机构和附加电阻组成。即只要将固定线圈与附加电阻串联，就构成了电磁系电压表，如图 5-4 所示。

图中，r 为电磁系测量机构中线圈的电阻，L 为线圈的自感，R_f 为附加电阻。因此电压表的内阻抗为

$$|Z_v|=\sqrt{(r+R_f)^2+(\omega L)^2}$$

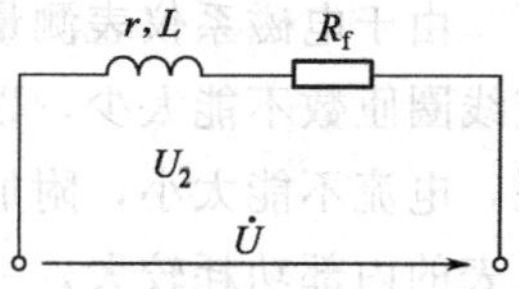

图 5-4　电磁系电压表的测量线路

如果被测电压的有效值为 U，则线圈中电流的有效值为

$$I_v=U/|Z_v| \tag{5-5}$$

将式(5-5) 代入式(5-4)，便可得到此时可动部分的偏转角为

$$\alpha=K\left(\frac{U}{|Z_v|}\right)^2 f(\alpha)=K_v U^2 f(\alpha) \tag{5-6}$$

式中，$K_v=\dfrac{K}{|Z_v|^2}$为电压表结构决定的常数。

如果线圈的自感 L 很小，则 $|Z_v|\approx(r+R_f)=R_v$，即电压表的内阻抗近似为纯电阻性，因而可以做成交、直流两用的电压表。如果标尺按电压的有效值刻度，就可以测量直流电压及交流电压的有效值。刻度仍然是不均匀的。

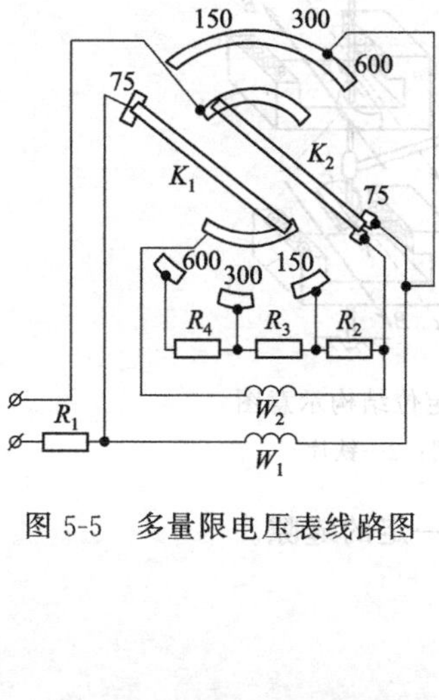

图 5-5　多量限电压表线路图

电磁系电压表同样有安装式和可携式两种。

安装式一般只有一个量限，为了保证使用安全和体积不至于过大，最高量限一般为 600V。如果需要测量更高的交流电压，一般采用电压互感器扩大量限，与电压互感器配套使用的电压表量限是 100V。

可携式多用于实验室，一般做成多量限的。构成量限的方法，一方面采用线圈分段及其串并联换接法；另一方面也采用附加电阻分压法。图 5-5 所示电路即为多量限（75/150/300/600V）电压表的测量线路原理图。图中 W_1、W_2 为两

个固定线圈；$R_1 \sim R_4$ 为附加电阻；K_1、K_2 为转换开关。由图可见，在75V量限时，线圈 W_1 和 W_2 并联后与附加电阻 R_1 串联；其余量限时，两个线圈串联，靠变更附加电阻来改变量限。

由于电磁系测量机构需要足够大的安匝数（WI），固定线圈中的电流不能太小，做成低量限电压表时，这个电流更大。例如T19-V，7.5V量限的全偏转电流是500mA。因此，制造小量限的电磁系电压表是比较困难的。

5.4 电磁系仪表的技术特性

电磁系仪表的主要技术特性如下。

(1) 仪表结构简单，生产成本低，工作可靠。

(2) 过载能力强

由于被测电流只通过固定线圈，线圈的导线可以较粗，因此可承受较大过载。

(3) 灵敏度较低

电磁系测量机构中的磁场是由固定线圈的电流产生的，其磁力线主要经空气闭合，磁场是比较弱的。为了使可动部分获得足够大的转动力矩，必须使固定线圈有足够大的安匝数，因此流过固定线圈的电流较大。所以，这类仪表的灵敏度较低。

(4) 内部功耗较大

由于电磁系仪表测量机构的灵敏度较低，因此，由它构成的电磁系电流表内阻较大（固定线圈匝数不能太少，以保证其足够的安匝数），而电磁系电压表的内阻较低（线圈匝数有限，电流不能太小，附加电阻也不能很大），一般仅为（几十欧～几百欧）/伏。所以电磁系仪表的内部功耗较大，一般，电流表为2～8W；电压表为2～5W。

(5) 抗外磁场干扰能力弱

由于电磁系仪表测量机构内部的磁场很弱，外磁场对它的影响很大，仅地磁场就可造成1%的误差。因此，电磁系仪表都采取防御外磁场影响的措施，即磁屏蔽和无定位结构。

① 磁屏蔽　即把测量机构装在用导磁性能良好的材料做成的封闭罩内。这样，外磁场的磁力线将沿着封闭屏蔽罩闭合，而不会进入到测量机构中。屏蔽材料的导磁系数越高，罩壁越厚，屏蔽的效果越好。但罩壁越厚，由于交变磁通引起的涡流越大，造成误差越大。所以，通常采用多层屏蔽的方法来提高屏蔽效果，如图5-6所示。一般采用双层屏蔽已可达到良好的屏蔽效果了，外层多采用硅钢片，内层多采用坡莫合金。

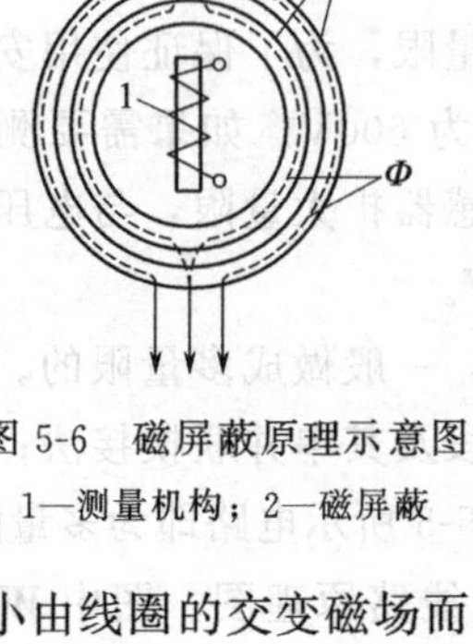

图5-6　磁屏蔽原理示意图

1—测量机构；2—磁屏蔽

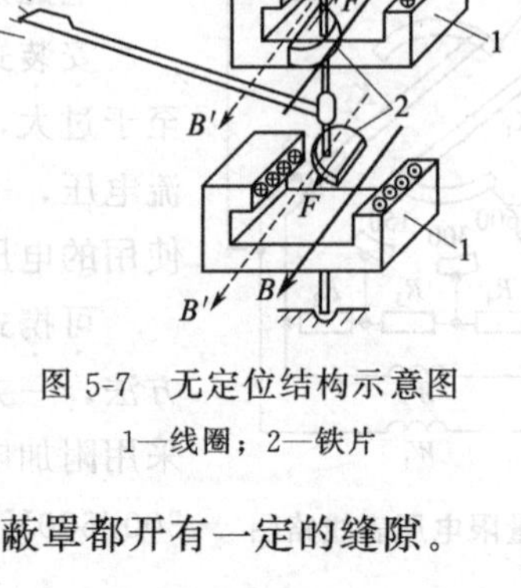

图5-7　无定位结构示意图

1—线圈；2—铁片

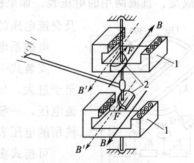

为了减小由线圈的交变磁场而引起的涡流，屏蔽罩都开有一定的缝隙。

② 无定位结构　吸入式测量机构无定位结构如图 5-7 所示。由图可见，此结构具有两套完全相同的线圈和铁片。两组线圈反向串联，两个可动铁片装在同一转轴上。当同一被测电流通过线圈时，两个线圈产生的磁场（B）方向相反，但它们吸引铁片而产生的转动力矩的方向总是相同的，因此，总的转动力矩为两个线圈转动力矩之和，所以可动部分的偏转仍与线圈中电流的平方成正比。

当具有无定位结构的电磁系仪表置于均匀外磁场 B' 中时，不论外磁场方向如何，其结果总是使一个线圈的磁场增强，转矩增大；使另一个线圈的磁场减弱，转矩减小。由于两部分结构完全对称，总转矩几乎不变，即可动部分的偏转几乎不受外磁场的影响。"无定位"的意思就是指仪表随便放置什么位置，防御外磁场的能力都是一样的。

（6）准确度较低

由于测量机构中转动力矩与铁磁物质（即铁片）的磁化性能有关，而铁磁物质在磁化时有磁滞现象，在交流磁化时还要产生涡流，它们将会产生磁滞误差和频率误差，从而对仪表的准确度有所影响，团此，这类仪表的准确度不高，一般为 0.5～2.5 级，较好的达到 0.2 级。

① 磁滞误差　电磁系仪表由于其测量机构中的铁片的磁滞现象，用于直流测量时，会产生很大的磁滞误差。这个误差与被测量逐渐增加还是逐渐减小有关，还和原先仪表中通过的电流的方向有关，因此，误差是不稳定的。一般直流被测量由小逐渐增大到某值时仪表的指示值小于由大到小逐渐减小到该值时仪表的指示值，而且，同一个被测量从不同方向引入仪表，磁滞误差更大。从理论上说，电磁系仪表可以交、直流两用，但是，由于磁滞误差及铁磁物质在交流和直流下的磁化不同，实际上只用于交流。按正弦交流有效值刻度且使用于交流的电磁系仪表没有磁滞误差，因为仪表中的铁片已被多次交变磁化了。

目前生产的准确度较高的电磁系仪表，由于采用了弱磁场中磁性能特别优异的材料——坡莫合金，不仅提高了仪表的准确度（已可制造 0.1 级的仪表），而且还可以交、直流两用，即用于直流时，磁滞误差很小，能满足一定的准确度要求。

② 频率误差　频率变化对电磁系仪表的影响较大。其影响主要有如下两方面。

一是固定线圈的交变磁场在它附近的金属部件（如铁片、金属支架、屏蔽罩等）中感应涡流，由于涡流的去磁效应而使转动力矩减小，使仪表产生误差。频率越高时，这个误差越大。电磁系电流表由涡流引起的频率误差一般很小，只需尽量采用非金属部件或电阻系数大的材料，切断涡流回路等就可以了。对 0.1、0.2 级的仪表，采用图 5-8 所示的 r、L、C 补偿回路，利用补偿回路中的容性电流去平衡涡流的去磁效应。

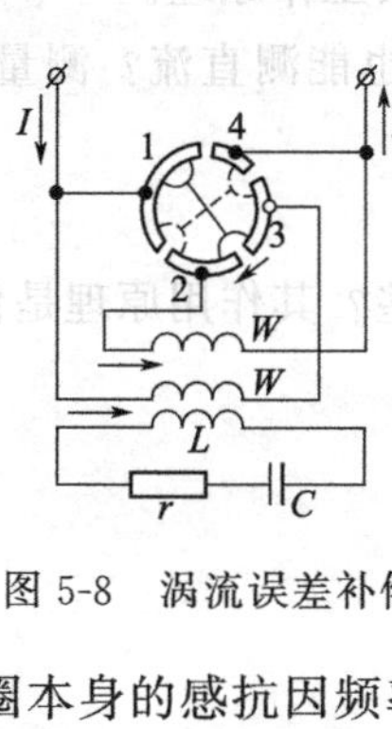

图 5-8　涡流误差补偿

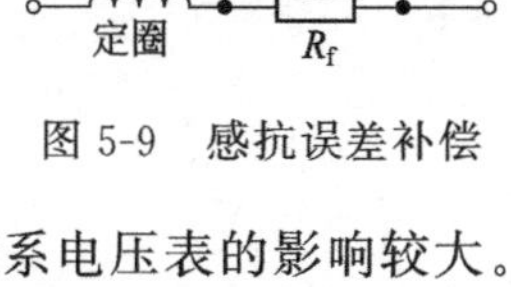

图 5-9　感抗误差补偿

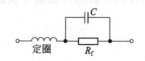

二是固定线圈本身的感抗因频率而变，这对电磁系电压表的影响较大。频率增高，感抗变大，使一定被测电压下固定线圈中的电流变小，仪表指示产生误差。通常采用与附加电阻

并联电容的办法来减少电压表的频率误差，如图 5-9 所示。并联适当的电容后，可使仪表在一定频率范围内的阻抗接近于纯电阻，从而补偿了频率的影响。无论是电磁系电流表还是电压表，其标尺都是按照测量 50Hz 的正弦电流或电压的有效值进行刻度的，电磁系电压表一般只适用于测量工频正弦电压，如果用来测量非正弦电压，由于其中含有高次谐波，频率误差也较大。

当然，环境温度的变化也会给电磁系仪表带来一定的温度误差，而影响其测量的准确度，采取温度补偿措施，可以得到改善。

由上述分析可知，尽管电磁系仪表存在准确度和灵敏度较低、内部功耗大等一系列缺点，但由于它具有结构简单、便于制造、成本低、工作可靠、经得起过载等一系列优点，因此得到了广泛的应用，特别是在各种开关板上被广泛地用来测量工频电流和电压。

随着新材料、新工艺、新技术的发展，电磁系仪表的准确度逐渐提高，内部功耗也逐渐降低，目前国内已生产出能够交、直流两用的 0.1 级高准确度的电磁系仪表（如 T29、T30 和 T71 型等）。因此电磁系仪表是一种很有发展前途的仪表，在精密指示仪表领域中将占有越来越重要的位置。

T24 型仪表的技术特性如表 5-1 所示。

表 5-1　T24 型仪表的技术特性（上海第二电表厂）

型号	测量范围	50Hz 功耗/VA	电流线路的有效电感	刻度分格	频率/Hz
T24-A	5/10A	1.1	22/5.5μH	100	50～60～800
	2.5/5A	1	68/17μH	100	50～60～800
	0.5/1A	0.45	1.6/0.4mH	100	50～60～800
T24-mA	75/150/300mA	0.45	64/16/4mH	150	50～60～800
	15/30/60mA	0.58	1600/400/100mH	150	50～60
T24-V	150/300/450/600V	6/6/9/12	—	150	50～60～500
	75/150/300V	6/6/12	—	150	50～60～500
	15/30/45/60V	6/6/9/12	—	150	50～60～500

思考题与习题

5-1　为什么电磁系仪表的刻度尺是不均匀的？

5-2　电磁系测量机构测量的基本量是什么？并简述其工作原理。

5-3　为什么电磁系仪表能测量正弦量、非正弦量，也能测直流？测量这些量时，产生的误差相同吗？

5-4　为什么电磁系电流表和电压表的内部功耗较大？

5-5　电磁系仪表中防御外磁场干扰的措施通常有哪些？其作用原理是什么？

第 6 章　电动系仪表

电动系仪表也是一种可交、直流两用的电气测量指示仪表，它在交流指示仪表中准确度最高（可达 0.05 级）、频率范围也较宽（使用频率上限可达 10000Hz）。电动系测量机构工作原理与磁电系机构类似，不同的是与被测电流相互作用而产生转动力矩的磁场不是永久磁铁产生的磁场，而是通有电流的固定线圈产生的磁场。这种测量机构除能测量电流、电压外，还能测量电功率、功率因数及频率等。因此，电动系仪表在电气测量指示仪表中占有极其重要的位置。

6.1　电动系测量机构

利用载流线圈间电磁力作用而产生转动力矩的测量机构，称为电动系测量机构。由电动系测量机构组成的仪表称为电动系仪表。

6.1.1　电动系测量机构的结构

电动系测量机构的结构如图 6-1 所示。

由图可见，固定线圈和活动线圈构成驱动装置。固定线圈由两段线圈构成，彼此平行排列，相互可以串联，也可以并联，两段线圈间留有空隙，以便穿过转轴，而且当这两段线圈中通以电流时能在线圈的内部空间产生比较均匀的磁场。常见的固定线圈是圆筒形的，矩形线圈用于无定位结构仪表中，这样可以减小仪表的高度。活动线圈同转轴固定在一起并可以在固定线圈里自由转动。为了使活动部分重量轻、运动灵活，活动线圈要用比较细的导线绕制，而固定线圈用比较粗的导线绕制，同时为了增强线圈中的磁场，固定线圈的匝数也较多。

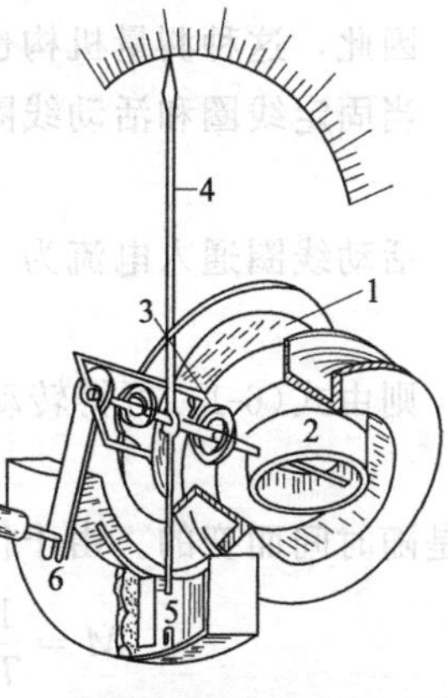

图 6-1　电动系测量机构的结构

1—固定线圈；2—活动线圈；3—游丝；4—指针；5—阻尼叶片；6—阻尼箱

游丝是控制装置，与磁电系机构一样，同时兼作活动线圈的导流引入线。

阻尼叶片和阻尼箱构成的空气阻尼器为阻尼装置。

固定在转轴上的指针和标尺构成读数装置。

实际上，电动系测量机构相当于用载流固定线圈代替磁电系测量机构中的永久磁铁。

6.1.2　电动系测量机构的工作原理

电动系测量机构和磁电系测量机构比较，不同的是电动系测量机构的磁场由固定线圈中的电流产生，磁场方向随电流而变。因此，当固定线圈和活动线圈都通入交流时，可动部分的平均转矩可以不为零，而使它有一定的偏转。下面介绍电动系测量机构的偏转角与两个线圈中电流的关系，即工作原理。

如图 6-2 所示，当直流电流 I_1 通入固定线圈 1 时，在线圈中产生磁场，其磁感应强度为 B_1，B_1 的方向可由右手定则确定。显然，B_1 的大小与 I_1 成正比，即 $B_1 \propto I_1$。当直流电流 I_2 经游丝通入活动线圈 2 时，活动线圈在固定线圈所产生的磁场 B_1 中将受到转动力矩 M 的作用，M 必定与 B_1 及电流 I_2 成正比，即

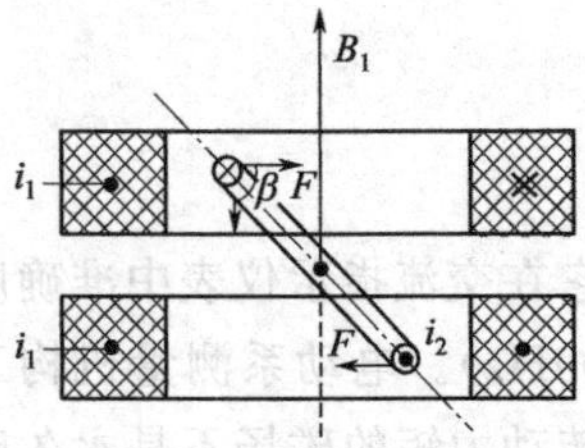

图 6-2 电动系仪表转动力矩的产生

$$M \propto B_1 I_2$$

也就是转动力矩 M 的大小与两个线圈中的电流的乘积成正比，即

$$M = K_1 I_1 I_2 f(\alpha) \tag{6-1}$$

式中，K_1 是决定于测量机构结构（如线圈的形状、尺寸等）的一个常数。关于 $f(\alpha)$，如果磁场是均匀的，则决定转矩的力 F 的分力将随 α 而变；如果磁场是不均匀的，则力 F 本身就随 α 而变。所以，$f(\alpha)$ 是表示转矩因磁场分布情况而随 α 变化的一个函数，$f(\alpha)$ 究竟是怎样的一个函数，则随各种电动系仪表而异，或为常数，或为 α 的余弦函数，或无法给出具体函数式而由试验决定等。但对于确定的仪表，$f(\alpha)$ 便是确定的。

在转动力矩 M 的作用下，活动部分将产生偏转，从而使游丝变形而产生反作用力矩

$$M_f = D\alpha \tag{6-2}$$

当 $M_f = M$ 时，活动部分处于平衡位置，指针指示的偏转角为

$$\alpha = \frac{K_1}{D} I_1 I_2 f(\alpha) = K I_1 I_2 f(\alpha) \quad （直流） \tag{6-3}$$

当电流 I_1 和 I_2 的方向同时改变时，活动线圈所受的转动力矩的方向不变，如图 6-2 所示，因此，这种测量机构也是既可以测量直流又可以测量交流的。

当固定线圈和活动线圈中通以同频率的正弦电流时，设固定线圈通入电流为

$$i_1 = I_{1m} \sin\omega t$$

活动线圈通入电流为

$$i_2 = I_{2m} \sin(\omega t + \varphi)$$

则由式(6-1) 可得转动力矩的瞬时值为

$$m = K_1 i_1 i_2 f(\alpha) \tag{6-4}$$

它是随时间而变的。由于仪表活动部分有惯性，所以指针的偏转取决于平均转动力矩

$$\begin{aligned} M &= \frac{1}{T}\int_0^T m\,dt = \frac{1}{T}\int_0^T K_1 i_1 i_2 f(\alpha)\,dt \\ &= K_1 f(\alpha)\ \frac{1}{T}\int_0^T I_{1m} I_{2m} \sin\omega t \sin(\omega t + \varphi)\,dt \\ &= K_1 f(\alpha)\ \frac{1}{T}\int_0^T I_{1m} I_{2m}\ \frac{1}{2}[\cos\varphi - \cos(2\omega t + \varphi)]\,dt \\ &= K_1 I_1 I_2 \cos\varphi f(\alpha) \end{aligned} \tag{6-5}$$

式中，$I_1 = I_{1m}/\sqrt{2}$ 为正弦电流 i_1 的有效值；$I_2 = I_{2m}/\sqrt{2}$ 为正弦电流 i_2 的有效值；φ 为 i_1 和 i_2 之间的相位差。

当反作用力矩 $M_f = D\alpha = M$ 时，活动部分的偏转角为

$$\alpha = \frac{K_1}{D} I_1 I_2 \cos\varphi \cdot f(\alpha) = K f(\alpha) I_1 I_2 \cos\varphi \quad （交流） \tag{6-6}$$

由式(6-6) 可见，当电动系测量机构的线圈通入同频率的正弦电流时，其活动部分的偏转角不仅与通过两线圈的电流的有效值的乘积成正比，而且与两电流之间的相位差的余弦成正比。显然，式(6-6) 对直流情况也适用，因为两直流电流的相位差可以看作零。

当固定线圈和活动线圈中通以不同频率的正弦电流时，设固定线圈中通入电流为

$$i_1 = I_{1m}\sin p\omega t$$

活动线圈中通入电流为

$$i_2 = I_{2m}\sin q\omega t$$

式中，p，q 为正整数。

则活动线圈所受到的平均力矩为

$$M = \frac{1}{T}\int_0^T m\,dt = \frac{1}{T}\int_0^T K_1 i_1 i_2 f(\alpha)\,dt$$

$$= K_1\frac{f(\alpha)}{T}\int_0^T I_{1m}I_{2m}\sin p\omega t\sin q\omega t\,dt$$

$$= K_1 f(\alpha) I_{1m}I_{2m}\frac{1}{2\pi}\int_0^{2\pi}\sin p\omega t\sin q\omega t\,d(\omega t)$$

由三角函数的正交性知，当 $p \neq q$ 时，上式积分结果为零。因此，活动部分将不会发生偏转。

6.2　电动系电流表

将电动系测量机构中的动圈和定圈串联或并联，并且配置一定的分流电阻，便构成了电动系电流表。

对于量限小于 0.5A 的电流表，被测电流可以全部通过动圈，这时采用固定线圈 1 和活动线圈 2 相互串联的方式，如图 6-3(a) 所示。图中 W_1 表示定圈的每一段绕组，W_2 表示动圈绕组。由于此时通过定圈和动圈的电流是相同的，即

$$i_1 = i_2 = i = I_m\sin\omega t$$

由式(6-4) 知，转动力矩的瞬时值为（此时 i_1 与 i_2 间相位差 $\varphi=0$）

$$m = K_1 i^2 f(\alpha)$$

则平均转矩为

$$M = \frac{1}{T}\int_0^T m\,dt = \frac{1}{T}\int_0^T K_1 i^2 f(\alpha)\,dt = K_1 f(\alpha)\cdot\frac{1}{T}\int_0^T i^2\,dt = K_1 I^2 f(\alpha) \tag{6-7}$$

式中，$I = \sqrt{\frac{1}{T}\int_0^T i^2\,dt}$ 为周期电流 i 的有效值。

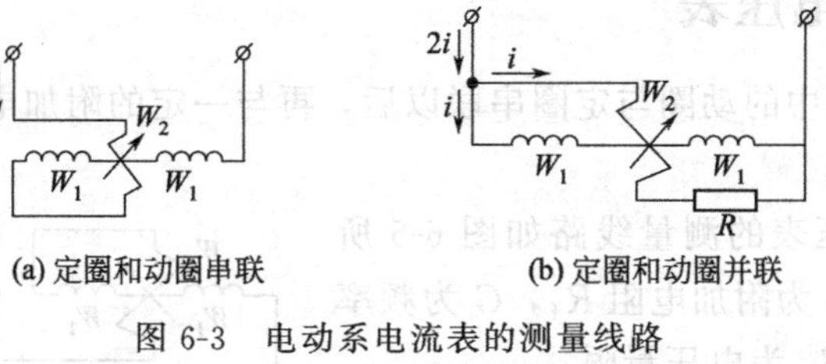

图 6-3　电动系电流表的测量线路

由于活动部分处于平衡位置时，$M=M_f$，以及 $M_f=D\alpha$，可得出指针的偏转角为

$$\alpha = \frac{K_1}{D}I^2 f(\alpha) = K_I I^2 f(\alpha) \tag{6-8}$$

式(6-8) 表明，不论 i 的波形如何，只要 i 是周期变化的电流，其指针的偏转角都与该电流的有效值的平方成正比。即电动系电流表可以测量直流电流、正弦交流电流以及周期非

正弦电流的有效值。同时，可以看到，电动系电流表的标尺分度是不均匀的（前密后疏）。但是，如果适当选择动圈和定圈的尺寸，可使偏转角 α 较大时的 $f(\alpha)$ 减小，从而在一定范围内获得比较均匀的刻度。

对于量限大于 0.5A 的电流表，则采用动圈与定圈并联的方式，这是因为动圈及游丝不容许通过较大的电流，所以这时动圈不能与定圈串联。并联连接的测量线路如图 6-3(b) 所示。图中在动圈支路中串入电阻 R，其目的是使动圈和定圈中电流相等。显然，此种情况下，指针的偏转角仍如式(6-8) 所示，但量限却扩大了 1 倍。所以，电动系电流表都是做成双量限的，例如，将图 6-3(a) 所示的串联线路换接为图 6-3(b) 所示的并联电路，就可以分别得到 0.5A、1A（指直流电流或交流电流的有效值）两个量限。

如果要做成更大量限的双量限电流表，可以通过固定线圈与活动线圈的串并联换接以及与活动线圈并联分流电阻来实现。

图 6-4 为 D2-A 型电动系电流表的原理图，它有 2.5A 和 5.0A 两个量限。量限的改变就是通过固定线圈两部分的串并联换接以及改变与活动线圈并联的分流电阻来实现的。在这种电路原理图中，应指出的是，虽然动圈中的电流与定圈中的电流不再相等，但由于它们之间存在着固定的分流关系，动圈和定圈中电流的波形是相同的，因此，指针的偏转角 α 仍然如式(6-8) 所示，只是式中的系数 K_I 还与分流系数有关。另外，由于动圈与定圈之间还存在互感，它们的感抗均随频率而变，因此，在不同频率下，会使分流关系改变，而引起测量误差。为此，应采取适当的频率补偿措施来减小频率误差。图 6-4 中的电容就是用来减小频率误差的补偿电容。这样，可使电动系电流表的频率范围较宽，其上限频率一般能达 2500Hz，高的能达到 5000～10000Hz。

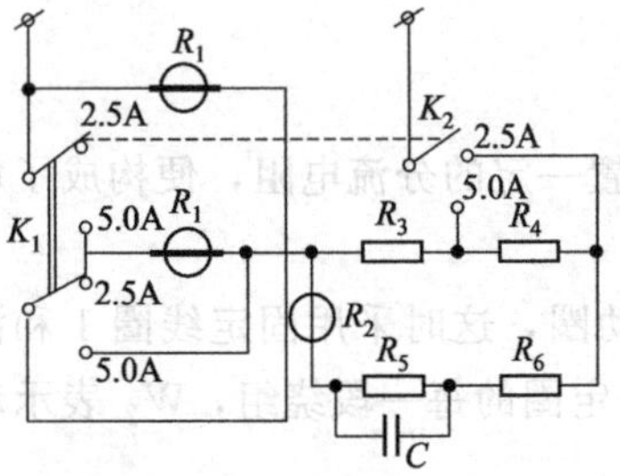

图 6-4 两个量限的 D2-A 型电动系电流表电路图

R_1—固定线圈电阻；R_2—活动线圈电阻；R_3～R_6—分流电阻；C—频率补偿电容

由于电动系测量机构的磁路是以空气为介质，其磁场比电磁系仪表更弱。为了增大磁场，往往增加固定线圈的匝数，致使电动系电流表内阻较大（比电磁系电流表还要大），故表内功耗大。

6.3 电动系电压表

将电动系测量机构中的动圈与定圈串联以后，再与一定的附加电阻串联，便构成了电动系电压表。

多量限电动系电压表的测量线路如图 6-5 所示。图中 R_1、R_2、R_3 为附加电阻 R_f，C 为频率补偿电容。U_1、U_2、U_3 为电压量限。

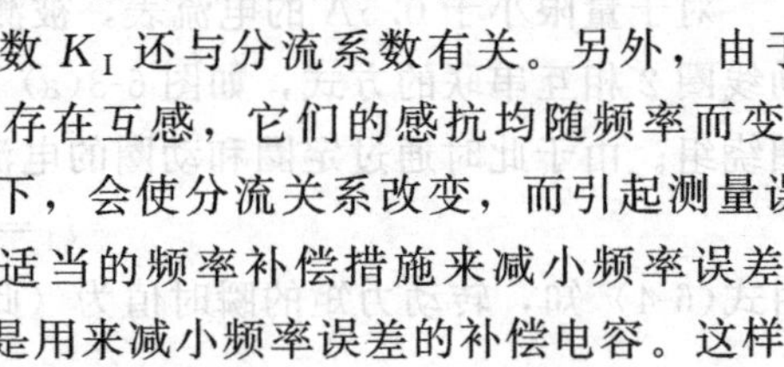

图 6-5 电动系电压表测量线路

当附加电阻 R_f 远大于定圈和动圈的感抗时，动圈和定圈中的电流有效值为

$$I=U/R_f \tag{6-9}$$

式中，U 为被测电压的有效值；R_f 为电压表的附加电阻。

将式(6-9) 代入式(6-8) 得到电压表中指针的偏转角为

$$\alpha = K_{\mathrm{I}}\left(\frac{U}{R_{\mathrm{f}}}\right)^{2} f(\alpha) = K_{\mathrm{V}} U^{2} f(\alpha) \tag{6-10}$$

可见，指针的偏转角与被测电压的有效值的平方成正比，所以标尺分度也是不均匀的。和电流表一样，采取适当措施后，可使标尺刻度较均匀。同样，电动系电压表可以测量直流电压及正弦交流电压和周期非正弦交流电压的有效值。

而且，由图 6-5 可见，改变附加电阻值就能改变电压表的量限。

另外，构成电压表的电动系测量机构中，定圈的匝数不宜增加得太多，否则会由于线圈的感抗太大而造成较大的频率误差和温度误差。因此，电动系电压表测量机构内的磁场较弱，致使它的灵敏度较低，这样，必然使电动系电压表的内阻小（比电磁系电压表的内阻还要小），所以，电动系电压表的内部功耗也较大。

6.4　电动系仪表的技术特性

电动系仪表具有较高的准确度，能制成电流表、电压表，而且还能制成功率表、相位表、频率表等。其主要技术特性如下。

（1）准确度高

由于电动系测量机构的磁路中没有铁磁物质，基本上不存在磁滞和涡流效应，因此准确度高，一般为 0.5～1.0 级，较高的为 0.2 级，高的可达 0.1 级。在采用优质材料和完善的制造工艺时，可制造出 0.05 级的高准确度电流表和电压表。目前，在交流指示仪表中，电动系仪表的准确度最高。所以它常作为校准交流指示仪表用的标准仪表。

（2）灵敏度低

由于测量机构的磁路是以空气为介质，空气的磁阻很大，所以磁场较弱，只有当线圈中通以足够大的电流时，才能产生足够的磁场使活动部分偏转。因此，这类仪表的灵敏度比电磁系仪表还要低。

（3）频率特性好

电动系仪表的磁路中无铁磁物质，所以这种仪表可用于交、直流测量，还可测量非正弦量。

电动系仪表目前一般都是按直流刻度，作交流测量时，由于动圈和定圈有一定的电感（自感和互感），所以当被测电流频率改变时会引起一定的频率误差，但是它可以用较简单的方法——在与活动线圈串联的部分电阻上并联电容（见图 6-4、图 6-5）来补偿频率误差，或者采用合理的结构，进行频率补偿。因而电动系仪表的频率特性好，其频率范围一般为 15～2500Hz，有的能扩展到 5000～10000Hz。

（4）抗外磁场干扰能力弱

由于仪表本身的磁场很弱，因此易受外磁场的影响，所以要采取措施加以改善。

减小外磁场影响的方法与电磁系仪表相同，即采用磁屏蔽（原理结构如图 5-6 所示）或无定位结构［如图 6-6(a) 所示］。

无定位结构采用两个相同的固定线圈和两个相同的活动线圈；两个活动线圈装在同一转轴上，且空间位置相差 180°；两个固定线圈反向串联，两个活动线圈也反向串联。因此，当定圈和动圈中分别通以电流 I_{JQ} 和 I_{DQ} 时，两定圈所产生的磁场在空间方向相反，但两个动圈各自受到的电磁力矩（即转动力矩）大小相等，方向一致，总的力矩是相加的。这样，在外界均匀磁场作用下，无论外磁场方向如何，若一个定圈中的磁场加强，则另一个定圈中

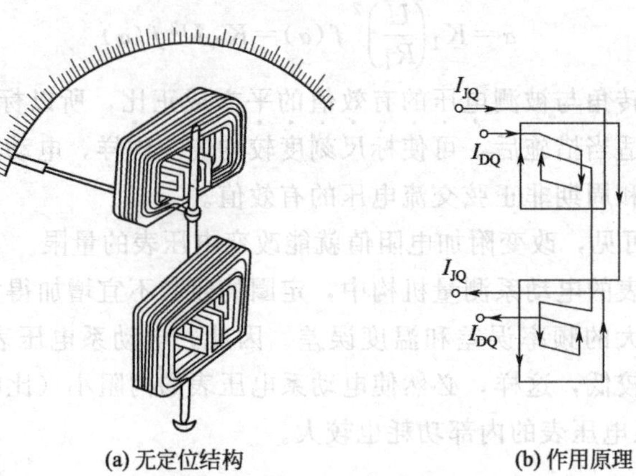

(a) 无定位结构　　　　(b) 作用原理

图 6-6　无定位结构及其作用原理

的磁场必然在相同程度上减弱，它们所产生的合成转矩仍不变。因而外磁场对活动部分的偏转没有影响，其作用原理可见图 6-6(b)。

(5) 内部功耗大

由于灵敏度低，电动系电流表的内阻较大，而电压表的内阻较小，所以仪表内部功耗较大，比电磁系仪表还要大。

(6) 刻度不均匀

在电动系电流表和电压表中，指针的偏转角与电流和电压的有效值的平方成正比，因此标尺分度是不均匀的。但如后面所述，电动系功率表的标尺分度却是均匀的。

(7) 过载能力小

因为绕制动圈的导线较细，而且动圈电流是通过游丝引入的，所以过载能力小。

(8) 结构复杂、成本高

电动系仪表一般为便携式仪表，大多在实验室中使用，准确度高的作为交流标准表在计量室中使用。

6.5　铁磁电动系仪表

鉴于电动系仪表内部磁场弱（一般约为磁电系仪表的 1%～5%）、灵敏度低、表内功耗大等缺点，便产生了另一系列的电动系仪表——铁磁电动系仪表。

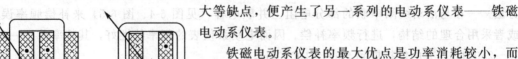

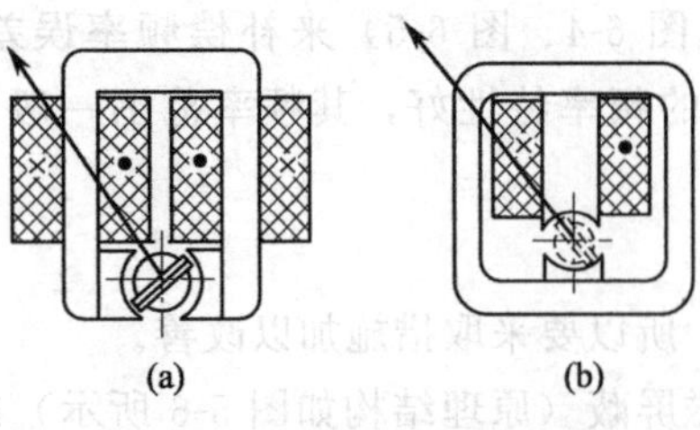

(a)　　　(b)

图 6-7　铁磁电动系仪表的铁芯

铁磁电动系仪表的最大优点是功率消耗较小，而转动力矩较大。铁磁电动系仪表测量机构的作用原理与电动系仪表是相同的，只是前者结构中用了铁芯，将固定线圈绕在铁芯上，所以其测量机构的结构形式与磁电系仪表相似——电磁铁代替永久磁铁。其结构如图 6-7 所示，铁芯可根据需要做成各种形状。

由于铁磁电动系仪表的固定线圈绕在铁芯上，所以在同样电流下能得到较强的磁场，从而转动力矩大，灵敏度高，表内功耗也较小，同时抗外磁场干扰能力强，一般不需要有防御外磁场的装置，从而大大简化了仪表的结构。

然而，由于铁芯有磁滞和涡流效应，使磁通和激磁电流之间有相位差等，因而铁磁电动系仪表的准确度不太高，最高的仅达 1.5 级。

基于上述特点，铁磁电动系仪表主要制成安装式仪表、自动记录仪和能承受机械震动的其他仪表，如功率表、相位表和频率表等。

6.6 电动系功率表及其使用

能够用来直接测量电功率的仪表叫做功率表。直流电路中的电功率与电压、电流的乘积有关（$P=UI$），正弦电流电路中的电功率（又称有功功率）除与电压、电流的有效值有关外，还与电压、电流之间的相位差的余弦有关（$P=UI\cos\varphi$），因此，能够直接测量电功率的仪表必须能够反映出它们之间的乘积关系，而电动系测量机构能够满足这个要求，所以目前的功率表大多数为电动系仪表。

6.6.1 功率表的结构和工作原理

功率决定于电压和电流。图 6-8(a) 所示正弦电流电路中设负载的复阻抗 $Z=|Z|\underline{/\varphi}$，电压和电流的有效值相量分别为 $\dot{U}$、$\dot{I}$，则负载吸收的有功功率为

$$P=UI\cos\varphi \tag{6-11}$$

式中，U，I 为负载上正弦电压、电流的有效值；φ 为负载的阻抗角，即负载上电压和电流的相位差；$\cos\varphi$ 为负载的功率因数。

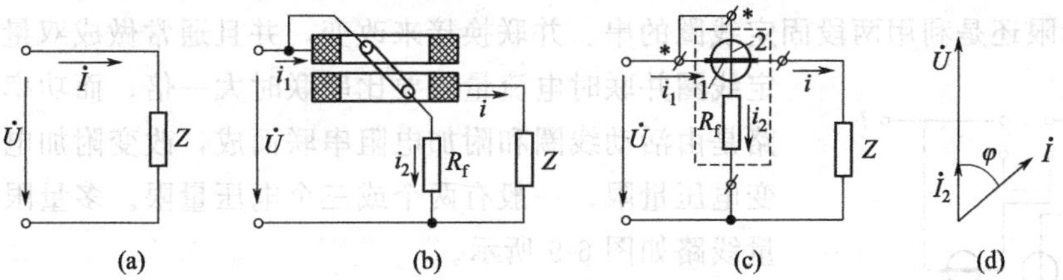

图 6-8　电动系功率表的原理线路

1—固定线圈；2—活动线圈

比较式(6-11) 与式(6-6)，可以看出，它们在形式上极为相似。因此，只要使电动系测量机构的固定线圈和活动线圈中通过的电流分别与负载上的电压 U 和电流 I 有关，则这种测量机构便可以测量负载上的功率了。在功率表里，固定线圈用较粗的导线绕制，并与负载串联，可使负载电流通过，而构成电流回路或串联回路，固定线圈称为电流线圈或串联线圈；活动线圈用细导线绕制，与适当的附加电阻 R_f 串联后并联到负载两端，通过它的电流的大小与负载电压成正比，构成并联回路或电压回路，活动线圈称为电压线圈或并联线圈。如图 6-8(b) 所示。按国标 GB 312—64 规定，功率表中的两个线圈的符号为一个圆加一条水平粗实线和一条垂直的细实线，如图 6-8(c) 所示（有时可省掉电阻 R_f）。图中虚线方框即为功率表。

由图可见，电流线圈与负载串联，因而通过电流线圈的电流 i_1 就是负载电流 i，即

$$i_1=i$$

当电流线圈的阻抗远小于负载阻抗，电压支路的感抗远小于支路的电阻 R_v 时，可认为通过电压线圈的电流是

$$i_2=u/R_v$$

式中，R_v 为电压支路的电阻，即电压线圈的电阻与附加电阻之和。

另外，i_2 与 $\dot{U}$ 同相，所以 i_2 超前于 i_1 的相位差 φ 就等于 $\dot{U}$ 超前于 $\dot{I}$ 的相位差，如图6-8(d) 所示。将 i_1、i_2 代入式(6-6) 中可得

$$\alpha=KI_1I_2\cos\varphi f(\alpha)=KI\cdot\frac{U}{R_v}\cos\varphi f(\alpha)=K_P\cdot IU\cos\varphi\cdot f(\alpha)=K_PPf(\alpha) \quad (6\text{-}12)$$

式中，$K_P=K/R_v$ 为功率系数；P 为负载的有功功率。

可见，电动系功率表的偏转角与被测电路（负载）的有功功率成正比；而且对于正弦、非正弦电路均成立。为了使仪表的标尺刻度均匀，$f(\alpha)$ 应不随 α 而变。只要适当选择动圈和定圈的尺寸，就可达到这个要求，这样便有

$$\alpha=K_PP \quad (6\text{-}13)$$

$f(\alpha)$ 作为不变的常量已包含到比例系数 K_P 中。所以，功率表的标尺刻度是均匀的。当然功率表也可用在直流电路中测量功率。

普通功率表的量限是以电压量限、电流量限规定的。例如 D26-W 功率表的量限是300V、0.5A，则该功率表用于 $U\leqslant300$V、$I\leqslant0.5$A 的电路中，测量的最大功率为 $300\times0.5=150$W。

开关板式功率表都做成单量限的（100V，5A)，与电压互感器及电流互感器配套使用，可以改变其量限。

通常实验室中用的功率表为可携式功率表，一般都做成多量限的，如 D26-W 型功率表。它的电流量限还是利用两段固定线圈的串、并联换接来改变，并且通常做成双量限，两段固定线圈并联时电流量限要比串联时大一倍；而功率表的电压支路是由活动线圈和附加电阻串联而成，改变附加电阻就可以改变电压量限，一般有两个或三个电压量限。多量限功率表的测量线路如图 6-9 所示。

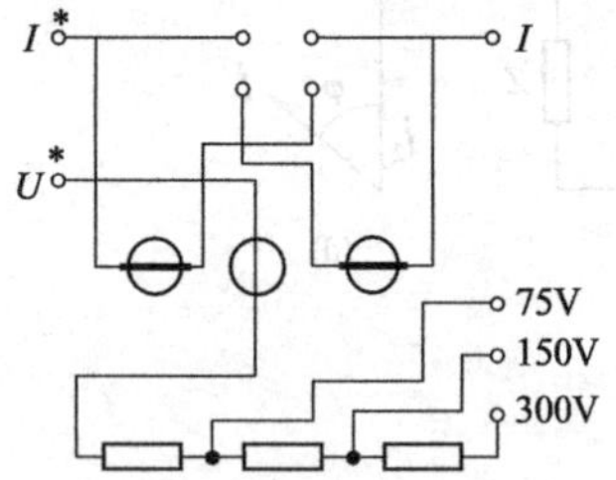

图 6-9　多量限功率表测量线路

选用功率表的不同电流量限和电压量限就可得到不同的功率量限。

6.6.2　功率表的读数

功率表一般为多量限的，表面的刻度通常不标明瓦特数，而只有分格数。在不同电流、电压量限时，每一分格代表的瓦特数不同。通常把每一格所代表的瓦特数称为功率表的分格常数，用 C 来表示。从工作原理可知，功率表的分格常数

$$C=\frac{U_{max}I_{max}}{D_{max}}(\text{W/div}) \quad (6\text{-}14)$$

式中，U_{max} 为所用功率表的电压量限，V；I_{max} 为所用功率表的电流量限，A；D_{max} 为功率表刻度尺的满刻度格数，div。

在测量功率时，只要读得功率表的偏转格数，乘上功率表的分格常数，就等于被测功率的数值，即

$$P=CD \quad (6\text{-}15)$$

式中，P 为被测功率，W；C 为功率表分格常数，W/div；D 为功率表指针偏转格数，div。

6.6.3　功率表的正确使用

与电流表和电压表相比，功率表的使用要复杂得多，稍有不慎，就会在接线或读数上发

生错误，因此用功率表测量功率时，必须注意以下几点。

(1) 正确选择功率表的量限

在选用功率表时，不仅要注意其瓦特数，更重要的是，被测负载的电流值不能超过功率表的电流量限，电压值不能超过功率表的电压量限。

在直流电路中，电流、电压的乘积就是功率。但在交流电路中，功率因数常小于1，因而，尽管被测负载的电流和电压已达到或超过功率表的电流和电压量限，但功率表的指针却不一定能够偏转到满刻度。例如，某感性负载的功率为 800W，电压为 220V，功率因数为 0.8，可算得其电流为 4.54A，应选择 300V（或 250V）、5A 的普通功率表，其功率量限为 1500W。如果选择 150V、10A 的功率表，则虽然负载功率没有超过仪表的功率量限 1500W，但电压回路已大大过载了，容易损坏仪表。所以，功率表量限的选择应按被测电路的电压和电流的大小来选择其电压量限和电流量限，这一点在使用时务必注意。

(2) 功率表的接线要正确

功率表内部有电流支路（定圈）和电压支路（动圈和附加电阻）两部分，这两部分电路在功率表中是分开的，各自引出两个端钮。如图 6-10 所示。同时分别在一个电流端钮和一个电压端钮上标有“*”、“±”或“↑”等符号，它们称为电流线圈和电压线圈的“同极性端”或“发电机端”。按 GB 312—64 规定，功率表的符号如图 6-10(b) 所示。图 6-10(c) 是电路中常用的功率表符号。

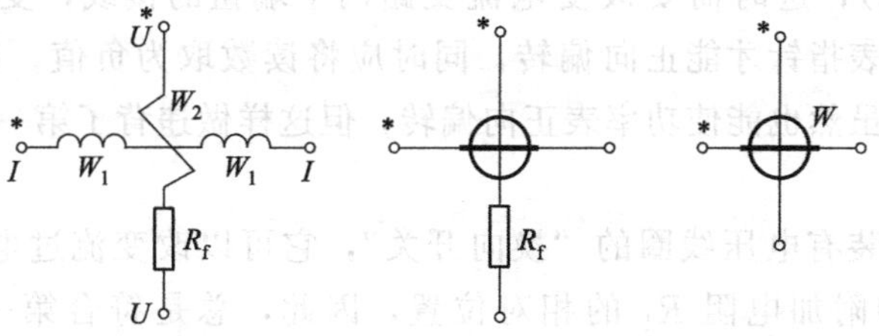

(a) 接线端钮　(b) 符号　(c) 最简符号

图 6-10　电动系功率表的接线端钮和符号

① 接线规则　利用功率表测量功率时，根据功率表的内部结构，其接线的总的原则是：电流支路与负载串联；电压支路与负载并联。这样，用功率表测量某负载的有功功率时，可能有如图 6-11 所示的 8 种接线方式。但这 8 种方式并不一定都是允许的。正确的接线方法

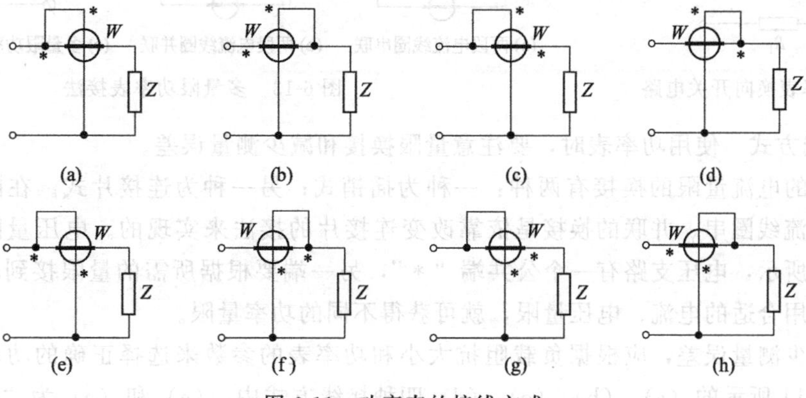

(a)　(b)　(c)　(d)

(e)　(f)　(g)　(h)

图 6-11　功率表的接线方式

(a)、(b)、(c)、(d) 正确接法；(e)、(f)、(g)、(h) 不正确接法

还必须遵守一定的接线规则。

功率表的第一条接线规则——同极性端接线规则，即电流线圈和电压线圈的“*”端钮必须接在电源的同一极性上（即应该同是高电位端或同是低电位端），故“*”端称为同极性端。这是因为在功率表的电压支路中有一个很大的附加电阻 R_f 与动圈串联，功率表测量时两个电压端钮之间有较大的电位差（等于电源电压），而电压的“*”端都是规定为直接与动圈联接的一端。显然，如果将电压线圈的“*”与电流线圈的“*”端分别接到电源的不同极性上，如图 6-11(e) 所示，则电压线圈与电流线圈之间就会有较大的电位差，这样不仅会由于电场力的影响带来测量误差，而且由于两组线圈之间的距离接近，会使它们的绝缘受到损坏。因此，图 6-11 中的后四种接法［即 (e)、(f)、(g)、(h)］都是不允许的。

功率表的第二条接线规则——发电机端接线规则，即电流线圈和电压线圈的“*”端应同为电流的引入端或流出端，按此规则接线，功率表的指针正向偏转，否则，功率表指针反向偏转。故“*”端又称为“发电机端”。这是因为功率表指针的偏转方向是由电流线圈和电压线圈中的电流共同决定的，改变任一线圈的电流方向，指针的偏转都要反向。因此，如果负载是吸收有功功率（即负载中电压与电流的相位差 $\varphi<90°$），则按图 6-11(a)、(b) 接线，功率表指针都是正向偏转。如果有时按此接线时，发现功率表指针反向偏转，则并非接线有错，而是此时的负载实际上发出有功功率（即这时被测负载实际上为一等效电源），这时需要改变电流支路两个端钮的接线，变为图 6-11 中的 (c)、(d) 接线方式，功率表指针才能正向偏转，同时应将读数取为负值。如果改变电压支路两个端钮的接线方式，虽然也能使功率表正向偏转，但这样做违背了第一条接线规则，因此是不允许的。

在有些功率表上装有电压线圈的“换向开关”，它可以改变流过电压线圈的电流方向，而不改变电压线圈和附加电阻 R_f 的相对位置，因此，总是符合第一条规则。如图 6-12 所示。

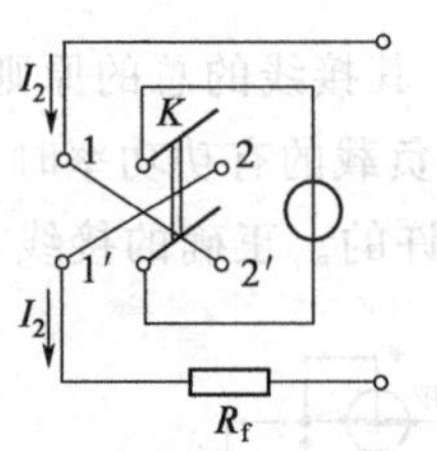

图 6-12　功率表换向开关电路

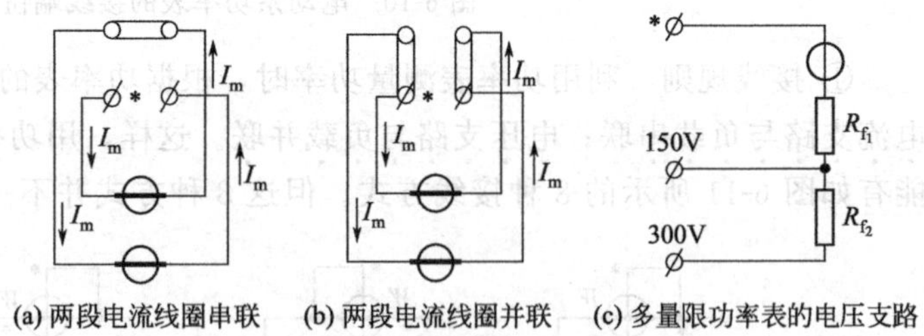

(a) 两段电流线圈串联　(b) 两段电流线圈并联　(c) 多量限功率表的电压支路

图 6-13　多量限功率表接法

② 接线方式　使用功率表时，要注意量限换接和减少测量误差。

功率表的电流量限的换接有两种：一种为插销式；另一种为连接片式。在图 6-13(a)、(b) 中，电流线圈串、并联的换接是依靠改变连接片的接法来实现的。电压量限的改换如图 6-13(c) 所示，电压支路有一个公共端“*”，另一端要根据所需的量限接到不同的附加电阻上。选用合适的电流、电压量限，就可获得不同的功率量限。

为了减少测量误差，应根据负载阻抗大小和功率表的参数来选择正确的功率表接线方式。在图 6-11 所示的 (a)、(b)、(c)、(d) 四种接线方式中，(a) 和 (c) 为“电压支路前接”，而 (b) 和 (d) 为“电压支路后接”。这两种接线方式的不同点在于它们所产生的方法误差不同。对于电压支路前接的方式，由于在电压支路上所加的电压包括了电流线圈的压降和负载上的压降，因此所测得的功率中包含了电流线圈所消耗的功率，所以它适用于负载阻抗 Z 远大于电流线圈阻抗 Z_A（即 $Z \gg Z_A$）的情况，例如在变压器和电动机空载试验时，采用这种接法。对于电压支路后接的方式，由于电流线圈中的电流包括了电压支路的电流和负载电流，因此所测得的功率中包含了电压支路所消耗的功率，所以它适用于负载阻抗 Z 远小于功率表电压支路阻抗 Z_V（即 $Z \ll Z_V$）的情况，例如在变压器和电动机短路试验时，采用这种接法。实际上这与“伏安法”测电阻的情况类似。一般情况下，电流线圈的功耗都比电压支路小，所以一般都采用电压支路前接的方式。

若进行精密测量，或被测功率较小，而功率表本身功耗所引起的误差不容忽略时，这时应根据电流线圈内阻及电流值或电压支路的电阻及电压值计算出功率表本身的损耗，然后对读数进行更正。

应当指出的是，根据功率表的作用原理，利用功率表测功率时，只有当功率表的电流线圈的电流和电压支路的电压取自同一负载时，功率表的读数才表示该负载吸收的有功功率。否则，其读数并非某负载吸收的功率。

6.7　低功率因数功率表

如果用普通的功率表测量功率因数 $\cos\varphi$ 很低的负载的功率时，将产生很大的测量误差。这是因为：第一，由于指针偏转小，有很大的读数误差；第二，由于仪表测量机构的转矩小，仪表本身的摩擦误差、角误差❶以及仪表本身的功耗等所引起的误差也不可忽略。因此，在测量低功率因数电路的功率时必须采用专门制造的低功率因数功率表。

低功率因数功率表的工作原理和普通功率表基本相同，但是采取了一些特殊措施来减小误差。

（1）提高功率表的灵敏度，以减小读数误差

适当减小游丝的反作用力矩系数，或采用张丝结构、改变线圈的形状和匝数，可以提高功率表的灵敏度，以使低功率因数功率表在一定的电流量限 I_{max}、电压量限 U_{max} 及较低的额定功率因数 $\cos\varphi_{max}$（一般 $\cos\varphi_{max}=0.1$ 或 0.2，如 D34-W，$\varphi_e=\cos^{-1}0.2$，D37-W，$\varphi_e=\cos^{-1}0.1$）的条件下，其指针能达到满偏转，这样，即使负载的功率因数 $\cos\varphi$ 很低，也能引起指针较大的偏转，因而减小了读数误差。

（2）采用补偿线圈，消除功率表内部功耗引起的误差

采用补偿线圈的低功率因数功率表如图 6-14 所示，其补偿方法是在功率表的电压支路中串一个线圈。此线圈的结构和匝数与电流线圈相同，也是固定的，它绕在电流线圈上面，但绕线的方向与电流线圈相反，这个线圈就叫补偿线圈。它通过的电流就是电压支路的电流，而所建立的磁场与电流线圈的磁场方向相反，因而正好抵消了由于电流线圈中包含电压支路电流所增加的那部分磁场，这样就补偿了“电压支路后接”时所引起的功率误差。

（3）采用补偿电容，减小角误差

因为角误差是由电压线圈的感抗引起的，因此，只要在功率表电压支路附加电阻 R_f 的

❶由于电压线圈有感抗，电压支路中的电流与电压负载电压实际上有一定的相位差角，由于忽略了此相位差角对测量结果带来的误差，称为角误差。

一部分上并联电容 C，使电压支路由感性变为纯电阻性，便可减少角误差，如图 6-15 所示。该电容称为**补偿电容**。例如 D34-W，$\varphi_e=\cos^{-1}0.2$ 低功率因数功率表就采用了这种补偿措施。

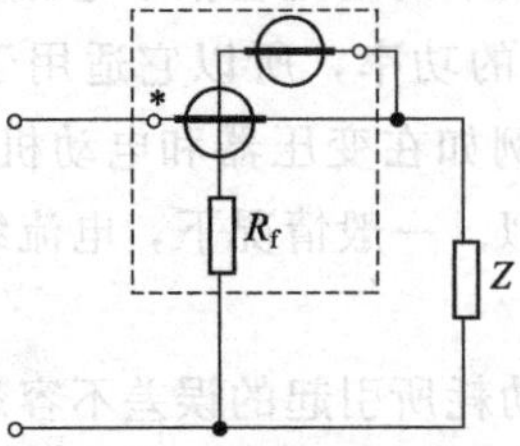

图 6-14　有补偿线圈的低功率因数功率表

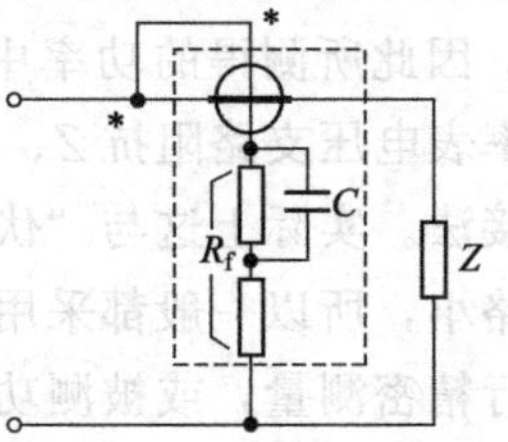

图 6-15　有补偿电容的低功率因数功率表

低功率因数功率表的表盘是在额定功率因数较低（通常 $\cos\varphi=0.1$ 或 $\cos\varphi=0.2$）的条件下刻度的，所以除标有分格数的标尺外，还标明 $\cos\varphi_{max}$ 值。

低功率因数功率表的分格常数为

$$C=\frac{U_{max}I_{max}\cos\varphi_{max}}{D_{max}}(\mathrm{W/div}) \tag{6-16}$$

式中，U_{max} 为所用低功率因数功率表的电压量限，V；I_{max} 为所用低功率因数功率表的电流量限，A；$\cos\varphi_{max}$ 为低功率表因数功率表的额定功率因数；D_{max} 为低功率因数功率表的刻度尺的满刻度格数，div。

要注意的是：$\cos\varphi_{max}$ 并非被测负载的功率因数，而是在电流量限、电压量限下，指针满刻度偏转时的功率因数。

在新型的低功率因数功率表中，由于线圈采用了特殊结构和形状，可动部分用张丝支承，读数装置采用了多次反射光指示器，因此，具有较高的灵敏度及较低的功率损耗，无需采用补偿就可以具有较高的准确度。例如 D37-W 型表就采用了这种结构。

6.8　电动系相位表

为测量频率、$\cos\varphi$ 等要用频率表、相位表。而这些仪表的种类很多，这里只介绍电动系单相相位表，下一节介绍电动系频率表。电动系相位表和频率表都是采用比率表的原理制成的。

相位表，又称为功率因数表，可测量电压和电流的相位差 φ 或电路的功率因数 $\cos\varphi$。

6.8.1　电动系相位表的结构及工作原理

电动系相位表的结构属“比率表”测量机构，具有一个固定线圈和两个可动线圈，如图 6-16 所示。固定线圈 A 仍分成两部分，以便穿过转轴，但线圈较长，使线圈内部的磁场近于均匀；两个可动线圈 B_1、B_2 交叉放置，并固定在同一转轴上，可以自由转动，它们的线圈平面彼此间夹角为 γ。两个动圈 B_1、B_2 中的电流分别和定圈 A 的磁场作用而产生力矩。其中一个是转动力矩（习惯上选择使可动部分顺时针方向转动的力矩），另一个就是反作用力矩（逆时针方向转动的力矩），它们的方向是相反的，当它们的大小相等时可动部分就静止在平衡位置上。所以这种“比率表”测量机构内不需要产生反作用力矩的游丝，活动线圈的电流用薄金属带引入。而且，因为没有游丝，所以，用比率表测量机构做成的仪表，在接入电路前，可动部分可以停留在任意位置上，指针不指在零位是正常现象。

当固定线圈 A 中通入电流 i，活动线圈中通入电流 i_1 和 i_2 时，根据左手定则，可定出 i 所产生的磁场作用在两个活动线圈上的力 F_1 和 F_2 的方向，如图 6-16 所示。而能够产生转矩的则是分量 $F_1\cos\alpha$ 和 $F_2\cos(\gamma-\alpha)$。而 F_1、F_2 分别与 $i\cdot i_1$ 和 $i\cdot i_2$ 成正比，所以 i、i_1、i_2 均为正弦电流时，由式(6-5) 知，作用在两个活动线圈上的转矩的平均值分别为：

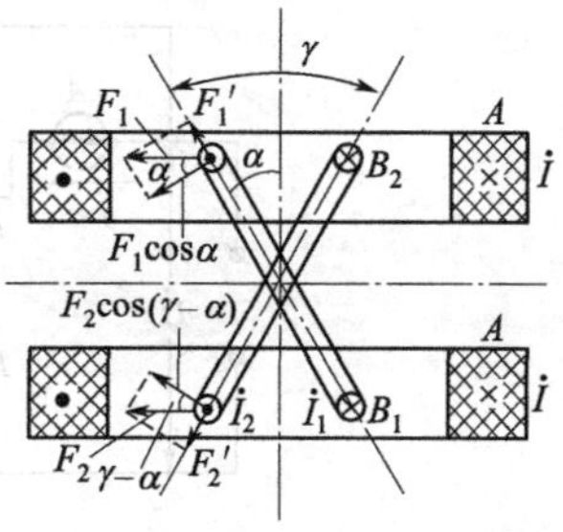

图 6-16　电动系单相相位表结构

A—固定线圈；B_1、B_2—活动线圈

$$M_1=K_1I\cdot I_1\cos\varphi_1\cos\alpha$$

$$M_2=K_2I\cdot I_2\cos\varphi_2\cos(\gamma-\alpha)$$

式中，φ_1 为 i 与 i_1 的相位差；φ_2 为 i 与 i_2 的相位差。

由于固定线圈内磁场均匀，故这两个转矩 M_1、M_2 与 α 无关，则 $f(\alpha)$ 为常量，包含到 K_1、K_2 中。这两个力矩，一个是转动力矩，另一个是反作用力矩，当它们相等时，活动部分就停止偏转，这时

$$M_1=M_2$$

即

$$K_1II_1\cos\varphi_1\cos\alpha=K_2II_2\cos\varphi_2\cos(\gamma-\alpha)$$

当两个活动线圈结构完全相同时，$K_1=K_2$，则

$$I_1\cos\varphi_1\cos\alpha=I_2\cos\varphi_2\cos(\gamma-\alpha)$$

由此可得

$$\frac{I_1\cos\varphi_1}{I_2\cos\varphi_2}=\frac{\cos(\gamma-\alpha)}{\cos\alpha} \tag{6-17}$$

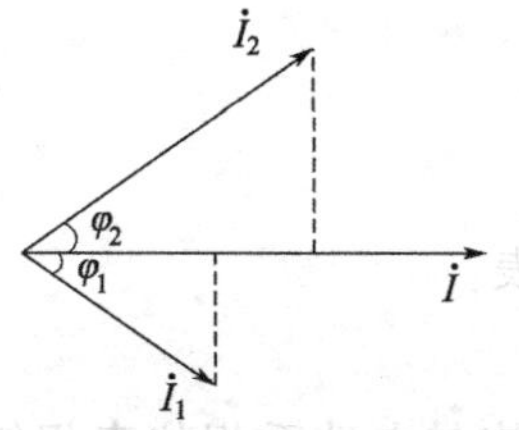

图 6-17　线圈电流相量图

从这个复杂的式子还看不出相位表如何测相位差。但由式(6-17) 可见，仪表的偏转角 α 与定圈电流无关，而决定于两个可动线圈的电流相量在定圈电流相量上的投影的比值，见图 6-17，所以叫做比率表。为更清楚起见，用图 6-18 所示相位表接入被测电路的具体线路来加以说明。

相位表接入被测电路的接线规则与功率表相同：固定线圈与被测电路串联，电流为 $\dot{I}$，两个活动线圈支路与被测电路并联。被测电路的电压为 $\dot{U}$。在活动线圈 B_1 的支路中串有电阻 R_1 和电感 L_1，电流为 $\dot{I}_1$；在活动线圈 B_2 支路中串有电阻 R_2，电流为 $\dot{I}_2$。

电压 $\dot{U}$ 和各电流的相量关系如图 6-18(b) 所示。设被测电路为感性，电流 $\dot{I}$ 滞后于电压 $\dot{U}$ 角 φ，角 φ 就是要测的相位差。因为在活动线圈 B_1 的支路中串有电感 L_1，所以 $\dot{I}_1$ 滞后于电压 $\dot{U}$ 角 β；活动线圈 B_2 的支路电流 $\dot{I}_2$ 则与 $\dot{U}$ 同相。$\dot{I}_1$ 与 $\dot{I}$ 的相位差 $\varphi_1=\beta-\varphi$，$\dot{I}_2$ 与 $\dot{I}$ 的相位差 $\varphi_2=\varphi$。于是式(6-17) 就可改写为

$$\frac{I_1\cos(\beta-\varphi)}{I_2\cos\varphi}=\frac{\cos(\gamma-\alpha)}{\cos\alpha}$$

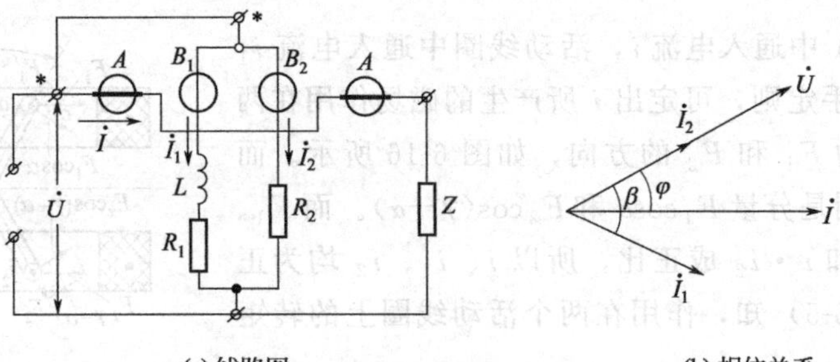

(a) 线路图　　(b) 相位关系

图 6-18　单相相位表线路

如果设计仪表时，适当选择电路参数 L_1、R_1 和 R_2，使两个活动线圈支路阻抗的模相同，则 $I_1=I_2$，并使 $\beta=\gamma$，则仪表活动部分平衡时，就有

$$\alpha=\varphi \tag{6-18}$$

这时偏转角 α 仅由被测电路中的电压 $\dot{U}$ 和电流 $\dot{I}$ 的相位差 φ 来决定。

由式(6-18) 可见，当 φ 角的符号改变时，偏转方向也随之改变。这就要求相位表的零点（$\cos\varphi=1$ 的点）应在刻度尺的正中。负载为感性，$\varphi>0$ 时，指针偏向一边（右边）；负载为容性，$\varphi<0$ 时，指针偏向另一边（左边）。

6.8.2　电动系相位表的使用

① 电动系相位表内部没有游丝，所以仪表不工作时，指针可以停留在任何位置。

② 要根据负载电流和负载电压的大小来选择相位表的电流和电压量限。

③ 单相相位表的接线与功率表相似。

④ 由于电动系相位表的一个活动线圈支路中串有电感 L_1，频率改变时支路阻抗及 β 角就会改变，从而 $I_1=I_2$ 及 $\beta=\gamma$ 的要求就不再满足，所以，相位表只能用于指定的频率下测量相位差，否则，将会产生附加误差。

6.9　电动系频率表

频率是电能质量的重要指标之一。频率表是测量频率的指示仪表。

6.9.1　电动系频率表的结构及工作原理

电动系频率表也是利用电动系比率表的测量机构构成的。其结构与电动系相位表相似，只不过是两活动线圈 B_1、B_2 的平面间夹角 $\gamma=90°$而已，见图 6-19 所示。

电动系频率表的内部线路如图 6-19(b) 所示，它是由两条并联支路组成的：一条为活动线圈 B_2 与固定线圈 A—A 串联后再与 L、C、R 串联而成；另一条为活动线圈 B_1 与 C_0 串联而成。因为这两条支路中都有电感或电容，它们的阻抗随频率而变，所以活动线圈和固定线圈中通过的电流与频率有关，作用在活动线圈上的两个力矩也与频率有关，从而仪表活动部分的偏转角也与频率有关。

略去动圈的阻抗，电动系频率表接入电路后的电压、电流相量图如图 6-19(c) 所示。动圈 B_1 中的电流 $\dot{I}_1$ 总是比电压 $\dot{U}$ 超前 90°，动圈 B_2 中的电流 $\dot{I}_2$ 比电压 $\dot{U}$ 滞后的相位差 φ 与频率有关，其大小随频率而变，并可能为正或负。定圈电流 $\dot{I}=\dot{I}_2$。

由相量图知：$\varphi_1=90°+\varphi$，$\varphi_2=0°$，根据式(6-17)，可动部分平衡时

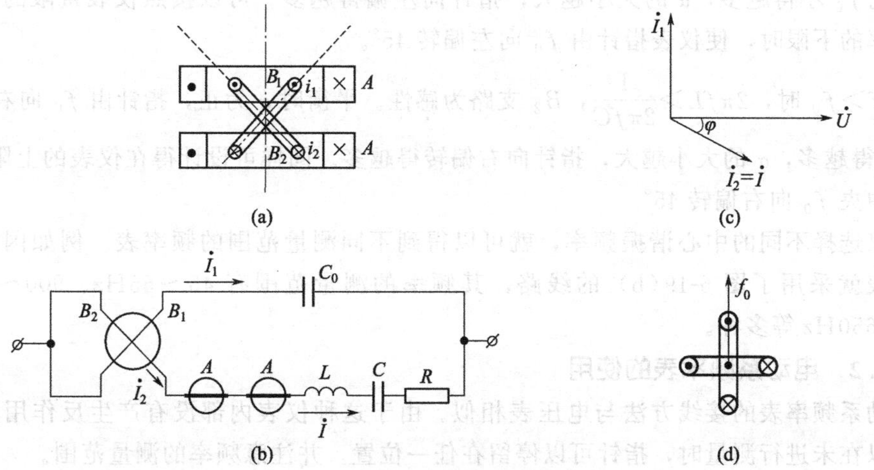

图 6-19　电动系频率表结构原理图

$$\frac{\cos(\gamma-\alpha)}{\cos\alpha}=\frac{I_1\cos\varphi_1}{I_2\cos\varphi_2}=\frac{I_1\cos(90°+\varphi)}{I_2\cos\varphi_2}=\frac{I_1}{I_2}\sin\varphi$$

又因为 $\gamma=90°$，所以

$$\frac{\cos(\gamma-\alpha)}{\cos\alpha}=\frac{\cos(90°-\alpha)}{\cos\alpha}=\tan\alpha$$

因此有

$$\tan\alpha=\frac{I_1}{I_2}\sin\varphi$$

略去动圈阻抗后

$$I_1=U\omega C_0\text{；}\ I_2=U/Z_2$$

再根据 R、L、C 串联电路关系，对动圈 B_2 支路

$$\sin\varphi=\frac{\omega L-1/\omega C}{Z_2}$$

从而得到

$$\tan\alpha=\omega C_0\left(\omega L-\frac{1}{\omega C}\right)=2\pi fC_0\left(2\pi fL-\frac{1}{2\pi fC}\right)\tag{6-19}$$

可见，仪表可动部分的偏转角与被测电路的频率有关。

设计仪表时，选择适当的参数 L 和 C，使它们正好在仪表测量范围的中间频率（标尺的中心频率）f_0 时，B_2 支路发生串联谐振。即当 $f=f_0$ 时，$\varphi=0°$，此时 $2\pi f_0L=\frac{1}{2\pi f_0C}$，于是 $\alpha=0°$，即可动部分偏转至如图 6-19(d) 所示的位置。实际在 L、C 串联谐振时，定圈 A 的电流与所加电压同相，而动圈 B_1 的电流超前于所加电压 90°；定圈 A 的磁场作用在动圈 B_1 的平均力矩为零；而作用在动圈 B_2 上的力矩不为零。仪表的活动部分在这个力矩的作用下一直偏转到动圈 B_2 平面和定圈平面平行的位置（这个位置上动圈 B_2 所受力矩为零）为止。这时定 $\alpha=0°$，仪表指针指在量限的中间频率 f_0 上。

当 $f<f_0$ 时，$2\pi fL<\frac{1}{2\pi fC}$，$B_2$ 支路为**容性**。平衡时的 α 为负值，指针由 f_0 向左偏

转。f 比 f_0 小得越多，α 的大小越大，指针向左偏得越多。可以按照仪表量限的要求，在某个频率的下限时，使仪表指针由 f_0 向左偏转 45°。

当 $f>f_0$ 时，$2\pi fL>\frac{1}{2\pi fC}$，$B_2$ 支路为感性。平衡时 α 为正，指针由 f_0 向右偏转。f 比 f_0 大得越多，α 的大小越大，指针向右偏转得越多。同样可设计得在仪表的上限频率时，指针由中央 f_0 向右偏转 45°。

如果选择不同的中心谐振频率，就可以得到不同测量范围的频率表。例如国产 D3-Hz 型频率表就采用了图 6-19(b) 的线路，其频率的测量范围有 45～55Hz、900～1100Hz、1350～1650Hz 等多种。

6.9.2 电动系频率表的使用

电动系频率表的接线方法与电压表相似。由于这种仪表内部没有产生反作用力矩的游丝，所以在未进行测量时，指针可以停留在任一位置。并注意频率的测量范围。

思考题与习题

6-1 电动系测量机构测量的基本量是什么？为什么电动系电流表和电压表可以测量直流、正弦交流以及周期非正弦量的有效值？

6-2 某全波整流电路没有加滤波，若交流输入电压为 50V（有效值），用万用表直流电压档和电动系电压表分别测量整流器的输出电压，其读数分别为多少？（注：整流管内阻可忽略）

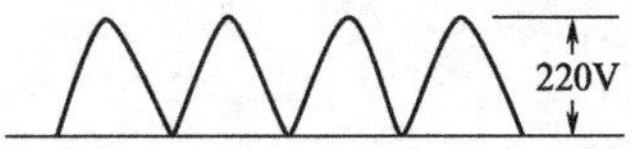

图 6-20 习题 6-3 图

6-3 现有四只电压表分别为磁电系、电磁系、电动系、全波整流系仪表，用来测全波整流电路输出电压时（见图 6-20），读数各为多少？

6-4 有一感性负载，其功率为 500W，电压为 220V，功率因数 $\cos\varphi=0.85$，需用功率表去测定其消耗功率。现有一只多量限功率表，电压量限有 150V、300V；电流量限有 2.5A、5A；试问：

(1) 测此负载功率应选用哪个量限？

(2) 此时功率量限是多少？

(3) 若此功率表刻度盘有 150 格，测量时指针将指在何处？

(4) 画出接线图。

6-5 选用电压量限为 150V，电流量限为 5A，具有 150 格的功率表来测量某负载功率。测量时功率表指针的偏转为 120 格，问该负载所消耗的功率是多少？

6-6 若在电动系功率表的电流线圈中通以 2.5A 的直流电流，在电压线圈支路加上一个全波整流后的电压，用电动系电压表测得该电压为 50V，设功率表的感抗可以忽略，问该功率表的读数应是多少？

6-7 在电动系功率表的电流线圈中通以频率为 50Hz、有效值为 5A 的正弦交流电流，在电压线圈支路加上频率为 150Hz、有效值为 150V 的正弦交流电压，功率表的读数是多少？

6-8 有一只功率表，电压量限为 300V，电流量为 2.5A，满刻度为 150 格。有人把此功率表的两电压端钮并联到 220V 电源上去测量该电源的电压，问此时功率表的指针应偏转多少格？

6-9　将 $i=\sqrt{2}\sin(100\pi t)$A 的电流通入功率表电流线圈，而把 $u=311\sin(314t)$V 的电压经全波整流后加在功率表电压线圈支路两端上，问功率表的示值是多少？

6-10　用一只电压量限为 300V，电流量限为 2.5A，$\cos\varphi_{max}=0.2$，并具有 150 格标尺的低功率因数功率表去测某一负载的功率，功率表指针偏转 90 格，问负载消耗的功率是多少？又测得负载两端电压为 250V，负载电流为 2A，问该负载的功率因数是多少？

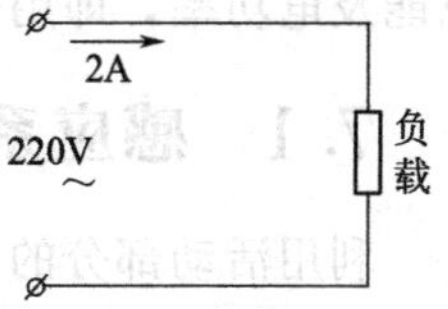

图 6-21　习题 6-11 图

6-11　现有图 6-21 用所示负载，试用交流电流表、电压表、功率表、功率因数表来拟定两种测量负载功率因数的方案，并将仪表接到线路中（画出接线图），选好仪表量限。

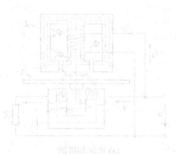

第 7 章　感应系仪表

感应系仪表是交流仪表中转动力矩最大的一种仪表。主要用来计量电路中负载所消耗的电能及电功率，即用作电度表。本章着重介绍感应系测量机构及电度表的结构和工作原理。

7.1　感应系测量机构

利用活动部分的导体在交变磁场中因产生感应电流而受到磁场作用形成转动力矩的测量机构，叫做感应系测量机构。由感应系测量机构组成的仪表称为感应系仪表。

7.1.1　感应系测量机构的结构

感应系测量机构的驱动装置由固定的电磁铁和可动的导体构成。电磁铁的铁芯用硅钢片叠成，在铁芯上绕以线圈，当线圈中通过交流电流时，电磁铁产生交变磁通。可动的导体一般是铝盘、铝筒和铝框。

电磁铁和铝盘的位置要安排得适当。当电磁铁的激磁绕组中通有交流电流时，它所产生的交变磁通将穿过铝盘，在铝盘中产生感应电流，此电流与交变磁通相互作用而产生转矩，使铝盘转动。由此可见，它不能用作直流测量，只能在交流电路中使用。

感应系仪表的测量机构的形式有多种，通常以通过活动部分的磁通数目分为单磁通型及多磁通型。应用较普遍的是三磁通型结构，在这种结构中有三个磁通从不同位置穿过铝盘。根据穿过的位置不同又分为辐射式结构和切线式结构。电度表中采用的是三磁通切线式结构。

图 7-1 所示为电度表的磁路和电路，是三磁通结构感应系测量机构的简图。由图看出，铝盘上方为电压电磁铁，其绕组并在负载两端，称为电压绕组；铝盘下方是电流电磁铁，它的绕组与负载串联，称为电流绕组。电压电磁铁有钢板冲制而成的回磁板，回磁板下端伸入铝盘下部，隔着铝盘和电压电磁铁的铁芯柱相对应，以便构成电压线圈工作磁通回路，如图 7-1(b) 所示。

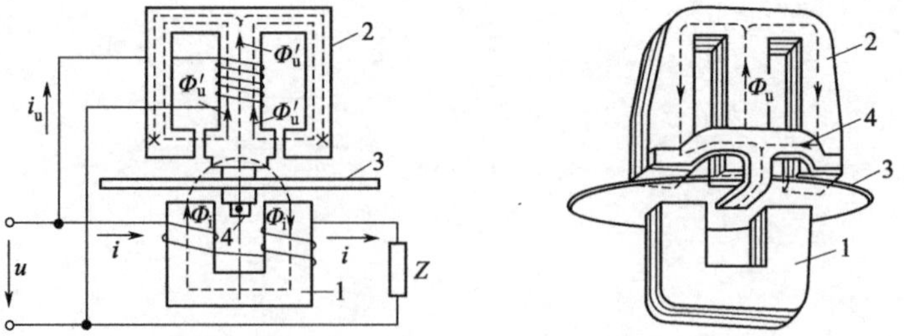

(a) 电流和磁通　　(b) 铁芯结构

图 7-1　电度表的磁路和电路

1—电流电磁铁；2—电压电磁铁；3—铝盘；4—回磁板

7.1.2　感应系测量机构的工作原理

我们以图 7-1 的三磁通切线式结构为例来分析感应系测量机构中产生转动力矩的作用原理。

(1) 磁通和涡流的分布

当绕组中通有交流电流时，在铁芯中产生交变磁通，磁通路径见图 7-1(a) 所示。电压线圈在电压 u 的作用下，产生电流 i_u，i_u 产生的磁通分两部分：一部分是 Φ'_u，它不穿过铝盘，而由左右轭铁构成通路，是非工作磁通；另一部分是 Φ_u，它穿过铝盘并由回磁板构成通路，这是工作磁通，如图 7-1(b) 所示。在图 7-1(a) 中由于回磁板装在电压铁芯的后面，所以磁通 Φ_u 进入回磁板处用符号“×”表示，由回磁板出来的地方则以“·”表示。电流线圈通过电流 i 时，产生磁通 Φ_i，该磁通从两个不同的地方穿过铝盘，一次穿出，一次穿进，并通过电流铁芯构成闭合磁路。图 7-1(a) 中示出了电压 u、电流 i_u 和 i 以及与之对应的磁通 Φ'_u、Φ_u、Φ_i 的正方向。穿过铝盘的磁通有三个；Φ_u、两个 Φ_i（它们方向相反，即位相相差 180°），由于它们的大小和方向均随时间而变，所以这三个交变的磁通在铝盘中分别产生感应电流——涡流 i_{eu} 和两个 i_{ei}（它们大小相等，但位相差 180°）。磁通与涡流的正方向之间符合右手螺旋定则，磁通与涡流的分布及其参考方向如图 7-2 所示。

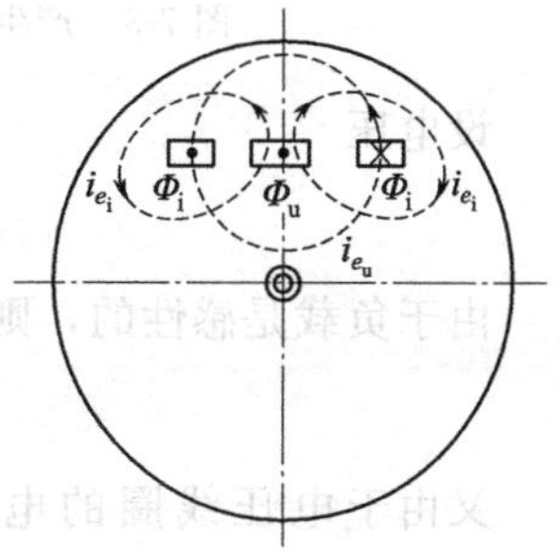

图 7-2　铝盘上的磁通与涡流

(2) 作用在铝盘上的转动力矩

根据铝盘上磁通与涡流的分布情况（见图 7-2)，可见每个涡流都处在另外一个磁通的磁场中，即 i_{eu} 处在 Φ_i 的磁场中，而 i_{ei} 又处在 Φ_u 的磁场中。这样，由于涡流和磁场相互作用的结果，就产生了推动铝盘转动的电磁力。这种电磁力所形成的转矩就是驱动铝盘转动的力矩，它包括以下两部分。

① 由 i_{eu} 和 Φ_i 产生的转矩 m_1　将 i_{eu} 和 Φ_i 单独示于图 7-3(a) 中，根据左手定则可判断它们所产生的电磁力 f_1 的方向。由于左、右两侧完全对称，而且两边 i_{eu} 和 Φ_i 的方向正好都相反，因此形成的两个电磁力 f_1 相等并具有相同的方向，即使铝盘反时针转动的方向。电流 i_{eu} 和磁通 Φ_i 越大，则电磁力 f_1 就越大，而由 f_1 产生的转矩 m_1 也越大。可见，转矩 m_1 应和涡流 i_{eu}、磁通 Φ_i 成正比，即

$$m_1=K'i_{eu}\Phi_i \tag{7-1}$$

② 由 i_{ei} 和 Φ_u 产生的转矩 m_2　将 i_{ei} 和 Φ_u 单独示于图 7-3(b) 中，可以看出 Φ_i 产生的两部分涡流电流 i_{ei} 通过 Φ_u 区域时，方向是相同的。由左手定则决定的电磁力 f_2 的方向如图所示，是使铝盘顺时针转动的方向。而由 f_2 所产生的转矩 m_2，同样应与 i_{ei} 和 Φ_u 成正比，即

$$m_2=K'i_{ei}\Phi_u \tag{7-2}$$

因而作用在铝盘上的总转矩 m 为

$$m=K'(i_{ei}\Phi_u-i_{eu}\Phi_i) \tag{7-3}$$

其中规定顺时针方向为转动力矩的正方向，而 m_1，m_2 的方向由涡流和磁通的参考正方向所决定的。

式(7-3) 中的转矩 m 是作用在铝盘上的瞬时转矩，它由交变的瞬时涡电流 i_{ei}、i_{eu} 和瞬时磁通 Φ_u、Φ_i 决定，因而它也是交变的。而真正能使铝盘转动的是平均转矩。

为了分析作用在铝盘上的平均转矩，首先分析涡流与磁通的相位关系。

由于铁芯具有空气隙，所以磁路是不饱和的。这样，当外加电压 u 和电流 i 是正弦波时，所产生的磁通 Φ_u、Φ_i 以及由它们所感应的涡流 i_{eu}、i_{ei} 也都按正弦规律变化。于是，可以画出感性负载下仪表的相量图，如图 7-4 所示。此相量图是以电流 $\dot{I}$ 作为参考正弦量画出的。

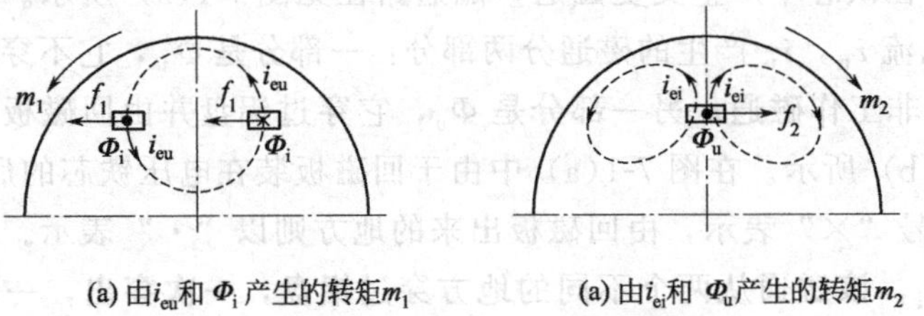

(a) 由i_{eu}和 Φ_i 产生的转矩m_1　　(a) 由i_{ei}和 Φ_u产生的转矩m_2

图 7-3　产生电磁力矩的原理示意图

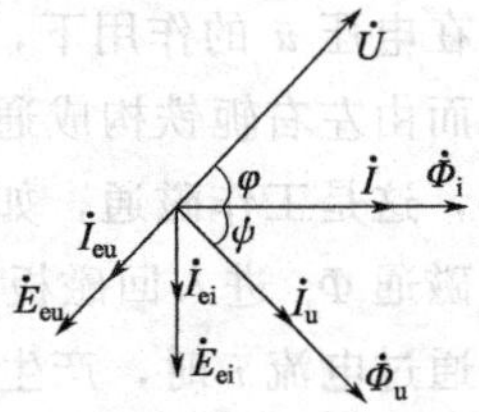

图 7-4　感性负载下仪表的相量图

设电压

$$u=U_m\sin\omega t$$

由于负载是感性的，则电流 $\dot{I}$ 滞后于电压 $\dot{U}$ 一个 φ 角，所以

$$i=I_m\sin(\omega t-\varphi)$$

又由于电压线圈的电抗很大，忽略其电阻，则电压线圈的电流 $\dot{I}_u$ 将滞后于电压 $\dot{U}$90°，即

$$i_u=\frac{U_m}{R}\sin(\omega t-90°)=-\frac{U_m}{R}\cos\omega t$$

在忽略铁芯的磁滞和涡流损失的情况下，可以近似地认为，磁通 $\dot{\Phi}_i$ 和 $\dot{\Phi}_u$ 与产生它们的电流 $\dot{I}$ 及 $\dot{I}_u$ 同相，因而得出 $\dot{\Phi}_i$ 和 $\dot{\Phi}_u$ 之间的相位差为 $\psi=90°-\varphi$。另外，由于磁通正比于产生磁通的电流（即 $\Phi\propto i$），则

$$\Phi_u=-K_1U_m\cos\omega t \tag{7-4}$$

$$\Phi_i=K_2I_m\sin(\omega t-\varphi) \tag{7-5}$$

而由磁通 $\dot{\Phi}_i$ 和 $\dot{\Phi}_u$ 在铝盘涡流路径上产生的感应电动势 $\dot{E}_{ei}$ 和 $\dot{E}_{eu}$，分别滞后于相应的磁通 90°，把涡流的路径近似地视为纯电阻时，则涡流 $\dot{I}_{ei}$ 和 $\dot{I}_{eu}$ 分别和产生它的感应电势 $\dot{E}_{ei}$、$\dot{E}_{eu}$ 同相。由感应电流 $i_e\propto-\mathrm{d}\Phi/\mathrm{d}t$，即

$$i_{eu}\propto-\frac{\mathrm{d}\Phi_u}{\mathrm{d}t};\quad i_{ei}\propto-\frac{\mathrm{d}\Phi_i}{\mathrm{d}t}$$

可得

$$i_{eu}=-K_3U_m\sin\omega t \tag{7-6}$$

$$i_{ei}=-K_4I_m\cos(\omega t-\varphi) \tag{7-7}$$

将式(7-4)～式(7-7) 代入式(7-3)，得

$$m=K'[K_1K_4U_mI_m\cos\omega t\cos(\omega t-\varphi)+K_2K_3U_mI_m\sin\omega t\sin(\omega t-\varphi)]$$

一个周期的平均转矩为

$$M=\frac{1}{T}\int_0^T m\,\mathrm{d}t=U_mI_mK'\{K_1K_4\frac{1}{T}\int_0^T\frac{1}{2}[\cos(2\omega t-\varphi)+\cos\varphi]\mathrm{d}t$$

$$+K_2K_3\frac{1}{T}\int_0^T\frac{1}{2}[\cos\varphi-\cos(2\omega t-\varphi)]\mathrm{d}t\}$$

$$=\frac{U_mI_m}{2}\cos\varphi K'(K_1K_4+K_2K_3)=K\frac{U_mI_m}{2}\cos\varphi=KP \tag{7-8}$$

式中，$P=\frac{U_m I_m}{2}\cos\varphi=UI\cos\varphi$ 为负载的平均功率（有功功率）；$K=K'(K_1K_4+K_2K_3)$。

由式(7-8) 可见，作用在铝盘上的平均转矩是与负载的平均功率成正比的。

当在机构的活动部分安装游丝时，随着活动部分的偏转，游丝的反作用力矩 $M_f=D\alpha$ 与转动力矩 M 平衡，则仪表指针的偏转就和负载的功率成正比，$\left(\alpha=\frac{KP}{D}=K_pP\right)$这就构成了感应系功率表。作为测量电能的电度表，则测量机构中不装游丝，而让铝盘在转动力矩 M 的作用下继续转动，这种情况我们将在下一节讨论。

前面谈到，电压绕组产生的磁通有 Φ'_u 和 Φ_u 两部分，其中 Φ'_u 不穿过铝盘，其作用是：通过调节电压电磁铁的气隙可使 Φ'_u 改变，从而改变 $\dot{U}$ 与 $\dot{\Phi}_u$ 的相位差，以改善仪表的特性。

7.2　感应系电度表

用来测量电能的仪表叫电度表，俗称火表。

电度表按其结构、工作原理和测量对象可以分为很多类。

按结构及工作原理可分为：电解式、电气机械式和电子数字式三大类。

电解式电度表是以化学效应为基本工作原理，测量单位是安培小时，所以亦称安培小时计。它主要用于化学工业和有色金属冶炼工业中电能的测量。

电子数字式电度表是近年来随着电子工业的发展而发展起来的一种新型测量仪表，其精度高（单相电度表可达 0.05 级），频带宽，适用于自动检测、遥测和自动控制系统。但由于其结构复杂、成本高和可靠性等原因，目前仅用于实验室的标准和精密测量。

电气机械式电度表主要分电动系和感应系两大类。电动系电度表相当于把电动系功率表的游丝去掉，采用多个活动线圈，加上换向装置，让它的活动部分可以连续转动，使其转动角速度 ω 与负载消耗的功率 P 成正比，即

$$\omega=kP$$

则它偏转的角度 α 将与电能 W 成正比，即

$$\alpha=\int_{t_1}^{t_2}\omega\,dt=\int_{t_1}^{t_2}kP\,dt=kW$$

用于测量直流电能的电动系电度表，就是按上述原理并加以改进而制造出来的。

但对于交流电来说，电动系电度表结构复杂，造价太高，不宜采用。而工程上却对交流电度表的需要量很大，所以要求工艺过程较为简单，价格低廉，又有较大转矩。而感应系仪表能满足这些要求，所以感应系电度表是目前使用最广泛的交流电度表，它的转矩较大，结构牢实，价格便宜。

感应系电度表根据测量对象及用途可分为有功、无功及单相、三相电度表等，按接入方式分为直接接入式和经互感器接入式。我们这里只介绍使用最广的直接接入式单相有功电度表。对于直接接入式三相有功电度表和三相无功电度表在第 9 章中介绍。

7.2.1　单相电度表的结构与原理

(1) 电度表的结构

单相电度表的结构如图 7-5(a) 所示。它包括四个部分。

① 驱动元件　包括电压电磁铁和电流电磁铁。电流电磁铁的激磁绕组与负载串联，绕组中的电流 i 就是负载电流，电流线圈由较粗的导线绕成，且匝数较少；电压电磁铁的激磁

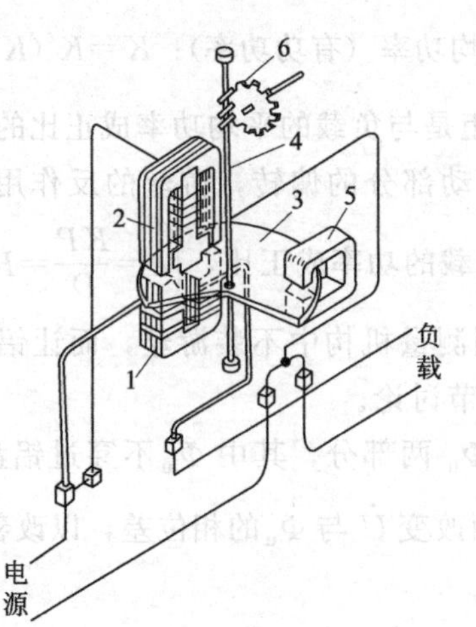

(a) 结构

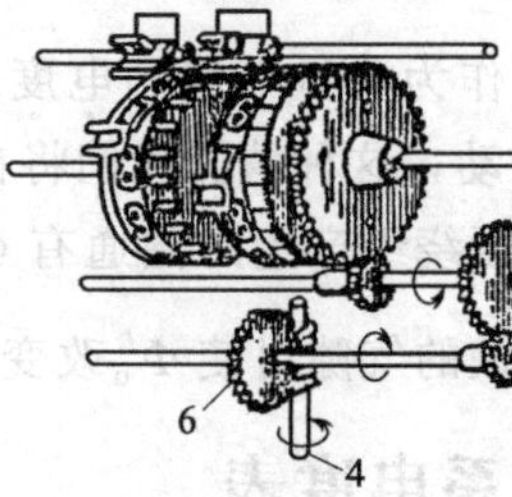

(b) 积算结构

图 7-5　感应系电度表

1—电流电磁铁；2—电压电磁铁；3—铝盘；4—转轴；5—永久磁铁；6—涡轮蜗杆传动机构

绕组与负载并联，线圈的端电压就是负载两端的电压 u，电压线圈由很细的导线绕成，而且匝数较多。两组线圈与负载的连接可见图 7-1(a)。

② 转动元件　包括铝盘和固定在铝盘上的转轴。

③ 制动元件　包括制动永久磁铁及铝盘本身。

④ 积算机构　就是仪表活动部分旋转圈数的计算器。电度表中通常使用轮式积算机构。主要由齿轮联动机构和若干个由从 0 到 9 的十个数码的轮子组成。从计算器的窗口可以直接显示出负载所消耗的电能的“度”数（即“千瓦小时”数），如图 7-5(b) 所示。

(2) 电度表的工作原理

电度表的测量机构主要是三磁通感应式测量机构，上一节讨论了这种机构产生转动力矩的原理，并导出式(7-8)，由此式可知，感应系机构的平均转矩 M 与负载功率 P 成正比。电度表的活动部分设有游丝，若铝盘只受转动力矩 M 的作用，则转速会越来越快，以致无法进行测量。为了使铝盘转过的圈数能够反映电能消耗，电度表中必须有能够产生制动力矩的装置，以保持铝盘的转速稳定，图 7-5 中的制动永久磁铁就是用以产生制动力矩的。

为什么有了制动力矩，铝盘的转数就能反映电能呢？当铝盘在永久磁铁 5 的磁场中转动时，铝盘中将产生感应电流 i_M，根据左手定则，这一电流与永久磁铁的磁场相互作用又使铝盘受到与它转动方向相反的力，形成一个与转动力矩方向相反的力矩，这就是制动力矩 M_T，如图 7-6 所示。铝盘的转速越快，感应电流越大，制动力矩也越大。制动力矩 M_T 与铝盘的转速成正比，即

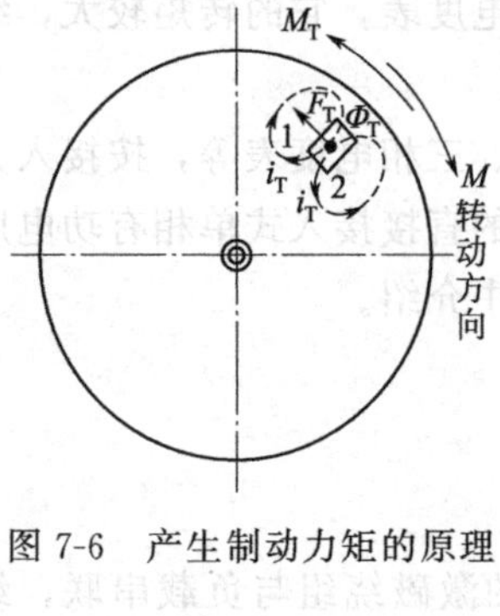

图 7-6　产生制动力矩的原理

$$M_T = K_T\omega \tag{7-9}$$

式中，ω 为铝盘的转速。

当制动力矩等于转动力矩时，作用在铝盘上的合力矩为零，铝盘便保持匀速旋转。由式(7-8) 与式(7-9)，我们得到

$$KP = K_T\omega$$

$$P=K_T/K\omega=C\omega \tag{7-10}$$

式中，$C=K_T/K$。

若在时间 T 内负载功率保持不变，则有：

$$PT=C\omega T \tag{7-11}$$

PT 表示在时间 T 内负载所消耗的电能 W，ωT 表示在时间 T 内铝盘转过的圈数 n。式 (7-11) 可写成：

$$W=Cn \tag{7-12}$$

这说明从计度器上所记录的铝盘转数可以确定电能的消耗量。

当负载功率随时间变化时，式(7-12) 仍成立。

通常称C 为比例常数，其倒数N 称为“电度表常数”，即

$$N=\frac{1}{C}=\frac{n}{W}\ (\mathrm{r/kW\cdot h})$$

它表示电度表的计数每增加 1 度（即 1 千瓦小时），铝盘所转过的圈数。此常数通常标在表盘上。

7.2.2　电度表的主要技术特性及使用

这里主要介绍单相有功电度表的技术特性及其使用。

(1) 电度表的主要技术特性

① 准确度等级和负载范围　电度表准确度等级的规定与一般指示仪表不同。首先电度表不可能按量限的百分数来表示准确度等级，因此只能按指示值的百分数（即相对误差）来表示准确度等级；又因为电度表的准确度等级还与工作频率、被测负载的电流及负载的功率因数有关，当负载电流很小及功率因数较低时，电度表的误差要增大，因此，这种情况下对误差的要求应略为放宽，而且考虑到电度表是连续工作的仪表，因此，在规定电度表的准确度等级时不仅应考虑到它的工作条件，还应考虑到它能连续工作的时间。

按国家标准 (JB 793—78) 规定，有功电度表的准确度等级为 0.5 级、1.0 级和 2.0 级且要求电度表在额定电压、额定电流（亦称标定电流）、额定频率及 $\cos\varphi=1$ 的条件下工作 3000h，其基本误差仍符合准确度等级所规定的误差范围。

准确度等级为 1.0 级和 2.0 级的电度表为安装式电度表。目前国内已生产出准确度等级为 0.5 级的携带式精密有功电度表，它一般作为校准其他电度表的标准表使用。

电度表所能应用的负载电流范围标志着电度表性能的好坏。宽负载电度表容许负载电流超过电度表标定电流的数倍（3～7 倍），而基本误差仍不超过原来规定的数值，从而扩大了电度表的使用电流范围。

② 灵敏度　电度表在额定电压、额定频率及 $\cos\varphi=1$ 的条件下，负载电流从零开始连续均匀增加，使铝盘从静止到开始转动的电流与电度表标定电流的百分比，称为电度表的灵敏度。此百分比越小，电度表的灵敏度越高。

一般规定电度表的灵敏度不低于 0.5%。例如标定电流为 5A 的电度表，使铝盘转动的最小电流应小于 0.0254A。

③ 潜动　当负载为零（即断开负载）时，对电度表转盘仍稍有转动的现象称为潜动。产生潜动的原因是：当电度表在轻负载下工作时，转动力矩较小，因此上下轴承间、计数器齿轮之间的摩擦力矩的作用就不可忽略，它不仅会引起较大的误差，甚至会使铝盘不转动。为此必须在电度表中增设轻载调整装置。一般是在电度表的电压线圈下面装有一块可以移动

的金属片。由于金属片的影响，使电压线圈所产生的磁通分为两部分穿过铝盘；如图 7-7 所示；而且由于金属片中涡流的作用，这两部分磁通之间有一定的相位差，产生一个使铝盘转动的附加力矩，该力矩的大小与电压平方成正比，也与金属片的位置有关。在没有负载的情况下，电压线圈仍有电压，只要所产生的附加力矩大于摩擦力矩，铝盘就会缓慢地转动，这就是潜动。电压越高，潜动现象越严重。因此，在电度表中还必须设有防潜装置，使当负载中无电流时，通过防潜装置的作用，使铝盘尽早停止转动。

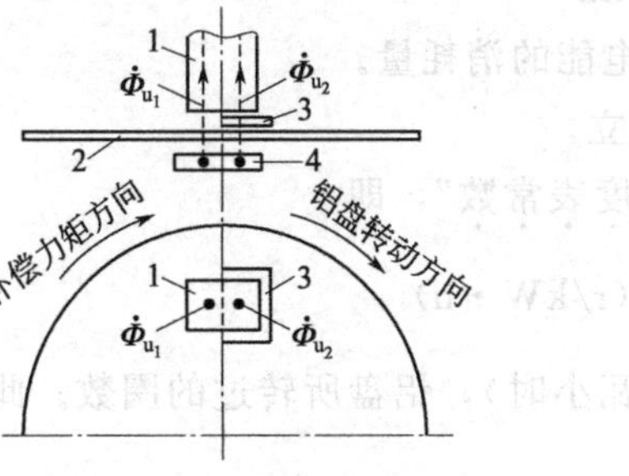

图 7-7　轻载补偿原理

1—电压电磁铁；2—铝盘；3—铜片；4—回磁板

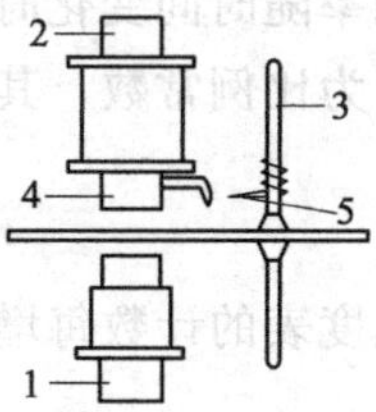

图 7-8　防潜动装置

1—电流元件；2—电压元件；3—转轴；4—止动片；5—防潜针

为了消除这种潜动现象，一般电度表常采用图 7-8 所示的防潜装置。图中止动铁片的一端塞入电压线圈内，另一端向转轴伸出。电压线圈通电时，止动片就是一个带有磁性的小磁铁。当固定在转轴上的钢制防潜针转到止动片附近时，就被磁化并吸引，适当调整止动片和防潜针间的距离，便可使潜动现象消除。止动片和防潜针间的吸引力很小，所以对电度表的正常工作不会造成什么影响。

有些电度表（如 DD-10 型）还采用在铝盘上打孔的方法来防止潜动。当小圆孔转到电压元件铁芯下时，引起铝盘涡流及补偿力矩变化，从而使潜动消除。

一般规定，当电度表电流线圈内没有电流，而电压线圈的电压为额定电压的 80%～100%时，铝盘的转动不得多于一转；否则该电度表要进行修理。

④ 功率消耗　当电度表电流线圈中无电流时，在额定电压和额定频率下，其电压线圈消耗的功率不应超过 1.5～3W。

(2) 电度表的正确使用

① 正确选择电度表的型号规格　选择电度表时，首先应根据所测对象是单相负载还是三相负载来选用单相（DD 型）或三相（DS 型）电度表。其次，所测负载的电压和电流的上限应不超过电度表铭牌上所标的额定电压和额定电流值。同时应根据电度表的工作电流在标定电流的 10%～100%范围内误差最小这一特性，合理选择电度表的电流规格。市场上供应的家用电度表有 2A、3A、5A 等规格。

② 正确安装　电度表的安装质量直接影响它的准确度。因此，在安装时应注意：电度表安装处的环境温度一般应在 0～40℃之间，距热源的距离要大于 0.5m；电度表应安装在不易受振动的墙上或开关板上，距地面的距离应为 1～2m；装设电度表的环境应清洁、干燥、无强磁场存在，并尽量安装在明显的地方，以便于抄表和监视；电度表应垂直安装，允许偏差不得超过 2°。

③ 正确接线　电度表中有电流线圈和电压线圈，因此有两个电流端钮和两个电压端钮，

它的电路符号及接线方式均与功率表相同，其名称用 Wh 或 kWh 表示，如图 7-9 所示。

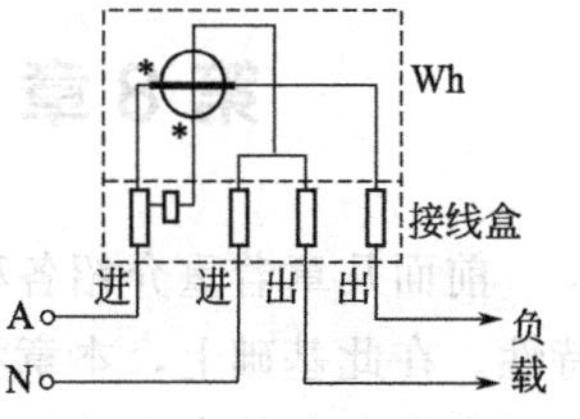

图 7-9　单相交流电度表的接线

由于电度表有专门的接线盒，电流线圈和电压线圈的“发电机端”在出厂时已联好，所以通常是不会反转的。为了便于安装配线，接线盒引出四个端子，即火线的“入”、“出”和零线的“入”、“出”，在配线时应将两个“入”端接电源，两个“出”端接负载，同时应将电流线圈接在火线上，而不允许接在零线中。

④ 正确读数

a. 对于直接接入线路的电能表，可从电能表直接读得被测电能值；当电能表和互感器配套使用时，也可以直接读数。

b. 有的电能表利用互感器来扩大量程，在电能表上标有“10×kW·h”或“100×kW·h”，表示应将读数乘 10 或 100，才是被测电能的实际值。

c. 如果实际使用的互感器变比与电能表上标注的互感器变比不一致，则必须将电能表的读数进行换算，才能求得被测电能值。例如电能表上标明互感器的变比是 10000/100V、100/5A，而实际使用的互感器变比是 10000/100V、50/5A 时，则应将电能表的读数除以 2，才是真正被测的电能值。

思考题与习题

7-1　感应系测量机构中的转动力矩是怎样产生的？试用三磁通型测量机构说明产生转动力矩的原理。

7-2　感应系电度表主要由哪几个部分组成？每部分的作用是什么？

7-3　某用户有额定电压为 220V，40W（功率因数为 0.5）的日光灯四只，60W 的白炽灯四只，如果它们同时使用，应选择额定电流多大的电度表较合适？应怎样接线？画出接线圈。

7-4　图 7-10 中电能表的接线是否正确？如果这样接线，电能表的指针将如何偏转？

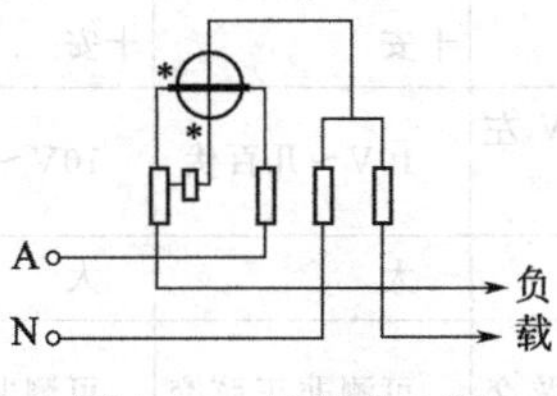

图 7-10　习题 7-4 图

第8章 电气测量指示仪表的选择与检定

前面几章着重介绍各种常用的电气测量直读指示仪表的结构和工作原理，以及主要技术特性。在此基础上，本章将综合分析在选择仪表时要考虑的几个因素，从而能根据测量要求和现有设备条件合理选择仪表。然后再介绍有关直读指示仪表检定的基本知识，掌握这方面的知识对于每个从事电气测量工作的技术人员是非常必要的。

8.1 常用电气测量指示仪表的性能比较

模拟式电气测量指示仪表按其工作原理分类，有磁电系、电磁系、电动系、铁磁电动系、感应系、整流系、热电系和静电系等，由于它们的结构和工作原理不同，因此它们的技术特性和应用范围也不同。本书前几章着重介绍了磁电系、整流系、电磁系、电动系和感应系仪表的结构、工作原理和主要技术特性。为了便于读者更系统地掌握这些仪表的性能，现将它们的主要性能作一比较，如表8-1所示，以供参考。

表8-1 几种电工仪表特性比较

性能 \ 类型		磁电系	电磁系	电动系	铁磁电动系	整流系	感应系
被测量（无特殊说明即为电压、电流）		直流或交流的恒定分量（平均值）	直流或交流有效值	直流或交流有效值（可测交直流功率及相位、频率等）	直流或交流有效值（可测交直流功率及相位、频率等）	交流平均值（一般在正弦交流下刻度为有效值）	交流电能
使用频率范围			一般用于50Hz，频率变化时误差大	一般用于50Hz（有的可用于5000Hz以下）	一般用于50Hz	一般用于45～5000Hz，有的可达5000Hz以上	一般用于50Hz
准确度		高（可达0.1～0.05级，一般为0.5～1.0级）	低（可达0.1～0.2级，一般为0.5～2.5级）	高（0.1～0.05级，一般为0.5～1.0级）	低（一般为1.5～2.5级）	低（可达0.5～1.0级，一般为0.5～2.5级）	低（0.5级，一般为1.0～3.0级）
量限（大致范围）	电流	几微安～几十安	几毫安～100A安	几十毫安～几十安	几十毫安～几十安	几十微安～几十安	
	电压	几毫伏～1kV	10V～1kV左右	10V～几百伏	10V～几百伏	1V～数千伏左右	
功率损耗		小	大	大	大	小	大
波形影响			可测非正弦交流有效值	可测非正弦交流有效值	可测非正弦交流有效值	测交流非正弦波有效值的误差大	波形失真后有误差
防外磁场能力		强	弱	弱	强	强	强
分度特性		均匀	不均匀	不均匀（作功率表时均匀）	不均匀	接近均匀	计数器指示
过载能力		小	大	小	小	小	大
转矩（指通过表头电流相同时）		大	小	小	较大	大	最大

续表

性能＼类型	磁电系	电磁系	电动系	铁磁电动系	整流系	感应系
主要应用范围	作直流电表	作开关板式电表及一般实验室用交流电表	作交直流标准表及实验室精密测量用	作开关板式电表(如功率表、相位表、功率因数表)	作万用表	作电度表
价格(对同一准确度等级的仪表)	贵	便宜	最贵	较便宜	贵	便宜
测量的基本量	直流电流	交、直流电流	交、直流电流	交、直流电流	交、直流电流	交流电流

8.2　电气测量指示仪表的选择

为了完成某项测量任务，必须根据测量要求，并考虑到具体情况，合理地选择测量方法、测量线路和测量仪表。而对仪表的选择主要包括：在保证测量准确度的前提下，确定仪表的类型、仪表的准确度、仪表的量限、内阻及使用条件等。

(1) 根据被测量的性质选择仪表的类型

仪表类型的选择主要根据被测量的变化规律及频率范围。

对于直流量的测量，一般应选用磁电系仪表，也可以选用电动系仪表。

测量交流时，选用交流仪表，但应区分是正弦量还是非正弦量，并考虑其频率。

对于工频正弦量的测量，只要测出有效值即可。一般选用电磁系、电动系、整流系或感应系仪表；对于较高频率（2kHz 以下）的正弦量测量应选用电动系或整流系仪表。

对于周期非正弦量的测量，如果测量有效值应选用电磁系或电动系仪表；如果测量直流分量应选用磁电系仪表；如果测量整流后的平均值应选用整流系仪表（注意换算关系）；如果测瞬时值应选用示波器观测；如果测最大值还可选用“峰值表”。

(2) 根据工程实际要求，合理地选择仪表的准确度等级

从提高测量准确度的角度出发，测量仪表的准确度越高，测量结果越可靠。但准确度越高，仪表的造价也越高，所以仪表准确度的选择应根据工程的实际要求，选用合适的准确度的仪表，既满足测量要求，又节约资金，不要盲目地追求高准确度的仪表。

通常 0.1 级、0.2 级仪表作为标准表和精密测量用；0.5 级和 1.0 级作为实验室测量用；1.5 级以下仪表作为一般工程测量用。

与仪器配套使用的扩大量程的装置，例如分流器、附加电阻等，它们的准确度选择要求比测量仪表本身高 1～3 级，即由它们所引起的误差应低于测量仪表的基本误差，否则仪表的准确度再高也将失去意义。

(3) 根据被测量的大小选用合适的仪表量限

仪表的量限必须大于被测量，否则将损坏仪表。但是如果量限选得过大，又会引起较大的测量误差，这是因为仪表的准确度只有在合理的量限下，才能发挥作用。

我们知道，指示仪表的准确度等级一般是用最大引用误差 $\gamma_m=\frac{\Delta_m}{A_m}\times100\%$ 来表示的。由于在量限范围内，各点的绝对误差都应按 Δ_m 考虑，因此，当被测量 A_x 接近仪表的量限

A_m 时，其测量的相对误差等于仪表准确度等级所规定的基本误差。当被测量 A_x 远小于仪表的量限 A_m 时，则测量的相对误差将远远大于准确度等级所规定的基本误差，这时尽管仪表的准确度很高，测量误差也可能很大。

因此，为了充分利用仪表的准确度，应根据被测量的大小，合理选择仪表的量限，尽量使被测量 $A_x \geqslant \frac{2}{3}A_m$。若被测量大小事先不清楚时，应先用高量限档测量，然后根据指针偏转情况，酌减至合适的量限。

(4) 根据测量线路及测量对象的阻抗大小选择仪表内阻

在选择仪表类型时，除了要考虑被测量的性质外，测量线路及被测对象的阻抗大小，对测量结果准确度的影响，必须予以充分注意。

仪表内阻的大小，反映了仪表本身的功耗，为了在仪表接入后，不改变电路原来的工作状态和减小表内功率消耗，对于电流表或功率表的电流线圈的内阻，则应尽量小；对于电压表或功率表的电压支路的内阻，则应尽量大，否则将引起不可容许的误差。

例：假如我们用一只内阻为 2000Ω 的电压表去测量图 8-1(a) 中电阻 R 两端的电压。

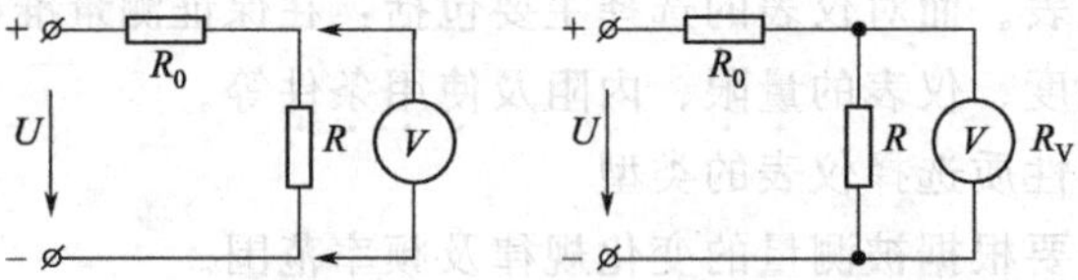

(a) 电压表的接法　　(b) 电压表内阻的影响

图 8-1　电压表测电压

设电源电压 $U=180\text{V}$，电阻 $R=R_0=2000\Omega$。很明显在电压表未接上之前，如图 8-1(a) 所示，电阻 R 上的电压为 90V。

如果采用内阻 $R_V=2000\Omega$、量限为 100V 的电动系电压表并联接到 R 两端去测量电压，如图 8-1(b) 所示。这样就相当于在 R 两端并联了一个电阻 R_V，两者的等值电阻为 $\frac{RR_V}{R+R_V}=1000\Omega$，因此，电压表并上后，电阻 R 两端的电压为 $U/3$，即 60V，也就是说，即使该电压表测量结果极为准确，但读数总是为 60V，这与原来电路中 R 两端的实际电压 90V 相差很大，此测量结果是完全没有价值的。如果我们改用内阻为 200kΩ、量限为 100V 的整流系电压表（或万用表交流电压档）进行测量，则测量结果要准确得多。通过计算，不难证明这时 R 两端的电压将是 89.55V，与原来的 90V 只相差 0.45V，相对误差只有 0.5%了（这里仅考虑仪表内阻对测量结果所带来的误差）。

由此可见，电压表的内阻越大越好，一般要求电压表的内阻 R_V 与负载电阻 R 的关系为

$$R_V \geqslant 100R \tag{8-1}$$

而对电流表则内阻越小越好，一般要求其内阻 R_A 与负载电阻 R 的关系为

$$R_A \leqslant R/100 \tag{8-2}$$

电流表和电压表的内阻与测量机构的灵敏度有关，测量机构的灵敏度越高（即满偏电流越小），则用该测量机构构成的电流表的内阻越小，构成的电压表的内阻越高。由于磁电系测量机构的灵敏度高，因此磁电系及整流系电流表的内阻很小，而电压表内阻很大。电磁系和电动系灵敏度较低，则电磁系和电动系电流表的内阻较大，而电压表的内阻较小。

另外，电流表的量限越大，内阻越小；电压表的量限越大，内阻也越大。

从仪表本身功耗来看，测量机构灵敏度越高，则消耗功率越少。因为当测量同一电压 U 时，如果电压表的内阻 R_V 越大，则电压表消耗的功率 $P_V=U^2/R_V$ 越小；而测量同一电流 I 时，如果电流表的内阻 R_A 越小，则电流表消耗的功率 $P_A=I^2R_A$ 也越小。

所以，当由于仪表内阻的影响所造成的测量误差远大于仪表的基本误差时，这时宁可选择内阻合适而准确度较低、量限较大的仪表进行测量，也会比准确度较高、量限合适但内阻不合适的仪表进行测量的误差小。

(5) 仪表工作条件的选择

用仪表测量时造成的误差，除了仪表本身的基本误差外，还有附加误差。附加误差是由于仪表偏离规定的正常工作条件时所引起的误差，因此，在选用仪表时，一定要符合仪表本身所规定的工作条件，否则将造成很大的附加误差。

总之，选择仪表时，应根据被测对象的特点，对仪表的类型、频率范围、准确度、量限、内阻等项全面考虑，同时又要抓住主要矛盾。例如，对于精度高的测量，仪表的准确度是主要矛盾；对于频率较高的测量，仪表的频率范围是主要矛盾；而对于负载阻抗很高的电压测量，仪表的内阻是主要矛盾。其次，要有经济观点，凡是用一般设备能达到测量要求的，就不要用精密设备来测量。此外，还应从本单位现有设备实际情况出发，充分利用现有设备，尽可能为国家节约资金。

8.3　电气测量指示仪表的检定

为了保证测量的准确度和可靠性，国家计量部门规定，测量仪表要定期进行检定，所谓检定，就是用标准仪表及设备检查仪表的性能是否符合出厂时的技术条件或检定规程的要求。对于指示仪表则主要是看其基本误差是否符合仪表原准确度等级的要求。符合要求则可继续使用，不符合要求则应采取一些方法（如加更正值）或降级使用乃至停止使用。总之，仪表经过检定才能保证其准确度和可靠性，特别是使用时间较长或经过检修以后的仪表，更需要进行检定；否则，将会造成测量中的错误甚至造成事故。

对于国家计量总局已经公布的有检定规程的仪表，计量人员必须严格遵照规程的要求对仪表进行检定，对于尚无检定规程的仪表，一般是参照仪表的主要技术特性并通过适当方法测试其主要特性，看是否符合要求。

对于新生产的、使用中及修理后的直流和交流（频率为 10～20000Hz）电流表、电压表和功率表，以及进行电流、电压和功率测量的复用表（不包括自动记录仪表、数字式仪表及电子式仪表）的检定，在国家计量总局公布的检定规程 JJC 124—71 中有详细规定，本书则以此检定规程为依据，扼要介绍其检定项目和检定方法。

8.3.1　检定项目及技术要求

(1) 外观检查

仪表不应有可以引起测量错误或使仪表损坏的缺陷。例如玻璃、指针、调零器等不应有损坏，试通电观察时指针不应被卡住，不应有不正常的声音和绝缘损坏的气味等。在外观检查时如发现缺陷需修复后再进行检定。自制和改制的仪表要有一定的标志。

(2) 不通电倾斜影响检查

当将仪表自规定的正常工作位置向任一方向倾斜时（倾斜角度见表 8-2），其示值的改变不应超过表 8-3 的规定。

表 8-2 仪表作倾斜影响测定时应倾斜的角度

仪表的结构及使用条件	对工作位置倾斜的角度	
普通耐机械作用的下列仪表： 光指示器式仪表，0.1 级及 0.2 级仪表，可携式张丝式仪表	5°	
普通耐机械作用的除上述以外的仪表	10°	
能耐机械作用的下列仪表：	0.5～1.0 级	1.5～5.0 级
可携式	20°	30°
开关板式	30°	45°

表 8-3 仪表作倾斜影响测定时允许的示值改变

仪表的准确度级别	0.1	0.2	0.5	1.0	1.5	2.5	5.0
允许值(按长度计算)/%	±0.1	±0.2	±0.5	±1.0	±1.5	±2.5	±5.0

(3) 仪表的基本误差与升降变差检查

仪表的基本误差在标度尺工作部分的所有分度线上不应超过表 8-4 的规定。

所谓升降变差（又称回程误差或示值变差），是指在相同条件下，指示仪表正反行程在同一示值上被测量值之差的绝对值。它是由于仪表内部的摩擦等因素造成的。指示仪表升降变差的测量方法是：重复测量被测量 A_0，如果被测量由零向 A_0 值逐渐增加时，测量结果为 A'_0，而由上限值向 A_0 逐渐减小时，测量结果为 A''_0，则升降变差（也用最大引用误差表示）为

$$\gamma=\frac{|A'_0-A''_0|}{A_m}\times 100\% \tag{8-3}$$

式中，A_m 为仪表的量限。

一般通用仪表的升降变差不应超过仪表基本误差的绝对值；能耐受机械作用的仪表，微型和小型仪表，用直流进行检定的电磁系及铁磁电动系仪表，其升降变差不应超过仪表基本误差绝对值的 1.5 倍，如表 8-4 所示。

表 8-4 仪表允许的基本误差与升降变差

名称	各级仪表的允许值/%						
	0.1	0.2	0.5	1.0	1.5	2.5	5.0
基本误差	±0.1	±0.2	±0.5	±1.0	±1.5	±2.5	±5.0
变差	0.1	0.2	0.5	1.0	1.5	2.5	5.0

(4) 指示器不回零位检查

当被检查仪表的指示器由测量上限平稳地减至零后，立即断开线路，并在 10s 内读取不回零之值，对一般通用仪表，其值不应大于 $0.005KL$（其中，K 为仪表的准确度等级，L 为标度尺长度，单位为 mm）。

(5) 功率因数影响检查（仅对铁磁电动系和三相功率表）

在电压、电流及频率均为额定值的条件下，对功率表当 $\cos\varphi=0$ 时，对无功功率表当 $\sin\varphi=0$ 时，仪表指示器偏离零位不应超过仪表的基本误差。

此外，在额定电压、额定频率下，当功率因数自额定值的 100%改变至 50%，同时电流自额定值的 50%改变至 100%时，所引起的仪表指示值的改变不应超过仪表的基本误差。

修理后的仪表除应做上述项目外，还应根据修理的部位决定附加检定项目，这些项目包括以下内容。

① 绝缘　仪表及附件的所有线路与外壳间的绝缘应能耐受频率为 50Hz 实际正弦波形的交流电压，历时 1min 的试验。在室温（15～35℃）相对湿度为 85％以下时，试验电压值根据仪表或附件的额定电压或工作网路的额定电压按表 8-5 中的规定来确定。

表 8-5　仪表电气绝缘强度试验电压值

仪表及附件或电网的额定电压(U)	试验电压有效值/kV	标志号中的数字
$U \leqslant 40V$	0.5	无数字
$40V < U \leqslant 650V$	2	2
$650V < U \leqslant 1kV$	3	3
$1kV < U \leqslant 2kV$	5	5
$2kV < U \leqslant 6kV$	$2U+1kV$	实验电压均于计算后往增大方向取整数，标注则采用该整数数字
$6kV < U \leqslant 27kV$	$2U+1kV-0.02U^2/kV$	
$27kV < U \leqslant 100kV$	$1.5U$	
$U > 100kV$	*	
与仪用互感器连接使用的仪表	2kV	2

* 在专用技术条件中规定。

功率表的电压线路与电流线路之间，以及不相连接的各电压线路之间，试验电压值应为额定电压的 2 倍，但不应低于 600V。

仪表及附件的所有线路与外壳间的绝缘电阻，在室温和相对湿度 85％以下时，不应低于表 8-6 中的规定值。测量绝缘电阻可以采用测量误差不超过 30％的任何方法（例如：采用兆欧表或伏特-微安表等）。试验电压按表 8-7 中的规定来确定。

表 8-6　仪表绝缘电阻的容许值

仪表及附件或电网的额定电压 U/kV	绝缘电阻不小于/MΩ		附注
	在室温和相对湿度为 85％以下时	在(30±2)℃和相对湿度为 95％±3％时	
$U \leqslant 1$	20	1	
$U > 1$	$20+10(U-1)$	$1+0.5(U-1)$	往增大方向取整数

表 8-7　测定绝缘电阻时所加的电压值

被试仪表或附件的额定电压/V	兆欧表的额定电压或电压表-微安表法所加的电压/V	
小于或等于 100	不小于　100	但不大于绝缘强度实验电压
大于 100 或等于 650	500	
大于 650 或等于 2000	1000	
大于 2000	2500 但不大于 5000	

仪表的电气绝缘强度试验，一般是在交流上进行的，只有在特别指明的情况下才用直流进行试验。

② 阻尼时间　热电系、静电系仪表和指针长度大于 150mm 的仪表，其可动部分的阻尼时间不应超过 6s，其余的仪表可动部分的阻尼时间不应超过 4s。

单向标度尺仪表可动部分的阻尼时间按下列步骤测量：将仪表接到电源上，调节电源使仪表指示器偏转到标度尺几何中心附近某一个数字分度线上，保持电源不变，将仪表和供电线路切断，而后重新接通电源，仪表自接通电源时起，至指示器进入稳定偏转左右之间的规定区域（标度尺全长的1%）上，这段时间作为仪表的阻尼时间。

测定阻尼时间应取三次测量数值的平均值。

③ 倾斜影响检查（通电和不通电均做）。

④ 功率因数影响（电动系）。

⑤ 元件间的相互影响。

⑥ 不平衡负载影响。

后两项是针对多元功率表而言，此处从略。

另外，仪表进行周期检定每年不得少于一次。

8.3.2 仪表准确度的检定方法

仪表准确度的检定包括对仪表的基本误差和升降误差的检定。对电流表、电压表、功率表的检定方法一般有四种，即直流补偿法、热电比较法、数字电压表法和直接比较法。不同的检定方法所用的标准器具不同，所适用的检定对象也不同。下面简要介绍各种检定方法的原理和适用对象。

(1) 直流补偿法

直流补偿法就是以直流电位差计作标准仪器，将被检表的示值与电位差计测得的值进行比较来确定被检表的误差。因为电位差计测量电流、电压是利用补偿原理，故称为补偿法。由于直流电位差计的准确度高，因此直流补偿法检定的准确度高，但只能用来检定直流仪表。所以多作为0.1～0.5级直流标准仪表及交、直流两用标准仪表直流下的检定。

有关电位差计的工作原理及其用直流补偿法检定指示仪表的方法将在本书第10章中予以介绍。

(2) 热电比较法

热电比较法是利用交直流比较的原理来检定精密的交流仪表。由于交流电位差计的准确度不够高，因此不能用交流补偿法检定交流仪表。为此，利用热电变换器实现交流电量和等值的直流电量相比较，从而可用对直流电量的测量代替对交流电量的测量。热电比较法检定的准确度也较高，多作为0.1～0.5级交流标准仪表以及交、直流两用标准仪表交流下的检定。

(3) 数字电压表法

数字电压表法是利用数字电压表代替直流补偿法中的直流电位差计。由于数字电压表测量准确度高，因此检定的准确度高，而且检定速度快、操作简单方便，近年来已逐渐采用这种方法。由于目前交流数字电压表的测量准确度较低，因此，目前这种方法多用于检定精密直流仪表。

有关数字电压表的工作原理及特性将在本书第19章中予以介绍。

(4) 直接比较法

直接比较法就是将标准仪表与被检仪表接在同一电路中，通过比较两块表的示值来确定被检表的误差。这种方法由于受标准仪表准确度的限制而不能检定高准确度的仪表，一般用于检定0.2级工作仪表及0.5～5.0级交、直流仪表。

下面着重分别介绍用直接比较法和热电比较法检定电流表、电压表、功率表的方法。

8.4　直接比较法检定电流表、电压表、功率表

8.4.1　检定前的准备工作

（1）标准仪表的选择

用直接比较法检定仪表时，首先要根据被检仪表的类型、准确度等级及量限正确选择标准表。

对磁电系仪表，要用直流标准表检定；对感应系仪表只能用交流标准表检定；对电磁系和电动系仪表则应分别情况用直流、交流或交直流标准表检定。

标准表的准确度等级，一般要比被检表的准确度等级至少高 3 级。与标准表配套使用的扩程装置（如分流器、附加电阻及互感器等）的准确度等级一般应比标准表的准确度等级至少高 3 级。其具体规定如表 8-8 所示。

表 8-8　标准表、互感器、定值分流器和被检表之间的级别关系

被检表的准确度级别	标准表的准确度级别		与标准表一起使用的互感器的级别	与标准表一起使用的分流器的级别
	不考虑更正	考虑更正		
0.2	—	0.1	0.05	0.05
0.5	0.1	0.2	0.1	0.1
1.0	0.2	0.5	0.2	0.2
1.5	0.2	0.5	0.2	0.2
2.5	0.5	—	0.2	0.2
5.0	0.5	—	0.2	0.5

注：也可使用低一组但实际误差不超过表中规定级别误差的互感器。标准表的量限最好与被检表的量限相同，最多不应超过被检表量限的 25%。

标准表的标尺长度应按表 8-9 的规定选择。

表 8-9　作标准仪表的标度尺长度

标准仪表的级别	标度尺长度/mm
0.1	不小于 300
0.2	不小于 200
0.5	不小于 150

注：如没有标度尺长度大于 200mm 的 0.2 级标准表，目前也允许使用标度尺长度大于 150mm 的 0.2 级标准表。

（2）检定线路的选择

选择检定线路的原则是：线路中的电流、电压数值必须满足在被检表的量限范围内能均匀调节；检定时线路中的损耗要小；工作安全、方便。

8.4.2　检定线路

下面列举几种常用的检定线路。

（1）检定电流表的线路

图 8-2 所示电路是常用的检定电流表的线路。图中 A_0 为标准电流表，A_x 为被检电流表。图 8-2(a) 中的 R_1、R_2 为滑线电阻器，它们的阻值一个较大，另一个较小，分别用来作为电压粗调和电压细调；R 为可变电阻器。由于受滑线电阻额定电流的限制，这种线路只适于检定量限较小的直流或交流电流表。

图 8-2(b) 中 B_{t_1}、B_{t_2} 为调压器，B_j 为降压变压器（即升流器）。由于通过降压变压器能获得较大电流，因此这种线路可以用来检定量限较大的交流电流表。

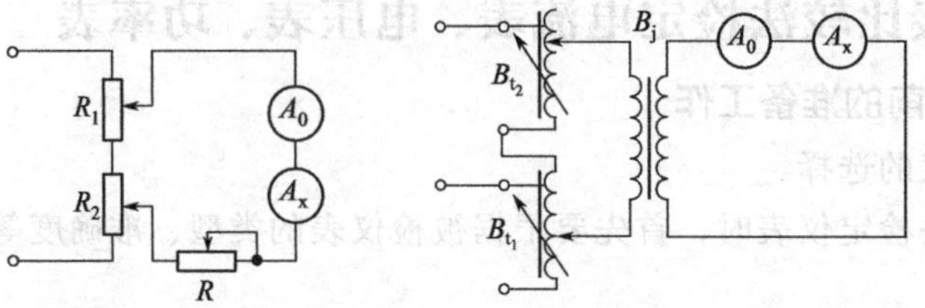

(a) 检定量限较小的直流或交流电流表　　(b) 检定量限较大的交流电流表

图 8-2　检定电流表线路图

图 8-3 所示线路是用带外附定值分流器的毫伏表来检定电流表的线路。图中 R_1 为外附定值分流器，R_{t_1}~R_{t_3} 为调节电阻，R 为限流电阻。通过测量分流器上的电压可以换算出电流，其电流的实际值为

$$I_0=C_{mV}(A+C)\frac{R_1+R_V}{R_1\cdot R_V} \tag{8-4}$$

式中，C_{mV} 为标准毫伏表的分度常数，V/div；A 为标准毫伏表以分度表示的示值，div；C 为标准毫伏表以分度表示的更正值，div；R_1 为定值分流器的阻值，Ω；R_V 为标准毫伏表的内阻值，Ω。

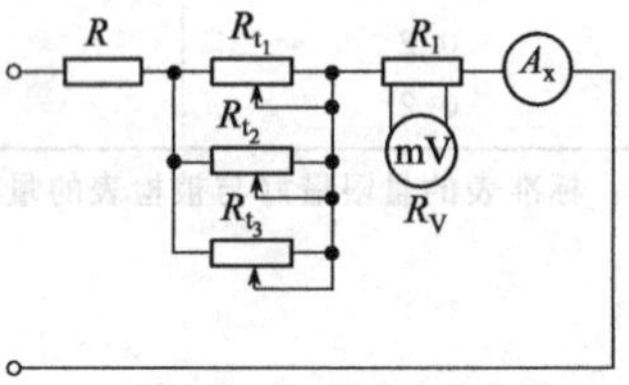

图 8-3　用带外附定值分流器的电压表检定电流表的线路图

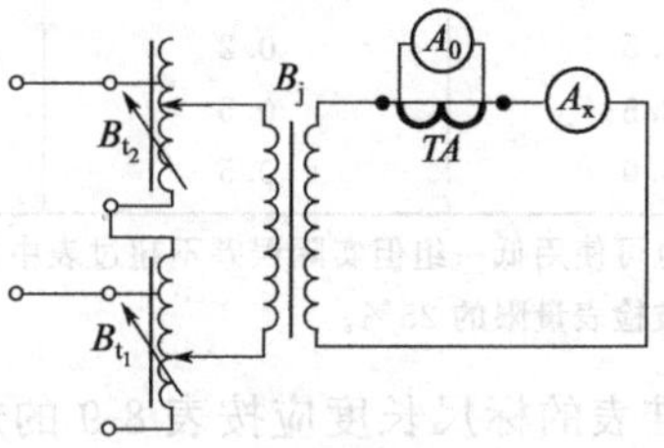

图 8-4　用带标准电流互感的标准表检定电流表的线路图

图 8-4 是用带标准电流互感器（第 9 章中介绍）的标准表检定电流表的线路，图中 TA 是标准电流互感器。被检表电流的实际值按下式计算：

$$I_0=C_i(A+C)K_I\ \text{(A)} \tag{8-5}$$

式中，C_i 为标准表的额定分度值，A/div；K_I 为标准电流互感器的额定变比系数；A 为标准电流表以分度表示的示值，div；C 为标准电流表以分度表示的更正值，div。

此线路适用于量限较小的交流标准电流表检定量限较大的交流电流表。

（2）检定电压表的线路

图 8-5 所示线路是常用的检定电压表的线路。图中 V_0 为标准电压表，V_x 为被检电压表。

图 8-5(a) 中 R_1、R_2 为可调电阻，这种线路一般用于检定直流电压表；图 8-5(b) 中，B_s 为升压变压器，B_{t_1}、B_{t_2} 调压器，这种线路适用于检定交流电压表，电压的实际值 U_0 可根据标准表的示值按式(8-6) 计算：

$$U_0=C_V(A+C)\ \text{(V)} \tag{8-6}$$

式中，C_V 为标准电压表的额定分度值，V/div；A 为标准电压表的示值，div；C 为标准电压表指示器所指分度上的更正值，div。

图 8-6 所示线路是用带外附加电阻的标准电压表来检定电压表的线路。图中 R_f 为外附

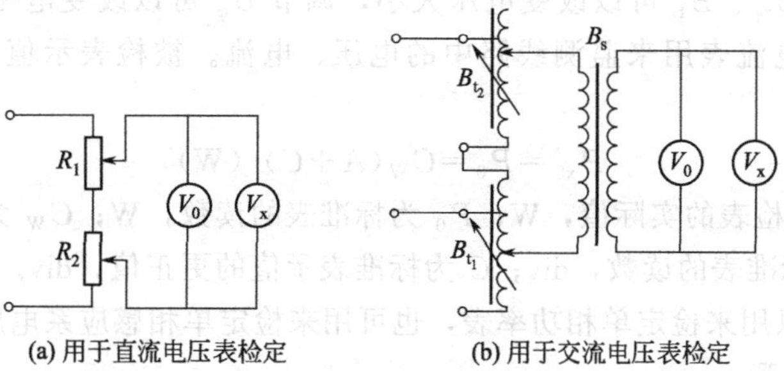

(a) 用于直流电压表检定　　(b) 用于交流电压表检定

图 8-5　检定电压表线路图

附加电阻。此线路适用于用量限较小的标准电压表检定量限较大的电压表。这种线路检定电压表时，被检定的实际电压值按式(8-7) 计算

$$U_0=C_V(A+C)\cdot\frac{R_f+R_i}{R_i}\ (V) \tag{8-7}$$

式中，R_f 为外附附加电阻的阻值，Ω；R_i 为仪表在所用量限下的内部电阻值，Ω；C_V 为标准电压表的额定分度值，V/div；其余符号同式(8-6)。

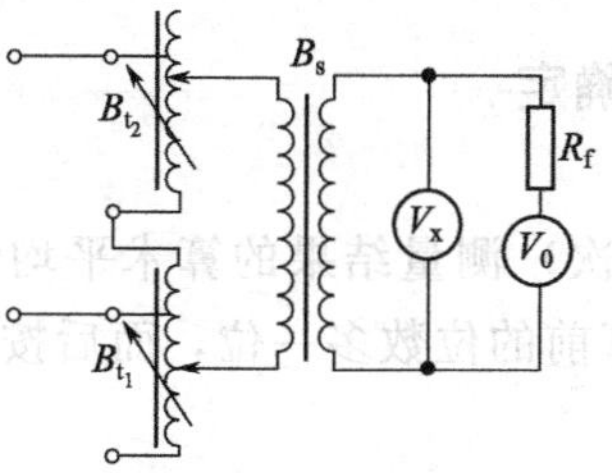

图 8-6　用带定值外附加电阻的标准电表检定电压表的线路图

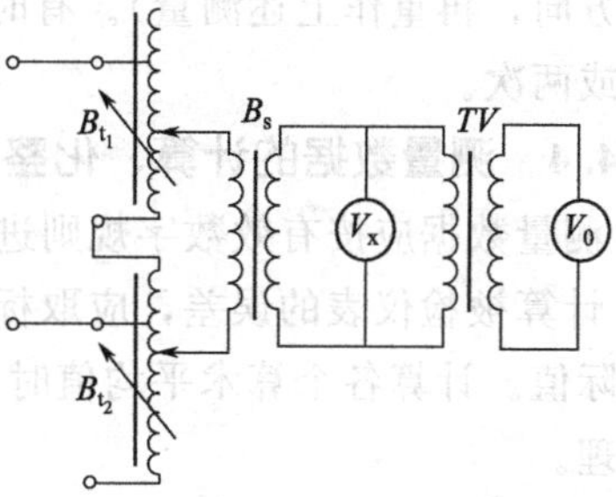

图 8-7　用带标准电压互感器的标准表检定电压表的线路图

图 8-7 所示线路为用带标准电压互感器（第 9 章中介绍）的标准表检定电压表的线路，图中 TV 为标准电压互感器，其余符号同图 8-5(b)。被检表的电压实际值按式(8-8) 计算：

$$U_0=C_V(A+C)K_U\ (V) \tag{8-8}$$

式中，K_U 为仪用电压互感器的额定变比系数；其余符号同式(8-6)。

这种线路适用于用量限较小的交流标准电压表检定量限较大的交流电压表。

(3) 检定功率表的线路

为了减小电能损耗，在检定功率表时，一般采用“虚构负载法”，即电压与电流不是取自同一负载，而是将电压、电流分别单独供电，如图 8-8 所示。W_0 为标准表，W_x 为被检表。

图 8-8 中，功率表电流线圈中的电流由调压器 B_{t_1}、B_{t_2} 及降压变压器（即升流器）B_j 提供，功率表电压支路的电压由移相器 B_φ、调压器 B_{t_3}、B_{t_4} 及升压变压器 B_s 提供。调节 B_{t_1}、B_{t_2} 可以改

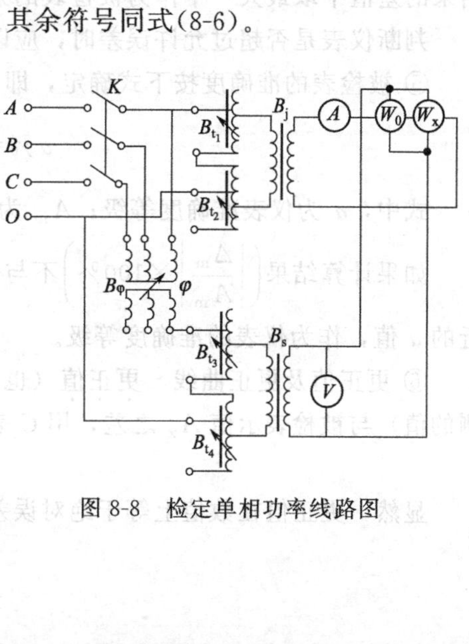

图 8-8　检定单相功率线路图

变电流大小，调节 B_{t_3}、B_{t_4} 可以改变电压大小，调节 B_φ 可以改变电压与电流之间的相位差。图中电压表、电流表用来监测线路中的电压、电流。被检表示值的实际值按式(8-9)计算：

$$P_{x0}=P_0=C_W(A+C)\ (W) \tag{8-9}$$

式中，P_{x0} 为被检表的实际值，W；P_0 为标准表的读数，W；C_W 为标准表的额定分度值，W/div；A 为标准表的读数，div；C 为标准表示值的更正值，div。

该线路不仅可以用来检定单相功率表，也可用来检定单相感应系电度表。

8.4.3 检定步骤

检定前，先调节被检表的调零器将表的指针调到零位。检定时，由零开始，均匀地、顺序地（即不准回调）检定各带数字的分度，一直到满刻度为止，并分别记录标准表和被检表的读数（每次记录数字都取被检表的整数）。然后，再从满刻度均匀地、顺序地减少到零，同样记录每次标准表和被检表的读数。

根据被检表的准确度等级，在一个电流或电压方向上一般要上下行各一次或各两次（对于磁电系和 0.5 级以下的其他系列仪表，仅在一个电流方向上检定两次，即上下行各一次；对于 0.1 级和 0.2 级的标准仪表应进行四次，即在一个电流方向上上升下降各一次，然后改变电流方向，再重作上述测量）。有时还须将表的放置位置调转 180°，再按上述方法上下行各一次或两次。

8.4.4 测量数据的计算、化整与仪表准确度的确定

① 测量数据应按有效数字规则进行记录和计算。

② 计算被检仪表的误差，应取标准表四次（或二次）测量结果的算术平均值作为被测量的实际值。计算各个算术平均值时，应计算到比计算前的位数多一位，而后按四舍五入的法则处理。

对 0.1 级及 0.2 级仪表，对上限的实际值化整后应有五位有效数字，对 0.2 级工作仪表及 0.5 级仪表，应有四位有效数字。

③ 取各次测量的实际值与被检表示值之间的最大差值（按绝对值而言）作为仪表的最大基本误差。

④ 在电流方向不变时，在被检表的某一量限各数字分度线上，上下行两次标准表测量结果的差值中取最大一个作为被检表的升降变差。其方法同基本误差。

判断仪表是否超过允许误差时，应以化整后的数据做根据。

⑤ 被检表的准确度按下式确定，即

$$a\%=\left|\frac{\Delta_m}{A_m}\right|\times 100\% \tag{8-10}$$

式中，a 为仪表准确度等级；A_m 为被检仪表的量限。

如果计算结果 $\left(\left|\frac{\Delta_m}{A_m}\right|\times 100\%\right)$ 不与表 1-1 中某一数值 a 相符时，则应取比它稍大的邻近的 a 值，作为仪表的准确度等级。

⑥ 更正值及更正曲线　更正值（也称校正值）就是指被测量的实际值 A_0（即标准表所测的值）与被检表示值 A_x 之差，用 C 表示，即

$$C=A_0-A_x \tag{8-11}$$

显然，更正值在数值上等于绝对误差，但正负符号相反，即

$$\Delta = A_x - A_0 = -C$$

式(8-11) 也可写为

$$A_0 = A_x + C \tag{8-12}$$

也就是说，测量的实际值等于仪表示值与其更正值的代数和。如果我们在测量结果中引入更正值，则可使测量结果更为准确。

为了方便使用更正值，通常做出更正曲线，即以被校表的读数（或分度）作为横坐标，其更正值作为纵坐标，如图 8-9 所示的曲线（折线）就是更正曲线。有些仪表出厂时附有更正曲线，我们在读得仪表的示值后，根据更正曲线引入相应的更正值可以获得更为满意的结果。

对于标度尺均匀的仪表，更正值也可用分度表示。例如下面例题中的电流表的标度尺上如果共有 100 个分度，则分度常数为 $C_I = 10\text{A}/100\text{div} = 0.1\text{A/div}$；因此在分度值 40 处，$C = 2.0\text{div}$。

例 8-1　有一只量限为 10A，准确度为 1.0 级的磁电系直流安培表，经修理后需要进行检定，检定过程如下：

(1) 进行检定前的检查。

(2) 选择标准表：根据表 8-8 选用量限为 10A 的 0.2 级安培表，如果有更正值的 0.5 级安培表也可选用。如果没有适合量限的安培表，则可选用量限较小的安培表与 0.2 级分流器配合使用。也可选用标准 mV 表与标准电阻配合使用。

(3) 连接线路：可按图 8-2(a) 接线；如果选用标准 mV 表则按图 8-3 接线。

(4) 检查是否符合检定仪表的正常条件。

(5) 测量次数：因为是磁电系直流仪表，只需上升下降测量两次。现将测量数据做出如表 8-10 所示记录。

表 8-10　测量数据　　单位：A

被校表读数 I_x	1.00	2.00	3.00	4.00	5.00	6.00	7.00	8.00	9.00	10.00
上升时标准表读数 I'_0	1.11	2.17	3.05	4.12	5.08	5.90	6.88	7.92	8.85	9.90
下降时标准表读数 I''_0	1.26	2.32	3.21	4.27	5.24	6.10	7.10	8.08	9.05	10.05
I_0	1.18	2.24	3.13	4.20	5.16	6.00	6.99	8.00	8.95	9.98
绝对误差 Δ	−0.18	−0.24	−0.13	−0.20	−0.16	0	0.01	0	0.05	0.02
变差 Δ_V	0.15	0.15	0.15	0.15	0.16	0.20	0.22	0.16	0.20	0.20
更正值 C	0.18	0.24	0.13	0.20	0.16	0	−0.01	0	−0.05	−0.02

注：表中，$I_0 = \dfrac{I'_0 + I''_0}{2}$。

(6) 确定仪表等级

① 取最大基本误差　$\Delta_m = 0.24\text{A}$；求出最大引用误差

$$\gamma_m = \frac{0.24}{10.00} \times 100\% = 2.4\%$$

② 取最大变差值　　$\Delta_{Vm} = 0.22\text{A}$；

由以上两项可知，该仪表只能定为 2.5 级。

(7) 做出更正曲线如图 8-9。

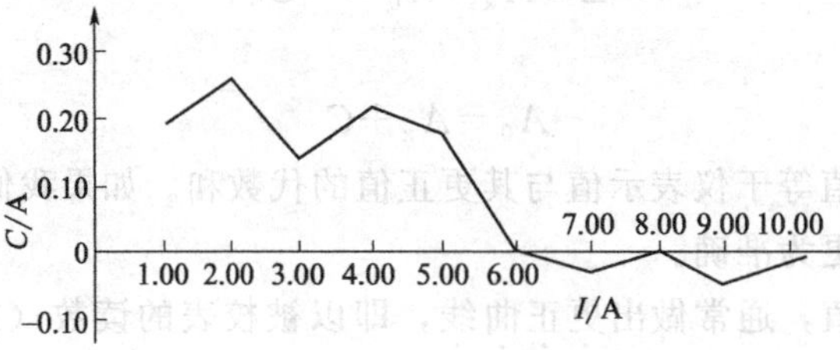

图 8-9　更正曲线

*8.5　热电比较法检定电流表、电压表、功率表

如果要检定准确度较高的交流仪表，用直接比较法发生了困难，因为没有准确度很高的标准表；目前交流数字电压表的准确度也不高，因此也不能用它来检定交流仪表；又由于缺乏高准确度的交流标准量具，也不能用交流电位差计来检定交流仪表。为此，人们采取了用直流标准通过一定的等效转换传递给交流的方法来检定准确度较高的交流仪表，这种方法称为交直流比较法。交直流比较法中包括电动交直流比较法、热电交直流比较法和静电交直流比较法。交直流比较法也可用作准确度较高的交流测试。在计量检定和一般测试中，采用热电交直流比较法居多。

所谓热电交直流比较法就是利用等量的直流量和交流量有效值具有相同的热效应的原理，将交流量有效值的测量转换为直流量的测量。热电比较法中将交流有效值与直流量进行比较是通过热电变换器来实现的。

本节首先介绍热电变换器的工作原理，然后介绍用热电比较法检定交流电压表、电流表、功率表的检定线路及操作方法。

8.5.1　热电变换器的结构及工作原理

热电变换器的结构如图 8-10 所示。它由两部分组成，即加热丝（电阻为 R_t）和热电偶。加热丝一般用优质的镍铬合金制成，当直流电流或交流电流流过时，即要产生一定的热量，这个热量给热电偶加热。由于热电偶是由两根不同材料的金属丝 M 和 N 构成的，且其一端焊接在一起（称为热电偶的工作端或热端），它们的另一端各自分开，称为非工作端或冷端，当热端受热后，两个冷端之间便产生一定的热电动势 E_t。

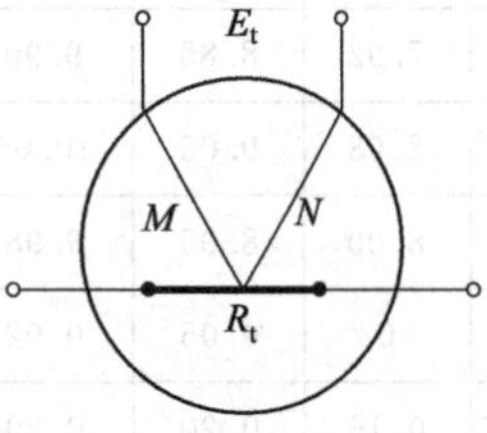

图 8-10　热电变换器的结构

热电偶一经制成（即 M 和 N 的材料确定后），其热电势 E_t 只与冷、热端的温差有关，即与加热丝中流过的电流有关。当加热丝中通入一定量的交流电流在热电偶两冷端间所产生的 E_t 与通过一定量的直流所产生的 E_t 相等时，这个交流电流的有效值必然与直流电流相等（设热电偶误差可忽略），从而实现了交直流的转换和比较。

在热电变换器内可以有一个或两个加热丝，也可以有一个或几个热电偶。由一个加热丝和一个热电偶组成的变换器称为单元件变换器，由一个加热丝和多个热电偶组成的变换器称为多元件变换器。变换器内的加热丝和热电偶之间可做成接触式（单元件中）和绝缘式（单元件、多元件都可以）。接触式是直接进行热传递，因此热效率高，灵敏度也高，但由于它在电气上与测量回路有联系，所以干扰较大，给测量带来的误差也大。一般高准确度测量大都使用绝缘式变换器。另外，变换器内的介质可以是空气，也可以将它放在抽成真空的玻璃泡内。

国产FE9型热电变换器为真空单元件型，变换器内的加热丝和热电偶丝被焊接到玻璃泡内的支架上，其引出线焊接在大八脚型的电子管管座上，外壳用铜制成，起热屏蔽作用。其管脚接线如图8-11所示，其中1和8脚为加热丝，4和5脚为热电势输出端（即两个冷端），5的极性为正，4为负。

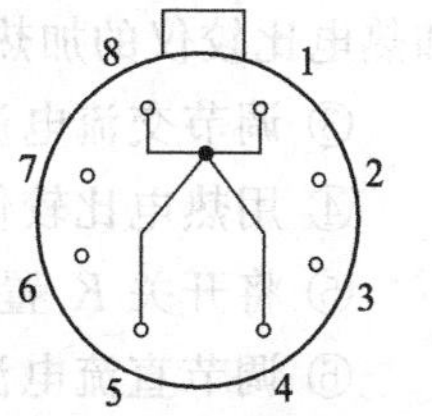

图8-11　FE9型热电变换器管脚接线图

将热电变换器与分流器或附加电阻配合，并用直流电位差计测量其热电势，便构成了用来检定交流仪表的热电比较仪。

8.5.2　热电比较法检定电压表、电流表、功率表

（1）检定电压表

检定电压表的线路如图8-12所示，图中B_1为直流电源；B_2为交流电源（附调压设备）；R_{f_1}、R_{f_2}为附加电阻；R_{t_1}、R_{t_2}、R_{t_3}为调节电阻；F_y为分压箱；V_x为被检电压表。

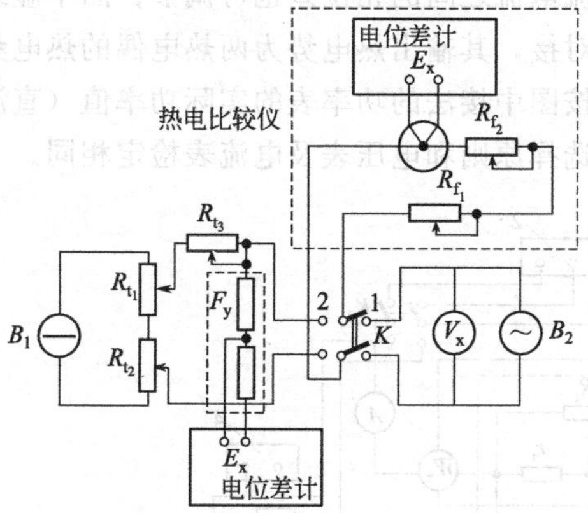

图8-12　热电比较法检定电压表线路图

其检定步骤如下。

① 选择与热电偶串联的附加电阻，使在检定仪表上限时通过加热丝的电流约等于热电偶的预定电流。

② 将开关K置于位置“1”，使被检电压表V_x和热电比较仪的加热丝接入交流电路。

③ 调节交流电压B_2，使被检表的指示器指在被检的分度线上。

④ 用热电比较仪里的直流电位差计（或其他仪器）测量热电势E_t。

⑤ 将开关K置于位置“2”，使热电变换器的加热丝接入直流电路。

⑥ 调节电阻R_{t_1}、R_{t_2}、R_{t_3}以改变直流电压，使热电比较仪的热电势与接入交流电路时的热电势E_t相等。

⑦ 用直流电位差计（或其他仪器）测得直流电压值。

被检电压表在被检分度线上的电压实际值（交流有效值）为

$$U_0=k_f N_u \text{ (V)} \tag{8-13}$$

式中，k_f为分压箱F_y的分压系数；N_u为电位差计的示值。

（2）检定电流表

检定电流表的线路如图8-13所示。图中R_1为分流电阻，R_x为限流电阻，其余符号与图8-12中相同。其检定步骤与检定电压表步骤相同，如下所述。

① 选择（调节）分流电阻R_1，使流过加热丝的电流在检定仪表上限时不超过额定值。

② 将开关K置“1”位置，将被检电流表A_x

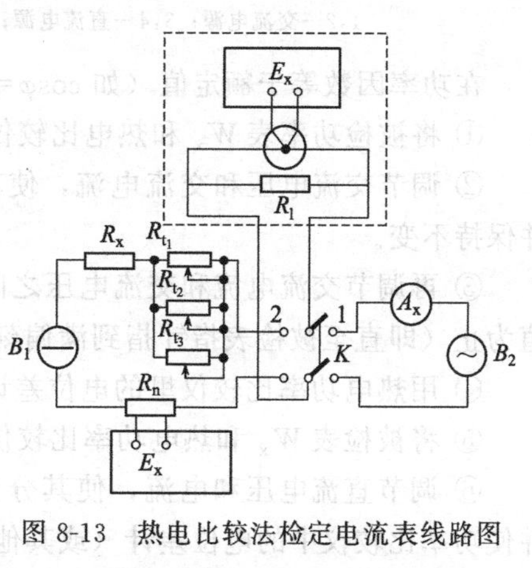

图8-13　热电比较法检定电流表线路图

和热电比较仪的加热丝接入交流电路。

③ 调节交流电流，使被检电流表的指示器指在被检的分度线上。

④ 用热电比较仪里的直流电位差计（或其他仪器）测量热电势 E_t。

⑤ 将开关 K 置“2”位置，将热电比较仪的加热丝接入直流电路。

⑥ 调节直流电流使热电比较仪的热电势与交流时热电势相等。

⑦ 用直流电位差计（或其他仪器）测量直流电流。

被检电流表在被检示值上的电流实际值（交流有效值）为

$$I_0 = N_i / R_n \text{(A)} \tag{8-14}$$

式中，N_i 为电位差计示值；R_n 为标准电阻的阻值。

(3) 检定功率表

检定功率表的线路如图 8-14 所示。图中被检功率表 W_x 的电流和电压分别由单独电源供给。3、4 为直流电源，分别提供可调的直流电压及直流电流；1、2 为交流电源，分别提供可调的交流电压及交流电流，而且交流电压与交流电流之间的相位差也可调节；图中虚线框内为热电功率比较仪，它的特点是将两个热电偶对接，其输出热电势为两热电偶的热电势之差。可以证明，两个相同的热偶的热电势之差与按图中接法的功率表的实际功率值（直流功率或交流功率）成正比。附加电阻及分流电阻的选择原则和电压表及电流表检定相同。

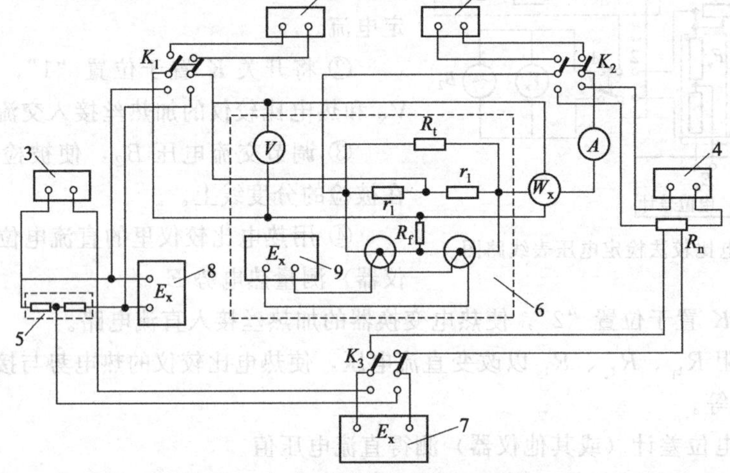

图 8-14　热电比较法检定功率表线路图

1,2—交流电源；3,4—直流电源；5—分压箱；6—热电功率比较仪；7,8,9—电位差计

在功率因数等于额定值（如 $\cos\varphi=1$）的条件下，检定功率表的步骤如下。

① 将被检功率表 W_x 和热电比较仪都接入交流电路（开关 K_1、K_2 置于交流侧）。

② 调节交流电压和交流电流，使其分别等于被检功率表的电压、电流量限的额定值，并保持不变。

③ 再调节交流电流和交流电压之间的相位差，直至功率因数（$\cos\varphi$）等于被检表额定值为止（即直至被检表指针指到满偏刻度线为止）。

④ 用热电功率比较仪里的电位差计（或其他仪器）测量两个热偶的热电势之差。

⑤ 将被检表 W_x 和热电功率比较仪都接入直流电路（开关 K_1、K_2 置于直流侧）。

⑥ 调节直流电压和电流，使其分别等于被检功率表的电压、电流量限的额定值附近，并使功率比较仪中的电位差计（或其他仪器）的示值与交流时相同。

⑦ 用直流电位差计分别测出此时的直流电流 I 和直流电压 U。

利用分流及分压关系，可计算出施加在功率表 W_x 上的实际直流电流值 I_0 和实际电压值 U_0，则功率的实际值为

$$P_0 = U_0 I_0 \tag{8-15}$$

为了检定负载功率因数对功率表读数的影响，应调节交流电流与电压之间的相位差使 $\cos\varphi$ 为额定功率因数的一半（如 $\cos\varphi=0.5$）。其检定步骤与上述相同，所不同的是将被检表接入交流电源，在电压、电流分别等于被检表的电压、电流额定值时，改变电压和电流的相位差，使被检表指在 1/2 示值处。当接入直流时，保持电压不变，而为了得到同样的功率，电流应减少 1/2。

思考题与习题

8-1　对测量仪表的选择应包括哪些方面？

8-2　整流式交流电表实际上反映的是什么值？又是按什么刻度的？设有一个含有基波和三次谐波的电压，其时间函数为

$$u(t) = (\sqrt{2}\times 220\sin\omega_0 t + \sqrt{2}\times 44\sin 3\omega_0 t)\text{V}$$

若用磁电系、电动系、电磁系和整流系（半波、全波）电压表测此电压，各种表的示值是多少（设所用表是理想的，即不考虑电表本身的误差）？

若被测电压为

$$u(t) = (\sqrt{2}\times 220\sin 100\pi t + \sqrt{2}\times 44\sin 500\pi t)\text{V}$$

用电动系、磁电系、电磁系的全波整流系电压表测量的指示值分别是多少？

8-3　如果已知某电压为

$$u(t) = \left[30 + 40\sqrt{2}\sin\left(314t/s + \frac{\pi}{6}\right)\right]\text{V}$$

现分别用磁电系、整流系（半波整流）、电磁系、电动系电压表测该电压，其读数各为多少（略去仪表本身的基本误差，附加误差及其他误差）？

8-4　电流表、电压表、功率表检定的项目有哪些？

8-5　什么叫仪表的示值变差？

8-6　用直接比较法检定仪表时，应怎样选择标准表？

8-7　热电比较法检定交流仪表的原理是什么？

第 9 章 电量和电路参数的直读测量

本章主要介绍用电气测量指示仪表对电流、电压、功率等电量以及电阻、电感、电容、阻抗等电路参数的直读测量方法，包括直接测量和间接测量。

同一个电量或电路参数，可以用不同的方法进行测量。考虑测量方法的依据是被测量的特性、测量条件以及对准确度的要求等。

9.1 电流、电压的直读测量

电流和电压是电路中的基本电量，通过对它们的测量不仅可以了解电路的工作状态，而且还可以间接测得其他量，如功率、电路参数等。所以，它们是最常接触到的被测量。

9.1.1 测量电流、电压应注重的问题

电流、电压是有源量，具有一定的能量，可以直接用直读指示仪表进行测量。但它们有直流和交流之分，交流中又有正弦和周期非正弦之分。测量直流电流、电压时应选用直流仪表，测量交流电流、电压时应选用交流仪表。直流仪表（指磁电系仪表）在使用时要注意仪表的极性。

电流表要串联接入被测电路；电压表要并联在被测支路上。

9.1.2 电流、电压直读测量的方法误差

用电流表、电压表直接测量电路中的电流、电压时，由于仪表的接入会引起测量误差。因为，从测量角度看，测量仪表接入被测电路应不改变电路原来的工作状态，即要求电流表内阻为零，不产生电压降；电压表内阻要无限大，没有分流作用。但是，实际上，电流表内阻不会等于零，电压表的内阻也不可能无穷大。所以，它们接入被测电路之后，或多或少总会改变被测量原来的数值，而引起测量误差。这样的误差属于方法误差。

当测量电流和电压时，仪表消耗的功率和被测电路的功率相比，比值越大，方法误差就越大。

(1) 测量电流的方法误差

用电流表直接测量某支路中电流的接线方法如图 9-1 所示。图中电源电压为 U，支路中总电阻为 R。

当电流表未接入时，支路中电流的实际值为

$$I_x = U/R$$

现接入电阻为 R_A 的电流表测量该支路的电流，由于电流表的串入，电流值变为

$$I'_x = \frac{U}{R+R_A}$$

产生的方法误差（用相对误差表示）为

$$\delta_A = \frac{I'_x - I_x}{I_x} = -\frac{R_A/R}{1+R_A/R} \tag{9-1}$$

式(9-1) 表明，如果电流表的内阻 R_A 越小于支路中的总电阻 R，则方法误差越小。式中负号表示接入电流表以后，被测电流变小了。

如果用支路电阻 R 消耗的功率和电流表消耗的功率关系来表示上述方法误差，则由于电流表与被测支路中电阻 R 串联，它们所消耗的功率分别与电阻成正比，即

$$\frac{P_A}{P}=\frac{R_A}{R}=\frac{I^2R_A}{I^2R}$$

式中，P_A 为电流表消耗的功率；P 为支路中电阻消耗的功率。

将上式代入式(9-1)，得

$$\delta_A=-\frac{P_A/P}{1+P_A/P} \tag{9-2}$$

式(9-2) 表明，如果电流表内部消耗的功率越小于支路电阻所消耗的功率，则方法误差越小。

例 9-1　图 9-1 所示电路中，若 $U=10\text{V}$，$R=100\Omega$，如果用 0.5 级、量限为 200mA、内阻为 $R_A=20\Omega$ 的毫安表测量其电流，求由于毫安表内阻影响带来的测量误差。

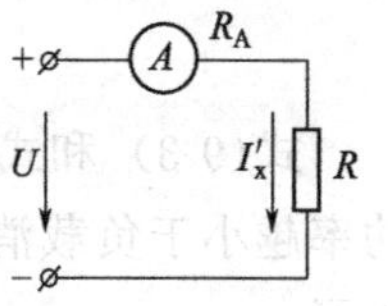

图 9-1　电流表测量电流接线方法

解　毫安表未接入电路时，实际电流为

$$I=\frac{10}{100}=0.1(\text{A})=100\ (\text{mA})$$

接入毫安表后，毫安表的测量值为

$$I'=\frac{10}{100+20}=0.083(\text{A})=83.3\ (\text{mA})$$

因此，由于毫安表内阻的影响，造成的测量误差为

$$\delta_A=\frac{I'-I}{I}=\frac{83.3-100}{100}\times100\%=-16.7\%$$

而由毫安表本身的基本误差所带来的测量误差仅为

$$\delta=\frac{\pm0.5\%\times200}{83.3}=\pm1.2\%$$

总误差

$$\delta_I=\delta_A+\delta=-16.7\%\pm1.2\%$$

因此，由于毫安表内阻太大所造成的方法误差远大于毫安表本身的基本误差所造成的测量误差。显然，这种测量是毫无意义的。为此，在用电流表测电流时，应选用内阻 R_A 远小被测支路电阻 R 的电流表。一般应保证 $R_A\leqslant R/100$。否则，即使电流表本身的准确度很高，其测量误差也是令人吃惊的!

(2) 测量电压的方法误差

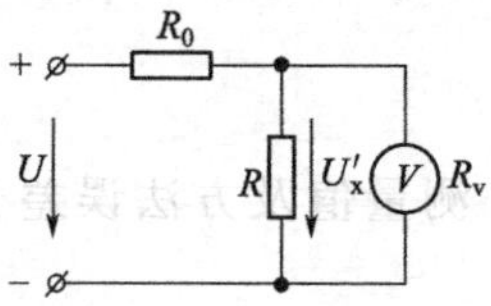

图 9-2　电压表测量电压接线方法

用电压表直接测量某负载上电压的接线方法如图 9-2 所示。图中电源电压为 U，负载电阻 R 与另一电阻 R_0（可看作电源的等效内阻）串联。

当电压表未接入电路时，电阻 R 上的电压的实际值为

$$U_x=\frac{R}{R_0+R}\cdot U$$

现接入内阻为 R_V 的电压表测量负载电阻 R 两端的电压，由于电压表的接入，电压值变为

$$U'_x=\frac{R/\!/R_V}{R_0+R/\!/R_V}\cdot U=\frac{RR_V}{R+R_V}U\Bigg/\left(R_0+\frac{RR_V}{R+R_V}\right)$$

$$=\frac{RR_V}{R_0R+R_0R_V+RR_V}\cdot U$$

产生的方法误差为

$$\delta_V=\frac{U'_x-U_x}{U_x}=-\frac{R/R_V}{1+R/R_V+R/R_0} \tag{9-3}$$

如果用功率来考虑误差，因为电压表与负载电阻 R 并联，所以它们消耗的功率与电阻成反比，即

$$\frac{P_V}{P}=\frac{R}{R_V}$$

式中，P_V 为电压表消耗功率；P 为负载电阻 R 消耗功率。

将上式代入式(9-3)，得

$$\delta_V=-\frac{P_V/P}{1+P_V/P+R/R_0} \tag{9-4}$$

式(9-3) 和式(9-4) 表明，如果电压表的内阻越大于被测负载的电阻，即电压表消耗的功率越小于负载消耗的功率，则方法误差越小。式中负号表明接入电压表以后，被测电压变小了。

例 9-2 图 9-2 所示电路中，若 $U=300\text{V}$，$R_0=2\text{k}\Omega$，$R=10\text{k}\Omega$，如果用 0.5 级、量限为 300V、内阻 $R_V=10\text{k}\Omega$ 的电压表，测量 R 上的电压，求由于电压表内阻影响产生的方法误差。

解 电压表未接入时，负载电阻 R 上电压的实际值为

$$U_R=\frac{R}{R_0+R}U=\frac{10\times10^3\times300}{(2+10)\times10^3}=250.0\ (\text{V})$$

接入电压表后，电压表的测量值为

$$U'_R=\frac{RR_V}{R_0R+R_0R_V+RR_V}U=\frac{(10\times10)\times10^6\times300}{(2\times10+2\times10+10\times10)\times10^6}=214.3\ (\text{V})$$

测量的方法误差为

$$\delta'_V=\frac{U'_R-U_R}{U_R}\times100\%=\frac{214.3-250.0}{250.0}\times100\%=-14.3\%$$

由于电压表的基本误差所引起的测量误差为

$$\delta'=\frac{\pm a\%\times U_m}{U'_R}\times100\%=\frac{\pm0.5\%\times300}{214.3}\times100\%=\pm0.7\%$$

则总的测量误差为

$$\delta_1=\delta'_V+\delta'=-14.3\%\pm0.7\%$$

若改用 2.5 级，量限 300V，内阻 $R_V=1000\text{k}\Omega$ 的电压表测量，测量值及方法误差分别为

$$U''_R=\frac{(10\times1000)\times10^6\times300}{(2\times10+2\times1000+10\times1000)\times10^6}=249.6\ (\text{V})$$

$$\delta''_V=\frac{249.6-250}{250}\times100\%=-0.16\%$$

由于仪表的基本误差所引起的测量误差为

$$\delta''=\frac{\pm2.5\%\times300}{249.6}\times100\%=\pm3\%$$

此时，总的测量误差为

$$\delta_2 = \delta''_V + \delta'' = -0.16\% \pm 3\%$$

因此，当改用第二只电压表测量时，虽然电压表的准确度较低，但由于内阻远远大于被测负载电阻，方法误差大大减小，测量准确度反而大大提高了。

通过上面的例子说明，在用电压表测量电压时，一定要选用内阻 R_V 远远大于被测负载电阻 R 的电压表，一般应保证 $R_V \geqslant 100R$。否则，即使电压表的准确度很高，其测量误差也会很大。

由式(9-3) 和式(9-4) 还可看出，测量电压的方法误差还与电源的等效内阻 R_0 有关，如果 R_0 越小，由电压表内阻影响带来的方法误差越小。

9.1.3　电流和电压的其他测量方法

除了上面所介绍的用电流表和电压表直接测量电流和电压的方法外，视被测对象的具体情况，也可以采取一些灵活多变的方法，下面仅介绍两种常用的测量方法。

(1) 用电压表间接测量电流

用直接法测电流时需要断开被测支路后再串入电流表，这样做往往较麻烦。如果被测支路中有一个电阻元件的电阻值已知，则可以用电压表直接测出该电阻元件上的电压，然后换算出被测电流，即

$$I_x = \frac{U_R}{R}$$

式中，R 为支路中某一电阻元件的电阻值；U_R 为电阻 R 上测得的电压。

此方法测量的准确度不高，因为除了用电压表测量电压要引入方法误差外，由于电阻值精确度不高还要带来计算误差，但是，这种方法较简便，因此在电子线路的测试中应用很广泛。

有时，可以人为在某支路中串入一个阻值已知的小电阻（此电阻值远小于该支路的总电阻），用量限较小的电压表测出该电阻上的电压，同样可以换算出该支路中的电流。通常称此小电阻为取样电阻。

(2) 用差值法测量电压

如果要测量某直流稳压电源输出电压的变化量，很难直接用电压表测量，因为这种变化量远远小于输出电压值，如果用量限较大的电压表测量，则看不出变化量，而用小量限电压表测量，则由于输出电压较大，会使电压表超过量限甚至损坏仪表。此时可用一已知直流电压 U_0 与被测电压 U_x 对接（U_0 应接近于 U_x，且最好略小于 U_x），如图 9-3 所示。这样就可以用量限较小的电压表测量差值电压 $\Delta U(\Delta U = U_x - U_0)$，因而可以测量出稳压电源输出电压的变动情况。

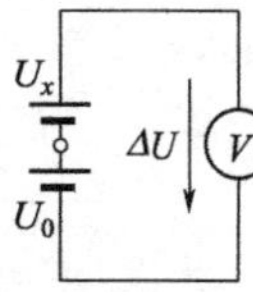

图 9-3　差值法测量电压

上述测量方法称为差值法，这种测量方法在直流稳压电源测试中经常采用。

9.2　直流电路参数的直读测量

电路参数有直流参数和交流参数之分，直流参数只有电阻 R。本节介绍用指示仪表测量直流电阻的直读测量法，其中包括直接测量和间接测量。这种测量方法精度不很高，比较精确的测量电阻的方法是电桥比较法，第 12 章中详细介绍。

9.2.1　用欧姆表、兆欧表测直流电阻

用欧姆表、兆欧表测量直流电阻称为直接测量法，这种测量方法的优点是操作简单，读

数方便。其测量电阻的范围如下。

① 欧姆表测量中值电阻（10Ω～0.1MΩ）。

② 兆欧表测量高电阻（0.1MΩ以上），主要用于绝缘电阻测量。

欧姆表和兆欧表的使用方法前面已经介绍，用它们测量电阻存在的问题如下。

① 欧姆表和兆欧表的准确度较低，因此测量误差较大。

② 被测电阻必须断电，而且应与电路断开。

③ 欧姆表和兆欧表工作时要向被测对象输出一定的电流和电压，因此当被测对象中只允许通过微小电流时（如微安表表头），不能用欧姆表测量；当被测对象的耐压较低时（如测晶体二极管的反向电阻），则不能用兆欧表测量，否则使被测元件受到损坏。

④ 欧姆表和兆欧表不能测量非线性电阻。因为非线性电阻的阻值与它的静态工作点（即工作电流或工作电压）有关。在用欧姆表和兆欧表测量时，不可能恰好使非线性电阻工作在规定的工作点上，因此所测得的电阻没有实际意义。例如用欧姆表的不同挡测量晶体二极管的正向电阻或反向电阻，将得到不同的测量结果。

9.2.2 伏安法测量直流电阻

用电流表和电压表测量直流电阻的方法叫伏安法。根据欧姆定律公式

$$R=\frac{U}{I}$$

先用电压表和电流表测出电阻 R 两端的电压 U 和流过电阻的电流 I，代入上式便可求得电阻 R。伏安法测量电阻为间接测量。

在实际测量中，按照电压表和电流表的位置不同，有两种接法，如图 9-4 所示。图 9-4(a) 为电流表内接（或电压表前接），这时电压表所测得的电压值是电阻电压和电流表电压之和；图 9-4(b) 为电流表外接（或电压表后接），这时电流表所测电流是电阻电流和电压表电流之和。所以，不管采用哪一种线路进行测量，都不可避免地存在方法误差，因为被测电阻的实际值为

$$R_x=\frac{U_x}{I_x}$$

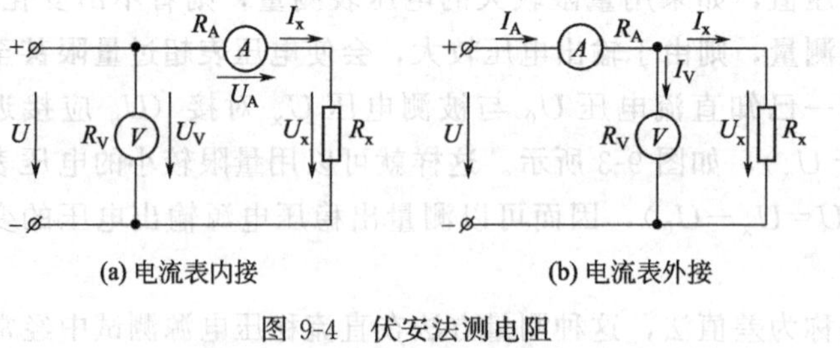

图 9-4 伏安法测电阻

在图 9-4(a) 接法电路中，按伏安法测量所得结果为

$$R'_x=\frac{U_V}{I_A}=\frac{U_A+U_x}{I_x}=R_A+R_x \tag{9-5}$$

式中，R_A 为电流表的内阻；U_V 为电压表指示值；I_A 为电流表指示值，且 $I_A=I_x$。其方法误差为

$$\delta_A=\frac{R'_x-R_x}{R_x}\times100\%=\frac{R_A}{R_x}\times100\% \tag{9-6}$$

在图 9-4(b) 接法电路中，按伏安法测量所得结果为

$$R''_x=\frac{U_V}{I_A}=\frac{U_x}{I_V+I_x}=\frac{U_x/U_V}{I_V/U_V+I_x/U_V}=\frac{1}{1/R_V+1/R_x}=\frac{R_VR_x}{R_V+R_x} \tag{9-7}$$

式中，R_V 为电压表的内阻；U_V 为电压表指示值，且 $U_V=U_x$；I_A 为电流表指示值。

其方法误差为

$$\delta_V=\frac{R''_x-R_x}{R_x}\times100\%=\frac{\frac{R_VR_x}{R_V+R_x}-R_x}{R_x}\times100\%=-\frac{R_x}{R_V+R_x}\times100\% \tag{9-8}$$

电流表内接时，伏安法测量结果偏大，实际上其测量值 R'_x 是被测电阻 R_x 与电流表内阻 R_A 的串联等效电阻，测量的方法误差为正。为了减小方法误差，应使 R_A/R_x 值越小越好。所以这种测量线路适用电流表内阻 R_A 比被测电阻 R_x 小得多（即 $R_x\gg R_A$）的情况。

电流表外接时，伏安法测量结果偏小，实际上其测量值 R''_x 是被测电阻 R_x 与电压表内阻 R_V 的并联等效电阻，测量的方法误差为负。为了减小方法误差，应使 $R_x/(R_V+R_x)$ 值越小越好。所以这种测量线路适用电压表内阻 R_V 比被测电阻 R_x 大得多（即 $R_x\ll R_V$）的情况。

伏安法可以测量中值电阻，这种方法的优点是：

① 可以在被测电阻工作状态下测量；

② 特别适用于测非线性电阻的伏安特性；

③ 可以根据被测电阻的电压或电流额定值，选择合适的工作电压和工作电流，因而能测量额定电流很小或额定电压较低的元件的电阻值。

伏安法测电阻的缺点是：引进方法误差（但可以修正），准确度较低；不太方便。

9.2.3　替代法和半偏法测直流电阻

用替代法测量电阻的测量线路如图 9-5 所示。当 K 置“1”，使被测电阻 R_x 接入电路时，如果电流表读数为 I_x；然后将 K 置“2”，使电阻箱 R_A 接入电路，即用电阻箱替代被测电阻 R_x，并维持电源电压不变，调节电阻箱阻值，使电流表的读数仍为 I_x。则电阻箱的示值就是被测电阻值，即

$$R_x=R_A \tag{9-9}$$

这种方法可以消除方法误差，其测量值的准确度取决于电源电压的稳定度、电阻箱及电流表的准确度。

当然，也可以用电压表来进行替代法测电阻。其测量线路读者可自行设计。

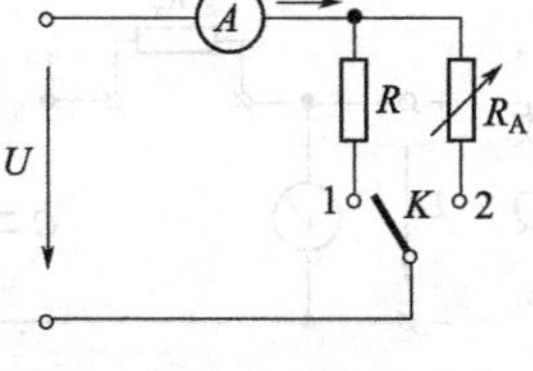

图 9-5　替代法测量直流电阻

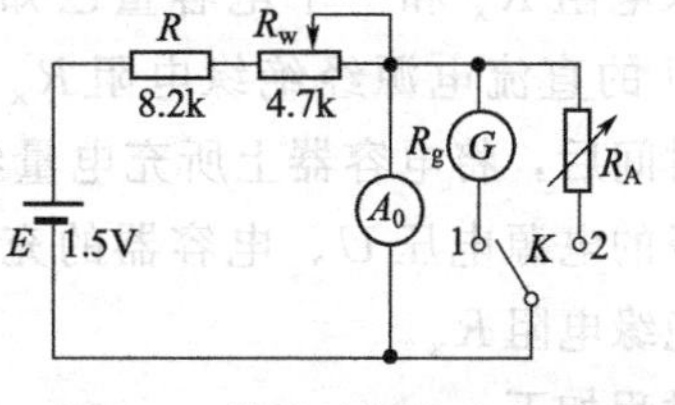

图 9-6　替代法测表头电阻

A_0—标准表；G—被测表头；R_A—电阻箱

此外，测量表头的内阻可采用如图 9-6 所示的电路。

首先开关 K 置“1”，调电位器（或滑线变阻）R_w，使 A_0 读数 I_0，并保证在调节过程

中被测表头指针不超过满刻度；然后，将 K 置"2"，维持电路其他参数不变，调电阻箱 R_A，使标准表 A_0 读数仍为 I_0，则被测表头 G 的内阻 R_g 与电阻箱的阻值相等，即

$$R_g = R_A \tag{9-10}$$

当然，也可用此方法测未知电阻 R_x 的值，只须将表头 G 换成被测电阻 R_x 即可，测量步骤与上述相同，此时有关系

$$R_x = R_A$$

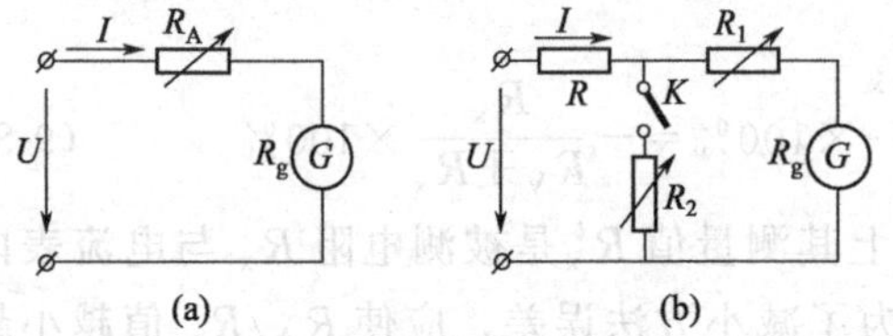

图 9-7 半偏法测表头内阻

为了测量表头的内阻，还常常利用半偏法，其测量线路如图 9-7 所示。在图 9-7(a) 中 R_A 为电阻箱。其测量步骤如下。

首先调节电源电压和电阻箱的阻值，使表头满偏（即表中电流为 I_g），记下此时电阻箱的读数 R_0；然后维持电源电压不变，只调节电阻箱的阻值使表头半偏（即表中电流为 $I_g/2$），记下此时电阻箱的读数 $R_{1/2}$。则表头的内阻 R_g 可通过下式计算：

$$\frac{U}{R_0 + R_g} = 2 \cdot \frac{U}{R_{1/2} + R_g}$$

所以

$$R_g = R_{1/2} - 2R_0 \tag{9-11}$$

在图 9-7(b) 中，R_1、R_2 为电阻箱，其测量步骤如下：

首先断开开关 K，调节电源电压和电阻箱 R_1，使表头满偏（即表中电流为 I_g）；然后保持电源电压和 R_1 不变，闭合开关 K，调电阻箱 R_2，使表头半偏（即表中电流为 $I_g/2$）。则表头内阻 R_g 为

$$R_g = R_2 - R_1$$

此方法的优点是利用被测表头作为指示仪表，不需要其他仪表，而且能保证表头中的电流不会超过额定值。特别适用于微安表头（但要保证 I 为恒流源）。

半偏法测电阻的准确度取决于电源电压的稳定度、电阻箱和指示仪表的准确度。半偏法测量过程，表头电流还可 1/3 偏、1/4 偏、……

替代法和半偏法就本质而言，应属于比较测量法，因为除需要指示仪表外，还需要用电阻箱作为工作量具。

9.2.4 用冲击检流计测绝缘电阻

用冲击检流计测绝缘电阻是一种间接测量方法，其测量线路如图 9-8 所示。这种方法的原理是将绝缘电阻 R_x 和一个电容量已知的电容器 C 串联，先用电压为 U 的直流电源经绝缘电阻 R_x 对电容器 C 充电，经适当充电时间后，将电容器上所充电量经冲击检流计 G 放电，根据测得的电源电压 U、电容器的充电时间 t 和电量 Q 可以计算出绝缘电阻 R_x。

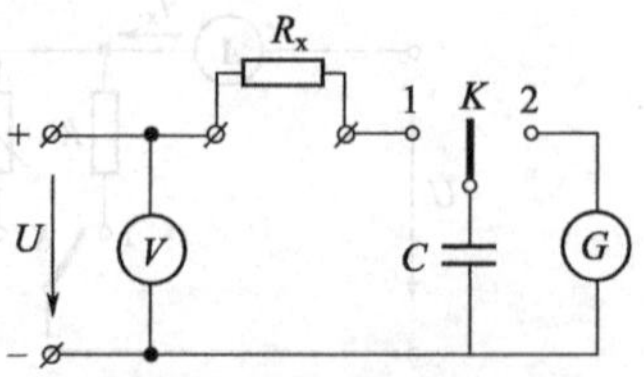

图 9-8 冲击检流计测绝缘电阻线路图

其测量过程如下。

在 $t=0$ 时将 K 合到"1"，则电压为 U 的直流电源开始向未充过电的电容器 C 充电，电容电压为

$$u_c = U\left(1 - e^{-\frac{1}{R_x C}t}\right)$$

经过时间 t_1 秒后，电容器上所储电量为

$$Q=C\cdot u_c\big|_{t=t_1}=C\cdot U(1-e^{-\frac{1}{R_xC}t_1})$$

当绝缘电阻 R_x 很大，C 为定值，电容器充电很慢，因此在不太长的时间 t_1 内，$u_c \ll U$，则充电电流几乎不变，即

$$i\approx U/R_x$$

所以，在 t_1 时间内，电容器所储电量与 t_1 近似成正比，即

$$Q\approx\frac{U}{R_x}t_1$$

则被测电阻

$$R_x\approx\frac{U}{Q}t_1 \tag{9-12}$$

电容器所储电量 Q 可用冲击检流计测得。在 $t=t_1$ 时刻，K 合到“2”，读出冲击检流计的第一次最大偏转 α_m，则电容器所储电量为

$$Q=C_q\alpha_m$$

式中，C_q 为冲击检流计的电量冲击常数。代入式(9-12) 可得：

$$R_x=\frac{Ut_1}{C_q\alpha_m} \tag{9-13}$$

因此，只要用电压表测出电源电压 U，用秒表记录时间 t_1，并测出 α_m，就可以计算出绝缘电阻 R_x。

根据以上测量的方法和原理可知，R_x 越大，测量的准确度越高。因此，这种方法只适用于测量绝缘电阻，阻值可高达 $10^{11}\sim10^{14}\Omega$。

9.3 交流电路参数的直读测量

交流电路参数有交流电阻 R（在工频下，可认为就是直流电阻）、电感 L、互感 M、电容 C、交流阻抗 Z、线圈的 Q 值、电容器的损耗因数 $\tan\delta$ 等。测量交流参数时，应使元件工作在交流状态下，利用交流仪表进行测量。交流参数的直读测量，一般都是采用间接测量，由于交流仪表的内部功耗大，因此这种测量带来的方法误差较大，测量准确度低，但由于能在元件正常运行状态下测量，因此具有较大的实用价值。本节主要介绍在工频情况下交流参数的直读测量。

9.3.1 用三表法测阻抗

交流电路中电阻、电感和电容等元件对交流电所起的阻碍和抵抗作用，称为阻抗。它等于电路中总电压与总电流的峰值之比或有效值之比。阻抗的单位为欧姆。阻抗的倒数称为导纳。如果电压和电流用复数表示，它们的比值也是复数，称为“复数阻抗”。复数阻抗的实部称为“电阻”，虚部称为“电抗”。复数阻抗是复数导纳的例数，它们通常记为

$$\widetilde{Z}=Ze^{j\varphi}=Z/\underline{\varphi}=R+jX$$

$$R=Z\cos\varphi$$

$$X=Z\sin\varphi \text{ 或 } X=\sqrt{Z^2-R^2}$$

式中，Z 为电路阻抗，Ω；φ 为电路中电压和电流间相位差；R 为电路的电阻，Ω；X 为电路的电抗，Ω。

复数导纳通常记为

$$\widetilde{Y}=\frac{1}{\widetilde{Z}}=\frac{1}{Z}\mathrm{e}^{-j\varphi}=Y\mathrm{e}^{-j\varphi}=G-jB$$

式中，G 为电导，S；B 为电纳，S。

交流电路的各种纯元件的 Z 和 Y 见表 9-1 所示（其中 $\mathrm{j}=\sqrt{-1}$ 为虚数单位）。复数阻抗的串、并联公式分别为

$$\widetilde{Z}=\widetilde{Z}_1+\widetilde{Z}_2 \quad （串联）$$

$$\frac{1}{\widetilde{Z}}=\frac{1}{\widetilde{Z}_1}+\frac{1}{\widetilde{Z}_2} \quad （并联）$$

在计算并联电路的阻抗时，也常用复数导纳的并联公式

$$\widetilde{Y}=\widetilde{Y}_1+\widetilde{Y}_2$$

表 9-1　交流电路的各种纯元件的 Z 和 Y

名称	电阻 R	电容 C	电感 L
Z	R	$\frac{1}{\mathrm{j}\omega C}$	$\mathrm{j}\omega L$
Y	$\frac{1}{R}$	$\mathrm{j}\omega C$	$\frac{1}{\mathrm{j}\omega L}$

交流阻抗的测量是交流参数测量中最重要的测量。用交流电压表、电流表及功率表来测量交流电路的参数（电阻、电感、电容和电容器件中的介质损耗）的方法叫三表法。图 9-9 为三表法测量交流参数的两种线路。

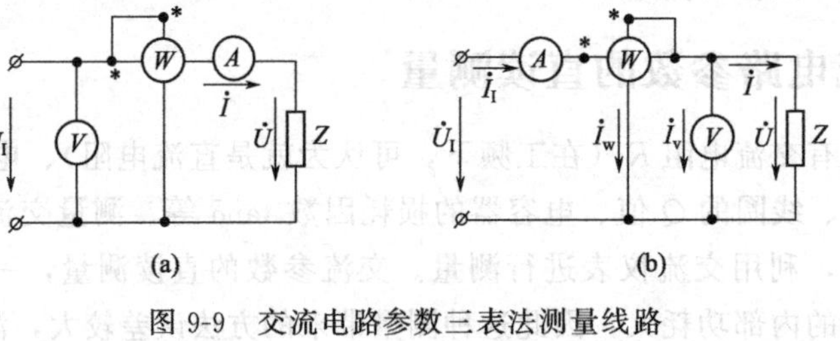

图 9-9　交流电路参数三表法测量线路

如果忽略仪表本身的损耗，即认为电压表的读数 U、电流表的读数 I、功率表的读数 P 分别为被测对象的电压、电流和功率，则被测对象的阻抗 Z、功率因数 $\cos\varphi$、电阻 R、电抗 X 可分别按下列各式计算：

$$Z=\frac{U}{I}=\sqrt{R^2+X^2} \tag{9-14}$$

$$\cos\varphi=P/UI \tag{9-15}$$

$$R=P/I^2 \tag{9-16}$$

$$X=\sqrt{Z^2-R^2}=\sqrt{\left(\frac{U}{I}\right)^2-\left(\frac{P}{I^2}\right)^2}=\frac{1}{I}\sqrt{U^2-\left(\frac{P}{I}\right)^2} \tag{9-17}$$

如果被测对象是电感线圈，则可以根据电源频率 f 及三表读数进一步算出电感 L 为

$$L=\frac{X}{2\pi f}=\frac{1}{2\pi fI}\sqrt{U^2-\left(\frac{P}{I}\right)^2} \tag{9-18}$$

电感线圈的品质因数为

$$Q=\frac{X_L}{R}=\frac{X}{R}=\frac{\frac{1}{I}\sqrt{U^2-\left(\frac{P}{I}\right)^2}}{P/I^2}=\sqrt{\left(\frac{UI}{P}\right)^2-1} \tag{9-19}$$

如果被测对象是有损耗的电容器，则上面所测的 R 就是电容器串联等效电路中的 R_s。其串联等效电容 C_s 和电容的损耗因数 D 分别为

$$C_s=\frac{1}{2\pi fX_c}=\frac{1}{2\pi fX}=\frac{1}{\frac{2\pi f}{I}\sqrt{U^2-\left(\frac{P}{I}\right)^2}} \tag{9-20}$$

$$D=\tan\delta=\frac{R_s}{X_c}=R_s\omega C_s=\frac{P/I^2}{\frac{1}{I}\sqrt{U^2-\left(\frac{P}{I}\right)^2}}=\frac{1}{\sqrt{\left(\frac{UI}{P}\right)^2-1}} \tag{9-21}$$

这些计算公式都是近似的，因为没有考虑仪表的功率损耗。图 9-9 所示的两种线路适用于不同的情况：图 9-9(a) 应该用于电流表和功率表电流支路的电压比负载电压小得多（即它们所损耗的功率比负载功率小得多）的情况；图 9-9(b) 则适用于电压表和功率表电压支路的电流之和比负载电流小得多（即它们的功率损耗比负载功率小得多）的情况。

除此以外，由于电感线圈的 Q 值一般比较高，电容器的 $\tan\delta$ 一般较小。因为其电流和电压的相位差较大，因此，被测对象是电感线圈或电容器时，功率表的读数 P 很小，即功率表指针偏转角太小以致引起较大的读数误差，这时应采用低功率因数功率表才好。

通过 U、I、P 的测量，可以确定等值电路的交流电阻，例如铁芯线圈的等值电路可以用图 9-10(a)、(b) 表示。对于图 (a) 所示的并联等值电路，等效交流电阻 R_p 为

$$R_p=U^2/P$$

而图 (b) 所示串联等值电路的交流电阻 R_s 为

$$R_s=P/I^2$$

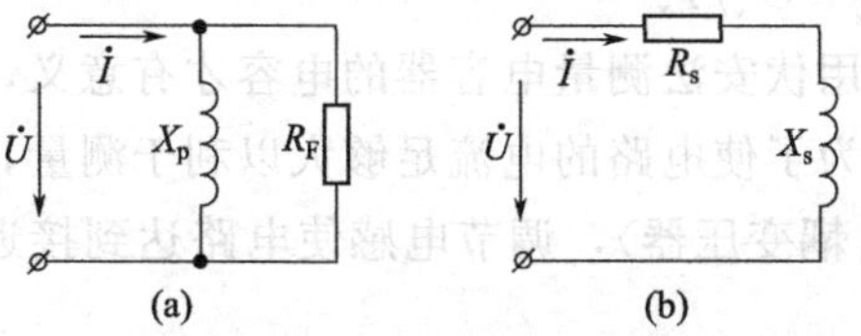

图 9-10　铁芯线圈的等值电路图

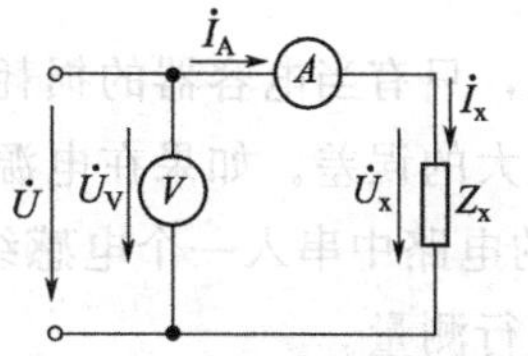

图 9-11　伏安法测交流参数

9.3.2　用伏安法测量交流电阻、电感和电容

用交流电压表、交流电流表测量交流电阻、电感和电容的方法称为伏安法。测量线路如图 9-11 所示，图中 Z_x 表示被测对象。

如果被测对象 Z_x 为交流电阻 R_x，则有

$$R_x=U_x/I_x\approx U_V/I_A \tag{9-22}$$

式中，U_V 为交流电压表读数；I_A 为交流电流表读数。

如果被测对象 Z_x 为电感 L_x，则电感的感抗为

$$X_L=\omega L_x=U_x/I_x\approx U_V/I_A$$

所以

$$L_x\approx U_V/\omega I_A=U_V/2\pi fI_A \tag{9-23}$$

式中，$\omega=2\pi f$ 为电源的角频率；f 为电源的频率。

如果被测对象 Z_x 为电容 C_x，则电容的容抗为

$$X_C=1/\omega C_x=U_V/I_x\approx U_V/I_A$$

所以

$$C_x\approx I_A/\omega U_V=I_A/2\pi f U_V \tag{9-24}$$

当然，为了减小方法误差，按 R、X_L、X_C 的大小，同样有电压表前接或电压表后接两种测量线路。

但是，应当指出的是，实际电感线圈除有电感 L 外，还有电阻 R，其等效电路一般用图 9-10(b) 所示的串联等效电路。电感线圈的品质因数为

$$Q=X_L/R=\omega L/R$$

因此，只有当电感线圈的品质因数 Q 值很高（即 $\omega L\gg R$）时，上述测量方法才有意义。

如果电感线圈的电阻 R_x 不能略去，低频时，线圈的等值电阻与直流电阻近似相等，所以，可以在直流下测量（欧姆表或直流伏安法）其电阻 R_x，则线圈的电感可用式(9-25)求出：

$$L_x=\frac{X_L}{\omega}=\frac{\sqrt{Z_x^2-R_x^2}}{2\pi f}=\frac{\sqrt{\left(\frac{U_x}{I_x}\right)^2-R_x^2}}{2\pi f}\approx\frac{\sqrt{\left(\frac{U_V}{I_A}\right)^2-R_x^2}}{2\pi f} \tag{9-25}$$

实际电容器除有电容外，还有内部损耗，其等效电路如图 2-12 所示。电容器的损耗因数为

$$D=\tan\delta=1/\omega C_P R_P=\omega C_s R_s$$

式中，R_p，C_p 为电容器并联等效参数；R_s，C_s 为电容器串联等效参数。

显然，当 $\tan\delta=0$ 时，才有

$$X_{C_p}=X_{C_s}=U_x/I_x$$

因此，只有当电容器的损耗可以忽略时，用伏安法测量电容器的电容才有意义，否则将会带来很大的误差。如果在电源电压较低时，为了使电路的电流足够大以利于测量，则可在图 9-11 的电路中串入一个电感线圈（通常用自耦变压器），调节电感使电路达到接近谐振状态，再进行测量。

9.3.3 电感的测量

较准确的测量自感系数的方法是采用交流电桥。一般直读测量用于被测电感与工作电流有关的情况，而且测量准确度不高。此外，测量线圈电感时，都是将线圈等效为一个纯电阻和一个纯电感的串联元件（r_x，L_x）或（r_x，ωL_x）。下面再介绍几种测量电感的近似测量方法。

（1）三电压表法

测量线路如图 9-12(a) 所示，将被测线圈（r_x，L_x）与一个纯电阻 R 串联后接到正弦电源上，然后用电压表分别测出被测线圈、纯电阻及电源的电压 U_1、U_2 和 U。

根据电路原理可画出电压的相量图，如图 9-12(b) 所示。根据相量关系，我们有

$$U^2=U_1^2+U_2^2+2U_1U_2\cos\theta$$

因为

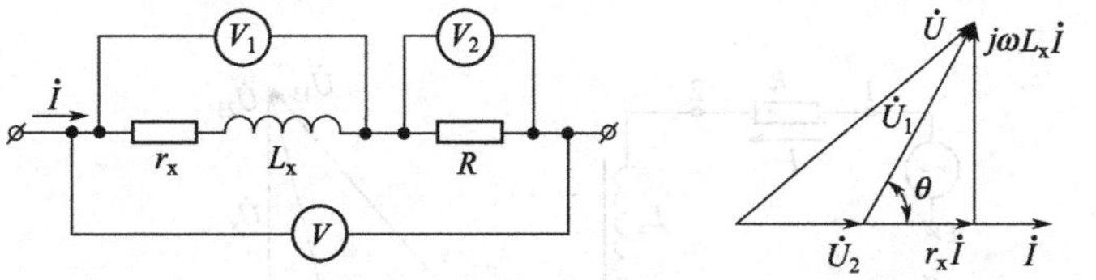

(a) 电路图　　(b) 相量图

图 9-12　三电压法测电感

$$\cos\theta=\frac{r_x}{\sqrt{r_x^2+(2\pi fL_x)^2}}$$

所以

$$\frac{r_x}{\sqrt{r_x^2+(2\pi fL_x)^2}}=\frac{U^2-U_1^2-U_2^2}{2U_1U_2}$$

整理后得到

$$L_x=\frac{1}{2\pi f}\sqrt{\frac{4r_x^2U_1^2U_2^2}{(U^2-U_1^2-U_2^2)^2}-r_x^2} \tag{9-26}$$

r_x 为线圈的电阻，在不含铁芯时，低频情况的交直流电阻基本相等，所以 r_x 可以用万用表测得。

(2) 三电流表法

三电流表法测量的原理与三电压表法类似，测量线路与相量图如图 9-13 所示。用电流表分别测量各支路电流，并测出线圈电阻 r_x 后，线圈电感

$$L_x=\frac{1}{2\pi f}\sqrt{\frac{4r_x^2I_1^2I_2^2}{(I^2-I_1^2-I_2^2)^2}-r_x^2} \tag{9-27}$$

读者可自行证明上述结果。

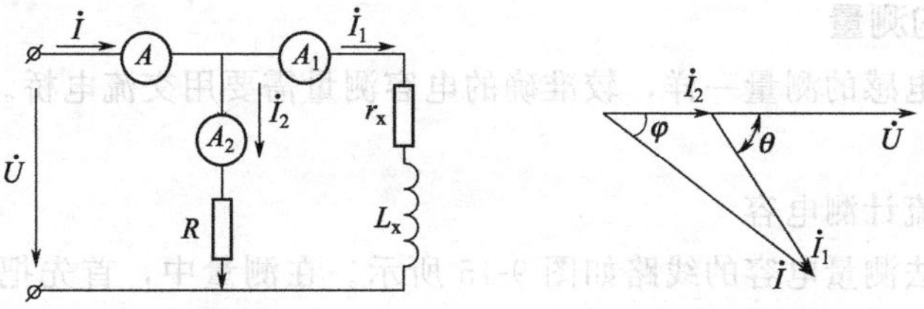

(a) 线路图　　(b) 相量图

图 9-13　三电流表法测电感

(3) 铁芯线圈增值电感的测量

铁芯线圈为非线性元件，因而当铁芯线圈中同时通以交流、直流电流时，其自感系数(称为交流动态电感)与单纯通交流时的自感系数不同，前者称为增值电感，其测量线路和测量方法如图 9-14 所示。直流电源和正弦交流电源串联，通过无感电阻 R 接到被测铁芯线圈上。线路中串联的磁电式电流表只能指示直流电流的大小，交流电流对于它的偏转没有影响。测量时，要把直流电流调到线圈工作时所需的数值，再用只能测量交流的电压表（例如，真空管电压表或晶体管电压表，它们的输入端有隔直电容）来测量交流分量 U_{12}、U_{23}、

U_{13}值。假设这些是正弦电压，则可画出图 9-14(b) 所示的相量图。

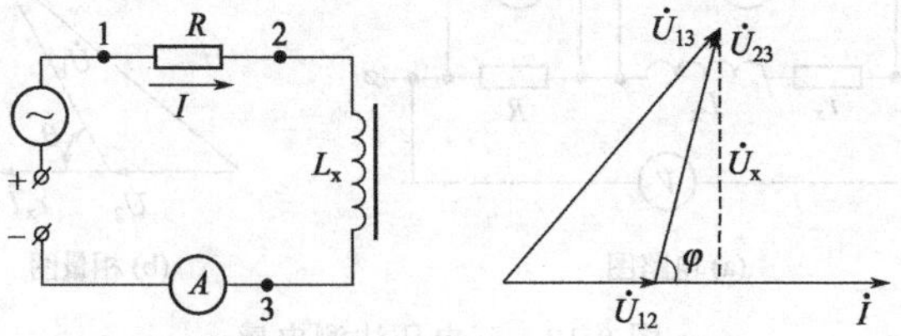

(a) 线路图　　(b) 相量图

图 9-14　铁芯线圈增值电感的测量

这些电压相量的关系为

$$U_{13}^2 = U_{12}^2 + U_{23}^2 - 2U_{12}U_{23}\cos(180° - \varphi)$$

$$\cos\varphi = \frac{U_{13}^2 - U_{12}^2 - U_{23}^2}{2U_{12}U_{23}}$$

它是铁芯线圈的功率因数。

电路中的交流电流为

$$I = \frac{U_{12}}{R}$$

增值电感

$$L_x = \frac{U_x}{\omega I} = \frac{U_{23}\sin\varphi}{\omega I} \tag{9-28}$$

如果铁芯线圈损耗很小，$\varphi = 90°$，则

$$L_x \approx \frac{U_{23}}{\omega I} = \frac{U_{23}}{\omega U_{12}} \cdot R \tag{9-29}$$

实际上，铁芯线圈中的电流、电压波形不会是正弦，会产生测量误差。

这种线路适于测量大型铁芯线圈的增值电感。

9.3.4　电容的测量

电容的测量和电感的测量一样，较准确的电容测量需要用交流电桥。下面再介绍几种电容的测量方法。

(1) 用冲击检流计测电容

用冲击检流计法测量电容的线路如图 9-15 所示。在测量中，首先把开关 K_1、K_2 分别倒向 1、3 位置，电源向标准电容 C_n 充电，电容 C_n 达到稳定电压 U 后，把开关 K_2 倒向位置 4，C_n 经冲击检流计 G 和可变电阻 R 放电，从冲击检流计上读出第一次最大偏转 α_{mn}；若可变电阻 R 的分流倍数为 F_n，则测出 C_n 所带电荷为

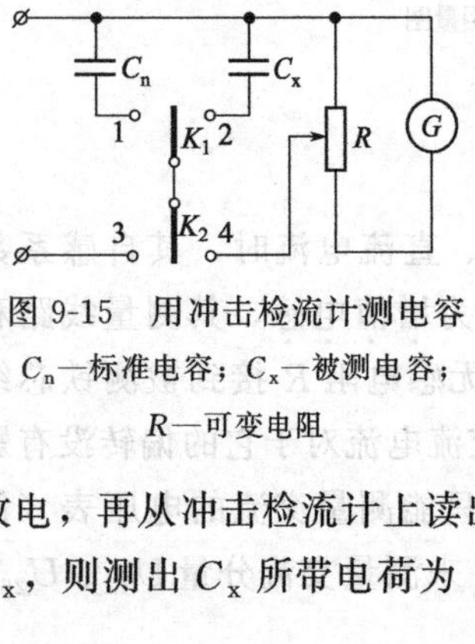

图 9-15　用冲击检流计测电容

C_n—标准电容；C_x—被测电容；R—可变电阻

$$Q_n = C_q F_n \alpha_{mn} = C_n U \tag{9-30}$$

式中，C_q 为冲击检流计的电量冲击常数。

然后将开头 K_1 倒向位置 2，K_2 倒向位置 3，对被测电容 C_x 充电到同一稳定电压 U；再将开关 K_2 倒向位置 4，使 C_x 放电，再从冲击检流计上读出相应的第一次最大偏转 α_{mx}；若此时可变电阻 R 的分流倍数为 F_x，则测出 C_x 所带电荷为

$$Q_x = C_q F_x \alpha_{mx} = C_x U \tag{9-31}$$

因为两个电容充电的电压相同，故得

$$\frac{Q_x}{C_x} = \frac{Q_n}{C_n}$$

将式(9-30)、式(9-31) 代入上式，就可得到被测电容

$$C_x = \frac{F_x \alpha_{mx}}{F_n \alpha_{mn}} C_n \tag{9-32}$$

因此，根据两次测量中的读数和标准电容 C_n 的值，便可按式(9-32) 计算出 C_x。

根据测量原理，在测量中应注意保持电源电压稳定。调 R（分压比）的目的是使检流计有足够的偏转但又不超出偏转范围。

(2) 混合法测电容

混合法测量电容的一种线路如图 9-16 所示。图中 R_1 与 R_2 串联后接至电源；两者通过同一电流 I。把开关 K_1 接至位置 1、开关 K_2 接至位置 2，则被测电容 C_x 与标准电容 C_n 被同时充电，C_n 上的电压为 IR_1，C_x 上的电压为 IR_2；这时将开关 K_1 和 K_2 同时换接至上方位置 3、4，则 C_n 和 C_x 上原先充有的电荷将中和，若因 C_n 与 C_x 带有不相等的电荷而不能完全中和时，则合上开关 K_3 时，冲击检流计将有偏转，这时可以断开开关 K_3，调节电阻 R_1 和 R_2，改变其分压关系，重新使 C_n 与 C_x 充电，并重复上述测量步骤，直到在接通 K_3 瞬间冲击检流计无偏转为止。这时表明：C_n 与 C_x 原先所带电荷是相等的，故有

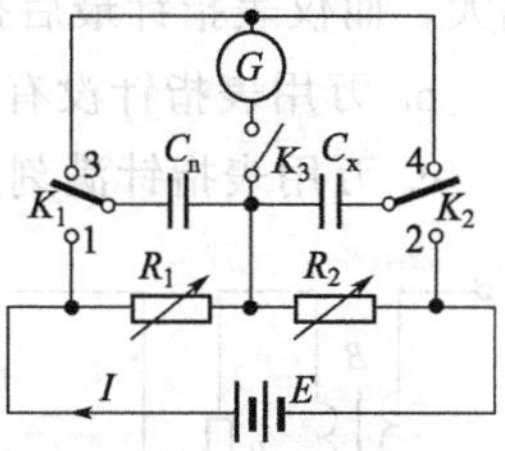

图 9-16　用混合法测量电容的线路

$$C_x I R_2 = C_n I R_1$$

从而得到

$$C_x = \frac{R_1}{R_2} C_n \tag{9-33}$$

在使用混合法测量电容时，必须注意使 R_1、R_2 有较高的阻值，以便于实现较精密的调整；电源电压在不超过仪器设备的安全要求的条件下尽可能取高一些。C_n 的值最好能与 C_x 的值相近。

(3) 电解电容的测量

电解电容因其内部介质为电解液而得名。其特点是体积小，容量大（可达 $5.6 \times 10^5 \mu F$），有正负极性。由于它的高频特性差，所以主要用于低频脉动直流电路的去耦滤波。例如整流稳压电路的滤波、低频放大电路的去耦滤波、旁路电容及隔直耦合电容等。所以，电解电容的测量就存在着下列几个突出的特点。

电解电容的测量范围宽，从 1μF 到几千 μF，一般电容电桥的测量范围远不能满足要求；而且电解电容的损耗大。

电解电容是频率敏感元件，它的电容值随频率变化很大，其标称值一般系指 50Hz 时的电容值，当频率为 1000Hz 时约下降 10%，2kHz 时约下降 50%，因此电解电容的测试频率不宜选得过高，以 50～100Hz 为宜。

电解电容是电压敏感元件，它的端钮上有“+”、“－”极性标志，在工作时和测试时一般要保证“+”极性端钮的电位高于“－”极性端钮的电位。因此，在交流下测量而无直流

偏置的情况下，其施于被测电容上的电压只能为1V左右。而当要求准确测量电解电容器的容量时则应在有外加直流偏置下进行，以保持正确的极性。

这里我们首先介绍用万用表简单地检查电解电容的方法，然后再主要介绍利用分压比的关系测量电解电容。

① 用万用表检查电解电容　用万用表检查电解电容可以使用测量电阻的Ω×100挡，并注意使万用表的正表笔接至电解电容的负极性端，这是因为万用表的欧姆档，仪表正表笔是接至内附电池的负极的缘故（但数字式万用表却与此又相反）。

根据一个完好的电容器在接通电源瞬间应有充电电流流过的道理，当用万用表检查电解电容时，由观察仪表指针的最大偏转及其返回情况，可对电容器的好坏作粗略估计，通常有以下几种情况。

a. 万用表指针偏转到一个较大角度后，逐渐较慢地返回到某一最后稳定位置，这表明被检查的电容器完好。仪表的指针偏转角度越大，返回速度越慢，被检查电容器的电容值也越大，而仪表指针最后指示的读数就是被检电容器的绝缘电阻的近似值。

b. 万用表指针没有偏转，则表明被检查的电容器断路。

c. 万用表指针满刻度偏转且不返回，则表明被检查电容器内部已被击穿，形成短路了。

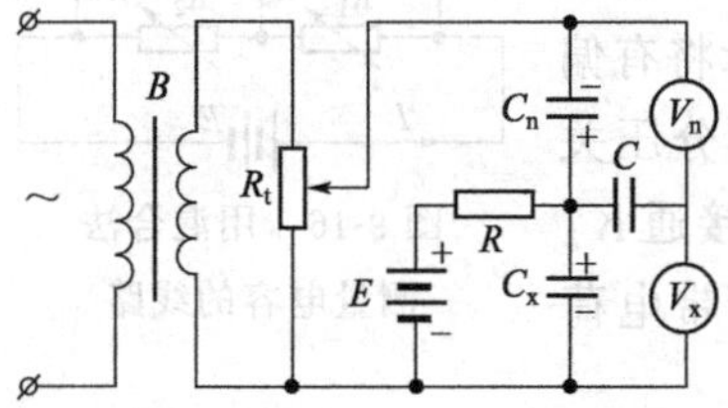

图9-17　利用分压比关系测量电解电容的线路图

② 用分压比关系测量电解电容　测量线路如图9-17所示。线路中电容C_n为已知的，它与被测电解电容串接在交流电源上，然后根据分配在它们之上的电压大小来决定被测电容C_x。图中B为降压变压器；C为隔直电容，以便电压表测量C_n和C_x两端电压的交流分量；E为供给C_x、C_n的直流偏压；R是用来防止电解电容击穿、直流电源被短路用的，其值应远大于容抗$1/\omega C_x$；V_n、V_x为交流电压表，当仪表本身损耗很小（例如用真空管电压表）时，通过两电压表及电容C的电流可以忽略不计，这样可提高测量的精度。

根据串联电路的分压关系，两电容（C_n、C_x）上的电压之比

$$\frac{U_n}{U_x}=\frac{1/\omega C_n}{1/\omega C_x}$$

因而被测电容

$$C_x=\frac{U_n}{U_x}\cdot C_n \tag{9-34}$$

采用这种方法测量时还应注意三点：C_n、C_x的极性要正确；电解电容上的直流电压要大于交流电压峰值；电容器上的交、直流电压之和在任何瞬间不得超过电解电容的耐压值。

这种测试方法简单，但准确度不高，适于验收大量标称值已知的电解电容。

9.4　功率的直读测量

我们知道，直流电路中负载吸收的功率为

$$P=UI$$

因此，可以用间接测量法则出P，即用电流表测出负载中的电流I，用电压表测出负载两端的电压U，便可计算出P。但这种方法往往会引入较大的方法误差，不如用功率表直接测量准确。

在交流电路中，负载吸收的功率为

$$P=UI\cos\varphi$$

即负载吸收的有功功率不仅与负载两端的电压和负载中流过的电流的有效值有关，而且还与负载的功率因数有关，因此仅用交流电压表和交流电流表不能间接测量交流电路功率，一般用功率表直接测量。

关于用功率表直接测量直流或单相交流电路功率的方法已在 6.6 节中作了详细介绍，本节主要介绍用功率表直接测量三相电路有功功率的原理和方法，同时介绍用功率表测量对称三相电路无功功率的原理和方法。

9.4.1　三相电路有功功率的测量

根据三相电路的连接方式（三相三线制或三相四线制）以及三相电路是否对称，三相电路有功功率的直接测量可分为一功率表法、二功率表法、三功率表法。一功率表法是指只要用一只功率表测量一次，二功率表法是指要用一只功率表测量二次或两只功率表测量一次，其余类推。

（1）三功率表法

从电路分析基础可知，不论三相负载如何联接（Y 形或△形、三相三线制或三相四线制），三相负载的总有功功率等于各相负载有功功率之和，即

$$P=P_A+P_B+P_C \tag{9-35}$$

式中，P_A 为 A 相负载吸收的有功功率；P_B 为 B 相负载吸收的有功功率；P_C 为 C 相负载吸收的有功功率；P 为三相负载吸收的总有功功率。

因此，只要用一只功率表分别测出各相负载的有功功率，然后求和便可得到三相负载的总有功功率。由于要测量三次（或三只功率表同时测一次），故称为三功率表法。

用三功率表法测量三相负载有功功率的接线方法如图 9-18 所示。图 9-18(b)、(c) 中只画出功率表在一相中的接法，其他两相完全类似，读者可自行画出。凡是能够测得各相电压、相电流的三相负载都可以采用三功率表法。

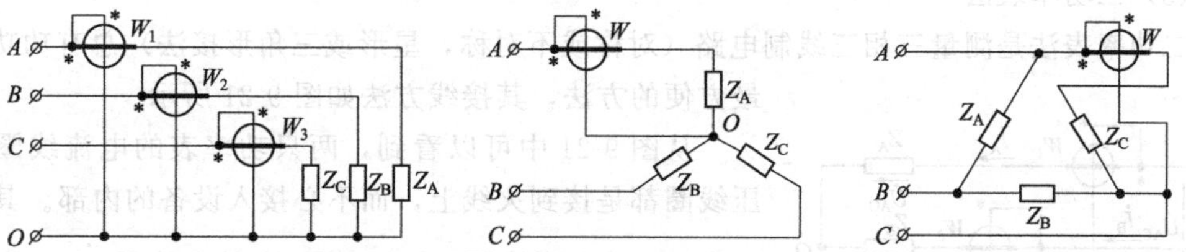

图 9-18　三功率表法测量三相电路有功功率

（2）一功率表法

如果三相电路对称（必须三相电源和三相负载都是对称的），则各相负载吸收的有功功率必然相等。因此，只要用功率表测量出任一相负载的有功功率 P_φ，然后乘以 3 就是三相负载的总有功功率，即

$$P=3P_\varphi \tag{9-36}$$

式中，P_φ 为任一相负载的有功功率；P 为三相负载的总有功功率。

由于只用一只功率表测量一次，故称一功率表法。

无论是三功率表法还是一功率表法，都是用功率表测量每一相负载的功率，即功率表电

流线圈中的电流为相电流，电压支路上的电压为相电压，因此必须能同时测量到相电流和相电压。一般情况下，三相负载都是封闭起来的，例如三相电动机和三相变压器等。这时，如果是三相四线制电路，仍然可以同时测量到相电流和相电压；但是，如果是三相三线制电路，则无法同时测到相电流和相电压。这可以从图 9-19(a) 所示电路看到。在图 9-19(a) 中，能测到相电流（相电流等于线电流），却测不到相电压，因为星形的中心在设备的内部；在图 9-19(b) 中，能测到相电压（相电压等于线电压），但测不到相电流，因为相电流在设备内部流过。因此，在三相三线制电路中一般不能用三功率法或一功率表法。

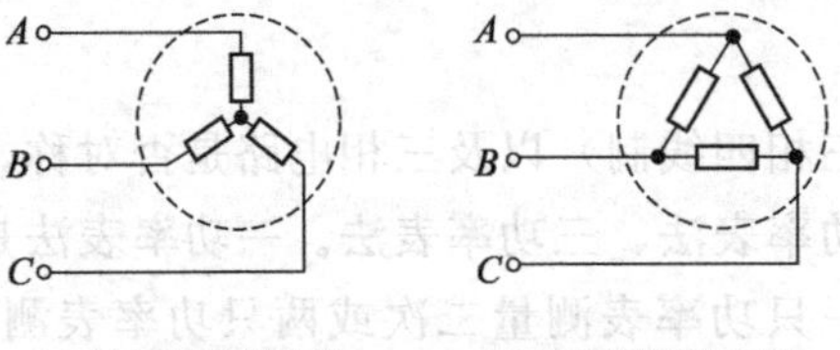

(a) 只能测到相电流　(b) 只能测到相电压

图 9-19　只能测到相电流或相电压的三相三线制电路

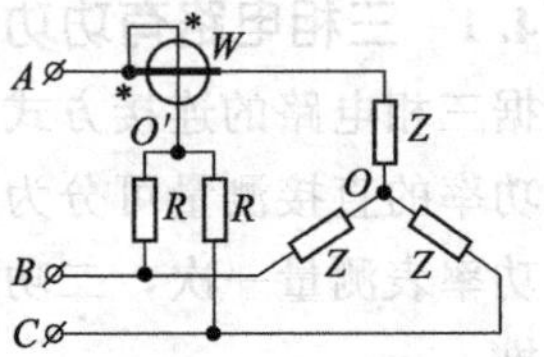

图 9-20　利用人造中点测量对称三相三线制电路功率

如果三相三线制电路是对称的，可以在负载外部人为地造一个中点，如图 9-20 所示。功率表的电压支路不是接到负载中点（无法接入），而是接到与该中点电位相同的另外一点。图中电阻 R 与电压支路的阻值（包括动圈电阻与附加电阻之和）相同，所以 O' 与 O 同电位。因此，功率表电压支路的电压就是相电压，所以功率表的读数就是一相负载消耗的功率，乘以 3 就是总功率。图中示出的是星形负载，对三角形负载也同样适用，因为三角形负载可以等效转换为星形负载。这种方法称为人为中点法，在理论上是可行的，但是太麻烦，而且准确度不高，因此实用意义不大。

为了能较方便地直接测量三相三线制对称或不对称电路的有功功率，还必须寻求新的方法。

(3) 二功率表法

二功率表法是测量三相三线制电路（对称或不对称，星形或三角形接法）总有功功率的最方便的方法，其接线方法如图 9-21 所示。

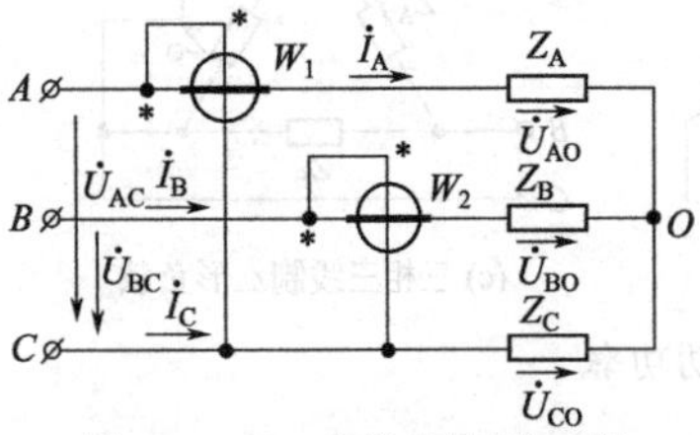

图 9-21　二功率表法测三相三线制电路功率

从图 9-21 中可以看到，两只功率表的电流线圈和电压线圈都是接到火线上，而不必接入设备的内部。其中功率表 W_1 的电流线圈串入 A 线，它的电流是 $\dot{I}_A$，电压支路并接在 A、C 线间，它的电压是 $\dot{U}_{AC}$；功率表 W_2 的电流线圈串入 B 线，它的电流是 $\dot{I}_B$，电压支路并接在 B、C 线之间，它的电压是 $\dot{U}_{BC}$；其中 A、B 线接功率表的发电机端，C 线接公共端。

按功率表的原理，W_1、W_2 的读数应该分别为

$$P_1 = U_{AC} I_A \cos\beta_1$$

$$P_1 = U_{BC} I_B \cos\beta_2$$

式中，β_1 为 $\dot{U}_{AC}$ 与 $\dot{I}_A$ 的相位差；β_2 为 $\dot{U}_{BC}$ 与 $\dot{I}_B$ 的相位差。

显然，P_1 和 P_2 都不代表哪一相负载消耗的功率，但是可以证明，P_1 与 P_2 之和却代表三相负载消耗的总有功功率，即有

$$P=P_1+P_2=U_{AC}I_A\cos\beta_1+U_{BC}I_B\cos\beta_2 \tag{9-37}$$

式中，P 为三相负载消耗的总有功功率。

现证明如下。

设负载为星形接法（若为三角形接法，可化为等效星形接法），则三相瞬时功率为

$$p=p_A+p_B+p_C=u_{AO}i_A+u_{BO}i_B+u_{CO}i_C \tag{9-38}$$

式中，u_{AO}，u_{BO}，u_{CO} 为各相电压瞬时值；i_A，i_B，i_C 为各相电流瞬时值。

根据基尔霍夫电流定律，在三相三线制中，总存在以下关系：

$$i_A+i_B+i_C=0$$

即

$$i_C=-(i_A+i_B) \tag{9-39}$$

将式(9-39) 代入式(9-38)，得

$$\begin{aligned}p&=p_A+p_B+p_C=u_{AO}i_A+u_{BO}i_B+u_{CO}i_C=u_{AO}i_A+u_{BO}i_B-u_{CO}(i_A+i_B)\\&=(u_{AO}-u_{CO})i_A+(u_{BO}-u_{CO})i_B=u_{AC}i_A+u_{BC}i_B\end{aligned} \tag{9-40}$$

对上式两边在一个周期中求平均值，便得到三相总功率的平均值为

$$P=U_{AC}I_A\cos\beta_1+U_{BC}I_B\cos\beta_2$$

此式与式(9-37) 完全一致。由此得出结论：按图 9-21 接法的两只功率表的读数之和等于三相三线制电路的总有功功率。

在以上证明过程中，并不要求三相电路对称，只利用了条件 $i_A+i_B+i_C=0$，因此，二功率表法适用于对称和不对称三相三线制电路，同时也适用于对称三相四线制电路，因为这时中线电流 $i_N=i_A+i_B+i_C=0$。

还可以证明，两只功率表的接法与相序无关。即 W_1 和 W_2 的电流线圈可以串接在任意两条火线中，但是必须保证两只功率表电压支路的“发电机端”应接到各自电流线圈所在的那一线，而非“发电机端”都接在没有接功率表电流线圈的那一条线（即第三线）。

还应当注意的是，当用两只功率表按上述接线方法测三相电路有功功率时，有时可能有一只功率表由于电压和电流的相位差大于 90°而出现指针反偏的情况，这时，必须把该功率表电流端钮反接，并将该功率表的读数取负值。此时三相总有功功率等于两只功率表（实际上也是用一只功率表分别测量）读数的代数和。

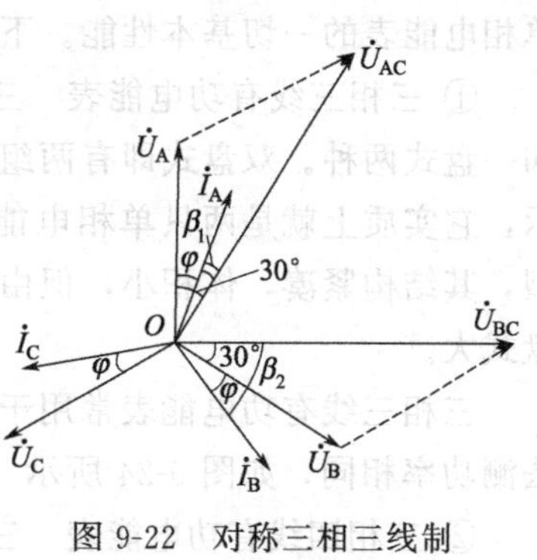

图 9-22　对称三相三线制电路相量图

如果三相电路是对称的，有

$$Z_A=Z_B=Z_C=z/\underline{\varphi}$$

则各相电压、线电压及线电流相量图如图 9-22 所示。图中设负载为感性，即 $\varphi>0$。由相量图可看出 $\dot U_{AC}$ 和 $\dot I_A$ 之间的相位差 $\beta_1=-(30°-\varphi)$；$\dot U_{BC}$ 和 $\dot I_B$ 之间的相位差为 $\beta_2=(30°+\varphi)$。则 W_1 和 W_2 的读数分别为

$$P_1=U_{AC}I_A\cos(30°-\varphi)$$

$$P_2=U_{BC}I_B\cos(30°+\varphi)$$

式中，φ 为负载的阻抗角。

所以对称三相负载的总有功功率为

$$P=P_1+P_2=U_{AC}I_A\cos(30°-\varphi)+U_{BC}I_B\cos(30°+\varphi)$$
$$=U_1I_1\cos(30°-\varphi)+U_1I_1\cos(30°+\varphi)=\sqrt{3}U_1I_1\cos\varphi \tag{9-41}$$

式中，U_1 为线电压；I_1 为线电流。

显然，当 $0°\leqslant\varphi\leqslant90°$时，$P_1$ 和 P_2 可能同时为正，或其中一个为正，一个为负。

按图 9-22 所示相量图也可得出两只功率表的电流线圈分别接在 B、C 线或 C、A 线时的读数关系。

例 9-3 某台电动机的功率（指有功功率）为 2.5kW，功率因数 $\cos\varphi=0.866$，线电压为 380V，如图 9-23 所示。求图中两只功率表的读数。

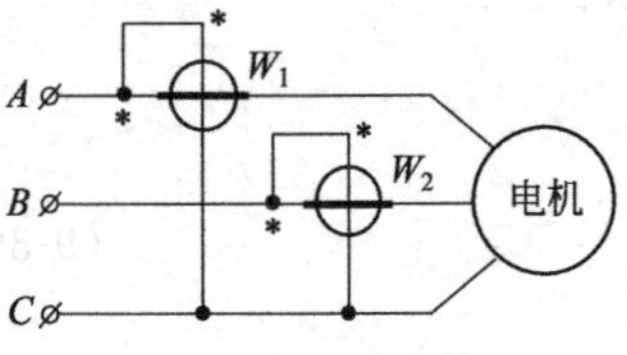

图 9-23　例 9-3 图

解　由于电动机为对称三相负载，所以线电流为

$$I_1=\frac{P}{\sqrt{3}U_1\cos\varphi}=\frac{2.5\times10^3}{\sqrt{3}\times380\times0.866}=4.39\ (\text{A})$$

负载的阻抗角为 $\varphi=\arccos0.866=30°$。

于是 W_1 和 W_2 的读数分别为

$$P_1=U_{AC}I_A\cos(30°-\varphi)=380\times4.39\times\cos(30°-30°)=1668.2\ (\text{W})$$
$$P_2=U_{BC}I_B\cos(30°+\varphi)=380\times4.39\times\cos(30°+30°)=834.1\ (\text{W})$$

因此，电动机消耗的总功率应该为

$$P=P_1+P_2=1668.2+834.1=2502.3\ (\text{W})$$

与给定的 2.5kW 基本相符，误差是计算引起的。

综上分析可知：一功率表法适用于对称三相四线制电路；二功率表法适用于对称或不对称三相三线制电路，也可用于对称三相四线制电路；三功率表法适用于不对称三相四线制电路。

(4) 三相有功电能表

在电力系统中，一般都用三相有功电能表测量三相电能。三相感应式电能表是由单相电能表发展形成的，它是根据前面两表法或三表法测功率的原理，将两个（称两元件式）或三个（称三元件式）电能表的测量机构组合在一起，使几个铝盘固定在同一转轴上，旋转时带动一个计度器，因而可以从计度器上直接读出三相电路总的有功电能，所以三相电能表具有单相电能表的一切基本性能。下面介绍两种常用的三相有功电能表。

① 三相三线有功电能表　三相三线有功电能表是二元件式的，在结构上可分为双盘式和一盘式两种。双盘式即有两组驱动元件和两个铝转盘，如 DS15 型，原理结构如图 9-24 所示，它实质上就是两只单相电能表的组合；一盘式即两组驱动元件共用一个转盘，如 DS2 型，其结构紧凑，体积小，但由于两组元件间磁通和涡流会产生相互干扰，所以误差要比双盘式大。

三相三线有功电能表常用于三相三线制电路中有功电能的测量，其接线方式与两功率表法测功率相同，如图 9-24 所示（①～⑥接线端子）。

② 三相四线有功电能表　三相四线有功电能表是按三表法测量功率的原理构成的，所以仪表中有三组元件。三相四线有功电能表在结构上可分为两种：a. 三元件两盘式，即有三组驱动元件和两个转盘，其中有两组驱动元件共同作用在一个转盘上，另一组驱动元件单独作用在另一个转盘上，如 DT18 型，目前采用最多的就是这种结构；b. 三元件单盘式，即三组驱动元件合用一个铝盘，如 DT2 型，由于铝盘少，因而可动部分质量轻，磨损小，

体积也小，但由于驱动元件在铝盘上产生的涡流会和另一组元件的磁通发生作用而产生附加力矩，因此，误差比双盘式大。

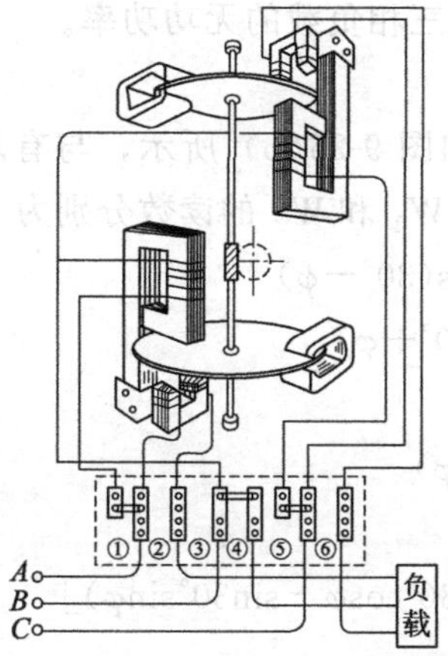

图 9-24　两元件双盘式电能表原理结构图

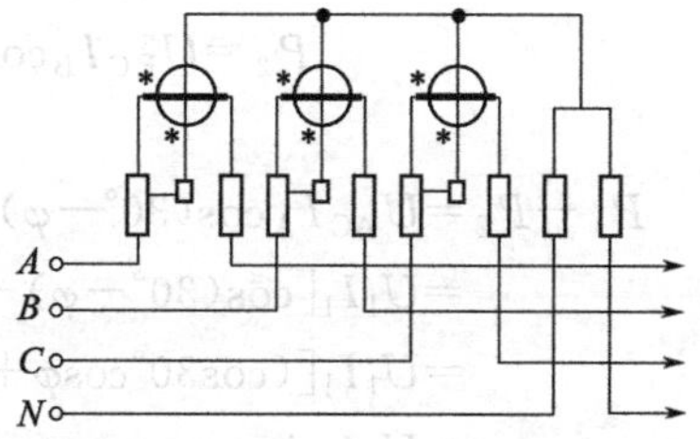

图 9-25　三相四线有功电能表的接线原理图

三相四线有功电能表常用于三相四线制电路中有功电能的测量，其接线方式与三表法测功率相同。为了避免错误，各组元件的电流线圈与电压线圈的电源端都已在电能表的端钮盒上排列和连接好。三相四线有功电能表的接线原理图如图 9-25 所示。

9.4.2　对称三相电路无功功率的测量

功率表不仅可以用来测量有功功率，按一定规则联接，还可以用来测量三相电路的无功功率。这里仅介绍对称三相电路无功功率的测量。

(1) 一功率表法

一功率表法测量对称三相电路无功功率的接线方法如图 9-26(a) 所示。图中功率表 W 的电流线圈串接在 A 线中，电压支路的两端分别接在 B、C 线上，而且电压端钮的“发电机端”接在 B 线上，则 W 的读数为

$$P=U_{BC}I_A\cos\beta$$

式中，β 为 $\dot{U}_{BC}$ 与 $\dot{I}_A$ 之间的相位差角。

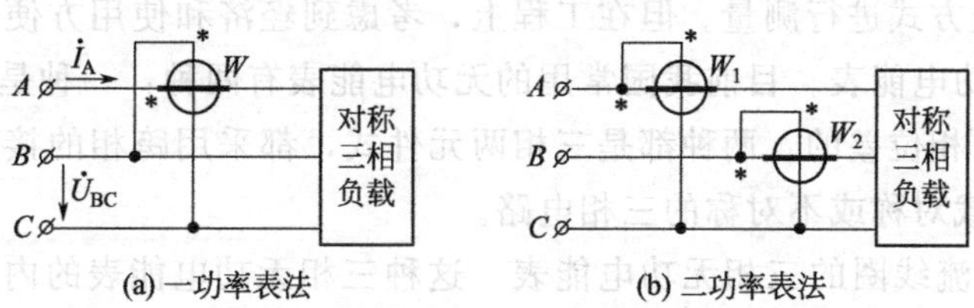

图 9-26　对称三相电路无功功率的测量

由图 9-22 所示的相量图可见

$$\beta=90°-\varphi$$

由于三相电路对称，各线电压相等，用 U_1 表示；各线电流相等，用 I_1 表示，则

$$P=U_1I_1\cos(90°-\varphi)=U_1I_1\sin\varphi \tag{9-42}$$

由电路理论可知，对称三相电路的无功功率为

$$Q=\sqrt{3}U_1I_1\sin\varphi \tag{9-43}$$

与式(9-42) 相比较，得

$$Q=\sqrt{3}P=\sqrt{3}U_1I_1\sin\varphi$$

即按图 9-26(a) 接法的功率表的读数乘以$\sqrt{3}$就得到了对称三相负载的无功功率。

(2) 二功率表法

二功率表法测量对称三相电路无功功率的接线方法如图 9-26(b) 所示，与有功功率测量接线方法相同。前面分析已知，当电路对称时，功率表 W_1 和 W_2 的读数分别为

$$P_1=U_{AC}I_A\cos(30°-\varphi)=U_1I_1\cos(30°-\varphi)$$
$$P_2=U_{BC}I_B\cos(30°+\varphi)=U_1I_1(30°+\varphi)$$

则

$$\begin{aligned}P_1-P_2&=U_{AC}I_A\cos(30°-\varphi)-U_{BC}I_B\cos(30°+\varphi)\\&=U_1I_1[\cos(30°-\varphi)-\cos(30°+\varphi)]\\&=U_1I_1[(\cos30°\cos\varphi+\sin30°\sin\varphi)-(\cos30°\cos\varphi-\sin30°\sin\varphi)]\\&=U_1I_1\sin\varphi\end{aligned}\tag{9-44}$$

与式(9-43) 相比较，得

$$Q=\sqrt{3}(P_1-P_2)\tag{9-45}$$

即按图 9-26(b) 接法的两只功率表的读数之差再乘以$\sqrt{3}$便得到对称三相电路的无功功率。

应注意的是，如负载为感性，无功功率为正值（$Q>0$），如果负载为容性，无功功率为负值（$Q<0$）。因此，无论是一功率表法还是二功率表法，在接线时一定要注意相序，否则会将无功功率的正、负号搞错。在一功率表法中，如果功率表的电流线圈串接在 B 线，则电压端钮的“发电机端”应接在 C 线，非“发电机端”应接在 A 线，依此类推；在二功率表中，如果功率表 W_1 的电流线圈接在 B 线，则功率表 W_2 的电流线圈应接在 C 线，两只功率表的非“发电机端”应接在 A 线，依此类推。

在实际工作中，无功功率几乎都用功率表来测量，但其刻度尺按一定关系用无功功率的单位来刻度。这就构成了无功功率表。

(3) 三相无功电能表

从原理上说，三相电路的无功电能也可以按照测量三相无功功率的方法，利用单相电能表按跨相 90°的接线方式进行测量。但在工程上，考虑到经济和使用方便，一般都采用可以直接读数的三相无功电能表。目前我国常用的无功电能表有两种：一种是带有附加电流线圈的；另一种是带 60°相位差的。两种都是三相两元件式，都采用跨相的接线方式，都能用于电源电压对称、负载对称或不对称的三相电路。

① 具有附加电流线圈的三相无功电能表　这种三相无功电能表的内部基本结构与两元件有功电能表相似。所不同的是，每个电流元件的铁芯上除了基本线圈外还有附加电流线圈，基本线圈和附加电流线圈的匝数相同、绕向也相同并绕在同一铁芯上，但极性相反，所以铁芯的总磁通为两者所产生的磁通之差。产生的转矩也与两线圈电流之差有关，基本线圈和串联后的附加电流线圈分别通入三相电流，接线方式如图 9-27(a) 所示：第一组元件基本线圈接入的电流为 $\dot{I}_A$，电压为 $\dot{U}_{BC}$；第二组元件基本线圈接入的电流为 $\dot{I}_C$，电压为 $\dot{U}_{AB}$；电流 $\dot{I}_B$则从附加线圈的非“*”端流入。所以，第一组元件产生的磁场与电流 $\dot{I}_{AB}=(\dot{I}_A-\dot{I}_B)$ 有关，第二组元件产生的磁场与电流 $\dot{I}_{CB}=(\dot{I}_C-\dot{I}_B)$ 有关，由接线方式和相量图知，

相应的转动力矩分别为

$$M_1=KU_{BC}I_{AB}\cos[90°+(30°-\varphi)]=-KU_{BC}I_{AB}\sin(30°-\varphi) \tag{9-46}$$

$$M_2=KU_{AB}I_{CB}\cos[90°-(30°+\varphi)]=KU_{AB}I_{CB}\sin(30°+\varphi) \tag{9-47}$$

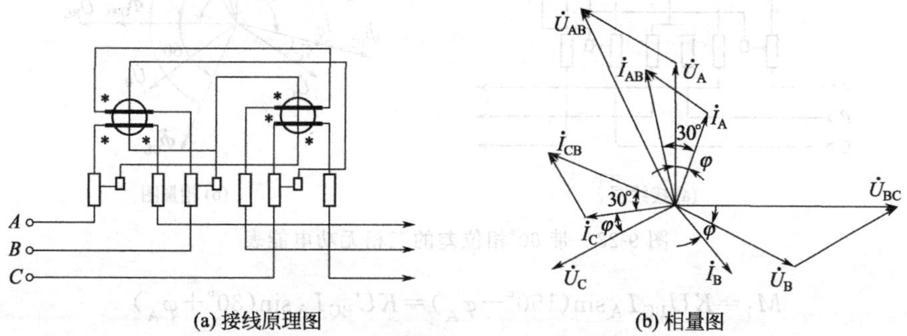

图 9-27　具有附加电流线圈的三相无功电能表结构图

如果三相电源电压对称，且负载为对称星形连接则

$$U_{AB}=U_{BC}=U_{CA}=U_l=\sqrt{3}U_A=\sqrt{3}U_B=\sqrt{3}U_C$$

$$I_A=I_B=I_C=I_l=\frac{1}{\sqrt{3}}I_{AB}=\frac{1}{\sqrt{3}}I_{CB}$$

式中，U_l 为线电压；I_l 为线电流。

将以上关系代入式(9-46) 和式(9-47) 得

$$M_1=-K\sqrt{3}U_lI_l\sin(30°-\varphi)$$

$$M_2=K\sqrt{3}U_lI_l\sin(30°+\varphi)$$

作用于铝盘上的总转动力矩为

$$M=M_1+M_2=K\sqrt{3}U_lI_l[\sin(30°+\varphi)-\sin(30°-\varphi)]$$

$$=K\sqrt{3}U_lI_l\cdot 2\cos30°\sin\varphi=K\sqrt{3}\cdot\sqrt{3}U_lI_l\sin\varphi=\sqrt{3}KQ \tag{9-48}$$

由式(9-48) 可知，总转矩与三相无功功率成正比。在设计与制造三相无功电能表时，积算机构已考虑$\sqrt{3}$的系数关系，故可从无功电能表的计度器直接读出无功电能。

这种具有附加电流线圈的三相无功电能表可用于电源电压对称、任意负载下三相三线或三相四线制电路。采用这种结构的电能表有 DX1 型、DX2 型、DX15 型等。

② 有 60°相位差的三相无功电能表　这种无功电能表的结构也与两元件三相有功电能表相似，不同的是，在两组电压回路中分别串入调节电阻 R，使电压线圈中流过的电流不再是滞后于端电压 90°，而是滞后 60°，从而电压线圈所产生的磁通比其相应的端电压滞后 60°。因此，将这种表称为 60°型无功电能表。

具有 60°相位差的三相无功电能表的接线方式如图 9-28(a) 所示，第一组元件接于电压 $\dot U_{BC}$ 和电流 $\dot I_A$ 上，第二组元件则接于电压 $\dot U_{AC}$ 和电流 $\dot I_C$ 上。由接线方式和相量图可知，第一组元件的平均转动力矩为

$$M_1=KU_{BC}I_A\sin\beta_1$$

式中，β_1 为电压磁通 $\dot\Phi_{U_{BC}}$ 与电流磁通 $\dot\Phi_{I_A}$ 的相位差。

由相量图可知 $\beta_1=60°+90°-\varphi_A=150°-\varphi_A$，因此该元件的平均转动力矩为

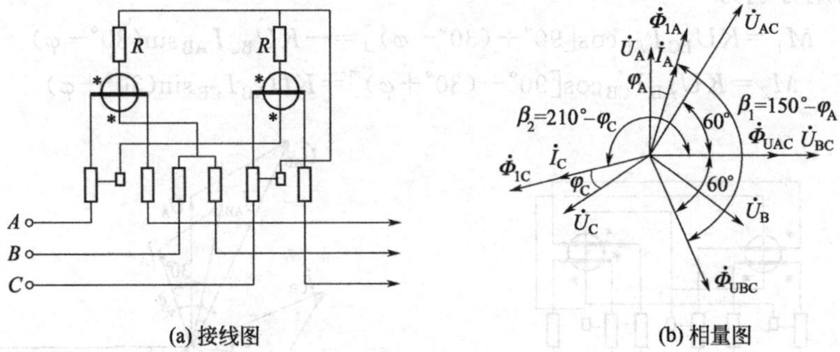

图 9-28　带 60°相位差的三相无功电能表

$$M_1=KU_{BC}I_A\sin(150°-\varphi_A)=KU_{BC}I_A\sin(30°+\varphi_A)$$

同理可知

$$M_2=KU_{AC}I_C\sin\beta_2=KU_{AC}I_C\sin(210°-\varphi_C)=-KU_{AC}I_C\sin(30°-\varphi_C)$$

式中，β_2 为电压磁通 $\dot{\Phi}_{U_{AC}}$ 与电流磁通 Φ_{I_C} 的相位差，$\beta_2=60°+150°-\varphi_C=210°-\varphi_C$。

在三相三线负载对称情况下，有

$$U_{AC}=U_{BC}=\sqrt{3}U_1,\ I_A=I_B=I_C=I_1,\ \varphi_A=\varphi_C=\varphi$$

故电能表的总转矩为

$$M=M_1+M_2=K\sqrt{3}U_1I_1[\sin(30°+\varphi)-\sin(30°-\varphi)]=\sqrt{3}KQ \tag{9-49}$$

即总转矩与三相无功功率成正比，因而通过积算机构，便可测出三相无功电能。

上述结论是在三相负载对称情况下得到的，可以证明，具有 60°相位差的无功电能表也可以用于负载不对称的三相三线制电路中。因此，这种无功电能表适用于电能电压对称、任意负载下的三相三线制电路。目前生产的 DX2 和 DX8 型三相无功电能表就是采用这种结构原理制成的。

9.5　测量用互感器

9.5.1　概述

在工程实际测量中，还会遇到高电压、大电流的测量问题，这时，一般电流表、电压表和功率表的量限已不能满足要求，因此，必须采取一定的措施来扩大仪表的测量量限。

在直流测量中，可以用表外分流器和表外附加电阻器来扩大直流电流表和直流电压表的量限。而在交流测量中，不宜用上述方法，其原因在于以下几点。

① 用分流器或附加电阻器来扩大交流仪表的量限时，由于仪表中电感的影响，所加的分流器或附加电阻器不会对任何频率都合适，当频率改变时，势必引起误差。

② 分流器或附加电阻器要损耗功率，尤其在高电压，大电流时，损耗较大。而且由于交流电流表（电磁系、电动系、感应系）的内阻较大，与它相配的分流器的阻值就较大，因此在分流器上的损耗就会更大；由于交流电压表的内阻较低，即满偏电流大，因此在附加电阻器上的损耗必然很大。例如：某一交流电压表，满偏电流是 40mA，如果串入附加电阻器，使它的量限为 100kV，则在它的附加电阻器上将消耗 4kW 的功率。

③ 分流器和附加电阻器只能与单独的仪表配用，因此，不经济。

基于上述诸原因，在交流测量中都是利用测量用互感器（又称为仪用互感器）来扩大仪表的量限。互感器是利用铁芯变压器能够变压和变流的特性，把高电压变成低电压，大电流变成小电流，因此可用普通的低、中量限的仪表进行测量。利用互感器进行测量的明显优点如下。

① 受频率的影响小。

② 损耗小。

③ 可以实现多功能测量。即在一台互感器上可以同时接入几种仪表，因而节约了设备成本和设备的体积。

④ 测量仪表可以标准化。通常把电流互感器副边电流的额定值定为 5A，电压互感器的副边电压的额定值定为 100V，同时，与互感器配用的仪表量限也分别规定为这两个数。这样在绝缘设计上可按试验电压 2000V 来考虑：既解决了仪表制造上的困难，又使仪表体积缩小和价格便宜，还增加了选择仪表的灵活性与仪器的互换性。

⑤ 安全可靠。因为互感器的原边和副边之间是依靠磁耦合，没有电的直接联系，这样就将测量仪表与被测电路可靠地隔离开，而且副边还可以接地，这样就保障了仪表和操作者的人身安全。因此，在高压电路测量中，即使被测量不超过仪表的量限，也常常采用互感器以保障安全。

基于上述优点，互感器是交流高电压、大电流测量中不可缺少的一种仪器，特别是在工程测量中应用非常广泛。

9.5.2　测量用互感器的结构和工作原理

根据用途不同，测量用互感器可分为电流互感器和电压互感器两种。

测量用互感器实际上就是一个铁芯变压器，其典型结构如图 9-29 所示。闭合铁芯是由硅钢片或高导磁合金叠制而成的，目的是有良好的导磁性能和减小涡流损失。在闭合铁芯上一般绕有两个绕组，其中 1、1′端与被测电路联接，称为原边，原边绕组称为初级绕组或原绕组，其匝数为 W_1；2、2′端与测量仪表相联接，称为副边，副边绕组称为次级绕组或副绕组，其匝数为 W_2。“*”端表示同名端。所谓同名端是指当原、副边电流同时从该端流入（或流出）时，原、副绕组所产生的磁场是相互加强的。因此，图中 1 和 2 是同名端，1′和 2′也是同名端。

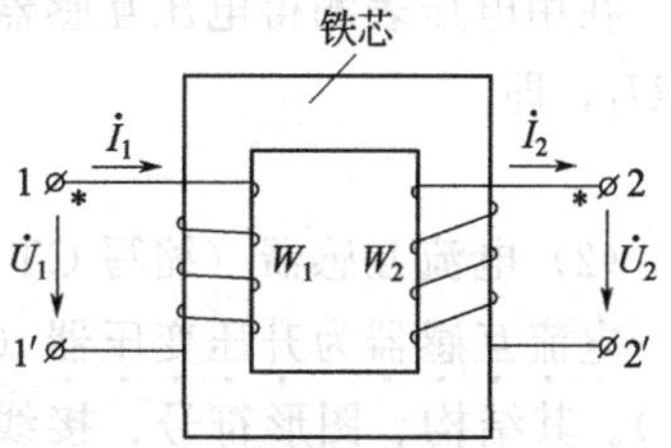

图 9-29　互感器结构示意图

按照变压器的原理，当变压器为理想情况时（即认为铁芯的磁导率趋于无穷大，铁芯内没有磁滞和涡流损耗，原绕组和副绕组的电阻可略去不计，符合这些条件的变压器为理想变压器），原、副边电压和电流之间的关系为

$$\frac{\dot{U}_1}{\dot{U}_2}=\frac{W_1}{W_2} \tag{9-50}$$

$$\frac{\dot{I}_1}{\dot{I}_2}=\frac{W_2}{W_1} \tag{9-51}$$

式(9-50) 和式(9-51) 表明，变压器在理想情况下，原、副边电压的大小与绕组的匝数成正比，其相位相同或相反（视参考方向而定）；原、副边电流的大小与匝数成反比，其相位相同或相反。按照这一特性可以构成测量用电压互感器和电流互感器。

(1) 电压互感器（缩写PT，文字符号TV）

电压互感器一般为降压变压器，即原绕组匝数大于副绕级匝数（$W_1 > W_2$）。其结构、图形符号、接线方法如图9-30所示。图中AX为原绕组，ax为副绕组，A与a为同名端，X与x为同名端。电压互感器的原边额定电压U_{1H}与副边额定电压U_{2H}（一般为100V）之比，称为电压互感的额定变压比，用K_{HU}表示，它取决于原、副边绕组匝数之比，即

$$K_{HU}=\frac{U_{1H}}{U_{2H}}=\frac{W_1}{W_2} \tag{9-52}$$

K_{HU}是一个常数，其值标志在电压互感器的铭牌上。K_{HU}一般为500V/100V，750V/100V，……

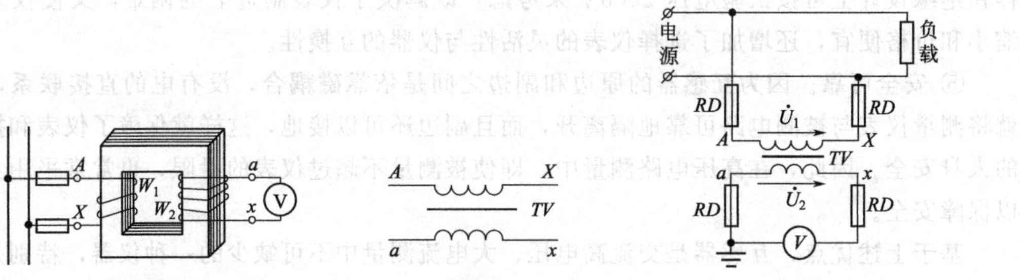

(a) 结构　　(b) 符号　　(c) 接线

图9-30　电压互感器的符号与接线

AX—原绕组；ax—副绕组；RD—熔断器

在用电压表测得电压互感器副边电压U_2后，则根据变压比K_{HU}就可确定被测的原边电压U_1，即

$$U_1=K_{HU}U_2 \tag{9-53}$$

(2) 电流互感器（缩写CT，文字符号TA）

电流互感器为升压变压器（或“降流”变压器），即原绕组匝数小于副绕组匝数（$W_1 < W_2$）。其结构、图形符号、接线方法如图9-31所示。图中L_1、L_2为原绕组，K_1、K_2为副绕组。L_1与K_1为同名端，L_2与K_2为同名端。电流互感器的原边额定电流以I_{1H}与副边额定电流I_{2H}（一般为5A）之比，称为电流互感器的额定变流比，用K_{HI}表示，它取决于副、原边绕组匝数之比，即

$$K_{HI}=\frac{I_{1H}}{I_{2H}}=\frac{W_2}{W_1} \tag{9-54}$$

K_{HI}也是一个常数，其值标志在电流互感器的铭牌上。K_{HI}一般为75A/5A，25A/5A，……

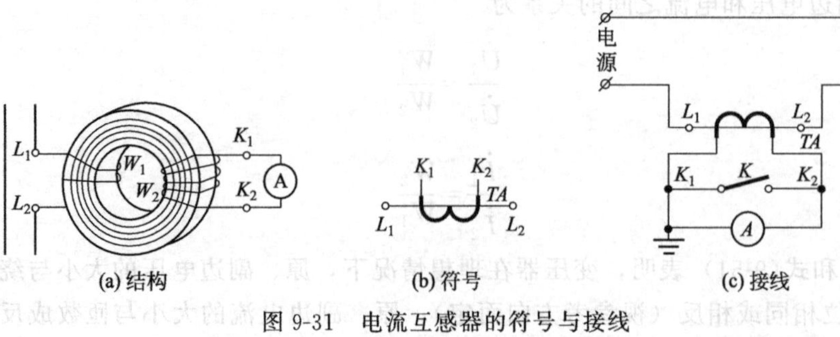

(a) 结构　　(b) 符号　　(c) 接线

图9-31　电流互感器的符号与接线

L_1，L_2—原绕组；K_1，K_2—副绕组

在用电流表测得电流互感器副边绕组电流 I_2 后，根据额定变流比 K_{HI}，就可确定被测原边电流 I_1 的值，即

$$I_1=K_{HI}I_2 \tag{9-55}$$

9.5.3　测量用互感器的误差和准确度等级

通过额定变比来决定被测量是比较方便的，但测量结果会有误差，测量用互感器的误差主要是变比误差和角误差。

(1) 变比误差

由于实际互感器不可能是完全理想的，因此，互感器的变比 K_{HU} 或 K_{HI} 不可能是常数，它不仅与互感器本身的结构和铁芯材料有关，而且与互感器的工作状态，如工作电压、电流的大小，负载阻抗的大小和性质以及电流的频率等也有关。所以按额定变比求出的测量值只是一个近似值，与实际值之间总存在一定的误差，这种误差称为变比误差，如用相对误差表示，则称为比值差或比差。

对于电压互感器，比差为

$$\gamma_U=\frac{U'_1-U_1}{U_1}\times100\%=\frac{K_{HU}U_2-K_UU_2}{K_UU_2}\times100\%=\frac{K_{HU}-K_U}{K_U}\times100\% \tag{9-56}$$

式中，U_1 为被测电压的实际值；U'_1 为由额定变压比折算出的被测电压值；U_2 为仪表读数；K_{HU} 为电压互感器的额定变压比；$K_U=U_1/U_2$ 为在一定工作条件下，电压互感器的实际变压比。

按同样道理，对电流互感器，比差为

$$\gamma_I=\frac{I'_1-I_1}{I_1}\times100\%=\frac{K_{HI}I_2-K_II_2}{K_II_2}\times100\%=\frac{K_{HI}-K_I}{K_I}\times100\% \tag{9-57}$$

式中，I_1 为被测电流的实际值；I'_1 为由额定变流比折算出的被测电流值；I_2 为仪表读数；K_{HI} 为电流互感器的额定变流比；$K_I=I_1/I_2$ 为在一定工作条件下，电流互感器实际变流比。

(2) 角误差

当互感器不是完全理想时，由于互感器原边、副边阻抗以及负载阻抗的影响，使电压互感器原、副边电压之间的相位及电流互感器原、副边电流之间的相位不可能完全同相（或反相），而是差了一个 δ 角，这个 δ 角就称为互感器的角误差或相角差。角误差可正、可负（$\dot{U}_2$ 滞后于 $\dot{U}_1$ 时 δ 为负，反之为正）。角误差不会影响互感器副边电压表和电流表的读数，但会影响副边功率表和电度表的读数，因为这些仪表的读数与相位有关系，而这时电压互感器的副边电压与电流互感器的副边电流之间的相位关系不能正确反映原边负载上电压和电流之间的相位关系，因而导致功率和能量的测量误差。

(3) 互感器的准确度等级

互感器的准确度等级用互感器所容许的比差表示。例如 0.2 级互感器是指在规定的工作条件下，它的比差不超过±0.2%。在准确度等级中，对相角差 δ 也有相应规定。

规定的工作条件是指以下几点

① 电压互感器原边工作电压 U_1 相对于原边额定电压 U_{1H} 的百分率；电流互感器原边工作电流 I_1 相对于原边额定电流 I_{1H} 的百分率。

② 互感器副边所接负载（即测量仪表）的容量相对于互感器副边额定容量的百分率。负载的容量为

$$S_2=U_2I_2=U_2^2\cdot|Y|=I_2^2\cdot|Z|$$

式中，$|Y|$，$|Z|$为额定负载的导纳、阻抗。

互感器副边的额定容量为

$$S_{2H}=U_{2H}I_{2H}=U_{2H}^2\cdot|Y_H|=I_{2H}^2\cdot|Z_H|$$

式中，$|Y_H|$，$|Z_H|$为额定负载的导纳、阻抗。

对电压互感器而言，当$U_2=U_{2H}$时，有

$$\frac{S_2}{S_{2H}}=\frac{U_{2H}^2\cdot|Y|}{U_{2H}^2\cdot|Y_H|}=\frac{|Y|}{|Y_H|}$$

因此，在电压互感器中，$|Y|/|Y_H|$反映了S_2/S_{2H}。

同样，对电流互感器而言，当$I_2=I_{2H}$时，有

$$\frac{S_2}{S_{2H}}=\frac{I_{2H}^2|Z|}{I_{2H}^2|Z_H|}=\frac{|Z|}{|Z_H|}$$

因此，在电流互感器中，$|Z|/|Z_H|$反映了S_2/S_{2H}。

③ 负载的功率因数$\cos\varphi_2$。在互感器的铭牌上一般规定$\cos\varphi_2$的范围。

④ 工作频率范围。在互感器铭牌上规定工作频率范围。

我国生产的电流互感器和电压互感器的准确度等级有0.01级、0.02级、0.05级、0.1级、0.2级、0.5级、1.0级、3.0级。它们的允许误差分别如表9-2和表9-3所示。一般0.2级以上的互感器用于实验室。

表9-2　电流互感器的准确度等级和允许误差

准确度级别	$(I_1/I_{1H})/\times100$	允许误差		$(Z/Z_H)/\times100$
		$\gamma_I/\times100$	$\delta/(')$	
0.01	10~120	±0.01	±0.3	25~100
0.02	10~120	±0.02	±0.6	25~100
0.05	10~120	±0.05	±0.2	25~100
0.1	10 20 50 100~120	±0.25 ±0.20 ±0.15 ±0.10	±10 ±8 ±7 ±5	25~100
0.2	10 20 50 100~120	±0.50 ±0.35 ±0.30 ±0.20	±20 ±15 ±13 ±10	25~100
0.5	10 20 50 100~120	±1.00 ±0.75 ±0.65 ±0.50	±60 ±45 ±40 ±30	25~100
1.0	10 20 50 100~120	±2.0 ±1.5 ±1.3 ±1.0	±120 ±90 ±80 ±60	25~100
3.0	50 100	±3.0 ±3.0	— —	25~100

表 9-3　电压互感器的准确度等级和允许误差

准确度级别	$(U_1/U_{1H})/\times 100$	允许误差		$(Y/Y_H)/\times 100$
		$\gamma_U/\times 100$	$\delta/(')$	
0.01	20 50 80～120	±0.03 ±0.015 ±0.01	±1.0 ±0.5 ±0.3	25～100
0.02	20 50 80～120	±0.06 ±0.03 ±0.02	±0.20 ±1.0 ±0.6	25～100
0.05	20 50 80～120	±0.15 ±0.075 ±0.05	±6 ±3 ±3	25～100
0.1	20 50 80～120	±0.3 ±0.15 ±0.1	±15 ±7.5 ±5	25～100
0.2	20 50 80～120	±0.6 ±0.3 ±0.2	±30 ±15 ±10	25～100
0.5	85～115	±0.5	±20	25～100
1.0	85～115	±1.0	±40	25～100
3.0	85～115	±3.0		25～100

9.5.4　互感器的正确使用

(1) 电压互感器

使用互感器应注意以下几点。

① 所选电压互感器原边的额定电压应大于被测电压。

② 与电压互感器配套使用的测量仪表一般应选量限为 100V 的交流电压表。如果测量仪表的电压量限没有 100V 这一档（例如在功率表中），则应选电压量限大于 100V 的档。测量时，电压表读数乘以互感器的变压比，就得到被测电压的数值。

有些电压表，如 1T1-V 型伏特表，它的刻度盘的刻度是按所选电压互感器的原绕组额定电压标度的，此仪表刻度盘上还标明了需配用的互感器规格，如“用电压互感器 10000/100V”，这时就必须选用这种规格的互感器与电压表配套使用，这样可直接从仪表上读出被测高电压的数值。

③ 副边所接测量仪表消耗的功率不要超过电压互感器的额定容量，以免造成过大的误差和损坏互感器。

例如额定容量为 5VA 的电压互感器，在副边额定电压 $U_{2H}=100V$ 和功率因数 $\cos\varphi=1$ 时，则副边所能接入的额定负载为

$$Z_H=\frac{U_{2H}^2}{S_{2H}}=\frac{100^2}{5}=2000\ (\Omega)$$

因此，所接测量仪表的等效内阻应大于 2kΩ。

④ 电压互感器的频率范围应与工作频率吻合。

⑤ 电压互感器的接线如图 9-30(c) 所示。电压互感器的原边 AX 接在被测电压上，而

副边 ax 与电压表联接。如果 ax 与功率表的电压端钮联接，还要注意原、副边的同名端，应保证功率表接线仍满足“发电机端”规则。

⑥ 电压互感器的副边不允许短路，否则将烧坏互感器。为防止短路事故发生，电压互感器的原边和副边都要接熔断器（图 9-30 中的 RD），副边有时还要加保护电阻，以减小短路时的电流。

⑦ 电压互感器的铁芯、外壳及副边的低电位端都要可靠接地，这样即使绕组的绝缘受到损坏，次级电路里的电位也不会升高，以确保人身和设备安全。

(2) 电流互感器

使用电流互感器应注意以下几点。

① 所选电流互感器原边的额定电流应大于被测电流，同时要求电流互感器的额定电压要与被测电路的电压相适应，以防止绝缘击穿。

国产电流互感器的额定电压等级有 0.5kV、3kV、6kV、10kV、15kV、35kV、60kV、110kV、154kV、220kV 等。

② 与电流互感器配套使用的交流电流表的量限为 5A，电流表读数乘以互感器的变流比是被测电流数值。1T1-A 型电流表要与电流互感器配套使用，其刻度盘直接按原边电流刻度，可以从表上直接读出被测电流。

③ 副边所接测量仪表消耗的功率不要超过电流互感器的额定容量。尤其在互感器副边接有几个仪表时，各测量仪表电流线圈的额定容量的总和不要超过电流互感器的额定容量。

例如，额定容量为 5VA 的电流互感器，在副边额定电流 $I_{2H}=5A$ 和功率因数 $\cos\varphi=1$ 时，副边所能接入的额定负载为

$$Z_H=\frac{S_{2H}}{I_{2H}^2}=\frac{5}{5^2}=0.2\ (\Omega)$$

因此，所接测量仪表的等效内阻应小于 0.2Ω。

④ 电流互感器的频率范围也应与工作频率吻合。

⑤ 电流互感器的接线如图 9-31(c) 所示。电流互感器的原边 L_1L_2 串接在被测电路中，而副边 K_1K_2 与电流表连接。如果 K_1K_2 与功率表的电流端钮连接，也应注意原、副边的同名端，以保证功率表接线正确。

⑥ 使用电流互感器时应特别注意副边不允许开路，否则将导致电流互感器的铁芯严重发热并且在副边感应很高的电压，从而危及人身和设备安全。这是因为电流互感器的原边匝数（W_1）很少，副边匝数（W_2）很多，在正常工作时，由于副边接近短路状态（因为电流表的内阻很小），因此，虽然原边绕组中因通过很大电流要产生很强的交流磁通，但是副边绕组由于匝数很多也要产生很强的磁通，两者基本上相抵消，所以，铁芯中实际磁通很小。如果副边开路，则铁芯中仅有原边绕组产生的很强的交流磁通，使铁芯由于磁滞和涡流损耗而严重发热。同时在副边将有很高的感应电压。

为了确保电流互感器副边不至于开路，一方面电流互感器的副边不允许安装熔断器；另一方面，在电流互感器的副边并接有可以短路的开关，当需要带电更换仪表或需要将仪表拆除时，应首先利用开关将副边短路。

⑦ 电流互感器的铁芯，外壳及副边的低电位端同样应可靠接地。

(3) 钳形表

在实用中还有一种特殊的电流互感器，称为钳形电流互感器。它与交流电流表配合，构

成了钳形电流表，如图 9-32 所示。

钳形电流互感器的铁芯是可以开合的，握紧手柄时，铁芯张开让被测电流的导线进入铁芯的窗口中；松开手柄时，铁芯闭合，这样通过铁芯窗口的导线就成为电流互感器的原绕组，副绕组已与电流表接好，因而，电流表可以直接指示出被测电流的大小。

如果钳形表的测量机构是采用整流式的磁电系仪表，则只能用于交流电路；如果采用电磁系的测量机构，则可以交、直流两用（如 MG20 和 MG21 型钳形电流表)，它的外形虽与上述钳形电流表相同，但结构和工作原理却不一样，它与上述钳形表在结构上不同的地方是没有次级线圈，而将测量机构的活动部分放在钳形铁芯的缺口中间，其工作原理与电磁系仪表相似。

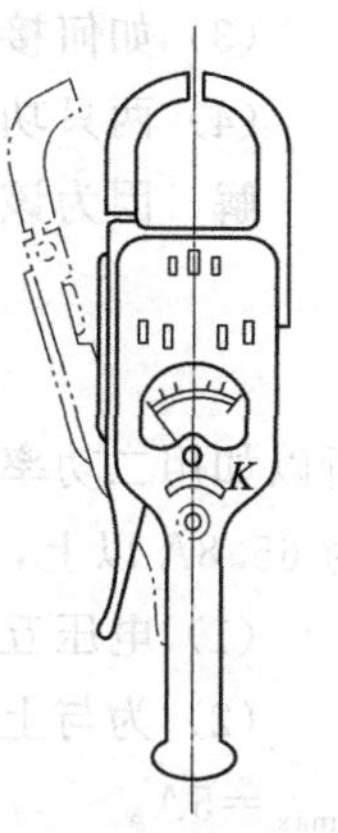

图 9-32　钳形表

钳形电流表的优点是可以在不切断电路的情况下测量电流，所以使用方便，但准确度不高，通常为 2.5 级或 5 级。

（4）用互感器测功率

在高电压、大电流的线路中，测量功率时也要应用测量用互感器。

用互感器测功率时，不仅会产生比差，而且还会有角差。为了提高测量的准确度，接线时特别要注意测量用互感器的极性，即要求在用了互感器后功率表的连接仍然需遵守功率表的“发电机端”接线规则。注意互感器上所标注的同名端。

图 9-33 说明测量功率时电流互感器的正确接法。

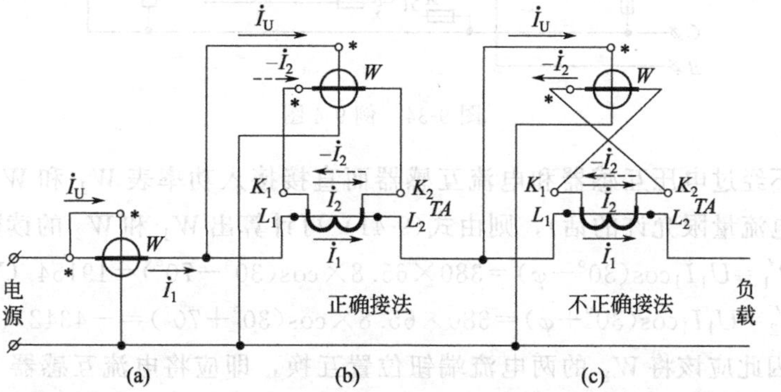

图 9-33　测量功率时电流互感器的接法

(a) 功率表直接接入电路；(b) 功率表通过电流互感器接入电路（正确接法）；(c) 功率表通过电流互感器接入电路（不正确接法）

图 9-33(b) 的接线之所以正确，是因为原绕组的 L_1 端接到了电源端，L_1 的同名端 K_1 也接到了功率表的相应发电机端“＊”上，而在图 9-33(c) 中，L_1 端接在电源端，而其同名端 K_1 却没有接到功率表相应的发电机端“＊”上，所以接法不正确。

例 9-4　某对称三相电源的线电压为 380V，对称三角形负载各相的复阻抗为 $Z=10\underline{/70^\circ}\Omega$，现有的功率表电压量限有 75/150/300V，电流量限有 5/10A，如用二功率表测该三相负载的功率，试问：

（1）应该选择什么规格的电压互感器和电流互感器？

（2）功率表的量限如何选择？

（3）如何接线？

（4）两只功率表的读数各为多少？

解 因为该对称三相电路中负载作三角形连接，因此相电流、线电流分别为

$$I_{\varphi}=U_1/Z=380/10=38\ (\mathrm{A})$$

$$I_1=\sqrt{3}I_{\varphi}=\sqrt{3}\times 38=65.8\ (\mathrm{A})$$

所以如用二功率表法测该三相负载的功率，功率表的电压量限应选为380V以上，电流量应为65.8A以上，故必须采用电压互感器和电流互感器。

（1）电压互感器（TV）应选500V/100V；电流互感器（TA）应选75A/5A。

（2）为与上面所选互感器配合，功率表的电压量限应选 $U_{\max}=150\mathrm{V}$；电流量限应选 $I_{\max}=5\mathrm{A}$。

（3）接线方法如图9-34所示。在接线时一定要注意电压互感器和电流互感器的同名端。即用了互感器以后功率表的接线仍应满足“发电机端”联线规则。

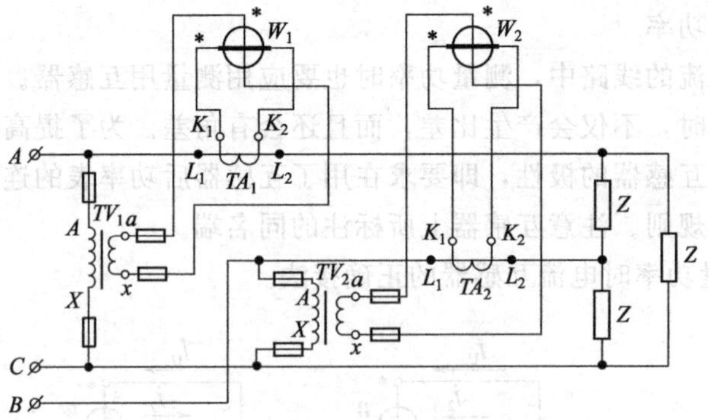

图9-34 例9-4图

（4）如果不经过电压互感器和电流互感器而直接接入功率表 W_1 和 W_2（设 W_1 和 W_2 的电压量限和电流量限允许的话），则由式(9-41)可计算出 W_1 和 W_2 的读数分别为

$$P'_1=U_1I_1\cos(30°-\varphi)=380\times 65.8\times\cos(30°-70°)=19154\ (\mathrm{W})$$

$$P'_2=U_1I_1\cos(30°+\varphi)=380\times 65.8\times\cos(30°+70°)=-4342\ (\mathrm{W})$$

由于 $P'_2<0$，因此应该将 W_2 的两电流端钮位置互换，即应将电流互感器 $\mathrm{TA_2}$ 的 K_2 端与 W_2 的电流端钮的“*”端连接。由于所选电压互感器的变压比 $K_{\mathrm{HU}}=500\mathrm{V}/100\mathrm{V}=5$，电流互感器的变流比 $K_{\mathrm{HI}}=75\mathrm{A}/5\mathrm{A}=15$，因此，连接在电流互感器和电压互感器副边的功率表 W_1 和 W_2 的实际读数分别为

$$P_1=\frac{P'_1}{K_{\mathrm{HU}}K_{\mathrm{HI}}}=\frac{19154}{5\times 15}=255.4\ (\mathrm{W})$$

$$P_2=\frac{P'_2}{K_{\mathrm{HU}}K_{\mathrm{HI}}}=\frac{-4342}{5\times 15}=-57.9\ (\mathrm{W})$$

思考题与习题

9-1 怎样减小用电流表直接测量电流和用电压表直接测量电压的方法误差？

9-2 当用内阻为50kΩ的电压表测量某电压量，电压表的读数为100V；当改用内阻为100kΩ的电压表再测该电压时，读数为109V，问用这两块电压表来测量电压时，各产生多

大的系统误差（方法误差）?

9-3　按你所知，拟定几个测量电压表内阻和电流表内阻的电路。

9-4　伏安法测电阻有何优缺点？如果用伏安法测某二极管的正向及反向伏安特性，应怎样接线？画出电路图。

9-5　推导用三电流表法测电感的结果。

9-6　试设计一电路，用半偏法测一表头内阻。该表头满刻度电流为 50μA，内阻约为 500Ω。是否一定要半偏，3/4 偏是否也可以？请加以说明。

9-7　在图 9-35 中，R_x 为被测电阻，R_n 为标准电阻，电压表 V 的内阻为 R_V，测量时，电压表 V 先接到 1、2 两端测得 U_x，再接到 2、3 两端测得 U_n。若 R_V 趋于无穷大即电压表 V 不取电流，显然有 $R_x/R_n=U_x/U_n$。但 R_V 实际为有限值，即测量时电压表 V 要取电流，似乎前述比例公式不再成立。试证明：如果电压源是理想的，且测 U_x 和 U_n 时电压表 V 不改变量程，即 R_V 固定，则上述比例公式仍然成立。（利用该测量方法的比例关系式；可得电阻 R_x，即 $R_x=\frac{U_x}{U_n}R_n$）。

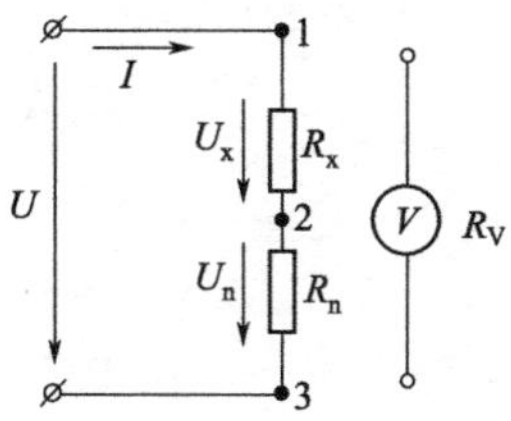

图 9-35　习题 9-7 图

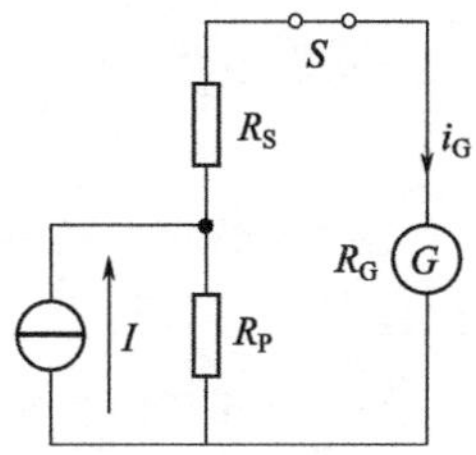

图 9-36　习题 9-8 图

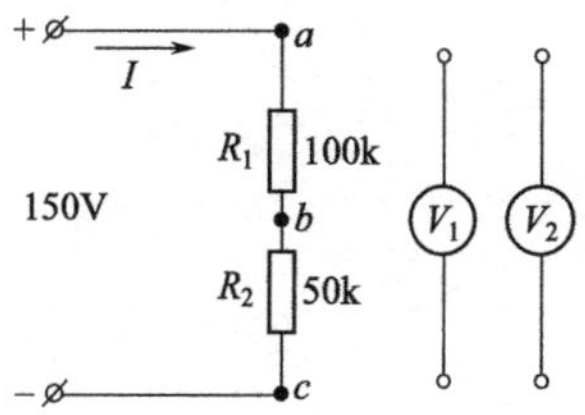

图 9-37　习题 9-9 图

9-8　检流计灵敏度检测线路（图 9-36）中，已知电流源 I 是由 1.5V 电池串联一个 2500Ω 电阻组成的，其中 $R_P=1\Omega$。当 $R_S=450\Omega$ 时，检流计偏转 50 格；$R_S=950\Omega$ 时，偏转 25 格。求检流计内阻值 R_G 及其电流灵敏度 S_I（$=\text{div}/i_G$）。

9-9　图 9-37 中，150V 电压加到 $R_1=100\text{k}\Omega$ 和 $R_2=50\text{k}\Omega$ 的串联电路上。若用量程为 100V、内阻参数为 1kΩ/V 的 0.5 级电压表 V_1 分别测 U_{ab} 和 U_{bc}，试计算电压表的示值和示值相对误差。此时的电压表示值与 U_{ab} 和 U_{bc} 的真实值相差多少？若改用 2.5 级、量程 100V、内阻参数为 20kΩ/V 的电压表 V_2 进行测量，结果又将如何（比较用 V_1 和 V_2 测量结果，加以讨论）。

9-10　在电工电子实验中经常需要测定高内阻电源的电压，显然按直读法用电压表直接测量将产生较大的方法误差。现要求：用一只磁电系电压表（其内阻 R_V 已知）和一多档变阻箱设法准确测量（包括必要的计算）出电源的空载电压 U_0 和其高内阻 R_0 的值。你还能用其他方法测出 U_0 和 R_0 吗？

9-11　某对称三相电源线电压为 220V，对称三角形负载各相的阻抗 $Z=50/\underline{70^\circ}\Omega$，现有的功率表电压量限为 75/150/300V，电流量限为 5/10A，如用两表法测该三相负载的功率应如何选择量限？如何接功率表？并计算出两表的读数。

9-12　在三相对称电路中，用“两表法”测量三相有功功率时，接于 A 相电流电路的功率表读数为 800W；接于 B 相电流电路的功率表读数为 400W，因此，可以判定负载的阻抗性质是什么？

9-13　有一电压互感器，变比为 6000V/100V，另有一电流互感器，变比为 100A/5A，当互感器二次侧分别接上 100V 电压表和 5A 电流表，测量某交流电路的电压与电流时，读数分别为 90V 和 2.5A，求一次侧的实际电压与电流值。

9-14　一电流互感器变流比是 25A/5A，电压互感器的变压比是 500V/100V，功率表的量限是 150V、5A，刻度分格是 150 格。今功率表的电压端钮和电流端钮接在两个互感器的副边，读数为 90 个分格，问所测功率是多少？画出正确的接线图。

9-15　使用电压互感器与电流互感器时应注意什么？

9-16　用钳形电流表测量三相电路的电流，当钳口中分别放入一相导线、放入二相导线、放入三相导线时，钳形表分别测量的是什么电流？

9-17　某电流互感器，其二次侧的额定阻抗为 0.4Ω。现有三只电流表可供选择，第一只为 D2-5A 电流表，内阻为 0.5Ω；第二只为 D26-5A 电流表，内阻为 0.3Ω；第三只为 D19-5A 电流表，内阻为 0.08Ω，问应选用哪只电流表配套使用比较合适？

第3篇　比较仪器及比较测量法

前面介绍的各种直读指示仪表及直读测量法虽然具有测量速度快、操作简便等优点，但是它们的测量准确度不太高。为了获得更准确的测量结果，应当采用比较仪器，用比较测量法进行测量。比较测量法的实质是将被测量与度量器进行比较，从而确定出被测量的大小。

要实现比较测量，就要有实现比较的仪器设备，有能产生标准量的量具，以及显示比较是否平衡的指示器。通常实现比较的仪器设备主要有电桥和电位差计，它们是本篇的主要内容；产生标准量的量具即度量器，有标准电池、标准电阻、标准电容、标准电感以及它们组合成的电阻箱、电容箱、电感箱等；平衡指示器有直流检流计和交流指零仪。

比较测量法分为补偿测量法和电桥测量法两大类。

补偿测量法是以被测电压（或电势）与已知电压互相补偿（完全相等）作为测量基础的。用这种方法可以测量电动势、电压、电流、功率，还可测量电阻、电感、电容等。这种方法的特点是不需要从被测电路中取电流，从而消除了引线电阻的影响并避免了方法误差。

实现补偿测量法所用的仪器叫电位差计，也叫补偿器。电位差计是用准确度较高的元件组成的，所以仪器本身的准确度比直读指示仪表高。

鉴于以上原因，根据目前的技术水平，直流电位差计的测量准确度可达 10^{-6}。但交流电位差计的准确度比直流电位差计的低一些，有时甚至低于交流直读指示仪表的准确度。

电桥测量法是利用桥式电路将被测电阻、电容或电感与标准电阻、电容或电感进行比较以确定被测量的大小。实现电桥测量法的仪器有直流电桥和交流电桥，它们也是由准确度较高的元件组成的。目前，直流电桥的准确度可达 10^{-4}。

电桥测量法具有很大的灵活性，它不但在电气测量中用来测量电阻、电容、电感，而且也被用来测量频率、介质损耗角、磁性材料的损耗等；它还被广泛用来测量温度、位移等非电量，以及用在各种工业自动检测装置中。

由于采用比较测量法，所以仪器测量的准确度高，灵敏度高，而且仪器的稳定性好。因此，它们主要用作高精度测量，特别适用于比较同性质的两个数值接近的量值，广泛应用于计量部门。

近些年来又发展了电流比较式电位差计和电桥，进一步提高了测量准确度和工作稳定性。由于运算放大器在电桥线路中的应用，构成了有源电桥，这种电桥改善了原有电桥的许多性能，在快速及自动测量中有广阔前景。

本篇主要介绍直流电位差计的原理及使用；交流电位差计特点；直流单电桥、双电桥及交流电桥等。

第 10 章　直流电位差计

电位差计是利用比较测量法采用补偿原理直接测量电动势或电压的仪器，它包括直流电位差计和交流电位差计两种。

直流电位差计是直接测量直流电压或电动势的比较仪器，其准确度可达±0.005%或更高，最高分辨率可达 0.01μV，甚至达 1nV，稳定、可靠。而且在测量电压时，直流电位差计不消耗被测电路的能量，因而对被测电路毫无影响。

直流电位差计还能间接地用来测量电流、电阻及功率等，并且有较高的准确度。

直流电位计是根据电位补偿原理制成的，所以又叫直流补偿器。

10.1　直流电位差计的工作原理

10.1.1　电位补偿原理

电位补偿原理可用图 10-1 来说明。在图 10-1(a) 中，如果调节可变电势电源 E_k，使检流计 G 指零，这说明此时 $E_k=E_x$，即 E_k 补偿了 E_x。在电路得到补偿状态下，只要知道 E_k 的大小，便可确定未知电势 E_x 的值，这种测定电势的方法叫做补偿测量法。

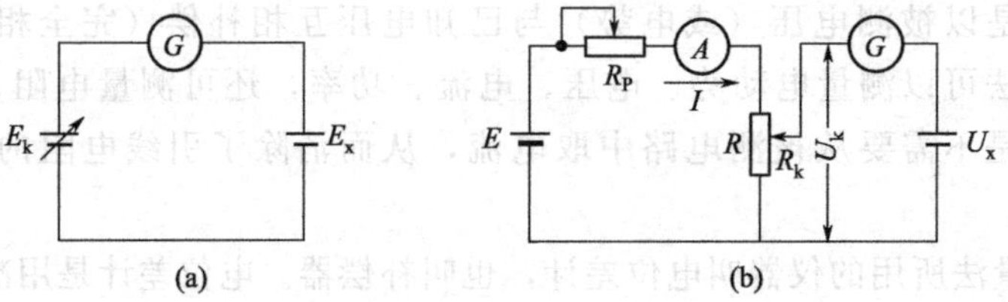

图 10-1　电位补偿原理

为了得到准确、稳定、便于调节的 E_k，实际中采用图 10-1(b) 所示电路。首先调节限流电阻 R_P 的触点，使电路中电流保持一定值 I，然后调节滑线电阻 R，使检流计指零，则表明 R_k 上由电流 I 产生的压降 U_k 与被测电势 E_x 相等。即 U_k 补偿了 U_x。这时只要知道 R_k 和电流 I 的值，便可求出被测电势 E_x 的值，即

$$U_x=U_k=IR_k$$

电流 I 可从电流表 A 读出，R_k 可从可变电阻 R 的刻度（或标尺）上读得。

用这种方法测电势（或电压）的特点是，测量电路不从被测量中吸收电流，对被测量（或被测电路）没有影响，保证了被测电势（或电压）的真实性。

10.1.2　直流电位差计的原理电路

事实上用图 10-1(b) 所示电路构成的测量线路，其测量准确度是不会高的。这是因为，电阻 R_k 虽然可以做得很准确，但工作电流 I 还必须通过指示仪表来测量，因此，要提高测量的准确度，就必须解决校准工作电流的问题。

图 10-2 是目前经常采用的一种电位差计的电路。从图中可以看出，它包括三个回路。

① 工作电流回路　由工作电源 E、工作电流调节电阻 R_P、工作电流校准电阻 R_N 和测量电阻 R 组成，用来产生和调节工作电流 I。

② 标准回路　由标准电池 E_n、位置选择开关 K、检流计 G 和部分校准电阻 R_n 组成，

用来校准工作电流，所以它也叫工作电流校准回路。

③ 测量回路　由被测电压（或电势）U_x、位置选择开关K、检流计G和部分测量电阻R_k组成，利用补偿平衡来测量未知电压，故称为测量回路或补偿回路。

实际上，任何电位差计线路，不论其结构和形式多么复杂或多么简单，都可以划分为这三个基本回路。

根据电位差计原理线路图10-2，从具体测量步骤说明其测量原理以及为什么电位差计测量准确度高。

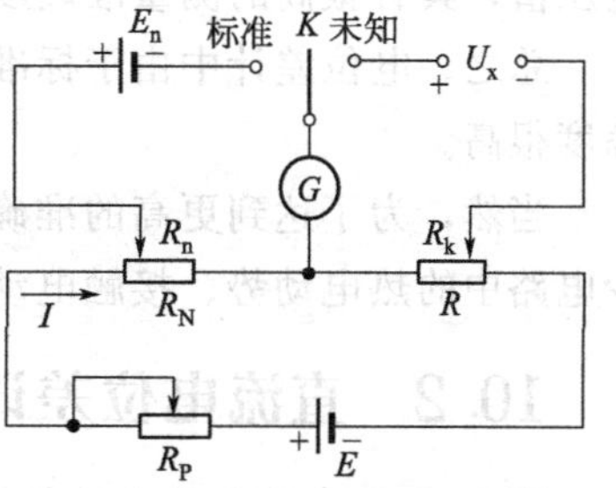

图10-2　直流电位差计原理电路

E—工作电源；E_n—标准电池；U_x—被测电压（或电势）；R_P—工作电流调节电阻；R_N—工作电流校准电阻；R—测量电阻；G—检流计；K—位置选择开关

（1）校准工作电流

将开关K合向"标准"一边，调节变阻器R_P（R_n不动），使检流计读数为零，此时说明标准电阻R_n上的电压降与标准电池的电动势E_n相互补偿，即有

$$IR_n=E_n$$

或

$$I=E_n/R_n \tag{10-1}$$

式中，I为电位差计所设定需要的工作电流，一般高阻电位差计为1mA或0.1mA。

由于E_n和R_n是确定的，而且它们都可制作得很准确，所以电流I也就可以很准确地确定。如标准电池在20℃时，其电动势E_n的稳定值为1.0186V，若再选取一定大小的校准电阻R_n（如$R_n=1018.6\Omega$），那么校准的工作电流I就是定值（即$I=E_n/R_n=1.0186\text{V}/1018.6\Omega=1\text{mA}$）。这一步工作称为标定或校准。

（2）测量未知电压U_x

在工作电流校准之后，就不再允许改变电阻R_P，这时，将开关K合向"未知"一边，然后仔细调节测量电阻R，使检流计指零，于是测量电阻R_k上的那部分电压U_k就补偿了未知电压U_x，即

$$U_x=U_k=IR_k$$

将式(10-1)的电流I代入上式，可得未知电压

$$U_x=\frac{E_n}{R_n}R_k=\frac{R_k}{R_n}\cdot E_n \tag{10-2}$$

这一步称为测量或补偿。从式(10-2)可以看出，由于$I=E_n/R_n$是定值，所以被测量U_x与R_k成比例，即R_k可以直接按电压刻度。从而，当电路平衡时，可直接从电阻分度上读出被测电压的大小。

从上述测量过程中，我们可以清楚地看到，电位差计之所以精度高，是因为以下几点。

首先，在两次平衡过程中检流计都指零，没有电流通过它。这表明，测量过程中既不从标准电池中吸取能量，也不从被测电路中吸取能量，因此，不论是标准电池还是被测电路，它们的内阻及联接导线的电阻上都没有压降，所以说，标准电池的电动势E_n，在测量过程中仅仅只作为电势的比较标准，而被测电压U_x并没有因为测量而改变其工作状态，它完全保持开路时的数值，即无方法误差。

其次，从式(10-2)知，被测电压U_x的值是由标准电池的电势E_n和电阻R_k/R_n之比来确定的。由于标准电池的电动势十分准确，并且具有高度的稳定性，R_k和R_n都是标准电阻，也可以制造得很准确，所以由式(10-2)确定的被测电压值也就是用电位差计测得的

电压值，具有很高的测量准确度。

总之。电位差计中由于标准量具直接参与了比较过程和采用了补偿法原理，故使得其准确度很高。

当然，为了达到更高的准确度，在实际的电位差计电路中还要采取许多措施来消除或减少电路中的热电动势、接触电动势或接触电阻，以及提高检流计的灵敏度等。

10.2 直流电位差计的线路结构

图 10-2 是直流电位差计的原理电路，直接用这种电路是不可能制造出高准确度等级的电位差计的。为了构成高准确度等级的电位差计，我们必须采用一些特殊的线路结构。

10.2.1 直流电位差计的温度补偿线路结构

前边原理电路中的工作电流校准电阻 R_N，同时也是直流电位差计的温度补偿电阻，其作用是当温度变化时调节它使工作电流恒定不变。这是由于和电位差计相配合使用的标准电池一般都是饱和标准电池，虽然其时间稳定性很好，但电势受温度变化影响比较大，在电位差计的允许温度范围内，饱和标准电池的电势可能是 1.0180～1.0189V 之间的某一值，即有 0.9mV 的变化。不同温度下标准电池电势 E_n 的变化会使电位差计的标准工作电流具有不同的值，给被测电压的读数带来温度误差。但只要在任何温度下能保持 E_n/R_n 为设定值就能消除温度误差。也就是，当 E_n 随温度变化时，应相应地同时改变 R_n 的大小，从而保持工作电流恒定（校准）。

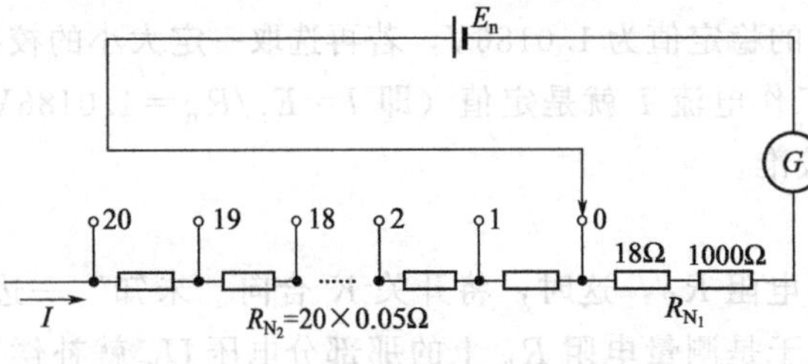

图 10-3 UJ26 电位差计的温度补偿线路

图 10-3 是 UJ26 型直流电位差计的温度补偿线路，图中，将 R_N 分成两部分，R_{N_1} 为固定部分，R_{N_2} 为可变电阻部分，这一部分是电位差计的温度补偿电阻。如果电位差计设计的工作电流 $I=$ 1mA，而标准电池的电势 E_n 的变化范围是 1.0180～1.0189V，那么 R_N 的变化范围必须是 1018～1018.9Ω。我们取 $R_{N_1}=1018\Omega$，$R_{N_2}=20\times0.05\Omega$。

如果标准电池在 20℃时，电动势 $E_n=1.0186V$，那么 $R_n=1.0186V/1mA=1018.6\Omega$，则温度补偿电阻应放在位置 12 上，即 $R_n=(1000+18+12\times0.05)\Omega=1018.6\Omega$，因此，校准工作电流 $I=1mA$。若电位差计使用在另一温度下，按式(2-1) 算出标准电池电势 $E_n=$ 1.0184V，那么温度补偿电阻应放在位置 8，此时 $R_n=1018.4\Omega$，校准工作电流仍为 1mA。

尽管如此，这种温度补偿线路还不能完全补偿由于标准电池电势随温度变化致使工作电流偏离设定值所带来的误差，因为补偿电阻值的调节是步进的，而标准电池电势随温度的变化是连续的。例如，当在某一温度下，电势 $E_n=1.01803V$ 时，温度补偿电阻放在位置 0 或 1 都不能完全补偿，所以还要带来一定的误差。

10.2.2 直流电位差计的测量线路

电位差计是以比较法为基础的，测量结果实际上是被测电压 U_x 与标准电池电势 E_n 的比值，而这个比值是通过校准标准电阻和测量电阻的比值来反映的。因此，对测量电阻不但要求它具有一定的准确度，而且还应具有一定的调节细度（足够多的读数位数），以提高电位差计的读数精度。例如，0.05 级以上的电位差计，应该有 5 位或 5 位以上的读数，这就需要采用特殊的线路结构。这些线路结构既能保证得到足够的读数位数，又能保证在调节 R

时不会影响工作电流。下面举几种常用的线路加以说明。

(1) 简单分压线路

简单分压式测量电阻的原理图如图 10-4 所示。图中测量电阻是由 n 个电阻 R 组成，补偿电压的值取决于电刷的位置，例如当电刷在位置 3 时

$$U_{\mathrm{k}}=3IR$$

这种线路中补偿电压是步进的。

测量电阻也可采用滑线电阻盘，以得到连续改变的补偿电压。

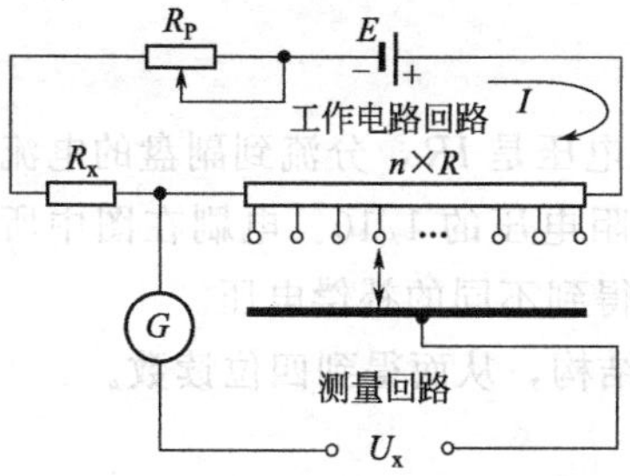

图 10-4　简单分压式测量电阻图

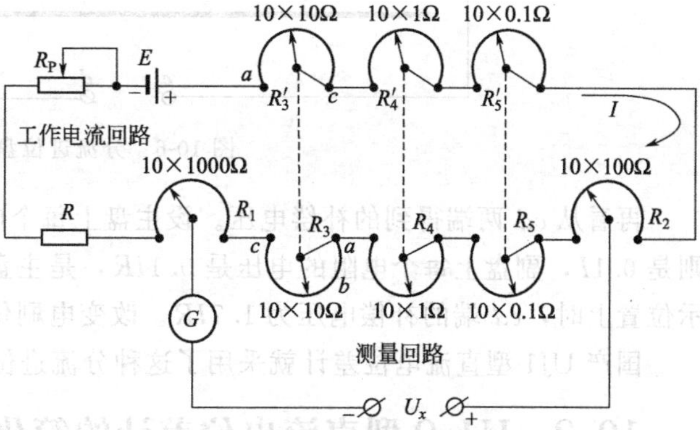

图 10-5　串联代换式进位盘线路

(2) 串联代换式进位盘线路

在图 10-5 中，测量电阻是由 R_1、R_2、R_3、R'_3、R_4、R'_4、R_5、R'_5 等变阻器组成的。为了简明，图中用圆弧表示这些变阻器，并注明组成这些变阻器的电阻个数和每个电阻的阻值。

在这种线路里，因为每个变阻器的电阻各相差 10 倍，而通过的电流相同，所以补偿电压可以有五位读数。第一位和第二位电压读数可从变阻器 R_1、R_2 的读数盘上得到，它们是前面讲的简单分压式；后三位读数可从变阻器 R_3、R_4、R_5 的读数盘上得到，现在分析 R_3 的工作情况。图中 R_3 的电刷在位置 b，变阻器 R_3 的 ab 段电阻被短路，R_3 等于 bc 段的电阻值。R_3 的改变必然会影响工作电流 I 的数值，为了使 R_3 的电刷的转动不影响工作电流，在工作电流回路中串入另一个与 R_3 同样的、电刷联动的变阻器 R'_3。不管电刷在什么位置，R_3 和 R'_3 的电阻之和总等于 10×10Ω。这样，R_3 电刷的转动就不会影响工作电流了。这就是串联代换式进位盘线路的特点。R_4 和 R'_4，R_5 和 R'_5 的工作情况也是这个道理。

总起来说，每一个代换进位盘都由两个同样的变阻器组成：一个叫测量盘；另一个叫代换盘，它们的电刷是联动的，补偿电压从测量盘上读得。当转动电刷位置增加或减少测量盘的电阻时，代换盘的电阻将减小或增加相同的数值，保持工作回路中的总电阻不变，从而保持工作电流不变。

(3) 分流进位盘线路

图 10-6 是能够读两位数的分流进位盘。图中第一个十进盘由 11 个电阻 R 组成，叫做主盘，第二个十进盘由 9 个电阻 R 组成，叫做副盘。副盘的两个电刷可以并联到主盘的任一电阻 R 两端，将工作电流分流，不管副盘与主盘上的哪个电阻 R 并联，ab 两端的等效电阻

保持不变，因此移动这种分流十进盘的电刷不会影响工作电流回路的总电阻和工作电流。分流进位盘线路又称并联分路式线路。

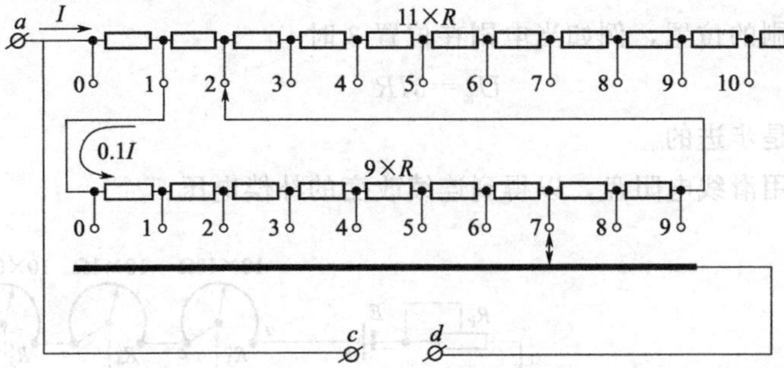

图 10-6　分流进位盘线路

再看从 cd 两端得到的补偿电压。设主盘上每个电阻的端电压是 IR，分流到副盘的电流则是 $0.1I$，副盘上每个电阻的电压是 $0.1IR$，是主盘单个电阻电压的 1/10。电刷在图中所示位置上时，cd 端的补偿电压为 $1.7IR$。改变电刷位置可以得到不同的补偿电压。

国产 UJ1 型直流电位差计就采用了这种分流进位盘线路结构，从而得到四位读数。

10.3　UJ-9 型直流电位差计的简化线路

在掌握了直流电位差计原理和基本的线路结构以后，为了对实用的电位差计了解得更具体一些，下面介绍 UJ-9 型直流电位差计的简化线路，如图 10-7 所示。

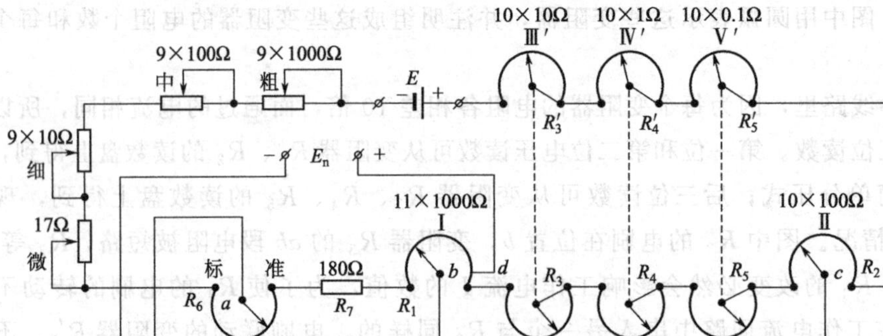

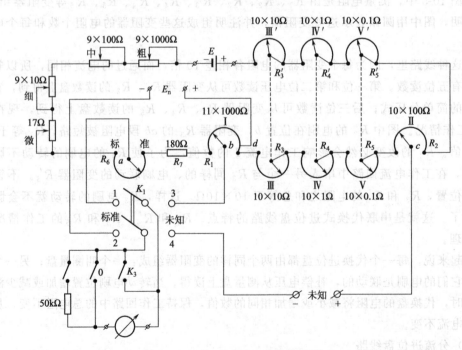

图 10-7　UJ-9 型直流电位差计线路

下面仅作些说明。

（1）三个回路的组成

① 工作电流回路　由电源E的负极开始，经过粗、中、细、微四个工作电流调节电阻，与温度补偿盘电阻R_6和固定电阻R_7串联，再经Ⅰ、Ⅲ、Ⅳ、Ⅴ、Ⅱ等五个测量盘的电阻R_1、R_3、R_4、R_5、R_2、R'_5、R'_4和R'_3回到电源的正极。

② 校准工作电流回路（标准回路）　由标准电池E_n正极开始到电阻R_1的d点，经电阻R_7和温度补偿盘电阻R_6，再由电刷a引到双刀双掷开关K_1的1点。当K_1板向“标准”位置时，由1经K_1到检流计G，再回到K_1的2点，接到标准电池E_n的负端。

③ 测量回路　由被测电压的“未知”正端开始，经R_2的电刷c，到第Ⅱ、Ⅴ、Ⅳ、Ⅲ、Ⅰ各盘的一部分电阻，由R_1的电刷b引到开关K_1的3点，当K_1扳向“未知”时，经K_1到检流计G，再由G回到K_1的4点，接到未知电压端钮的负端。

④ 与原理线路的比较　本线路中工作电流调节电阻分为粗、中、细、微四档。标准电阻由R_1、R_7和R_6组成，R_6可用来补偿标准电池的电动势变化。测量电阻由R_1（与校准电阻共用）、R_3、R_4、R_5、R_2组成，R_1、R_2是简单分压式线路，R_3、R_4、R_5与R'_3、R'_4、R'_5构成代换式进位盘线路。

（2）特性

它的测量范围是10μV～1.2111V，与分压箱配合，测量上限可扩大到600V。

它的工作电流为0.1mA。

10.4　直流电位差计的分类和主要技术特性

（1）直流电位差计的分类

直流电位差计的分类可以有多种方法，主要有以下几种。

① 按使用条件分

a. 实验室型　在实验室条件下做精密测量用，准确度等级都在0.05以上。

b. 携带型　主要在生产现场供一般测量用。通常有内附检流计、标准电池和工作电源。使用方便，但准确度较低，一般在0.02级以下。

② 按测量范围分

a. 高电势电位差计　第1测量盘步进电压$\Delta U_1 \geqslant 0.1V$，（对于第1测量盘为百步进盘时，则$\Delta U_1 \geqslant 0.01V$）。

b. 低电势电位差计　第1测量盘的步进电压$\Delta U_1 \leqslant 0.001V$。

③ 按“未知”端（即连接被测电压的两个端钮）的输出电阻高低分

a. 高阻电位差计　输出电阻大于10000Ω/V，适用于测量高内阻电源的电动势以及较大电阻上的电压。其工作电流小，不需大容量的工作电源供电。

b. 低阻电位差计　输出电阻小于100Ω/V，用于测量低内阻电源电动势（如热电势）和较小电阻上的电压。其工作电流大，需用大容量的工作电源供电，以保持工作电流的稳定。

④ 按准确度等级分　0.0001，0.0002，0.0005，0.001，0.002，0.005，0.01，0.02，0.05，0.1和0.2。

⑤ 按量限分　单量限、多量限。

（2）主要技术特性

直流电位差计的主要技术特性有准确度等级、测量范围、工作电压和工作电流等。表10-1列出了一些国产直流电位差计的主要技术特性。

表 10-1 国产直流电位差计的主要技术特性

型号	准确度等级	测量范围	工作电压/V	工作电流/mA	线路特点
UJ23	0.1	0～24～120mV	1.5	12	分压线路
UJ1	0.05	0～0.161V～1.61V	1.9～3.5	32	并联分路式线路
UJ31	0.05	1μV～17.1mV； 10μV～171mV	5.7～6.4	10	串联代换式线路
UJ9	0.02	10μV～1.21110V	1.3～2.2	0.1	串联代换式线路
UJ5	0.02	0.1μV～0.021111V	3.6～4.5	1	电流叠加线路
UJ24	0.02	10μV～1.61110V	1.8～2.2	0.1	串联代换式线路
UJ41	0.01	1μV～2.111110V	6～6.3	10	并联分路式线路
UJ21	0.01	1μV～2.111110V	2.9～3.4	0.1	串联代换式线路
UJ32	0.005	0.1μV～2.1V	5.95～6.5	0.1	桥式进位盘线路

电位差计准确度等级的数字表明了仪器在正常条件下使用时，它的基本误差的数值。其最大允许基本误差为

$$|\Delta| \leqslant a\%U_x + b\Delta U \tag{10-3}$$

式中，Δ 为允许的基本误差，V；a 为准确度级别；U_x 为测量盘示值，V；ΔU 为测量盘最小步进值或滑线盘分度值，V；b 为系数，其值取 0.5 或 1（当电位差计的测量盘最小步进值 ΔU 与第一测量盘步进值 ΔU_1 的比值等于或大于 $0.5a\%$时，b 取 0.5，其他情况均取 1)。

在用电位差计测量出某一被测电压的数值 U_x 后，根据电位差计的准确度等级和它的测量盘的最小步进值，就可按式(10-3) 计算出测量的绝对误差，从而确定测量的准确度。

10.5 直流电位差的使用与维护

10.5.1 直流电位差计的使用

(1) 根据被测对象选择电位差计

选择电位差计时主要考虑下面三个方面。

① 阻值　如果被测电压（或电势）的内阻比较低（如内阻较小的电动系电压表、热电偶电势、100Ω 以下电阻上的压降等)，宜采用低阻电位差计；如果被测电压（或电势）内阻较高（如内阻较大的磁电系电压表、标准电池上的压降等)，宜采用高阻电位差计。

② 准确度　应根据要求的测量准确度选择电位差计的准确度等级，并考虑到量限。例如某被测电势要求测量的允许误差不大于 0.02%，则应选用 0.01 级电位差计，而且要用上第一个读数盘。若用 0.02 级电位差计，就必须引入更正值修正测量结果。

③ 量限　根据被测电势或电压的大小选用电位差计，其选用的原则是能用上电位差计的第一个读数盘，电位差计的上量限最好接近被测电势或电压的大小。

(2) 选择合适的检流计

检流计选择的正确与否，将直接影响测量结果，为了合适地与电位差计配套，根据检流计的工作原理，可从以下两方面考虑。

① 检流计的灵敏度应能满足电位差计测量准确度要求，不宜过高，也不宜过低。因为过高将使电位差计难以平衡，过低将产生较大误差，往往会出现调节最后一位或两位读数盘时，检流计的偏转变化无法觉察出来。

一般测量要求

$$C_V \leqslant \frac{1}{3} \times \frac{\Delta}{\beta} \tag{10-4}$$

式中，C_V 为检流计的电压常数，V/div；Δ 为电位差计某一测量范围的允许误差，V；β 为人眼分辨能力，其值一般在 0.2～0.5div 之间，常取 0.3div。这时式(10-4) 变成

$$C_V \leqslant \Delta \tag{10-5}$$

即可根据电位差计在某一范围内的允许误差确定检流计的电压常数。

② 选择良好的阻尼状态，并尽可能使检流计处于微欠阻尼状态。这就要求，高阻电位差计选用外临界电阻较大的检流计，低阻电位差计应选用外临界电阻较小的检流计。

(3) 满足正常的工作条件

为了保证测量准确度，防止或减少附加误差的产生，必须尽可能地满足电位差计的基本工作条件，如温度、湿度、放置位置、读数时间等。

(4) 工作电源的选择

工作电源的电压要足够稳定，否则校准的工作电流就不稳定而产生误差。若电位差计的工作电流小于 10mA，可选用干电池，大于 10mA 可选用蓄电池或精密稳压电源。通常要求选择的电源其容量应为工作电流的 500～1000 倍。电源的输出电压还应满足电位差计工作电源电压的要求，否则不能校准工作电流。

(5) 仔细联接电位差计线路

主要应注意标准电池、工作电源、被测电压的正负极性必须与电位差计上所标符号相符，它们的数值应在规定的范围内，特别要防止标准电池接线时短路。

(6) 正确测量

① 测量前用其他方法预测一下被测电压的数值和极性后，才准许用电位差计测量，否则可能损坏检流计。

② 在校准工作电流过程中，要避免长时间持续地给标准电池充电或放电，这会导致标准电池逐渐损坏，影响测量结果的准确性。

③ 进行测量时，要使测量结果的有效位数尽可能多，也就是要尽可能地用上电位差计的第一位测量盘。在测量电流、电阻时，应尽量选择合适的标准电阻作为取样电阻，以满足上述要求。

(7) 电位差计的操作步骤

① 计算标准电池电动势　用温度表测出该时该地电位差计所处的温度 t，然后用式(2-1) 计算出在此温度下标准电池的电势值 E_t。然后调节温度补偿盘与标准电池电势值 E_t 相对应。这一步简称计算。但有些便携式电位差计没有这个问题。

② 校准工作电流　将位置选择开关置于“标准”，同时调节可变电阻 R_P，使回路工作于平衡状态，即检流计指零，这样便校准了工作电流。这一步简称校准或标定。

③ 测量被测电势或电压　将位置选择开关置“未知”，同时调节测量电阻（此时决不能再动 R_P），使回路处于平衡状态，检流计再次指零，则被测量便可直接从电位差计的读数盘上读出。这一步简称测量或补偿。

④ 检查工作电流　重新将位置选择开关置“标准”，看检流计是否指零，如果指零，则表示电流没有变化，测量有效；否则应重新进行以上第②、第③步。这一步称为验证。

所以电位差计的操作过程可简单总结为计算、校准、测量、验证四步。

10.5.2 直流电位差计的维护

电位差计是精密计量仪器，其保存条件，如温度、湿度、阳光、有害气体等，要严格遵守规定；搬运时要轻拿轻放，不要振动；使用完毕要拆除所有电源。对电位差计要定期擦

洗，定期检定。使用条件急骤变化后，应静放若干小时后方能再用。

10.6 直流电位差计的应用及其检定

10.6.1 直流电位差计的应用

直流电位差计的基本功能，就是能够直接测量电势或电压，若配以适当的元器件和线路，便能以比较高的准确度测量电流、电阻、功率、温度等，并且广泛地应用于计量部门来检定电压表、电流表、标准电阻和功率表等。

(1) 直流电位差计的测量应用

① 测量直流电压　直流电位差计测量电压的量限一般较低，最高约为2V。所以，如果被测电压小于这个数值，就可以直接测量。但是，如果被测电压大于这个数值，就必须先用分压器（分压箱）将电压降低到电位差计所能测量的范围内，再接到电位差计上进行测量，见图10-8。当然，这样便使电位差计“不从被测量吸收能量”这一优点遭到破坏，要引入方法误差，因此要选择合适的、并与电位差计配套的分压器（或分压箱），以解决这个问题。

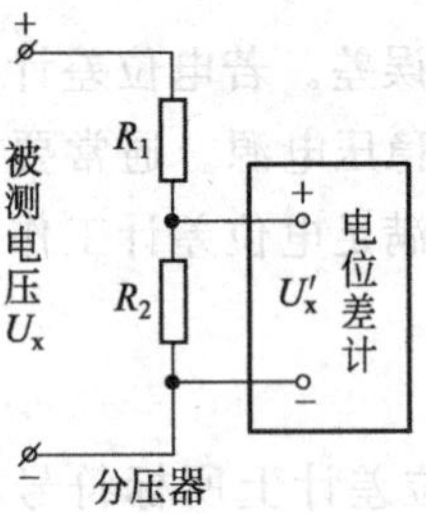

图10-8　测量高电压的电路

测量直流高电压的图示分压电路的分压比为

$$\frac{U'_x}{U_x}=\frac{R_2}{R_1+R_2}=K$$

用电位差计测得U'_x后，不难算出

$$U_x=U'_x/K$$

分压器要从被测电路中吸收电流，因而分压电路的总电阻不能过小。分压电阻要用准确度高的电阻串联而成，以保证准确的分压比。

为了准确测量的需要，工厂生产了不同准确度、不同分压比的直流分压箱，可供直流电位差计扩大电压量限使用。与标准电阻相同，直流分压箱也是一种工作量具。

使用直流分压箱时，一定不要把它的输入端和输出端接错。

② 测量直流电流　用直流电位差计测量电流时，只要在被测电流支路中串入一个标准电阻R_n作为取样电阻，见图10-9，然后用电位差计测量标准电阻两端的电压U_{Rn}，即可通过电压和电阻求出该电流：

$$I=U_{Rn}/R_n$$

在这种情况下，取样标准电阻R_n的选择要注意以下几点：取样标准电阻的额定电流应大于被测电流；取样标准电阻的接入对原电路产生的影响应很小；取样标准电阻上的压降不能超过电位差计的测量上限，但应尽可能保证电位差计第一读数盘上有读数。

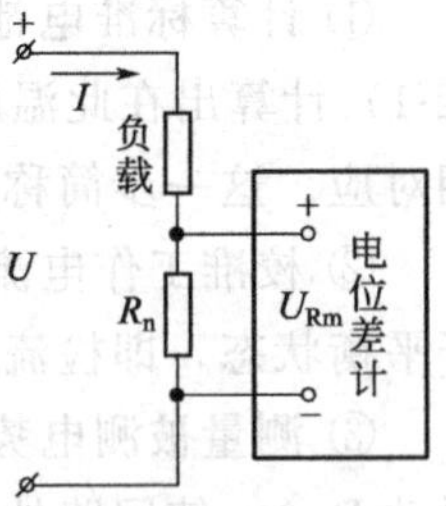

图10-9　测量电流的电路

③ 测量直流电路功率　对直流而言，电路的功率就是通过电路的电流与该电路两端电压的乘积（$P=UI$），因此，用直流电位差计分别测出该电路的电压U和电流I，就可得到该电路的功率P。

④ 测量直流电阻　将被测电阻R_x和一个标准电阻R_0串联，并且通过同一电流I，分别用电位差计测其压降U_x和U_0，根据两个电阻电流相等的条件：$I=U_x/R_x=U_0/R_0$，便可确定出

$$R_x=\frac{U_x}{U_0}R_0$$

应该注意，流过电阻 R_x 和 R_0 的电流必须是稳定的，因为用一台电位差计不能同时测得电阻 R_x 和 R_0 上电压，若在测量期间电流发生了变化，将会产生测量误差。另外，测量时取样电阻 R_0 的值应尽可能选得与被测电阻 R_x 的值接近，这能使电压的测量比较方便，而且能得到较准确的结果，因为这时不需调节电位差计的前几位读数盘。

（2）电位差的计量应用

① 检定电压表　用电位差计检定电压表，就是所谓补偿法检定电压表。根据国家计量总局颁布的检定规程，当被检表 V 上限小于电位差计量限时，按图 10-10(a) 所示接线图进行；当被检表上限大于电位差计量限时，按图 10-10(b) 所示线路进行。

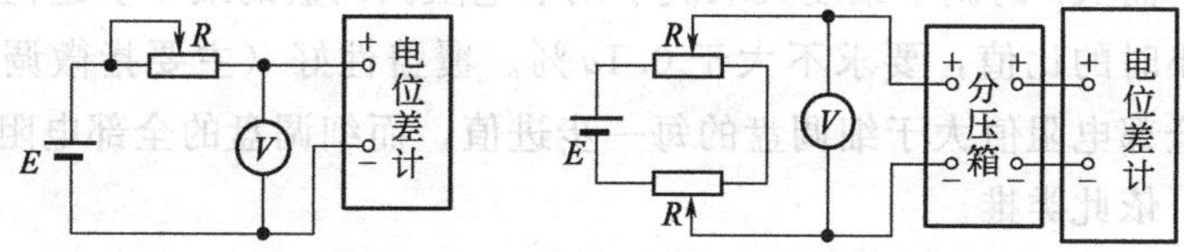

图 10-10　电位差计检定电压表线路

② 检定电流表　将要检定的电流表 A 和一已知标准电阻 R_0 串联在一个可以调整电流的回路中，通过改变可调电阻 R 使通过电流表的电流发生变化，用电位差计准确测出标准电阻两端的电压，从而确定通过标准电阻的电流大小，再与电流表的指示值相比较，以确定电流表的误差。其原理线路如图 10-11 所示。R_0 的选择原则是要保证电路中的最大电流不超过额定电流和保证电位差计的电压测量范围。

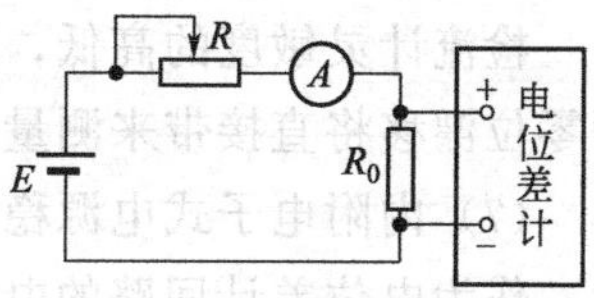

图 10-11　电位差计检定电流表线路

③ 检定功率表　用电位差计检定功率表，一般采用间接轮换法，即首先用电位差计测量出线路的负载电压，然后再测出串接于线路的标准电阻 R_0 上的压降，确定出电流的大小。根据两次测量的结果，便可准确计算出功率值，以便和功率表 W 的指示值比较确定误差。显然在整个测量过程中，电压和电流应保持不变，最好是用两台电位差计同时测量。这种方法的原理线路如图 10-12 所示。值得指出的是，用电位差计检定功率表，除仪器本身的误差外，还包括所选用标准电阻和分压箱的误差。

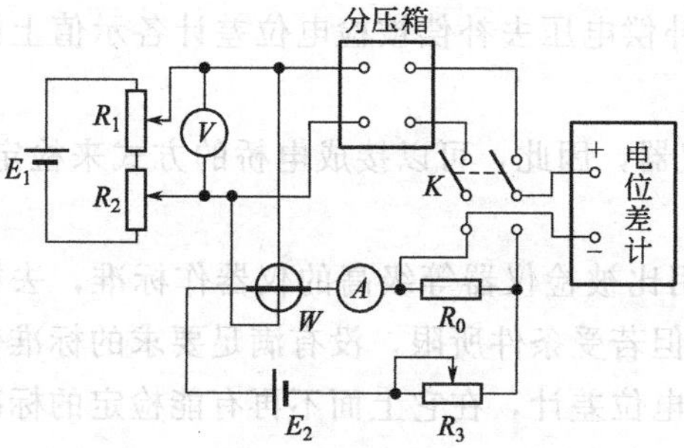

图 10-12　电位差计检定功率表的线路

10.6.2　直流电位差计的检定

直流电位差计的检定是全面的，检定项目比较多，其主要项目包括以下几方面。

（1）外观及内部线路的检查

对被检电位差计的外壳、外露部分、封印和开关、电刷插销接触状况等项目，进行外观检查，如发现某一项已严重影响电位差计的计量性能时，则应在修复后再检定。

内部电路的检查主要是对工作回路、标准回路和测量回路用欧姆表对其开关接触性能、短路、断路等现象进行判断，以发现问题，及时处理。

（2）绝缘电阻的测定

电位差计绝缘性能的好坏，直接影响其主要性能指标。绝缘不良，会产生泄漏电流，这等于给校准电阻 R_N 和测量盘电阻 R 上并联一未知电阻，将影响测量准确度，所以必须对电位差计进行这项测定，不能超过其绝缘要求。

(3) 绝缘强度试验

对被检电位差计（包括新生产的和修理后的）或绝缘电阻不合格的电位差计必须进行绝缘强度和耐压试验，对其他电位差计进行周期检定的一般不做此项试验。

(4) 调节电阻平滑性和精细度的检定

平滑性主要取决于调节电阻 R_P 分档步进值的均匀性和粗、中、细、微各调节盘电阻数值的覆盖性好坏，而 R_P 的调节细度又取决于调节电阻微调盘的最小步进值与电位差计电源回路总电阻为最小时的比值，要求不大于 $0.1a\%$。覆盖性好（主要指微调盘和细调盘）的标志是指微调盘全部电阻值大于细调盘的每一步进值，而细调盘的全部电阻值大于中调盘的每一步进电阻值，依此类推。

(5) 电源回路电阻相对变化的检定

要求电位差计测量盘在任何示值下，其标准电压（或工作电流）的相对变化不应超过 $0.1a\%$。

(6) 内附检流计灵敏度和零位漂移的检定

检流计灵敏度的高低，直接决定在检定和测量过程中是否能达到真正平衡和完全补偿，而零位漂移将直接带来测量误差。

(7) 内附电子式电源稳定性检定

作为电位差计回路的电源其电压稳定性至关重要，它将决定工作电流的稳定性，直接影响测量结果的准确度，要求在检定预热时间内，当电网电压为220V，变化不超过±10%时，其工作电流每隔5min的变化应小于 $0.3a\%$（对0.1级和0.2级而言）。

(8) 电位差计示值基本误差、变差的检定

这是电位差计检定中比较重要而且比较复杂的一项，其方法有以下几种。

① 补偿法　这种方法是用标准电位差计上的补偿电压去补偿被检电位差计各示值上的补偿电压值，从而确定出该示值的基本误差。

② 电桥法　电阻型电位差计实质上是个电阻仪器，因此，可以接成电桥的方式来检定，这就是电桥法。

③ 电位差计的自检　上面两类检定方法都是用比被检仪器等级高的仪器作标准，去检定被检电位差计，其前提是要有足够的标准仪器。但若受条件所限，没有满足要求的标准仪器，是否还有办法检定？进一步说，总有一台标准电位差计，在它上面不再有能检定的标准电位差计了，它如何检定呢？

根据电位差计基本原理，其被测量表达式为

$$U_x=\frac{E_n}{R_n}R_k=\frac{R_k}{R_n}E_n=kE_n$$

略去外附标准电池电动势 E_n 的误差，则被测量的误差主要取决于比值 k 的误差。这样就可以以 R_n 的某一值为标准，去检查 R_k 和 R_n 的相对关系，由此确定电位差计的准确度情况。由于这种检定是不依赖于外部标准的，而是在电位差计内部电阻之间比较，因此称为自我检定或自身检定，简称自检。

(9) 温度补偿盘的检定

电位差计温度补偿盘各示值相对于参考值（1.01860V）误差，不应超过$\pm\frac{1}{10}a\%$。

（10）量限系数的检定

对多量限的电位差计，基本量限的全部示值都要检定，对于非基本量限只检定量限系数（相对于基本量限的比例系数）就行了。

（11）零电势和热电势的检定

电位差计基本误差公式(10-3）中包括零电势，但不包括热电势。电位差计测量回路的热电势，在各电刷不动时，应不超过一定的值。

思考题与习题

10-1　什么是电位补偿？用电位补偿法测电压的好处是什么？怎样才能测得准确？

10-2　画出直流电位差计的原理线路，并结合线路，说明怎样用电位差计测量电压。

10-3　直流电位差计为什么要设计温度补偿盘？

10-4　为什么串联代换进位盘能保持工作回路的电阻不变？

10-5　直流电位差计的特点是什么？有哪些应用？

10-6　如何根据被测对象选择电位差计？

10-7　在图10-6所示的分流进位盘的线路中加一个电阻使副盘上每个电阻的电压是$0.01IR$。请考虑怎样加这个电阻。如何得到四位读数的分流进位盘线路结构，请画出线路图。

10-8　如果电位差计的工作电源的电动势不稳定，会给测量带来什么影响？

10-9　怎样选择与直流电位差计配套的检流计？

10-10　直流电位差计的测量上限一般是多少伏？再大的电压怎么测量？

10-11　直流电位差计如何测量电阻？有哪几点值得注意？

10-12　如果标准电池、工作电源或被测电压的正负极性的连接与电位差计上所标的不一致，试分析会产生什么结果？

10-13　直流电位差计示值的基本误差的检定方法有哪几种？

第 11 章　交流电位差计

交流电位差计的原理及其应用与直流电位差计大致相同，也是采用补偿原理，被测电压与工作电流在工作回路电阻的一段上所产生的已知电压相补偿进行测量。但交流电位差计也有它特殊的地方，本章着重介绍交流电位差计的特点。

11.1　交流电位差计的特点

交流电位差计的工作原理与直流电位差计基本相同，也是利用补偿原理来测量未知电压。它们的不同之处在于以下几点。

(1) 交流电位差计的准确度低

由于没有能够产生交流电动势的“标准电池”，所以工作回路的电流不可能像直流电位差计那样，用标准电池和标准电阻去校准。在这里，工作电流只能用高准确度的交流电流表来调定，因而交流电位差计的准确度不高，约 0.1%～0.5%。但因交流电位差计是用补偿法来测量未知电压，所以它不像一般的交流电压表那样消耗被测电路的能量，产生测量误差。

(2) 正弦交流电压的补偿较复杂

在交流电位差计中，要解决的是两个正弦交流电压的相互补偿问题。我们知道，判断两个正弦电压是否相等，要看它们的三要素是否相等，即：①周期或频率相等；②振幅或有效值相等；③初相位相等。

在交流电位差计中，总可以使两个互相比较的电压具有相同的频率（例如可以使用同一电源供电），这时两个电压能够补偿的条件就可简化为②和③两条。用相量表示就是

$$\dot{U}=\dot{U}_x \tag{11-1}$$

实现这个条件的线路和方法有两种：极坐标式电位差计线路和直角坐标式电位差计线路。

11.2　极坐标式电位差计线路

将式(11-1) 用指数形式表示：

$$U e^{j\varphi}=U_x e^{j\varphi_x}$$

由此得出补偿条件为

$$\left.\begin{array}{l} U=U_x \\ \varphi=\varphi_x \end{array}\right\} \tag{11-2}$$

式(11-2) 表明，为了使两个正弦电压互相补偿，需要调节补偿电压的有效值和初相位使其满足条件 (11-2)。根据这个原理构成的交流电位差计，叫做极坐标式电位差计，其原理线路如图 11-1 所示。

与图 10-1 比较可见，这两个线路基本相似，只不过这里用移相器作为工作电源，以便改变工作电压的相位。这里的指零仪表用了交流平衡指示器，以代替检流计。交流平衡指示器通常采用耳机（声频范围)、谐振式检流计（低频，40～200Hz)、或其他电子指零仪器。

在这种电位差计中，工作电流的有效值由电阻 R_P 调节，由交流电流表 A（如准确度高

的电动系电流表）读数；工作电流的初位相由移相器改变，并从移相器刻度上读数。测量电阻可以采用各种进位盘线路，以取得多位读数。

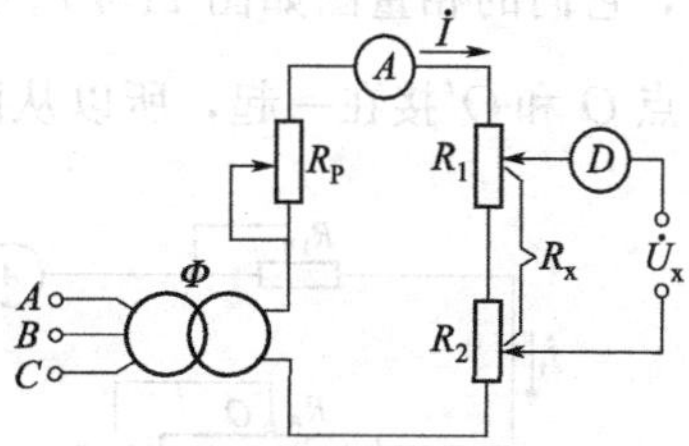

图 11-1 极坐标式电位差计原理线路

Φ—移相器；R_1、R_2—测量电阻（电位器）；R_P—可调电阻；D—交流平衡指示器；A—交流电流表；$\dot{U}_x$—未知电压

电路补偿平衡时，指零仪表 D 指零，被测电压的有效值由电流表的示值 I 与测量电阻读数 R_x 的乘积得出：相角由移相器刻度直接读数 φ 确定，即

$$\begin{cases}U_x=IR_x\\ \varphi_x=\varphi\end{cases}$$

或

$$\dot{U}_x=\dot{I}R_x$$

11.3 直角坐标式电位差计线路

电压相量 $\dot{U}$ 可以看成两个互相垂直的电压相量之和，即

$$\dot{U}=\dot{U}_A+\dot{U}_B$$

式中，$\dot{U}_A$ 和 $\dot{U}_B$ 是互相垂直的两个电压相量。

分别改变 $\dot{U}_A$ 和 $\dot{U}_B$ 的大小（它们各自的相位可以变为反相），总可以使条件（11-1）得到满足：

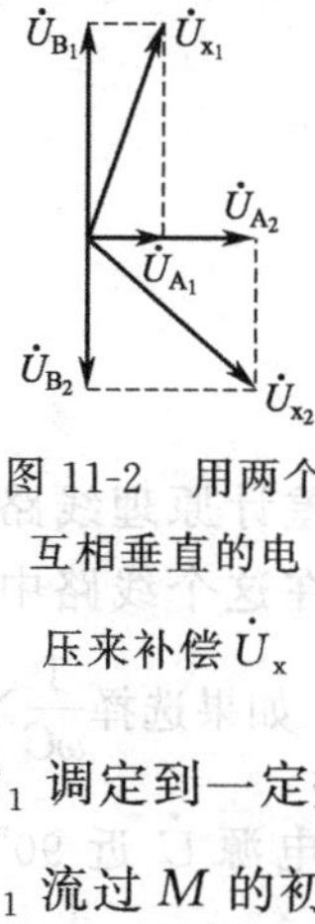

图 11-2 用两个互相垂直的电压来补偿 $\dot{U}_x$

$$\dot{U}=\dot{U}_A+\dot{U}_B=\dot{U}_x$$

使 $\dot{U}$ 和 $\dot{U}_x$ 两个电压互相补偿。例如在图 11-2 中，当未知电压为 $\dot{U}_{x_1}$ 时，我们可以用电压 $\dot{U}_{A_1}$ 和 $\dot{U}_{B_1}$ 来补偿它；当未知电压为 $\dot{U}_{x_2}$ 时，我们可以用电压 $\dot{U}_{A_2}$ 和 $\dot{U}_{B_2}$ 来补偿它。

11.3.1 互感移相型

图 11-3 为互感移相型直角坐标式电位差计的原理线路。它由 A，B 两个回路组成。回路 A 由交流电源供电，产生电流 $\dot{I}_1$，$\dot{I}_1$ 可以用可变电阻 R_1 调定到一定数值，并由准确度较高的电流表读数。回路 B 由空心变压器 M 供电。电流 $\dot{I}_1$ 流过 M 的初级线圈，在其次级线圈中产生感应电动势

$$\dot{E}_M=-j\omega M\dot{I}_1$$

当忽略回路 B 中的感抗时，在回路 B 中产生电流

$$\dot{I}_2=\frac{\dot{E}_M}{R_B+R_2}=-j\frac{\omega M}{R_B+R_2}\dot{I}_1$$

就是说，回路 B 中的电流 $\dot{I}_2$ 要比回路 A 中的电流滞后 90°。当电源频率和 $\dot{I}_1$ 一定时，$\dot{I}_2$ 也是一定的，当频率有变化时，可以通过 R_2 来调节 $\dot{I}_2$ 的大小。在 R_2 刻度盘上有频率值的刻度。

补偿电压从电位器 R_A 和 R_B 上取得。从 R_A 上得到的电压 $\dot{U}_A$ 与 $\dot{I}_1$ 同相或反相，视活动端在 O 点左面或右面而定；从 R_B 上得到的电压 $\dot{U}_B$ 与 $\dot{I}_2$ 同相或反相，视活动端的位置

而定，它们的相量图如图 11-4 所示。电位器 R_A 和 R_B 可以按照电压刻度。由于两个电位器的中点 O 和 O' 接在一起，所以从两个活动端得到的电压就是 $\dot{U}_A+\dot{U}_B$。

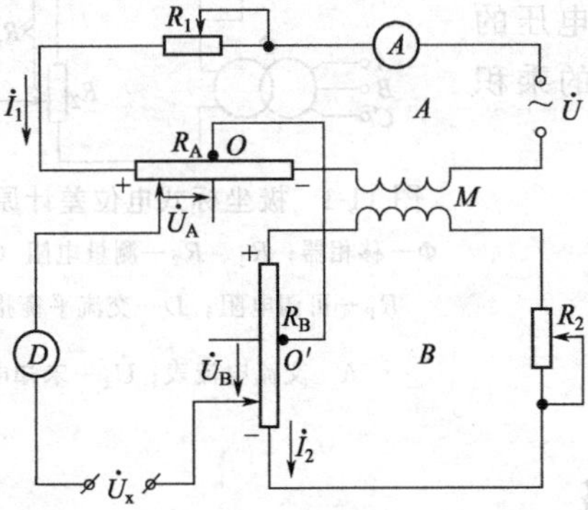

图 11-3 直角坐标电位差计原理线路

R_1—调节电流 $\dot{I}_1$ 的电阻；R_2—频率变化时调节电流 $\dot{I}_2$ 的电阻；

R_A、R_B—取得补偿电压的电位器；M—空心变压器

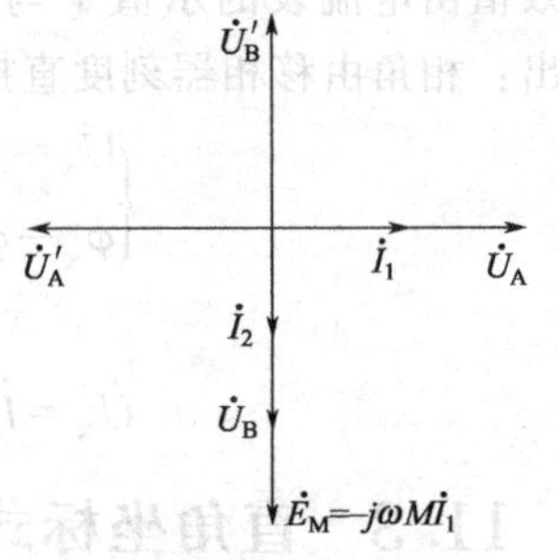

图 11-4 直角坐标式电位差计原理线路中各量的相量图

测量时，可调节两个电位器的活动端位置，使平衡指示器 D 的指示为零，则相量和 $\dot{U}_A+\dot{U}_B$ 就等于被测电压相量 $\dot{U}_x$，即

$$\dot{U}_x=\dot{U}_A+\dot{U}_B$$

也可以算出被测电压的大小和相位角

$$U_x=\sqrt{U_A^2+U_B^2}$$

$$\varphi_x=\tan^{-1}\frac{U_B}{U_A}$$

11.3.2 阻容移相型

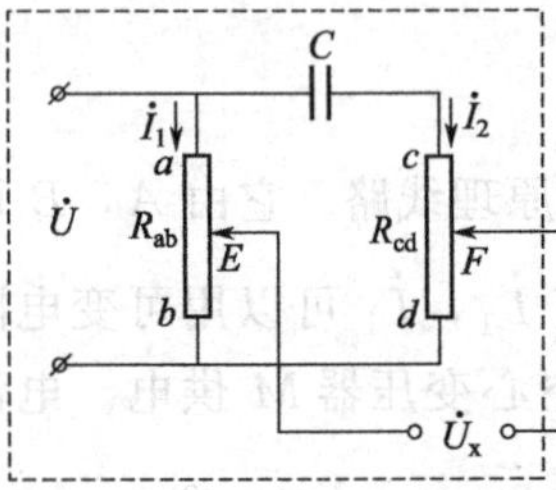

图 11-5 阻容移相型直角坐标式电位差计原理线路

图 11-5 为阻容移相型直角坐标式电位差计原理线路。其补偿电压由 R_{ab} 和 R_{cd} 的可动触点引出。在这个线路中，流经电阻 R_{ab} 的电流 $\dot{I}_1$ 将与电源电压 $\dot{U}$ 同相。如果选择 $\frac{1}{\omega C}\gg R_{cd}$，则在 R_{cd} 支路中，$\dot{I}_2$ 在相位上超前于电源 $\dot{U}$ 近 90°，这样 $\dot{I}_2$ 在 R_{cd} 上产生的压降与 $\dot{I}_1$ 在 R_{ab} 上产生的压降，也就基本上相差 90°，即互成正交。从 E 和 F 两点引出的电压则可作为与被测电压相互补偿的补偿电压。

11.4 交流电位差计的技术特性和应用

(1) 交流电位差计的技术特性

① 能交直流两用，若以直流标定，并且以直流供电，则交流电位差计就可以用来测量直流电压。

② 若没有使用外附分压箱或分流器，在平衡时具有非常高的阻抗。

③ 准确度不高，很少超过 0.2%，主要受标定电流的交流电流表和移相器准确度所限。不过，使用热电式传递仪表的一种现代化交流电位差计，它对数值测量具有±0.05%的规定

准确度和对相角具有±3′的规定准确度。

④ 对外部影响很敏感，如电磁干扰。因此，必须采取屏蔽措施。

⑤ 电源波形必须是纯正弦波和具有恒定的已知频率。

⑥ 应用的频率范围为 20～10000Hz。

(2) 交流电位差计的应用

① 测量正弦交流电压　只要被测交流电压的频率与电位差计的电源频率相同时，就可以直接测量未知交流电压（≤1.5V）。对≥1.5V 的电压，必须使用交流分压箱分压测量。用极坐标式电位差计测得的结果是 $U/\underline{\varphi}$ 的形式，得到的是幅值和相角；用直角座标式电位差计测得的结果是 U_A+jU_B 的形式，得到的是两个正交的电压分量。

② 测量正弦交流电流　和直流电位差计一样，可以让被测电流通过某一标准电阻或分流器，再通过测量电阻或分流器两端的电压降来达到测量电流的目的，要求这些电阻或分流器应该无电抗。标准电阻的选择原则同用直流电位计测电流一样。

③ 测量功率　交流电位差计同样可以用来测量功率，而且特别适合于测量小功率，因为交流电位差计不消耗被测电路的功率。测功率时，可先分别测出 $U/\underline{\varphi_u}$ 和 $I/\underline{\varphi_i}$，再按下式计算功率

$$P=UI\cos(\varphi_u-\varphi_i)$$

④ 测量阻抗　测量阻抗需要测量电压和电流的大小和相位，然后进行计算。如果是使用极坐标式电位差计进行测量，测得电压为 $U/\underline{\varphi_u}$，电流为 $I/\underline{\varphi_i}$，则阻抗为

$$Z=\frac{U/\underline{\varphi_u}}{I/\underline{\varphi_i}}=\frac{U}{I}\Big/\underline{(\varphi_u-\varphi_i)}=|Z|/\underline{(\varphi_u-\varphi_i)}$$

⑤ 检定仪器仪表　交流电位差计可以用来检定电压表、电流表、功率表和互感器，其电压表和电流表的检定与直流电位差计基本相同，功率表和互感器的检定必须采用比较特殊的检定线路。互感器校验仪就是利用交流电位差计进行交流补偿法检定的。

思考题与习题

11-1　交流电位差计的准确度为什么不太高？

11-2　怎样得到 $\dot{U}=U/\underline{\varphi}$ 形式的补偿电压？并说明极座标式电位差计的工作原理。

11-3　怎样得到 $\dot{U}=U_A+jU_B$ 形式的补偿电压？并说明直角座标式电位差计的工作原理。

11-4　既然交流电位差计准确度不太高，而且线路较复杂，使用起来又较麻烦，那么使用交流电位差计有什么好处？它有哪些应用？

第12章 直流电桥

电桥也是一种比较仪器，它的主要特点是灵敏度高，可以获得高准确度的测量结果，因而电桥不仅在电气测量技术中应用极为广泛（平衡应用），而且在非电量电测领域中也得到广泛的应用（非平衡应用）。电桥根据电源的性质分为直流电桥和交流电桥两类。直流电桥主要用来测量电阻，它是通过被测电阻与标准电阻进行比较而得到测量结果的。直流电桥还可测量与电阻有一定函数关系的参量（如温度、压力等）。直流电桥根据其结构的不同特点，可分为单电桥和双电桥两种。单电桥又称惠斯通电桥，适用于测量中值电阻（$1\sim10^6\Omega$）；双电桥又称开尔文电桥，主要用于测量低值电阻（$<1\Omega$）。

12.1 直流单电桥

12.1.1 直流单电桥的平衡条件及其性质

直流单电桥又叫惠斯通（Wheatstone）电桥，其原理线路如图 12-1 所示。图中四个电阻接成环形，其联结点 a、b、c、d 为顶点，a、c 两点间接电源，b、d 两点间接检流计。电源和检流计好像搭在两对顶点间的“桥”一样，所以称为电桥，四个电阻支路称为桥臂，电源支路称为电源对角线，检流计支路称为测量对角线。

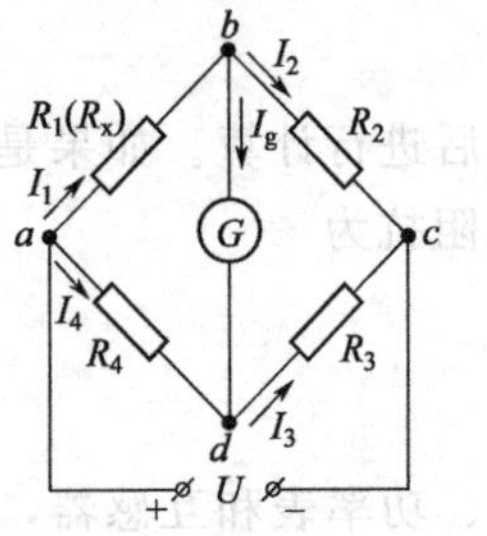

图 12-1 单电桥原理线路

在单电桥中，通常其中一个桥臂接被测电阻 R_x，其余三个桥臂接标准电阻或可调标准电阻。

当电桥工作时，调节电桥的一个臂或几个臂的电阻，使检流计的指示为零。这时称电桥达到平衡。在电桥平衡时，b、d 两点的电位相等，即：$U_{bd}=0$，所以有：

$$U_{ab}=U_{ad},\ U_{bc}=U_{dc}$$

即

$$R_1I_1=R_4I_4,\ R_2I_2=R_3I_3$$

两式相除得

$$\frac{R_1I_1}{R_2I_2}=\frac{R_4I_4}{R_3I_3}$$

而电桥平衡时，$I_g=0$，所以

$$I_1=I_2,\ I_3=I_4$$

代入上式得

$$\frac{R_1}{R_2}=\frac{R_4}{R_3} \tag{12-1}$$

或

$$R_1R_3=R_2R_4 \tag{12-2}$$

式(12-1) 或式(12-2) 就是单电桥的平衡条件，即单电桥平衡时，相对臂的电阻乘积相等，这是一种比较容易记忆的形式。根据电桥的平衡条件，在已知三个桥臂电阻的情况下，就可以确定另一个桥臂电阻（被测电阻 R_x）的值。假设被测电阻 R_x 位于第一桥臂中，则有

$$R_x=\frac{R_2}{R_3}R_4=kR_4 \tag{12-3}$$

式中，k 为电桥的比率，$k=R_2/R_3$。这也就是直流电路测电阻的原理。

为了达到平衡，一般是由进行测量的人员用手来调节有关电阻，但也有带有专门的自动平衡装置的线路。在实际的直流电桥中，一般总是把一个臂的电阻做成均匀可变的，这个臂叫做比较臂，如 R_4；把另外两个臂做成为电阻的比值能够跳跃改变的，这两个臂叫做比例臂或比率臂，如 R_2 和 R_3。

上述测量是在电桥平衡条件下进行的，我们把这种情况下使用的电桥叫做平衡电桥，它在电气测量领域中得到了广泛的应用。

如果除被测电阻 R_x 外，其他桥臂电阻及电源电压都是定值，则检流计的示值也可以用来度量被测电阻 R_x 的大小。被测量的数值则取决于对角线上所接仪表的读数，这种工作状态下的电桥叫做非平衡电桥，它在非电量电测中得到了广泛的应用。

根据电桥的平衡的条件，可以引出平衡电桥的一些性质。

① 电桥平衡条件仅仅由桥臂各参数之间的关系确定，而与电源电压及检流计内阻无关。这是电桥线路的一大优点，即电桥线路对电源电压的稳定性从理论上来说无要求，这是补偿线路无法做到的。

② 电桥平衡时，测量对角线的短路、开路或跨接电阻都不会影响电源对角线的工作状态（电流和电压的大小），所以说平衡电桥的输入电阻（从 a、c 两点看进去的等效电阻）与检流计的内阻无关；a、c 两点跨接电阻也不会影响 b、d 对角线的工作状态，所以，平衡电桥的输出电阻与电源内阻无关。

③ 灵敏度高是电桥的主要特点，所谓电桥线路的灵敏度，就是当电桥平衡时，某一桥臂电阻（例如 R_1）产生相对变化（$\Delta R_1/R_1$）时，在检流计支路中所引起的电流、电压或功率的变化量与 $\Delta R_1/R_1$ 之比。所以，电桥的电流灵敏度

$$S_I=\frac{\Delta I}{\Delta R_1/R_1} \tag{12-4}$$

电桥的电压灵敏度和功率灵敏度可用类似的形式表示出来。

通过对电桥线路的分析可以证明：平衡电桥各臂相对灵敏度相等；当电桥的四个桥臂的电阻相等（等臂电桥）时，电桥的灵敏度接近最大值；电桥的灵敏度与电源的电压成正比。所以，为了提高电桥的灵敏度，电源电压应尽可能高一些，但必须注意与桥臂电阻容许的功率相适应。

电桥灵敏度性质的证明*

对于电桥，我们关心的是电桥在平衡位置时，当某一桥臂电阻变化一个微小量时引起检流计偏转的变化。由于检流计内阻是恒定的，电桥的输出电阻在平衡点附近也是基本恒定的，这样，我们只需分析检流计对角线两点 b、d 间的电压与某桥臂电阻微小变化的关系就可以说明问题了。

假定图 12-1 平衡电桥中电阻 R_1 变化 ΔR_1，那么它引起 b、d 之间输出电压的大小为

$$U_{bd}=\frac{(R_1+\Delta R_1)R_3-R_2R_4}{(R_1+\Delta R_1+R_2)(R_3+R_4)}\cdot U$$

因为 $R_1R_3=R_2R_4$，且 $\Delta R_1 \ll R_1$，所以

$$U_{bd}=\frac{\Delta R_1 R_3}{(R_1+R_2)(R_3+R_4)}\cdot U$$

分子分母同除以 R_1R_3，得

$$U_{bd}=\frac{\Delta R_1/R_1}{(1+R_2/R_1)(1+R_4/R_3)}\cdot U$$

令 $\frac{\Delta R_1}{R}=m_1$，$\frac{R_2}{R_1}=\frac{R_3}{R_4}=n$，则

$$U_{bd}=\frac{m_1}{(1+n)(1+1/n)}\cdot U$$

若 R_1、R_2、R_3、R_4 各臂的相对灵敏度分别为 S_1、S_2、S_3、S_4，则

$$S_1=\frac{U_{bd}}{m_1}=\frac{U}{(1+n)(1+1/n)} \tag{12-5}$$

同理

$$S_3=\frac{U_{bd}}{m_3}=\frac{U}{(1+n)(1+1/n)}$$

$$S_2=S_4=\frac{U}{(1+n)(1+1/n)}$$

这说明平衡电桥各臂相对灵敏度相等。因此，要想检查电桥的相对灵敏度，可任意选一桥臂进行即可。

另外，从式(12-5) 中可以看出，若想提高电桥灵敏度，一个办法是提高电源电压，当然这是有限度的；另一个办法是选择合适的 n 值，使得 $f(n)=(1+n)(1+1/n)=2+n+1/n$ 为极小，令

$$\frac{\mathrm{d}f(n)}{\mathrm{d}n}=1-n^2=0$$

得 $n=1$ 时，$f(n)$ 取得极小值。

这说明，当 $n=1$，$\frac{R_2}{R_1}=\frac{R_3}{R_4}=1$，即 $R_1=R_2=R_3=R_4$ 为等臂电桥时，电桥的灵敏度最大。

12.1.2 直流电桥的用途及特点

单电桥可以用来测量中等数值的电阻（$1\sim10^6\,\Omega$），它的主要特点是使用方便、测量范围宽、准确度高。另外从平衡条件可知，电桥平衡不受电源电压的影响，也不受对角线电阻影响，仅决定于四个桥臂电阻。因此，使用电桥时，不必像使用直流电位差计那样注意工作电源的稳定性。当然，为了保证电桥有足够的灵敏度，电源电压应该足够大。

注意：电桥的准确性和灵敏度主要取决于检流计的灵敏度。因为，桥臂电阻精度可以很高，但电桥的前述特点是在电桥平衡的条件下得到的，而电桥是否平衡，是检流计桥路两端电位相等（$U_{bd}=0$），检流计无电流（$I_g=0$），即检流计指示不偏转，如果检流计灵敏度不高，当 $I_g\neq0$ 时，它也不会偏转，这时电桥未达到平衡，电桥的所有平衡性质都不成立。

12.1.3 实际的单电桥线路

图 12-2 是目前最常用的 QJ23 型直流单电桥的原理线路图。图中 R_4 由四个可调电阻组成，对应面板上的四位读数盘，电阻的调节是步进的，它是电桥的比较臂。电阻 R_2 和 R_3 共由八个电阻组成，它们构成比例臂，通过转换开关 K 的电刷来改变不同的比率 k，从 $10^{-3}\sim10^3$ 共七个档，在面板上通过比率读数盘的转动来改变。电桥有内附检流计 G，也备

有外接检流计的接线柱。

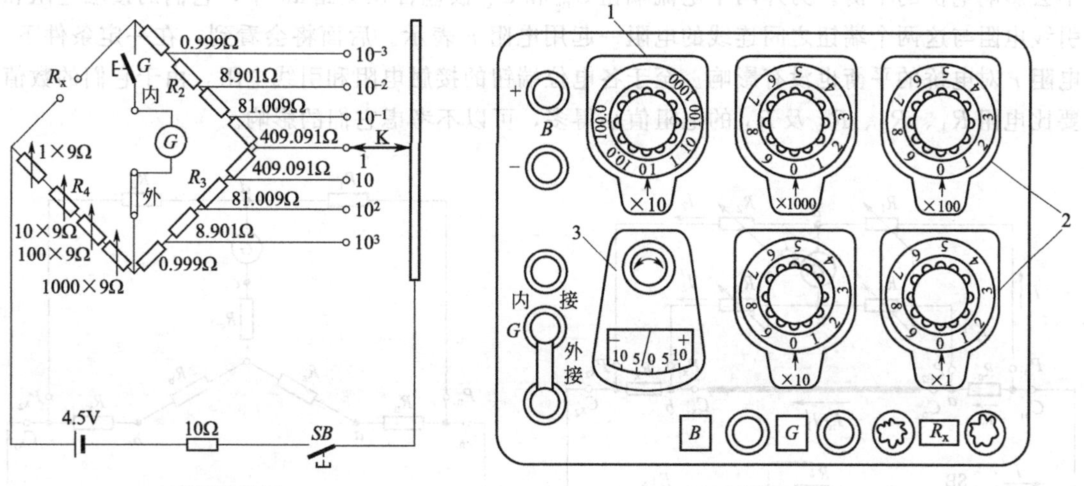

(a) 原理电路图　　(b) 面板图

图 12-2　QJ23 型直流单臂电桥

1—倍率旋钮；2—比较臂读数盘；3—检流计；G—接通检流计的按钮；K—转换开关；$SB(B)$—接通电源的按钮

电桥的电阻测量范围为 $1\sim10^6\Omega$，准确度为 0.2 级，但只是在 $100\sim99990\Omega$ 的基本量限内误差才不超过±0.2%。

由于比较臂电阻的变化是步进的，测电阻时电桥有可能达不到绝对平衡，这时我们可以通过两次测量来确定被测电阻值。假定比较臂电阻在某一数值 R_4 时检流计指针左偏 α_1 个小格，而在 $R_4+\Delta R_4$ 时（最低位读数步进一位），指针右偏 α_2 个小格，如果比例臂在测量过程中比值不变，则被测电阻的实际值可按式(12-6) 计算

$$R_x=k\left(R_4+\Delta R_4\ \frac{\alpha_1}{\alpha_1+\alpha_2}\right) \tag{12-6}$$

12.2　直流双电桥

从式(12-3) 和图 12-1 的电桥线路看，只要比例臂 R_1/R_3 的比值 k 足够小，比较臂 R_4 能够调节到足够小，单电桥应该是能够测小电阻的。

实际上，用单电桥测小电阻会产生较大的误差。原因是没有考虑到接触电阻和接线电阻等因素，图 12-3 是考虑引线电阻和接触电阻 r_1、r_2 的示意图，当电桥达到平衡时，引线电阻和接触电阻也起了作用。只有在被测电阻 R_x 远大于接触电阻和引线电阻时，才可以忽略它们的影响。

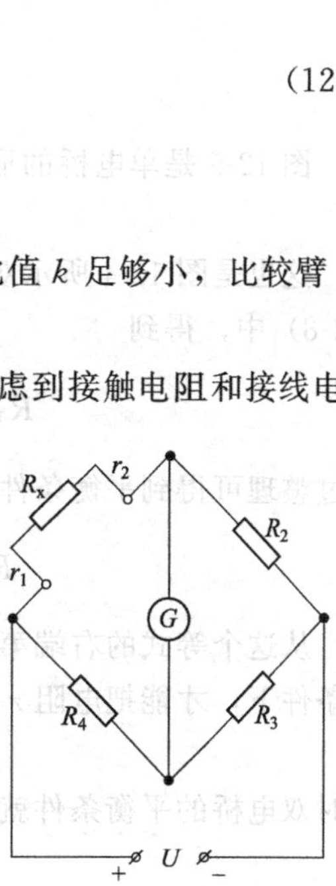

图 12-3　考虑引线电阻和接触电阻 r_1、r_2 的示意图

为了测量较低数值的电阻，可以采用双电桥或电位差计。

双电桥又叫开尔文（Kelvin）电桥，其原理线路如图 12-4 所示，它对于引线电阻和接触电阻的影响采取了改进措施，所以这种电桥适用于测量电阻值低于 1Ω 的电阻。

12.2.1　双电桥的原理

从图 12-4 的线路可见，标准电阻 R_n 和被测电阻 R_x 都是四

端电阻。它们的电流端钮 C_{n_1} 和 C_{x_2} 被包含在电源支路中，因而它们的接触电阻和引线电阻不会影响电桥的平衡。另外两个电流端钮 C_{n_2} 和 C_{x_1} 被包含在支路 ab 中，它们的接触电阻和引线电阻与这两个端钮之间连线的电阻一起用电阻 r 表示。后面将会看到，在一定条件下，电阻 r 对电桥的平衡也没有影响。至于各电位端钮的接触电阻和引线电阻，由于它们的数值要比电阻 R_1、R_2、R_3 及 R_4 的电阻值小得多，可以不考虑它们的影响。

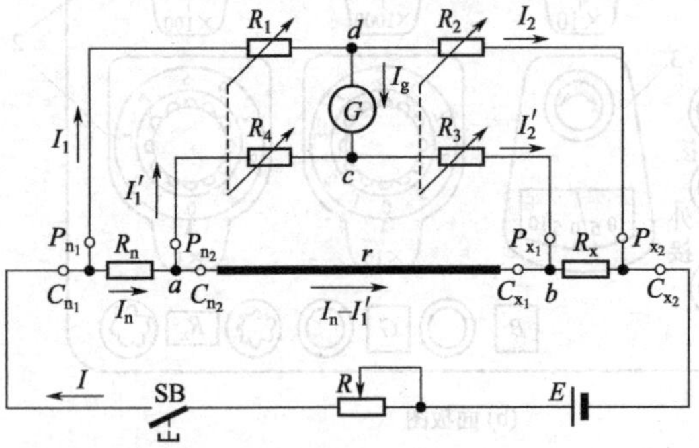

图 12-4　双电桥原理线路

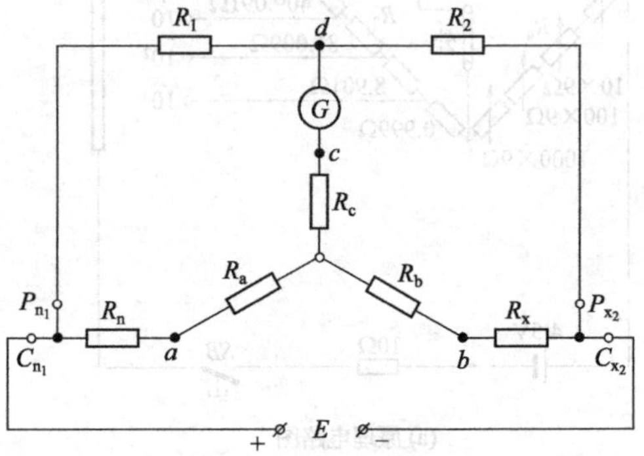

图 12-5　双电桥的等效电路

下面分析电阻 r 对电桥的平衡有无影响及电桥的平衡条件。首先将节点 a、b、c 之间接成 π 形的电阻 r、R_3 和 R_4 等效变换为 T 形接法，如图 12-5 所示。图中电阻 R_a、R_b 和 R_c 的值分别是

$$\left.\begin{aligned} R_a&=\frac{R_4 r}{r+R_3+R_4}\\ R_b&=\frac{R_3 r}{r+R_3+R_4}\\ R_c&=\frac{R_4 R_4}{r+R_3+R_4}\end{aligned}\right\} \tag{12-7}$$

图 12-5 是单电桥的形式，根据式(12-2) 可得它的平衡条件是

$$R_1(R_b+R_x)=R_2(R_a+R_n) \tag{12-8}$$

这也是图 12-4 所示双电桥的平衡条件，因为这两个电路是等效的。将式(12-7) 代入式(12-8) 中，得到

$$R_1\left(\frac{R_3 r}{r+R_3+R_4}+R_x\right)=R_2\left(\frac{R_4 r}{r+R_3+R_4}+R_n\right)$$

经过整理可得到平衡条件为：

$$R_1R_x=R_2R_n+\frac{r}{r+R_3+R_4}(R_2R_4-R_1R_3) \tag{12-9}$$

从这个等式的右端第二项可见，一般来说双电桥的平衡是和电阻 r 有关系的，只有在下述条件下，才能把电阻 r 的影响消除掉，这就是

$$R_2R_4=R_1R_3 \tag{12-10}$$

这时双电桥的平衡条件就是

$$R_1R_x=R_2R_n \tag{12-11}$$

为了使式(12-10) 的条件总能得到满足，在制造电桥时，可以把 R_1 和 R_4，R_2 和 R_3 做得分别相等，并能在调整过程中始终保持分别相等。这样一来，测量电阻时，只要

按式(12-11)的要求去进行调整，就能使电桥达到平衡，并按式(12-12)计算出被测电阻

$$R_x = \frac{R_2}{R_1} R_n \tag{12-12}$$

这就是用双电桥测量小电阻的基础。

12.2.2　双电桥测大电阻存在问题

从图 12-5 可以看到，检流计支路中串联着等效电阻 R_c；被测电阻 R_x 只是未知电阻 $(R_x + R_b)$ 的一部分。如果一个双电桥所用的电源电压和检流计的灵敏度与单电桥相同，那么这个双电桥的灵敏度显然要比单电桥低。换言之，双电桥以降低灵敏度换来了消除接触电阻的影响。在测量的时候，如果接触电阻是要解决的主要矛盾，那就选用双电桥；测量大电阻时，接触电阻的影响不是主要的，所以选用双电桥就不合适。

12.2.3　实际的双电桥线路

图 12-6 是 QJ103 型双电桥的原理线路及其面板图。QJ103 型电桥是一种便携式双电桥，内部带有检流计和电源。它的准确度级别为 2 级，基本量限 0.0001～11Ω。它的标准电阻 R_n 是滑线变阻器，阻值在 0.01～0.11Ω 之间，其读数可从仪器面板上的读数盘上读数。电阻 R_1、R_2、R_3 和 R_4 由 12 个电阻组成，可以通过双刀五掷转换开关改变，但它们总保持有 $R_1 = R_4$，$R_2 = R_3$ 的关系。改变 K 的位置，可使比例 R_2/R_1 改变，共分 100、10、1、0.1 和 0.01 五挡，仪器面板上有相应的比率读数盘。被测电阻的读数为电桥平衡时比率读数盘和滑线变阻器读数盘的示数之积。

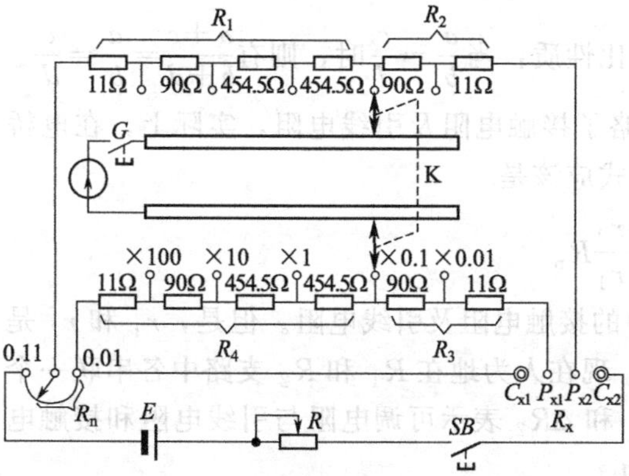

(a) 原理电路图

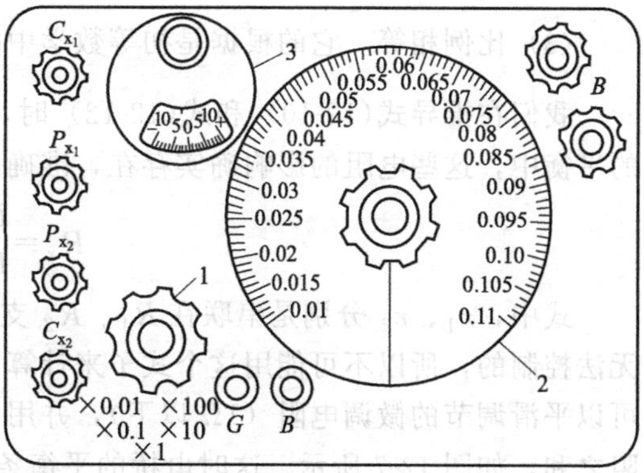

(b) 面板图

图 12-6　QJ103 型直流双臂电桥原理电路及其面板示意图

1—倍率旋钮；2—标准电阻读数盘；3—检流计；G—接通检流计的按钮；K—转换开关；$SB(B)$—接通电源的按钮

* 12.2.4　关于电阻 r

为了消除电阻 r 对被测电阻的影响，理论上说，当 $R_1 = R_4$，$R_2 = R_3$ 并能同步调整时，被测电阻可按式(12-12)计算；实际上偏差总是存在的，例如 R_x、R_n 的四个电位端的引线电阻和接触电阻都未考虑进去，因此等式(12-9)右边的第二项不可能完全消除。在用双电桥测量时，为了尽可能减小这一项，我们必须尽量减小电阻 r 本身的大小，即要用短而粗的导线来联接 R_x 和 R_n 的电流端钮（有的电路已经接好）。不过这不是根本的办法，还有进一步消除这种误差的电桥，叫做三次平衡双电桥。

*12.3 三次平衡双电桥

三次平衡电桥原理线路如图 12-7 所示。它进一步解决小电阻的高准确度测量问题，与图 12-4 所示双电桥原理线路相比，多了四个可调电阻 ΔR_1、ΔR_2、ΔR_3、ΔR_4 和两个跨接开关 K_1、K_2。四个可调电阻是用来消除四个电位端钮的接触电阻和引线电阻影响的。在下面的分析中，我们把各引线电阻和接触电阻分别包含在 ΔR_1、ΔR_2、ΔR_3 和 ΔR_4 之中，作为它们的一部分。

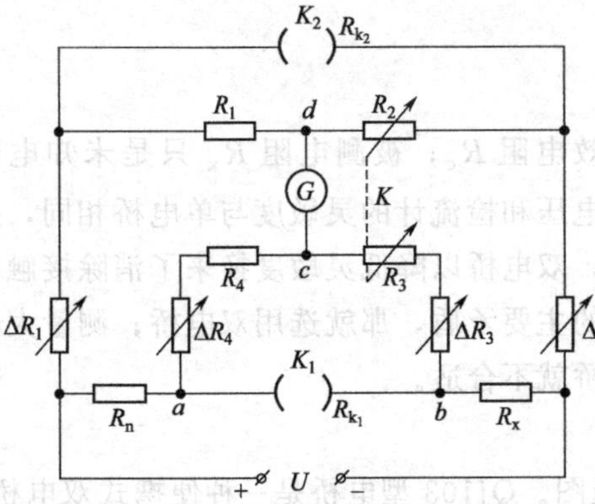

图 12-7　三次平衡双电桥原理线路

为什么这样安排能够较好地消除接触电阻和引线电阻等的影响，使小电阻的测量具有更高的准确度呢？

12.3.1 对接触电阻和引线电阻的处理

对接触电阻和引线电阻影响有三种处理方法。

(1) 排除　设法把接触电阻和引线电阻安排到测量电路之外，例如在图 12-4 线路中，与电流端钮 C_{n1} 和 C_{x2} 有关的引线电阻和接触电阻都属于电源支路，排除到测量线路以外。

(2) 忽略　小电阻与大电阻串联时，忽略小电阻的作用，例如分析图 12-4 电路时，就把四个电位端钮的引线电阻和接触电阻忽略不计，而认为各支路的电阻就是 R_1、R_2、R_3 和 R_4。

(3) 比例相等　它的根据是初等数学中的和比性质：当 $\frac{a}{b}=\frac{c}{d}$ 时，则有 $\frac{a+c}{b+d}=\frac{a}{b}=\frac{c}{d}$。

我们在推导式(12-10) 和式(12-12) 时，忽略了接触电阻及引线电阻，实际上，在电桥的平衡中，这些电阻的影响确实存在，准确的公式应该是

$$R_x=\frac{R_2+r_2}{R_1+r_1}R_n$$

式中，r_1、r_2 分别是串联在 R_1、R_2 支路中的接触电阻及引线电阻。但是，r_1 和 r_2 是无法控制的，所以不可能用这个式子来计算 R_x。现在人为地在 R_1 和 R_2 支路中各串联一个可以平滑调节的微调电阻（1Ω 以下），并用 ΔR_1 和 ΔR_2 表示可调电阻与引线电阻和接触电阻之和，如图 12-7 所示。这时电桥的平衡条件为

$$R_x=\frac{R_2+\Delta R_2}{R_1+\Delta R_1}R_n$$

ΔR_1 和 ΔR_2 中仍有无法控制的因素 r_1 和 r_2。如果调节可调电阻使满足下列条件

$$\frac{R_2}{R_1}=\frac{\Delta R_2}{\Delta R_1}$$

那么根据和比关系，有

$$\frac{R_2+\Delta R_2}{R_1+\Delta R_1}=\frac{R_2}{R_1}$$

计算 R_x 的公式就成为

$$R_x=\frac{R_2}{R_1}R_n$$

它与式(12-12) 完全一样，却消除了 r_1、r_2 的影响。这就是比例相等的办法。

总起来说，消除引线电阻和接触电阻的比例相等方法，就是在支路中串入可调电阻使它们和 r_1、r_2 串联的等效电阻分别为 ΔR_1、ΔR_2。并使 ΔR_1 和 ΔR_2 与支路标准电阻 R_1、R_2 有比例关系。这样一来，电桥平衡时既考虑了引线电阻和接触电阻的影响，计算被测电阻时却又不必管这些电阻。

12.3.2　三次平衡双电桥的原理

三次平衡双电桥就是根据上述比例相等的办法，消除掉接触电阻和引线电阻的影响，而用式(12-12) 计算出较为准确的被测电阻值。

在图 12-7 中，各电阻应满足下列比例关系

$$\frac{R_2}{R_1}=\frac{R_2+\Delta R_2}{R_1+\Delta R_1}=\frac{\Delta R_2}{\Delta R_1}=\frac{R_3}{R_4}=\frac{R_3+\Delta R_3}{R_4+\Delta R_4}=\frac{\Delta R_3}{\Delta R_4}$$

为了同时满足这样一些关系，调节电桥的步骤也必然比较多，具体步骤如下。

① 闭合跨线开关 K_1，断开 K_2，此时电桥线路变为普通的双电桥线路，其等效电路如图 12-8(a) 所示，同步调节 R_2、R_3，使电桥平衡。

② 同时闭合跨线开关 K_1 和 K_2，此时电桥线路变为双跨线电桥线路，其等效电路如图 12-8(b) 所示，调节可调电阻 ΔR_1 或 ΔR_2 使电桥平衡。

③ 同时断开跨线开关 K_1、K_2，此时电桥线路变为普通的单电桥线路，调节可调电阻 ΔR_3 或 ΔR_4 使电桥平衡。

④ 重复以上步骤，直到以上三种情况下不需调节任何电阻电桥都能平衡为止。这时被测电阻为

$$R_x=\frac{R_2}{R_1}R_n$$

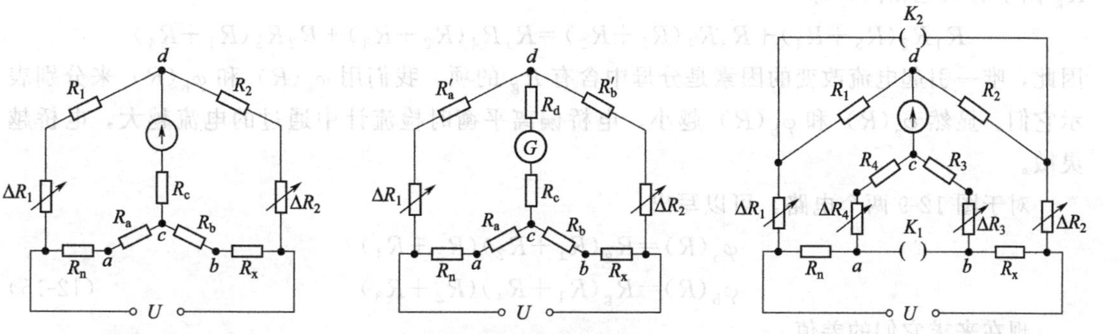

(a) 变换成双电桥电路　　(b) 变换成双双电桥电路　　(c) 变换成单电桥电路

图 12-8　三次平衡电桥的等效电路

因为要在三种情况下调节电桥达到平衡，所以称这种电桥为三次平衡电桥。

国产 QJ40 型三次平衡双电桥就是根据上述原理而制成的，它专门用来测量高准确度（0.005 级、0.01 级和 0.02 级）的直流标准电阻，测量范围 $10^{-3}\sim10^{2}\Omega$，测量误差为 $\pm0.0003\%$。

*12.4　单电桥的电源接入点的选择

在 12.1 节中我们得到单电桥的平衡条件式(12-1) 和式(12-2)，从这个平衡条件可以看到电桥的一个重要特性——对角线的互换性。假如我们互换图 12-9(a) 中电源和检流计的位

置，便得到图 12-9(b) 的线路。不管电源和检流计的位置怎样互换，电桥平衡条件不会改变，因为互换前后，电桥的相对臂仍然保持在相对位置。那么，电源和检流计的接入点不同究竟对电桥的工作有无影响呢？这要从偏离平衡时的情况去考查。

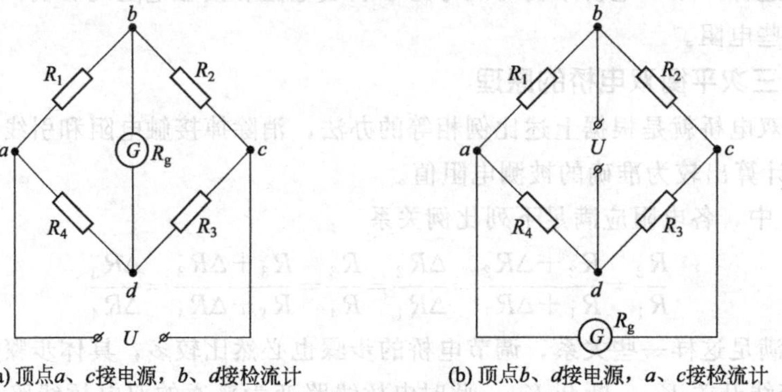

图 12-9　说明电桥对角线互换性图示

我们主要考查流过检流计的电流。

对于图 12-9(a) 所示电路，不难用代文宁定理算出流过检流计的电流为

$$I_{ga}=\frac{R_1R_3-R_2R_4}{R_g(R_1+R_2)(R_3+R_4)+R_1R_2(R_3+R_4)+R_3R_4(R_1+R_2)}\cdot U \tag{12-13}$$

同样地，我们也可算出流过图 12-9(b) 电路中检流计的电流

$$I_{gb}=\frac{R_1R_3-R_2R_4}{R_g(R_1+R_4)(R_2+R_3)+R_1R_4(R_2+R_3)+R_2R_3(R_1+R_4)}\cdot U \tag{12-14}$$

比较上面这两个式子可以看出，电源接入点不同时，两式的分子相同，分母中未含有 R_g 因子的项也相同，即

$$R_1R_2(R_3+R_4)+R_3R_4(R_1+R_2)=R_1R_4(R_2+R_3)+R_2R_3(R_1+R_4)$$

因此，唯一引起电流改变的因素是分母中含有 R_g 的项，我们用 $\varphi_a(R)$ 和 $\varphi_b(R)$ 来分别表示它们。显然 $\varphi_a(R)$ 和 $\varphi_b(R)$ 越小，电桥偏离平衡时检流计中通过的电流越大，电桥越灵敏。

对于图 12-9 两个电路，可以写出

$$\begin{aligned}\varphi_a(R)&=R_g(R_1+R_2)(R_3+R_4)\\ \varphi_b(R)&=R_g(R_1+R_4)(R_2+R_3)\end{aligned} \tag{12-15}$$

现在来求它们的差值

$$\begin{aligned}\varphi_a(R)-\varphi_b(R)&=R_g[(R_1+R_2)(R_3+R_4)-(R_1+R_4)(R_2+R_3)]\\ &=R_g(R_4-R_2)(R_1-R_3)\end{aligned} \tag{12-16}$$

显然，如果满足下列不等式

$$R_4>R_2;\ R_1>R_3 \tag{12-17}$$

则

$$\varphi_a(R)-\varphi_b(R)>0$$

即

$$\varphi_a(R)>\varphi_b(R)$$

或者由式(12-13) 和式(12-14) 得到

$$I_{ga}<I_{gb}$$

就是说，电源和检流计按图 12-9(b) 所示位置接入，电桥较为灵敏。

把不等式(12-17) 与图 12-9 加以对照，可以归纳出以下规则：为使电桥平衡的调整更为灵敏，两个较小的电阻应当接在电源对角线的一边，而另两个较大的电阻则应接在另一边。

例如在图 12-9 中，如果 $R_1=1\Omega$，$R_2=10\Omega$，$R_3=1000\Omega$，$R_4=100\Omega$，那么按图 12-9(a) 方式接入电源时，电桥更为灵敏。因为它符合上面所归纳出的规则。应当注意，这样接入电路时，电路消耗的功率要比另一种接入方式大。

12.5　直流电桥的主要技术特性

(1) 直流电桥的分类

① 按使用条件
- 实验室型——主要在实验室条件下供精密测量用
- 携带型——主要在生产现场中供一般测量用

② 按线路类型　单电桥；双电桥；单双电桥

③ 按准确度等级　见表 12-1。

④ 特殊电桥　由特殊用途而设计制造的测量电桥。如 QJ18 型测温双电桥、QJ40 型三次平衡电桥、QJ33 型万能比例单电桥、QJ25 型直流比例单电桥等。

表 12-1　直流电桥的准确度等级

测量范围/Ω	使用条件	准确度等级
$10^{-5}\sim10^{6}$	实验室型	0.01、0.02、0.05
	携带型	0.05、0.1、0.2、0.5、1.0、2.0
$10^{6}\sim10^{12}$	实验室型	0.02、0.05、0.1、0.2、0.5

(2) 直流电桥的主要技术特性

① 准确度　直流电桥的准确度共分八级，见表 12-1。

② 基本误差　$a\leqslant0.1$ 级，$\Delta=\pm a\%\cdot R_{max}$；

$a\geqslant0.2$ 级，$\Delta=\pm K(a\%\cdot R+b\Delta R)$

式中，a 为准确度等级；R 为调节臂读数示值，Ω；Δ 为绝对误差，Ω；ΔR 为调节臂最小步进值或滑线分度值，Ω；R_{max} 为电桥读数盘的满刻度值，Ω；K 为比例系数；b 为系数，$a\leqslant0.02$ 级时 $b=0.3$，$a\geqslant0.05$ 级时 $b=0.2$，$a\geqslant0.1$ 级具有滑线盘时 $b=1$。

表 12-2 列出了几种国产直流电桥的主要技术特性。

表 12-2　国产直流电桥的主要技术特性

型号	名称	测量范围/Ω	准确度等级
QJ23	携带型单电桥	1～9999000	0.2
QJ28	携带型双电桥	$10^{-5}\sim11.05$	0.5
QJ103	双电桥	$10^{-4}\sim11$	2
QJ17	单双两用电桥	$10^{-6}\sim10^{6}$	0.02
QJ40	三次平衡电桥	$10^{-3}\sim10^{2}$	测量误差±0.0003%
QJ57	双电桥	$10^{-2}\sim10^{3}$	0.05
QJ36	直流单双电桥	$10^{-6}\sim10^{6}$	0.02
QJ30	直流单电桥	$1\sim10^{8}$	0.005

电桥只有工作在一定的温度和湿度范围内才能保证它的准确度。电桥的准确度越高，它对温度的要求越严格，例如：0.01级的电桥保证准确度的温度范围是（20±1）℃；0.1级的电桥是（20±5）℃；0.5～2.0级电桥是（20±15）℃。使用电桥时，环境温度不要超出允许的温度范围；相对湿度都要在80%以下。

12.6 直流电桥的使用、维护及检定

电桥是测量电阻的常用精密仪器，若使用不当会给测量带来误差，或损坏仪器设备，所以在使用电桥时要注意以下几方面的问题。

12.6.1 直流电桥的使用

（1）电桥的选择

① 根据被测电阻的大致范围选择单电桥（1～10^6Ω）或双电桥（10^{-5}～1Ω）。

② 根据测量准确度要求选用电桥等级。电桥的准确度应高于被测电阻的准确度，其误差应不大于被测电阻允许误差的1/3。

（2）电源电压的选择

① 按电桥说明书的要求选择电源电压。电源电压太低将会降低电桥的灵敏度；电压过高，可能会烧坏桥臂电阻。为了安全起见，可在电源支路串一只可变电阻。测小电阻时电压要适当降低。

② 双电桥的电源供给电桥的电流大约为：

$$I=\frac{E}{R+R_n+r+R_x}$$

式中，E为电源电动势，V；R为串联在电源支路中的电阻，Ω；R_n为标准电阻即比较臂，Ω；R_x为被测电阻，Ω；r为R_n和R_x电流端钮的跨线电阻和接触电阻之和，Ω。

电源供给的电流较大，所以电源的容量要大一些，但这个电流不允许超过被测电阻R_x和标准电阻R_n的额定值。

（3）外接检流计的选择

① 检流计的灵敏度：当电桥最低位读数改变一个单位时，检流计应能偏转2～6格。检流计太灵敏，电桥难调至平衡；灵敏度太低，达不到应有的测量准确度。

② 检流计的外临界电阻：应使检流计能工作在微欠阻尼状态。

（4）被测电阻的接入

① 接线要短、粗，连接要牢固，接触要可靠。接线不牢或接触不良会使检流计支路电流过大而损坏检流计。

② 测量感性负载（如变压器或电机绕组）的直流电阻时，应先接通电源，再接通检流计；测量完毕，应先断开检流计，再断开电源，以免自感电动势冲坏检流计。

③ 使用双电桥时，要正确连接被测电阻的电流端钮和电压端钮。当被测电阻没有专门的电流端钮和电位端钮（这种情况时常遇到）时，要自己接成四端结构，两个电位端一定要接在两个电流端内侧；两个电流端钮之间的连接线的电阻r要尽量小：$r<(0.001\sim0.01)R_x$，标准电阻R_n要接近于R_x。

（5）测量

① 测量前先将电桥放置平稳，把检流计锁扣或短路开关打开，并调节调零器使指针指零。

② 根据被测电阻的估计值，适当选择比例臂的比率，使比较臂各读数盘能被充分利用，读到最多位数的有效数字，以提高读数精度。

③ 开始测量时，电桥可能远离平衡状态，通过检流计的电流很大，这时可增加串联在电源支路的可变电阻，以降低电桥灵敏度。当电桥接近平衡时，再减小这个电阻。

④ 在测量中，如要消除热电动势和接触电势对测量结果的影响，可将电源的极性反接再测一次，然后取两次测量结果的平均值。

12.6.2 直流电桥的维护

① 使用前先要将各读数盘转动几次，以保持电刷接触良好。若电桥长久未用，使用前先要清洗各接线端钮及各接触点。必要时要先经检定后再用。

② 电桥不要受阳光照射，周围环境要保持清洁，无腐蚀性气体，并避开热源。

③ 电桥要在规定的温度和湿度范围内保存。

④ 电桥使用完毕后，要将内附检流计的锁扣锁好，盖好仪器盖。

12.6.3 直流电桥的检定

直流电桥的检定方法一般分为元件检定和整体检定，还有半整体检定。

元件检定是分别测量被检电桥电阻元件的阻值；根据这些元件的阻值，再通过计算，确定被检电桥的误差。测量电阻的方法可选用比较电桥法、标准直读电桥法、电桥替代法、补偿替代法等任何一种。这种检定方法多用于0.01～0.05级电桥的检定。

整体检定是用符合检定规程要求的电阻箱作为可变标准量具，与被检电桥的基本量限（保证准确度的测量范围）的各示值进行比较，确定该电桥的基本误差。这种检定方法多用于0.5～2.0级电桥的检定。

半整体检定是按整体检定法检定比例臂的比值，按元件检定法检定比较臂电阻的实际值，然后通过计算，确定被检电桥的误差。这种检定方法多用于0.05～0.5级电桥的检定。

在选定不同的检定方法时要注意对检定装置及测试环境的要求。在检定时，必须相应地选择一套合适的检定装置，包括标准仪器、量具、平衡指示器、开关、电源及其他辅助设备。对这些设备，应根据被检电桥的级别，选择一定的准确度和分辨率。

思考题与习题

12-1 画出单电桥和双电桥的原理线路，并简述其基本原理。

12-2 为什么单电桥不能用来测量小电阻？

12-3 用QJ23型直流电桥测量电阻，电桥平衡时比例臂的读数为0.1，比较臂的读数为814Ω，求被测电阻是多少欧？这个测量结果有什么可改进的地方？

12-4 在双电桥中对跨接导线 r 有什么要求，为什么？

12-5 在图12-10中跨接导线 r 的接线位置是否正确？为什么？如何改正？

12-6 在图12-6所示的电桥线路中，若接入被测电阻 R_x 并调节电桥达到平衡，试按图示转换开关的位置和 R_n 的值（设 $R_n=0.05\Omega$）算出被测电阻的阻值。

12-7 如何正确使用直流电桥？

12-8 内阻为 R_g 的检流计充作直流单电桥的一个臂（见图12-11），若开关 K 无论打开还是闭合，检流计的指示均不变，求 R_g。

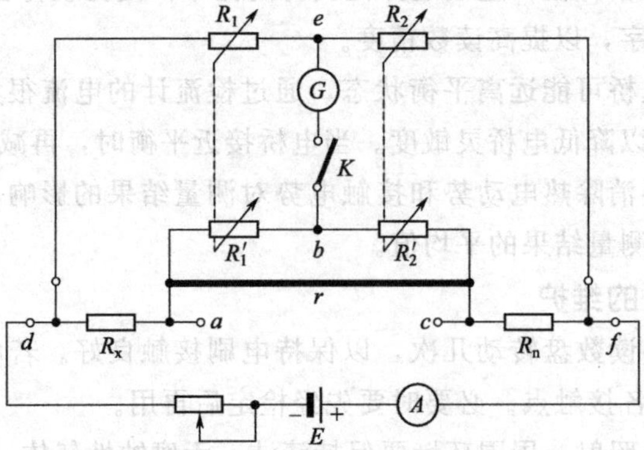

图 12-10　双电桥的一种接线方式

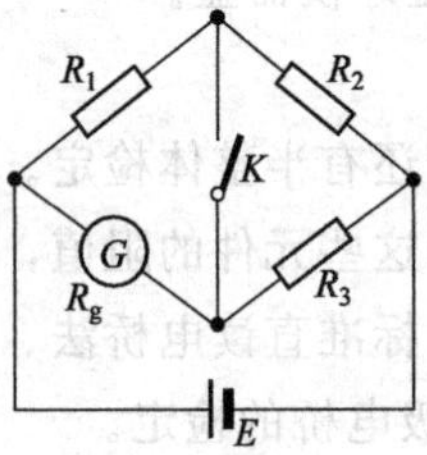

图 12-11　习题 12-8 图

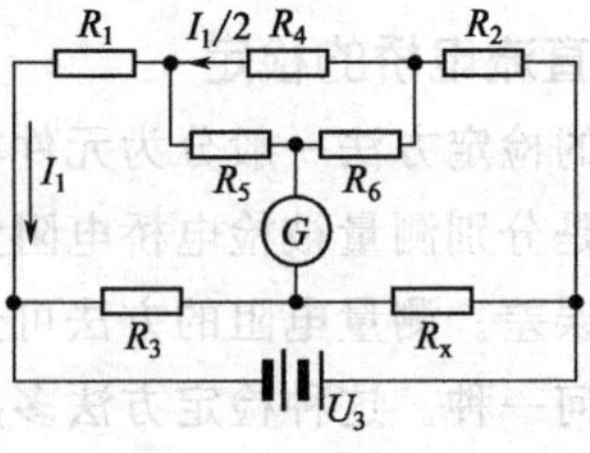

图 12-12　习题 12-9 图

12-9　图 12-12 所示电桥已处于平衡状态，求 R_x。

第 13 章 交流电桥

交流电桥也是一种比较仪器，在电测技术中占有重要地位。在生产及科学实验中，交流电桥得到极为广泛的应用。交流电桥主要用于交流等效电阻及其时间常数、电容及其介质损耗、自感及其线圈品质因数和互感等电参量的精密测量，也用于非电量变换为相应电参量的精密测量。

交流电桥可分为阻抗比电桥和变压器电桥两大类，而一般将阻抗比电桥称为交流电桥，我们也用这一名称。

常用的交流电桥线路虽然和直流单电桥线路具有同样的结构形式，但因它的四个臂是阻抗，所以它的平衡条件、线路的组成以及实现平衡的调整过程都比直流电桥复杂。

交流电桥（阻抗比电桥）的准确度为 10^{-3} 左右。由于变压器电桥是以感应分压器作为比率臂，而感应分压器的准确度可达 3×10^{-9}，故变压器电桥准确度有可能达 10^{-8} 数量级。据报道，国际市场已出现 7×10^{-6} 准确度的变压器电桥。我国生产的 QS16 型电容电桥的总误差为 10^{-4}，主要是由于其感应分压器的误差只达到 10^{-6}。但是近年来已有单位制出了精度为 10^{-8} 的感应分压器，可以相信，在不远的将来，我国生产的交流电桥定能赶上和超过国际先进水平。

13.1 交流电桥的基本原理

交流电桥的原理性线路如图 13-1 所示，它与图 12-1 所示单电桥原理线路相似。但是，在交流电桥中，四个桥臂一般由阻抗元件——电阻、电感、电容组成；交流电桥的电源通常为正弦交流电源；交流电桥的平衡指示器的种类很多，适用于不同的频率范围。频率为 200Hz 以下时可采用谐振式检流计；音频时，可采用耳机作为平衡指示器；音频或更高的频率时，也可以采用电子指零仪器，也有用电子示波器作为平衡指示器的。交流平衡指示器指零时，电桥达到平衡。

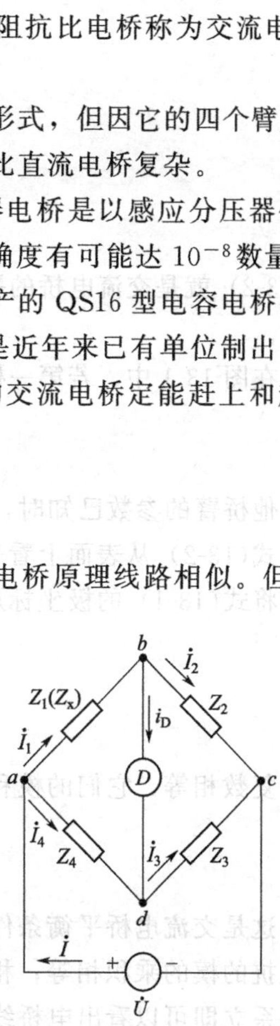

图 13-1 交流电桥原理线路

Z_x—被测阻抗；D—交流指零仪器

Z_2，Z_3，Z_4—桥臂阻抗

13.1.1 交流电桥的平衡条件

在图 13-1 所示交流电桥的原理线路中在正弦稳态条件下电源电压相量为 $\dot U$，各桥臂阻抗分别为

$$\left.\begin{aligned} Z_1&=z_1\underline{/\varphi_1}=R_1+jX_1\\ Z_2&=z_2\underline{/\varphi_2}=R_2+jX_2\\ Z_3&=z_3\underline{/\varphi_3}=R_3+jX_3\\ Z_4&=z_4\underline{/\varphi_4}=R_4+jX_4 \end{aligned}\right\}\qquad(13\text{-}1)$$

式中，z_1，z_2，z_3，z_4 为各阻抗的模；φ_1，φ_2，φ_3，φ_4 为各阻抗的阻抗角，容性阻抗 $\varphi<0$，感性阻抗 $\varphi>0$；R、X 为各阻抗的电阻和电抗，容性电抗 $X<0$，感性电抗 $X>0$。

当调节电桥桥臂参数，使交流指零仪器 D 中无电流时，即 $I_D=0$，这时 b、d 两点的电位相等，电桥达到平衡，有：

$$\dot{U}_{ab}=\dot{U}_{ad}$$

而

$$\dot{U}_{ab}=\frac{Z_1}{Z_1+Z_2}\dot{U}；\dot{U}_{ad}=\frac{Z_4}{Z_3+Z_4}\dot{U}$$

所以

$$\frac{Z_1}{Z_1+Z_2}\dot{U}=\frac{Z_4}{Z_3+Z_4}\dot{U}$$

故

$$\frac{Z_1}{Z_2}=\frac{Z_4}{Z_3}$$

或

$$Z_1Z_3=Z_2Z_4 \tag{13-2}$$

式(13-2) 就是交流电桥的平衡条件，它说明：当交流电桥平衡时，相对桥臂的阻抗的乘积相等。

在图 13-1 中，若第一桥臂由被测阻抗 Z_x 构成，则

$$Z_x=\frac{Z_2}{Z_3}Z_4 \tag{13-3}$$

当其他桥臂的参数已知时，就可决定被测阻抗 Z_x 的值，这就是交流电桥测阻抗的原理。

式(13-2) 从表面上看来与式(12-2) 形式相同，但它却包含着更为复杂的内容。

将式(13-1) 的极坐标形式代入式(13-2)，得到

$$z_1/\underline{\varphi_1}\cdot z_3/\underline{\varphi_3}=z_2/\underline{\varphi_2}\cdot z_4/\underline{\varphi_4}$$

或

$$z_1z_3/\underline{\varphi_1+\varphi_3}=z_2z_4/\underline{\varphi_2+\varphi_4}$$

两个复数相等，它们的模和辐角必须分别相等，即得

$$\left.\begin{array}{l}z_1z_3=z_2z_4\\ \varphi_1+\varphi_3=\varphi_2+\varphi_4\end{array}\right\} \tag{13-4}$$

这是交流电桥平衡条件的另一种形式，可见交流电桥的平衡必须满足两个条件：相对臂的阻抗的模的乘积相等；相对臂的阻抗角之和相等。特别应注意后一条件，因为根据阻抗角的关系立即可以看出电桥线路安排是否合适。

13.1.2 交流电桥的特点

(1) 交流电桥必须按照一定方式配置桥臂的阻抗

如果任意用不同性质的四个阻抗组成一个交流电桥，不一定能够调节到平衡，因此必须把电桥各元件的阻抗性质按电桥的两个平衡条件作适当的配置。

在很多交流电桥中，为了使电桥结构简单和调节方便，通常将交流电桥中的两个桥臂设计为纯电阻。

根据交流电桥平衡条件（13-4）可知，如果电桥的相邻两臂接入纯电阻，则另外相邻两臂必须接入相同性质的阻抗。如图 13-2(a) 中，$Z_2=R_2$，$Z_3=R_3$，则 $\varphi_2=\varphi_3=0$，那么由式(13-4) 得：$\varphi_1=\varphi_4$，若被测对象 Z_x 为容性阻抗，接入 Z_1 桥臂，则与 Z_1 桥臂相邻的桥臂 Z_4 必须是容性阻抗；若 Z_x 为感性阻抗，则 Z_4 也应为感性阻抗。

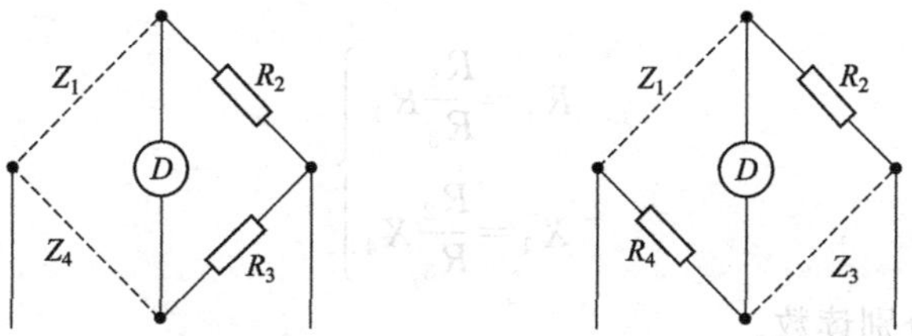

图 13-2　交流电桥桥臂的组成

如果相对桥臂接入纯电阻，则另外相对两桥臂必须接入异性阻抗。如图 13-2(b) 中，相对桥臂 Z_2 和 Z_4 为纯电阻的话，则 $\varphi_2=\varphi_4=0$，那么由式(13-4) 可知：$\varphi_3=-\varphi_1$，若被测对象 Z_x 接入 Z_1 桥臂，当 Z_x 为容性阻抗时，相对桥臂 Z_3 应为感性阻抗；当 Z_x 为感性阻抗时，Z_3 应为容性阻抗。

直流电桥没有这个限制，因为当四个桥臂都是纯电阻时，所有的 φ 角都为零，辐角条件自动满足。

(2) 交流电桥的平衡必须反复调节至少两个桥臂参数

为了看得清楚，我们将式(13-1) 中阻抗的代数形式（直角坐标形式）代入式(13-2) 中，则有

$$(R_1+jX_1)(R_3+jX_3)=(R_2+jX_2)(R_4+jX_4)$$

整理后可得

$$(R_1R_3-X_1X_3)+j(R_1X_3+R_3X_1)=(R_2R_4-X_2X_4)+j(R_2X_4+R_4X_2)$$

令上式的实部和虚部分别相等，就得到

$$\left.\begin{aligned}R_1R_3-X_1X_3=R_2R_4-X_2X_4\\R_1X_3+R_3X_1=R_2X_4+R_4X_2\end{aligned}\right\}\tag{13-5}$$

这是交流电桥平衡条件的又一种形式。电桥要平衡，就应当同时满足这两个方程式。

在直流电桥中，只要求满足一个方程，为使电桥平衡，只需调节一个参数，电桥平衡后可以确定出一个未知量。在交流电桥中，则要求满足两个方程，至少要调两个参数使电桥达到平衡，而在电桥平衡后，从这个方程组中可以确定出两个未知量；而且，这两个参数往往需要反复调节，才能同时满足两个方程，电桥才能平衡。因此，交流电桥的平衡调节过程要比直流电桥麻烦。

(3) 分别读数

直接读数是直流电桥的特点，在直流电桥中

$$R_x=\frac{R_2}{R_3}R_4$$

被测电阻 R_x 的数值可以从比例臂和比较臂的读数直接得到。

一般说来，如果不作特殊安排，交流电桥不具备分别读数的能力。例如，设阻抗 Z_1 为被测阻抗 Z_x，它的电阻 R_1 和电抗 X_1 是两个被测参数，那么从式(13-5) 可以看到，要想从这个联立方程组中求得 R_1 和 X_1 是很烦琐的，但如果经过特殊安排，这个问题可以解决。

在图 13-2(a) 的线路中，$Z_2=R_2$，$X_2=0$；$Z_3=R_3$，$X_3=0$。式(13-5) 可简化为

$$R_1R_3=R_2R_4$$
$$R_3X_1=R_2X_4$$

很容易得到

$$\left.\begin{aligned}R_1=\frac{R_2}{R_3}R_4\\X_1=\frac{R_2}{R_3}X_4\end{aligned}\right\}\tag{13-6}$$

这时 R_1 和 X_1 可以分别读数。

具有分别读数能力的电桥，在电桥平衡后，被测的参数可以从可调元件的刻度上直接读出，使用起来十分方便。目前生产的成品电桥都能分别读数。

13.1.3 交流指零仪和电源

(1) 交流指零仪

交流电桥的指零仪是交流电桥的“眼睛”，通过它来指明电桥是否达到平衡，当指零仪指零时，电桥即达到平衡。电桥对指零仪有如下几点要求。

① 具有与测量线路相适应的灵敏度：测量的准确度与指零仪的灵敏度有很密切的关系，在一定范围内，指零仪的灵敏度越高，测量的准确度也越高。

② 零位干扰小（即零位稳定性高）：当电源电压、频率等因素变化时，以及存在噪声及有外界电磁场干扰时，所引起的仪表指示的偏转应尽可能小，并能抑制 50Hz 电源干扰。

③ 应具有一定的频率范围，对频率有选择性。

④ 输入阻抗要高。

交流电桥所使用的指零仪种类很多，它们适用于不同频率范围。

在低频时（40～200Hz）可采用谐振式检流计，这类仪表对频率具有选择性，使电桥有可能对交流电的基波达到平衡。国产 AB1a 型振动式检流计，其电流常数为 10×10^{-8}A/mm，电压常数为 1.5×10^{-5}V/mm，谐振频率为 (50 ± 5)Hz，这种检流计内阻小，使用时应匹配适当的变压器。与高压电桥配合使用时，需加 16～18 倍的前置放大器。

在声频范围内，可采用耳机作指零仪。人的听觉对频率有一定的选择性，根据人的听觉，耳机最高灵敏度（即最小可听电流）在 1000Hz 左右，最小可听电流可达 1×10^{-8}A。耳机内阻在 50～8000Ω 范围，对于中阻抗电桥，选用 200Ω 耳机较为合适，对于高阻抗电桥则需对耳机匹配一变压器。但应注意到，耳机选择性较差，内阻较小（一般选用 2kΩ），与高输出阻抗的测量仪器配合使用时，需加输入变压器匹配。否则，当有较大不平衡信号时，会损伤操作者的听觉。因此，耳机应与其他指零仪配合，作为精细平衡时使用。

在音频或更高频率下，可采用指针式平衡指示器和阴极射线平衡指示器作为指零仪。指针式平衡指示器，由选频放大器、检波电路和磁电式表头组成。因为放大器的放大倍数可以做得很高，使该平衡指示器灵敏度高（约 $10^{-6}\sim10^{-7}$V），这种仪器读数方便，内阻高，具有很宽的频带，频率特性好，安装简单，目前使用较为广泛。阴极射线平衡指示器由高 Q 值 LC 选频网络放大器、高偏转灵敏度电子射线管的指示装置和电源三部分组成。国产 AZ4 型射线平衡指示器就是这类仪器的一种，其灵敏度在 1kHz 时约 $10^{-6}\sim10^{-7}$V/mm，是使用最广泛的指示器之一。

随着半导体技术的发展，近年来也有采用晶体管指零仪作为交流电桥平衡指示器。其灵敏度很高。

(2) 交流电桥的电源

交流电桥的电源可以是各种频率的交流电源，对这些电源的主要要求：

① 电源的电压稳定；
② 波形为正弦波；
③ 频率稳定，具有一定的频率范围；
④ 具有一定的功率，一般为0.1～0.5W；
⑤ 输出阻抗可以调节，以适应不同的负载要求。

现在交流电桥通常采用电子管振荡器作为交流电源，而且基本振荡级大都为RC振荡器。这种电源的特点是：频率范围宽广、频率稳定、波形好、具有必须的功率等。近年来也有采用晶体管振荡器作为交流电桥的电源。

在准确度不高（1%）及指零仪为宽频带放大器的交流电桥中，也可以采用LC振荡器，其特点是线路简单，元件少，但输出频率不稳定。

在一些结构简单的电桥中，也有的利用峰鸣器作为交流电源，它具有一定的固定频率（一般为1000Hz)，但波形较差。

在低频工作时，也可以利用50Hz工业用电作为交流电桥的电源。为减少外界干扰，最好经隔离变压器再接入电桥。为了使电源电压稳定，最好采用交流稳压器。

13.2　常用的交流阻抗比电桥

交流电桥线路的形式很多。根据不同的测量目的，桥臂参数可以有多种多样的配置，因而构成了多种形式的交流电桥。

从原理上讲，交流电桥中的标准量具可以是标准电容，也可以是标准电感。但是由于工艺上的原因，标准电容可能达到的准确度常常高于标准电感，并且标准电容不受外界磁场的影响，受温度变化的影响也比较小。因此在交流电桥中，大都是用标准电容作为标准量具。

下面就不同的应用特点介绍几种常用电桥。

13.2.1　电容电桥

(1) 高压电容电桥

测量高压电容器电容时，加到被测电容器上的电压比较高。电容介质的损耗在很大程度上与加在其上的电压大小有关，所以对于高压下使用的电容器，测量时加到电容器上的电压应接近于它的工作电压。由于工作电压很高（10^4V以上)，为了保证人身和设备的安全，指零仪器和可调节臂上各点对地的电位不能太高。西林（Schering）电桥就是按这个要求设计的，其原理电路如图13-3所示。图中C_x和R_x为被测高压电容的等效串联电路参数，C_4为标准高压电容器。第一、第四桥臂的阻抗远大于第二、第三桥臂阻抗，因此外加高压绝大部分降落在第一、第四桥臂上；第二、第三桥臂和指零器对地的电位较低。

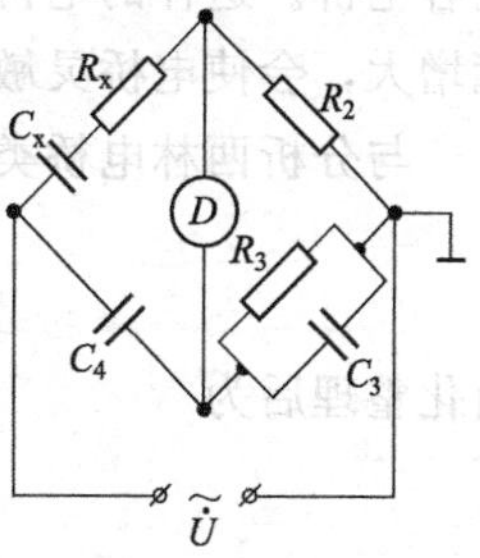

图13-3　西林电桥

在图13-3中，有

$$Z_1=Z_x=R_x+\frac{1}{j\omega C_x},\ Z_2=R_2,\ Z_3=\frac{1}{1/R_3+j\omega C_3},\ Z_4=\frac{1}{j\omega C_4}$$

根据电桥平衡条件，得到

$$\left(R_x+\frac{1}{j\omega C_x}\right)\cdot\frac{1}{1/R_3+j\omega C_3}=R_2\cdot\frac{1}{j\omega C_4}$$

$$\frac{R_2}{R_3}+j\omega C_3R_2=j\omega C_4R_x+\frac{C_4}{C_x}$$

令其实部和虚部分别相等，得

$$\left.\begin{aligned}\frac{R_2}{R_3}&=\frac{C_4}{C_x}\\ \omega C_3R_2&=\omega C_4R_x\end{aligned}\right\}\tag{13-7}$$

所以

$$\left.\begin{aligned}C_x&=\frac{R_3}{R_2}C_4\\ R_x&=\frac{C_3}{C_4}R_2\end{aligned}\right\}\tag{13-8}$$

利用式(2-11) 可得被测电容器的损耗因数

$$\tan\delta_x=\omega R_xC_x=\omega\frac{C_3}{C_4}R_2\cdot\frac{R_3}{R_2}C_4=\omega R_3C_3\tag{13-9}$$

式(13-8) 是电桥的平衡条件，C_4 和 R_3 取定后，反复调节 R_2 和 C_3 可使电桥达到平衡。这种电桥调节方便，而且 C_x 和 $\tan\delta_x$ 可以分别读数

$$C_x=\frac{R_3}{R_2}C_4；\ \tan\delta_x=\omega R_3C_3$$

国产 QS1 型交流电桥就是这种线路，它可用在 5～10kV 高压下测量电容及研究绝缘材料在高压下的性能。电容测量范围是 0.3×10^{-4}～$0.4\mu F$，损耗因数为 0.005～0.6，这种电桥也可用在低压 100V 下进行测量。这时电容测量范围：0.3×10^{-3}～$100\mu F$，损耗因数为 0.005～0.6。该电桥测量电容时的最大误差为：±5%，测 $\tan\delta_x$ 时约为±10%。

（2）串联电容电桥

这种电桥的线路如图 13-4 所示。被测电容接于第一桥臂，其串联等效电路参数为 R_x、C_x。与被测电容相比较的标准电容 C_4 与标准电阻 R_4 串联接在第四桥臂，R_2 和 R_3 为已知标准电阻。由于被测量用串联等效电路表示，比较臂也采用串联形式，所以这种电桥叫串联电容电桥。这样的电桥适于测量损耗较小的电容。因为如果损耗增大，则串联等效电阻 R_x 就增大，会使电桥灵敏度降低。

与分析西林电桥类似，可以得出串联电容电桥的平衡条件为

$$\left(R_x+\frac{1}{j\omega C_x}\right)R_3=\left(R_4+\frac{1}{j\omega C_4}\right)R_2$$

简化整理后为

$$\left.\begin{aligned}R_x&=\frac{R_2}{R_3}R_4\\ C_x&=\frac{R_3}{R_2}C_4\end{aligned}\right\}\tag{13-10}$$

$$\tan\delta_x=\omega R_xC_x=\omega R_4C_4\tag{13-11}$$

通过调节 R_4 和 C_4，可以使平衡条件式(13-10) 中两式互不影响，电桥容易达到平衡。但是标准电容通常不能连续改变，这时可以调节 R_4 和 R_3 与 R_2 的比值使电桥达到平衡。调节步骤如下：先使 $R_4=0$，调节 R_3 与 R_2 的比值使平衡指示器指示值最小；然后调节

R_4，使指示进一步减小；如此反复调节，直至平衡为止。C_x 和 $\tan\delta_x$ 可分别读数。

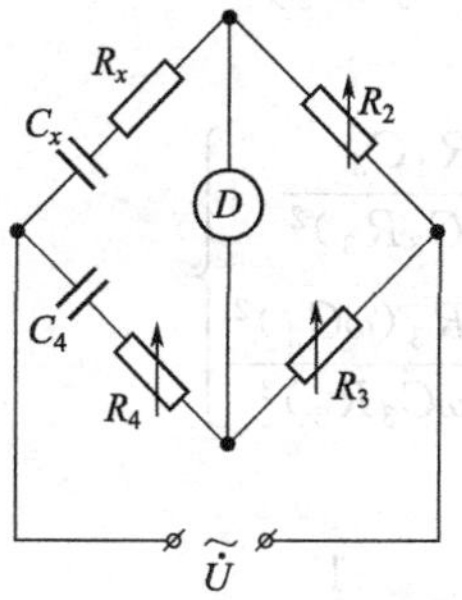

图 13-4　串联电容电桥

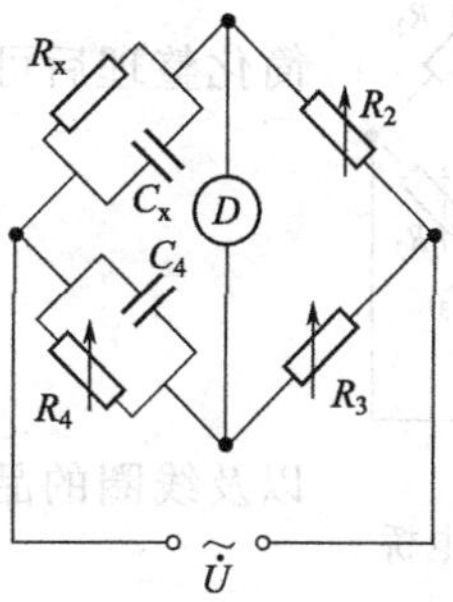

图 13-5　并联电容电桥

(3) 并联电容电桥

这种电桥的原理线路如图 13-5 所示。其线路特点是被测电容用 R_x 和 C_x 并联等效电路表示，接于第一桥臂，容性阻抗 C_4 和 R_4 并联，接于第四桥臂，所以称为并联电容电桥。这种电桥适用于测量损耗较大的电容。

并联电容电桥的平衡条件是

$$R_2 \cdot \frac{1}{1/R_4 + j\omega C_4} = R_3 \cdot \frac{1}{1/R_x + j\omega C_x}$$

简化整理后为

$$\left.\begin{aligned} C_x &= \frac{R_3}{R_2} C_4 \\ R_x &= \frac{R_2}{R_3} R_4 \end{aligned}\right\} \tag{13-12}$$

损耗因数为

$$\tan\delta_x = \frac{1}{\omega R_x C_x} = \frac{1}{\omega R_4 C_4} \tag{13-13}$$

可以通过调节 R_3 与 R_2 的比值及 R_4 使电桥平衡。平衡的步骤与串联电容电桥类似，只是开始时先使 R_4 为最大。C_x 和 $\tan\delta_x$ 也能分别读数。

13.2.2　电感电桥

电感电桥可以用来测电感线圈的自感系数和品质因数 Q。这类电桥中的标准元件多半采用标准电容。从前面 13.1 分析可知，标准电容一定要安置在与被测电感相对的桥臂中。

一般实际的电感线圈都不是纯电感，除了电抗 $X_L = \omega L$ 外，还有有效电阻 R，两者之比称为电感线圈的品质因数 Q，即

$$Q = \frac{\omega L}{R}$$

(1) 测量高 Q 值电感的电感电桥

这种电桥的原理线路如图 13-6 所示。图中 L_x 和 R_x 为被测电感线圈的自感系数和等效电阻，第三桥臂的 C_3 为标准电容。它适合于测量高 Q 值（$Q>10$）的电感器。这种电桥又称为海氏（Hay）电桥。

将四个挢臂的阻抗代入式(13-2)，可得

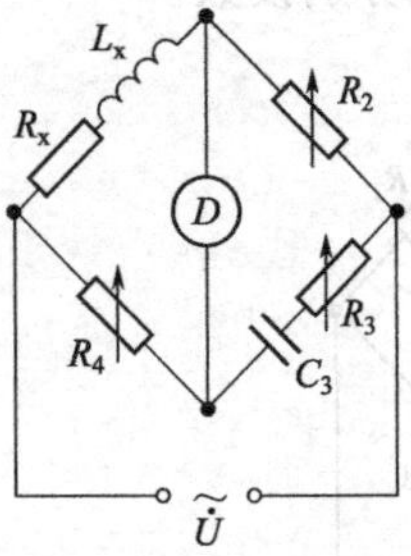

图 13-6　海氏电桥

$$(R_x+j\omega L_x)\left(R_3+\frac{1}{j\omega C_3}\right)=R_2R_4$$

简化整理后可得其平衡条件为

$$\left.\begin{aligned}L_x&=\frac{R_2R_4C_3}{1+(\omega C_3R_3)^2}\\R_x&=\frac{R_2R_4R_3(\omega C_3)^2}{1+(\omega C_3R_3)^2}\end{aligned}\right\}\tag{13-14}$$

以及线圈的品质因数

$$Q=\frac{\omega L_x}{R_x}=\frac{1}{\omega R_3C_3}\tag{13-15}$$

从式(13-14) 可见，海氏电桥的平衡条件与电源的频率有关，电源频率和波形不符合要求时会产生误差，因此在使用这种电桥时，必须注意电源的频率是否符合规定，以及电源电压的波形是否是正弦波。

由式(13-15) 可见，被测电感线圈的 Q 值越小，电阻 R_3 就要越大（标准电容 C_3 的容量不能做得太大）。R_3 值过大会使电桥灵敏度降低，所以这种电桥适用测高 Q 值电感器。

(2) 测量低 Q 值电感的电感电桥

这种电桥的原理线路如图 13-7 所示，它与海氏电桥的差别是第三桥臂改为 R_3 和 C_3 的并联。这种电桥称为马克士威（Maxwell）电桥，适用于测量 Q 值较低的电感。

这种电桥平衡时有

$$(R_x+j\omega L_x)\frac{1}{1/R_3+j\omega C_3}=R_2R_4$$

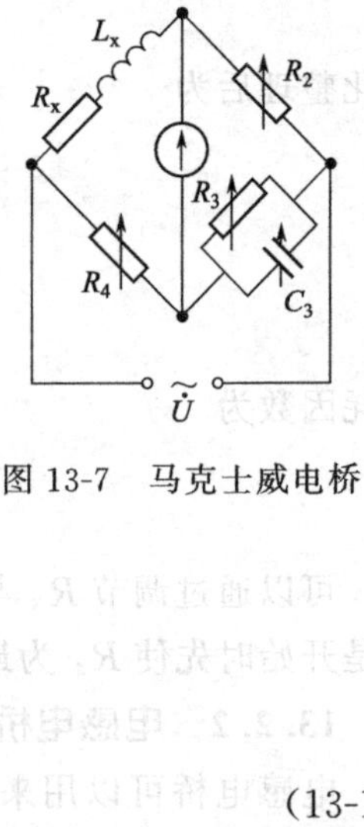

图 13-7　马克士威电桥

简化整理后，其平衡条件为

$$\left.\begin{aligned}L_x&=R_2R_4C_3\\R_x&=\frac{R_2}{R_3}R_4\end{aligned}\right\}\tag{13-16}$$

以及品质因数为

$$Q=\frac{\omega L_x}{R_x}=\omega R_3C_3\tag{13-17}$$

式(13-16) 表明，这种电桥线路的平衡条件与电源的频率无关，从而也与电源电压的波形无关。从式(13-17) 可以看出，被测线圈的品质因数越小，则要求 R_3 和 C_3 也越小。但是 R_3 也不能过分小，当 $Q<0.5$ 时，电桥的平衡调节又会比较麻烦。

(3) 测量互感的电桥

图 13-8(a) 所示电桥线路叫海维赛德（Heaviside）电桥，可用来测互感系数。

这个电桥线路与其他电桥线路的形式不同。我们用去耦等效变换将互感化除（参看李瀚荪《电路分析基础》§13-4），得到图 13-8(b) 所示的等效电路。这里，自感 (L_x-M_x) 串联在电源支路中，对电桥的平衡无影响。由式(13-2) 可得下列平衡方程。

$$R_3[R_1+j\omega(L_1-M_x)]=R_2[R_4+j\omega(L_4+M_x)]$$

将上式化简整理后，并令其实数部分和虚数部分分别相等，则可得其平衡条件

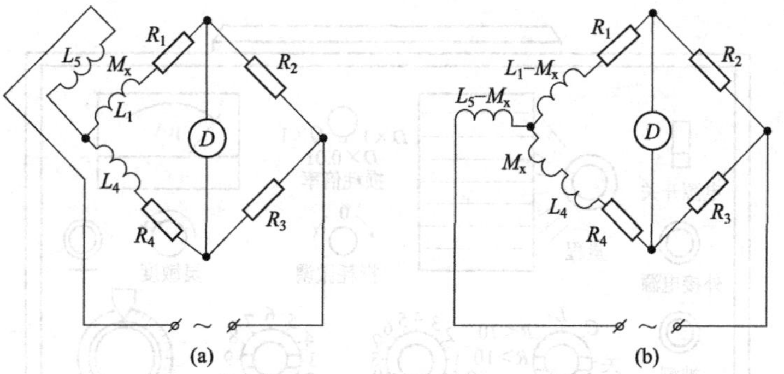

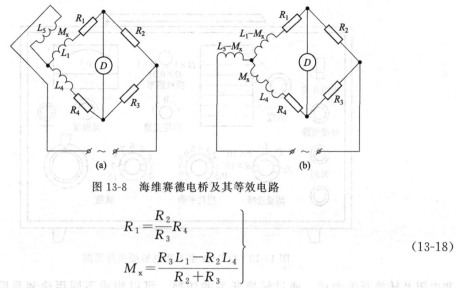

图 13-8　海维赛德电桥及其等效电路

$$\left.\begin{aligned}R_1&=\frac{R_2}{R_3}R_4\\M_x&=\frac{R_3L_1-R_2L_4}{R_2+R_3}\end{aligned}\right\}\qquad(13\text{-}18)$$

13.2.3　测量频率的电桥

在测量电容和电感的电桥中，我们总是希望平衡条件与频率无关，否则会引起频率误差。然而，用电桥来测量频率时，却正好相反，我们就是利用这一特点来组成电桥。现以温氏（Wien）电桥为例来说明。

图 13-9 为温氏电桥的原理线路，被测频率的电源加到电桥的电源对角线。

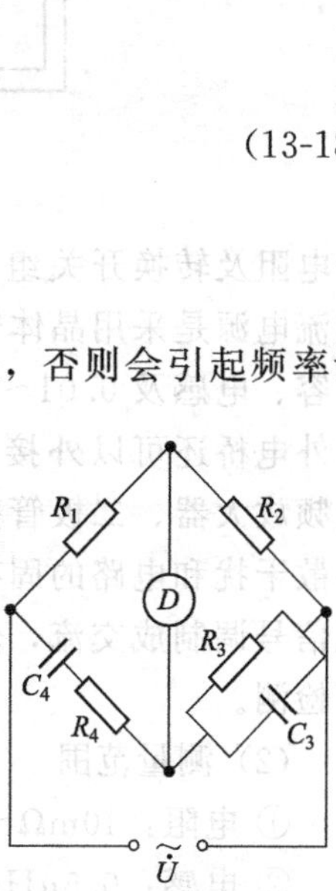

图 13-9　温氏电桥

电桥平衡时

$$R_1\cdot\frac{1}{1/R_3+j\omega C_3}=R_2\left(R_4+\frac{1}{j\omega C_4}\right)$$

化简整理后，可得其平衡条件为

$$\left.\begin{aligned}C_3&=\frac{\dfrac{R_1}{R_2}C_4}{1+\omega^2R_4^2C_4^2}\\R_3&=\frac{R_2(1+\omega^2R_4^2C_4^2)}{\omega^2R_4R_1C_4^2}\end{aligned}\right\}\qquad(13\text{-}19)$$

由平衡条件可得被测频率为

$$f=\frac{1}{2\pi\sqrt{R_3R_4C_3C_4}}\qquad(13\text{-}20)$$

13.2.4　万用电桥

现在工厂生产的电桥中，除一些专用电桥外，还生产了不同类型的万用电桥，既能测电阻也能测电感和电容，而且测量范围也比较宽，虽然其准确度不是很高，但使用起来方便。

万用电桥一般由电桥主体、晶体管振荡器、交流放大器和指示电表等组成。通过转换开关的换接可以得到不同的电桥线路。从而可以测量各种被测对象。现以 QS18A 型万用电桥（电桥面板如图 13-10 所示）为例介绍这种电桥。

（1）结构

QS18A 型万用电桥是上海沪光仪器厂生产的。桥体是电桥的核心部件，由标准电容

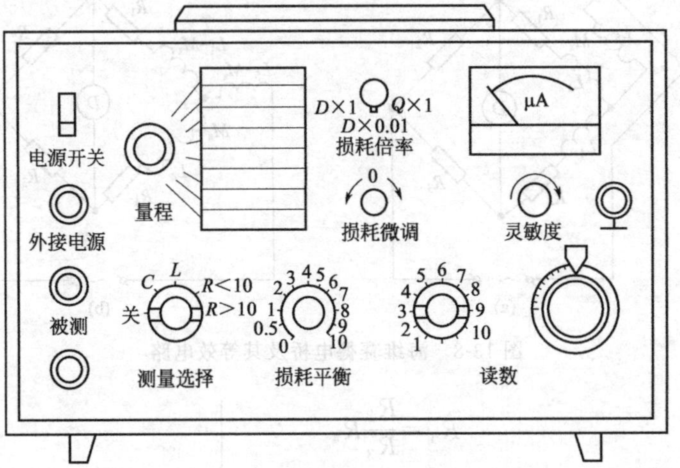

图 13-10　QS18A 型万用电桥面板外形图

和电阻及转换开关组成。通过转换开关的切换，可以构成不同用途和量限的测量电桥。交流电源是采用晶体管音频振荡器，其频率为 1kHz，输出电压为 1.5V 和 0.3V，供测量电容、电感及 0.01～10Ω 电阻时用，测量大于 10Ω 的电阻时，则用内附的直流 9V 电源。此外电桥还可以外接电源。晶体管指零仪实际上是一个晶体管检测放大器，由调制器、选频放大器、二极管整流器和检流计指示电表构成。采用选频放大器是为了抑制外来的杂散干扰和电路的固有噪声。调制器的作用是在测量大于 10Ω 的电阻时将电桥输出的直流信号调制成交流，然后加以放大，放大后的交流信号经整流后由磁电式检流计电表进行检测。

（2）测量范围

① 电阻：10mΩ～11MΩ。

② 电感：0.5μH～110H。

③ 电容：0.5pF～1100μF。

④ 电感品质因数 Q 值：0～10。

⑤ 电容损耗因数 $D(\tan\delta)$ 值：0～0.1，0～10。

（3）测量原理

QS18A 型万能电桥原理很简单：

测量电阻时，通过转换开关接成惠斯通电桥；

测量电容和损耗因数时，接成串联电容电桥；

测量电感和品质因数时，接成马克士威电桥。

现代自动 L-C-R 数字测量仪不仅具有万用电桥功能，而且使用方便（第 19 章介绍）。

13.3　变压器电桥

变压器电桥是近年来新发展的交流电桥，它可以测量电阻、电容、电感等交流参数，并有一系列特点，特别是在传感器信号变换中应用较广（非平衡应用）。我国已有变压器电桥产品，例如 QS16 型电容电桥就是一种变压器电桥。

13.3.1　变压器电桥的特点

① 变压器电桥的变比基本上是个实数，精度很高。在变比为 1∶1 时，精度不低于

10^{-6}，并且对温度和时间的稳定性好。这是因为变压器的变比决定于变压器的匝数比，而匝数比可以做得很精确，这是一般电桥无法达到的，所以适用于基准和精密测量。

② 变压器电桥的灵敏度比一般电桥高，而且实际上在很宽的测量范围内，也能得到恒定的灵敏度。

③ 变压器电桥的变比与一标准量具相结合就能相应地等效为一个可调导纳，这样不仅可以扩大电桥的测量量限，而且还能减少标准量具的数目。

④ 变压器电桥的工作频率很宽，可从几十赫兹到100MHz。

⑤ 变压器电桥调节速度较快，便于实现自动化和数字化，这是因为它不需辅助平衡线路。

⑥ 变压器电桥可进行三端及四端阻抗的测量。

13.3.2　变压器电桥的基本原理

变压器电桥的比例臂是由变压器的绕组组成的（感应分压器），如图13-11所示。

当电桥平衡时，指示器两端电压$\dot{U}_{bd}=0$。若变压器是接近理想的，则可以忽略它的漏抗、电阻压降和铁损，被测阻抗和标准阻抗上的电压分别为

$$\dot{E}_1=\dot{I}Z_n$$

$$\dot{E}_2=\dot{I}Z_x$$

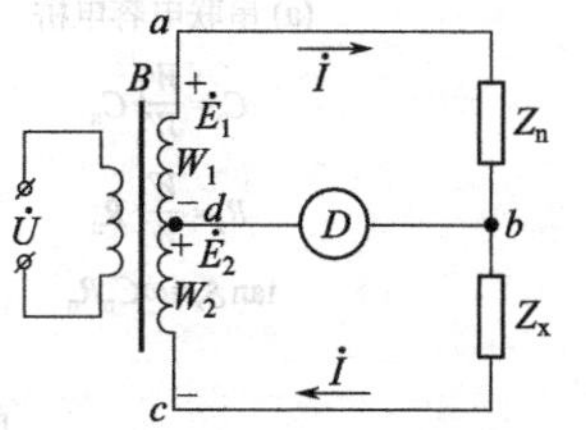

图13-11　变压器电桥原理线路

B—变压器；Z_x—被测阻抗；Z_n—标准阻抗；D—平衡指示器；W_1，W_2—组成桥臂绕组的匝数；$\dot{U}$—电压电源

由此得到

$$\frac{Z_n}{Z_x}=\frac{\dot{E}_1}{\dot{E}_2}$$

变压器的感应电动势与其匝数成正比，即

$$\frac{\dot{E}_1}{\dot{E}_2}=\frac{W_1}{W_2}$$

因此，当变压器电桥达到平衡时，阻抗Z_x和Z_n有以下比例关系：

$$\frac{Z_n}{Z_x}=\frac{W_1}{W_2}$$

比例臂的匝数比W_1/W_2是已知的，调节标准阻抗使电桥达到平衡后，便能算出被测阻抗

$$Z_x=\frac{W_2}{W_1}Z_n \tag{13-21}$$

或

$$R_x+jX_x=\frac{W_2}{W_1}(R_n+X_n)$$

所以

$$\left.\begin{aligned}R_x=\frac{W_2}{W_1}R_n\\X_x=\frac{W_2}{W_1}X_n\end{aligned}\right\} \tag{13-22}$$

这就是变压器电桥的基本原理。

13.3.3 变压器电桥的基本线路

由于变压器电桥的比例臂 W_1/W_2 是实数。所以由式(13-21) 可见，Z_x 和 Z_n 只能是同性阻抗。

图 13-12 示出变压器电桥的基本线路及它们的平衡条件。

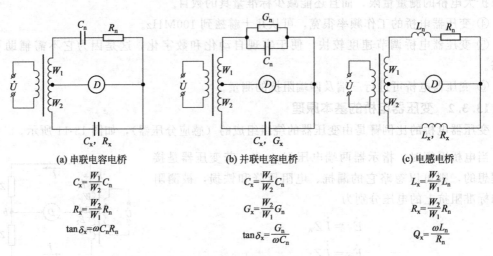

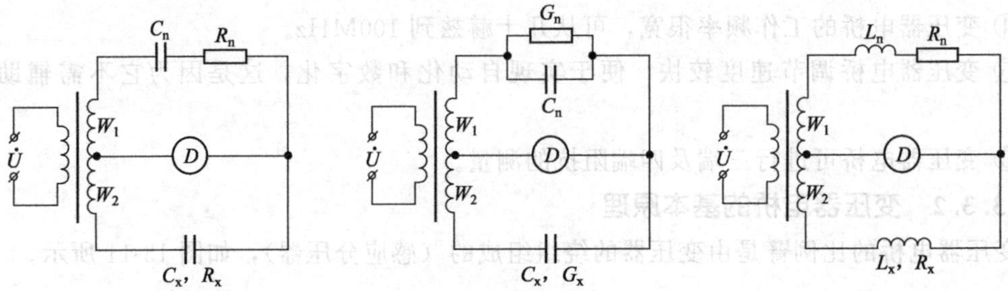

(a) 串联电容电桥

$$C_x=\frac{W_1}{W_2}C_n$$

$$R_x=\frac{W_2}{W_1}R_n$$

$$\tan\delta_x=\omega C_n R_n$$

(b) 并联电容电桥

$$C_x=\frac{W_1}{W_2}C_n$$

$$G_x=\frac{W_2}{W_1}G_n$$

$$\tan\delta_x=\frac{G_n}{\omega C_n}$$

(c) 电感电桥

$$L_x=\frac{W_2}{W_1}L_n$$

$$R_x=\frac{W_2}{W_1}R_n$$

$$Q_x=\frac{\omega L_n}{R_n}$$

图 13-12 变压器电桥的基本线路及平衡条件

13.3.4 等效三端网络

在图 13-12(b) 的基本线路中，当被测阻抗的 $\tan\delta_x$ 很小时，要有很小的 G_n（即要求标准电阻的阻值很大）；在图 13-12(c) 的线路中，要求使用标准电感。我们知道，很小的 G_n 很难做出；标准电感不如标准电容准确和使用方便。这些问题在变压器电桥中是可以解决的，如采用三端等效网路。

分析三端网络的基础是 T-Π 等效变换。

(1) 等效大电阻三端网络（利用小电阻获得大电阻）

将图 13-13(a) 的 T 形网络等效变换为图 (b) 的 Π 形网络，得到

$$R_{AB}=R_A+R_B+\frac{R_AR_B}{R_0}$$

或

$$G_{AB}=\frac{G_AG_B}{G_A+G_B+G_0}$$

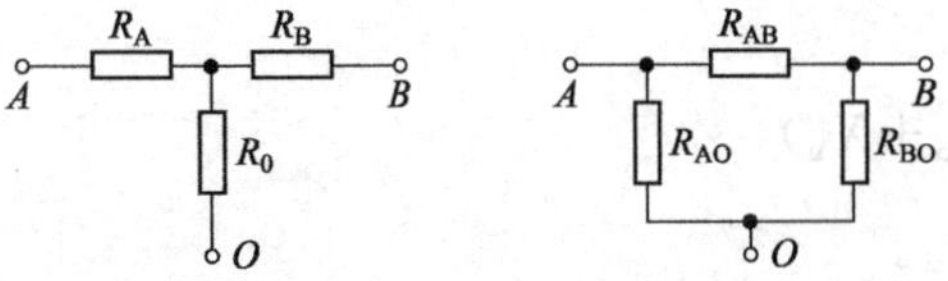

(a) (b)

图 13-13 用较小的电阻在 AB 端得到大电阻

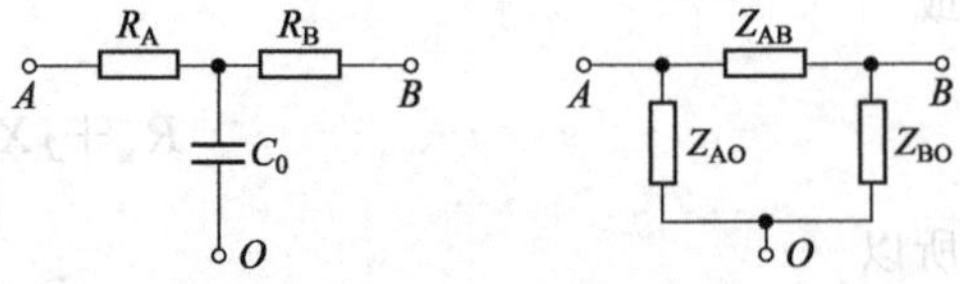

(a) (b)

图 13-14 用电容和电阻在 AB 端得到感性阻抗

显然，只要 R_0 很小（即 G_0 很大），在 Π 形等效电路中 AB 两端的电阻 R_{AB} 就可以很大。用小电阻等效变换出一个大电阻，花费的代价是在 AO 之间和 BO 之间各增加一个电阻

R_{AO}和R_{BO}。下面将会看到，在变压器电桥中，这两个电阻是不会影响电桥的工作的。

（2）等效电感三端网络（利用电容得到电感）

对图 13-14(a) 的 T 形网络进行等效变换，可得到图 13-14(b) 所示的Ⅱ形网络，其中

$$Z_{AB}=R_A+R_B+\frac{R_AR_B}{1/j\omega C_0}=R_A+R_B+j\omega R_AR_BC_0=R_{AB}+j\omega L_{AB}$$

式中，$R_{AB}=R_A+R_B$ 为 AB 端的等效电阻；$L_{AB}=R_AR_BC_0$ 为 AB 端的等效电感。这样在 AB 端得一个电阻R_{AB}和电感L_{AB}的串联支路。改变 C_0 的值，可使L_{AB}改变。

（3）利用等效三端网络的变压器电桥

图 13-15(a) 所示的电桥线路就是图 13-12(c) 所示的电感电桥。这里用了 R_A、R_B 和标准电容 C_0 组成的 T 形网络来实现标准电感，其等效电路如图 13-15(b)。

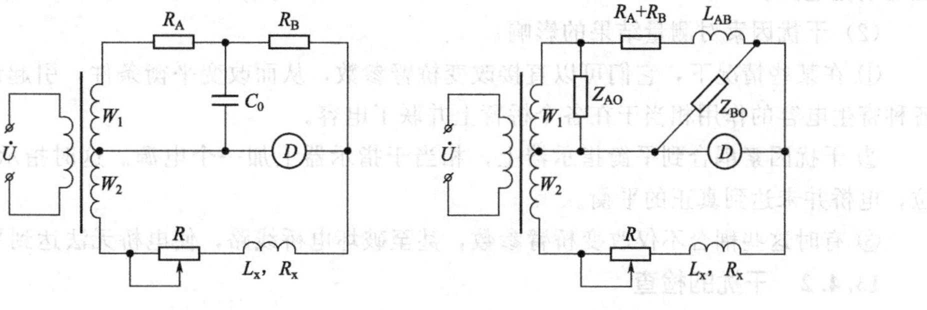

(a) 电桥线路　　(b) 等效电路

图 13-15　含有等效三端网络的变压器电桥

现在考查阻抗Z_{AO}和Z_{BO}的影响。首先，当电桥平衡时，Z_{BO}两端电压为零，所以它不起任何作用；再看Z_{AO}，它并联在绕组 W_1 两端，当变压器的漏抗和电阻小到可以忽略不计时，绕组两端电压总等于感应电势 $\dot{E}$，并不因Z_{AO}的并入而改变。因此，Z_{AO}和Z_{BO}不影响电桥的工作，这是前面所介绍的阻抗臂交流电桥所不能做到的。

另一方面，实际中经常会碰到三端阻抗。如图 13-16 所示，被测小电容的两极板间是被测的直接电容 C_{12}，其两板对地分别具有对地电容 C_{10}和C_{20}，也就是说这种小电容应看作具有“1”、“2”和“地”这样三个端点的三端电容。有时，对地电容可能大于被测电容本身。因此，为了精确地测量，必须消除对地电容对测量的影响；用普通的阻抗比交流电桥进行测量，无法消除对地电容对测量的影响，因而误差较大，而采用变压器电桥测量三端电容便可消除对地电容对测量的影响而获得满意的结果。

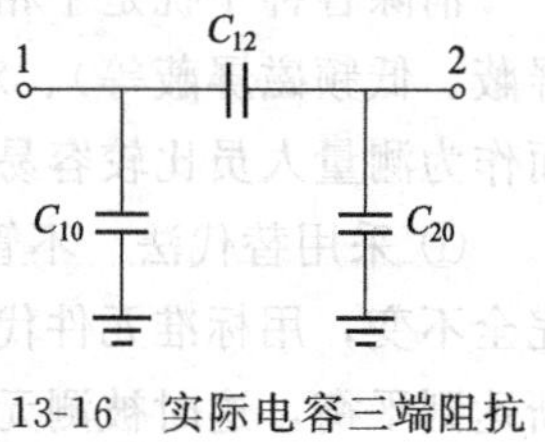

图 13-16　实际电容三端阻抗

*13.4　交流电桥的干扰防护及使用

交流电桥测量时不可避免地受到各种干扰，例如电磁场、漏电、耦合等影响，这些干扰对于测量是不希望存在的。因此，研究交流电桥线路的特点，采用防护措施，以便降低甚至消除干扰的影响，使交流电桥稳定可靠地工作，提高测量准确度，是一个重要课题。

13.4.1 干扰因素及其影响

(1) 主要干扰因素

① 外界电磁场的干扰　交变电磁场的来源主要有：仪器内部的强电流回路；仪器外部大电流回路；以及各种电气设备产生的交变场等。

② 耦合干扰　耦合干扰按其性质又可分为下列两种。

a. 内部耦合　这是指电桥内部线路与元件间的电容耦合和电感耦合（即各部分之间的电场或磁场的相互影响）。

b. 外部耦合　线路元件对周围物体（包括实验者本身）的电容耦合，与外部带电线路之间的电感耦合。

通常电容耦合要特别注意。例如，线路各部分之间以及机壳或大地之间都有分布电容，这些分布电容称为寄生电容。流过寄生电容中的位移电流称为电容性漏电流。频率越高电容性漏电流越大。

(2) 干扰因素对测量结果的影响

① 在某些情况下，它们可以直接改变桥臂参数，从而改变平衡条件，引起误差。例如，各种寄生电容的作用相当于在各个桥臂上并联了电容。

② 干扰因素耦合到平衡指示器上，相当于指示器上加一个电源。这时指示器即使在零位，电桥并未达到真正的平衡。

③ 有时这些耦合不仅改变桥臂参数，甚至破坏电桥线路，使电桥无法达到平衡。

13.4.2 干扰的检查

交流电桥在达到初次平衡之后，可用如下方法判断电桥的干扰是否存在：

① 用手接近或离开电桥的面板和被测对象，观察指零仪指针是否偏转；

② 改变被测对象的位置、方向，或将连至被测对象的导线末端相互换接，观察指零仪指针是否有变化；

③ 断开指零仪支路，这时如果指零仪指针不指在零位，说明指零仪本身受到外磁场影响，电桥并未达到真正平衡。

在上述检查中，如果发现指零仪指示有变化，应设法消除干扰，再进行平衡。

13.4.3 干扰的排除

消除各种干扰是个相当复杂的问题，主要是采取适当的接地点、屏蔽（静电屏蔽、电磁屏蔽、低频磁屏蔽等）、对称法（对交流电桥的电源和测控仪表引入对称变压器）等措施，而作为测量人员比较容易做到的是以下两点。

① 采用替代法　不管干扰，先对被测元件进行测量。电桥平衡后，保持原来试验条件完全不变，用标准元件代替被测元件。电桥的各旋钮不动，调节标准元件的数值，使电桥重新达到平衡，这时被测元件的数值就等于标准元件所调到的数值。采用这种方法时，要求有连续可变的标准元件。

② 零位平衡法　先在电桥的测量端接上一个已知数值的小电阻（电感或电容），把电桥调到平衡，这时电桥的读数减去所接电阻（电感或电容）的差值，就是各种干扰所引起的误差。

13.4.4 使用注意事项

① 选择电源时，应严格遵守电桥说明书中对于电源电压的数值、频率和波形的要求。

② 进行测量时，各仪器设备应合理放置，以便尽可能消除各种干扰对电桥平衡的影响。

③ 当电桥电路有屏蔽时，必须按照电桥说明书的要求，把它们连接到适当的点上。

④ 当使用带有放大器的平衡指示器或耳机时，应当把灵敏度调节器调在灵敏度最低的位置。在调节电桥接近平衡后，再逐渐提高灵敏度调节电桥平衡，直到灵敏度最大时调节电桥达到平衡为止。

⑤ 每次改变电桥接线或改换被测元件前，都要断开电桥的电源。

还有一些与直流电桥类似的其他维护注意事项，不再赘述。

* 13.5　交流电桥的灵敏度和收敛性

交流电桥的灵敏度和收敛性是设计电桥时应考虑的一个主要问题。直接关系到电桥的性能和使用，当然，对于实际电桥的使用者来说，它仅作为选择电桥的技术依据。

13.5.1　交流电桥的灵敏度

在12.1，我们定义了电桥的灵敏度。在交流电桥中当平衡指示器采用电子指零仪器时，由于这种指示器的输入阻抗大，流过指示器的电流很小，这时可以考虑它的电压灵敏度

$$S_U=\frac{\Delta\dot{U}_{bd}}{\Delta Z/Z} \tag{13-23}$$

式中，$\Delta Z/Z$ 为某桥臂阻抗的相对变化；$\Delta\dot{U}_{bd}$ 为由 ΔZ 在测量对角线引起的电压相量变化。显然，S_U 本身是个复数。

我们利用图13-17的线路来分析交流电桥的电压灵敏度。图中未画出平衡指示器，如前所说，我们假设流过指示器的电流很小，不管电桥平衡与否，都可以把这条测量支路视为开路。

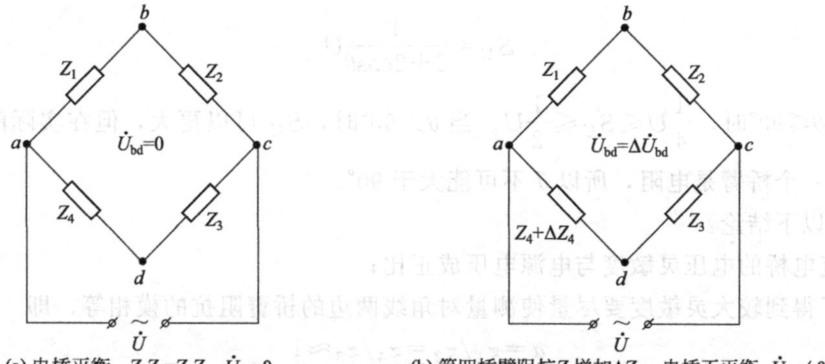

(a) 电桥平衡，$Z_1Z_3=Z_2Z_4$，$\dot{U}_{bd}=0$　　(b) 第四桥臂阻抗 Z_4 增加 ΔZ_4，电桥不平衡，$\dot{U}_{bd}\neq0$

图13-17　分析电桥灵敏度的线路

假设电桥第四桥臂的阻抗从平衡时的数值 Z_4 发生相对变化 $\delta Z_4=\Delta Z_4/Z_4$，我们利用正弦稳态电路的相量分析法，立即可以得到测量对角线两端的电压变化。

$$\Delta\dot{U}_{bd}=\dot{U}\left(\frac{Z_2}{Z_1+Z_2}-\frac{Z_3}{Z_3+Z_4+\Delta Z_4}\right)=\dot{U}\frac{Z_2\Delta Z_4}{(Z_1+Z_2)(Z_3+Z_4+\Delta Z_4)}$$

由于 $\Delta Z_4\ll Z_4$，所以

$$\Delta\dot{U}_{bd}\approx\frac{Z_2\Delta Z_4}{(Z_1+Z_2)(Z_3+Z_4)}\cdot\dot{U} \tag{13-24}$$

根据定义，交流电桥的电压灵敏度

$$S_U=\frac{\Delta\dot{U}_{bd}}{\Delta Z_4/Z_4}\approx\frac{Z_2Z_4}{(Z_1+Z_2)(Z_3+Z_4)}\cdot\dot{U} \tag{13-25}$$

将式(13-25) 的分子分母同除以 Z_2Z_3，得到

$$S_U=\frac{Z_4/Z_3}{(1+Z_1/Z_2)(1+Z_4/Z_3)}\cdot\dot{U}$$

电桥平衡时，$\frac{Z_1}{Z_2}=\frac{Z_4}{Z_3}$。令$\frac{Z_1}{Z_2}=\frac{Z_4}{Z_3}=A$，$A$ 表示电桥平衡时，测量对角线两边阻抗之比，是复数。这时电桥的灵敏度可以简写为

$$S_U=\frac{A}{(1+A)^2}\dot{U} \tag{13-26}$$

现在考虑电桥电压灵敏度的模。因为

$$A=\frac{Z_1}{Z_2}=\frac{z_1/\underline{\varphi_1}}{z_2/\underline{\varphi_2}}=\frac{z_1}{z_2}/\underline{\varphi_1-\varphi_2}=a/\underline{\theta}$$

所以

$$|S_U|=\left|\frac{a/\underline{\theta}}{(1+a/\underline{\theta})^2}\right|U=\left|\frac{a/\underline{\theta}}{(1+a\cos\theta+ja\sin\theta)^2}\right|U$$

经过化简整理后，不难得到交流电桥电压灵敏度的模为

$$|S_U|=\frac{a}{1+2a\cos\theta+a^2}U \tag{13-27}$$

我们再看一下在什么情况下，电桥有最大的电压灵敏度。令$\frac{dS_U}{da}=0$，可得到当 $a=1$ 时，S_U 极大，即

$$S_U=\frac{1}{2+2\cos\theta}U$$

当 $0°\leqslant\theta\leqslant 90°$时，$\frac{1}{4}U\leqslant S_U\leqslant\frac{1}{2}U$。当 $\theta>90°$时，S_U 可以更大，但在实际的交流电桥中，至少有一个桥臂是电阻，所以 θ 不可能大于 90°。

由此得以下结论：

① 交流电桥的电压灵敏度与电源电压成正比；

② 为了得到较大灵敏度要尽量使测量对角线两边的桥臂阻抗的模相等，即

$$a=z_1/z_2=z_4/z_3\approx 1$$

③ 测量对角线两边的阻抗的幅角之差越接近 90°，即 $\theta=\varphi_1-\varphi_2=\varphi_4-\varphi_3\approx 90°$，灵敏度越高。

13.5.2 交流电桥的收敛性

交流电桥至少要调节两个变量来达到平衡。有的电桥比较容易调到平衡，有的电桥则需要反复调节多次才能达到平衡；而且对于同一电桥线路，如果选用不同参数作为调节变量，电桥能被调到平衡的难易程度可能很不相同。

电桥平衡过程的快慢关系到电桥使用起来是否方便。交流电桥的收敛性表示电桥达到平衡所需反复调节的过程。收敛性好，电桥调到平衡快；收敛性差，电桥需多次反复调节，不易平衡。

下面讨论交流电桥的收敛性与桥臂阻抗的关系。我们只研究电桥在平衡状态附近的情况，这时，问题可以简化为怎样调节两个参数使式(13-2) 成立。

现以前面讲过的串联电容电桥为例进行讨论。

令 $V=Z_xZ_3$，$W=Z_2Z_4$，及 $N=V-W=Z_xZ_3-Z_2Z_4$。在图 13-18 中，

$$Z_x=R_x+\frac{1}{j\omega C_x},\ Z_2=R_2,\ Z_3=R_3,\ Z_4=R_4+\frac{1}{j\omega C_4}$$

于是

$$W=Z_2Z_4=R_2\left(R_4+\frac{1}{j\omega C_4}\right)$$

$$V=Z_xZ_3=\left(R_x+\frac{1}{j\omega C_x}\right)R_3$$

调节电桥平衡的过程，就是调节某些参数使 $V=W$，从而使 $N=0$ 的过程。

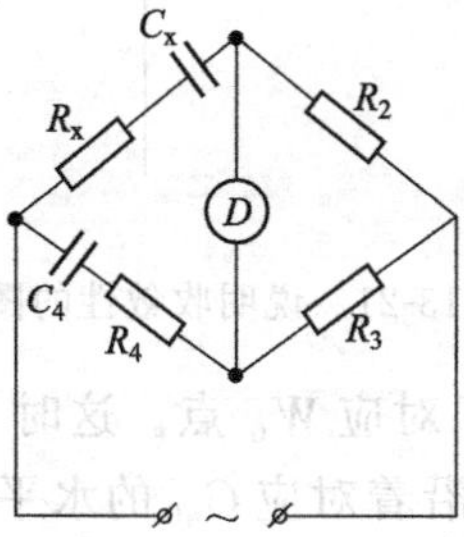

图 13-18　讨论交流电桥收敛性的实例

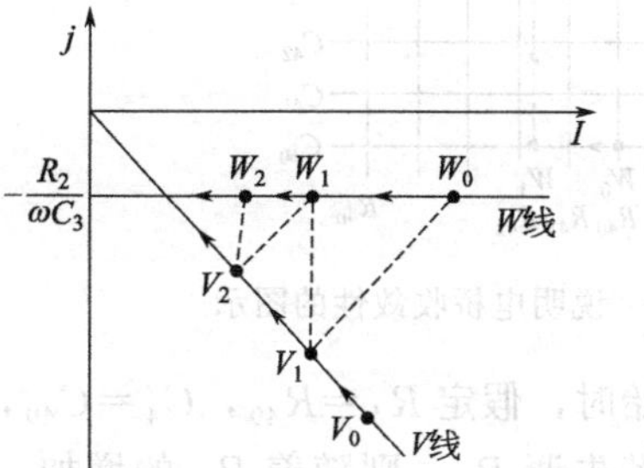

图 13-19　说明收敛性的图示

(1) 调节 R_3 和 R_4 使电桥达到平衡

调节 R_3 和 R_4 使电桥达到平衡的过程中，我们将

$$W=R_2R_4-j\frac{R_2}{\omega C_4} \tag{13-28}$$

$$V=\left(R_x-j\frac{1}{\omega C_x}\right)R_3 \tag{13-29}$$

两个复数随 R_3 和 R_4 而变化的轨迹画到复平面上，如图 13-19 所示。

由式(13-28) 可见，复数 W 的实部随 R_4 改变，虚部为常量，因此，复数 W 在复平面上的轨迹为一条平行于实轴的直线。由式(13-29) 可见，复数 V 的实部和虚部按同样比例随着 R_3 改变，V 的轨迹为过原点的直线，斜率 $\tan\varphi_x=-\frac{1}{\omega C_xR_x}$。在图 13-19 中，$W$ 线和 V 线的交点表示 $W=V$，相当于电桥的平衡状态。

开始测量时，假定 $R_4=R_{40}$，对应 W 线上的 W_0 点；$R_3=R_{30}$，对应 V 线上的 V_0 点；$W_0\neq V_0$，电桥不平衡，平衡指示器 D 的指示与 W_0、V_0 之间的距离成正比。现在减小 R_3，则 V 点按箭头方向从 V_0 点向上移动，这时从 V 点到 W_0 点的距离逐渐缩短，即平衡指示器 D 的指示逐渐减小。当 R_3 减小到 R_{31} 时，V 点移到了 V_1 点，这时 W_0、V_1 距离最短，指示器 D 的指示不能再减小了。下面转到调 R_4，按 W 线上箭头方向减小 R_4，则 W 点按箭头方向从 W_0 点向左平移，这时从 V_1 点到 W 点的距离逐渐缩短，指示器 D 的指示更进一步减小。直到 R_4 减小到 R_{41} 时，W 点移到 W_1 点，指示器 D 的指示又一次达到最小。再来减小 R_3，直到 R_3 减小到 R_{32}，V 点从 V_1 移到 V_2，指示器 D 的指示更进一步减小到最小时为止，再转换到调 R_4，……如此反复调节 R_3、R_4，每次调节都使指示器 D 的指示尽可能减小，直到指示器 D 完全指零为止，电桥达到平衡。

(2) 调节 C_4 和 R_4 使电桥达到平衡

为了描述调节 C_4 和 R_4，使电桥达到平衡的过程，我们再把式(13-28) 和式(13-29) 中的 W 和 V 随调节 C_4 和 R_4 而变化的轨迹画到复平面上。先看 V，它和 C_4 和 R_4 无关，因此它在复平面上是一个固定的点。W 的实部与 R_4 成正比，虚部与 C_4 成反比，因此 W 的轨迹可以充满整个复平面，如图 13-20 所示。

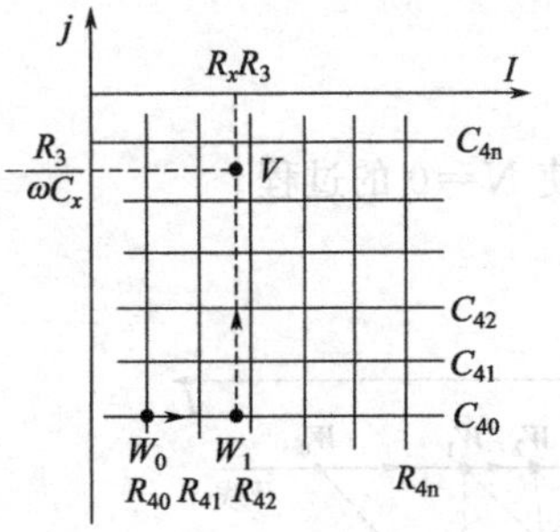

图 13-20　说明电桥收敛性的图示

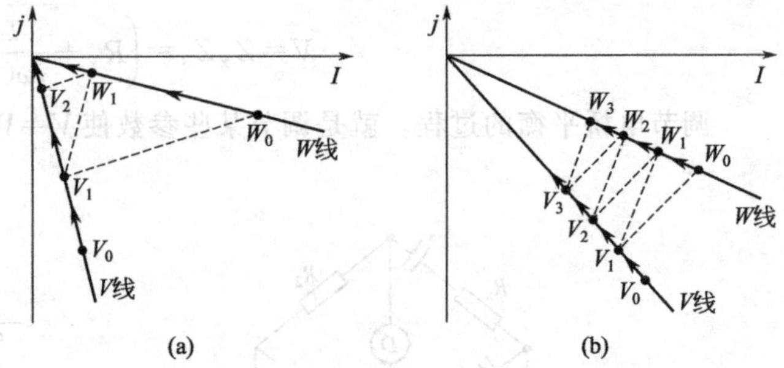

图 13-21　说明收敛性的图示

开始时，假定 $R_4=R_{40}$，$C_4=C_{40}$，在复平面上 W 对应 W_0 点。这时 $W_0\neq V$，电桥不平衡。若先调 R_4，则随着 R_4 的增加，W 在复平面上沿着对应 C_{40} 的水平线向右移动，当 W 到达 W_1 点时，指示器 D 的指示最小，应该转到调节 C_4。从 C_{40} 增加 C_4，则 W 点将垂直向上移动，当 W 点与 V 点重合时，电桥达到了平衡。理论上说，只要把两个参数各调一次，电桥就可以平衡。这是我们希望的理论收敛情况。

一般说来，只要 W 线和 V 线的夹角接近 90°，电桥的收敛性就好，电桥容易调到平衡；反之，它们的夹角越小，电桥的收敛性越差，电桥越不容易调到平衡。图 13-21(a) 和图 13-21(b) 说明了上述情况。

思考题与习题

13-1　交流电桥与直流电桥的主要区别是什么？

13-2　在图 13-2(a) 所示的电桥线路中，如果 Z_1 是被测的线圈，Z_4 应该由什么组成？并导出相应的电桥的平衡条件。

13-3　在图 13-7 所示的马氏电桥中，平衡条件

$$L_x=R_2R_4C_3$$

$$R_x=\frac{R_2}{R_3}R_4$$

试就以下三种情况对电桥的平衡进行讨论：

(1) 以 R_2 和 R_4 作为调节参数；

(2) 以 C_3 和 R_3 作为调节参数；

(3) 以 R_4（或 R_2）和 R_3 作为调节参数。

13-4　为什么在使用交流电桥时，电源电压的频率和波形都应遵守电桥说明书的要求？

13-5　变压器电桥有何优点？它是怎样测量三端钮阻抗的？

13-6　为什么在使用交流电桥开始测量时，要把灵敏度调节到最低，在电桥接近平衡时，要把灵敏度调节到最高？

13-7　举出一些检查交流电桥干扰的方法和一种消除干扰产生误差的方法。

第4篇　磁测量技术

磁测量是被测磁量与用作单位的标准磁量进行比较的认识过程，它用于研究物质的磁特性和各种磁现象以及探索这些现象所遵循的规律。

磁测量在现代科学技术和生产实际中占有重要地位。铁磁材料的发现与应用，促进了电工技术的发展。铁磁材料的磁特性是设计和制造电机、电器、仪表、自动控制、电信和磁性探伤等领域的磁性器件的重要依据。磁测量技术在其他领域中，例如探矿、机械制造、医学、空间技术、粒子研究等方面也有广泛的应用。

磁测量技术的主要任务是：磁通、磁感应强度和磁场强度的测量；铁磁材料的磁化曲线、磁滞回线的测量和在交变磁化时铁损的测量。本篇主要介绍磁测量的测量方法、原理和装置，掌握基本的磁测量技术。

*第14章　磁测量的基本知识

本章是磁场和物质磁性有关基础知识的复习，它对磁测量技术是十分重要的。

14.1　磁场的基本知识

任何运动电荷或电流都在周围空间产生磁场。磁场的主要特性是：对运动电荷或载流导体有磁力的作用。

14.1.1　磁感应强度

磁感应强度是用来描述磁场性质的物理量。它是一个矢量，用 $\boldsymbol{B}$ 来表示。磁场中某点的 $\boldsymbol{B}$ 的方向表示该点磁场的方向，$\boldsymbol{B}$ 的大小表示该磁场的强弱。

在SI单位制（国际单位制）中，磁感应强度的单位是 $\mathrm{V\cdot s/m^2}$，而 $\mathrm{V\cdot s}$ 即为Wb，所以磁感应强度的单位为 $\mathrm{Wb/m^2}$，或表示为T。

在CGSM单位制中，磁感应强度的单位是Gs。

$$1\mathrm{Wb/m^2}=10^4\mathrm{Gs}$$

14.1.2　磁力线和磁通

磁场可以用磁力线来形象描绘。我们规定，磁力线上任一点的切线方向就是该点磁场（也就是 $\boldsymbol{B}$）的方向；通过垂直于 $\boldsymbol{B}$ 矢量的单位面积的磁力线数等于该点 $\boldsymbol{B}$ 矢量的大小，也就是，磁场强的地方，磁力线较密；磁场弱的地方，磁力线较疏。不同形状的电流所产生的磁场的磁力线如图14-1所示。

从图中可以看出，任何磁场的每一条磁力线都是环绕电流的无头无尾的闭合线。电流方向与磁力线回转方向遵守右手定则。

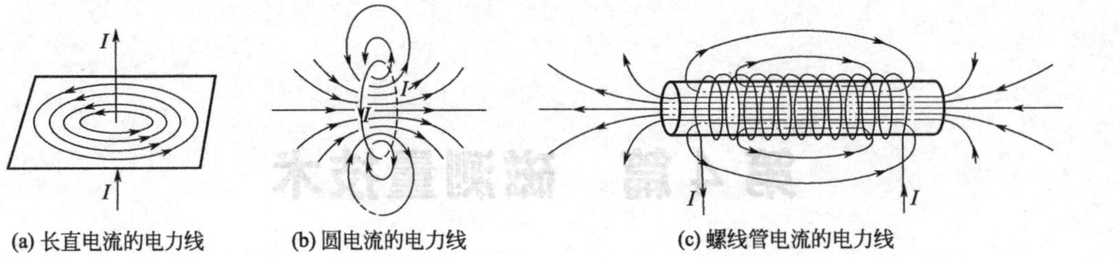

(a) 长直电流的电力线　　(b) 圆电流的电力线　　(c) 螺线管电流的电力线

图 14-1　电流的磁场

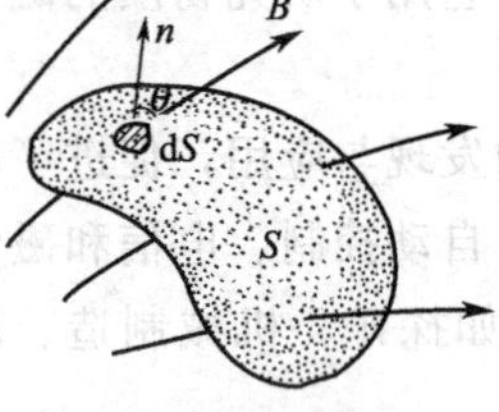

图 14-2　磁通量

通过某一曲面的磁力线数，称为通过该曲面的磁通，用 Φ 表示。磁通的计算见图 14-2。在曲面上取面积元 dS，dS 的法线方向与该点的 $\boldsymbol{B}$ 的方向之间成 θ 角，这样，通过该面积元的磁通为：

$$d\Phi = B\cos\theta dS \tag{14-1}$$

若磁场均匀，S 面是平面且与磁场垂直，则通过 S 面的磁通为：

$$\Phi = BS \tag{14-2}$$

当 S 面是一个闭合曲面时，由于磁力线是闭合线，那么穿进闭合面 S 的磁力线必从闭合面的其他部分穿出，所以通过任一闭合曲面的总磁通量必等于零，其数学表达式为：

$$\oint B\cos\theta dS = 0 \tag{14-3}$$

这就是磁通连续原理，即磁学中的高斯定理，是磁场的重要特性之一。

磁通的单位在 SI 单位制中是 Wb，在 CGSM 单位制中是 Mx

$$1\text{Wb} = 10^8\text{Mx}$$

14.2　磁场强度及安培环路定律

磁场强度是为了便于分析磁场和电流之间的关系而引入的一个辅助物理量，它也是一个矢量，用 $\boldsymbol{H}$ 表示。它与磁感应强度的关系是：

$$H = B/\mu \tag{14-4}$$

式中，μ 为磁介质的磁导率，决定于磁介质的性质。

在 SI 单位制中，真空中的磁导率为

$$\mu_0 = 4\pi\times10^{-7}\text{H/m}$$

H 的单位是 A/m；在 CGSM 单位制中，真空中的磁导率为 1，H 的单位是 Oe。

$$1\text{A/m} = 4\pi\times10^{-3}\text{Oe}\approx\text{Oe}/80$$

安培环路定律是磁场的另一重要特性，它把磁场强度与电流联系起来。其内容为：在磁场中，$\boldsymbol{H}$ 矢量沿任何闭合曲线的线积分，等于包围在这闭合曲线内各电流的代数和。

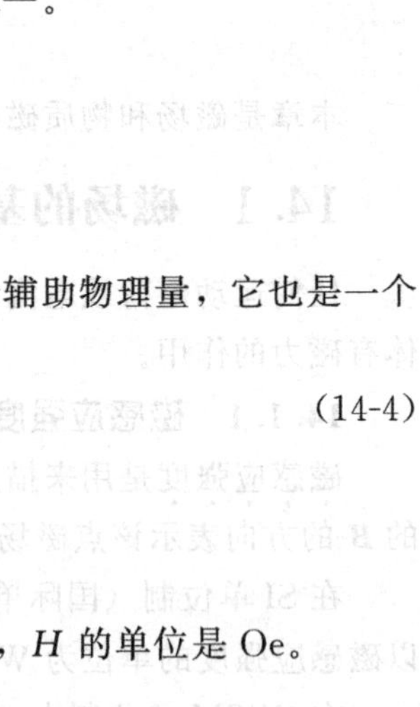

图 14-3　安培环路定律

在图 14-3 所示的磁场中，l 为任意闭合曲线，积分时要取其在 dl 方向的分量。环路安培定律的数学表达式为

$$\oint H\cos\alpha\, dl = I_1 - I_2$$

电流 I_1 的方向与积分路线 l 的环绕方向符合右手螺旋关系，取正号；I_2 与积分路线不符合右手螺旋关系，取负号；I_3 未包含在积

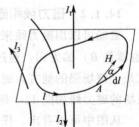

分路线之内，与积分结果无关（但对空间磁场强度 $\boldsymbol{H}$ 的分布是有关的）。

安培环路安律的一般数学表达式为

$$\oint H\cos\alpha\,\mathrm{d}l = \sum I \tag{14-5}$$

式中，α 为积分路径上某点磁场强度 $\boldsymbol{H}$ 与积分线元 $\mathrm{d}l$ 的夹角；$\sum I$ 为闭合积分曲线内电流的代数和。

图 14-4(a) 所示的螺绕环，线圈密绕，螺线管外的磁场很弱，磁场几乎都集中在螺线管内。用安培环路定律计算该螺绕环内任一点 P 的磁场强度最为方便。取过点 P、半径为 r 的同心圆作为闭合积分曲线。由于对称关系，在图示同心圆周上各点的磁场强度大小相等，磁场强度的方向沿着同心圆的切线方向，即 $\alpha=0$，这样

$$\oint H\cos\alpha\,\mathrm{d}l = \oint H\,\mathrm{d}l = H\oint \mathrm{d}l = H\,2\pi r$$

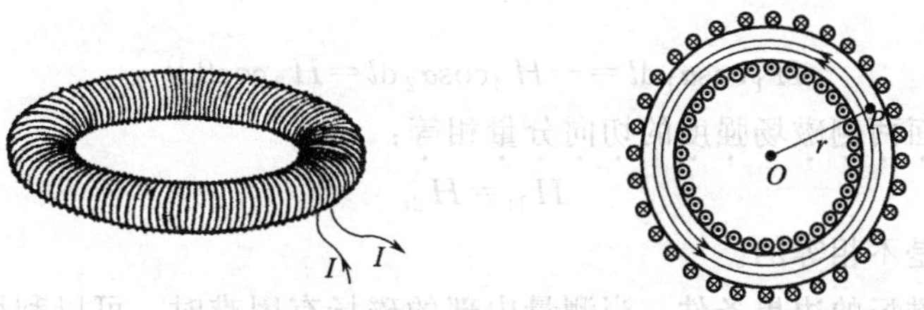

(a) 环形螺线管　　(b) 环形螺线管内磁场的计算用图

图 14-4　环形螺线管内的磁场计算

如果螺绕环上共绕有 W 匝线圈，线圈中通过电流为 I，则

$$H \cdot 2\pi r = WI$$

于是 P 点的磁场强度

$$H = \frac{WI}{2\pi r}$$

从这个关系可以看到，磁场强度仅取决于产生磁场的电流分布，而与磁介质的性质无关。

14.3　磁场边界条件

图 14-5 表示两种磁介质的分界面。分界面的一侧为一种磁介质，比如是空气；另一侧为另一种磁介质，比如是我们要测试的材料。我们关心的是在分界面两侧磁感应强度的关系［图 14-5(a)］和磁场强度的关系［图 14-5(b)］。

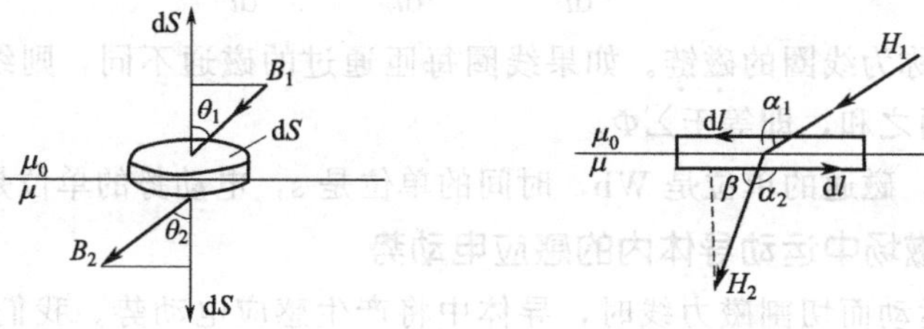

(a) 研究分界面两边的B　　(a) 研究分界面两边的H

图 14-5　两种介质分界面上的 B 和 H

在图 14-5(a) 中，作一扁圆柱闭合面。圆柱面上、下底面各在分界面一侧，面积各为 dS，圆柱很薄，其侧面积忽略不计。根据磁通连续原理，由扁圆柱上底进入的磁通 $B_1\cos\theta_1$ 应等于由下底穿出的磁通 $B_2\cos\theta_2$，即：

$$B_1\cos\theta_1 = B_2\cos\theta_2$$

也就是说，在分界面两侧磁感应强度的法向分量相等：

$$B_{1n} = B_{2n} \tag{14-6}$$

但其切向分量一般是不相等的。

在图 14-5(b) 中，沿边界面作一扁矩形闭合线。矩形上、下两边各在分界面一侧，长为 dl；矩形很扁，它的高可忽略不计。根据安培环路定理，如果矩形闭合线内没有电流，则磁场强度沿这个矩形闭合线的线积分应等于零，即

$$\oint H\cos\alpha\, dl = H_1\cos\alpha_1\, dl + H_2\cos\alpha_2\, dl = 0$$

或

$$H_1\cos\alpha_1\, dl = -H_2\cos\alpha_2\, dl = H_2\cos\beta\, dl$$

也就是说，在分界面两侧磁场强度的切向分量相等：

$$H_{1t} = H_{2t} \tag{14-7}$$

但其法向分量一般是不相等的。

这些关系就是磁场的边界条件，当测量内部的磁场有困难时，可以利用磁场边界条件，测量材料外部的磁场，从而达到其测量内部磁场的目的。

14.4 电磁感应

电磁感应是目前磁测量的一个重要原理。

14.4.1 电磁感应定律

电磁感应定律说明了感应电动势与磁通变化间的关系：不论任何原因使通过某一回路的磁通 Φ 发生变化时，回路中产生的感应电动势 e 与磁通对时间的变化率成正比，即

$$e = -\frac{d\Phi}{dt} \tag{14-8}$$

式中，负号反映了感应电动势的方向。

如果所讨论的回路不止一匝，而是由 W 匝线圈组成，那么当磁通变化时，每匝都将产生感应电动势，总的感应电动势应等于各匝感应电动势之和。当每匝通过的磁通相等时，则有

$$e = -W\frac{d\Phi}{dt} = -\frac{d(W\Phi)}{dt} = -\frac{d\psi}{dt} \tag{14-9}$$

式中，$\psi = W\Phi$ 称为线圈的磁链。如果线圈每匝通过的磁通不同，则线圈的磁链应等于线圈各匝通过的磁通之和，即等于 $\sum\Phi$。

在 SI 单位制中，磁通的单位是 Wb，时间的单位是 s，电动势的单位是 V。

14.4.2 均匀磁场中运动导体内的感应电动势

导体在磁场中运动而切割磁力线时，导体中将产生感应电动势。我们假定图 14-6 中的磁场均匀，磁感应强度为 $\boldsymbol{B}$，直导体长为 l，以速度 $\boldsymbol{v}$ 在磁场中作匀速运动，并且 $\boldsymbol{v}$、$\boldsymbol{B}$ 和导体三者互相垂直。这时，导体中的感应电动势为

$$e=Blv \tag{14-10}$$

感应电动势的方向可用右手定则确定。

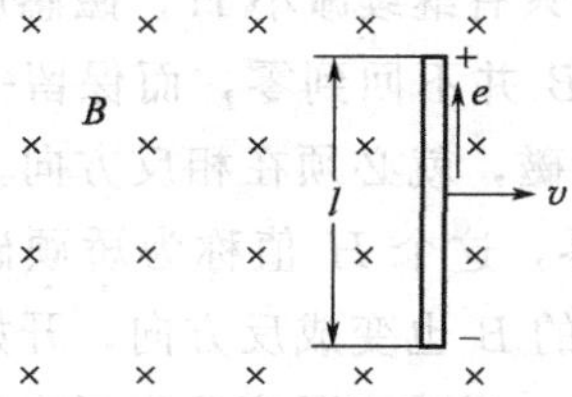

图 14-6　运动导体中的感应电动势

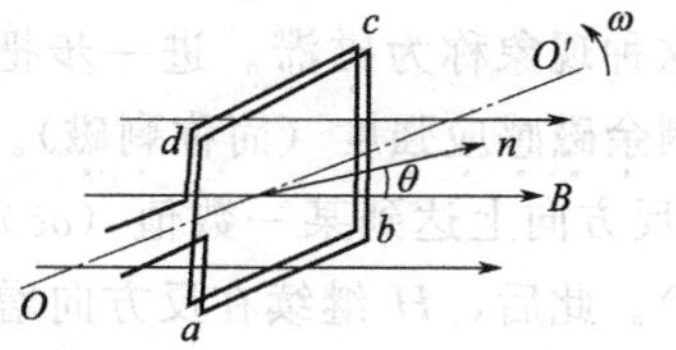

图 14-7　在均匀场中转动的线圈内的感应电动势

14.4.3　均匀磁场中转动线圈内的感应电动势

在图 14-7 中，设 $abcd$ 为形状不变的线圈，匝数为 W，面积为 S。此线圈在均匀磁场中绕固定轴 OO'，以角速度 ω 旋转。轴 OO'与磁感应强度 B 互相垂直。当线圈平面的法线 n 与 B 之间的夹角为 θ 时，通过每匝线圈的磁通为

$$\Phi=BS\cos\theta$$

线圈转动时，θ 随着改变：$\theta=\omega t$，所以 Φ 也随时间改变。由式(14-8) 线圈中的感应电动势为

$$e=-W\frac{\mathrm{d}\Phi}{\mathrm{d}t}=WBS\omega\sin\omega t \tag{14-11}$$

此感应电动势是正弦电动势，其频率 $f=\omega/2\pi$。

14.5　铁磁材料的磁特性

铁磁材料的磁特性一般由磁化曲线描述。磁化曲线是以铁磁物质中的磁场强度 H 为横坐标，以磁感应强度 B 为纵坐标作出的曲线，由实验方法测得。

铁磁材料由完全去磁状态（即内部 $H=0$，$B=0$）开始磁化，磁场强度 H 由零逐渐增大，开始时有极短的一段，磁感应强度增加缓慢，如图 14-8 中的 om 段；然后 B 随着 H 的增加迅速上升，如 mn 段；再以后则因逐渐饱和，B 上升缓慢，如 na 段；到极度饱和以后，再继续增加 H，则 B 几乎不再上升。这条 B-H 曲线称为起始磁化曲线，它表现了 B-H 关系的非线性。

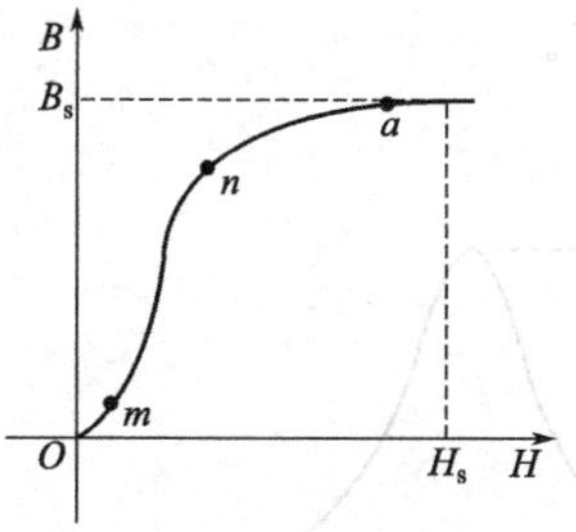

图 14-8　起始磁化曲线

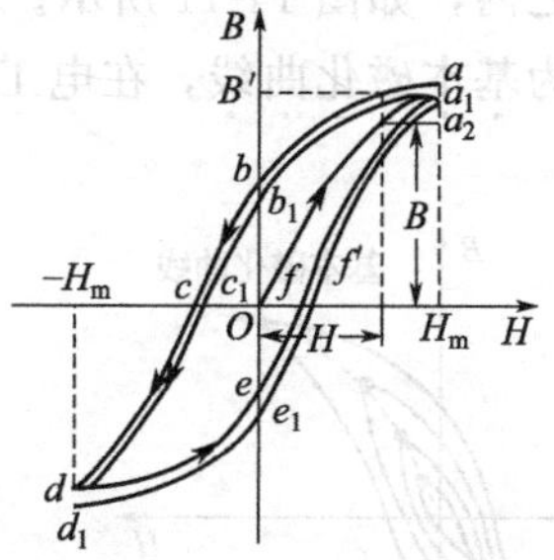

图 14-9　磁滞回线的获得

我们把达到饱和状态时的磁场强度和磁感应强度叫做饱和磁场强度 H_s 和饱和磁感应强度 B_s。饱和磁感应强度是铁磁材料最重要的特性之一。

铁磁材料的另一个特性是“磁滞”。

当铁磁材料达到饱和后，再逐渐从 H_s 减小磁场强度，这个去磁的过程并不沿原来的磁化曲线进行，而是沿着另一条曲线 ab 下降（图 14-9），就是说，在同样的磁场强度 H 下，去磁时的磁感应强度 B' 要比磁化时的磁感应强度 B 大些。只有继续减小 H，磁感应强度才能降到 B，这种现象称为磁滞。进一步把 H 降到零，但 B 并不回到零，而保留一定数值（ob），称为**剩余磁感应强度**（简称**剩磁**）。如果要消去此剩磁，就必须在相反方向上加外磁场。当 H 在反方向上达到某一数值（oc）时，B 才降到零，这个 H 值称为**矫顽磁场强度**（又称**矫顽力**）。此后，H 继续在反方向增加，铁磁材料中的 B 也变成反方向，开始反向磁化，其过程按曲线 cd 进行。当反方向磁化到 $H=-H_s$ 时，磁感应强度达到反向饱和 B_s，以后再进行反向去磁，随着 H 值的减小，去磁过程将沿 de 线进行。

以上所描述的磁化、去磁、反向磁化、反向去磁等过程已成为一个循环，最后到达 e 点。由于存在剩磁，e 点并不与原出发点 O 点重合，从 e 点再开始进行磁化，其路线是经过 f 点到达 a_1 点，当 H 增加到 H_s 时，a_1 点不与 a 点重合，而略低于 a 点。继续进行下去，则经过一个循环后又达到 a_2 点。反复磁化下去，每一新的过程总不会步入原来已经经历的过程。但经过十几个循环以后，磁化曲线逐渐成为可重复的、对称于原点的闭合曲线，如图 14-10 所示。这种回线称为**磁滞回线**。因为在每次反复磁化的过程中，磁场强度都增大到它的饱和值 H_s，使材料的磁感应强度达到饱和值 B_s，所以这条回线称为**饱和磁滞回线**。材料的磁性参数**剩磁** B_r 和**矫顽力** H_c 都是从这个回线上取得的。

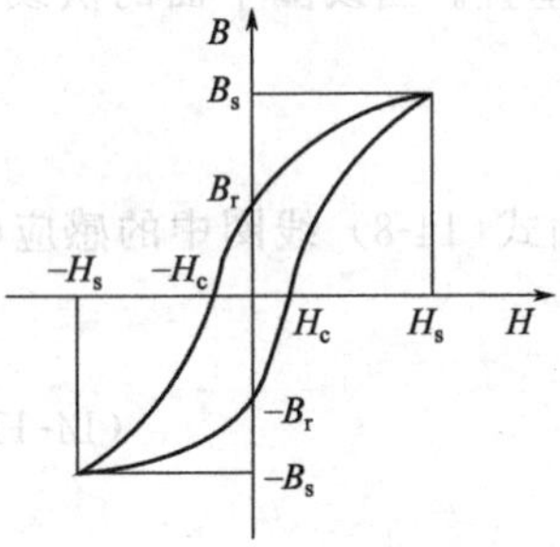

图 14-10 饱和磁滞回线

为了得到磁滞回线，磁场强度必须在 H_s 和 $-H_s$ 之间反复进行十几次循环，这个过程叫做**磁锻炼**。

要得到这种磁滞回线还要注意一点，就是在 H 增加的过程中不能有 H 的减小；在 H 的减小过程中不能有 H 的增加。如果在 H 值由 0 向 H_s 增加的途中将 H 值从大变小，那么由于磁滞的关系，重新增加 H 时，将进入一种新的过程。

由此可见，铁磁材料的 B 和 H 的关系不但是非线性的，也不是单值的，而且磁化的情况还与它以前的磁化历史有关。这是铁磁材料的磁滞特性决定的。

取不同的最大磁场强度进行反复磁化，可以得到不同的对称磁滞回线，它们都被包围在饱和磁滞回线之内，如图 14-11 所示。将这些磁滞回线的顶点连起来，便得到如图中虚线所示的曲线，称为**基本磁化曲线**，在电工技术中用得很广。

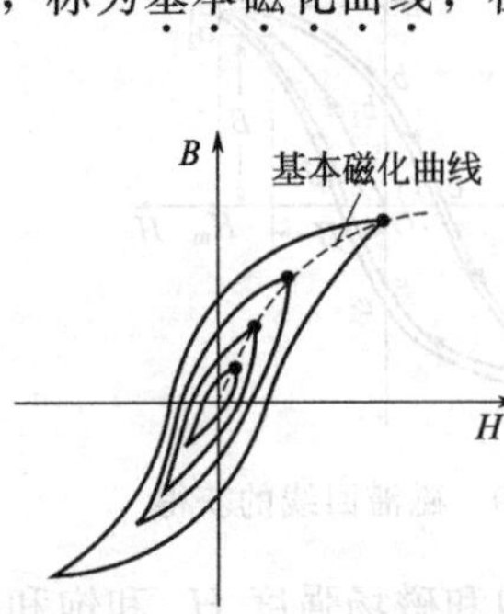

图 14-11 基本磁化曲线

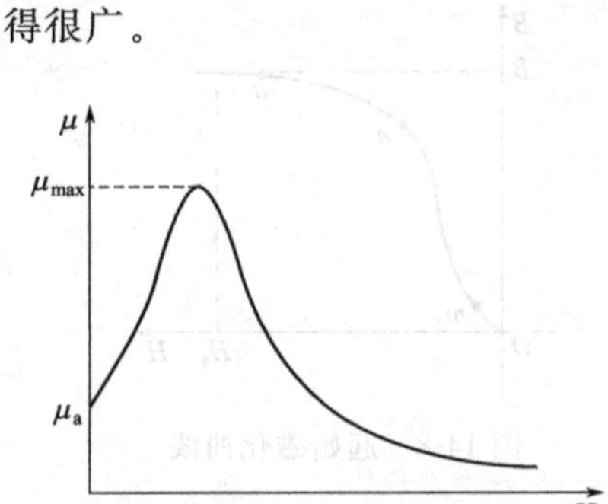

图 14-12 μ-H 曲线

从基本磁化曲线上可以算出不同磁场强度下所对应的磁导率，如图 14-12 所示。其中

μ_a是$H=0$时的磁导率，称为起始磁导率；μ_{max}称为最大磁导率，它们也是表示铁磁材料磁性的参量。

磁滞回线所包围的面积代表在一个反复磁化的循环过程中单位体积的铁芯内损耗的能量，称为磁滞损失。

总括起来，我们用磁滞回线和基本磁化曲线来描述铁磁材料的磁特性，从这两条曲线上得到了B_s，B_r，H_c，μ_a，μ_{max}以及磁滞损失等表示材料磁特性的参量。

根据矫顽力H_c的大小不同，一般把铁磁材料分为硬磁材料（矫顽力大，$H_c>10^2$A/m；剩磁也大；磁滞回线所包围面积肥大；主要用来制造永久磁铁器件）和软磁材料（磁导率大；矫顽力小，$H_c<10^2$A/m；磁滞回线狭长；主要用来制造电机、电器的铁芯）。

表14-1给出了一些铁磁材料的磁性参量，从中我们可以得到一些数量概念。

表14-1　部分铁磁材料的磁性参量硬磁材料

硬磁材料

材　料	磁性能(不低于)		
	B_r/(Wb/m²)	H_c/(A/m)	$(BH)_{max}$/(J/m³)
铝镍8	0.45	57000	8000
铝镍钴52	1.30	56000	52000
铝镍钴钛72	1.05	110000	72000

$(BH)_{max}$为最大磁能积，硬磁材料内部B和H乘积的最大值，它是硬磁材料的重要指标。

软磁材料

（1）坡莫合金磁性能

μ_{ra}	μ_{rmax}	H_c/(A/m)	B_s/(Wb/m²)
2200～50000	20000～250000	24～0.8	1.5～0.7

$\mu_{ra}=\mu_a/\mu_0$；$\mu_{rmax}=\mu_{max}/\mu_0$

（2）电工纯铁

牌　号	H_c/(A/m)	μ_{max}	磁感应强度B/(Wb/m²)			
			B_5	B_{25}	B_{50}	B_{100}
DT_1　DT_2	<96	<6000	1.40	1.62	1.71	1.80
DT_3C　DT_4C	<24	<15000	1.40	1.62	1.71	1.80

B_5为$H=5$A/m时B的数值；B_{25}为$H=25$A/m时B的数值；余类推。

（3）硅钢片

牌　号	磁感应强度B/(Wb/m²)					铁损$P_{B/f}$/(W/kg)	
	B_{10}	B_{25}	B_{50}	B_{100}	B_{300}	$P_{10/50}$	$P_{15/50}$
D_{11}(热扎)		1.53	1.63	1.76		3.20	7.40
D_{330}(冷扎)	1.70	1.85	1.90	1.95	2.00	0.70	1.60

$P_{B/f}$为铁损，是在一定的磁感应强度B和频率f下测定的，故标以$P_{B/f}$，例如$P_{10/50}$和$P_{15/50}$是在频率为50Hz，磁感应强度分别为1.0Wb/m²和1.5Wb/m²下测得的铁损。

14.6　磁路概念

在电机、变压器和电磁铁等电器中常用铁磁材料做成一定形状的磁路。由于铁磁材料的导磁性能好，磁力线差不多全部集中在磁路中。图 14-13 表示一种电磁铁的磁路，磁极和磁轭由铁磁材料做成，激磁绕组通过电流时所产生的磁场集中在图示的路径中，这时在空气隙中可以得到较强的磁场。

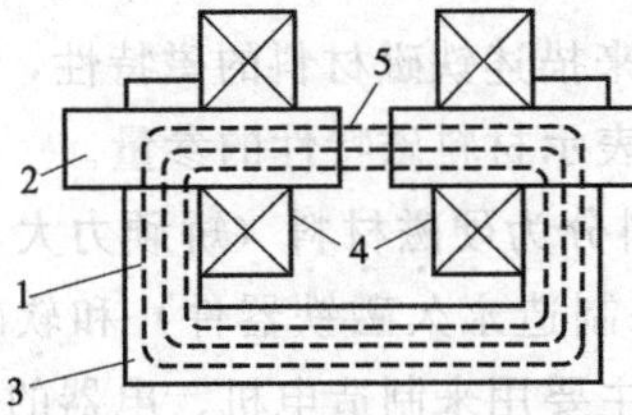

图 14-13　电磁铁的磁路

1—磁力线；2—磁极；3—磁轭；4—激磁绕组；5—空气隙

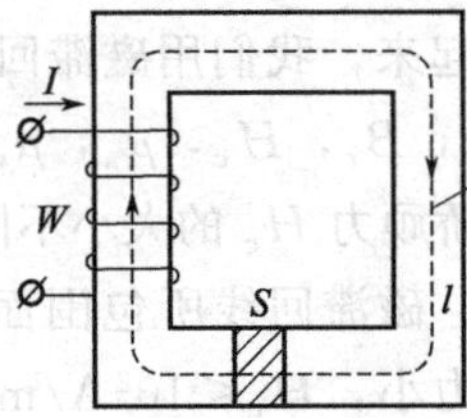

图 14-14　磁路

磁路是局限在一定路径内的磁场，因此前面有关描述磁场特性的物理量（**B**，**H**）和定律（磁通连续原理和安培环路定律），在磁路中也是适用的。不过在磁路中有特殊的形式。现在利用图 14-14 所示最简单的磁路来说明这些关系。

当线圈中通过电流时，在磁路中就产生磁场，磁场方向与电流方向有关，可用右手螺旋定则决定。因为全部磁通都通过磁路，并均匀地分布在截面 S 上，因此磁路内任一点的磁感应强度

$$B=\Phi/S \tag{14-12}$$

当整个磁路是用同一种材料做成时，B 相同就意味着磁路内任一点的磁场强度也相同，即

$$H=\frac{B}{\mu}=\frac{1}{\mu}\cdot\frac{\Phi}{S} \tag{14-13}$$

取磁路的平均长度 l 为闭合路线，由安培环路定律可以得到

$$Hl=WI \tag{14-14}$$

式中，WI 为磁路的磁动势。

将式(14-13) 代入式(14-14) 中，即可得到图 14-14 所示磁路中磁动势和磁通的关系

$$\frac{1}{\mu}\frac{\Phi}{S}l=WI$$

由此得到

$$\Phi=\frac{WI}{l/\mu S}=\frac{WI}{R_{\mathrm{m}}} \tag{14-15}$$

式中，$R_{\mathrm{m}}=l/\mu S$ 为磁路的磁阻，它与导体的电阻公式相似。磁阻与磁路的长度 l 成正比，与磁路的截面积和磁路材料的磁导率成反比。

式(14-15) 称为磁路中的欧姆定律。磁路中的磁通与磁动势成正比，与磁阻成反比，这与电路中的欧姆定律相似。

为了便于理解，我们在表 14-2 中将磁路和电路对照。但是，由于铁磁物质的磁导率 μ 不是常数，磁路是非线性的，使用磁阻来计算磁路并不方便，磁阻概念一般用于定性说明问题。

表 14-2　磁路与电路对照

电　路	磁　路
电动势 E	磁动势 WI
电流 I	磁通 Φ
电流密度 J	磁感应强度 B
电阻 $R=\rho l/S=l/\sigma S$（ρ 为电阻率，σ 为电导率）	磁阻 $R=l/\mu S$（μ 为磁导率）
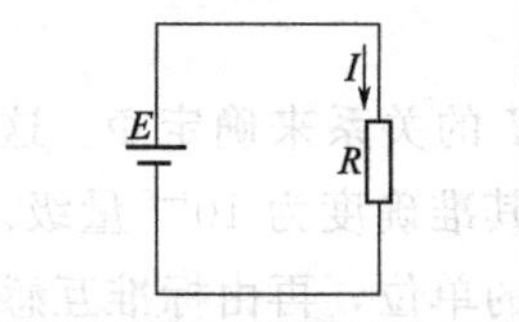 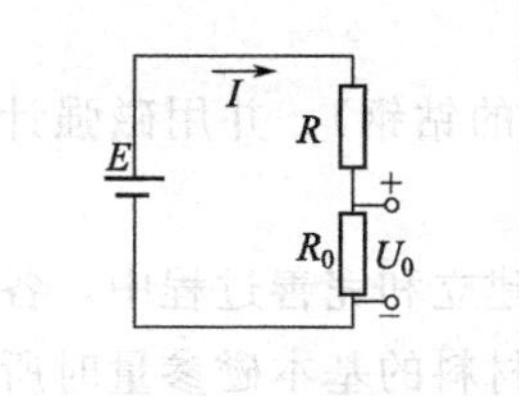 $I=\dfrac{E}{R+R_0}$ $U_0=IR_0$	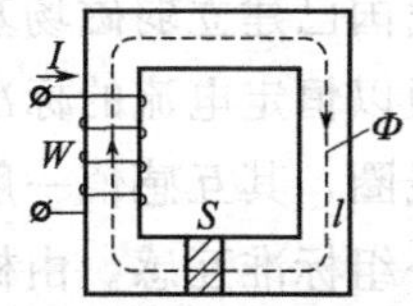 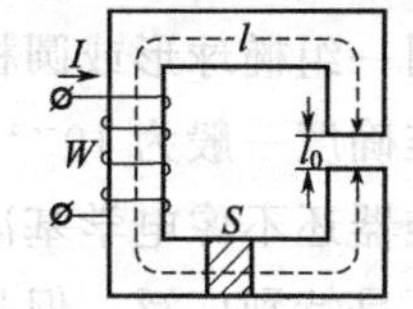 $\Phi=\dfrac{WI}{R_m+R_{m_0}}$ $U_{m_0}=\Phi R_{m_0}$

与电压 U 类似，U_m 称为磁压，设 R_{m_0} 为空气隙的磁阻，则

$$U_{m_0}=\Phi R_{m_0}=\Phi\frac{l_0}{\mu_0 S}=BS\frac{l_0}{\mu_0 S}=\frac{B}{\mu_0}l_0$$

所以

$$U_{m_0}=H_0 l_0$$

一般而言，有

$$U_m=Hl \tag{14-16}$$

即，在磁路中，磁场强度 H 与磁路长度 l 的乘积等于这段磁路（或磁阻）两端的磁压。

应该注意的是：两段磁路串联时，由磁通连续原理，它们的磁通是一样的。若两段磁路的截面积 S 也相同的话，那么它们的磁感应强度 B 就相同。但是，由于构成这两段磁路的材料不同（磁导率不同），则它们的磁场强度不同。

在串联闭合磁路中，有

$$\Phi=\frac{WI}{R_m+R_{m_0}}$$

也可以把这个关系改写成

$$Hl+H_0 l_0=WI \tag{14-17}$$

这正是安培环路定律在磁路中的特殊形式。

14.7　磁学标准量具

为了维持磁学单位的统一，保证量值准确一致，必须建立磁学基准器，并且通过磁学基准器向标准量具及工作量具传递磁学测量单位值。这里仅介绍这方面的一些概念。

磁学基准是现代科学技术成就所能达到的具有最高准确度的磁学测量单位的实物体现。由于基本磁学量是 B、H、Φ、m，它们的 SI 单位分别为 T、A/m、Wb 和 A·m²，因此磁学计量的基准器就是分别复制这四个基本磁学计量单位，而得到四类基准器：磁感应强度基

准器、磁场强度基准器、磁通基准器和磁矩基准器。并且相应建立各类磁学标准量具和工作量具。

磁感应强度基准器和磁场强度基准器，一般都是采用其场值可精确计算的通有电流的线圈，如用单层标准螺线管或亥姆霍兹（Helmholtz）线圈，并通过核磁共振法准确测定其场值。磁感应强度基准器一般分为：弱磁场基准，其场值范围为 $1\times10^{-10}\sim5\times10^{-2}$T；中磁场基准，其场值范围为 $5\times10^{-2}\sim2$T；强磁场基准，其场值范围为 2～10T 以上。此外，还有交流磁感应基准。目前我国已建立弱磁场基准和中磁场基准。

磁通基准器一般采用通以恒定电流的标准互感线圈，通过 $\Phi=MI$ 的关系来确定 Φ。这种互感线圈如康贝尔互感线圈，其互感值一般为 0.01H 或 0.001H，其准确度为 10^{-5} 量级。日常检定的工作标准采用一组标准互感。由标准互感和安培复现磁通的单位，再由标准互感传递到磁通表以及磁性测量用的互感器和标准测量线圈。

磁矩基准器一般是采用一组椭球形或圆柱形永久磁铁（如高性能的钴钢），并用磁强计进行传递。这种基准器的准确度一般为 10^{-4} 量级。

目前，我国的磁学基准器还不像电学基准器那样完善，它正处于建立和完善过程中，各类标准量具单独使用的也不是特别广泛。但是无论在测量磁场或磁性材料的基本磁参量时所采用的测量方法、测量仪器设备必须由 B、H、Φ、m 标准量具来定标或用它们的导出单位来度量。

思考题与习题

14-1　矩形截面的镯环上密绕 W 匝线圈，如图 14-15 所示，镯环内半径 $R_1=10$cm，外半径 $R_2=11$cm，高为 h；通入线圈的电流 $I=0.5$A；镯环材料的磁导率 $\mu=4\pi\times10^{-4}$ H/m。若 $W=500$ 匝，试计算：

（1）镯环内径处的磁场强度和磁感应强度；

（2）镯环外径处的磁场强度和磁感应强度。

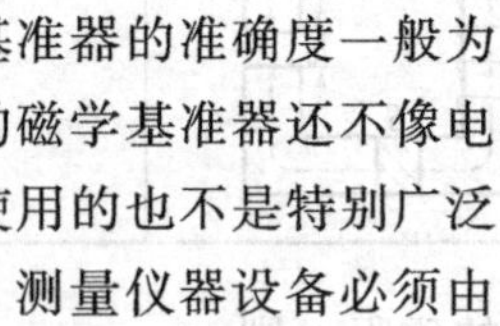

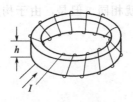

图 14-15　螺绕镯环

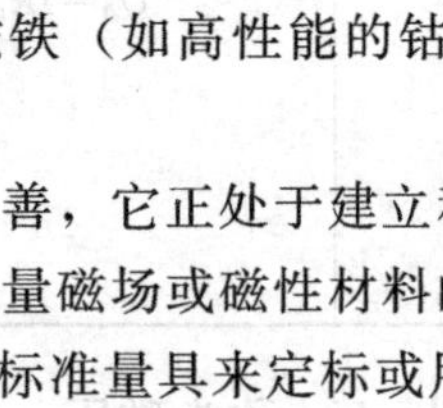

图 14-16　磁路

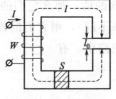

14-2　图 14-16 所示的磁路由两部分组成：空气隙长度为 l_0，磁导率为 μ_0；其余部分长为 l，磁导率为 $\mu=10000\mu_0$，它们的截面积都是 S。令磁路中的磁通为 Φ，磁通在截面 S 上均匀分布。

（1）试分析两部分材料中 B 和 H 哪个相等，哪个不等？

（2）设 $\Phi=10^{-4}$ Wb，$l=20$cm，$l_0=0.1$cm，截面积 $S=1\text{cm}^2$。试比较空气隙的磁阻和其余部分的磁阻哪个大？哪一部分的磁压大？各为多少？

14-3　在磁测量中，测得样品外部的磁场强度 $H=0.8$A/m，如图 14-17(a)，若样品中的磁场均匀分布。试问样品中的磁场强度为多大？在图 14-17(b) 中，测得样品外部的磁感应强度 $B=0.05\text{Wb/m}^2$，样品外为空气；样品中的磁场均匀分布，试问样品中的磁场强度为多大？你能写出样品中的 B 是多大吗？

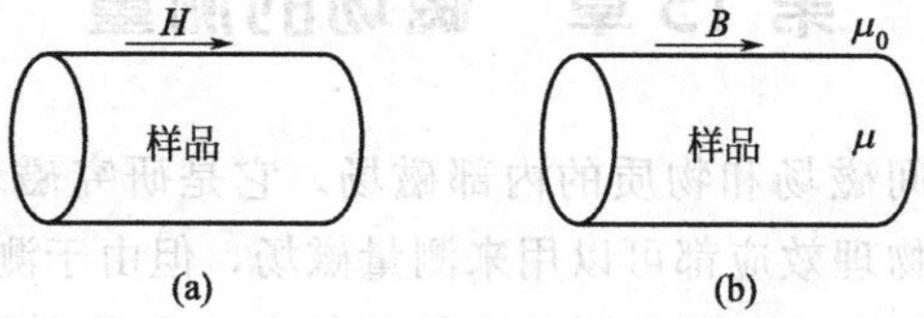

图 14-17　习题 14-3 图

14-4　什么是铁磁材料的饱和磁滞回线？从饱和磁滞回线上我们可以获得哪些磁特性信息？

14-5　怎样得到铁磁材料的基本磁化曲线？

14-6　测试铁磁材料的磁滞回线时，为什么要先把被测材料完全去磁？

14-7　在铁磁材料磁特性测试中，为什么在减小 H 的过程中不能增加 H？

第 15 章　磁场的测量

磁场测量包括测量空间磁场和物质的内部磁场。它是研究磁现象和物质磁性的重要手段。原则上与磁场有关的物理效应都可以用来测量磁场，但由于测量对象在性质上和量值上的差别很大，而测量条件也各不相同，因此磁场测量方法也是多种多样的。特别是近年来，由于新的磁现象的发现（如核磁共振、霍尔效应、磁光效应和约瑟夫逊效应等），从而发展了一系列基于各种磁效应的新的磁场测量方法。同时，由于电子技术的发展，也使磁场测量技术在自动化和数字化方面发生了新的飞跃。

本章主要介绍空间磁场测量的基本方法。这里所指的磁场测量，包括磁感应强度 B、磁场强度 H 和磁通 Φ 的测量。通常 B 是通过测量磁通来确定的；有时候，空气中的磁场强度也是在确定了 B 以后，用公式 $H=B/\mu_0$ 求得。材料内部的磁场测量在下一章中介绍。

15.1　磁测量的感应法

感应法测磁场的基本原理是电磁感应定律。将测量线圈放入被测磁场中，当磁场发生变化或线圈的位置发生变化时，在测量线圈中便产生感应电动势

$$e=-W\frac{\mathrm{d}\Phi}{\mathrm{d}t}=-WS\frac{\mathrm{d}B}{\mathrm{d}t}$$

从而得到

$$\Phi=\frac{1}{W}\int e\,\mathrm{d}t \quad 或 \quad B=\frac{1}{WS}\int e\,\mathrm{d}t \tag{15-1}$$

式中，W 为测量线圈的匝数；S 为测量线圈的截面积。

因此只要测出被测磁场随时间变化所感应的电动势的积分，便可测出磁通 Φ 或磁感应强度 B。

感应法的传感器是测量线圈。测量线圈能否将被测信号正确地取出来影响到本方法的测量精度。因此对测量线圈的结构和尺寸有一定要求，而且其线圈常数 WS 要准确知道。

测量线圈一般为圆柱形或矩形线圈，并且有高绝缘性能和小的温度膨胀系数的骨架。线圈有单层绕制和多层绕制。

对于不均匀磁场，为了准确测出空间某点的 B，测量线圈截面 S 要小，长度也要小。而为了得到足够大的感应信号，它们又不可能太小，应将两者统一起来，一般取圆柱形线圈结构，将测得的线圈内的平均磁感应强度作为线圈中心的磁感应强度。

15.1.1　冲击检流计法

冲击检流计法是感应法中最基本的方法之一，它是测定恒定磁通的常用方法。

在第 4 章中我们介绍过冲击检流计的原理。冲击检流计能测量脉冲电流的电量。脉冲电流通过检流计的时间比检流计的自然振荡周期短得多，也就是说，在脉冲电流通过时，冲击检流计的活动部分还没有来得及运动，仅在脉冲电流结束后，它才开始运动。我们曾经得到，冲击检流计的第一次最大偏转 α_m 与脉冲电流作用时间内通过检流计的电量 Q 成正比，即

$$Q=\int_0^{\tau} i\,\mathrm{d}t \;;\; \alpha_m = S_q Q$$

或

$$Q=C_q\alpha_m \tag{15-2}$$

式中，S_q 为冲击检流计的冲击灵敏度，它与阻尼有关，而阻尼与检流计回路的电阻有关；$C_q=1/S_q$ 为电量冲击常数，由实验测定。

式(15-2) 表明，知道了冲击检流计的第一次最大偏转 α_m 和冲击常数 C_q，就可以确定通过它的电量。那么怎样用冲击检流计的第一次最大偏转来确定恒定磁通呢？

(1) 用冲击检流计测定磁通的原理

将匝数为 W_B，面积为 S 的测量线圈放到被测磁场中，线圈平面与磁场垂直。测量线圈放到磁场中后通过测量线圈的磁通就是要测的磁通。把测量线圈与冲击检流计回路相连，如图 15-1 所示。设整个回路的电阻为 R，电感为 L。

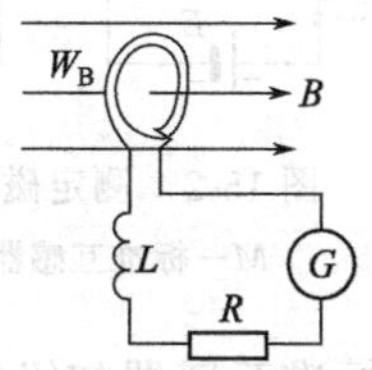

图 15-1 冲击检流计测磁通的原理图

W_B—测量线圈；G—冲击检流计

测量穿过测量线圈的磁通时，首先要使这个磁通发生变化，例如，可设法让磁场方向改变 180°，或把测量线圈迅速移到磁感应强度为零的地方。

当穿过测量线圈的磁通改变时，线圈两端产生感应电动势，并在图 15-1 所示检流计回路中形成感应电流，这个电流持续时间很短。我们可以写出回路的电路方程

$$e=Ri+L\frac{\mathrm{d}i}{\mathrm{d}t}$$

或

$$-W_B\frac{\mathrm{d}\Phi}{\mathrm{d}t}=Ri+L\frac{\mathrm{d}i}{\mathrm{d}t} \tag{15-3}$$

将式(15-3) 两边积分，积分上、下限为电流开始通过的时间 $t=0$ 和电流结束的时间 $t=\tau$

$$-W_B\int_0^{\tau}\frac{\mathrm{d}\Phi}{\mathrm{d}t}\mathrm{d}t=R\int_0^{\tau}i\,\mathrm{d}t+L\int_0^{\tau}\frac{\mathrm{d}i}{\mathrm{d}t}\mathrm{d}t$$

或

$$-W_B\int_{\Phi(0)}^{\Phi(\tau)}\mathrm{d}\Phi=RQ+L\int_{i(0)}^{i(\tau)}\mathrm{d}i$$

式中，$Q=\int_0^{\tau}i\,\mathrm{d}t$ 为电流持续期间通过检流计的电量；$i(0)$，$i(\tau)$ 为开始和结束时刻的电流，都等于零；$\Phi(0)$，$\Phi(\tau)$ 为开始时和结束时穿过测量线圈的磁通，它的差值是磁通的变化量：$\Phi(0)-\Phi(\tau)=\Delta\Phi$。

因此，我们得到

$$W_B\Delta\Phi=RQ \tag{15-4}$$

由此可见，磁通变化时通过检流计的电量与这个磁通的变化成正比，将式(15-2) 代入式(15-4) 得到：

$$W_B\Delta\Phi=RC_q\alpha_m$$

或

$$\Delta\Phi=C_\Phi\alpha_m/W_B \tag{15-5}$$

式中，$C_\Phi=RC_q$ 为检流计的磁通冲击常数，要用实验方法测定。

如果常数 C_Φ 已知，那么根据冲击检流计的第一次大偏转 α_m 便能计算出磁通的变化量。

(2) 磁通冲击常数的测定方法

图 15-2 是利用标准互感器 M 来测定磁通冲击常数的线路。标准互感初级线圈经电流换向开关 K_2 接到电源，产生磁场。换向开关可使流过标准互感器的电流改变方向，从而使磁场改变方向，以获得较大的磁通变化。标准互感器的次级线圈与冲击检流计串联。为使检流计回路总电阻在测量磁通和测定 C_Φ 时保持不变，测量线圈也应串联在该回路中，变阻器 R_K 是调定检流计工作状态的电阻。

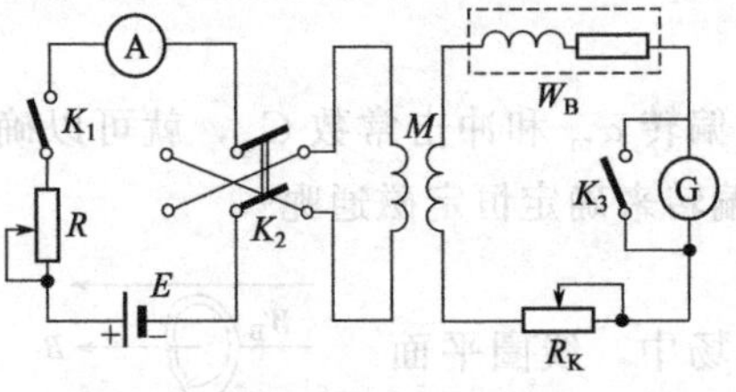

图 15-2　测定磁通冲击常数的电路

M—标准互感器；W_B—测量线圈

测定 C_Φ 的原理：闭合 K_1，K_2 后，调 R 使通过标准互感器初级线圈的电流为 I，那么与它的次级线圈交链的磁链就是

$$\psi=MI$$

当标准互感器的初级电流变化 ΔI 时，次级的磁链变化

$$\Delta\psi=M\Delta I$$

这个磁链的变化使冲击检流计产生第一次最大偏转为

$$\alpha_m=\Delta\psi/C_\Phi$$

现在 $\Delta\psi=M\Delta I$ 已知，所以可求得磁通冲击常数

$$C_\Phi=M\Delta I/\alpha_m(\mathrm{Wb/mm}) \tag{15-6}$$

测定 C_Φ 时，为使检计有更大的偏转，可以让 ψ 发生更大的变化。例如把 K_2 从一边迅速倒换到另一边时，流过标准互感器初级线圈的电流反向（$\Delta I=2I$），在检流计回路中可产生 $\Delta\psi=M\cdot 2I=2MI=2\psi$ 的磁链变化。

(3) 其他问题

① 冲击检流计的磁通冲击常数 C_Φ 测定后，便可利用图 15-1 所示的测磁通原理图，测定测量线圈 W_B 处的磁通变化 $\Delta\Phi$。如果磁场在测量线圈中的方向改变 180°，则 $\Delta\Phi=2\Phi$；如果将测量线圈移出磁场，则 $\Delta\Phi=\Phi$。这样便可测得测量线圈处的磁通 Φ。如果测量线圈的面积足够小，其中磁场可看成是均匀的话，那么可求得测量线圈所在位置的磁感应强度和磁场强度

$$B=\Phi/S,\ H=B/\mu_0$$

式中，Φ 为所测的磁通；S 为测量线圈的截面积。

② 测磁通时，测量线圈平面必须垂直于磁场；用检流计测得的结果是磁通的变化（$\Delta\Phi$），要得到磁通还需根据具体变化情况进行换算。

③ 磁通的改变要足够迅速，以满足脉冲电流结束时，冲击检流计才开始运动的要求。

④ 选择检流计时，要考虑它的灵敏度和完成测量的时间。适合于磁测量的国产冲击检流计有 AC4/3 和 AC4/4 等。

15.1.2　磁通表法

磁通表法的测量原理也是基于电磁感应定律。

从结构看，磁通表和磁电式检流计相似，它也有产生磁场的永久磁铁及能在磁场中转动的活动线圈。不同之处在于，磁通表没有产生反作用力矩的游丝或悬丝，它的活动线圈的电

流是由柔软的导流丝引入的。由于没有反作用力矩，所以磁通表的指针可以停在刻度盘的任何位置上。

磁通表的刻度盘是按磁链刻度的，从刻度盘上可以直接读出磁链的变化量，因此用磁通表测磁通要比用冲击检流计方便，但不如冲击检流计灵敏。

用磁通表测磁通时，要把放到被测磁场中的测量线圈与磁通表的活动线圈相连，构成闭合的测量回路，如图 15-3 所示。

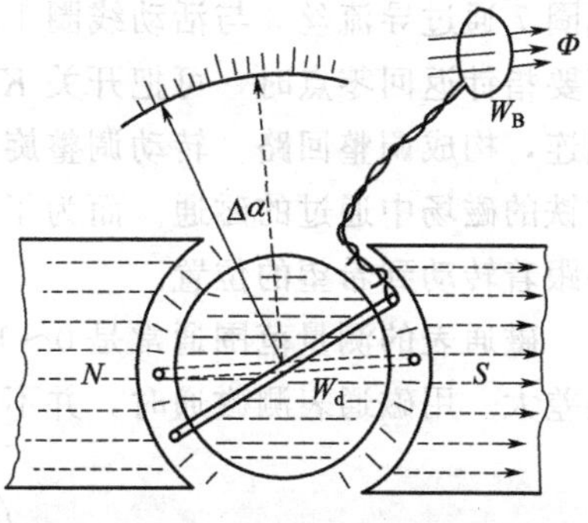

图 15-3 磁通表测量磁通的原理图
W_B—测量线圈；W_d—磁通表的活动线圈；N、S—磁通表的永久磁极

(1) 磁通表的工作原理

① 两个磁链 在测量线圈 W_B 和磁通表的活动线圈 W_d 构成的测量回路中存在着两个磁场的两个磁链：一个是通过测量线圈的被测磁场的磁链 ψ；另一个是在磁通表永久磁铁的磁场中通过活动线圈 W_d 的磁链中 ψ_d，见图 15-3。测量回路中的总磁链是这两个磁链之和。

测量线圈的磁链

$$\psi = W_B \Phi$$

式中，W_B 为测量线圈的匝数；Φ 为被测磁通。

因为在磁电系测量机构的空气隙内，磁力线是按辐射状均匀分布的，所以通过活动线圈的磁链可按下式计算

$$\psi_d = W_d B \cdot 2lr\alpha$$

式中，W_d 为活动线圈的匝数；B 为永久磁铁在空气隙中的磁感应强度；l 为活动线圈的边长；r 为活动线圈的转动半径；α 为活动线圈平面与水平面所夹的角。

② 磁通的测量 根据 15.1.1 节同样的道理，要测某个磁通，就要给它一个适当的变化，通过测量这个变化来确定被测磁通。

设被测磁通发生变化 $\Delta\Phi$，即测量线圈的磁链变化为 $W_B\Delta\Phi$。于是测量回路中产生感应电流，使活动线圈转动，以保持测量回路中的总磁链不变。若测量线圈的磁链减少 $W_B\Delta\Phi$，则活动线圈将偏转 $\Delta\alpha$ 角，使穿过活动线圈的磁链增加

$$\Delta\psi_d = W_d B \cdot 2lr\Delta\alpha$$

这两个磁链的变化应该互相补偿，以保证通过测量回路的总磁链恒定，所以

$$W_B \Delta\Phi = W_d B \cdot 2lr\Delta\alpha = C_\Phi \Delta\alpha$$

则

$$\Delta\Phi = \frac{C_\Phi}{W_B}\Delta\alpha \tag{15-7}$$

式中，$C_\Phi = W_d B \cdot 2lr$ 为磁通表常数，由磁通表结构参数所决定，通常直接标在刻度盘上。

由式(15-7) 可见，活动部分偏转角的变化与测量线圈中磁通的变化成正比。根据磁通改变前后磁通表指针偏转角的变化 $\Delta\alpha$，可以决定磁通的改变量。

由于磁通表的指针可以停止在任何位置，为了读数方便，在磁通表中装有使指针返回零点的装置，如图 15-4 所示。

(2) 零点调整装置

图 15-4 为国产 CT1 型磁通表的原理线路图。当转换开关 K 合到“测量”一边时，测量线圈 7 通过导流丝 3 与活动线圈 1 相连，构成测量回路，其测量磁通变化的原理如前所述。当要指针返回零点时，可把开关 K 合到“调整”一边，这时调整活动线圈 4 与活动线圈 1 相连，构成调整回路。转动调整旋钮 6 可把调整线圈 4 转到任何角度，以改变它在调整永久磁铁的磁场中通过的磁通。而为了保持调整回路的总磁链不变，活动线圈 1（与指针一起）将跟着转动到希望的位置。

磁通表的测量范围通常是 0～10mWb，要求所接测量线圈的电阻不大于 20Ω，否则测量误差大。用磁通表测磁通时，并不要求磁通必须变化迅速。

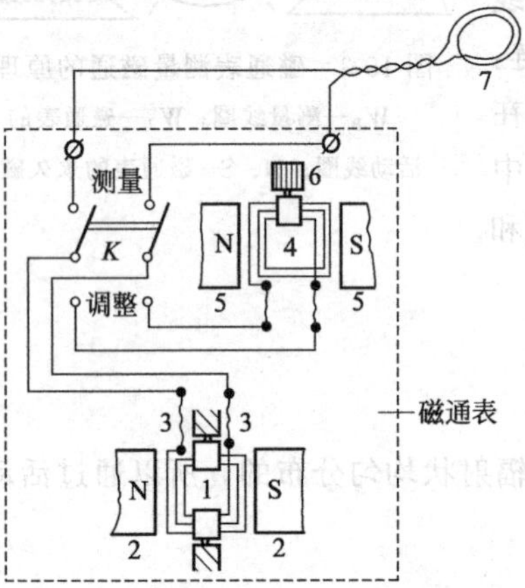

图 15-4　磁通表原理线路图

1—活动线圈；2,5—磁体；3—导流丝；4—调整线圈；6—调整旋钮；7—测量线圈

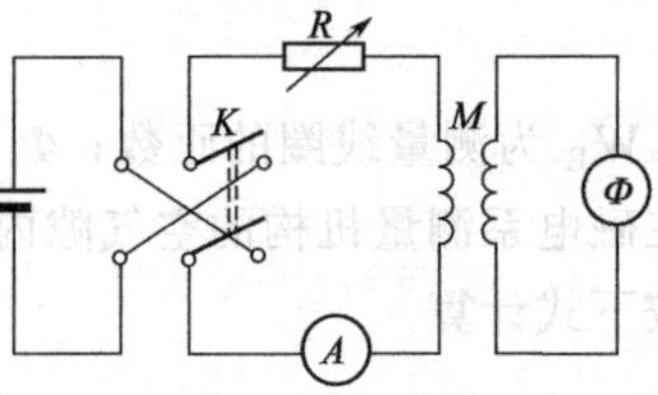

图 15-5　检验磁通表的线路

Φ—被检磁通表；M—标准互感器；A—0.2 级安培表；K—换向开关；R—可调电阻器；E—直流稳流源

(3) 磁通表的检定

检定磁通表的线路如图 15-5 所示。其中选用的标准互感器的额定值应符合下列条件：

$$M \geqslant \frac{\Phi_{max}}{2I_{max}}$$

式中，M 为标准互感额定值；Φ_{max} 为磁通表的测量上限；I_{max} 为标准互感初级线圈允许的最大电流。

在按图 15-5 连接线路时，应注意互感器次级线圈与连接导线的总电阻应不大于 15Ω，在检定前要按下式计算出标准互感初级线圈的电流值：

$$I = \Phi / 2M$$

再按选择磁通表上限的 20%、40%、60%、80% 各点读数与标准互感的磁通量 Φ 相比较的方法进行。Φ 是根据标准互感的实际值 M 及初级线圈电流值 I 求得。

15.1.3 旋转线圈法

旋转线圈法也是利用电磁感应原理，简单快速地测量磁场的一种方法。参看图 14-7 和式(14-11)。

在这里，转动线圈是测量线圈，它以已知的速度转动。线圈所在处的磁场就是被测磁场。只要线圈做得足够小，其中的磁场便可以视为均匀的。测量线圈的转轴一定要和所测磁场的方向垂直。

由式(14-11) 可知，当测量线圈以角速度 ω 旋转时，线圈中的感应电动势为

$$e=W_{B}BS\omega\sin\omega t$$

式中，W_B 为测量线圈匝数；S 为测量线圈面积；B 为测量线圈所在位置的磁感应强度，即所测磁感应强度。此电动势的有效值为

$$E=\left(\frac{1}{\sqrt{2}}\omega W_{B}S\right)B \tag{15-8}$$

它可以用滑环引到灵敏的毫伏表上进行测量。只要测出 E，就不难用式(15-8) 算出 B 了。从而，也可以算出 H。

这种方法的优点是：可以利用增加测量线圈的转速的办法来提高测量的灵敏度以测量较弱的磁场；且线性度较好，测量范围较宽（$10^{-9}\sim10$T 或 $10^{-3}\sim10^{7}$A/m）；用这种方法得到的测量结果不受温度的影响，如能使测量线圈的转速恒定，可获得较高的精确度（可达 10^{-4}）和线性度。

15.1.4　数字磁通表法

为了实现磁测量的自动化和数字化，在现代磁测量中，利用模/数转换技术制成了数字磁通表，其原理框图如图 15-6 所示。

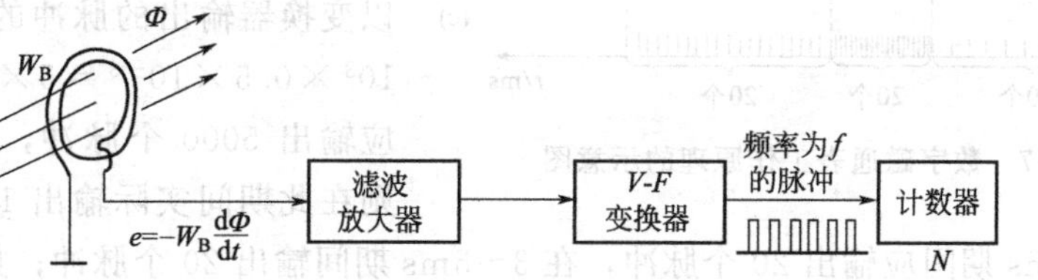

图 15-6　数字磁通表原理框图

当穿过测量线圈 W_B 的磁通变化时，在测量线圈中便产生一感应电动势

$$e=-W_{B}\frac{d\Phi}{dt}$$

将 e 送入滤波放大器，进行放大滤波后，送入 V-F 变换器将输入的电压变换为频率为 f 的脉冲输出，其输出脉冲频率 f 与输入的电压成正比，即

$$f=Ke$$

式中，K 为变换器的变换常数（kHz/V）。

也就是说，当输入电压高时，V-F 变换器单位时间内输出的脉冲个数多；输入电压低时，输出的脉冲个数少。

变换器输出的脉冲用计数器进行累积计算，在 $0\sim t$ 这段时间内，计数器的读数为

$$\begin{aligned}N&=\int_0^t f\,dt=\int_0^t Ke\,dt=-KW_B\int_0^t\frac{d\Phi}{dt}\cdot dt=-KW_B\int_{\Phi(0)}^{\Phi(t)}d\Phi\\&=-W_BK(\Phi_t-\Phi_0)=W_BK(\Phi_0-\Phi_t)=KW_B\Delta\Phi\end{aligned} \tag{15-9}$$

式中，Φ_0 为 $t=0$ 时磁通的初始值；Φ_t 为 t 时刻磁通变化后的终值；$\Delta\Phi$ 为磁通的变化量。

从式(15-9) 可知，由计数器的读数 N 便可得到磁通的变化量 $\Delta\Phi$，从而实现磁通 Φ 的数字测量。同样可得

$$N = KW_B S\Delta B \tag{15-10}$$

这样便可实现对磁感应强度 B（以至磁场强度 $H=B/\mu_0$）的数字测量。

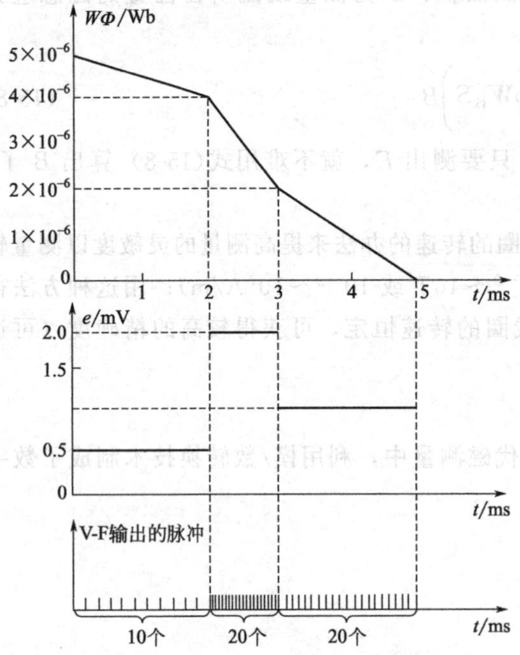

图 15-7　数字磁通表工作原理的示意图

这种数字磁通表，可以用数字直接显示 B、Φ 的数值，其精度可达 $10^{-3}\sim10^{-4}$，测量速度快，适用于连续自动的磁性测量，因而受到国内外的重视，正在得到不断的发展和应用。

图 15-7 可以更具体地说明磁通表进行磁通数字测量的原理。

设在 $t=0$ 到 $t=5\text{ms}$ 这段时间内，通过测量线圈的磁链 $W_B\Phi$ 按图 15-7(a) 所示规律从 5×10^{-6} Wb 降到 0，则其感应电动势 e 的变化如图 15-7(b) 所示。这个电势经滤波放大后输入到 V-F 变换器中，若变换常数 $K=10000\text{kHz/V}$，在图 15-7 中，在 0～2ms 期间，电压为 0.5mV，所以变换器输出的脉冲的频率为 $f=10^4\times10^3\times0.5\times10^{-3}=5\times10^3\text{Hz}$，即每秒钟应输出 5000 个脉冲，现在时间是 2ms，则在此期间实际输出 10 个脉冲；同理可知，在 2～3ms 期间应输出 20 个脉冲，在 3～5ms 期间输出 20 个脉冲；如图15-7(c) 所示。这些脉冲输入到计数器中，计数器累积计数为 50，这个数字就相当于是 5×10^{-6} Wb 的磁链变化。

15.2　磁测量的霍尔效应法

15.2.1　霍尔效应

霍尔效应是物质在磁场中表现的一种特性，它是由于运动电荷在磁场中受到洛伦兹（Lorentz）力作用产生的结果。当把一块金属或半导体薄片垂直放在磁感应强度为 $\boldsymbol{B}$ 的磁场中，沿着垂直于磁场的方向通过电流 I，就会在薄片的另一对侧面间产生电动势 U_H，如图 15-8 所示。这种现象称为霍尔效应，所产生的电动势称为霍尔电动势。这种薄片（一般为半导体）称为霍尔片或霍尔元件。

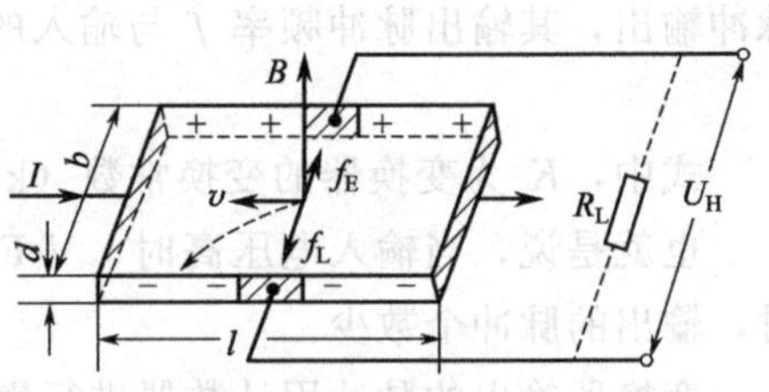

图 15-8　霍尔效应原理图

当电流 I 通过霍尔片时，假设载流子为带负电荷的电子，则电子沿电流相反的方向运动，令其平均速度为 $\boldsymbol{v}$。在磁场中运动的电子将受到洛伦兹力

$$f_L = evB \tag{15-11}$$

式中，e 为电子所带电荷量；v 为电子运动的速度；B 为磁感应强度。而洛伦兹力的方向根据右手定则由 v 和 B 的方向决定。见图 15-8。

运动电子在洛伦兹力 f_L 的作用下，便以抛物线形式运动偏转至霍尔片的一侧，并使该侧形成电子的积累。同时，使其相对一侧形成正电荷的积累，于是建立起一个霍尔电场 E_H。该电场对随后的电子施加一电场力

$$f_E = eE_H = eU_H/b \tag{15-12}$$

式中，b 为金属（或半导体）薄片的宽度；U_H 为霍尔电动势。f_E 的方向见图15-8，恰好与 f_L 的方向相反。

当运动电子在霍尔片中所受的洛伦兹力 f_L 和电场力 f_E 相等时，则电子的积累便达到动态平衡，从而在其两侧形成稳定的电势，即霍尔电势 U_H，并可利用仪表进行测量。

达到动态平衡时，$f_L = f_E$，则

$$evB = eU_H/b$$

所以

$$U_H = vBb \tag{15-13}$$

由于电流密度 $J = nev$（n 为电子浓度），所以电流

$$I = Jbd = nevbd$$

从而

$$v = \frac{I}{nebd}$$

将上式代入式(15-13)，得

$$U_H = \frac{I}{nebd}Bb = \frac{1}{ne} \times \frac{IB}{d} = R_H \times \frac{IB}{d} = K_H IB \tag{15-14}$$

式中，d 为霍尔片的厚度；$R_H = 1/ne$ 为霍尔常数，其大小反映霍尔效应的强弱；$K_H = R_H/d = 1/ned$ 为霍尔灵敏度，mV/mA・kGs。

15.2.2　霍尔效应法测磁场

式(15-14) 是霍尔效应的基本形式，由此式可见，当霍尔片的材料及尺寸选定后，则 K_H 便为已知，这样霍尔电动势便只决定于磁感应强度 B 和工作电流 I。反过来说，如果 B 是被测磁感应强度，我们可以保持一定的工作电流 I 不变，通过测量霍尔电动势 U_H 便可确定被测磁感应强度 B。

利用霍尔效应测磁场时，由于霍尔常数 $R_H = 1/ne$，金属的电子浓度 n 很大（10^{23}/mol 数量级），因此其 R_H 很小，其霍尔电动势 U_H 也很小，所以不采用金属导体作霍尔元件，而是采用电子浓度 n 小的半导体作霍尔元件，如硅（Si，浓度为 10^9/mol 数量级）、锗（Ge，其浓度为 10^{14}/mol 数量级）、锑化铟（InSb）、砷化铟（InAs）及磷砷化铟（InAsP）等。

此外，$K_H = R_H/d$，元件的厚度 d 越小，即霍尔片越薄，其灵敏度越高。目前一般 d 为 0.2mm、0.1mm，最小的已达到 0.025mm。

霍尔电动势可能是直流的，也可能是交流的。当被测磁场 B 和工作电流 I 都是直流时，霍尔片便输出直流电动势；若 B 和 I 之一是交流时，那么霍尔片的输出便是交流电动势。因为交流信号容易放大，所以在测量直流磁场时，往往给霍尔片通过交流电流，而在测量交流磁场时，则给霍尔片通入直流电流。这样可以将交流电动势加以放大，以提高测量的灵敏度。

利用霍尔效应测磁场时的主要误差如下。

① 温度误差：霍尔片的霍尔常数 R_H 和电阻率随温度而变。

② 不等电位误差：由于霍尔电动势的引出电极的位置不当，不在同一等位面上，当磁场为零时，由于工作电流的输入，仍会有电动势输出而造成误差。需要采取补偿措施或使工作电流反向，测量两次取平均值加以克服。也可以通过仪器的“调零”来消除。

③ 供给霍尔片的工作电流不够稳定。

利用霍尔效应制成的测磁仪表操作简单，价格低廉，可以测量直流磁场或变化频率达10kHz的交流磁场。测量范围宽，国产仪表可测10^{-4}～10T的磁感应强度。测量准确度一般为1%～3%，采取一些消除误差的措施后，准确度可提高到0.1%。霍尔片面积可以做得很小，以测量不均匀的磁场；做得很薄的霍尔片可以用来测量缝隙中的磁场。

利用霍尔效应制成的国产测磁仪表有CT2、CT3、CT5、CT6型高斯计以及CST-1型数字高斯计等。它们的主要技术性能如表15-1所示。

表15-1 国产霍尔高斯计的主要技术性能

型号	采用的霍尔元件	测量范围	测量精度	主要特点
CT2	锗	2.6～10kGs 直流磁场	(±2.5～±5)%	用电池供电，使用方便，但灵敏度低，测量间隙大于1.2mm的横向场
CT3	锗	10Gs～25kGs 交直流磁场	(±0.5～2.5)%	用电池和交流市电供电，灵敏度较高，可测间隙大于1.2mm的横向场和大于ϕ7mm的轴向场
CT5	锗	100Gs～25kGs 直流磁场	(±2.5～±5)%	采用集成放大电路，稳定性好，使用方便。可测间隙大于1.2mm的横向场和大于ϕ7mm的轴向场
CT6	砷化铟	100kGs 直流磁场		可测超导强磁场
CST－1	锗	1Gs～10kGs 直流磁场	±0.5%±1个字 (500～8000Gs)	直接用数字显示磁场值，灵敏度较高，可测间隙大于1mm的横向场

15.2.3 霍尔电流表

根据电流产生磁场现象，利用霍尔器件测出电流产生磁场的强弱，便可转换成被测电流的大小，即霍尔电流传感器，进而构成霍尔电流表测量大电流。

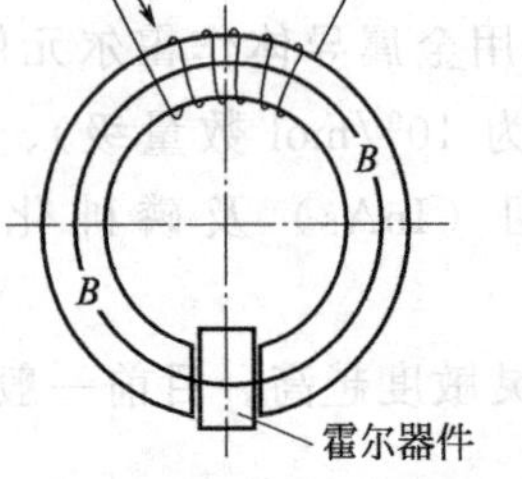

图15-9 霍尔电流传感器

霍尔电流传感器原理如图15-9所示。标准软磁材料圆环中心直径为40mm，截面积为4mm×4mm（方形）；圆环上有一缺口，放入霍尔器件；圆环上绕有一定匝数线圈，并通过检测电流产生磁场，则霍尔器件有信号输出。根据磁路理论，可以算出：当线圈为9匝、电流为20A时可产生0.1T的磁场强度，由于霍尔器件（如UGN3501M）的灵敏度为14mV/mT，则在0～20A电流范围内，其输出电压变化为1.4V；若线圈为11匝、电流为50A时可产生0.3T的磁场强度，在0～50A电流范围内，其输出电压变化为4.2V。

利用霍尔电流传感器与液晶数显电路组成数显霍尔电流表，如图15-10所示。IC_1为A/D ICL7106，IC_2为液晶显示器LCD。UGN3501M的输出端1脚、8脚分别接ICL7106的INH1和INL0。静态时（线圈中无电流流过）仍有输出，调整R_{P1}使LCD上显示为“0.0”；再将线圈中通过标准电流50A，调节R_{P2}，使LCD显示为“50.0”。调节R_{P1}和R_{P2}可能会互相影响，需要反复调整多次，才能调整得比较好。

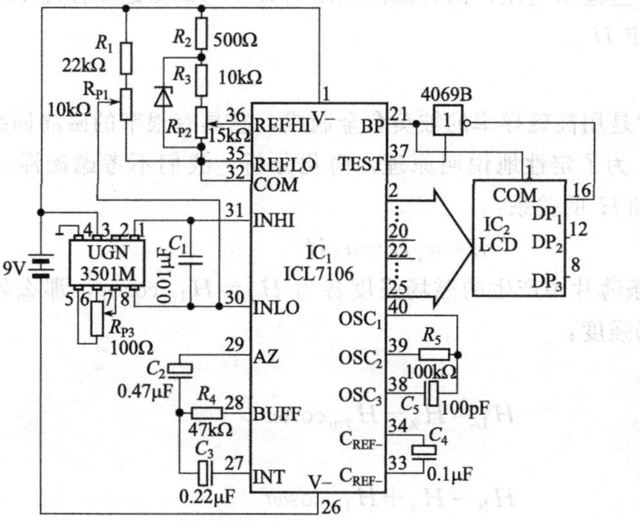

IC_1	IC_2	
2	18	d_1
3	19	c_1
4	20	b_1
5	21	a_1
6	22	f_1
7	23	g_1
8	17	e_1
9	14	d_2
10	15	c_2
11	24	b_2
12	25	a_2
13	26	f_2
14	13	e_2
15	10	d_3
16	29	b_3
17	31	f_3
18	9	e_3
19	3	B_4/C_4
20	2	POL
22	32	g_3
23	30	a_3
24	11	c_3
25	27	g_2

图 15-10　数显霍尔电流表

15.3　磁测量的铁磁探针法

铁磁探针法又称磁通闸门法或二次谐波法。它是测量较弱的直流磁场强度的基本方法之一。用这种方法制成的磁通门磁强针，目前已广泛应用于空间磁场、地磁场的探测、探矿、测井和导航等部门。

磁通门磁强计的磁场探测元件是用软磁材料制成的，它探测磁场的原理主要是用材料的磁饱和特性。

15.3.1　磁通门磁场计的结构

图 15-11(a) 是一种磁通门磁场计的磁场探测元件的结构示意图。两条具有高磁导率的坡莫合金细丝或薄片各被绕上激磁线圈，使正弦激磁电流 i_1 在这两条薄片中产生相反方向的磁场强度 H_1，H_1 与 i_1 成正比。另有一个线圈绕在两条薄片上，是输出线圈，从它的两端可以得到输出电压 e_2。

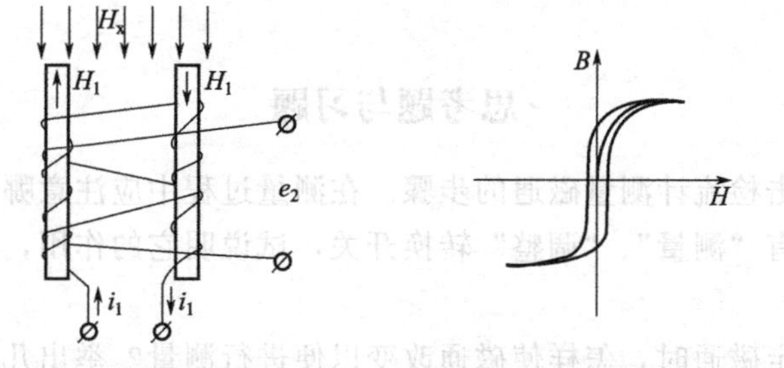

(a) 磁场探测元件的结构　　(b) 探测元件磁性材料的磁滞回线

图 15-11　磁通门磁强计的磁场探测元件

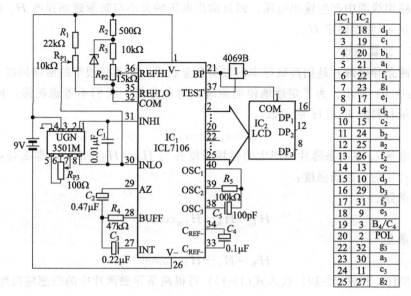

当被测磁场 H_x 为零时，由于激磁电流 i_1 在两条薄片中产生的磁场变化规律一样，方向相反，所以在输出线圈中没有电动势输出，$e_2=0$。当被测磁场 H_x 不等于零时，两条薄片中的磁场分别为 H_x+H_1 和 H_x-H_1，由于磁饱和的缘故，两条薄片中的磁场变化规律

不同，便在输出线圈中产生输出电压，而且输出电压的大小与被测磁场强度 H_x 的大小成正比，通过测量 e_2 便能确定 H_x。

15.3.2 测量原理

通常，两条导磁薄片是用高磁导率的坡莫合金制成，它具有很窄的磁滞回线，很容易饱和，如图 15-9(b) 所示。为了定性地说明原理，简化分析，我们不考虑磁滞，而用下列方程来近似表示材料的 B 和 H 的关系：

$$B=a_1H-a_3H^3 \tag{15-15}$$

设激磁电流 i_1 在两条薄片中产生的磁场强度各为 $H_1=H_{1m}\cos\omega t$，那么处在被测磁场中的两条薄片中的合磁场强度：

左边一条是

$$H_L=H_x-H_{1m}\cos\omega t \tag{15-16}$$

右边一条是

$$H_R=H_x+H_{1m}\cos\omega t \tag{15-17}$$

将式(15-16) 和式(15-17) 代入式(15-15) 可得两条导磁薄片中的磁感应强度：

左边一条是

$$B_L=a_1(H_x-H_{1m}\cos\omega t)-a_3(H_x-H_{1m}\cos\omega t)^3$$

右边一条是

$$B_R=a_1(H_x+H_{1m}\cos\omega t)-a_3(H_x+H_{1m}\cos\omega t)^3$$

输出线圈中的感应电动势 e_2 与 B_L 和 B_R 之和有关

$$B=B_L+B_R=(2a_1H_x-2a_3H_x^3-3a_3H_xH_{1m}^2)-3a_3H_xH_{1m}^2\cos 2\omega t \tag{15-18}$$

可以看到，B 由两部分组成，括号中的部分是不随时间而变的项，另一部分是二次谐波项，其振幅与被测磁场强度成正比。

我们知道，输出线圈中的感应电动势是与 B 对时间的变化率成正比的，所以输出的电动势 e_2 中只含有二次谐波，其振幅与被测磁场强度 H_x 成正比。

因此，给磁场探测器通入频率为 f 的正弦激磁电流 i_1，把探测器放入被测磁场中，令其轴向与磁场方向一致，那么在输出线圈两端就会出现频率为 $2f$ 的正弦电动势，再经过放大、检波后，便能在指示仪表上直接指示出被测的磁场强度。

国产 CJ6 型弱磁场测试仪就是根据这个原理制成的，它的基本量程是 8×10^{-2}A/m，测量准确度为±3%。

思考题与习题

15-1 试述用冲击检流计测量磁通的步骤。在测量过程中应注意哪些问题？

15-2 磁通表上有“测量”、“调整”转换开关，试说明它的作用，并简述调整磁通表指针位置的原理。

15-3 在测定恒定磁通时，怎样使磁通改变以便进行测量？举出几个办法。

15-4 在利用霍尔效应测量磁场的仪器中，如果通入霍尔片的电流不够稳定，会有什么问题？为什么？

15-5 若一个霍尔器件的 $K_H=4$mV/mA·kGs，控制电流 $I=3$mA，将它置于一变化的磁场中（设磁场与霍尔器件平面垂直），它的输出霍尔电势为 12μV～60mV，则磁场的变化范围多大？

15-6　有一霍尔元件，其灵敏度 $K_H=1.2\text{mV/mA}\cdot\text{kGs}$，把它放在一个梯度为 5kGs/mm 的磁场中，如果额定控制电流是 20mA，设霍尔元件在平衡点附近作 ±0.1mm 的摆动，问输出电压范围为多少？

15-7　倘若磁通门磁强计的磁场探测元件用的不是铁磁材料，而是 B、H 为线性关系的材料，即 $B=aH$，还能测量磁场强度吗？试分析之。

15-8　比较各种测磁方法的特点。

15-9　试解释数字磁通表中 V-F 变换器的作用。

第16章 铁磁材料静态磁性的测量

磁性材料在直流磁场磁化下所测得的磁化曲线和磁滞回线以及由这些曲线定出的剩磁 B_r，矫顽磁场强度 H_c，最大磁能积 $(BH)_m$，起始磁导率 μ_a 和最大磁导率 μ_m 等，称为磁性材料的静态磁性。静态磁性测量就是用实验的手段来描述各种静态磁特性参量的数量关系，静态磁特性测量的对象是在恒定磁场中工作的硬磁材料和软磁材料。测量的量可归结为测量材料内部的磁场强度 H_i 和磁感应强度 B。测量的方法是传统方法——冲击法和自动测量法。本章着重介绍铁磁材料静态磁性的测量方法和测量装置。

16.1 测量样品的准备

为了进行材料磁性的测量，先要制备一定形状的样品。为了便于测试，希望样品内部磁场均匀分布。通常，样品可以做成闭路的，或开路的。

16.1.1 闭路样品

闭路样品一般是圆环形或方框形，截面为圆形或矩形，它们的磁路是闭合的，磁场集中在环内，漏磁小。图16-1(a) 为圆环形闭路样品。也可以作成条形或棒形试样，放在磁轭空隙中通过磁轭构成闭合磁路，如图16-1(b) 所示。若为片状样品，如硅钢片等，可以作为条片，然后搭成方形，如图16-1(c) 所示。测试软磁材料时多制成环状样品：图16-1(d) 适宜于铁淦氧和其他磁介质；图16-1(e) 适宜于各向同性金属磁材料；图16-1(f) 适宜于各向异性高导磁软磁材料。

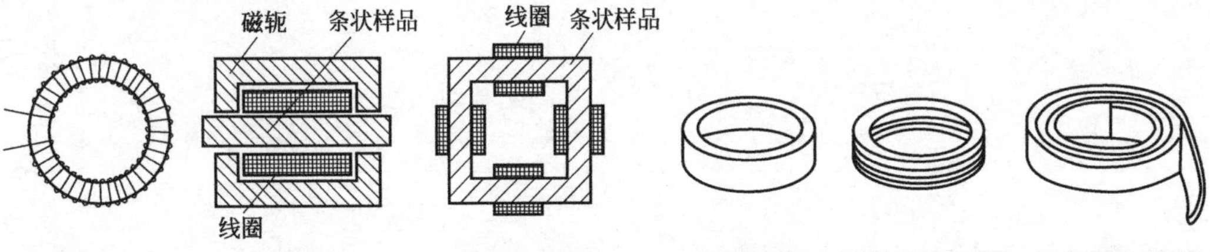

(a) 圆环形　(b) 磁轭形　(c) 迭片方形　(d) 压铸环形　(e) 冲片迭成环形　(f) 薄带卷成环形

图16-1　磁性材料试样

为使所测磁感应强度沿环形样品的横截面积均匀分布，要使样品的内半径 $R_{内}$ 和外半径 $R_{外}$ 相差不多。在我国，规定环形样品的内外半径要满足：

$$P=\frac{R_{外}-R_{内}}{R_{外}+R_{内}}<\frac{1}{8}$$

或

$$R_{平}/b>4$$

式中，$R_{平}=(R_{外}+R_{内})/2$ 为平均半径；$b=R_{外}-R_{内}$ 为径向宽度。这时由于磁场的不均匀分布而引起的测量误差可小于0.5%。

紧贴样品先绕单层测量磁通的线圈。通常用 $\phi 0.1$mm 的导线绕制。匝数由测量装置的灵敏度和样品的横截面积决定，应保证能在测量最小的磁通变化时给出足够的偏转读数。磁化线圈均匀地绕在测量线圈外面成环形螺线管，其匝数和线径取决于材料的饱和磁场强度 H_s（通常为矫顽磁场强度 H_c 的10～15倍）和磁化电源能供给的最大电流。为了防止漏电，样品与各线圈之间要加绝缘层，并作防潮处理。

环形样品内部的磁场强度是容易确定的。利用螺线管磁场计算公式可计算出样品内部的平均磁场强度

$$H=\frac{WI}{2\pi R} \tag{16-1}$$

式中，W 为磁化线圈匝数；I 为磁化电流，A；R 为环形样品的平均半径，m。

样品内部的磁感应强度 B 则可通过磁通的测量后求出，

$$B=\Phi/S \tag{16-2}$$

式中，S 为样品的截面积，m^2；Φ 为测量磁通的装置通过绕在样品上的测量线圈测得的磁通，Wb。

环形样品的优点是磁化均匀，测量结果可靠；缺点是难于制作。由于空间的限制以及散热的限制，它的磁动势 WI 不可能太大，它所能产生的最大磁场强度约为 10000～20000A/m。

16.1.2　开路样品和磁导计

开路样品是把被测试的磁性材料制成柱形或条形。为了保证样品中部有足够的均匀磁化区域，要求其截面积沿轴向的不均匀性不超过 0.5%，表面光洁度不低于∇6，端面间的不平行度和端面与轴线的不垂直度不超过 0.1%，其合理的样品长度为 10～50mm，横向尺寸为 10～25mm。对于不同的材料，都可以有合理的尺寸，一般不采用过长和过短的样品。

为了在开路样品中产生磁场，要把样品放到专用的产生磁场的装置中去磁化，这种装置称为磁导计。国产 CD5、CD9 型磁导计能产生的最大磁场强度为 24000A/m；CD2 型磁导计可达 800000A/m。

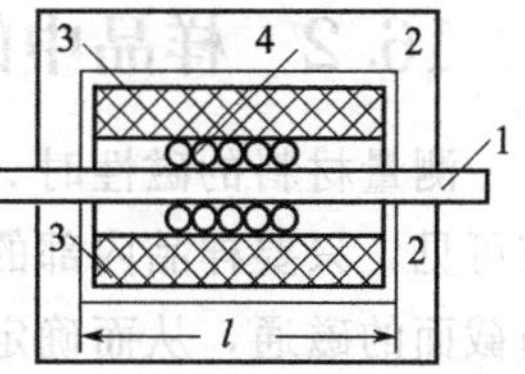

图 16-2　磁导计结构示意图

图 16-2 是磁导计的结构示意图。条形样品 1 的两端与软磁材料制成的大块轭铁 2 紧密接触，而组成闭合的磁路。激磁绕组 3 安装在磁轭上，电流 I 通过它时，在磁路中产生磁场，样品的磁化大体上是均匀的。样品中的磁通（以及磁感应强度 B）可以通过测量线圈 4 进行测量。

样品中的磁场强度可以这样计算：由于磁轭的磁导率高，截面积大，可以忽略它的磁阻，于是，磁动势便等于条形样品的磁压，即

$$WI\approx\Phi R_{\mathrm{m}}=\Phi\frac{l}{\mu S}=Hl$$

式中，Φ 为样品中的磁通，Wb；R_{m} 为磁阻，At/Wb；l 为样品的有效长度，m；μ 为样品的磁导率，H/m；H 为样品中的磁场强度，A/m。所以样品中的磁场强度

$$H\approx\frac{WI}{l} \tag{16-3}$$

要求不高时，可以这样计算。更准确的测量方法将在下一节介绍。

条形样品易于加工和更换；但需专用的磁化装置，而且样品内部的磁场不如环形样品的均匀；磁场强度也需要测量。

16.1.3　样品的去磁

由于磁滞效应，测量铁磁材料的磁性，要从完全去磁状态（即样品内部的 $H=0$，$B=0$）开始。因此，制备好的测量样品在进行测量之前，首先必须去磁。

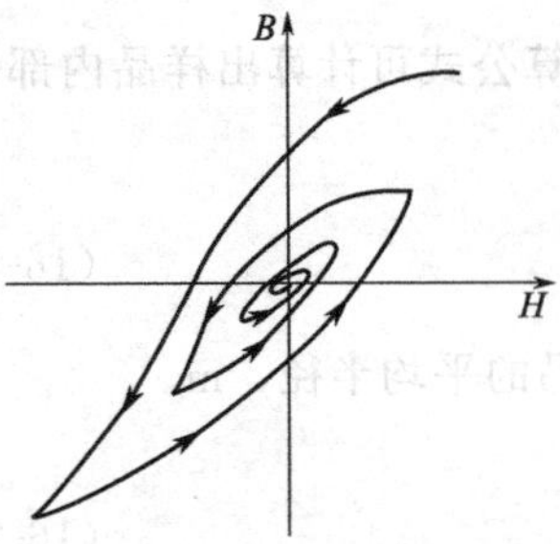

图 16-3　样品的去磁过程

去磁的方法是，给磁化线圈通入一个数值由大逐渐减小，方向不断改变的电流，使样品内部的 B 和 H 经过多次循环不断减弱直到等于零。这个去磁的过程如图 16-3 中的曲线所示。

为了保证样品可靠地去磁，开始时，去磁磁场强度的最大值不应低于样品矫顽磁场强度的 10～20 倍。

去磁方法有以下两种。

(1) 交流去磁法

把 50Hz 交流电源经调压器接到样品的磁化线圈上，缓慢而平滑地调节调压器手柄使其输出电压逐渐减小到零。相应地，样品内部的磁场也随着缓慢地、交变地逐渐减小到零，样品被完全去磁。

(2) 直流去磁法

把直流电压经分压器和换向开关接到样品的磁化线圈上，逐渐减小磁化电流并不断例换换向开关以改变电流方向，直到磁化电流减小到零为止。

实践证明，对于一般软磁材料来说，采用 50Hz 交流去磁，去磁磁场强度最大值为 (20～40)H_c，去磁持续时间为 2～3min，去磁效果较好。用直流去磁法时，操作比较复杂，这种方法宜用在截面积很大的材料上去磁。截面积较大，交流去磁时，由于涡流的趋肤效应，样品中心部分不能完全去磁。

样品去磁后，还需经 30～60min 的磁稳定时间。

16.2 样品中的磁场的测量

测量材料的磁性时．需要测量材料内部的磁场量：磁感应强度 B 和磁场强度 H。从上节可见，只要样品内部的磁化均匀，通过紧贴样品表面绕制的测量线圈，可以测出穿过样品横截面的磁通，从而确定出样品内部的磁感应强度 B。至于样品内部的磁场强度，对于环形样品来说，可以用式(16-1) 计算出来；对于条形样品，虽然也可以用式(16-3) 进行计算，但准确度不高。本节将介绍样品内部磁场强度的测量方法。进入到材料的内部去测量是困难的，可取的办法是：找到材料内部和外部的磁场强度的联系，在材料外部进行测量。

16.2.1 扁平测 *H* 线圈

我们知道，在两种磁介质分界面的两侧磁场强度的切向分量彼此相等。在这里，两种磁介质是被测材料的样品和样品外部的空气，磁介质的分界面就是样品的表面。如果样品内的磁场是轴向的，并且是均匀的，那么样品内部的磁场强度的切向分量就是样品内部的磁场强度 H_i，也就等于样品外表面的空气中的磁场强度 H_o，如图 16-4 所示。由此可见，通过测量紧贴样品表面的空气中的磁场强度就能完全确定样品内部的磁场强度了。

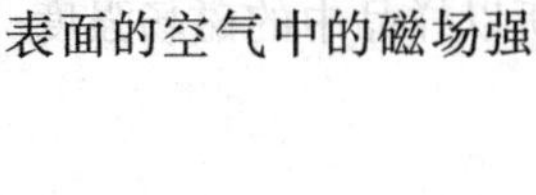

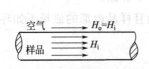

图 16-4　样品表面内外的磁场强度

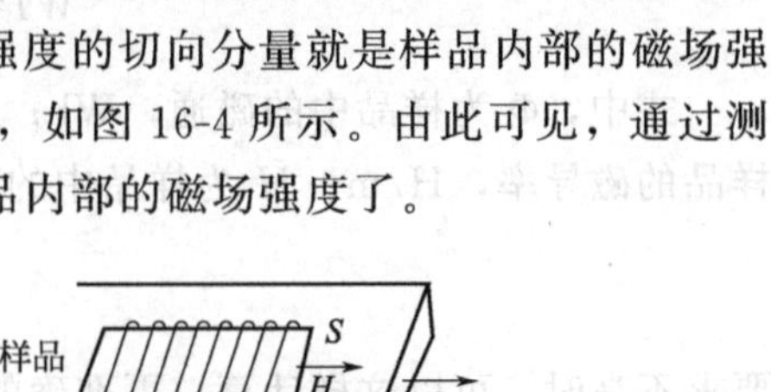

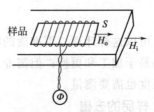

图 16-5　用扁平线圈测量样品内部磁场强度

图 16-5 表示用扁平线圈测量样品内部磁场强度 H_i 的方法。

在绝缘非磁性材料薄片上，用 $\phi 0.1\text{mm}$ 的细导线均匀绕上 W_{H} 匝线圈，将此线圈紧贴到样品的表面上，由于绝缘薄片非常薄，所以可以认为磁场在线圈截面 S 上均匀分布，其平均磁场强度 H_{o}。则这个测量线圈通过的磁链为

$$\psi_{\text{H}}=W_{\text{H}}\mu_0 H_{\text{o}} S$$

测出这个磁链以后，便可算出样品内部的磁场强度

$$H_{\text{i}} \approx H_{\text{o}}=\frac{\psi_{\text{H}}}{W_{\text{H}} S \mu_0} \tag{16-4}$$

样品内部的磁场强度等于紧贴样品表面空气中的磁场强度，它稍大于 H_{o}。

16.2.2　双层同轴测 *H* 线圈

图 16-6 是双层同轴线圈，两层线圈的匝数相同，各为 W_{H} 匝。内层线圈紧贴样品表面，外层线圈与内层线圈之间垫着绝缘薄片。内层线圈的面积为 S_1，外层线圈的面积为 S_2。穿过内层线圈截面 S_1 的磁通为样品内部的磁通；穿过外层线圈截面 S_2 的磁通等于样品内部的磁通再加上（S_2-S_1）的环形面积中穿过的磁通。这个磁通等于

$$\Phi_{12}=(S_2-S_1)\mu_0 H_{\text{o}}$$

当这两层线圈反向串接时，它们的总磁链为两者磁链之差，即

$$\psi_{12}=W_{\text{H}}(S_2-S_1)\mu_0 H_{\text{o}}$$

测出这个总磁链，便可算出

$$H_{\text{o}}=\frac{\psi_{12}}{W_{\text{H}}(S_2-S_1)\mu_0} \tag{16-5}$$

而样品内部的磁场强度

$$H_{\text{i}} \approx H_{\text{o}}$$

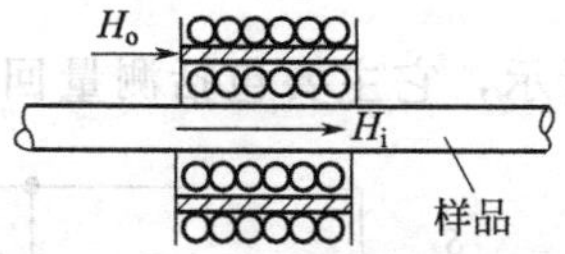

图 16-6　双层同轴测 H 线圈

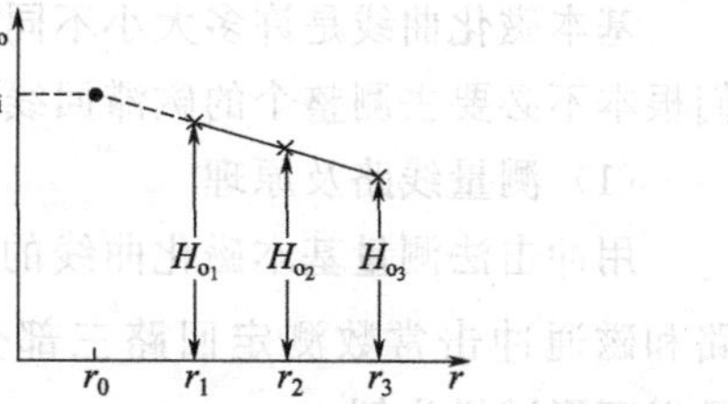

图 16-7　求 H_{i} 的外推法

双层同轴线圈所测得的磁场 H_{o} 实际是两绕组之间的空间范围内的磁场的平均值，而并非样品表面上空间侧的磁场，用它代替样品内部磁场 H_{i} 误差较大。采用外推的方法可以提高测量 H_{i} 的准确度。在图 16-6 中用多层线圈代替双层线圈，把各相邻的两层线圈反向串接，测出该两层之间空气隙的磁场强度，把所得的结果以磁场强度 H_{o} 为纵坐标，以纵向距离 r 为横坐标，画出 H_{o}-r 曲线，如图 16-7 中的实线所示。图中 r_1，r_2，r_3 分别为一、二层，二、三层，三、四层线圈之间的空气隙到轴线的距离；H_{o_1}、H_{o_1}、H_{o_3} 为在各对应空气隙中测得的磁场强度。将这曲线延长外推到样品表面处 $r=r_{\text{o}}$（如图中虚线所示），即可求得样品表面的磁场强度，亦即样品内部的磁场强度。

16.2.3　用磁位计测磁压

磁位计也叫磁带，它是一个线圈，绕在柔软的、非铁磁材料做成的窄带或圆管（如橡皮管）上，如图 16-8 所示。线圈两端的引线接到测磁通的仪器上。使用时，先把磁位计的两

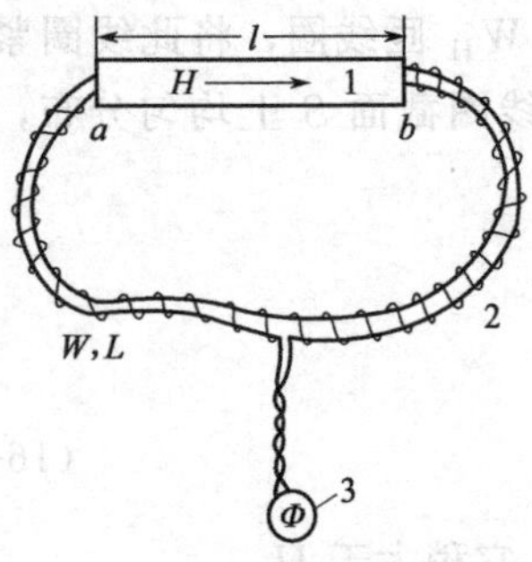

图 16-8　磁位计及磁压的测量

1—被测样品；2—磁位计；

3—测磁通仪表

端放到待测磁压的两点 a、b 之间（磁位计怎样弯曲无关紧要），然后让这两端迅速地离开被测磁场，若这时从测磁通的仪表上读得磁链变化为 $\Delta\psi$，那么 a、b 两点间的磁压可由下面导出。

根据磁路欧姆定律，有

$$\Delta\Phi=\frac{U_{\mathrm{mab}}}{R_{\mathrm{mab}}}=\frac{U_{\mathrm{mab}}}{L/\mu_0 S}$$

所以

$$U_{\mathrm{mab}}=\frac{\Delta\Phi L}{\mu_0 S}=\frac{W\Delta\Phi}{\mu_0 S}\times\frac{L}{W}=\frac{\Delta\psi}{\mu_0 W_0 S} \tag{16-6}$$

式中，S 为磁位计截面积；L 为磁位计的长度；W_0 为磁位计单位长度上的线圈匝数。

当被测样品内部的磁场沿着长度方向均匀分布时，a、b 两点间的磁压

$$U_{\mathrm{mab}}=H_{\mathrm{i}}l$$

这时，可以算出样品内部的磁场强度

$$H_{\mathrm{i}}=\frac{\Delta\psi}{\mu_0 W_0 Sl} \tag{16-7}$$

16.3　用冲击法测量静态磁特性

冲击法是测量静态磁特性的基本方法，它是以冲击检流计为基本测量仪器的测量方法。我们主要介绍如何用冲击法来测量材料的基本磁化曲线和磁滞回线。

16.3.1　基本磁化曲线的测定

基本磁化曲线是许多大小不同的磁滞回线的顶点的连线。但是测定基本磁化曲线时，我们根本不必要去测整个的磁滞回线，而只需测出每个磁滞回线顶点的 B 和 H 即可。

(1) 测量线路及原理

用冲击法测量基本磁化曲线的原理线路如图 16-9 所示，它主要包括测量回路、磁化回路和磁通冲击常数测定回路三部分。测量样品以环形试样为例。

① 磁化回路　磁化回路由直流电源、可调电阻 R_1、电流表 A、转换开关 K_1 和 K_4 以及测量样品上的磁化线圈 W 组成。

磁化时，转换开关 K_4 合到“B”，磁化电流 I 的大小由可调电阻 R_1 调定，由电流表 A 指示读数；当转换开关 K_1 合到“+”时，磁化电流 I 的方向如图所示；合到“−”时，电流 I 反向而大小不变。

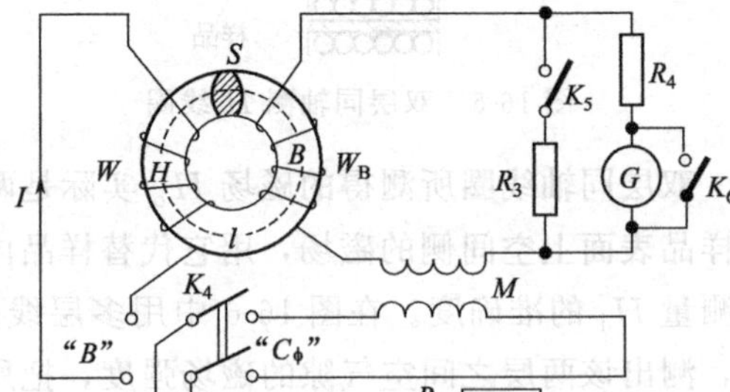

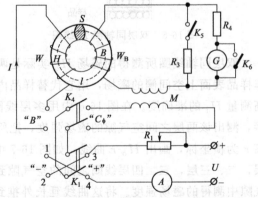

图 16-9　用冲击法测量基本磁化曲线的线路

被测样品—截面积 S，平均长度 l，磁化线圈 W 匝，测量线圈 W_{B} 匝；K_1—磁化电流换向开关；R_1—磁化电流调节电阻；K_4—磁化及磁通冲击常数测定转换开关；R_3，R_4—冲击检流计阻尼和灵敏度调节电阻

样品内部的磁场强度可用式(16-1) 计算

$$H=\frac{WI}{l} \tag{16-8}$$

样品内部对应的磁感应强度 B，是在转换

开关 K_1 从“+”倒换到“−”的瞬间，由冲击检流计的第一次最大偏转 α_m 决定的，由式(15-5)，磁通变化量

$$\Delta\Phi=\frac{C_\Phi\alpha_m}{W_B}$$

因为磁化电流从 $+I$ 变为 $-I$，相应地，$\Delta\Phi=\Phi-(-\Phi)=2\Phi$，所以被测磁通为

$$\Phi=\frac{C_\Phi\alpha_m}{2W_B}$$

被测磁感应强度为

$$B=\frac{C_\Phi\alpha_m}{2W_BS} \tag{16-9}$$

式中，C_Φ 为磁通冲击常数；W_B 为测量线圈匝数；S 为环形样品截面积。

② C_Φ 的测定回路　C_Φ 的测定回路由标准互感器 M、冲击检流计 G 以及电源回路部分组成。

为了测定 C_Φ，可把开关 K_4 倒向“C_Φ”一边，并调定流过标准互感器 M 初级线圈的电流 I 为某一数值。将开关 K_1 倒向另一边，在电流换向的瞬间，从冲击检流计上读取第一次最大偏转 α_m，由式(15-6)

$$C_\Phi=\frac{M\Delta I}{\alpha_m}$$

因为电流从 $+I$ 变为 $-I$，$\Delta I=2I$，所以，可确定

$$C_\Phi=\frac{2MI}{\alpha_m} \tag{16-10}$$

③ 测量回路　测量回路由测量线圈 W_B、标准互感 M 的次级线圈、冲击检流计 G、电阻箱 R_3 和 R_4 以及开关 K_5 和 K_6 组成。

电阻 R_3 和 R_4 是用来调节检流计的工作状态和灵敏度的。检流计的灵敏度应能保证在测最大磁通变化时第一次最大偏转不超出满刻度；测磁通时检流计要调到过阻尼状态。

开关 K_6 用来阻尼及保护检流计，在需要用检流计读数时将它打开，其他时间一律闭合。

测量回路的总电阻不同，将会影响检流计的读数，因此 R_3 和 R_4 调好之后，不应再改变，而 R_3 和 R_4 的调节需在样品去磁之前完成，否则调好 R_3 和 R_4 以后，样品中又有了剩磁。

为了保证测量的准确度，接线时必须把测量回路与磁化回路分开。并注意消除漏电与杂散磁场的影响。

(2) 测量步骤

调整好 R_3 和 R_4，样品经过去磁与稳定，就可以开始进行基本磁化曲线的测量了。我们对照图 16-10 来说明测量的步骤。

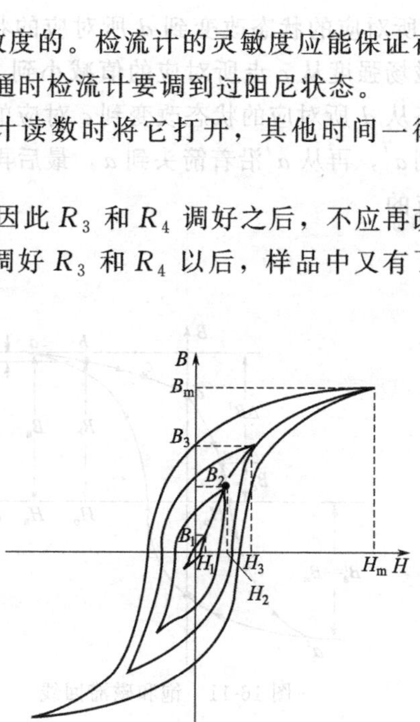

图 16-10　基本磁化曲线

进行测试时，可先由最小的磁滞回线开始。将 R_1 放到最大值，K_4 合到“B”，K_1 合到“+”，使磁化回路接通。调 R_1 使磁化电流 I 为测量所需的最小值 I_1，这时样品中对应的磁场强度为

$$H_1=\frac{WI_1}{l}$$

但这时样品中的磁感应强度并不等于与 H_1 对应的 B_1。为了得到闭合的磁滞回线顶点（H_1，B_1），必须反复倒换换向开关 K_1，使电流 I_1（因而也是样品中的磁场强度 H_1）反复改变方向。样品的磁状态经过这样反复的“磁锻炼”后逐渐达到闭合磁滞回线的顶点（H_1，B_1）。

打开阻尼开关 K_6，将 K_1 由“＋”迅速倒向“－”，同时读取冲击检流计的第一次最大偏转 α_{m1}。合上 K_6，按式(16-9) 算出与 H_1 对应的磁感应强度

$$B_1=\frac{C_\Phi \alpha_{m_1}}{2W_B S}$$

这样，我们就测得基本磁化曲线上的一个点（H_1，B_1）。

然后将磁化电流增到 I_2；进行磁锻炼；打开阻尼开关 K_6，测 α_{m_2}；合上开关 K_6，按式(16-8)、式(16-9) 算出 H_2 和 B_2，得到基本磁化曲线上的第二点（H_2，B_2），…，依此反复做下去，便可测出图 16-10 所示各磁滞回线的顶点（H_3，B_3），…，（H_m，B_m），连接这些顶点，便可得到材料的基本磁化曲线。

16.3.2 磁滞回线的测定

通常所要测的磁滞回线是饱和磁滞回线，从这条回线上可以确定材料的剩磁 B_r，矫顽磁场强度 H_c 及最大磁能积 $(BH)_m$ 等。

饱和磁滞回线对坐标原点对称，如图 16-11 所示，所以只要测出第Ⅰ、第Ⅱ、第Ⅲ象限的那一分支 $abcdefa'$ 就能作出整个磁滞回线。

测定磁滞回线时，我们必须记住铁磁材料的“磁滞”特性，也就是样品中的磁状态只能按照图 16-11 所示箭头方向沿着磁滞回线改变。例如，如果想把样品中的磁状态从点 c 所对应的状态改变到 d 所对应的状态，那么沿着箭头方向从 c 变到 d，也就是把样品的磁场强度从 c 点所对应的值减小到 d 点所对应的值就可以了。反过来，如果想把样品的状态从 d 所对应的状态改变到 c 对应的状态，那么必须经历以下转变过程：从 d 沿着箭头转到 a'，再从 a' 沿着箭头到 a，最后再从 a 沿着箭头到 c。直接从 d 增加磁场强度是达不到 c 点的。

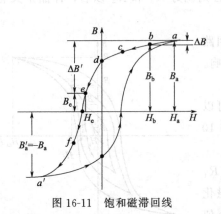

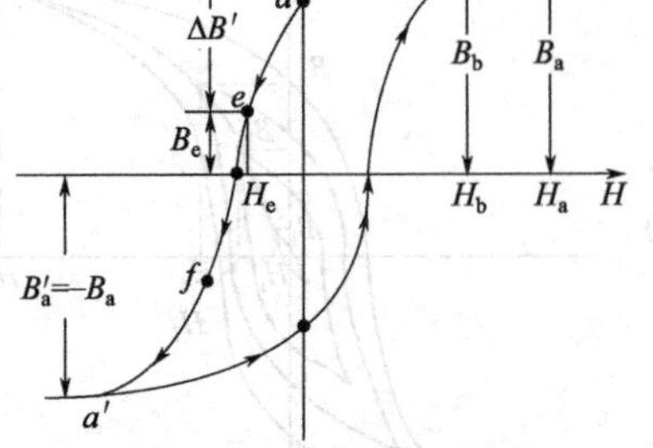

图 16-11　饱和磁滞回线

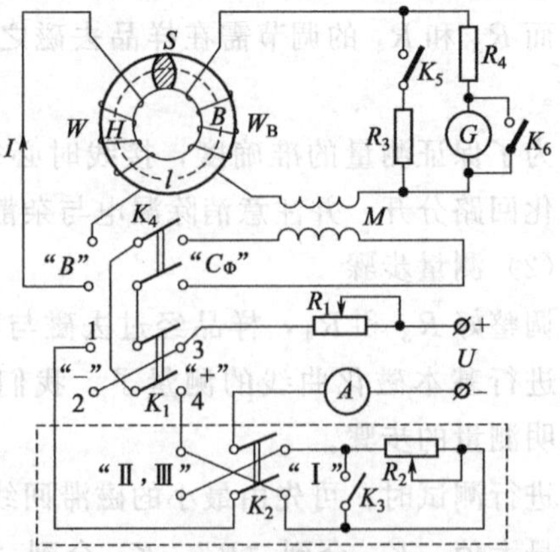

图 16-12　用冲击法测静态磁性的电路

K_2—象限转换开关；K_3—电流控制开关；

R_2—磁化电流调节电阻

(1) 测量线路及原理

图 16-12 是测量磁滞回线的线路。与图 16-9 相比，只是多了虚线框所示部分，其余完全相同，所以这个线路既能测磁滞回线，也能测基本磁化曲线。

在线路中增添虚线方框中所示的那部分线路，是为了让磁化电流发生两种变化：一种是，磁化电流迅速地由最大值减小到某一数值，但电流方向不变。操作方法是，先将 K_1 合到“+”，K_2 合到“Ⅰ”，K_3 闭合。这时 R_2 和 K_3 的并联电路通过 K_2 接在电流表 A 和开关 K_1 的端钮 4 之间，K_3 是闭合的，R_2 不起作用，这时磁化电流最大。突然将 K_3 打开，由于 R_2 串入电路中，磁化电流便迅速减小。另一种变化是，磁化电流迅速从最大值减小到某一数值并改变电流方向。操作方法是，先把 K_1 合到“+”，K_2 合到“Ⅱ，Ⅲ”，K_3 打开。这时 R_2 和 K_3 并接在 K_1 的端钮 1、4 之间，由于 K_1 合在“+”，所以 R_2 不起作用，这时磁化电流最大，突然把 K_1 从“+”倒向“−”，由于 R_2 串入电路中，磁化电流的大小和方向都改变。

用冲击法只能测出磁通或磁感应强度的变化量。为了测得磁滞回线，我们先要测出回线的顶点 a 的磁感应强度。然后测第Ⅰ象限中的其他各点的磁感应强度。例如，当要测 b 点的磁感应强度 B_b 时，我们可以把磁化电流从 $I_a=H_a l/W$ 迅速减小到 $I_b=H_b l/W$，同时测出磁感应强度的减小量 ΔB，从而得到 $B_b=B-\Delta B$。如要测第Ⅱ象限或第Ⅲ象限的点，例如 e 点时，我们要把磁化电流从 I_a 迅速地减小到 $-I_e=-H_e l/W$（电流反向），同时测出磁感应强度的减小 $\Delta B'$，从而得到 $B_e=B_a-\Delta B'$。见图 16-11。

为了清楚起见，现把图 6-12 中各开关的位置与图 16-11 所示磁滞回线上各点的对应关系列于表 16-1 中。

表 16-1　开关位置与磁状态的关系

点的位置	K_1	K_2	K_3	说　明
a	“+”	“Ⅰ”或“Ⅱ、Ⅲ”	闭合	用 R_1 调节电流
第Ⅰ象限	“+”	“Ⅰ”	打开	用 R_2 调节电流，R_2 增大，点向左移
d	打开			
第Ⅱ、Ⅲ象限	“−”	“Ⅱ、Ⅲ”	打开	用 R_2 调节电流，R_2 减小，点向左移
a'	“−”	“Ⅰ”或“Ⅱ、Ⅲ”	闭合	

由表 16-1 可见，如果想从 a 点转到第Ⅰ象限的其他点时，只要把开关 K_3 打开即可；如果想从 a 点转到 d 点时，只要把 K_1 打开，使磁化电流为零即可；如果要从 a 点转到第Ⅱ、Ⅲ象限的某点时，只要先打开 K_3，再把 K_1 从“+”倒向“−”就行了。

(2) 测量步骤

① 测饱和磁滞回线顶点的 B_a　这一步要用 R_1 调定电流 $I=I_a=H_a l/W$。电流调好后，后面的测量中不得改变 R_1。B_a 的具体测量步骤已在前面基本磁化曲线的测定中作了详细说明，不再重复。

② 测第Ⅰ象限中的点（例如 b 点）　要分三步完成：设定 $I=I_b$；磁状态转回到 a 点；测 B_b。

设定 $I=I_b$：打开 K_3，调 R_2（从最小开始调，只准由小调到大，不准由大调到小），使磁化电流减小到 $I_b=H_b l/W$。

磁化状态转回到 a 点：将 K_1 由“+”倒向“−”（磁状态由 b 点转到相当于 $H=-H_b$

的点），再闭合 K_3（磁状态达到 a'点），最后再把 K_1 从“－”倒向“＋”（磁状态从 a'点回到 a 点）。

测 B_b：迅速打开 K_3，同时从冲击检流计上读取第一次最大偏转 α_m，则磁感应强度变化量

$$\Delta B=\frac{C_\Phi \alpha_m}{W_B S}$$

从而算出磁滞回线上 b 点的磁感应强度

$$B_b=B_a-\Delta B$$

第Ⅰ象限中其他各点的测法可以依此类推。

③ 测第Ⅱ、第Ⅲ象限中的点（例如 e 点） 测完 B_d 后，先把磁状态转回到 a，把电阻 R_2 调到最大，将 K_2 倒向“Ⅱ、Ⅲ”。然后分三步进行：调 $I=I_e$；磁状态回到 a；测 B_e。

测得图 16-11 中磁滞回线上的上半部分 $abcdefa'$后，可根据对称关系作出完整的饱和磁滞回线。从回线上也不难确定 B_r 和 H_c 等磁参量。

冲击法一直是测量静态磁性的重要方法。它在理论和实践上都比较成熟，适用性强，而且具有足够高的灵敏度和准确度，测 B 和测 H 时，其准确度可达±(1～3)%，按一定操作方式工作时，其重复性比较好，因此它被国际电工委员会推荐为静态磁性的标准测试方法。但也存在一系列缺点：操作手续上繁复、费时；测量方法上只能逐点测量，而不能自动测量；不易测准矩磁材料（其磁滞回线为矩形）的矫顽磁场强度；包含检流计系统，怕振动和冲击，使用维护不方便；而且测量时总需要磁化电流迅速地改变大小和改变方向，所以严格来说，用冲击法测得的不是真正的静态磁性。

* 16.4 静态磁性的自动测量装置

由于冲击法存在上述缺点，人们作了长期努力，力图克服冲击法的缺点，研究出许多新的静态磁性测量方法。随着电子技术和测量技术的发展，近年来制成了静态磁性的自动测量装置，它比冲击法节省时间和精力。由于装置中的磁化电流连续缓慢变化（10～60s 变化一个循环）。所以可以实现“真正”的静态磁性的测量。而且，如果用逻辑控制器控制自动扫描电源，其磁化电流的变化还是线性的或接近线性的。

现以国产 CL-6 型直流磁滞回线测量仪的方框图来简略说明自动测量静态磁性的基本原理。CL-6 型仪器是采用晶体管和集成电路组装成的，具有体积小、速度快和使用方便等优点。它与 X-Y 记录仪配合可以自动描绘出各种磁化材料的静态磁滞回线。CL-6 型仪器的测量灵敏度接近 10^{-7} Wb · t/mm，测量精度为±2%，测量范围为 1～10^{-4} Wb。但自动测量装置还不能完全代替冲击法，其主要原因是它的零点漂移大，稳定性比较差，还有待进一步发展、完善。

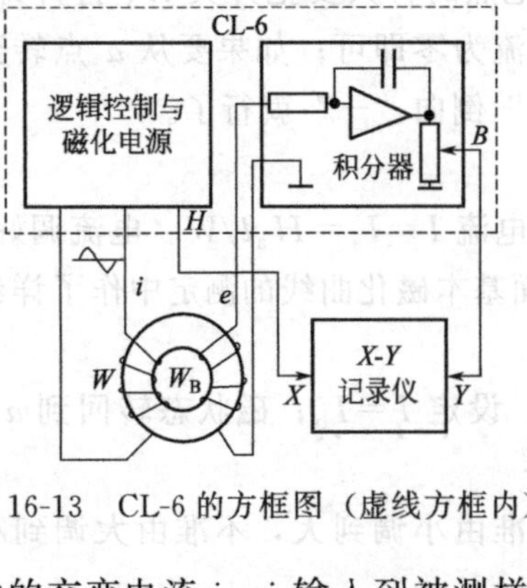

图 16-13 CL-6 的方框图（虚线方框内）

图 16-13 为 CL-6 的方框图，它由逻辑控制与磁化电源以及积分器两大部分组成。前者产生缓慢连续变化的交变电流 i，i 输入到被测样品的磁化线圈 W，产生磁场；后者把样品的测量线圈 W_B 上产生的感应电动势积分，从输出端得到与样品中的磁感应强度成比例的电压。与样品

中的 H 和 B 成比例的电压分别输入到 X-Y 记录仪的 X 和 Y 端钮，在记录仪上得到要测的曲线。

思考题与习题

16-1　进行铁磁材料磁性的测量，通常采用什么形状的样品，为什么采用这种形状？

16-2　怎样确定环形样品中的 H 和 B？

16-3　怎样确定开路样品中的 H 和 B？

16-4　是开路样品中，还是闭路样品中能够得到更强的磁化磁场强度？

16-5　试说明在图 16-9 的线路中怎样确定磁通冲击常数 C_{Φ}。

16-6　怎样用图 16-12 所示线路测材料的基本磁化曲线？

16-7　如果在测量最大磁通变化时（例如从磁滞回线的 a 点变到 a'点），检流计的第一次最大偏转超出了满刻度，图 16-9 中的 R_3 和 R_4 两个电阻应改变哪一个？如果检流计的光点在零刻度两边摆动较长时间才停下来，R_3 和 R_4 两个电阻应改变哪一个？

16-8　当用图 16-12 所示线路来测定图 16-11 的磁滞回线上的 b、c、d、e 等点的 B 时，我们每次都以 a 点的 B_a 为基准，测上述各点的 B 的变化量 ΔB，从而确定出 $B_b = B_a - \Delta B$，$B_e = B_a - \Delta B'$，等等。如果我们按下列步骤来确定各点的磁感应强度是否可以？先以 a 点的 B_a 为准测出 ΔB_{ab}，定出 $B_b = B - \Delta B_{ab}$；再以 b 点的 B_b 为准，测出 ΔB_{bc}，定出 $B_c = B_b - \Delta B_{bc}$；接着又以 c 点的 B_c 为准，测出 ΔB_{cd}，定出 $B_d = B_c - \Delta B_{cd}$；等等。这样做有什么缺点？

第 17 章　铁磁材料动态磁性的测量

动态磁性是指软磁材料在交变磁场（包括周期性交变磁场、脉冲磁场和交直流迭加磁场）中磁化时所表现的磁性能。而前一章的静态磁性是指材料在直流或缓慢变化的磁场中磁化时所表现的磁性能。材料的动态磁性与静态磁性是有所不同的。动态磁性的测量包括：交流磁化曲线的测量；交流磁滞回线的测量；铁损的测量和复磁导率的测量等。本章从工程应用观点出发，只介绍软磁材料从工频到音频范围内的动态磁性测量。

17.1　交流磁化的特点

与静态磁性相比，动态磁性除了与材料本身的特性有关外，还与试样的厚度、交变场的频率、测试时磁场强度和磁感应强度的波形以及测试方法有关，这主要是由于铁芯损耗和磁通的趋表效应的缘故。

17.1.1　铁芯损耗

在交变磁通作用下铁芯中有能量损耗，称为铁芯损耗。铁芯损耗是由涡流现象和磁滞现象引起的，铁芯损耗使铁芯发热，这部分能量要由电源供给。

（1）磁滞损耗

铁磁材料在交变磁场作用下处于反复磁化的过程中，它内部的磁场强度由零增大到正最大值，随后下降到零再反向增加到最大值，最后又回到零时，它的磁感应强度也随着改变。但是 B 的变化始终滞后于磁场强度 H 的变化。这一现象表明铁磁材料在反复磁化过程中磁分子（或磁畴）的来回翻转是有阻力的，相应地就产生了类似于摩擦生热的能量损耗，这就是磁滞损耗。可以证明：铁磁材料交变磁化一个循环，由于磁滞单位体积内消耗的能量与材料的磁滞回线所包围的面积成正比。磁滞损耗可用经验公式表示为

$$P_h = K_h f B_m^n V \tag{17-1}$$

式中，V 为材料的体积；B_m 为材料中磁感应强度的最大值，B_m 越大，转向的磁分子越多、越厉害，损耗越大；f 为交变磁化频率，频率越高，分子在单位时间内翻转的次数越多，损耗也越大；K_h 为比例常数；$n=1.6\sim2$。

（2）涡流损耗

当块状金属放在变化着的磁场中，或者在磁场中运动时，金属体内也会产生感应电流。这种电流在金属体内自行闭合，所以称为涡流。由于大块金属导体的电阻很小，涡流一般很大。

在图 17-1(a) 的铁芯上绕有线圈，当通入线圈的电流为交变电流时，铁芯中的磁通 Φ 也是交变的，铁芯中将产生如图所示的涡流（虚线所示）。因为感应电动势与磁通的变化率成正比，所以涡流的大小与交变电流的频率 f 及铁芯中的磁感应强度的最大值 B_m 成正比。

铁芯中产生涡流，当然要消耗能量，选种能量损失称为涡流损耗。体积为 V 的铁芯中涡流损耗为

$$P_e = K_e f^2 B_m^2 V \tag{17-2}$$

式中，K_e 为比例常数。

为了减小涡流损耗，可以把铁芯用电阻率高的薄片迭成，片间用绝缘层隔开，如图17-1

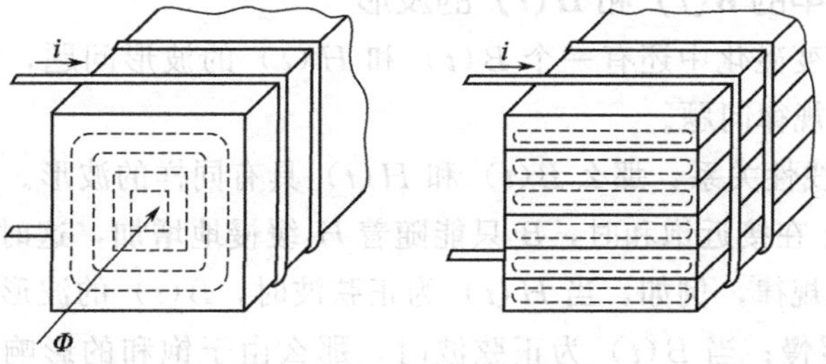

(a) 整块铁芯中的涡流　　(b) 迭片铁芯中的涡流

图 17-1　金属中的涡流

(b) 所示。

把式(17-1) 和式(17-2) 合在一起便得铁芯损耗

$$P_c = P_{B_m/f} = (K_h f B_m^n + K_e f^2 B_m^2) V \tag{17-3}$$

式中，$P_{B_m/f}$ 为表示铁芯损耗是与最大磁感应强度 B_m 和交变磁场频率 f 对应的。

17.1.2　磁通的趋表效应

当铁芯被交变磁化时，磁通在它的截面上的分布是不均匀的，越靠近表面，磁通越密或磁场越强，在铁芯内部，越靠近中心，磁通越稀或磁场越弱，这就是磁通的趋表效应，如图 17-2 所示。

图中，在铁芯的外表面上绕以螺管线圈，通有交流电流 i，在铁芯内部产生磁场，在铁芯截面图中画出了磁力线的分布，靠近外表面磁力线密，越向里磁力线越稀。

产生磁通趋表效应的原因，可以简略说明如下。电流 i 在铁芯内部产生交变磁场。我们把铁芯视为由若干个圆筒形的薄壳套在一起组成的，每个薄壳自成闭合回路。当磁场变化时，在每个薄壳中产生了涡流。每一个圆筒形的薄壳都相当于一个“螺绕管”，其中通过的电流是感应而产生的涡流。图 17-2 中只画出了一个圆筒形薄壳有涡流 i' 通过的情况。这时，铁芯中的磁场是绕在外表面的螺管线圈和薄壳形“螺绕管”共同作用的结果。由于涡流是感应电流，它总是企图阻止磁通的变化，所以它对磁场的作用是去磁作用。在接近外表面处，磁场是由绕在铁芯外表面的螺管线圈产生的，磁场较强。稍往里，磁场则是由绕在铁芯外表面的螺管线圈和接近铁芯表面的薄壳“螺绕管”共同产生的，由于涡流的去磁作用，这里的磁场便弱了一些。越往里，薄壳“螺绕管”更多，涡流的去磁作用更厉害，磁场更弱。

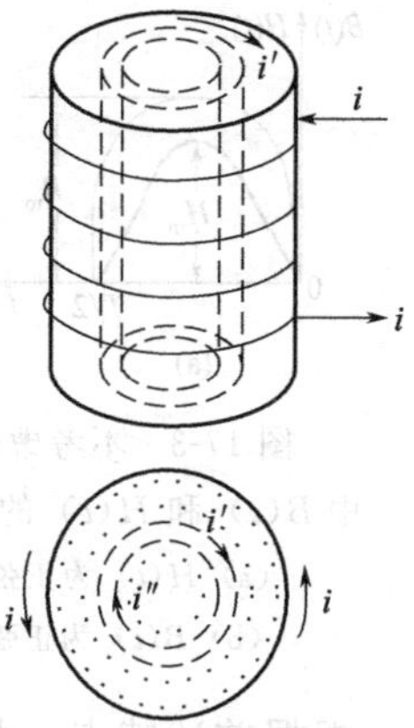

图 17-2　说明磁通趋表效应示意图

·表示从纸面向外穿出的磁力线

由此可见，铁芯的交变磁化，在铁芯中产生了涡流。涡流增加了铁芯的损耗，也导致了磁通的趋表效应。

由于磁通的趋表效应，在接近铁芯表面处的磁感应强度强，材料容易达到饱和；而越往里，磁感应强度越弱，材料越不易达到饱和。在铁磁材料动态磁性的测量中，我们所测得的只是平均磁感应强度；测量时，样品中的磁场强度决定于通过磁化线圈中的电流 i。由于涡流的影响，电流 i 只能决定接近铁芯外表面处的磁场强度，而决定不了铁芯内部磁场强度。所以说，我们后面将要测量的曲线实际上反映的是样品中的平均磁感应强度与其表面处磁场强度的关系。

*17.1.3 铁芯中的 $B(t)$ 和 $H(t)$ 的波形

在铁磁材料的交变磁化中还有一个 $B(t)$ 和 $H(t)$ 的波形问题，即铁芯中的 $B(t)$ 和 $H(t)$ 随时间的变化规律问题。

如果 B 和 H 是线性关系，那么 $B(t)$ 和 $H(t)$ 具有同样的波形。但是，铁磁材料的 B 和 H 不是线性关系，在接近饱和时，B 只能随着 H 缓慢地增加，这时，$B(t)$ 和 $H(t)$ 的波形就有不同的变化规律，例如，当 $H(t)$ 为正弦波时，$B(t)$ 的波形就是平顶的，因为饱和时 B 增加得更为缓慢；当 $B(t)$ 为正弦波时，那么由于饱和的影响，$H(t)$ 的波形就是尖顶的，因为饱和时要求 H 增加得更快些，如图 17-3(a)、(b) 所示。如果考虑到铁芯的磁滞损耗和涡流损耗的话，那么，B 和 H 的关系更为复杂。在这种情况下，当 $B(t)$ 为正弦波时，$H(t)$ 的波形如图 17-4 所示。这时候，如果以时间 t 为参量，把对应于不同时刻的 $B(t)$ 和 $H(t)$ 值在 B-H 坐标上画出，那么我们就可以得到一个回线。这个回线与静态磁滞回线不同，它还考虑了涡流的影响，称为交流磁滞回线。这是我们将要测量的。由于在交流磁化的条件下，铁芯损耗随着频率的升高而增加，所以尽管材料不变，材料中的磁场强度的最大值也不变，但频率变了，所测得的交流磁滞回线的面积和形状也各不相同。例如，图 17-5是对于某种材料在直流、400Hz 和 1000Hz 下测得的交流磁滞回线。

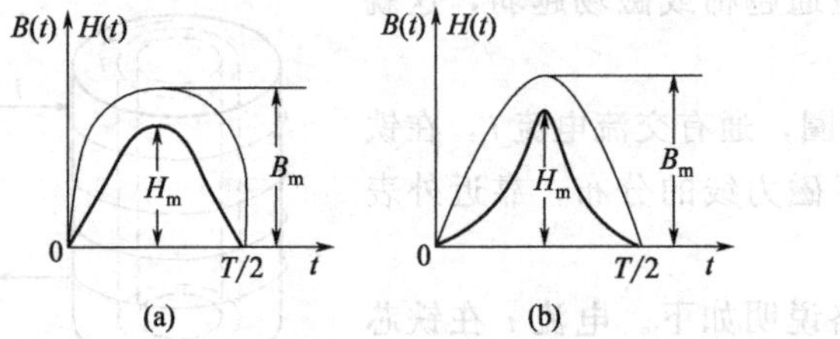

图 17-3 不考虑磁滞和涡流损耗时铁芯中 $B(t)$ 和 $H(t)$ 的波形（只画出前半个周期）

(a) $H(t)$ 为正弦波时，$B(t)$ 为平顶波；

(b) $B(t)$ 为正弦波时，$H(t)$ 为尖顶波

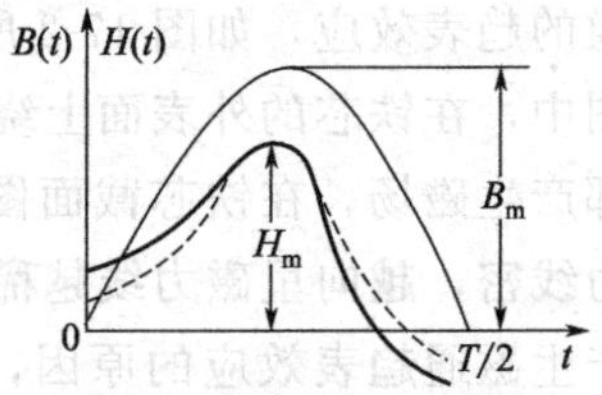

图 17-4 考虑磁滞和涡流损耗时 $B(t)$，$H(t)$ 的波形（只画出前半个周期）

$B(t)$ 为正弦彼时，虚线为只考虑磁滞时 $H(t)$ 的波形；实线为考虑磁滞和涡流时 $H(t)$ 的波形

根据前述特点，材料在交流磁化时的磁性，除了与样品的材料、尺寸、磁化时的频率有关之外，还与磁化时的波形有关。例如，就铁芯损耗而言，在磁感应强度 $B(t)$ 为正弦波的条件下测得的数值要比磁场强度 $H(t)$ 为正弦波的条件下测得的数值低。所以，为了便于对比起见，世界各国都统一规定在 $B(t)$ 为正弦波的条件下测试材料的交流磁性。

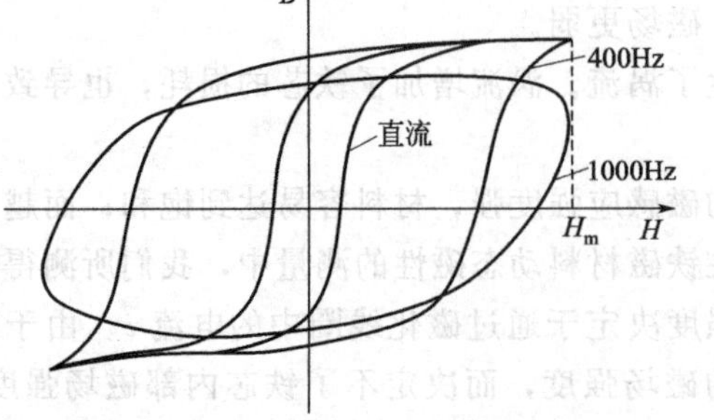

图 17-5 同样材料，在相同 H_m 和不同频率下测得的交流磁滞回线

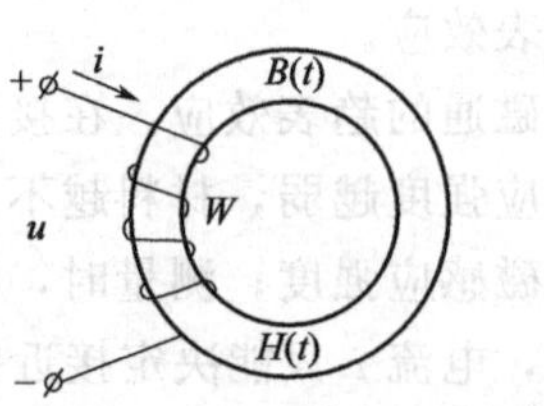

图 17-6 交变磁化的测试样品

一般说来，为了得到比较可靠的测量结果，在测量材料的交流磁性时，应该尽可能使材料的测量条件与工作条件相同。

*17.1.4　正弦波磁感应强度的获得

图 17-6 为待测量的样品，其上绕着 W 匝磁化线圈。按规定，测量动态磁性时样品中的 $B(t)$ 应该是正弦波。我们知道，由于铁磁材料的非线性，样品中的 $B(t)$ 和 $H(t)$ 不可能都是正弦波（见图 17-3），那么，怎样保证 $B(t)$ 为正弦波呢？

设加到磁化线圈的电压为正弦电压 u，磁化电流为 i。那么，磁化线圈的电压方程为

$$u=ri+W\frac{d\Phi}{dt} \tag{17-4}$$

式中，r 为磁化线圈的电阻。

在静态磁化的情况下，磁通 Φ 的变化极为缓慢，式(17-4) 右边的第二项可忽略，从而得到

$$u=ri \tag{17-5}$$

交流磁化时，ri 项往往比 $W\frac{d\Phi}{dt}$ 项小得多，因此，式(17-4) 变为

$$u\approx W\frac{d\Phi}{dt} \tag{17-6}$$

就是说，交变磁通所产生的感应电压基本上等于电源电压 u。当电源电压为正弦波时

$$u=U_m\cos\omega t$$

那么，铁芯中的磁通

$$\Phi=\int\frac{u}{W}dt=\frac{U_m}{W}\int\cos\omega\,dt=\frac{U_m}{2\pi fW}\sin\omega t \tag{17-7}$$

式(17-7) 表明，当电源电压为正弦波时，铁芯中的磁通也是正弦波，其最大值为

$$\Phi_m=\frac{U_m}{2\pi fW} \tag{17-8}$$

因而铁芯中的磁感应强度也是正弦波，其最大值为

$$B_m=\frac{\Phi_m}{S}=\frac{U_m}{2\pi fWS} \tag{17-9}$$

B_m 关系到铁芯是否饱和。上式中 S 为铁芯的截面积。

式(17-7) 告诉我们，只要磁化线圈电阻上的压降 ri 很小，在磁化线圈上加以正弦电压，就能在铁芯中产生按正弦规律变化的磁通或磁感应强度。当然，正弦磁通是由磁化电流 i 产生的。磁化电流 i 或磁场强度 $H(t)$ 的波形不是正弦波。

因此，测量材料的动态磁性时，电源应能产生良好的正弦电压，并且内阻小；磁化线圈的电阻也要小。

17.2　交流磁化曲线和交流磁滞回线的测量

常用的交流磁化曲线和交流磁滞回线的测量方法主要有：伏安法、示波器法、铁磁仪法和描迹法等。

17.2.1　交流磁化曲线的测量

交流磁化曲线是指在一定的频率下，在磁感应强度 $B(t)$ 为正弦量的条件下，样品中的

磁感应强度和磁场强度（它们的波形见图 17-4）的最大值 B_m 和 H_m 的关系曲线（即在不同的交变磁场 H_m 下，测出相应的 B_m，作出 B_m-H_m 曲线）。

这里介绍用直读指示仪表的测量方法，即伏安法，它是在工频或音频下测量交流磁化曲线的一种基本方法。测量线路如图 17-7 所示。

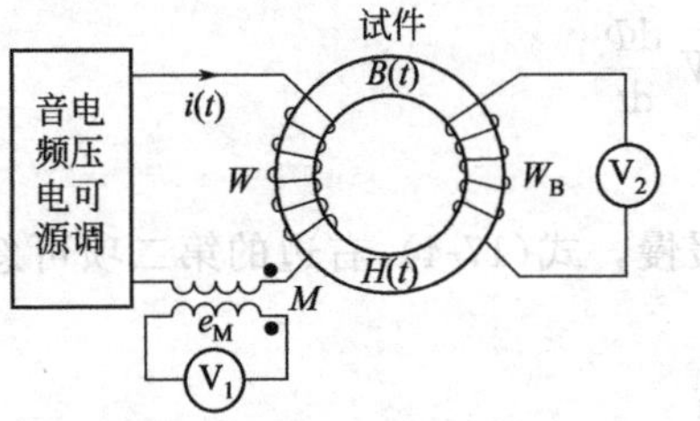

图 17-7　用直读指示仪表测交流磁化曲线的线路

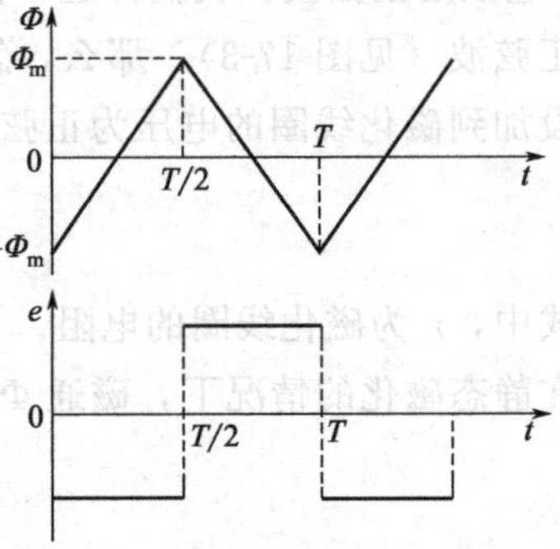

图 17-8　交变磁通与感应电动势

(1) 测量 B_m 的原理

图 17-8 所示交变磁通在 $t=0$ 和 $T/2$ 时达到最大值 $-\Phi_m$ 和 Φ_m，磁通 Φ 在匝数为 W_B 的测量线圈中产生感应电动势 e

$$e=-W_B\frac{d\Phi}{dt} \tag{17-10}$$

现在计算感应电动势在半个周期内的平均值

$$E_{av}=\frac{1}{T/2}\int_0^{T/2}|e|\,dt=\frac{2}{T}\int_0^{T/2}W_B\frac{d\Phi}{dt}dt=\frac{2}{T}W_B\int_{-\Phi_m}^{\Phi_m}d\Phi=\frac{4\Phi_m W_B}{T}$$

或

$$\Phi_m=\frac{E_{av}}{4fW_B} \tag{17-11}$$

从而有

$$B_m=\frac{E_{av}}{4fW_BS} \tag{17-12}$$

式中，f 为磁通的频率；S 为样品的截面积。

在推导式(17-11)、式(17-12) 时，没有涉及 Φ 和 e 的波形，只要它们是交变的，感应电动势的平均值和磁感应强度或磁通的最大值就可以用这两个式子联系起来。因此，在图 17-7 中，采用能够测平均值的电压表 V_2 来测感应电压的平均值 E_{av}，从而可以决定样品中磁感应强度的最大值 B_m。

(2) 测量 H_m 的原理

与样品中的磁场强度直接相联系的量是磁化电流 i

$$H(t)=\frac{Wi}{l}$$

它们的最大值之间的关系有同样的形式

$$H_m=\frac{WI_m}{l} \tag{17-13}$$

式中，I_m 为磁化电流 i 的最大值；l 为样品的平均长度；W 为样品的磁化线圈的匝数。只要知道了 I_m 后便可以根据式(17-13) 确定 H_m。

测量 I_m 有三种方法：一种是用电动系或电磁系电流表测出磁化电流 i 的有效值，再乘以$\sqrt{2}$，便得 I_m。这相当于把 i 当成正弦电流。实际上 i 是非正弦电流，因而这个办法只能用在测量要求不高的情况下。另一种办法是在磁化回路中串联一个电阻 r，用峰值电压表测量这个电阻上的电压 ri 的最大值为 rI_m，从而定出 I_m。再一种办法与测量 B_m 的原理类似，图 17-7 的线路中采用了这种办法。即在磁化回路中串入一个互感为 M 的互感器，电流 i 通过它的初级线圈时，在次级线圈中产生互感电动势

$$e_M=-M\frac{di}{dt}$$

请注意，这里 i 与 e_M 的关系与式(17-10) 中的 Φ 和 e 的关系相似，i 也是交变的，所以下面的关系也将成立：

$$I_m=\frac{E_{Mav}}{4fM} \tag{17-14}$$

式中，I_m 为磁化电流 i 的最大值；f 为磁化电流的频率；E_{Mav} 为互感器次级的互感电压 e_M 的平均值；M 为互感器的互感系数。

用测量电压平均值的电压表 V_1 测出 E_{Mav}，便能从式(17-14) 求出 I_m，进而从式(17-13) 得到 H_m

$$H_m=\frac{WE_{Mav}}{4fMl} \tag{17-15}$$

这样，测交流磁化曲线的线路原理便清楚了。其测量步骤如下。

① 根据被测材料的使用情况选定磁化电源的频率 f。如果为工频，也可以不用音频电源，而用电网电压经过自耦变压器对磁化回路供电。

② 每改变一次磁化电源电压，便取得一组 H_m、B_m 的数据，这些数据在 B-H 平面上代表不同的点。把这些点连起来便是要测的交流磁化曲线。

(3) 测平均值的电压表

图 17-7 中的电压表 V_1 和 V_2 可以采用整流系电压表。我们知道，一般整流系电压表指针的偏转与被测电压的平均值成正比。这种表的刻度是在正弦条件下按有效值刻度的，因为正弦量的有效值为平均值的 1.11 倍（或半波整流为 2.22 倍），所以用整流系电压表测电压的平均值，只要将读数除以 1.11（或 2.22）就是平均值。

这种测量交流磁化曲线的办法简单易行，操作方便，但测量误差大，约为±10%，频率也只能到 1000Hz。

17.2.2　交流磁滞回线的测量

铁磁材料的交流磁滞回线，如图 17-5 所示。它反映交变磁化时铁芯中 $B(t)$ 和 $H(t)$ 的瞬时值（见图 17-4）的关系。不同回线的顶点连线是交流磁化曲线。回线面积的大小与铁芯损耗相对应。

由于 $B(t)$、$H(t)$ 随时间变化较快，想直接用直读仪表来测它们的瞬时值是不可能的。解决的办法有三个：一是用电子示波器来显示交流磁滞回线，因为电子束完全能够随着 $H(t)$ 和 $B(t)$ 的快速变化而偏转，这就是示波器法；二是铁磁仪法，它采用特殊线路，使直读仪表能够读出交变量的瞬时值，并把读出的 $B(t)$ 和 $H(t)$ 瞬时值画到 B-H 平面上，

便能得到交流磁滞回线；三是描迹法，它利用发达的电子技术能把快速变化的信号变换为波形完全相似但变化速度非常缓慢的信号，然后就可以用 X-Y 记录仪进行记录而得到交流磁滞回线。

第一种办法电路简单、直观，使用的频率范围宽，但不准确。另外两种办法线路复杂，多组装成专用仪器，可参阅《常用电工仪表与测量》。

下面介绍用示波器法测量交流磁滞回线。

图 17-9 是用示波器法测量交流磁滞回线的原理线路。图中 R_s 为取样电阻，它的电压为 iR_s，与样品中的磁场强度 $H(t)$ 成正比（$iR_s=\frac{lR_s}{W}H$），加到示波器的 X 输入端。这样，电子束在水平方向的偏转就正比于样品中的磁场强度 H。为了减小电压波形畸变对测量的影响，R_s 应选择比较小的数值。至于测量线圈 W_B 中产生的感应电动势 $e(t)$，$e(t)$ 与样品中的 $B(t)$ 的导数成正比。$e(t)$ 经积分电路积分后，输出电压与 $B(t)$ 成正比（$u_c=\frac{W_BS}{R_cC}B$），加到示波器的 Y 输入端。这样，电子束在垂直方向的偏转就正比于样品中的磁感应强度 B，结果便在示波器的荧光屏上显示出交流磁滞回线。

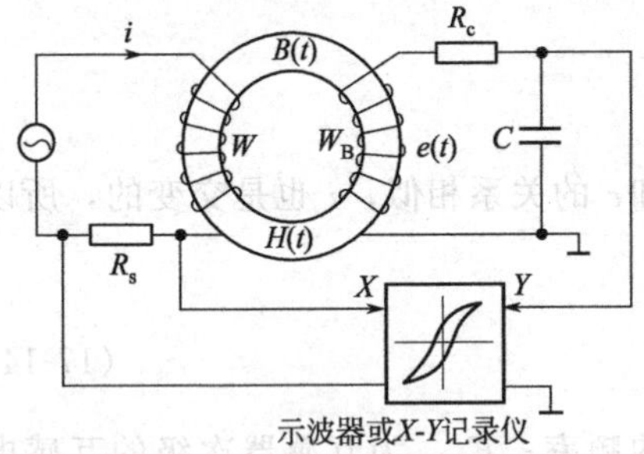

图 17-9　示波器法测交流磁滞回线

实际测量时，还必须注意以下几点

① 为了提高测量灵敏度，一般在信号加到示波器的 X、Y 轴输入端之前可分别经过放大器放大。

② 为了减小波形失真和相移，在 B 通道上还可以加相位补偿装置。

③ R_s 取样电阻的阻值应远小于磁化线圈阻抗，通常取为 1Ω～几欧；积分电路中要求 $R_c \geqslant 100/2\pi fC$。

④ 为了在示波器上定量测出磁性参数，必须对 B 和 H 定标，即找出示波器屏幕上 Y 轴和 X 轴每格相应的 B 和 H 的数值是多少，这就要求测示波器的电压偏转因数。

17.3　铁芯损耗的测量

用功率表、受普斯坦方圈法来测量软磁材料交变磁化时的铁芯损耗，是世界各国规定的检验硅钢片交流损耗的标准方法。在频率低于 1000Hz 和较高的磁感应强度下测量硅钢片的损耗时，这种方法的测量误差约为±3%。当材料使用在较高的频率下时，要用电桥法来测量它的铁芯损耗。

17.3.1　硅钢片样品

用 10kg 硅钢片裁成宽 3cm、长 50cm 的长条。将裁好的硅钢片分成四组插入预先绕好的四个方形截面的螺线管内，组成一个正方形。各相邻边的硅钢片要互相搭接好，以减小空气隙。之所以要用 10kg 硅钢片，是考虑到材料的不均匀性，多用一些硅钢片样品，能使测量结果更具有代表性。

四个方形螺线管的绕制方法如下：每个螺线管均有初级和次级两个线圈，它们各绕 150 匝。所用导线的电阻不应太大。次级线圈绕在初级线圈的里面。这四个方形螺线管绕好之后，摆成正方形，并把四个初级线圈和四个次级线圈分别串联起来。在测试时，这四个初级线圈构成 4×150 匝的磁化线圈；四个次级线圈构成 4×150 匝的测量线圈。图 17-10 表示出样品和四组线圈的示意图，这就是测量硅钢片交流磁性所用的“爱普斯坦方圈”样品。

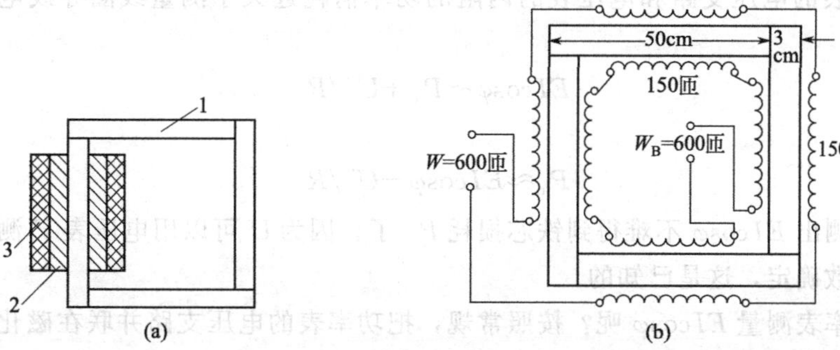

图 17-10　爱普斯坦方圈结构示意图

1—条形硅钢片；2—次级线圈 W_B（构成测量线圈）；3—初级线圈 W（构成磁化线圈）

我国生产有现成的爱普斯坦方圈产品：CF5 型方圈的规格与前面所述相同。还有一种 CF4 型小方圆，只需要 1kg 硅钢片样品（方圈的尺寸和线圈的匝数也不相同）。当材料性能均匀时可以采取这种小方圈。关于爱普斯坦方圈的详细规定可参看冶金工业部标准 YB801-7D 硅钢薄板磁性试验方法。

这种方圈不仅可以用来测量硅钢片样品的铁芯损耗，也可以用来测定磁化曲线和磁滞回线。

17.3.2　测量铁芯损耗的线路

用功率表法测量铁芯损耗的线路如图 17-11 所示。

根据我国规定：硅钢片的铁芯损耗应在样品磁感应强度为正弦量，频率为 50Hz，磁感应强度最大值 B_m 为 1.0T、1.5T、1.7T 的条件下进行测量；或在频率为 400Hz，B_m 为 0.75T、1.0T、1.5T 时进行测量。

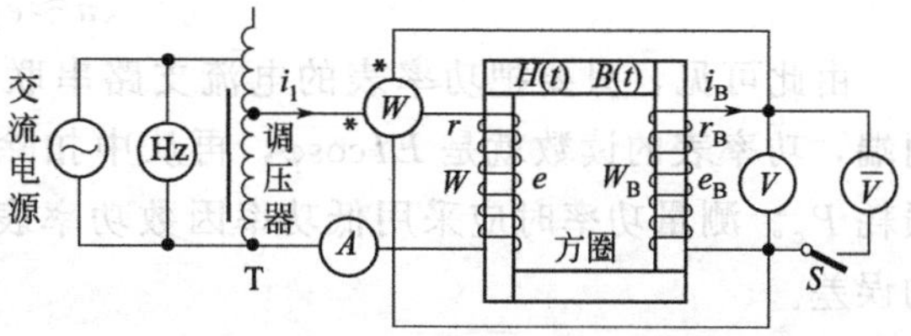

图 17-11　用功率表法测铁芯损耗的线路

测量时，正弦电压经自耦变压器 T 输入到方圈的磁化线圈，磁化电流的有效值可用电流表 A 测量。样品中的磁感应强度最大值可用电压表 V 测出平均值后由式(17-12) 确定。功率表 W 的电流支路串接在磁化回路，通过的电流是磁化电流 i；它的电压支路接在测量线圈的两端，与两块电压表并联。下面说明功率表这样连接的理由。

首先分析功率的分配情况。电源供给方圈的有功功率为

$$P=I^2r+EI\cos\varphi$$

式中，I^2r 为磁化线圈导线电阻 r 消耗的功率；E 为铁芯中磁通变化产生的感应电动势 $e=-W\dfrac{d\Phi}{dt}$ 的有效值；φ 为 e 和磁化电流 i 的相位差。

功率 $EI\cos\varphi$ 又包括三部分

$$EI\cos\varphi=P_c+I_B^2r_B+U^2/R$$

式中，P_c 为铁芯损耗的功率，正是要测的；$I_B^2 r_B$ 为测量支路导线电阻 r_B 消耗的功率；R 为功率表的电压支路和两块电压表并联的等效电阻；U 为测量支路两端电压，用电压表 V 测量；U^2/R 为功率表的电压支路和两块电压表消耗的功率。

由于功率表的电压支路和电压表的内阻的功率消耗远大于测量线圈导线电阻的功率消耗，所以

$$EI\cos\varphi \approx P_c + U^2/R$$

或

$$P_c \approx EI\cos\varphi - U^2/R \tag{17-16}$$

即，只要能够测出 $EI\cos\varphi$ 不难得到铁芯损耗 P_c 了，因为 U 可以用电压表 V 测得，R 可以由几块表的参数确定，这是已知的。

怎样用功率表测量 $EI\cos\varphi$ 呢？按照常规，把功率表的电压支路并联在磁化线圈两端是不行的，因为两端电压中包含着导线电阻电压 ir。由于测量线圈和磁化线圈中的磁通是同样的，所以

$$e = W\frac{\mathrm{d}\Phi}{\mathrm{d}t}$$

$$e_B = -W_B\frac{\mathrm{d}\Phi}{\mathrm{d}t}$$

又由于在爱因斯坦方圈中有

$$W = W_B$$

所以

$$e = e_B$$

又因为，测量线圈的电阻 r_B 远小于 R，所以测量线圈两端的电压

$$u \approx e_B$$

由此可见，只要把功率表的电流支路串联在磁化回路中，电压支路并联在测量线圈两端，功率表的读数就是 $EI\cos\varphi$，再从中扣除功率表、电压表消耗的功率，就得到铁芯损耗 P_c。测量功率时应采用低功率因数功率表。一般功率表测量灵敏度低，会带来较大的误差。

选用电压表 V 和 $\bar{V}$ 时，也希望它们的内阻尽量大一些，这样才有 $u \approx e_B$ 的结果。

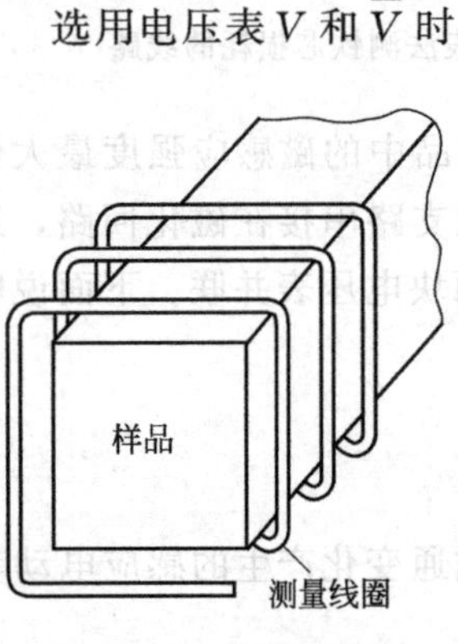

图 17-12　样品和测量线圈的面积

当用爱普斯坦方圈进行测量时，样品和测量线圈之间存在着一定的空隙，所以测量线圈的截面积大于样品截面积，如图 17-12 所示。用平均值电压表测量的电压，是穿过测量线圈的交变磁通产生的，这个磁通是穿过样品截面的磁通和通过样品与测量线圈之间空隙的磁通之和。因此，用式(17-12) 算出来的 B_m 有些偏大，为了减少由此而引起的误差，可以用式(17-12) 加以修正，考虑空气隙时

$$B_m = \frac{E_{av}}{4fW_B S} - \mu_0 H_m \frac{S_0 - S}{S} \tag{17-17}$$

式中，S_0 为次级线圈截面积。

也可以在图 17-11 的测量线路中接入补偿互感线圈 M_c，其初级与方圈初级串联正接，次级与方圈次级串联反接。

* 17.4　电桥法测量复磁导率和铁芯损耗

许多电子仪器中要使用具有软磁材料磁芯的电感元件，这些元件的工作频率范围很宽，前面所介绍的用直读仪表测量它们的交流磁性的方法已不适用。但是，这种磁芯也有它们的工作特点，就是它们多工作在弱磁场的范围，这时磁芯中的磁感应强度和磁场强度都可以看成是按正弦规律变化的。在这个条件下，我们可以引入复磁导率的概念，用它来说明材料的导磁性能和损耗情况。材料的复磁导率可以用交流电桥来测量。

17.4.1　复磁导率

当材料工作在弱磁场范围时，材料的 B、H 关系可近似为线性关系，则材料中的磁场强度为正弦量时

$$H(t)=H_{\mathrm{m}}\cos\omega t$$

其磁感应强度也是正弦量

$$B(t)=B_{\mathrm{m}}\cos(\omega t-\delta)$$

式中，ω 为交变磁化的角频率；δ 为由于铁芯损耗的关系，$B(t)$ 滞后于 $H(t)$ 的角度。

将正弦量用相量表示，则

$$\dot{H}=H\mathrm{e}^{-\mathrm{j}0^\circ}$$

$$\dot{B}=B\mathrm{e}^{-\mathrm{j}\delta}$$

我们定义复磁导率为 $\tilde{\mu}$ 材料中的磁感应强度相量与磁场强度相量之比，

$$\tilde{\mu}=\frac{\dot{B}}{\dot{H}}=\frac{B}{H}\mathrm{e}^{-\mathrm{j}\delta}=\mu_{\mathrm{m}}\mathrm{e}^{-\mathrm{j}\delta}=\mu_1-j\mu_2$$

式中，μ_1 为复磁导率的实部，称为弹性磁导率；μ_2 为复磁导率的虚部，称为黏性磁导率。

复磁导率的模 $\mu_{\mathrm{m}}=B/H$ 与直流磁化下磁导率的物理意义相同，而幅角 δ 则与能量损耗有关，称为损耗角。

17.4.2　被测样品等效为电路元件

为了用交流电桥来测量铁磁材料的复磁导率，首先要把被测样品等效为电路元件，并找出元件参数和样品的复磁导率之间的关系。

图 17-13(a) 为被测样品，样品上绕有 W 匝磁化线圈。通入磁化线圈的磁化电流 i 在样品中产生交变磁场，线圈两端的电压为 u。当然在交变磁化的过程中样品也会由于铁芯损耗发热。根据被测样品在交变磁化过程中要产生磁场和消耗能量的特点，我们可以用图 17-13 (b) 和 (c) 所示的 R_{P}，L_{P} 并联电路或 R_{s}，L_{s} 串联电路来等效；电感是储存磁场能量的元件，电阻是消耗能量的元件。

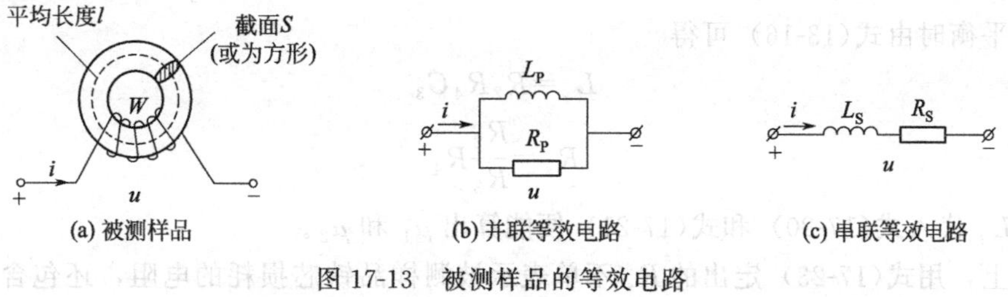

图 17-13　被测样品的等效电路

现在来求电路量 R_S，L_S 与磁场量 $H(t)$，$B(t)$ 的关系。对于图 17-13(a) 所示的被测样品来说，不难写出下列关系式

$$u=WS\frac{\mathrm{d}B(t)}{\mathrm{d}t}$$

$$i=\frac{lH(t)}{W}$$

式中，S 为样品的截面积；l 为样品的平均长度。

在正弦稳态的条件下，上述关系可以表示成相量的形式

$$\dot{U}=WSj\omega\dot{B} \tag{17-18}$$

$$\dot{I}=\frac{l}{W}\dot{H} \tag{17-19}$$

对于图 17-13(c) 所示的串联电路来说，电压和电流的相量关系为

$$\dot{U}=\dot{I}(R_s+j\omega L_s)$$

既然图 17-13(c) 的电路与被测样品等效，那就可以把式(17-18) 和式(17-19) 代入上式

$$WSj\omega\dot{B}=\frac{l}{W}\dot{H}(R_s+j\omega L_s)$$

进行整理

$$\frac{W^2S}{l}j\omega\frac{\dot{B}}{\dot{H}}=R_s+j\omega L_s$$

$$\frac{W^2S\omega}{l}j(\mu_1-j\mu_2)=R_s+j\omega L_s$$

最后得到

$$\mu_1=\frac{lL_s}{W^2S} \tag{17-20}$$

$$\mu_2=\frac{lR_s}{W^2S\omega} \tag{17-21}$$

由此可见，把被测样品的磁化线圈两端接到交流电桥上测出 R_s 和 L_s 后，再根据样品的尺寸、磁化线圈的匝数和磁化的角频率便能算出复磁导率来。

从式(17-20) 和式(17-21) 可以看到，弹性磁导率 μ_1 和 L_s 有关，所以 μ_1 是说明材料导磁性能的分量；黏性磁导率 μ_2 和 R_s 有关，所以 μ_2 是说明材料损耗情况的分量。

17.4.3 测复磁导率的交流电桥

为了用式(17-20) 和式(17-21) 来计算 μ_1 和 μ_2，要把被测样品看作是 R_s 和 L_s 的串联等效电路。图 17-14 所示马克士威（Maxwell）电桥可以用来测量 R_s 和 L_s。

电桥平衡时由式(13-16) 可得

$$L_s=R_2R_4C_3 \tag{17-22}$$

$$R_s=\frac{R_2}{R_3}R_4 \tag{17-23}$$

将 R_s 和 L_s 代入式(17-20) 和式(17-21) 便能算出 μ_1 和 μ_2。

实际上，用式(17-23) 定出的 R_s 不单表示被测样品铁芯损耗的电阻，还包含着磁化线

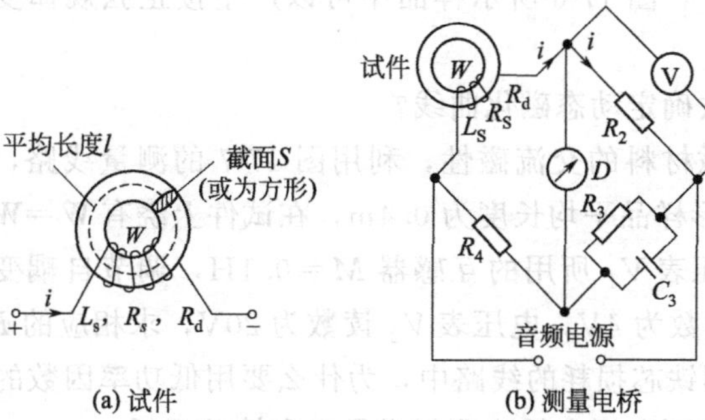

(a) 试件　　(b) 测量电桥

图 17-14　用马氏电桥磁测复磁导率

圈的导线电阻 R_d。预先用双电桥测出导线电阻 R_d，并把它从式(17-23) 中扣除掉，那才是真正的 R_s，即

$$R_s=\frac{R_2}{R_3}R_4-R_d \tag{17-24}$$

国产 CQS-1 型音频测磁电桥就是按照这个原理设计的。它的 R_s 和 L_s 可以直接读数；L_s 的测量范围：1μH～10H；准确度：±5%；工作频率范围：50Hz～20kHz；最大消耗电流：1A。

17.4.4　用交流电桥测量铁芯损耗

将图 17-15 的电路加以补充便不难测出样品的铁芯损耗。样品的铁芯损耗

$$P_c=I^2R_s$$

式中，I 为磁化电流的有效值；R_s 为表示样品中铁芯损耗的电阻，由式(17-23) 决定。

当电桥平衡时，平衡指示器中没有电流通过，因此

$$I_1=U_2/R_2$$

式中，U_2 为桥臂 R_2 两端电压的有效值。

只要用电压表测得 R_2 两端的电压，便不难决定

$$P_c=\frac{U_2^2}{R_2^2}R_s \tag{17-25}$$

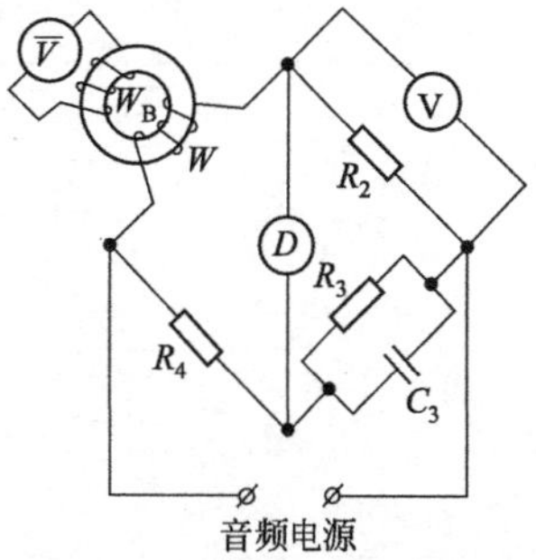

图 17-15　测量铁芯损耗的线路

W—磁化线圈；W_B—测量线圈；$\overline{V}$—平均值电压表；V—有效值电压表

另外，给出铁芯损耗时还必须指明测量时所用的频率 f 和磁感应强度的最大值 B_m，即 $P_c=P_{Bm/f}$。B_m 仍然可以像图 17-7 那样用平均值电压表来确定。最后便可得到完整的测量电路。如图 17-15 所示。

测量铁芯在交流磁化时磁性参量的电桥法适用的频率范围宽，灵敏度、准确度较高，但要求 B 和 H 的波形都接近正弦波，否则测出的数据可靠性差，因此，这种方法宜于用来测量在弱磁场中工作的铁磁材料。

思考题与习题

17-1　在交变磁化时，为什么铁芯中的磁场分布不均匀？

17-2　在交变磁化下，铁芯的磁滞损耗和涡流损耗各与频率 f 和磁感应强度的最大值 B_m 有什么关系？

17-3　试说明为什么用测平均值的电压表能测交变磁通的最大值？

17-4　在什么条件下，图 17-6 所示样品中可以产生按正弦规律变化的磁感应强度？画出这时 $H(t)$ 的波形。

17-5　如何用伏安法确定动态磁化曲线？

17-6　为了测量软磁材料的交流磁性，利用图 17-7 的测量线路，所用试样为环形，其截面积为 $0.001m^2$，环形样品平均长度为 0.4m，在试件上绕有 $W=W_B=100$ 匝的磁化线圈和测量线圈，平均值电压表 V_1 所用的互感器 $M=0.1H$，调节自耦变压器，磁化电流频率 $f=50Hz$，电压表 V_1 读数为 4V，电压表 V_2 读数为 20V，求相应的 B_m、H_m 数值。

17-7　在图 17-11 测铁芯损耗的线路中，为什么要用低功率因数的功率表？

17-8　在什么条件下可以用电桥法测复磁导率和铁芯损耗？

17-9　用示波器法确定动态磁滞回线的原理是什么？有何特点？

第5篇　电子测量技术基础

电子仪器是在现代电子技术基础上发展的一类电测仪器仪表，与常用的电气测量指示仪表相比，具有很多优点：精度高，响应快，灵敏度高；特别是电子示波器，可观测动态信号波形，形象直观。因此，电子仪器仪表得到广泛的应用，电子测量技术也得到迅速发展。

第18章　电子仪器及应用

电子仪器仪表种类繁多，且应用领域和范围极广，限于篇幅，本章介绍主要电子仪器的工作原理及其应用。

18.1　信号发生器

18.1.1　信号发生器概述

（1）信号发生器的作用和组成

信号发生器（简称信号源）是输出供给量的电子仪器。它产生频率、幅度、波形等主要参数都可调节的信号，具有以下作用。

① 测量元件参数。如电感、电容的值及其品质因数，损耗角等。

② 测网络的幅频特性、相频特性。连续改变信号源的频率，用示波器或电压表测网络的响应，属于正弦稳态激励、点频测试。

③ 测试接收机性能。信号源发出射频已调波，测试接收机的灵敏度、选择性、AGC范围等指标。

④ 测网络的瞬态响应。用方波或窄脉冲激励，测网络的阶跃响应、冲击响应、时间常数等。

⑤ 校准仪表。输出频率、幅度准确的信号，校准仪表的衰减器、增益和刻度。

此外，信号发生器在调试雷达、电视、多路通讯系统和电子计算机、检修电子仪器中也是十分重要的设备。

信号发生器一般由主振器、放大器、衰减器、指示器、调制器等电子电路组成。

（2）信号发生器的分类

信号发生器可划分为通用信号发生器和专用信号发生器。通用信号发生器包括：正弦信号发生器，脉冲信号发生器，函数信号发生器，高频信号发生器，噪声信号源。专用信号发生器包括：电视信号发生器，编码脉冲信号发生器。实用中大多数采用正弦信号发生器按频率段划分：超低频，0.0001～1000Hz；低频，1Hz～1MHz；视频，20Hz～10MHz；高频，200kHz～30MHz；甚高频，30～300MHz；超高频，大于300MHz。上述频段划分并不严格，只是一种通常作法。

(3) 信号发生器的工作特性

信号发生器的工作特性一般以正弦信号发生器给出如下主要特性。

① 频率特性　有效频率范围。

② 频率准确度和稳定度　准确度即频率刻度的相对误差，即

$$\alpha=\frac{f-f_0}{f_0}\times 100\%=\frac{\Delta f}{f_0}\times 100\%$$

式中，f 为频率刻度值（示值）；f_0 为实际频率；Δf 为频率绝对偏差。准确度一般不大于1%。

稳定度定义为

$$\delta=\frac{f_{max}-f_{min}}{f_0}\times 100\%$$

式中，f_{max} 为15min内信号频率的最大值；f_{min} 为15min内信号频率的最小值；f_0 为预调频率（标称频率）。稳定度应优于10^{-3}。

③ 非线形失真和频谱纯度　低频信号发生器输出波形的好坏，用非线性失真来表征，在0.1%～1%范围内；高频信号发生器输出信号，用频谱纯度来表征，频谱不纯的来源为高次谐波及噪声。

④ 输出电平　低频和高频信号发生器输出电平用电压电平表示，微波用功率电平表示，通常要求输出电平范围宽，可达10^7。

⑤ 输出电平准确度　一般在±(3%～10%) 范围内。

⑥ 输出阻抗　低频信号发生器的输出阻抗有50Ω、600Ω、5000Ω三种；高频信号发生器一般为50Ω或75Ω。

18.1.2　XD-2C低频信号发生器

(1) 技术指标及整机原理框图

XD-2C低频信号发生器为正弦波信号源，同时还可产生同样重复频率的脉冲及脉宽、脉幅可连续调节的正负脉冲信号。它具有频率范围宽、正弦波失真小、幅度稳定、功能齐全的特点。

① 整机工作原理方框图　XD-2C低频信号发生器由RC文氏电桥振荡器、电压放大器、有源大回环反馈网络、低阻衰减器、正负脉冲电路、TTL电平电路、功率输出放大器、频率计、电压表等所组成。其整机工作原理框图如图18-1所示。

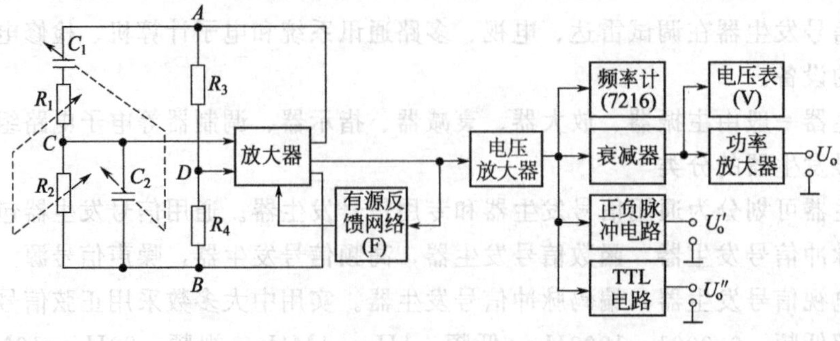

图18-1　XD-2C整机工作原理框图

② 主要技术指标

a. 频率范围：1Hz～1MHz，分六个频段连续可调：1～10Hz，10～100Hz，100Hz～1kHz，(1～10)kHz，(10～100)kHz，(100～1000)kHz。

b. 频率基本误差：1Hz～100kHz，小于±(1% f_0 +0.3Hz)；(100～1000)kHz，小于±1.5% f_0。

c. 输出电压：大于5V，设有步进衰减器，最大至90dB。

d. 非线性失真：20Hz～20kHz，小于0.1%。

e. 输出电阻大于100kΩ；输入电容小于50pF。

f. 6位LED显示可内外测量的频率计。

g. 可附带600Ω负载，具有负载过电流保护，同时发出声光报警。

(2) 整机工作原理分析

XD-2C信号发生器整机电路见图18-2。

① 文氏桥振荡器

a. 文氏桥振荡器的工作原理　文氏桥简化原理如图18-3(a)，图中 R_1、C_1、R_2、C_2 组成正反馈臂，是可改变振荡频率的 RC 串联网络；R_t、R_f 组成负反馈臂，可自动稳幅。当电路满足条件 $R_1=R_2=R$，$C_1=C_2=C$，反馈系数 $F=1/3$（即放大倍数 $A_v=3$）时，电路起振。振荡频率

$$f_0=\frac{1}{2\pi\sqrt{R_1C_1R_2C_2}}=\frac{1}{2\pi RC}(R_1=R_2=R, C_1=C_2=C\text{ 时}) \tag{18-1}$$

以上结论不难得到证明。将文氏桥臂改画成图18-3(b)，设 R_1C_1 的阻抗为 Z_1，R_2C_2 的阻抗为 Z_2，则

$$\left.\begin{aligned}Z_1&=R_1+\frac{1}{j\omega C_1}\\Z_2&=\frac{R_2}{1+j\omega R_2C_2}\end{aligned}\right\} \tag{18-2}$$

反馈系数 $\dot{F}$ 为

$$\begin{aligned}\dot{F}&=\frac{\dot{U}_f}{\dot{U}_0}=\frac{Z_2}{Z_1+Z_2}=\frac{1}{1+Z_1/Z_2}=\frac{1}{1+\left(R_1+\dfrac{1}{j\omega C_1}\right)\dfrac{1+j\omega R_2C_2}{R_2}}\\&=\frac{1}{\left(1+\dfrac{R_1}{R_2}+\dfrac{C_2}{C_1}\right)+j\left(\omega R_1C_2-\dfrac{1}{\omega R_2C_1}\right)}\end{aligned} \tag{18-3}$$

由振荡器的起振条件：$\varphi+\psi=2n\pi$ 及 $A_vF\geqslant1$。其中，ψ 为放大器的相移，两级放大器 $\psi=360°$；φ 为文氏桥选频网络的相移，欲满足起振条件，则有 $\varphi=0°$，即式(18-3)的虚部为零。写成表达式

$$\omega R_1C_2-\frac{1}{\omega R_2C_1}=0 \tag{18-4}$$

解得 $\omega_0=1/RC$，即 $f_0=1/2\pi RC$，进而求得 $F=1/3$。

b. 文氏桥振荡器的实际电路　XD-2C低频信号发生器的文氏电桥振荡器由放大器（二级）、文氏电桥反馈支路及有源大回环负反馈支路组成。在图18-1中，R_1C_1 和 R_2C_2 构成桥路的正反馈桥臂，R_3 和 R_4 构成桥路的负反馈桥臂。A、B 两点接放大器的输出端，经

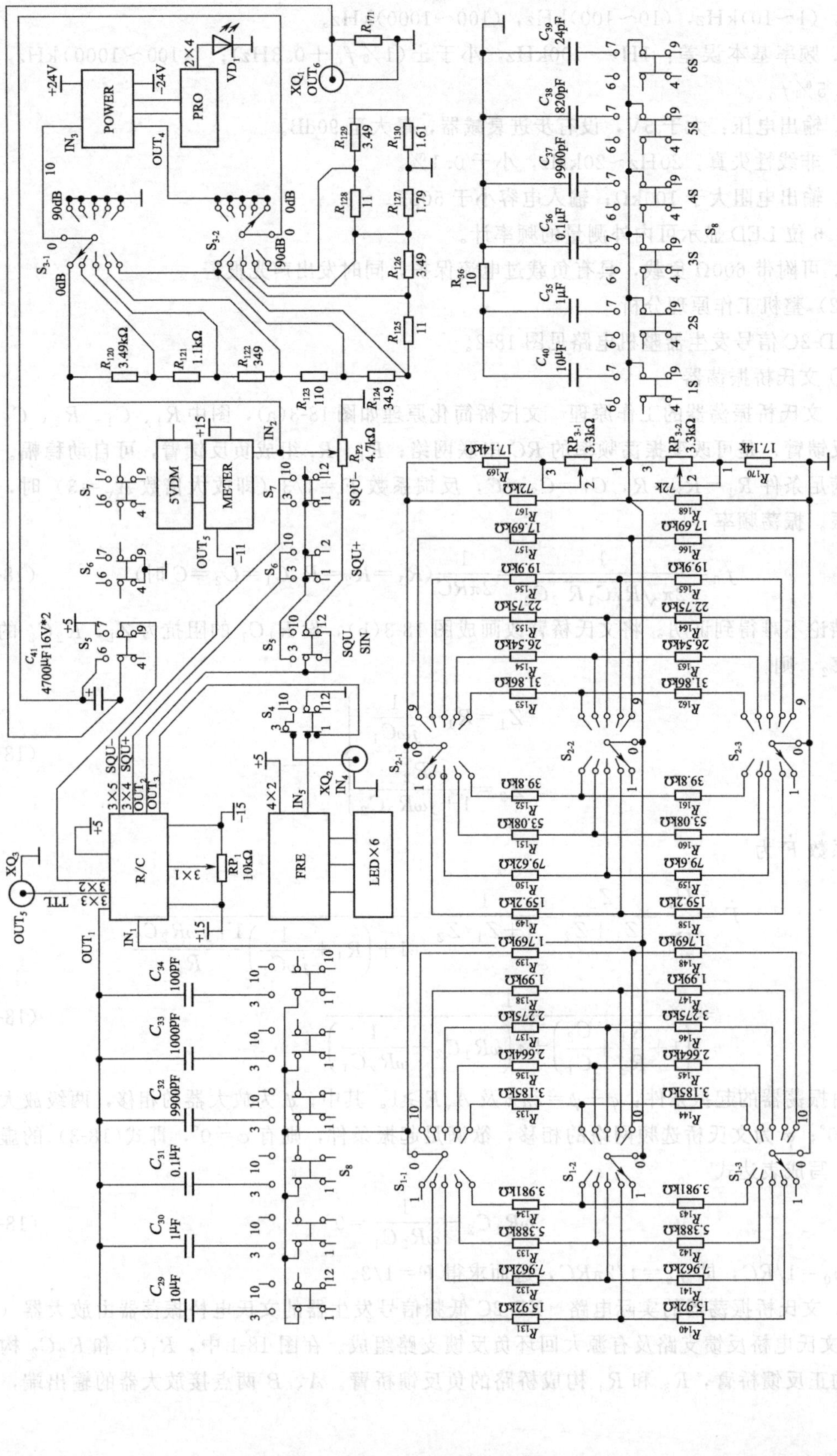

图 18-2　带*RC*选频网络的原理电路

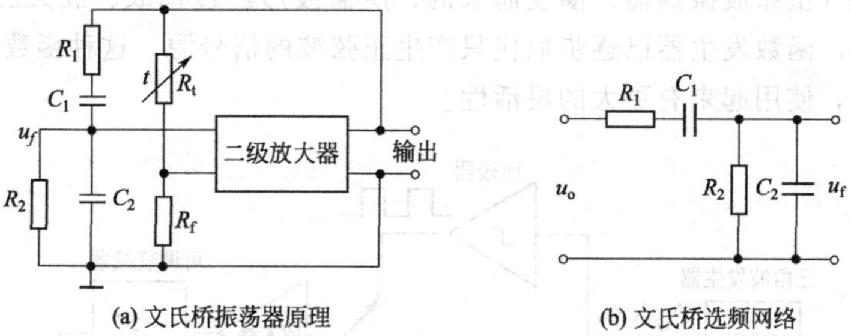

图 18-3　文氏桥振荡器

放大器放大后的信号 U_{AB} 就是文氏电桥的输入电压。C 点与 D 点是放大器的输入端，正、负反馈之间的差值电压 U_{CD} 从这里又重新送入放大器。在振荡器满足它起振的相位条件和振幅条件，振荡器正常工作时，电桥近似于平衡，此时电压 U_{CD} 与 U_{AB} 相比是很小的，它们之间相差的倍数由放大器的放大量决定。

在实际电路的选频网络中，设有 S_1、S_2、S_8 三个波段开关以进行振荡频率选择。开关 S_8 用以切换电容 $C_{29}\sim C_{40}$，分六挡改变振荡信号的波段；S_1 为三刀十掷波段开关，用以切换电阻 $R_{131}\sim R_{148}$，分十挡作×1 挡调节；S_2 亦为三刀十掷波段开关，用以切换电阻 $R_{149}\sim R_{166}$，分十挡作×0.1 挡调节；电阻 $R_{167\sim168}$ 和双联电位器 R_{P_3} 作×0.01 挡调节。它们都在桥路反馈臂中，使信号发生器的输出频率在 1Hz～1MHz 连续可调，各挡频率的估算可按式(18-1) 进行。

各开关的作用：S_4 为内外测频选择开关，置“1”为内测频，置“2”为外测频。S_5 为自锁的正弦波选择开关。S_6，S_7 为互锁的正、负方波选择开关：置 S_6 为正方波；置 S_7 为负方波。

② 衰减器　它是一个简单的电阻分压器，通过计算求分压比。求总分压电阻 R_Σ

$$R_\Sigma = R_{120} + R_{121} + \cdots + R_{127} // (R_{128} + R_{129} + R_{130}) \tag{18-5}$$

将各电阻值代入式(18-5) 得到

$$R_\Sigma = 5100\Omega$$

第一挡分压比 $k_1=1$。第二挡分压比 $k_2=(R_\Sigma - R_{120})/R_\Sigma=(5100-3490)/5100=0.316$，则 $20\lg 0.316=-10\text{dB}$。第三挡分压比 $k_3=(R_\Sigma - R_{120} - R_{121})/R_\Sigma=(5100-3490-1100)/5100=0.1$，则 $20\lg 0.1=-20\text{dB}$。其余各挡依次类推。

由此可见，衰减器分 10 挡，按每挡 10dB 步进衰减。由开关 S_3 控制。

18.1.3　函数发生器

函数发生器是使用最广泛的通用信号源，它提供正弦波及非正弦波如方波、三角波、脉冲串等（图 18-4）。

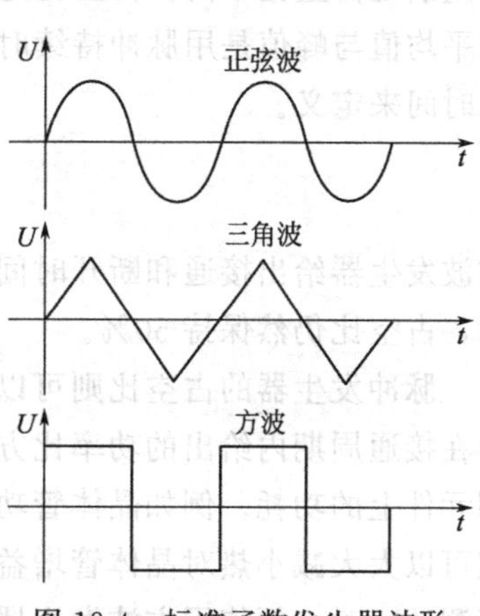

图 18-4　标准函数发生器波形

不同的函数发生器还具备调制和扫频的能力。函数发生器常用与正弦波振荡器相似的技术，图 18-5 为一简化方框图。所需波形之一由自由振荡器产生，然后转换电路将原始波形转换成其他波形。图 18-5 中三角波是由振荡器产生的，方波是三角波通过比较器转变而成的（比较器实际可能是三角波振荡器的组成部分）。正弦波是三角波通过一波形整形电路（正弦波振荡器）演变而来的，所需波形经过选取、放大后经衰减器输出。由于技术的进步，函数发生器已逐步取代只产生正弦波的信号源，这种函数发生器可提供正弦波及其他波形，使用起来有更大的灵活性。

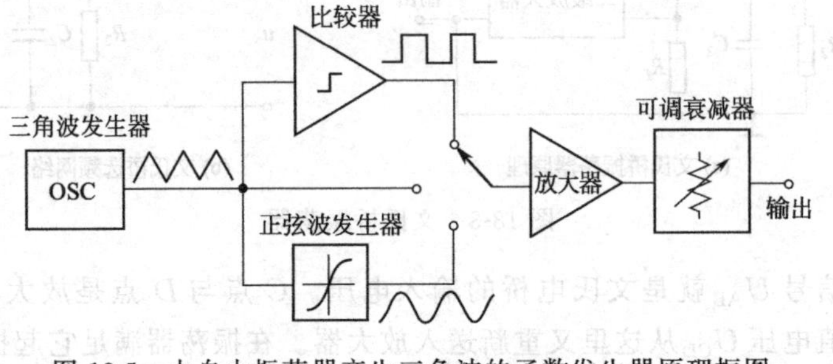

图 18-5　由自由振荡器产生三角波的函数发生器原理框图

函数发生器普遍提供一 DC 补偿调整，使用户对发生器的输出能增减 DC 电平。图 18-6 表明怎样给方波调整直流量，以产生不同的波形；也可使用 DC 补偿对固态电路控制 DC 偏压电平。

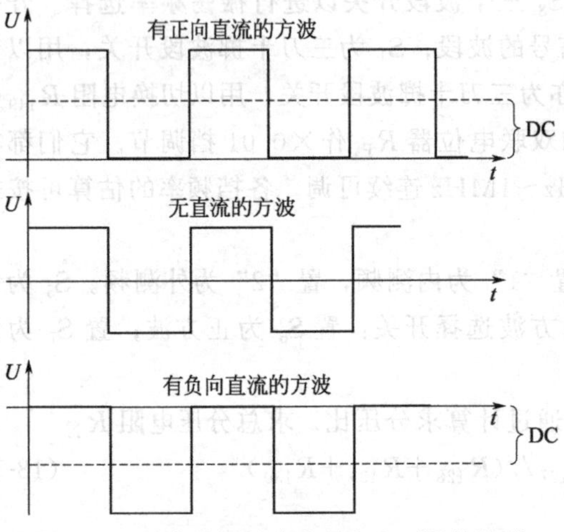

图 18-6　给方波调整直流量产生不同的波形

测试音频正弦波可用函数发生器。此外，函数发生器的方波输出可用作数字电路的时钟。有些函数发生器还兼有固定的 TTL（晶体管-晶体管逻辑）输出。再者，可使用方波加 DC 补偿产生有效的逻辑电平。在需要类似斜波的地方也可使用三角波。

18.1.4　脉冲和方波发生器

脉冲发生器可以产生矩形脉冲、窄脉冲，其频率、脉宽、极性和幅度，甚至上升和下降时间都可任意调节。脉冲和脉冲发生器往往是与作为测量装置的示波器一道使用，用于研究、测试脉冲数字电路、逻辑元件的开关特性、半导体器件的脉冲特性和宽带放大器的幅频特性等。脉冲发生器和方波发生器之间的主要差别是占空比不同。占空比定义为：在一个周期内，脉冲的平均值与脉冲的峰值之比。由于平均值与峰值是用脉冲持续时间的倒数相联系，故占空比也可用脉冲宽度和周期或脉冲重复时间来定义。

$$占空比=\frac{脉冲宽度}{周期}$$

方波发生器给出接通和断开时间相等的输出电压，所以占空比为 0.5 或 50%。当频率改变时，占空比仍然保持 50%。

脉冲发生器的占空比则可以改变。持续时间很短的脉冲的占空比很小。通常，脉冲发生器在接通周期内给出的功率比方波发生器可能提供的功率要大。持续时间短的脉冲降低了被测元件上的功耗。例如晶体管功率的测量可以用足够短的脉冲来完成，以免结点发热，这样就可以大大减小热对晶体管增益的影响。而每当考察一个系统的低频特性（如对音频系统进行测试）时，便使用方波发生器。如果系统的瞬态响应要一段时间才能稳定下来，则方波要比持续时间短的脉冲更可取。

脉冲的特性和术语如下。

图 18-7 示出了与脉冲有关的一些特性。描述这些特性的技术指标，通常在仪器使用手册或制造厂家提供的技术指标中给出。

脉冲从其正常幅度的 10％增大到 90％所需时间称为上升时间（t_r）；而脉冲从其最大幅度的 90％下降到 10％所需时间称为下降时间（t_f）。通常脉冲的上升和下降时间应比被测电路或元件快得多。

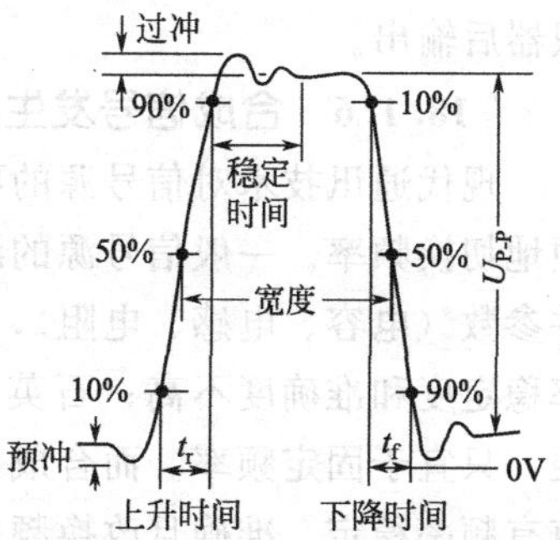

图 18-7　脉冲信号的特性

当起始幅度的上升超过正常值时，便产生过冲。过冲可以像单个尖峰信号那样看出或可能产生振铃。

一些脉冲发生器可以用外加信号进行触发，相反，脉冲发生器或方波发生器的输出则可用来提供外部工作电路的触发脉冲。因此，脉冲发生器的输出触发电路允许触发脉冲在主输出脉冲之前或之后出现。

脉冲发生器的输出阻抗是高速脉冲系统的另一重要考虑因数。这是因为当发生器的原阻抗与连接电缆相匹配时，发生器将吸收外部电路阻抗失配引起的反射。如果发生器与电缆失配，反射信号就会被发生器再一次反射，导致主脉冲上出现虚假脉冲和干扰。

脉冲发生器中使用的电路一般分为两类，即无源（脉冲成形）电路和有源（脉冲产生）电路。在无源电路中，正弦波振荡器被用作基本振荡器，它的输出经过脉冲成形电路，以获得所希望的波形。例如，近似方波可以首先将正弦波放大，然后经过削波来获得。有源发生器一般是张弛振荡器，它利用电容器的充放电动作来控制真空管或晶体管的导通。张弛振荡器的两种常见形式是多谐振荡器和阻塞振荡器。

18.1.5　扫描发生器

扫描发生器是正弦波信号源，它具有以控制状态改变其频率的能力。这种扫描能力使其能在短时间、宽频率范围检查电路，所以扫描发生器通常与示波器和检波器一起，用以确定放大器或其他系统的频率响应。

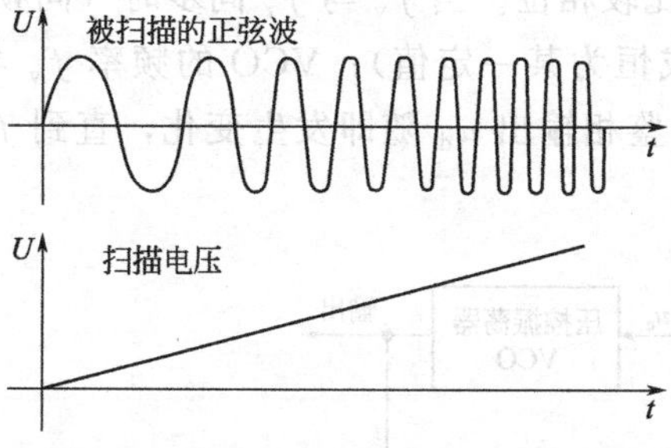

图 18-8　扫频发生器的输出是一频率不断增加的正弦波，扫描电压正比于输出频率

扫频发生器通常以线性方式扫频，但以对数方式扫频的也不少。扫频时，通常提供正比于频率的扫描输出电压，这种输出电压可用来驱动其他仪表，尤其是用于检测频率响应的示波器（扫描电压通常称为 X 驱动输出，因为是用它驱动示波器的 X 轴）。图 18-8 表示随扫描电压扫频的正弦波。图 18-9 是扫频发生器的简化方框图，这是由扫描电压驱动——受电压控制的振荡器（VCO）以产生频率扫描。（VCO）的输出经放大并通过可变衰

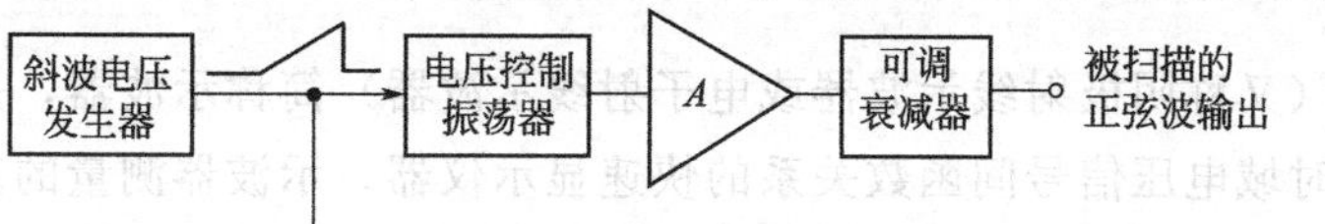

图 18-9　扫频发生器简化方框图

减器后输出。

* 18.1.6 合成信号发生器

现代通讯技术对信号源的要求不断提高，不但要求它的频率稳定、准确，而且要求能方便地切换频率。一般信号源的波形由一个或多个振荡器（如 LC 振荡器）产生，通过改变元件参数（电容、电感、电阻），使振荡器调整到某种频率范围，方便地改变波形频率，但频率稳定度和准确度不高；石英晶体振荡器的频率稳定度和准确度都很高，但改变频率不方便，只宜于固定频率。而合成信号发生器中的频率合成器将这两种振荡器的特点结合起来，兼有频率稳定、准确且改换频率方便的优点。

频率合成器是合成信号发生器的核心部件，它是把一个或几个高稳定的基准频率 f_r（或称参考频率）经加减（混频）、乘（倍频）、除（分频）四则运算，从而在一定的频率范围内获得具有许多频率间隔的离散频率输出，各个输出信号的频率稳定度和准确度与 f_r 相同，图 18-10 是合成信号发生器的原理框图。

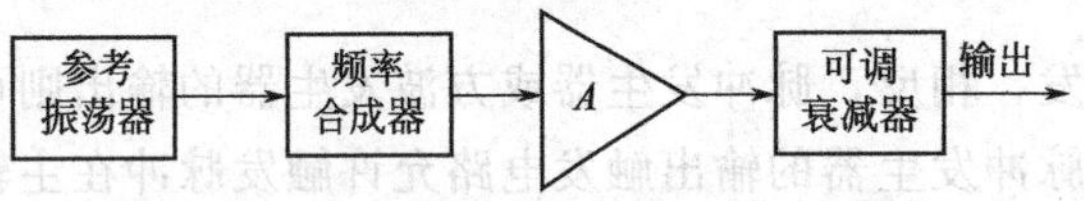

图 18-10　合成信号发生器简化方框图

频率合成器按合成频率的方法，可以分为两类：直接合成法和间接合成法。直接合成法是基准频率经过谐波发生器产生一系列谐波频率，然后对它们进行加减乘除运算，产生所需的频率。直接合成具有频率转换速度快、工作可靠等优点，但它使用大量的混频器、滤波器，电路结构复杂，不利于集成化和标准化，整体体积大、成本高，故实际应用少，而大量使用的是间接合成法。间接合成法又称锁相合成法，它是利用锁相技术对基准频率进行四则运算，使输出频率与基准频率之间保持整数或分数关系。利用锁相合成技术，得到的输出频率具有与基准频率相同的稳定度和准确度，而且可省去大量的混频器、滤波器，易于集成。

锁相环由基准频率源、鉴相器 PD、低通滤波器 LPF、压控振荡器 VCO 四部分组成（图 18-11）。锁相环路可使自激振荡频率自动地锁定到预期的基准频率上。设 VCO 输出的本机频率为 f_v，标准频率源 f_r，f_v、f_r 在鉴相器中比较相位。当 f_v 与 f_r 同步时（同频、相位差保持一常数），鉴相器输出误差电压 $u_d=0$（或恒为某一定值）；VCO 的频率 f_v 与 f_r 失步时，两信号的相位差不是常数，即失锁状态，鉴相输出 u_d 随即发生变化，直到 f_v 与 f_r 再次同步，达到新的锁定为止。

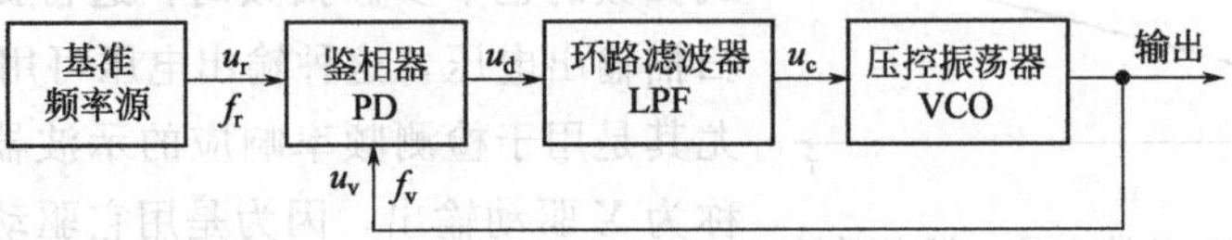

图 18-11　锁相环基本框图

18.2 电子示波器及其应用

电子示波器（又称阴极射线示波器或电子射线示波器）简称示波器，是可观测时域电压信号波形和某两时域电压信号间函数关系的快速显示仪器。示波器测量的基本量是电压，配以辅助设备、测量（转换）电路等条件，还可观测其它电信号、电参数和非电物理量。示波器的应用范围相当广泛，几乎所有的电气测量都可以用它显示结果。

18.2.1　示波器的基本原理

(1) 示波器的组成

示波器主要由示波管、垂直放大器（简称Y放大）及其偏转板、水平放大器（X放大）及其偏转板、延迟线、扫描（时基）发生器、触发电路和电源等功能电路单元组成。图18-12为通用示波器的原理框图，它展现了示波器各功能电路单元工作的谐调关系。

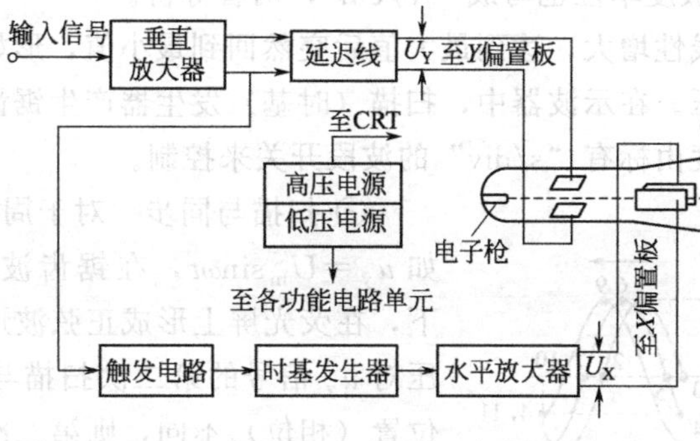

图18-12　通用示波器原理框图

(2) 示波器的示波原理

① 示波管　示波管的基本结构如图18-12所示，它的电子枪、偏转系统和荧光屏全部密封在真空玻璃外壳内。电子枪阴极产生的热电子在聚焦、加速电极电源作用下产生一精确聚焦的电子束，并加速使其达很高速度射向涂覆有荧光物质的屏幕，最终在荧光屏上产生一小亮（光）点。

② 电子束的偏转　电子束射向荧光屏的运动过程中，穿过一组垂直偏转板和一组水平偏转板（图18-12），当偏转板施加偏转电压U_Y或（和）U_X时，进入偏转板的电子束便受到电场力的作用发生偏转而产生位移，且位移和偏转板间电位差U_Y（或U_X）成正比。当只有交变的被测信号经垂直放大器加到垂直偏转板上时，电子束仅在垂直方向上偏转而形成一条垂直亮线，其长短反映被测信号的幅度（强弱），见图18-13(a)；而仅有锯齿波信号经水平放大器加至水平偏转时，电子束只在水平方向偏转而作往返运动即扫描，电子束的扫描运动形成一条水平扫描亮线，见图18-13(b)。由于锯齿波信号的幅值与时间成正比，所以屏幕上的水平轴就变成了时间轴（故这种水平直线也称“时间基线”或“时基”）。当上述两信号同时存在时，垂直轴的被测信号便被锯齿波信号沿水平时基轴方向展开了，于是在屏幕

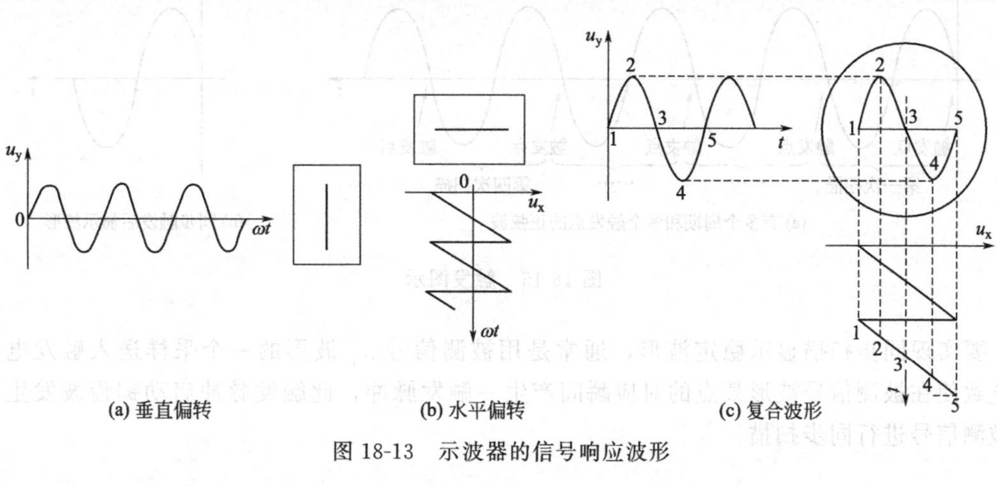

(a) 垂直偏转　(b) 水平偏转　(c) 复合波形

图18-13　示波器的信号响应波形

上展现出随时间连续变化的被测信号波形，[见图 18-13(c)]。

示波器的偏转灵敏度较低，若被测信号微弱，就必须用放大器放大，使之达到足够大的电平后，再去驱动电子束在示波管内做垂直偏转。为观测不同大小的被测信号，应相应调整垂直放大器的增益；亦即选择适当的灵敏度。垂直放大器的增益由经过校准的灵敏度选择开关“V/div”设置，此开关各档表示荧光屏上每一大格能显示电压的幅值，一般每一大格为边长 1cm 的正方形，所以灵敏度单位也写成“V/cm”，两者等价。

锯齿波电压幅度随时间线性增大，达到最大值后突然回到最小值，形如锯齿，随后周期地重复，因此又称为扫描电压。在示波器中，扫描（时基）发生器产生锯齿波电压。锯齿波电压的上升速率亦即扫描速度由标有“s/div”的波段开关来控制。

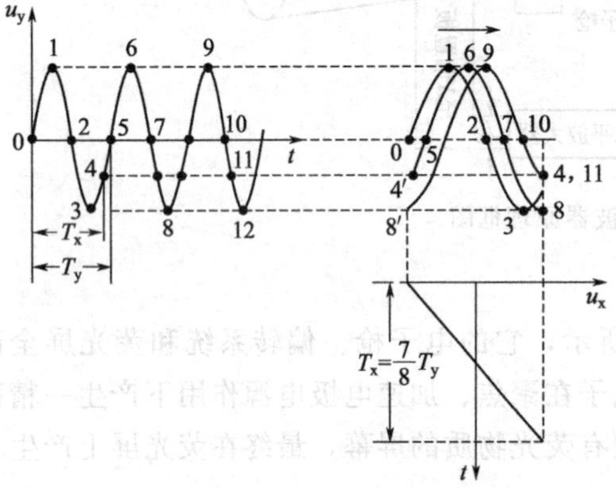

图 18-14 $T_x=(7/8)T_y$ 的显示图形

③ 扫描与同步 对于周期性被观测信号，如 $u_y=U_m\sin\omega t$，在锯齿波扫描电压的作用下，在荧光屏上形成正弦波形，如果锯齿波电压对 u_y 信号的第二次扫描与第一次描的起点位置（相位）不同，则第二次形成的正弦波形与第一次形成的正弦波形不重复，即波形不稳定（见图 18-14）。为了使被观测周期信号在荧光屏的确定位置上重复出现形成稳定波形，就要求锯齿波扫描信号与被测信号同步，即被观测信号周期 T_y 是锯齿波信号周期（扫描周期）T_x 的整数倍（$T_y=nT_x$，n 为正整数），这样便能在被观测信号不同周期的相同点启动（触发）扫描电压，以保证每个扫描周期显示的波形完全重复，即同步扫描，见图 18-15。如果被观测信号和扫描信号不同步，其波形将在屏幕上向左或右移，呈现不稳定图形，图 18-14 是对这种情况的说明。这里 $T_y/T_x=8/7$，在第一扫描周期内，屏上仅显示正弦信号不足一周期的 0～4 点之间的部分；第二扫描周期显示 4～8 点间部分，起点 4′；第三扫描周期显示 8～11 点间部分，起点在 8′处。可见，屏幕上显示的波形都不重叠，对观测者而言信号波形好像在右移。同理，当 T_x 稍大于 T_y 时，波形会像似左移。

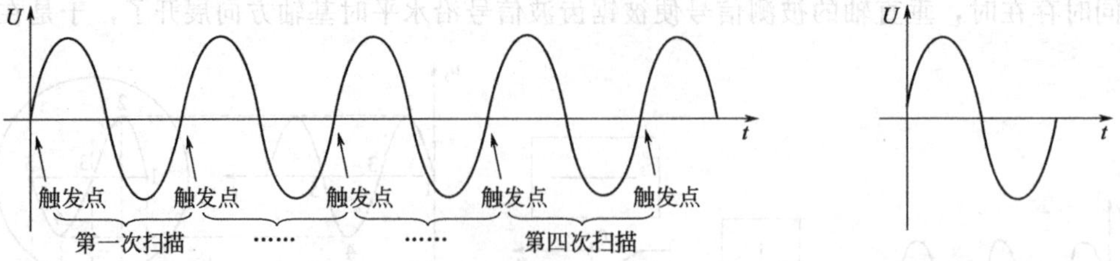

(a) 有多个周期和多个触发点的正弦波

(b) 同步触发后显示波形

图 18-15 触发图示

要实现同步扫描显示稳定波形，通常是用被测信号 u_y 波形的一个采样送入触发电路，由此致使在被测信号波形某点的对应瞬间产生一触发脉冲，此触发脉冲启动锯齿波发生器，对被测信号进行同步扫描。

18.2.2 示波器主要技术指标

(1) 频率响应范围

示波器对输入的不同频率的被观测信号的衰减作用不同，其频率响应范围是指输入（被观测）信号在屏幕上所显示图像幅度的下降（衰减）不超过3dB（分贝）的频率区域——上限频率 f_H 与下限频率 f_L 之差。由于示波器的 $f_H \gg f_L$，故频率响应范围仅用 f_H 表示。示波器的频率范围越宽，其应用范围越广。

(2) 扫描速度

扫描速度即光点水平移动速度，其单位是 div/s 或 cm/s。为观测不同频率的信号，必须以相应速度扫描。扫描速度越高，示波器展开高频信号或窄脉冲信号波形的能力越强；反之，对缓慢变化的信号，则要求以相应的低速扫描。所以示波器的扫描速度范围越宽越好。

(3) 输入阻抗

由其输入端口测得的直流电阻 R_i 和与之并联的电容 C_i 表示。显然，R_i 越大，C_i 越小，亦即输入阻抗越大，则示波器对被观测信号电路影响越小。

(4) 偏转灵敏度

偏转灵敏度是指光点在屏幕上偏转单位长度所对应无衰减被观测信号电压峰-峰值的大小（mV/cm），它体现示波器观测微弱信号的能力，其值越小，偏转越灵敏。一般示波器的偏转灵敏度每厘米几毫伏。

(5) 时域响应指标

时域响应指标是指示波器电路在方波脉冲输入作用下的响应特性：上升时间，下降时间，上冲，下冲，预冲及下垂等参数。其物理意义见图18-16。此图为输入标准方波脉冲信号的显示波形。其中上升时间 t_r 是正向脉冲前沿从基本幅度 A 的10%上升到 A 的90%所需的时间；下降时间 t_f 为正向脉冲后沿幅度 A_1 的90%下降至 A_1 的10%的时间；上冲 S_0 表示脉冲前沿的上冲量 b 与 A 之比（以百分数表示），即

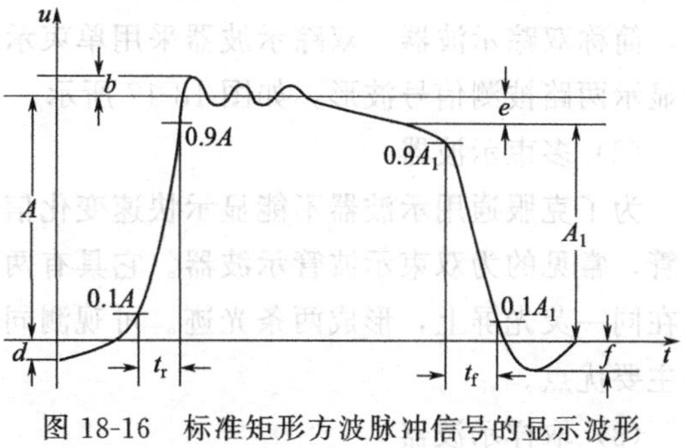

图18-16 标准矩形方波脉冲信号的显示波形

$$S_0=(b/A)\times100\% \qquad (18\text{-}6)$$

下冲 S_n 是脉冲后沿的下冲量 f 与 A 之比（以百分数表示），即

$$S_n=(f/A)\times100\% \qquad (18\text{-}7)$$

预冲 S_p 定义为方波脉冲阶跃之前的预冲量 d 与 A 之比的百分数，即

$$S_p=(d/A)\times100\% \qquad (18\text{-}8)$$

而下垂 δ 则定义为脉冲平顶部分倾斜度 e 与 A 之比的百分数，即

$$\delta=(e/A)\times100\% \qquad (18\text{-}9)$$

一般示波器说明书只给出 t_r 和 S_0 的值。由于示波器中的放大器单元是线性网络，放大器的频宽 f_B 与上升时间 t_r 间有确定的内在关系：$f_Bt_r\approx350$。对示波器而言，其放大器的频带宽度 f_B 与工作频率上限（亦即频率响应范围）f_H 是一致的。

(6) 输入耦合选择

示波器输入端设置 AC-DC 转换开关，作为测量交直流信号耦合选择使用，见图18-17。

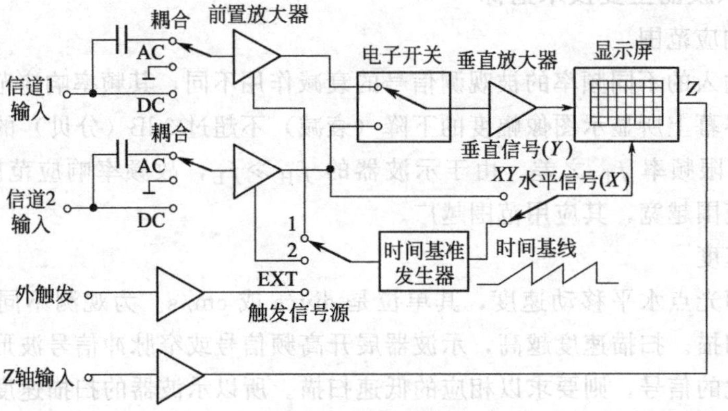

图 18-17　双踪示波器原理框图

18.2.3　示波器的分类

1931 年，第一台示波器问世，目前示波器已发展为门类齐全、品种繁多的电子仪器，其发展趋势为高频率、高灵敏度、多功能、小型化、集成化、数字化和智能化。

按性能结构特点，示波器可以分为以下几类。

(1) 通用示波器

通用示波器是如图 18-12 所示由单束示波管按一般原理组成，可实时地显示被测时域信号的波形并对其定性定量观测的常见示波器。早期的通用示波器是单束（线）单踪（迹）式的，即只能观测一路信号，现在通用示波器已为单束多踪式的，最常见的是单束双踪示波器，简称双踪示波器。双踪示波器采用单束示波管并利用电子开关，能以交替或断续方式同时显示两路被测信号波形，如图 18-17 所示。

(2) 多束示波器

为了克服通用示波器不能显示快速变化信号的弱点，出现了多束示波器，即采用多束示波管，常见的为双束示波管示波器。它具有两套独立的垂直系统和水平系统，使两束电子射线在同一荧光屏上，形成两条光迹。可观测同时出现的多个快速单次瞬变信号是多束示波器的主要优点。

(3) 取样示波器

取样示波器是将被测高频信号经取样变换成保持原有信号特征的低频信号，然后再以类似通用示波器的方式进行显示，可扩展 Y 通道带宽达 1000MHz 以上。

(4) 记忆和存储示波器

这类示波器具有记忆、存储信息功能。采用记忆示波器记忆信号的称为记忆示波器；利用数字存储器存储波形信息的称数字存储示波器。这类示波器特别适用于单元瞬变过程和非周期信号。

(5) 特殊示波器

特殊示波器为具有特殊功能部件用于特殊场合的专用示波器，如矢量示波器、高压示波器、电视示波器等。

(6) 智能示波器

智能示波器是随着微处理器和计算机技术的发展而出现并仍在迅速更新的一类新型示波器。最新的智能示波器是将微处理器植入普通示波器使其具有控制操作和计算的功能，能自动操作、自动校准数字化处理被测信号、数字存储并可将测量结果同时以字形和波形显示出的智能化程度较高的示波器。最新型、更高级智能示波器的构成特点则是示波器电路装入微型计算机，即采用模/数转换和数字处理技术制成的示波卡（示波器电路板）插入微型计算机，使微型计算机具有的强大功能成功地应用于波形测试领域。这种微机型智能示波器功能更齐全，性能更先进。

18.2.4 示波器的应用

示波器测量的基本量是电压，若要用示波器观测其它量，都必须先将其转换成电压。

示波器在使用之前，必须用示波器的内附的校准信号（1kHz，0.5V）对示波器的垂直增益和水平时基校准。

（1）正弦波观测

图 18-18 是示波器示出的一正弦波的标准波形，由此可定出通常正弦波的各种参数。垂直分度确定电压数据：正弦波的峰-峰值（占 4div）电压 $U_{P-P}=0.5V/div\times 4div=2V$；幅值电压 $U_{0-P}=U_{P-P}/2=2V/2=1V$；电压有效值 $U=0.707U_{0-P}=0.707\times 1V=0.707V$。水平刻度（或时间刻度）确定波形周期和频率：图中波形周期（占水平 8div）$T=200\mu s/div\times 8div=1.6ms$；信号频率 $f=1/T=1/1.6ms=625Hz$。

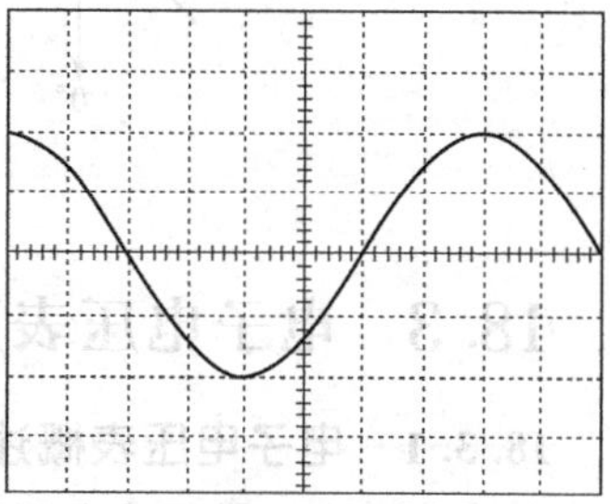

图 18-18 示波器观测正弦波电压

垂直灵敏度=0.5V/div；

时间基线=200μs/div

（2）相位测量

① 波形比较法（时基法） 垂直通道 Y_1、Y_2 分别加同频率的正弦波，测得波形如图 18-19(a)，则可根据两信号波形在 X 轴方向的距离，测得两信号的相位差 φ，即

$$\varphi=360°\times\frac{\Delta T}{T}=360°\times\frac{AB}{AC} \qquad (18\text{-}10)$$

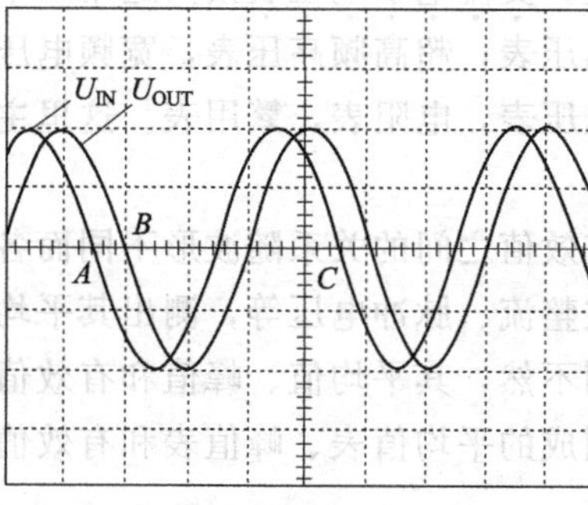

(a) 波形比较法

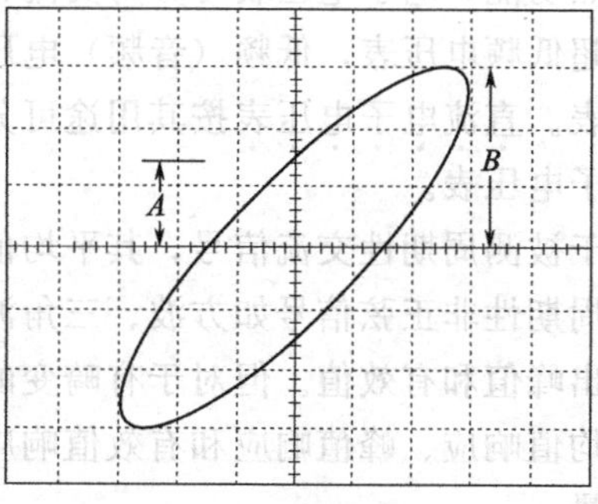

(b) 椭圆法

图 18-19 相位测量

② 椭圆法-李萨如法 将两同频率、相位差为 φ 的正弦波电压分别加到示波器的 X 轴和 Y 轴，则荧光屏上显示图 18-19(b) 的椭圆图形，这样

$$\varphi=\arcsin\left(\frac{A}{B}\right) \qquad (18\text{-}11)$$

特别地，当 $\varphi=0°$、$\varphi=180°$，椭圆变成 45°、135°斜线；$\varphi=90°$、$\varphi=270°$时，椭圆变成正椭圆或圆（等幅信号），图 18-20 所示。

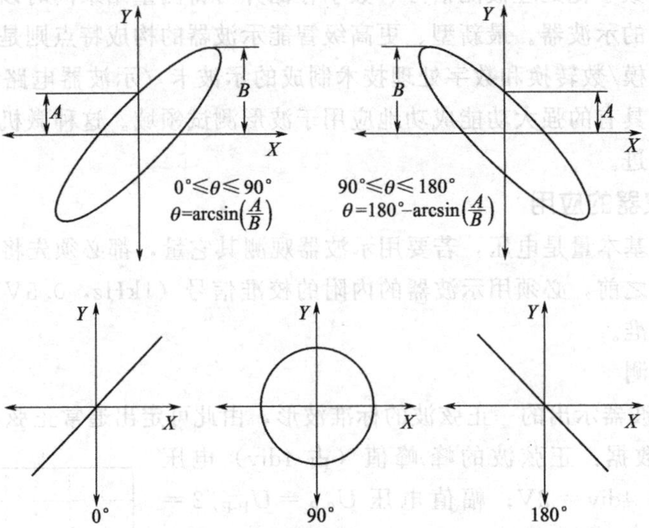

图 18-20　李萨如法测相位特殊情况

18.3　电子电压表及其应用

18.3.1　电子电压表概述

电子电压表（模拟式电子电压表或指针式电子电压表）是由整流（也称检波）与放大电路单元组成测量电路，磁电系测量机构作指示器的指针式仪表。与普通机电式电压表相比，电子电压表增加了放大环节，因而具有灵敏度高、输入阻抗高、工作频率范围宽和能测量多种典型波形周期性电压及含畸变（失真）正弦电压等诸多优点。此外，电子电压表结构简单、价格低廉，使用维护方便，因而得到广泛应用。

按照功能，电子电压表可分为交流和直流两大类。交流电子电压表按其适用频率范围可分为：超低频电压表，低频（音频）电压表，高频电压表，超高频高压表，宽频电压表，选频电压表。直流电子电压表按其用途可分为：直流电压表，电阻表，繁用表。这里主要介绍交流电子电压表。

对于被测周期性交流信号，其平均值、峰值、有效值之间的关系随波形不同而各异。各种典型周期性非正弦信号如方波、三角波、正弦全波整流、脉冲电压等，测出其平均值，便可换算出峰值和有效值。但对于有畸变的正弦电压则不然，其平均值、峰值和有效值只能用具有平均值响应、峰值响应和有效值响应的整流器制成的平均值表、峰值表和有效值表分别进行测量。

18.3.2　电子电压表的整流原理

(1) 平均值整流器

① 整流原理　平均值整流器亦称为均值整流器，其输出电流正比于输入电压的平均值。常用的均值整流电路如图 18-21 所示，无论哪种整流电路都要求电路的时间常数很小。

图 18-21(a) 为半波式整流器的原理电路。在被测电压的正半周，二极管 D_1 导通，正半周电流流过测量机构。负半周没有电流通过测量机构，二极管 D_2 为负半周电流提供通路，以保持电路正、负半周的输入阻抗相等。设被测的电压 $u_x=U_m\sin\omega t$，D_1 正向电阻为 R_D，则此整流电路流过磁电系测量机构输出电流的平均值为

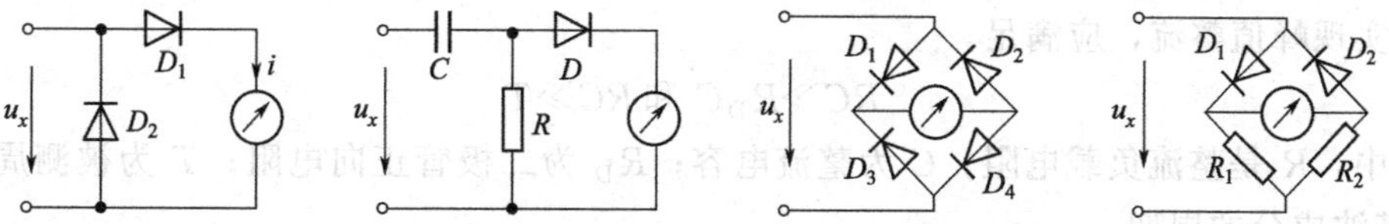

(a) 半波式原理电路　(b) 半波式实用电路　(c) 全波式原理电路　(d) 全波式实用电路

图 18-21　平均值整流电路

$$\overline{I}_0=\frac{1}{T}\int_0^{T/2} i\,\mathrm{d}t=\frac{1}{2\pi R_\mathrm{D}}\int_0^{\pi} U_\mathrm{m}\sin\omega t\,\mathrm{d}\omega t=\frac{1}{R_\mathrm{D}}\overline{U}_{1/2} \tag{18-12}$$

式(18-12) 表明，$\overline{I}_0$ 与被测量电压 u_x 半波平均值 $\overline{U}_{1/2}$ 成正比。

将图 18-21(a) 中的 D_2 换成电阻 R，且在整流回路串入隔直电容 C，就得到半波整流器实用电路 18-21(b)。

图 18-21(c) 为全波桥式平均值整流器原理电路。正半周时，D_1、D_4 导通；负半周时，D_2、D_3 导通。在 D_1～D_4 反向电阻足够大（反向电流可忽略），正向电阻均为 R_D 的条件下，该整流电路测量机构指针偏转反映的平均电流为

$$\overline{I}_0=\frac{1}{T}\int_0^{\mathrm{T}}\frac{|u_\mathrm{x}(t)|}{2R_\mathrm{D}+R_\mathrm{g}}\mathrm{d}t=\frac{\overline{U}}{2R_\mathrm{D}+R_\mathrm{g}}\propto\overline{U} \tag{18-13}$$

式中，R_g 为测量机构内阻。式(18-13) 表明，这种整流器的输出电流平均值（指示值）正比于输入电压的平均值，且与波形无关。

图 18-21(d) 为全波平均值整流器实用电路。其中的电阻也可改变为电容。

② 应用实例　图 18-22 为 JB-F1 型晶体管毫伏表中整流器的原理电路，可见，它与图 18-21(d) 整流电路一样。D_3、C_2 的作用是保护表头并旁路交流成分。

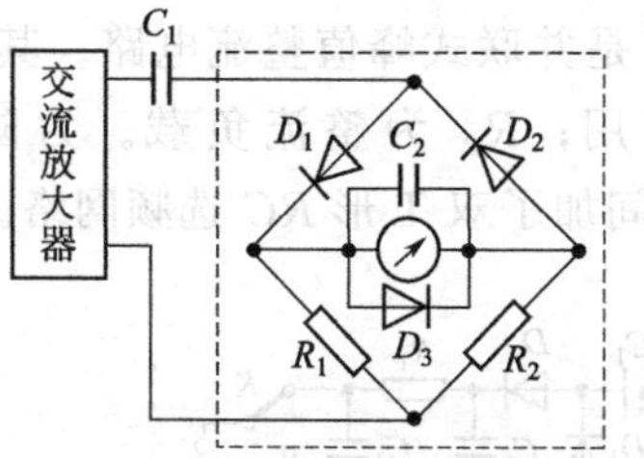

图 18-22　JB-F1 毫伏表的整流器

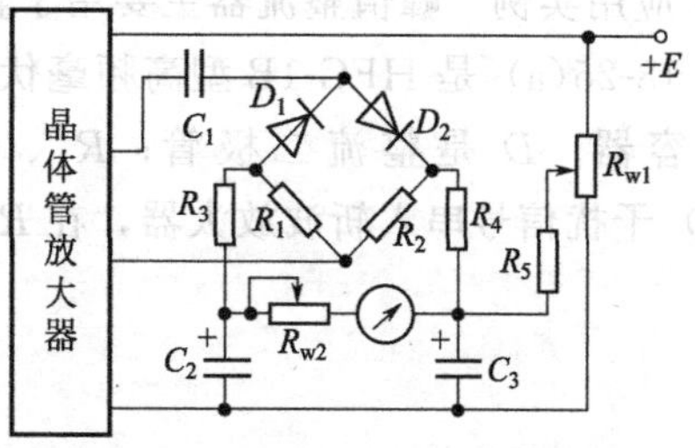

图 18-23　DA-16 型毫伏表的整流器

图 18-23 是 DA-16 型晶体管毫伏表整流器的原理电路，与图 18-21(d) 相比，只增设了调零电位器 R_w。测量前，先短路两测试笔，通过调 R_w 使表针指零。

（2）峰值整流器

① 整流原理　输出直流电流正比于输入交流电压峰值的整流器称为**峰值整流器**。峰值整流器主要有串联（开路）式，并联（闭路）式和倍压整流（峰-峰值整流）式三种类型，其原理电路示于图 18-24 中。

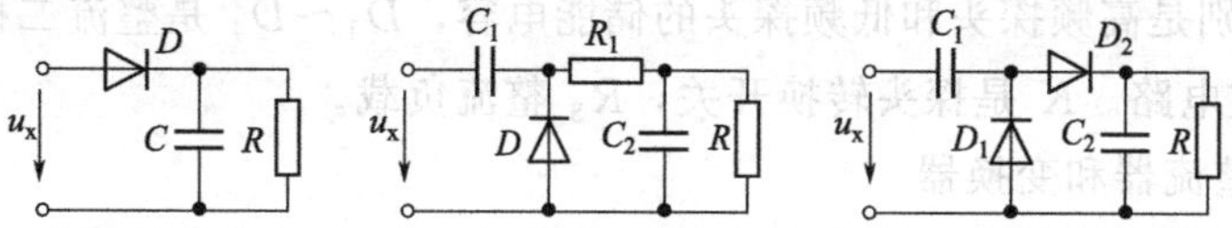

(a) 串联式　(b) 并联式　(c) 倍压整流式

图 18-24　峰值整流器

要实现峰值整流，应满足

$$RC \gg R_D C \text{ 和 } RC \gg T \tag{18-14}$$

式中，R 是整流负载电阻；C 为整流电容；R_D 为二极管正向电阻；T 为被测周期性电压 u_x 基波成分的周期。

几种整流电路形式虽不同，但工作原理基本一致，都是利用整流电容 C 的充电过程快、而放电过程慢的特性，结果使 C 的平均电压 U_C 近乎等于被测电压的峰值（或峰-峰值 U_{P-P}）。

在式(18-14) 成立条件下，串、并联式峰值整流器的输出电压、输出电流的平均值分别为

$$\overline{U}_R = \overline{U}_C = \frac{1}{T}\int_0^T u_C(t)\,dt \approx U_m \tag{18-15}$$

$$\overline{I}_R = \frac{\overline{U}_R}{R} \approx \frac{1}{R} U_m \propto U_m \tag{18-16}$$

式中，$u_C(t)$ 为整流电容上的瞬时电压；U_m 为被测信号 u_x 的峰值（幅值）。

倍压整流器的输出电压和输出电流的平均值分别为

$$\overline{U}_R = 2\overline{U}_C = \frac{2}{T}\int_0^T u_C(t)\,dt \approx 2U_m \tag{18-17}$$

$$\overline{I}_R = \frac{\overline{U}_R}{R} \approx \frac{2}{R} U_m \propto 2U_m \tag{18-18}$$

式(18-16) 和式(18-18) 表明，峰值、峰-峰值整流器输出电流（指示值）正比于输入电压的峰值、峰-峰值。

② 应用实例　峰值整流器主要用于整流-放大式电压表中。

图 18-25(a) 是 HFG-1B 型高频毫伏表的整流器，是并联式峰值整流电路。其中 C_1 是储能电容器；D 是整流二极管；R_1、C_2 起滤波作用；R_2 为整流负载。为防止工频（50Hz）干扰信号串入斩波放大器，在 R_2 与斩波器之间加了双 T 形 RC 选频网络。

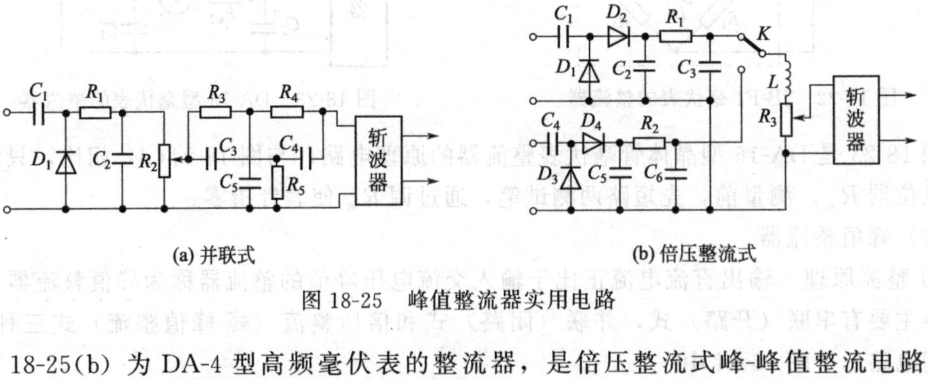

图 18-25　峰值整流器实用电路

图 18-25(b) 为 DA-4 型高频毫伏表的整流器，是倍压整流式峰-峰值整流电路。C_1、C_2 与 C_4、C_5 分别是高频探头和低频探头的储能电容，$D_1 \sim D_4$ 是整流二极管，R_1、C_3 和 R_2、C_6 组成滤波电路。K 是探头转换开关，R_3 整流负载。

(3) 有效值整流器和变换器

有效值整流器和变换器有二极管平方律式整流器、分段逼近式整流器、热电式变换器和模拟运算电路式变换器四种。

① 二极管平方律式整流器 能响应周期性任意波形电压的有效值的整流器称为有效值整流器，其输出电流正比于输入电压的有效值。即有效值整流器电路必须能实现先将输入电压平方、然后再求平方电压均值的平方根值的运算（即方均根值）。

二极管在低电压时表现出相当精确的平方律关系（$i=ku^2$）。但一般二极管的平方律特性区很窄，而且相同型号的不同二极管的特性也不完全一样，其特性不易控制，所以单二极管平方律整流器很少采用。

② 分段逼近式整流器 图 18-26(a) 是一种四折线逼近平方律曲线的原理电路。设各偏置电压间满足：$E_1<E_2<E_3$，且 D_1、D_2 和 D_3 均可当作理想二极管看待。此电路的工作原理是：当 $0<u<E_1$ 时，D_1、D_2 和 D_3 都截止，i 只流过电导 G_0，$u\sim i$ 关系对应于折线段 OA [见图 18-26(b)]；当 $E_1<u<E_2$ 时，D_1 导通，此时 i 通过“G_0+G_1”，$u\sim i$ 改沿斜率为（G_0+G_1）的折线段 AB 变化；当 $E_2<u<E_3$，D_2 也导通，i 流过“$G_0+G_1+G_2$”，$u\sim i$ 改沿斜率为（$G_0+G_1+G_2$）的折线段 BC 变化；$u>E_3$，所有二极管均导通，四个电导中均有电流流过，此时，$u\sim i$ 符合以（$G_0+G_1+G_2+G_3$）为斜率的折线段 CD。可见，这种形式的电路的伏安特性与整个平方律特性已十分接近。即图 18-26 这种多折线分段逼近平方律特性电路能较好地实现 u-i 关系的模拟平方变换。

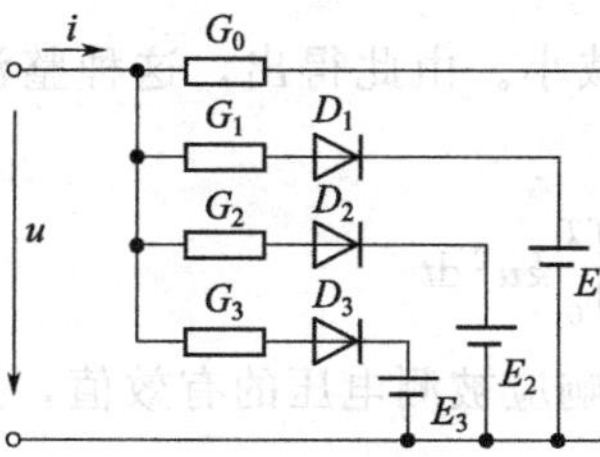

(a) 模拟电路

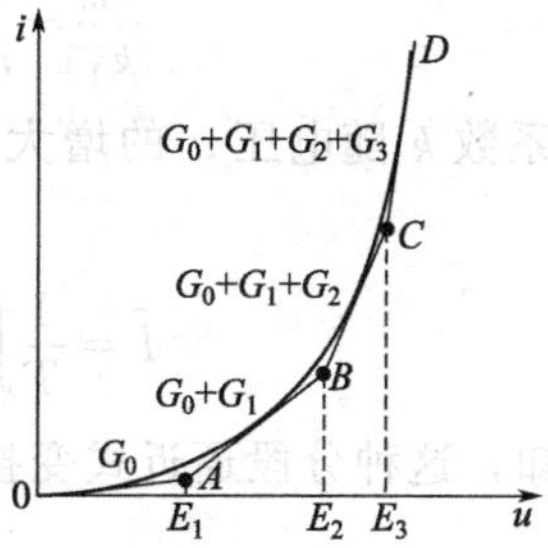

(b) 四折线分段逼近平方律曲线

图 18-26 多折线分段逼近平方律特性的电路和曲线

图 18-27 所示为一个实用的分段逼近式整流电路。这里设置偏置电压的方法是在电路中接一个容量足够大的电容器 C_2，利用它在被测电压（或电流）作用下的充电来提供偏置电压。只要电容放电回路的时间常数与被测交变电压的周期 T 相比足够大，则对某输入电压 u_1 [被测电压 $u_x(t)$ 全波整流结果]，C_2 将充电到一定的电压值 U_{b1} 并基本保持不变；结合分压电路（R_4、R_5 和 R_6）的作用，就可获得所需要的各个变斜率点 A、B、C 的电压值 U_{b1}、U'_{b1}、U''_{b1}（见图 18-28），从而起到了图 18-26 中各偏置电压源 E_1、E_2 和 E_3 的作用。若被测电压变了，其全波整流电压也随之改变，设以 u_2 为代表，于是电容 C_2 充电到另一电压值 U_{b2}，相应地平方律逼近线路由原来进行 $i_1=k_1u_1^2$ 的变换改为模拟另一平方律特性曲线 $i_2=k_2u_2^2$（见图 18-28）。由此可见，由于充电电容 C_2 所起的上述“浮动偏置电压”作用，是平方律逼近电路部分随输入电压的改变成功地逼近一簇理想的平方律特性曲线：

$$i_1=k_1u_1^2,i_2=k_2u_2^2,\cdots,i_n=k_nu_n^2 \tag{18-19}$$

这是一组变系数的非线性曲线，其中每一条都对应于一个不同于另一条的被测电压的具体值。

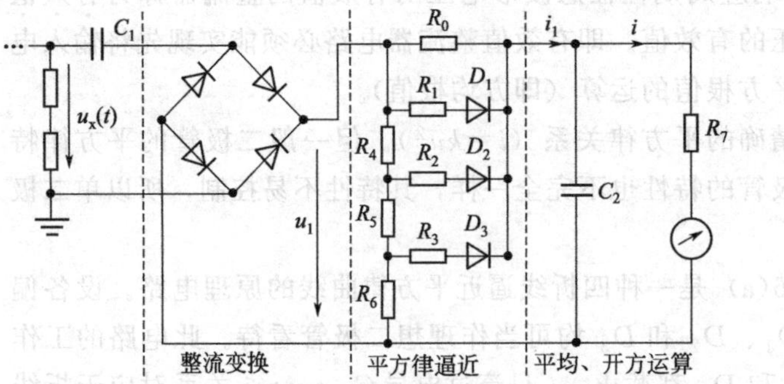

图 18-27 分段逼近式有效值变换器实用原理电路

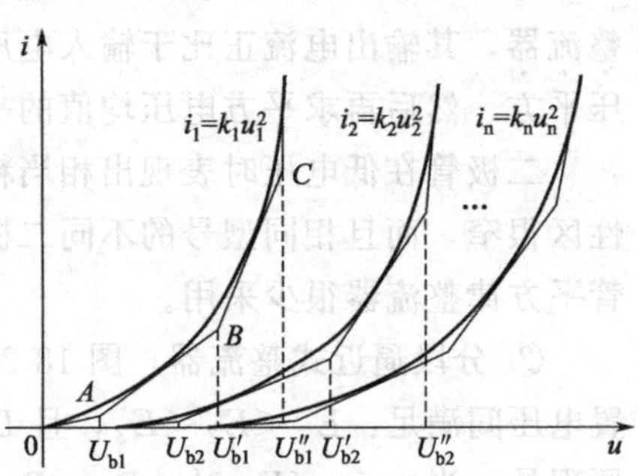

图 18-28 分段逼近平方律曲线簇示意图

这种整流器独特的平方律分段逼近式电路设计保证使式(18-20) 成立

$$\frac{i_m}{i_1}=\frac{u_m}{u_1} \quad m=2,3,\cdots,n \tag{18-20}$$

这意味着式(18-19) 中的系数 k_m ($m=1$, 2, 3, …, n) 是随输入电压而变且与其成反比的常数，即

$$\frac{k_m}{k_1}=\frac{u_1}{u_m} \quad m=2,3,\cdots,n \tag{18-21}$$

即平方律特征性系数 k 随电压 u 的增大而相应地减小。由此得出，这种整流器输出电流的平均值为

$$\overline{I}=\frac{1}{T}\int_0^T i\,\mathrm{d}t=\frac{1}{T}\int_0^T ku^2\,\mathrm{d}t \tag{18-22}$$

结合图 18-28 可知，这种分段逼近式变换器能直接响应被测电压的有效值，且其标尺刻度是均匀的。

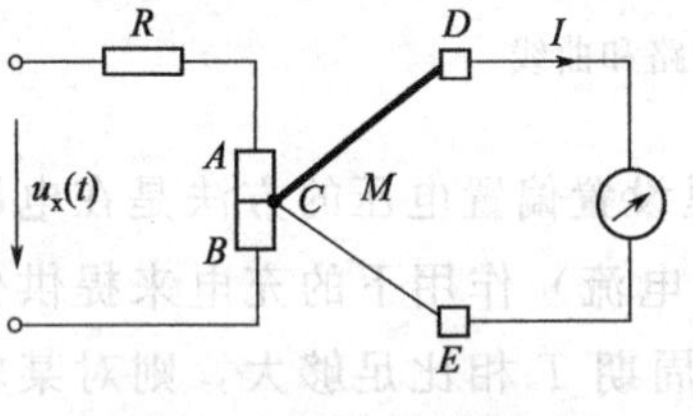

图 18-29 热电转换原理

③ 热电式变换器 根据有效值定义，在一个周期内通过纯电阻负载所产生的热量与直流电压在同一负载上产生的热量相等时，该直流电压就是交流电压的有效值。实用中利用热电偶作检测元件实现有效值电压变换，其原理见图 18-29，图中 M 为热电偶，C 是热电偶的热端与加热电阻元件 AB 接触，D、E 是热电偶的冷端。当被测电压加于电阻元件 AB 后，AB 升温，热电偶热端 C 的温度高于冷端温度，从而产生热电动势，结果有正比于热电动势的直流电流 I 通过磁电系测量机构。由于热电动势正比于热端、冷端的温差，而热端温度又与加在电阻元件 AB 上的被测电压的有效值的平方成正比，所以直流电流 I 便与被测电压有效值的平方 U_x^2 成正比。设法将测量机构的输出进行开平方运算，便可以得到被测电压的有效值 U_x。

④ 模拟运算电路式变换器 利用模拟运算电路可很方便地实现电压有效值响应，其原理见图 18-30。按电压有效值的定义，此电路的第一级将模拟乘法器接成平方器形式，其输出电压正比于被测电压的平方；第二级是积分器；第三级将积分器输出的 $1/T$ 进行开方运

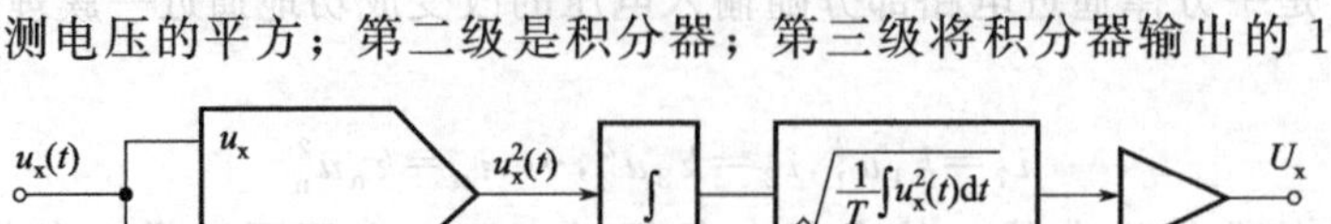

图 18-30 模拟运算式有效值变换器

算，其输出便正比于被测电压的有效值U_x。

18.3.3　电子电压表的基本结构与特点

电子电压表的电路结构可分为两种组成形式：检波-放大式和放大-检波式，如图18-31所示。

检波-放大式电子电压表［图18-31(a)］，先将被测交流信号整流成直流信号，然后作直流放大，结果由磁电系测量机构指示。这种电压表先整流后放大，故被测信号的频率不受放大器工作范围所限，因而具有很宽的工作范围（上限频率可达1000MHz），高频和超高频电子电压表多采用这种电路结构。其缺点是不能进行阻抗变换，输入阻抗低，直流放大级数不宜多，因而灵敏度不很高，最小量程是毫伏级。这种电压表不仅能测交流电压，而且还可以测直流电压和电阻等，故又称为电子式繁用表。

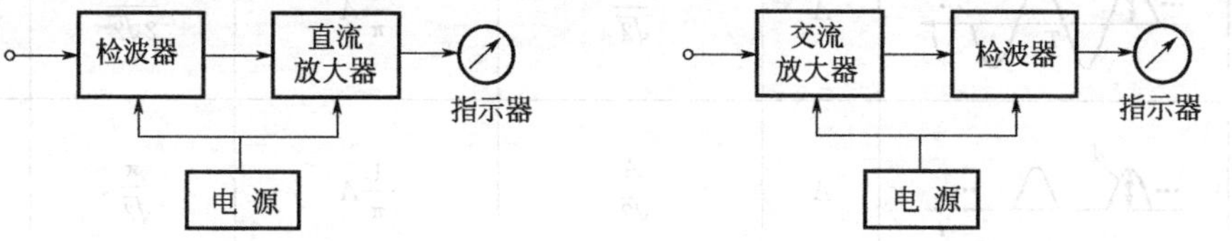

(a) 检波-放大式(繁用表)　　(b) 放大-检波式(毫伏表)

图18-31　电子电压表的电路结构框图

放大-检波式电子电压表［图18-31(b)］，先用放大器将被测的信号预先放大（多级交流放大），提高灵敏度，检波器对放大的信号整流，避免了因检波器的非线性产生的失真；由于放大器之前有阻抗变换器，输入阻抗很高；这些优点对测量小信号有利，可测量范围几微伏到数千伏电压，灵敏度很高，故又称为晶体管毫伏表。其缺点是受交流放大器带宽的限制，工作频率范围较窄，一般为2Hz～10MHz。这种电压表仅用于测量交流电压。

18.3.4　电子电压表的应用

(1) 电子电压表的刻度

① 平均值表　实际应用中多使用平均值整流器制成的电压表，它的响应（偏转）取决于被测电压整流后的平均值，但这种表却通常按正弦波的有效值刻度。因此，对半波整流式平均值电压表而言，在测量理想的正弦电压时，仪表指示值U_a，被测电压有效值U、定度系数K之间的关系，根据式(18-12)有

$$U_a = U = K\overline{U}_{1/2} \tag{18-23}$$

由波形因数的定义$K_f = U/\overline{U}$（$=\pi/2\sqrt{2}$，正弦波）和正弦条件下$\overline{U} = 2\overline{U}_{1/2}$，得

$$K = 2K_f = 2\times\pi/(2\sqrt{2}) = \pi/\sqrt{2} \approx 2.22 \tag{18-24}$$

仿上可得由全波整流器制成的电压表的定度系数K'为

$$K' = K_f = \pi/(2\sqrt{2}) \approx 1.11 \tag{18-25}$$

即有

$$U_a = U = K'\overline{U} = 1.11\overline{U} \tag{18-26}$$

② 峰值表　峰值电压表的响应（偏转）取决于被测电压的峰值，但也按正弦电压有效值刻度。因此，在测量理想正弦电压条件下，仪表指示值U_a，被测电压有效值U，定度系数K''的关系，根据式(18-16)有

$$U_a=U=K''U_m \tag{18-27}$$

由波峰因数的定义 $K_p=U_m/U$ 和正弦波的 $K_P=\sqrt{2}$ 得

$$K''=1/K_P=1/\sqrt{2} \tag{18-28}$$

③ 有效值表　有效值表按有效值刻度。故其定度系数等于 1。

几种典型电压（电流）的波形参数示于表 18-1 中。

表 18-1　几种典型电压（电流）的波形参数

名称	波形	峰值 U_m	有效值 U $U=\sqrt{\frac{1}{T}\int_0^T u^2 dt}$	平均值 $\overline{U}=\frac{1}{T}\int_0^T \lvert u \rvert\, d$	波形因数 $K_f=U/\overline{U}$	波峰因数 $K_P=U_m/U$
正弦波	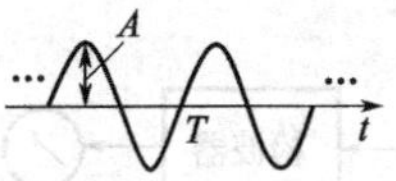	A	$\frac{A}{\sqrt{2}}$	$\frac{2}{\pi}A$	$\frac{\pi}{2\sqrt{2}}$	$\sqrt{2}$
半波整流波	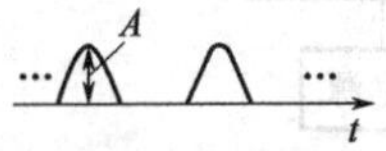	A	$\frac{A}{\sqrt{2}}$	$\frac{1}{\pi}A$	$\frac{\pi}{\sqrt{2}}$	2
全波整流波	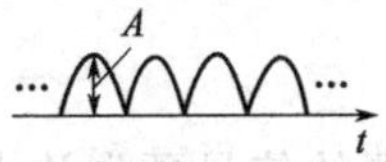	A	$\frac{A}{\sqrt{2}}$	$\frac{2}{\pi}A$	$\frac{\pi}{2\sqrt{2}}$	$\sqrt{2}$
三角波	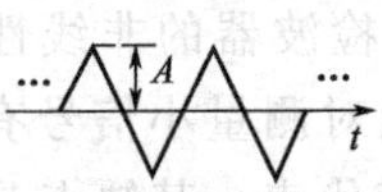	A	$\frac{A}{\sqrt{3}}$	$\frac{A}{2}$	$\frac{2}{\sqrt{3}}$	$\sqrt{3}$
方波	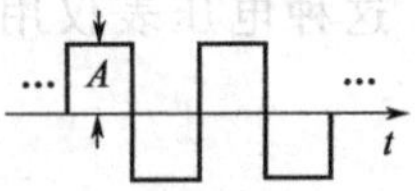	A	A	A	1	1

（2）典型周期性非正弦电压测量

例 18-1　用全波整流式平均值电压表和峰值电压表分别测量方波和三角波电压，表的指示均为 100V，试求被测电压的有效值。

解　对于方波电压，它的平均值为

$$\overline{U}=100/1.11\approx 0.9\times 100=90\ \text{(V)}$$

方波的波形因数 $K_f=1$，所以它的有效值

$$U=K_f\overline{U}=1\times 90=90\ \text{(V)}$$

对于三角波电压，它的峰值为（按正弦波有效值与峰值关系转换）

$$U_m=K_PU=\sqrt{2}\times 100\approx 141.4\ \text{(V)}$$

而三角波的波峰因数 $K_P=\sqrt{3}$，故它的有效值（按三角波峰值与有效值关系转换）

$$U=U_m/K_P=141.4/\sqrt{3}\approx 81.6\ \text{(V)}$$

（3）矩形脉冲电压峰值的测量

例 18-2　用由串联式峰值整流器制成的峰值电压表测量一周期为 $T=10\text{ms}$，脉宽 $t_W=$

$10\mu s$ 的周期性矩形脉冲电压的峰值。假设被测电压电路的戴维南等效内阻 $R_i=1200\Omega$，整流二极管正向电阻 $R_D=300\Omega$，反向电阻无穷大，整流器等效负载 $R=15M\Omega$，求测量的相对误差。

解 根据题意，画出串联式峰值整流器和整流电压 u_C 的波形如图 18-32 所示。

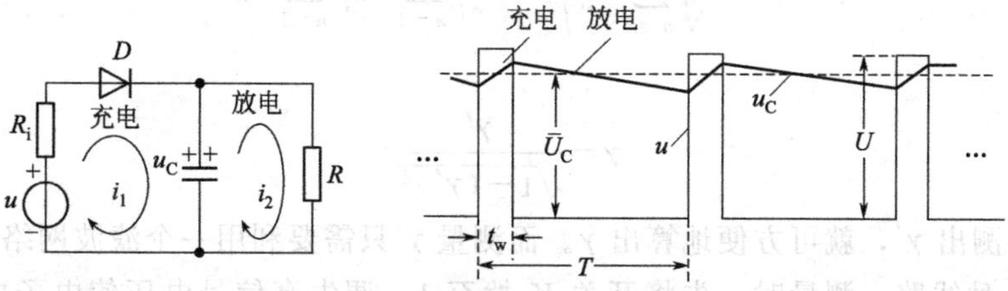

图 18-32 例 18-2 图

整流电容器上的充、放电荷 Q_1、Q_2 可以表示为

$$Q_1=\int_0^{t_W} i_1\mathrm{d}t\approx\frac{U_m-\overline{U}_C}{R_i+R_D}t_W$$

$$Q_2=\int_{t_W}^{T} i_2\mathrm{d}t\approx\frac{\overline{U}_C}{R}(T-t_W)\approx\frac{\overline{U}_C}{R}T$$

电路达稳态后，$Q_1=Q_2$，于是

$$U_m=\overline{U}_C\left(1+\frac{R_i+R_D}{R}\times\frac{T}{t_W}\right)=\overline{U}_C\left(1+\frac{R_\Sigma}{R}q\right)$$

式中，$R_\Sigma=R_i+R_D$，为充电回路电阻；$q=T/t_W$ 为周期矩形脉冲电压的占空比倒数。

测量的相对误差为

$$\delta=\frac{\Delta U_m}{U_m}=\frac{\overline{U}_C-U_m}{U_m}=-\frac{R_\Sigma q}{R+R_\Sigma q}\times 100\%$$

代入已知数据 $R_\Sigma=1500\Omega$，$R=15M\Omega$，$q=10ms/10\mu s=10^3$，则

$$\delta=-\frac{1}{11}\times 100\%\approx-9.1\%$$

若 $q=10$，则

$$\delta=-0.1\%$$

可见，用峰值电压表测量小占空比脉冲电压将引起较大的误差

(4) 非线性失真的测量

输出信号中包括不同于输入信号频率成分的系统为非线性系统。输入信号经过它时会产生非线性失真。通常，多按如下定义的非线性失真系数 γ 描述非线性失真（程）度，

$$\gamma=\sqrt{\frac{P-P_1}{P_1}}=\sqrt{\sum_{n=2}^{\infty}P_n/P_1} \tag{18-29}$$

式中，P，P_1，P_n 分别代表了非线性系统中某元器件吸收的总功率、基波功率和第 n 次谐波功率。对纯电阻负载，非线性失真系数可改写

$$\gamma=\sqrt{\sum_{n=2}^{\infty}U_n^2}\Big/U_1 \tag{18-30}$$

式中，U_1，U_n 分别代表基波电压和第 n 次谐波电压。可见，按式(18-30) 构造非线性

失真度的测量系统，要利用两个滤波网络：一个滤掉 $n \geqslant 2$ 的所有谐波；另一个则仅滤掉基波。

为了简化测量系统，基于上述两滤波器功能互为相反的特点构造一新系数

$$\gamma' = \sqrt{\sum_{n=2}^{\infty} U_n^2} \Bigg/ U = \sqrt{\sum_{n=2}^{\infty} U_n^2 \Bigg/ \sum_{n=1}^{\infty} U_n^2} \tag{18-31}$$

容易导出

$$\gamma = \frac{\gamma'}{\sqrt{1-(\gamma')^2}} \tag{18-32}$$

这表明，只要测出 γ'，就可方便地算出 γ。而测量 γ' 只需要利用一个滤波网络。图 18-33 就是测量 γ' 的一种线路。测量时，先将开关 K 拨至 1，调失真信号电压使电子电压表示值为某一数，如 1V；将 K 拨至 2，调滤波网络中心频率，使它等于被测信号的基波频率 f_1，这时仪表读数最小，即基波被抑制到最低限度；适当降低表量程，读取谐波电压总和 $\sqrt{\sum_{n=0}^{\infty} U_n^2}$，它与表的第一次示值之比即为 γ'。

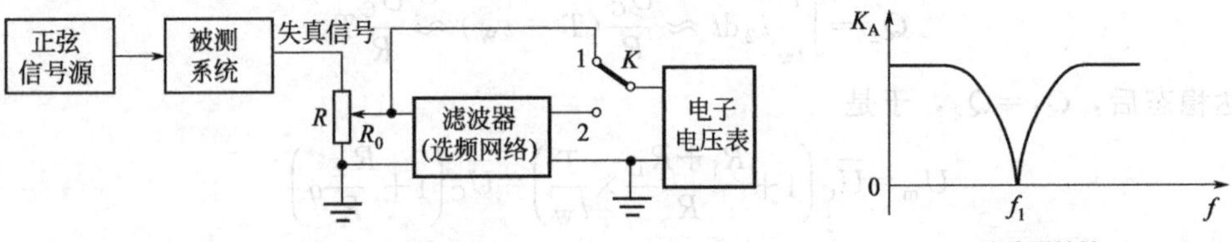

(a) γ 的测量系统　　(b) 滤波器特性

图 18-33　非线形失真度的测量方式 1

此法测量 γ 的精确度与滤波器特性有关，但主要取决于所用的有效值电子电压表的准确度。

为了提高测量的准确度，可改用图 18-34 所示测量线路。测量方法：先将 K 拨至 1，调滤波网络使电压表读数最小，基波被滤除，调节电压表灵敏度，使它指示一适当的数；保持电压灵敏度不变，将 K 拨至 2，调精密衰减器 R，使电压表读数（示值）与前次相等，于是有

$$\sqrt{\sum_{n=2}^{\infty} U_n^2} = \frac{R_0}{R} \sqrt{\sum_{n=1}^{\infty} U_n^2} \tag{18-33}$$

亦即 $\gamma' = R_0/R$。这表明 γ' 的值可在精密衰减器上直接刻度。由于此法中的电压表仅作为指示器，只要灵敏度足够高即可，所以测量准确度比前一方法高。

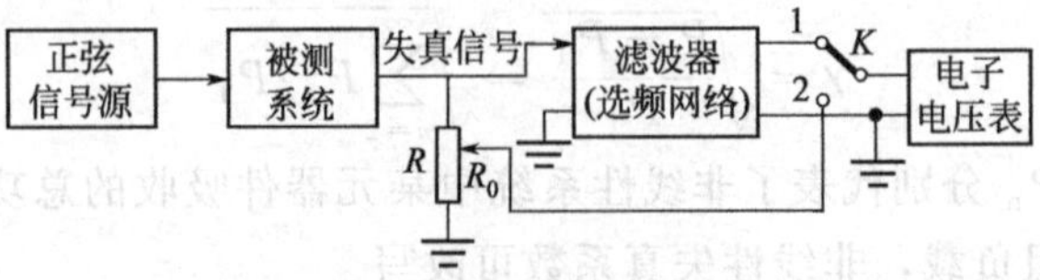

图 18-34　非线性失真度的测量方式 2

值得注意的是，不同学科对非线性失真的允许程度以及描述方法，定义等不尽一致。在强电领域，电压，电流的非线性失真以总谐波畸变率 THD_u 和 THD_i 描述，其定义为

$$THD_u = \frac{U_H}{U_1} \times 100\% = \frac{\sqrt{\sum_{h=2}^{\infty} U_h^2}}{U_1} \times 100\% \tag{18-34}$$

$$THD_i = \frac{I_H}{I_1} \times 100\% = \frac{\sqrt{\sum_{h=2}^{\infty} I_h^2}}{I_1} \times 100\% \tag{18-35}$$

式中，U_H、I_H 为谐波电压、电流含量；U_h、I_h 为第 h 次谐波电压、电流（方均根值）；U_1、I_1 为基波电压、电流（方均根值）。

思考题与习题

18-1　什么是频率合成器，说明频率合成的各种方法及优缺点。

18-2　画出文氏桥 RC 型振荡器的基本构成框图，并说明其起振条件。若选频网络中，使用 50～350pF 的可变电容器调频，则该振荡器的最高频率与最低频率之比是多少？

18-3　利用峰值电压表测量附图 18-35(a)、(b)、(c) 所示三种波形的电压，如读数都是 1V，求每种波形的峰值、有效值和平均值。

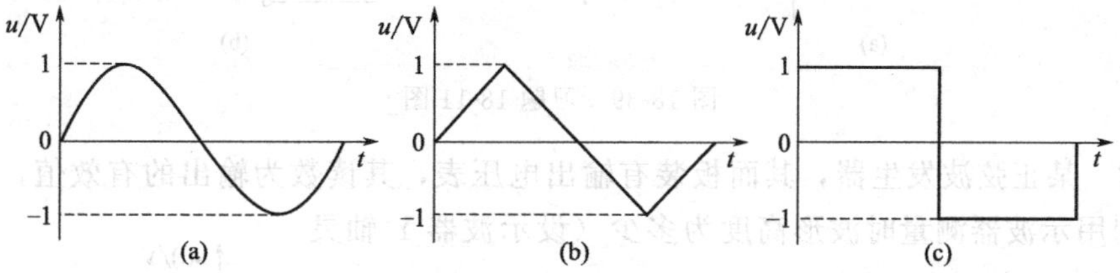

图 18-35　习题 18-3 图

18-4　图 18-35 所示的三个波形，若其峰值皆为 10V，若用峰值表测量，且该表以峰值刻度，则读数为多少？若用采用均值检波的均值表测量，且该表以正弦有效值刻度，则读数为多少？

18-5　示波器测得某正弦信号波形如图 18-36 所示，求其峰值电压、周期、频率。

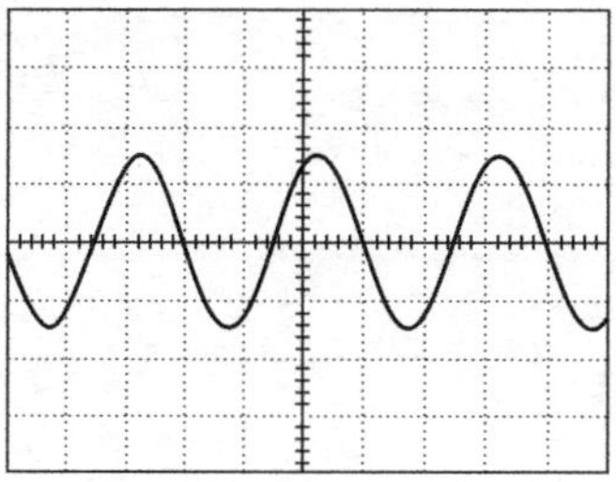

图 18-36　习题 18-5 图

垂直灵敏度＝0.2V/div；时基＝500μs/div

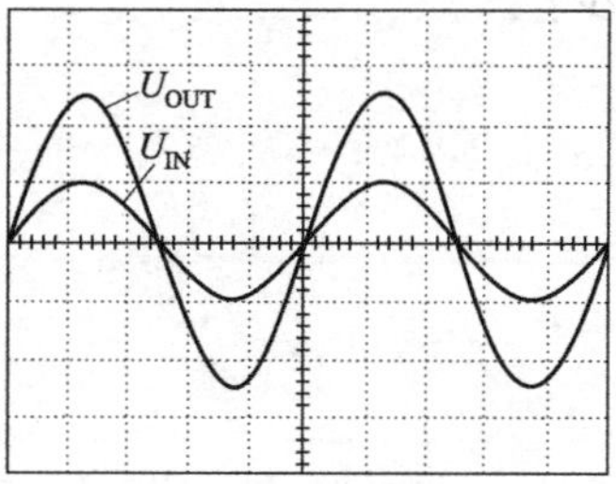

图 18-37　习题 18-6 图

垂直灵敏度＝1V/div

18-6　示波器测得一放大器的输入、输出波形如图 18-37 所示。试确定其电压增益，并以 dB 表示。

18-7　示波器测得两同频正弦信号的李萨如图 18-38 所示，试确定其相位差。

18-8　用示波器分别观测到正弦波，方波和三角波的峰值均为 5V，现在分别用平均值、

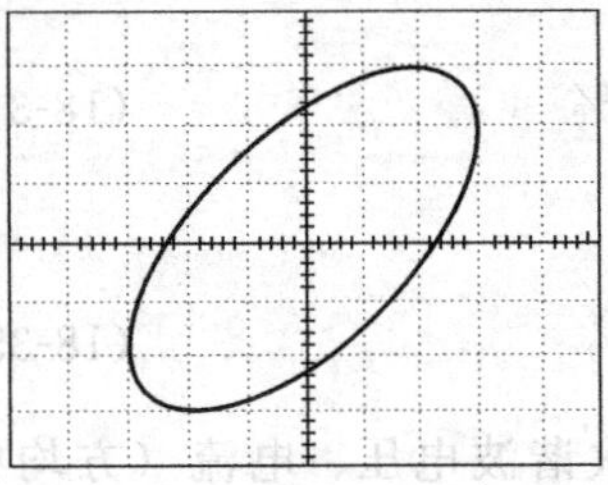

图 18-38 两信号李萨如图

峰值和有效值表测量它们，表的指示值应分别为多大？

18-9 试问：如何以实验的方法确定某按正弦波有效值刻度的仪表的整流方式？

18-10 用平均值表测量正弦波、方波和三角波电压，示值都是 1V。三种波形电压信号的有效值为多少？峰值又是多少？

18-11 设被测正弦电压波形如图 18-39(a) 所示，若用图 (b) 所示峰值式电子电压表进行测量，求：

(1) 当开关 K 置“1”或“2”位置时，电压表的示值分别为多少？

(2) 能否由电压表指示值确定被测电压的 U_{m+}，U_{m-}，U_m，$\overline{U}$ 及 U 分别为多少？

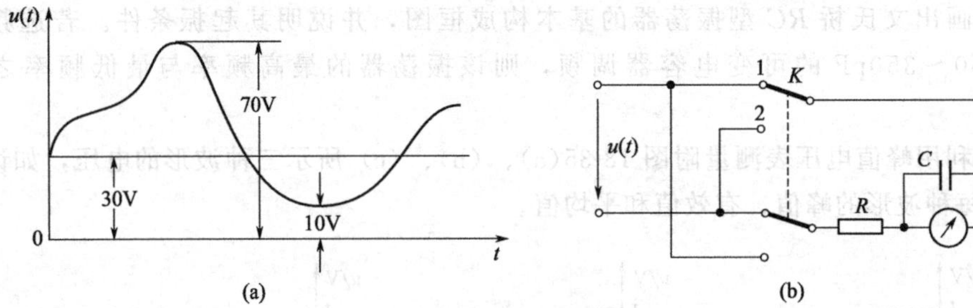

图 18-39 习题 18-11 图

18-12 某正弦波发生器，其面板装有输出电压表，其读数为输出的有效值，若读出值为 1V，则用示波器测量时波形高度为多少（设示波器 Y 轴灵敏度为 0.5V/cm）

18-13 示波器面板上有一个 AC-DC 转换开关，作为测量交直流信号转换时使用。如果将开关置于 AC 挡，能不能测量直流电压？置于 DC 挡能不能测量交流信号？

18-14 对图 18-40 所示含直流分量的方波电压，分别用串联峰值、并联峰值、半波均值和全波均值电压表测量。求示值各为多少？

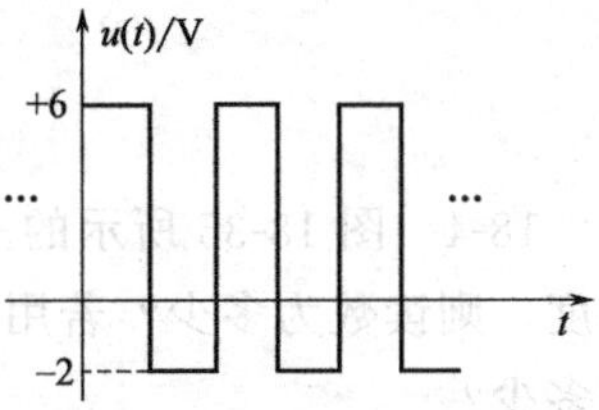

图 18-40 习题 18-14 图

第6篇　数字测量技术基础

数字仪表是通过测量装置把测量结果自动地以数字形式进行显示、记录和控制的仪器。它无论在测量方法上、原理上、结构上或操作方法上都完全与电工仪器和电子仪器不同，数字测量技术已成为电测技术的一个非常重要的方面。

数字仪表的特点是：精度高，分辨率高，测量速度快，指示值的客观性强，而且能够测量自动化，并能与计算机配合等。数字仪表一般用于测量和进行量的变换（模-数变换）。近年来，数字仪表逐步广泛地应用于自动测量系统。数字仪表与数字打印机联机可以组成最为简单的测量自动化系统。计算机或计算机控制的数字仪表系统能进行自动数据处理。数字式仪器仪表的测量功能随着集成电路技术和计算机技术的迅速发展而扩展，多功能且智能化的数字仪表越来越多地应用于现代各种测量和控制过程中。

本章主要介绍数字仪表的基本结构（电子计数器和A/D转换器）及其工作原理，以及利用数字仪表进行电学量的数字化测量技术。

第19章　数字仪表及数字测量技术

19.1　概述

19.1.1　数字仪表及数字测量技术的发展

随着科学技术和生产力的不断发展，对测量技术提出了一系列新的要求，其中最突出的就是与自动化技术和计算技术相适应，数字仪表及数字测量技术就是适应这种要求发展起来的。

1952年，世界上第一台数字式仪表在美国诞生，我国数字仪表的研制始于1958年。近半个多世纪来，随着电子技术与计算技术的飞速发展，数字式仪表与数字测量技术获得了迅速的发展。

从模拟向数字，从单通道向综合多通道测量，从专用仪器向虚拟仪器的发展，从单个仪表向测量信息系统过度，将各种电量和非电量变换成统一量（时间、频率、直流电压）后进行测量等，是近几十年来测量技术发展的主要趋势。

在半导体器件和计算技术的基础上，结合电测技术创造出的新型数字式仪表，其在测量方法、原理、仪表结构和操作方法上完全与模拟式仪表不同，在质的方面也有了很大的飞跃。就原理而言，从一两种发展到十几种；仪表的功能也在不断增加，从一只表只测一种参数到一只表能测十几种参数；仪表所用元件也从最初的机电元件，经过电子管、晶体管，发展到集成电路和大规模集成电路；仪表的技术指标和自动化程度也不断提高，具有自动转换极性、自动切换量程及自动校准等功能，便于与计算机系统配合使用。特别是微处理器的出现，把微型计算机的功能引入数字仪表，产生了新型的智能化仪表，它具有程序控制、信息存贮、数据处理和自动检修等功能，使数字仪表向高准确度、多功能、高可靠性和价格低廉等方面大大地迈进了一步。新型的智能化仪表的广泛使用就会促进生产和科学技术的进一步发展。

19.1.2 数字仪表的构成原理

数字仪表是将被测的连续变化的电量经离散化、数据处理后自动地以数字形式进行显示、记录和控制的仪表。

在实际工作中，被测对象可以是电学量、磁学量和各种非电量（通过传感器可以转换成电量），它们基本上是随时间连续变化的量，称为模拟量。数字量是一种断续变化的脉冲量，为了实现对模拟量的数字化测量，就需要一种把模拟量变换成数字量的转换器，即模/数转换器（简称 A/D 转换器），以及能对数字量进行计数的装置，即电子计数器。因此，数字仪表的结构框图可以简单地用图 19-1 表示。由此可见，A/D 转换器和电子计数器是数字仪表的核心部件。

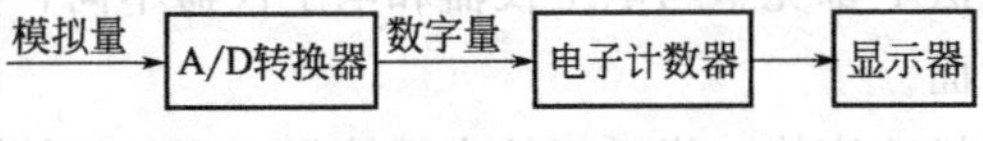

图 19-1 数字式仪表的结构框图

采用数字化测量时，比较容易进行 A/D 转换处理的量是直流电压和脉冲（或交变量）的频率，对应的测量仪器是直流数字电压表和电子计数器，其他物理量一般均可通过转换装置或传感器变换成直流电压或频率后再进行数字化测量。

19.1.3 数字仪表及数字测量技术的特点

数字仪表及数字测量技术具有如下优点。

① 准确度高　一般模拟式指示仪表的准确度要达到±0.1%就很困难，而一般通用数字仪表的准确度很容易达到±0.05%。目前 $7\frac{1}{2}\sim 8\frac{1}{2}$位的数字电压表测量直流电压的准确度可达到满度值的±0.0001%（10^{-6}数量级）；数字频率计测量频率的准确度可达±(3×10^{-9}/d)±1 计数。

② 灵敏度高　一般数字电压表灵敏度为 10μV 或 1μV，较高的可达 0.1μV 或更高。

③ 输入阻抗高（功耗小）　数字仪表的输入阻抗高达 1000MΩ 以上；基本上不取电流，因而仪表功耗小（小于 10^{-10}W），对被测对象工作状态的影响微不足道。

④ 测量速度快　一般数字仪表测量采样为每秒几十次，快速测量仪表的测量速度每秒可达几百次甚至高达上万次，这是一般模拟指示仪表所不能达到的。

⑤ 读数准确　由于采用数字显示，不存在指针式仪表读数时由于视线角度、习惯不同等多种原因可能引起的视差，因而读数准确。

⑥ 测量过程自动化　测量中的极性判别、量程选择、结果的显示、记录、输出完全自动进行，还可以自动检查故障、报警以及完成指定的逻辑程序。

⑦ 可联机工作　数字仪表可以与计算机配合，作为计算机的一个外部设备，按照规定程序进行数字采集。

⑧ 可在恶劣条件下工作　数字仪表能耐冲击、耐过载、耐振动、耐高低温等，而精密模拟指示仪表的使用条件则比较苛刻。

数字仪表的主要缺点：结构复杂成本高，线路复杂维修困难。但随着大规模集成电路和超大规模集成电路的发展，数字仪表的这些缺点正在逐步克服。目前三位半的数字万用表的价格已几乎与指针式万用表的价格相当甚至更低。

19.1.4　数字仪表的分类

数字仪表的种类繁多，分类方法也很多，而且很不统一，目前尚无一种比较合适的分类方法。下面介绍几种常用的分类方法。

① 按显示位数分　一般可分为 $3\frac{1}{2}$位、$3\frac{3}{4}$位、$4\frac{1}{2}$位、$5\frac{1}{2}$位、$6\frac{1}{2}$位、$7\frac{1}{2}$位、$8\frac{1}{2}$位等。

数字仪表的显示位数按如下原则定义：整数位值为能显示 0～9 所有数字的位的多少；分数位值的分子是最大显示值的最高位值，分母则为满量程（满度）值的最高位值。例如，最大显示值为（±）1999、满度值为 2000 的数字仪表为 $3\frac{1}{2}$位数字表，其最高位只能显示 0 或 1；而 $3\frac{3}{4}$位数字表的最高位只能显示 0、1、2 或 3，故其最大显示值为（±）3999；它的量程上限为 4000，比 $3\frac{1}{2}$位表的量限高 100%。

② 按准确度分　低准确度，在±0.1%以下；中准确度，在±0.01%以下；高准确度，在±0.01%以上。

③ 按测量速度分　低速：几次/秒～几十次/秒；中速：几百次/秒～几千次/秒；高速：百万次/秒以上。

④ 按使用场合分　标准型，其准确度高，对环境条件要求比较严格，适宜于实验室条件下使用或作为标准仪器使用；通用型，具有一定准确度，对环境条件要求比较低，适用于现场测量；面板型，其准确度低，对环境要求也低，是设备面板上使用的仪表。

⑤ 按测量参数分　可分为直流数字电压表，交流数字电压表，数字功率表，频率（周期时间）表，数字相位表，数字电路参数（L、R、C）表，数字万用表及其他表。

19.2　电子计数器

电子计数器是一种能在一定时间内对数字量（脉冲信号）进行计数，并将结果以数字显示出来的仪器。它是一种多功能测量仪器，通过不同的内部联接，可以测量信号的频率、周期、时间间隔、相位等参数。电子计数器是数字仪表不可缺少的组成部分，也可作为独立的测量仪器。

19.2.1　工作原理

计数，是电子计数器最基本的功能，它由仪器内部的计数电路来完成，但计数电路本身只能作累加计数，为了实现测频、测时等多种测量，可以在主计数电路前增设一个门电路（常称主门或闸门），如图 19-2 所示。

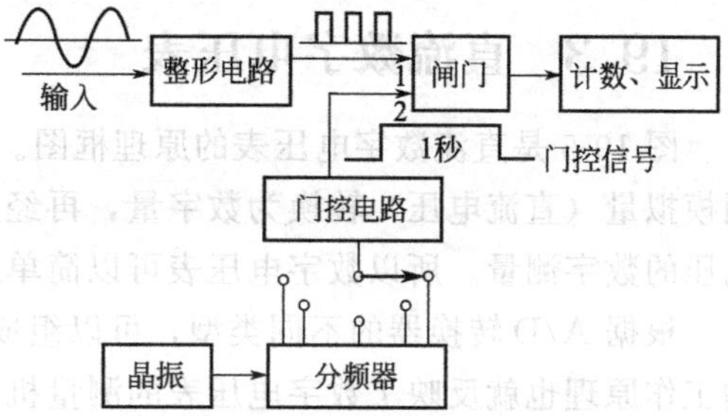

图 19-2　电子计数器计数功能方框图

在规定的开门时间内，主门信号进入计数电路进行计数，在此以外的时间，信号均不通过主门进入计数电路，故计数电路的累加计数值为

$$N = f_A T_B = T_B / T_A = f_A / f_B$$

式中，f_A 为主门“1”端输入信号频率，$T_A=1/f_A$；T_B 为主门“2”端输入开门脉冲的持续时间，$f_B=1/T_B$。

从式中可以看出，当主门“1”端加上不同的计数信号（未知的或已知的），而“2”端加上不同的时间信号（已知的或未知的），且 $f_A \gg f_B$，根据图 19-2 所示基本原理框图就可以实现频率、周期、时间间隔等多种测量。

19.2.2 基本组成框图

电子计数器的基本组成原理方框图如图 19-3 所示。由图可见，电子计数器一般由五大部分组成，其功能如下。

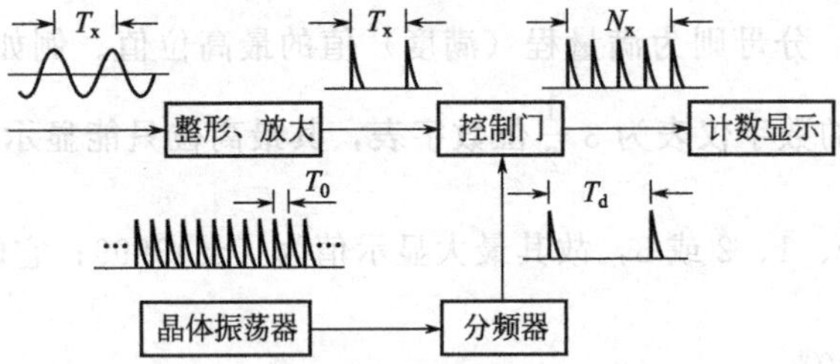

图 19-3 电子计数器原理框图

① 整形、放大部分把不同波形、幅值的被测信号转换成脉冲信号。该脉冲信号与被测信号基波频率相同。

② 石英晶体振荡器输出标准频率的脉冲序列。该脉冲序列经分频后，可得到周期已知的一系列（不同周期）标准脉冲信号序列。它们或被用作计数器的标准计数脉冲（也称填充脉冲），或用来作为标准时间，用以控制计数器的门电路，控制进入计数器的被测脉冲个数。

③ 计数器在控制门（也称主门或闸门）的控制作用下工作，记录通过控制门并体现被测对象的脉冲数，并把测得的结果以数字形式显示出来。

由此可见，电子计数器本身已是一种多用途的数字仪表，它的各功能部分间不同的相关连接组合，可用于测量前面提及的不同对象。

④ 数字显示器是数字仪表的输出装置，电子计数器广泛采用二进制计数方式，为了以人们习惯的十进制数显示出来，所计得的数还要在计数器内完成译码，最后显示出来。从市场规模来看，小型平板式显示技术主要有液晶、发光二极管、等离子体和真空荧光管等显示器。应用最广泛的发光二极管（LED）和液晶显示器件（LCD）。

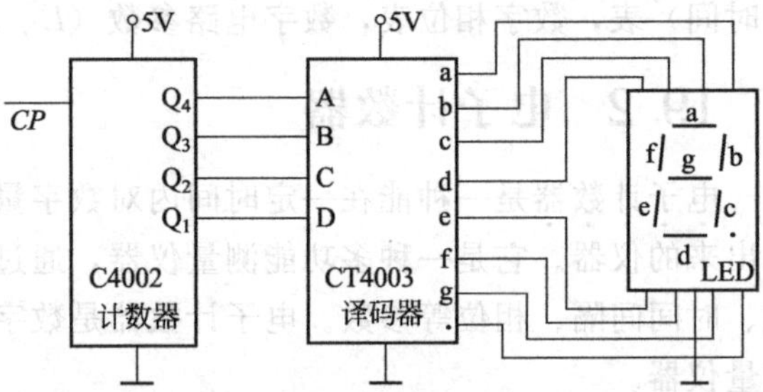

图 19-4 LED 数码管静态驱动电路

发光二极管或液晶显示器件都是将 A/D 转换后的数字量或检测脉冲信号通过计数、存储和译码后直接驱动七段数码管，以数字形式显示被测量的数值，如图 19-4 所示。

19.3 直流数字电压表

图 19-5 是直流数字电压表的原理框图。其中 A/D 转换器是电压表的核心部件，它将被测模拟量（直流电压）转换为数字量，再经过电子计数器进行计数、显示，从而实现对模拟电压的数字测量。所以数字电压表可以简单地理解为 A/D 转换器加电子计数器。

根据 A/D 转换器的不同类型，可以组成各种不同类型的直流数字电压表。A/D 转换器的工作原理也就反映了数字电压表的测量机理，下面介绍几种典型的直流数字电压表的工作原理。

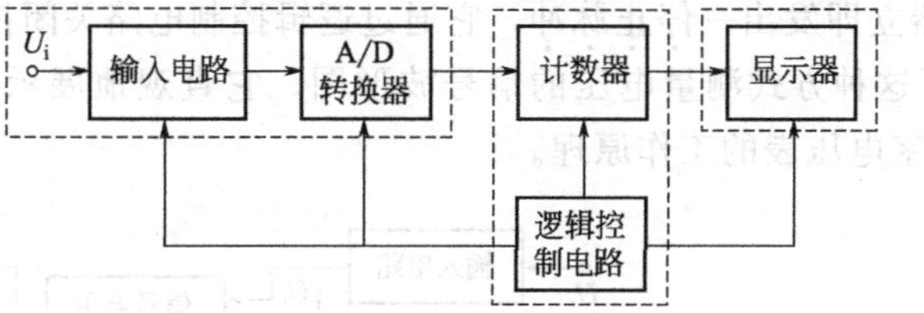

图 19-5　直流数字电压表的原理方框图

*19.3.1　逐位逼近比较式数字电压表

图 19-6 是逐位逼近比较式数字电压表的原理框图。这种电压表的工作原理与天平相仿。标准电压源产生一组由大到小互为二进制关系的标准电压，相当于不同大小的砝码，故被称为“电压砝码”。测量时，在控制电路操纵下，被测电压 U_x 首先与最大电压砝码进行比较，若 U_x 小于最大电压砝码，就换以较小电压砝码进行比较；反之，则保留此电压砝码，并增加较小的电压砝码再进行比较。如此逐位地进行下去（数码寄存器将每位结果“1”或“0”按位置保存），直至最小的电压砝码参与比较后为止。如此保留下来的参与比较的所有电压砝码值的总和（由数码寄存送至译码显示器输出），便与被测电压 U_x 基本相等。

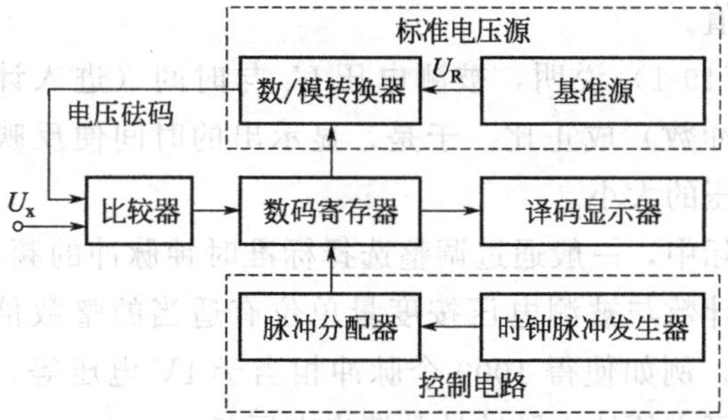

图 19-6　逐位逼近比较式数字电压表原理框图

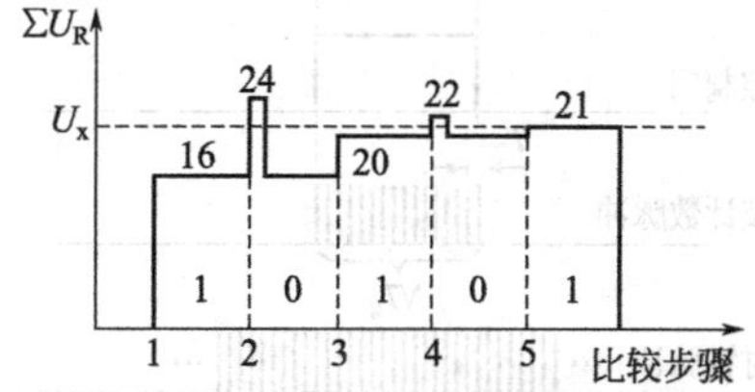

图 19-7　逐位逼近比较过程

上述逐位逼近比较过程可用图 19-7 直观说明。该图表示，在比较中权值为 2^3 和 2^1 的电压砝码被丢弃，而数值为 2^4、2^2 和的 2^0 电压砝码被保留且累加起来，最终的二进制读数为 10101。设小电压砝码值为 1mV，则被测电压 U_x 接近等于 $(10101)_2\text{mV}=(21)_{10}\text{mV}$。

这种电压表的准确度主要取决于基准源、A/D 转换器和比较器的性能指标，其突出优点是测量速度快，但由于与标准电压比较的是被测电压的瞬时值，不能识别电压中是否混有交变干扰信号，因而其抗干扰能力差。

*19.3.2　电压-时间变换型（*U-T*）数字电压表

（1）单斜式

单斜式 A/D 转换器是最早研制出来的一种电压-时间变换类型的 A/D 转换器。图 19-8 和图 19-9 示出其变换原理及组成框图。它将输入的被测电压 U_x 与稳定且线性特性良好的斜坡电压（锯齿波）进行比较，从而检测出被测电压 U_i（对应于图 19-8 中斜坡电压线上的 a 点）到零电平（对应于图 19-8 上的 b 点）为止的时间间隔 T。当斜坡电压与被测电压相等时（图 19-8 中交点 a），信号电平比较器（图 19-8）发生一个启动脉冲，逻辑控制电路根据启动脉冲的到来，以脉冲形式打开控制门，周期为 T_0 的标准时钟脉冲序列通过控制门，进入电子计数器计数。斜坡电压同时被送到零电平比较器，与零电平相比较。在斜坡电压从 a

点（电平U_i）降到零电平前，计数器一直连续累计时钟脉冲数。而当线性斜坡电压降至零点时，零电平比较器立即发出一停止脉冲，它通过逻辑控制电路关闭控制门，计数器停止计数。图 19-10 给出了这种方式测量电压的信号波形图。它直观地展示出电压-时间变换型单斜式 A/D 转换器数字电压表的工作原理。

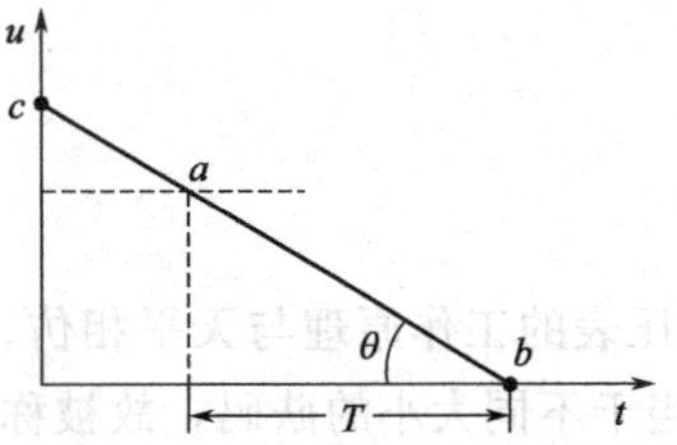

图 19-8 单斜率式 U-T 变换原理

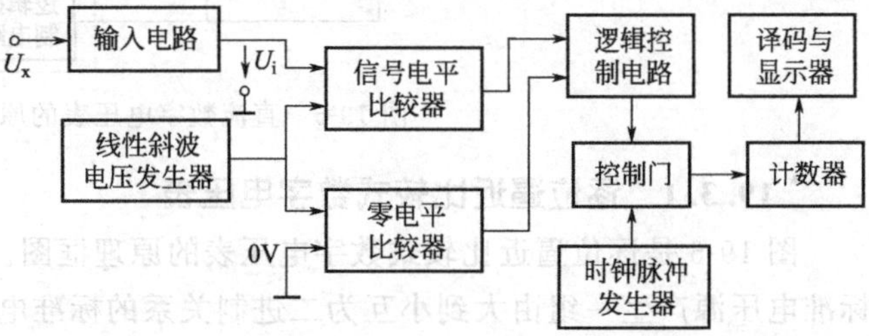

图 19-9 U-T 变换型单斜率式数字电压表原理框图

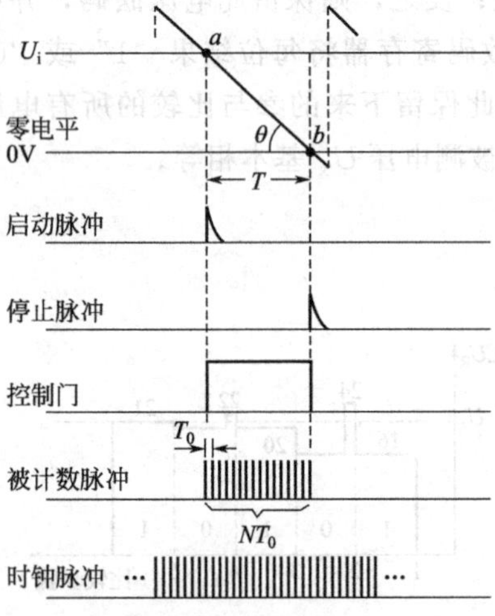

图 19-10 U-T 变换波形图

设计数器在上述过程中记录下的脉冲数相当于时间 T，则

$$U_i = \tan\theta T = kT \tag{19-1}$$

这里，$\tan\theta$ 正好是线性斜坡电压的斜率，所以 $\tan\theta = k$ 为一定值。

式(19-1) 说明，被测电压 U_i 与时间（进入计数器的脉冲数）成正比。于是，显示出的时间便反映了被测电压的大小。

实际中，一般通过调整选择标准时钟脉冲的频率，使脉冲计数与被测电压按度量单位有适当的整数倍比例关系，例如使得 1000 个脉冲相当于 1V 电压等。其结果，可方便地由脉冲计数读出电压值。

U-T 变换型单斜率式数字电压表的优点是线路比较简单。缺点是受斜坡电压非严格线性变化的限制，准确度不很高；且由于它测的是瞬时电压，因此抗干扰能不强；加上随斜坡电压下降脉冲计数需要的时间较长，所以测量速度较慢。国产 PZ-17、DYJ-2、SD-02及 SW-2 型等数字电压表属此种类型。

(2) 双斜率积分式

① 转换原理　这种数字电压表通过一个测量周期内的两次积分，把被测电压 U_x 转换为与它的平均值成正比的时间间隔，计数器在此时间间隔内做脉冲计数，以此来反映被测电压的值。图 19-11 是这种数字电压表的原理线路及波形图，设被测电压 U_i 为负值。

这种电压表测量电压的具体工作过程如下：逻辑控制电路使被测电压信号 U_i 通过电子开关并加到积分器上，对被测电压进行定时积分。当 U_i 从 t_0 积分到 t_i 时刻时，积分器输出电压亦即积分电容 C 上的电压 u_C 反方向充电增加到

$$U_{Cmax} = \frac{1}{RC}\int_0^{T_1}(-U_i)dt = -\frac{T_1}{RC}\frac{1}{T_1}\int_0^{T_1}U_i dt = -\frac{T_1}{RC}\overline{U_i} \tag{19-2}$$

式中，$\overline{U_i}$为表示 U_i 在 T_1 时间间隔内的平均值。

在 T_1 这段时间对电压 U_i 积分的同时，逻辑控制电路也打开脉冲控制门，让标准时钟脉冲进入计数器计数。式(19-2) 表明，积分器输出电压的最大值与被测电压的平均值成正

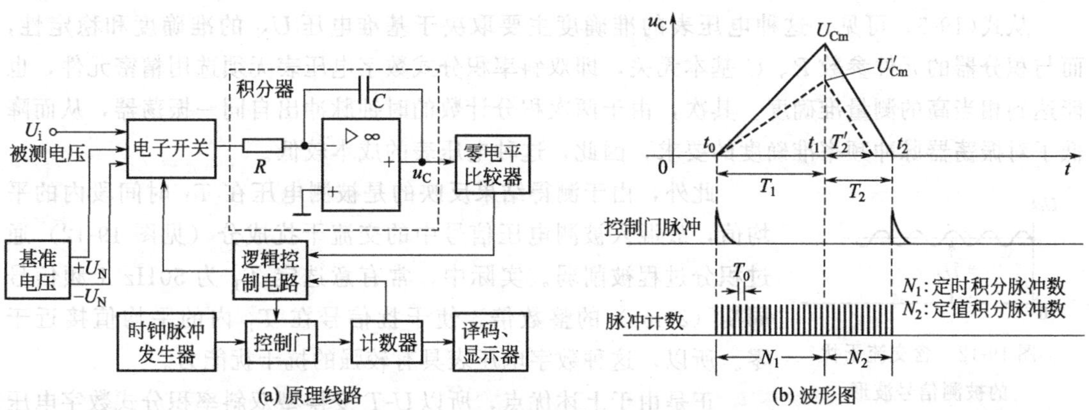

图 19-11　U-T 变换波型双斜率积分式数字电压表原理图

比。由于标准时钟脉冲序列的周期 T_0 是确定的，对于人为设定的 T_1，计数器在 T_1 时间间隔里记录的脉冲数 $N_1=T_1/T_0$ 也就是确定的。数（N_1-1）在仪表中被设为计数器的计数上限。于是，逻辑控制电路可根据到来的第 N_1 个脉冲去断开被测电压信号，并获得时间间隔 $T_1(N_1T_0)$。再则，由于 T_1 预先确定，在 T_1 时间段积分器输出电压的斜率便取决于被测电压 U_i，U_i 大（绝对值），输出电压的坡度陡，$|U_{Cmax}|$亦大；对于相对小（绝对值）的被测电压（积分器的输入电压），输出电压的坡度便相对平缓，其$|U'_{Cmax}|$也小，画出的输出电压曲线的最高点亦相应地低［见图 19-11(b) 中的虚线］，但$|U_{Cmax}|$与$|U'_{Cmax}|$同在一条时间轴的垂线上。

找到 T_1 断开 U_i 的同时，逻辑电路将正的基准电压 $+U_N$（U_i 为负时选 $+U_N$，为正时选 $-U_N$）经电子开关接通给积分器。从 T_1 时刻起，积分器进行反向定值积分，积分电容 C 开始放电，且计数器清零重新计数。经过时间间隔 T_2 后，积分器输出电压从 U_{Cmax} 降到零电平，于是不难得出在 T_2 时刻有

$$U_C\big|_{t2}=U_{Cmax}-\frac{1}{RC}\int_0^{T_2}(+U_N)\mathrm{d}t$$

则

$$U_{Cmax}=\frac{T_2}{RC}U_N \tag{19-3}$$

将式(19-3) 代入式(19-2) 便得到

$$\overline{U_i}=-\frac{T_2}{T_1}U_N=-\frac{U_N}{T_1}T_2 \tag{19-4}$$

由于 U_N、T_1 均为设定值，故式(19-4) 表明被测电压正比于时间间隔 T_2。

若以 N_2 代表 T_2 期间的脉冲计数，将 $T_2=N_2T_0$，$T_1=N_1T_0$ 代入式(19-4)，便有

$$\overline{U_i}=-\frac{U_N}{T_1}T_2=-\frac{U_N}{N_1}N_2=-kN_2 \tag{19-5}$$

由上式可见，只要选合适的比例使 $k=10^n$，便可由 T_2 时间间隔内的脉冲计数数 N_2 迅速折算出被测电压值。

在 u_C 回到零电平的 t_2 时刻，零电平比较器发出信号，由逻辑控制电路关闭计数门停止计数，被测电压 U_i 经译码后由显示器显示出来。与此同时，逻辑控制电路经电子开关断开基准电压 $+U_N$ 并置电容为零状态，为下一个测量周期自动做好准备。

从式(19-5)可见，这种电压表的准确度主要取决于基准电压 U_N 的准确度和稳定性，而与积分器的元件参数 R、C 基本无关，即双斜率积分式数字电压表无须选用精密元件，也能达到相当高的测量准确度。其次，由于两次积分计数的时钟脉冲出自同一振荡器，从而降低了对振荡器脉冲频率准确度的要求，因此，这种电压表的成本较低。

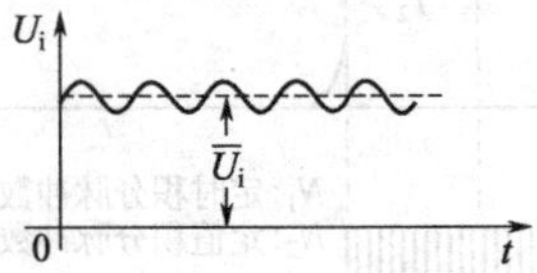

图 19-12　含交流干扰的被测信号波形

此外，由于测得结果反映的是被测电压在 T_1 时间段内的平均值，故混入被测电压信号中的交流干扰成分（见图 19-12）通过积分过程被削弱。实际中，常有意选定 T_1 为 50Hz 工频信号周期（20ms）的整数倍，使干扰信号在 T_1 内的平均值接近于零。所以，这种数字电压表具有较强的抗干扰能力。

正是由于上述优点，所以 U-T 变换型双斜率积分式数字电压表自 20 世纪 60 年代问世以来，显示出很强的生命力，不仅在推动数字式仪表的发展方面起过积极作用，而且至今仍被广泛使用。

这种数字电压表的缺点是：由于有积分作用，所以测量速度较慢；受基准电压 U_N 和时钟脉冲频率 $f_0=1/N_0$ 稳定性等条件限制，其测量准确度不可能高于 0.01%。

属于这种类型的 A/D 转换器集成电路有 ICL7106/7107/7126、MCl433、ICL7109、ICL7135、AD7550/7552/7555，按位数分主要有 $3\frac{1}{2}$ 位和 $4\frac{1}{2}$ 位两种，常见的国产数字电压表有 DF-6 和 DS-14 等。

② 应用实例——由 ICL7106 构成的直流数字电压表　ICL7106 是直流数字电压表中广泛应用的一种 $3\frac{1}{2}$ 位双积分 A/D 转换器，它是一种大规模集成电路，它的内部包含模拟和数字两大部分，作用是把输入的模拟电压信号变成数字输出，并驱动液晶显示器（LCD），以十进制形式显示被测直流电压值。它是通过管脚引出与外电路连接而实现 A/D 转换和数字显示功能的。ICL7106 的同类产品还有 TSC7106，TC7106。国产型号为 CC7106，可与 ICL7106 互相代替。图 9-13 所示为由 ICL7106 构成的直流数字电压表电路。

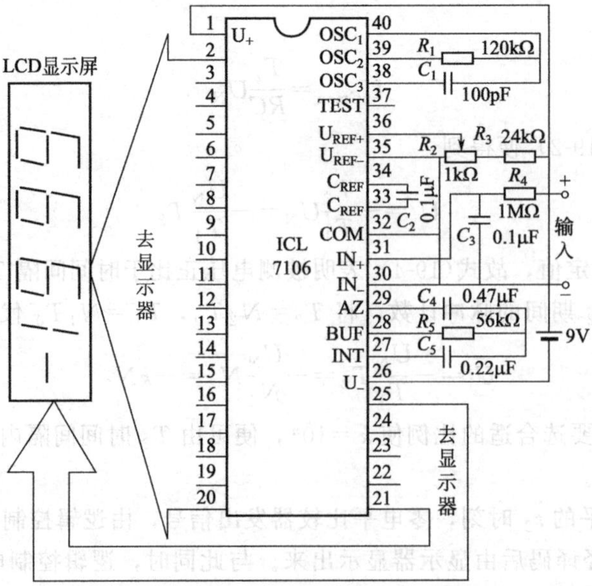

图 19-13　基于 ICL7106 构成的直流数字电压表基本电路

$3\frac{1}{2}$位 ICL7106 芯片 A/D 转换器的主要特点是单电源供电，电源电压范围为 3～15V，它输入阻抗高，典型值为 $10^7\Omega$，含自校零电路，且能自动调零，自动实现极性转换和超量程显示。ICL7106 采用 40 个引脚双列直插式，各脚功能如图 9-14 所示。图中，ICL7106 与外围电路一起可构成 0～200mV 的直流数字基本电压表。

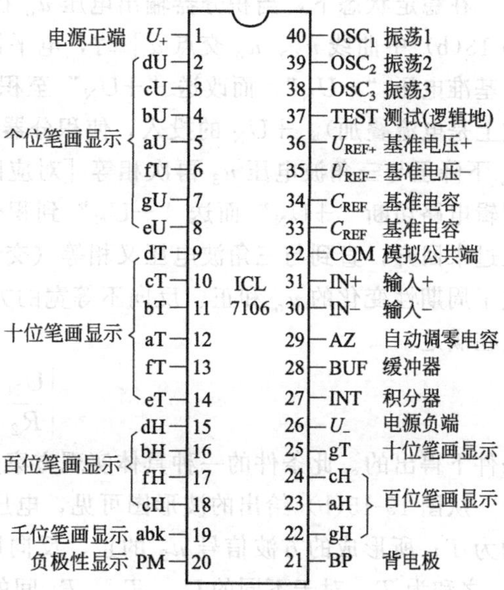

图 19-14　ICL7106 管脚功能图

OSC_1～OSC_3 为产生时钟振荡器的接脚。在该三端接阻容元件 R_1、C_1 构成多谐振荡器，使之产生时钟信号。

TEST 为逻辑电路公共端，又称“逻辑地”。

U_{REF+}、U_{REF-}是基准电压的正、负输入端（当U_{REF}=100mV 时，直流数字基本表的量程为 200mV）。数字基本表的基准电压由集成电路内部高稳定电源供电，即从 U_+ 至 COM 端输出 2.8V，由电阻 R_3 和可调电阻 R_2 分压，调节 R_2 可改变基准电压值。

C_{RFE+}为基准电容端；C_1、C_2 分别为基准电容和自动调零电容；R_5、C_5 分别为积分电阻和积分电容；IN+、IN−分别为模拟量输入端，外接电阻 R_4=1MΩ；C_3=0.1μF，以增强基本表的过载能力和抗干扰性能。

如果要将图 9-13 所示直流电压表的基本量程 200mV 改装成 2V 量程，只需改变基准电路中的 R_2、自动电容 C_4 和积分电阻 R_5 的值即可。

(3) 脉宽调制（PWM）积分式

从电路原理上讲，这种数字电压表也是通过积分将被测电压转换为与之成正比的时间间隔，所以也属 *U-T* 变换类型。但它与前述双积分式电压表有所不同。在脉宽调制积分式仪表中，积分方向与调制方波的正、负极性有关；被测电压被调制成脉冲宽度，其数值由正、负脉冲的宽度来反映。

① 脉宽调制原理　图 19-15(a) 是脉宽调制原理线路，它的工作过程如下。

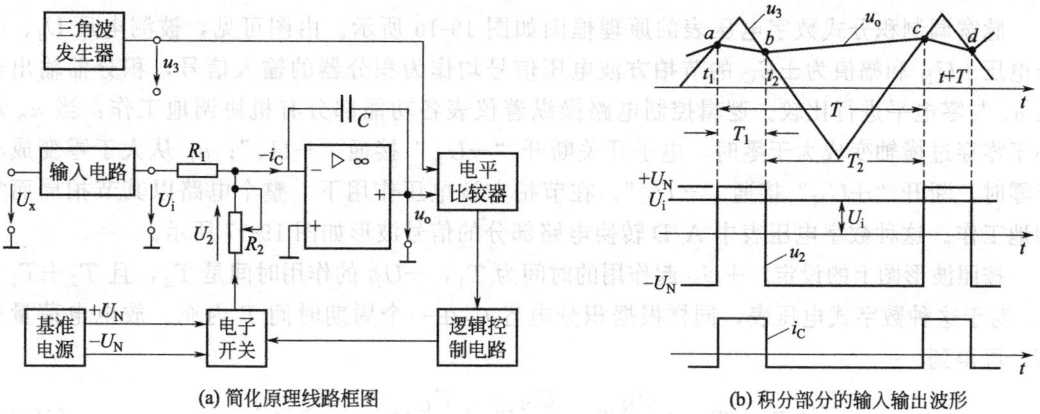

图 19-15　脉宽调制原理

在稳定状态下，当积分器输出电压 u_o 在 t_1 瞬时上升至与三角波电压 u_3 相等［对应图 19-13(b) 中曲线 u_3、u_o 交点 a］时，电平比较器发出信号，逻辑控制电路经电子开关切断负基准电压“$-U_N$”，而改送“$+U_N$”至积分器的输入端口，与被测电压 U_i 进行叠加（实质上是电流叠加）。$+U_N$ 的投入，使积分器的输出电压 u_o 由原来的上升改为下降趋势。当 u_o 下降至与三角波电压 u_3 再次相等［对应图 19-15(b) 中 u_3、u_o 交点 b］时，比较器通过逻辑电路切断“$+U_N$”而送“$-U_N$”到积分器的输入端。其结果，积分器输出电压 u_o 又反过来回升，直到与三角波电压又相等（交于波形图上的 c 点）。上述过程不断重复，就形成了周期性变化的 u_o 和正、反向不等宽的方波电压 u_2。应指出的是，图 19-15(b) 的波形是在满足

$$\left|\frac{U_N}{R_2}\right| > \left|\frac{U_i}{R_1}\right| \tag{19-6}$$

条件下得出的。此条件的一种具体实现方案是在 $|U_N|>|U_i|$ 下，选置 $R_2=R_1$。

从图 19-15(b) 给出的波形图可见，电压 u_2、u_o 的周期与三角波电压的周期完全一样，均为 T；所形成的方波信号 u_2 的正、反向脉冲宽度 T_1 和 T_2 取决于被测电压 U_i；T_1 与 T_2 之和为 T，对于不同的 U_i，T_1、T_2 间的比例也不同。

根据稳态下积分电容器上充、放电电量在一周期内相等的原则，可写出方程

$$\frac{U_i}{R_1}T_1+\frac{U_N}{R_2}T_1+\frac{U_i}{R_1}T_2-\frac{U_N}{R_2}T_2=0 \tag{19-7}$$

即

$$U_i=\frac{R_1}{R_2}\cdot\frac{T_2-T_1}{T}U_N \tag{19-8}$$

在 $R_2=R_1$ 条件下，式(19-8) 简化为

$$U_i=\frac{U_N}{T}(T_2-T_1) \tag{19-9}$$

由式(19-9) 可见，被测电压正比于负、正基准电压脉冲宽度之差（T_2-T_1），而三角波电压并不影响积分电容充、放电时间 T_2 与 T_1 的比例。

② 脉宽调制积分数字电压表　知道脉宽调制原理，再来分析脉宽调制积分数字电压表的工作情况就比较容易了。需要说明的是，由于三角波信号可由形成比较容易的方波信号积分而得，故通常在数字式仪表中，用方波信号加在积分器的输入端，从其输出端获取所需的三角波信号。

脉宽调制积分式数字电压表的原理框图如图 19-16 所示。由图可见，被测电压 U_i、基准电压 $\pm U_N$ 和幅值为 $\pm E_C$ 的节拍方波电压信号均作为积分器的输入信号，积分器输出电压 u_o 与零电平进行比较。逻辑控制电路操纵着仪表各功能部分有机协调地工作：当 u_o 从小于零穿过横轴变成大于零时，电子开关断开“$-U_N$”接通“$+U_N$”；u_o 从大于零变成小于零时，断开“$+U_N$”接通“$-U_N$”。在节拍方波电压作用下，整个电路以其节拍周而复始地工作。这种数字电压表中 A/D 转换电路部分的信号波形如图 19-17 所示。

按照波形图上的设定，$+U_N$ 起作用的时间为 T_1，$-U_N$ 的作用时间是 T_2，且 $T_2+T_1=T$。对于这种数字式电压表，同样根据积分电容 C 在一个周期时间 T 内充、放电电荷量相等，可得到

$$\frac{U_i}{R_1}(T_1+T_2)+\frac{U_N}{R_2}T_1-\frac{U_N}{R_2}T_2+\frac{E_C}{R_3}\times\frac{T}{2}-\frac{E_C}{R_3}\times\frac{T}{2}=0 \tag{19-10}$$

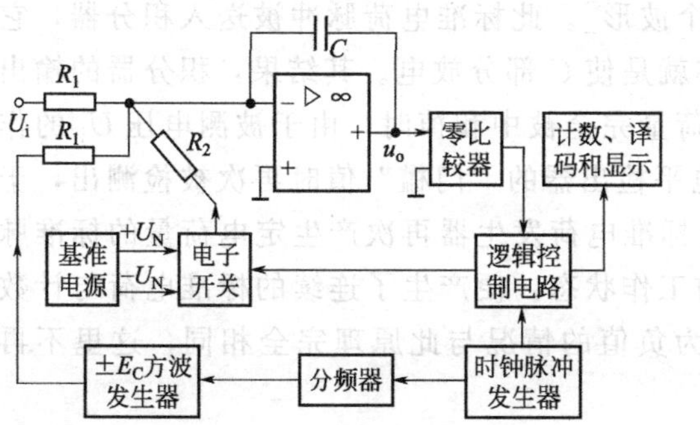

图 19-16　脉宽调制积分式数字电压表原理框图

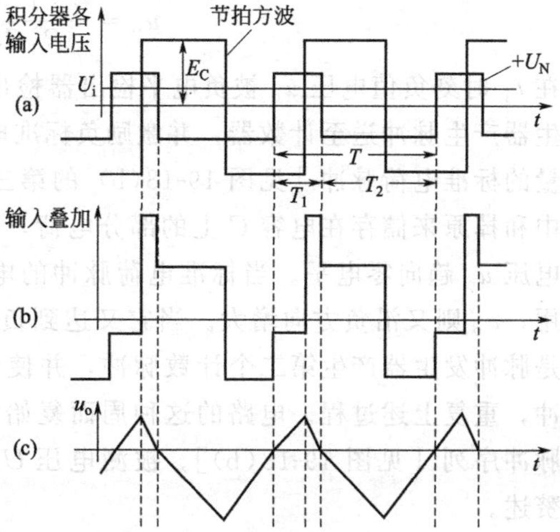

图 19-17　脉宽调制积分式数字电压表中脉宽调制部分信号波形

或

$$U_i=\frac{R_1}{R_2}\times\frac{T_2-T_1}{T}U_N \tag{19-11}$$

此结果与式(19-8) 完全一样。若有条件 $R_2=R_1$，则

$$U_i=\frac{U_N}{T}(T_2-T_1) \tag{19-12}$$

由于节拍方波信号 $\pm E_C$ 的周期 T 与 U_N 均为预先确定的数，所以上式表明：被测电压 U_i 与基准电压作用的时间差值（T_2-T_1）成正比，不同的 U_i 对应于不同的（T_2-T_1），从而实现了 U-T 的变换。

从图 19-16 还可看到，逻辑控制电路在执行切换基准电压 $\pm U_N$ 的同时还指挥计数器对它的 $\pm U_N$ 的作用时间 T_1、T_2 做同步计数。合理的参数、量程选择及功能电路的特点能实现式(19-12) 的关系。这样，仪表可直接显示、打印出被测电压的数值。

脉宽调制积分式数字电压表的优点是抗干扰能力强（积分时间 T 可取为工业电源信号周期的整倍数）和非线性误差小（一个周期内四次积分）；其弱点也很明显——速度不快。

* 19.3.3　电压-频率型（U-f）数字电压表

从电路原理上讲这种类型的数字电压表也是积分式的。具体地，它将被测电压转换成脉冲串（序列），此脉冲串的频率正比于被测电压值。

按功能实现，电压-频率积分式数字电压表可划分成两部分：第一部分是电压-频率转换器，在其中完成电压向脉冲频率的转换；第二部分是数字频率测量电路，它依据电压-频率变换的确定关系，通过测出频率实现对被测电压的测量。

(1) 电压-频率变换原理

图 19-18 是电压-频率变换器的原理图，其中图 (a) 是这种变换器的电路结构框图，而图 (b) 示出了它各处的信号波形。其工作原理如下：假定被测电压（也是其中积分器输入电压）U_i 为正值时，则在刚加 U_i 给积分器的很短一段时间内，积分器有输出电压

$$u_o=-\frac{1}{R_1C}\int_0^t U_i\mathrm{d}t=-\frac{U_i}{R_1C}t \tag{19-13}$$

在 t_1 时刻负值电压 u_o 被负电平检出器检出（发出脉冲信号），它作为控制信号使脉冲发生器产生脉冲送至计数器，并激励负标准电荷发生器产生一个极性与 U_i 相反、电荷为定量的标准电荷脉冲［见图 19-18(b) 的第三个波形］。此标准电荷脉冲被送入积分器，它中和掉原来储存在电容 C 上的部分电荷，亦就是使 C 部分放电。其结果，积分器的输出电压 u_o 趋向零电平。当标准电荷脉冲的电荷量完全被中和掉时，由于被测电压 U_i 的作用，u_o 则又沿负方向增大。当它又达到负电平检出器的“门槛”值时再次被检测出，于是脉冲发生器产生第二个计数脉冲，并使负标准电荷发生器再次产生定电荷量的标准脉冲，重复上述过程。电路的这种周而复始的工作状态，便产生了连续的标准电荷与计数脉冲序列［见图 19-18(b)］。被测电压 U_i 为负值的情况与此原理完全相同，这里不再赘述。

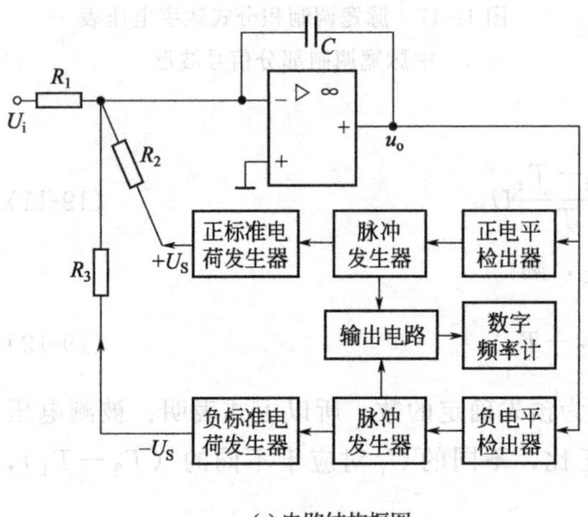

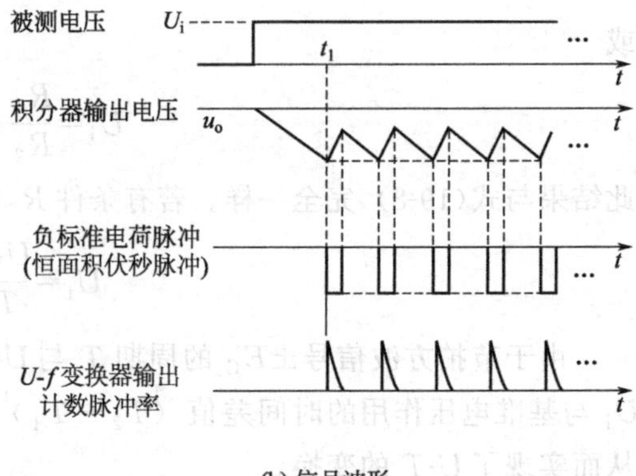

图 19-18　电压-频率转换原理

（2）数字频率测量

所产生脉冲串的频率与被测电压间的关系可这样分析：稳态下，由被测电压 U_i 给积分电容 C 充的电量应等于标准电荷脉冲中和的电量。设 Q_S 是一个标准电荷脉冲的电荷量，f 代表单位时间内的标准电荷脉冲数（即标准电荷脉冲序列的频率）。在 T_1 时间，电容 C 获得的电量为

$$IT_1=\frac{U_i}{R_1}T_1 \tag{19-14}$$

它被这段时间里产生的标准电荷脉冲电量 Q_SfT_1 所中和，即

$$Q_SfT_1=\frac{U_i}{R_1}T_1$$

所以

$$f=\frac{1}{R_1Q_S}U_i \tag{19-15}$$

即脉冲串频率与被测电压 U_i 成正比。可见，通过测量频率 f 可实现对 U_i 的测量。

U-f 型数字电压表由于利用积分电路而具有一定的抗干扰能力，它的测量准确度在

R_1、R_2、R_3 等元件的值准确、稳定的条件下，能够达到比较高，且输入阻抗也可达到很高。

数字电压表的种类很多，以上只介绍了其中的几种，而且在已有的基础上，更高准确度、灵敏度、抗干扰能力及测量速度更快的新型数字电压表还在不断地被研制出来，以满足现代科学技术发展对测试（量）、计量技术提出的更高要求。有关数字电压表的更详细而全面的介绍，可参阅有关书籍。

19.3.4 直流数字电压表的主要技术指标

数字电压表的种类和工作原理不同，它们所能达到的技术指标也不同。一般数字电压表的技术指标主要有以下几项。

（1）量程

量程是指电压表所能测量的最小和最大的电压值范围，为了扩大电压测量范围，一般数字电压表都具有几个量程，其中测量误差最小的量程称为基本量程。不同量程的设置通常是借用分压器或输入放大器来实现的，量程的选择可为手动、自动或远动方式。

（2）灵敏度和分辨率

灵敏度是指单位被测信号的变化所引起仪表输出端信号的变化量，通常是指能使仪表正常工作的最小输入信号幅度，单位以“μV/字”表示。它是该仪表的最高灵敏度。

分辨率是指仪表可能检测出被测信号最小变化值的能力，用仪表的最小读数（所能显示的最小非零数字）与最大读数之比来表示，通常表示成百分数。例如，某 $3\frac{1}{2}$ 位数字电压表最大读数为 1999，最小读数为 1，则其分辨率为 1/1999≈0.05%；$5\frac{1}{2}$ 位数字电压表，其分辨率为 1/199999≈0.0005%。显然，数字电压表能稳定显示的位数越多，则分辨率就越高，灵敏度也越高。

（3）误差

误差是仪表指示值与被测电压值之间的差值，以 Δ 表示。但如何表示数字电压表的误差有很多争论，无明确定义。目前所遇到的误差公式大致有以下几种。

① $\Delta=\pm a\%(U_x)\pm n$ 个字。　(19-16)

② $\Delta=\pm a\%(U_x)\pm b\%(U_M)$。　(19-17)

③ $\Delta=\pm a\%(U_x)\pm b\%(U_M)\pm n$ 个字。　(19-18)

式中，U_x 为被测电压指示值；U_M 为仪表满量限值；Δ 为绝对误差；a 为误差相对项系数；b 为误差固定项系数。

所有这些表达式都把数字电压表的绝对误差分为两个部分：可变误差部分（$\pm a\%U_x$），这部分误差随 U_x 的变化而变化；固定误差部分（$\pm b\%U_M$）及 $\pm n$ 个字，这部分误差值是固定不变的，与被测量 U_x 无关。

用 $\pm n$ 个字表示固定误差含义不清，因为对于不同的满码值，$\pm n$ 个字在误差中所占的分量往往相差很大。

因此，近年来常用式(18-17) 来表示数字电压表的绝对误差，这时相对误差可表示为

$$\delta=\Delta/U_x=\pm a\%\pm b\%\frac{U_M}{U_x} \tag{19-19}$$

上式表明，测量结果的相对误差随被测电压和仪表量程而变，只有适当选择数字电压表

的量程才能保证测量结果的准确。

(4) 输入电阻和零电流

从输入端看进去，数字电压表可以等效为一个有源网络，如图 19-19(a) 所示。这一电路由输入电阻 R_i 与零电流 I_0 并联表示。输入电阻 R_i 用输入电压的变化量和相对应的输入电流的变化之比来表示；零电路 I_0 是由仪器内部引起的，流过输入回路的电流。I_0 与输入信号的大小无关，而决定于仪器的电路。实用中对 I_0 的影响是不容忽视的。I_0 的影响可结合图 19-19(b) 加以说明。若被测电压信号源的开路电压为 U_x，内阻为 r_x，当被测信号源加在数字电压表输入端 AB 时，$U_{AB} \neq U_x$，设 R_i 很大，$R_i \gg r_x$，则 $U_{AB}=U_x+I_0 r_x$，即使 $U_x=0$，数字电压表的读数也不是零而是 $U_{AB}=I_0 r_x$，显然 r_x 不同，$I_0 r_x$ 影响也不同，它不能用电压表调零方法一劳永逸地补偿掉而成了测量的一部分。因此，数字电压表要求输入电阻 R_i 要尽量大（>100MΩ），零电流 I_0 要尽量小（$<10^{-9}$A）。

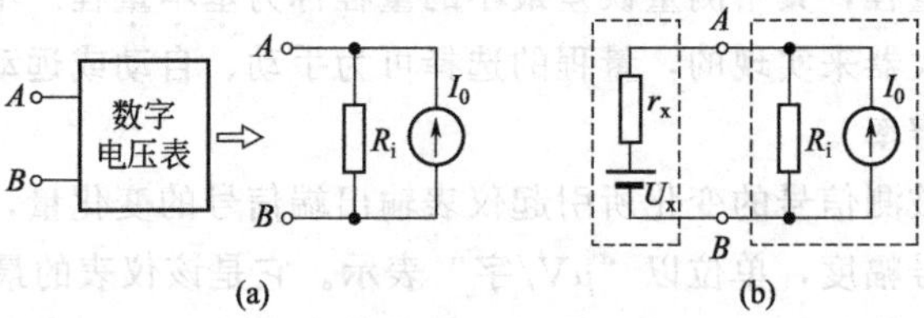

图 19-19 数字电压表输入端等效电路

(5) 测量速率

测量速率表示仪器每秒钟对被测量电压的测量次数，有时也用测量一次所需的时间来表示。

(6) 抗干扰特性

在用数字电压表进行测量的现场中，往往存在着工业干扰、电磁场以及种种高频噪声等干扰，这些干扰会给测量带来影响。根据干扰信号作用的方式不同，可把干扰分为串模（常态）干扰和共模（共态）干扰。我们用串模抑制比（SMRR）和共模抑制比（CMRR）来衡量数字电压表的抗干扰能力，抑制比越大，抗干扰能力越强。

① 串模干扰 串模干扰是叠加在被测信号上的直流或交流干扰，它可以是信号源产生的［图 19-20(a)］，也能是引线上感应的或接收的［图 19-20(b)］。串模干扰是串联在测量信号回路中，与被测信号所处的地位是相同的，如果干扰也是缓慢变化的，那就难从测量线路中消除它，需从根本上消除。但一般这种干扰是变化很快的，因此，可以采用输入滤波或积分技术加以抑制。

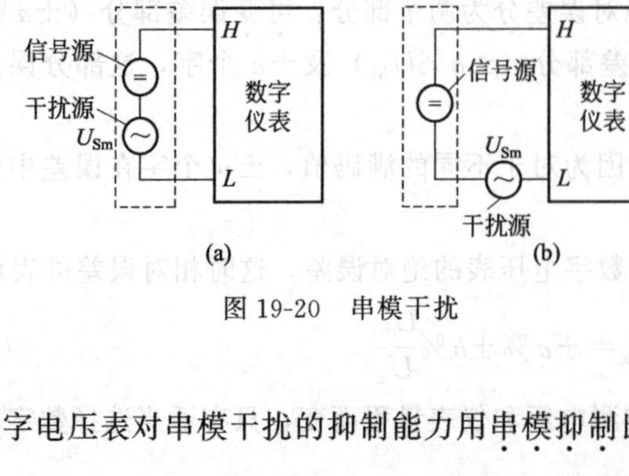

图 19-20 串模干扰

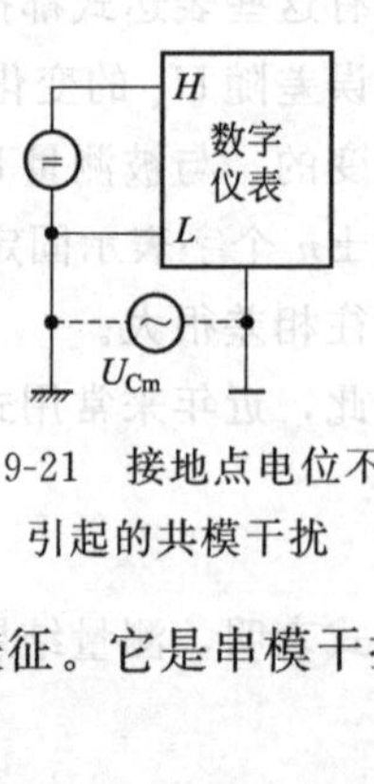

图 19-21 接地点电位不等引起的共模干扰

数字电压表对串模干扰的抑制能力用串模抑制比（SMRR）来表征。它是串模干扰电压的峰值U_{Sm}与仪表在这干扰电压作用下所产生的最大读数变化量ΔU_{Sm}之比，并取对数，用分贝表示，即

$$SMRR=20\lg\frac{U_{Sm}}{\Delta U_{Sm}}dB \tag{19-20}$$

这个比值越大，表明干扰对仪表的影响越小，一般数字电压表SMRR≥60dB。

② 共模干扰　在生产现场中被测信号源与测量仪表往往相距较远。这样，它们各自的接地点的电位往往是不相等的，其电压有时达几伏或上百伏，它可能是直流或交流。该电压同时作用在仪表的高端和低端。故为共模干扰，如图19-21所示。

数字电压表对共模干扰的抑制能力用共模抑制比（CMRR）来表征。它是共模干扰电压峰值U_{Cm}与仪表在此干扰作用下所产生的最大读数变化量ΔU_{Cm}之比，并取对数，用分贝表示，即

$$CMRR=20\lg\frac{U_{Cm}}{\Delta U_{Cm}}dB \tag{19-21}$$

为了抑制共模干扰，现在的数字电压表都采用双层浮置屏蔽技术，其共模抑制比（CMRR）都在20dB以上，有的仪表对10kHz噪声的共模抑制比可达140dB。

19.3.5　直流数字电压表的检定

直流数字电压表的检定在原则上与指示仪表的检定完全一样，具体办法也大致相同，但由于数字电压表精度高、输入阻抗高等特点，所采用的标准设备和线路有些新的考虑，尽管如此，原有的指示仪表检定装置合理使用或适当改进，还是可以检定一定等级的数字电压表，检定方法同样可分为比较法和标准电压法。

（1）比较法

比较法是被检表和标准表同时测量同一电压，以标准表的示值为实际值，确定被检表的误差。标准表可以是高准确度的数字电压表，也可以是直流电位差计，量限不同时也可使用分压箱。这里要求标准表的误差小于被检表误差的1/3，供检定测量用的电压的稳定性应小于被检表允许误差的1/5。

（2）标准电压法

用被检表测量标准电压源的输出电压，以标准电压源的示值为实际值来检定被检表误差的方法，称为标准电压法。同样，对标准电压源要满足准确度及稳定性的要求。

19.3.6　使用直流数字电压表的注意事项

数字电压表是精密的测量仪器，其结构和线路较复杂，价格较贵，使用时应十分爱护，严格按照规定操作。特别要注意下列事项。

（1）外观检查

使用前检查外观有无损坏、缺少零部件或其他异常情况。应排除隐患，再通电。

（2）电源检查

仪表交流电源分220V/110V两种，切不可插错。

（3）使用环境

仪表必须在规定的环境下工作，特别是温度、湿度条件必须严格遵守。

（4）标准电池的保护

有内附标准电池的电压表，严禁大角度倾斜、倒置，运输时最好拆下标准电池，以防损坏。

(5) 过载

使用仪表时，最好不要超过量限，严禁超过数字电压表所规定的最大输入电压，否则将损坏仪表。

(6) 抗干扰问题

使用数字电压表时要注意被测信号源及仪表输入引线的屏蔽与接地，以减小串、共模干扰影响。

(7) 数字电压表的输入方式

数字电压表的输入方式有两种：一种是二端子输入；另一种是三端子输入。对于二端子输入，问题比较简单，只要将被测电压的两端接到电压表的高（H）、低（L）端即可。但是为了提高仪表准确度，目前数字电压表都采用三端子输入。这时必须采用正确的接线方式。否则会产生很大的测量误差。

要正确地接入被测信号，关键在于正确使用保护端（C）。连接保护端应注意以下原则。

①必须使它和被测信号低端处于同样的电位，或使两者的电位尽可能地接近。

②共模电流最好不要流过任何一个接在输入端的电阻。

(8) 误差

根据误差公式，即使在同一量程内，被测电压值不同，测量误差也不同，需根据误差公式进行计算。

(9) 与打印机配套

要注意仪表与打印机的编码、逻辑电平、脉冲宽度、极性及波形是否一致，否则打印机不能动作或误动作。

此外，要轻拿、轻放并保持干净、无尘。

19.4 主要电学量的数字化测量技术

前面已经介绍过，数字化测量过程中易于进行 A/D 转换处理和测定的电学量及相关参量是直流电压、脉冲数和频率，相应的数字化测量装置是直流数字电压表和电子计数器，而其他物理量则是通过各种变换器变成直流电压、脉冲数或频率后再进行数字化测量，因此，数字化测量过程可分为两个主要步骤（阶段）：首先将被测对象变换成直流电压、脉冲数或频率，然后再用直流数字电压表或电子计数器实现对它们的测量。本节介绍主要电学量的数字化测量技术。

19.4.1 直流电流和中高值电阻的测量

(1) 测量直流电流

若让被测直流电流 I_x 流经一标准电阻（取样电阻）R_N，用直流数字电压表测出 R_N 两端的电压降 $U_x=I_xR_N$，则可换算出被测电流 $I_x=U_x/R_N$（见图 19-22）。

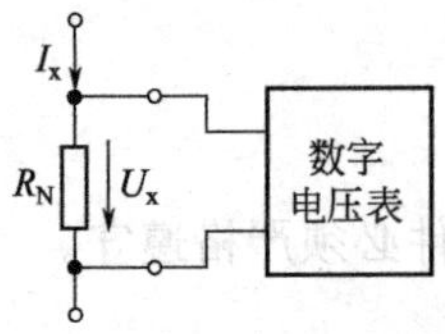

图 19-22 直流电流的数字测量

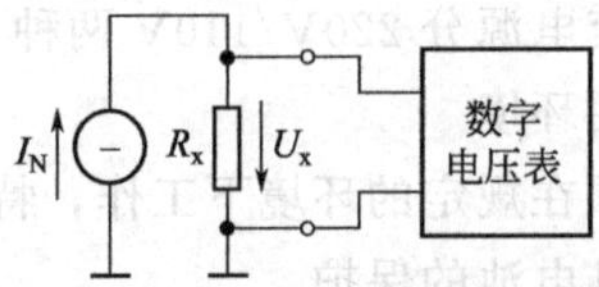

图 19-23 中高值电阻的数字测量

由于标准电阻阻值通常为 $10^n\,\Omega$（n 为整数），则可适当移动仪表读数的小数点位置，便能从数字电压表直接读取被测电流值 I_x。

（2）测量电阻

若电阻是未知的而电流为确定的标准电流，它们分别为 R_x 和 I_N，则电阻上的电压降 U_x 就反映了被测电阻 R_x 的大小（$R_x=U_x/I_N$）。图 19-23 是这种方法测量电阻的线路图。当用此方法测量低值或高值电阻时会引起较大的测量误差，常用于中高值电阻的测量。

若电流源的标准电流 I_N 取 10^n A（n 为整数），则适当移动仪表小数点位置，也能从数字电压表上直接读取被测电阻 R_x 的值。

19.4.2 低值电阻的测量

测量低值电阻必须采用四端技术，即要考虑被测电阻的引线电阻和接触电阻。图 19-24 是测量四端式低值电阻的数字欧姆表原理电路。其中 I_S 为恒流源，r 和 r' 分别代表被测电阻 R_x 的两电流引线端的引线电阻和接触电阻。这里未画出 R_x 的电位引线端的引线电阻及接触电阻，其原因在于运算放大器具有很高的输入阻抗，工作时几乎不取电流，因而可以认为它们对测量没有影响。

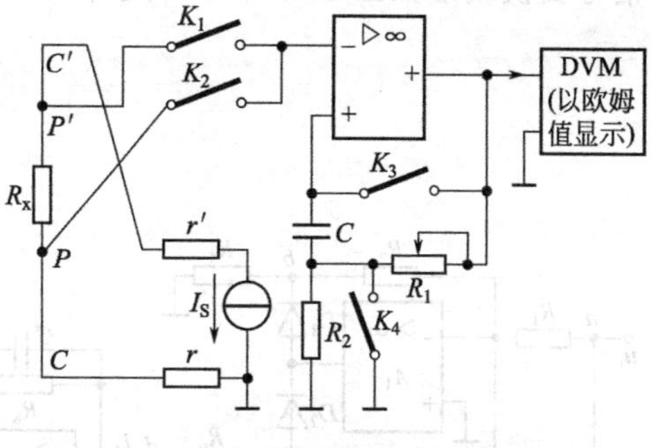

图 19-24　四端式数字欧姆表原理图

测量方法和步骤　测量开始时，接通 K_2、K_3 和 K_4，其结果使 r 上的电压 $\Delta U=I_Sr$ 经运算放大器加在了电容器 C 两端。随后，断开 K_2、K_3 和 K_4 的同时闭合开关 K_1，这样，加到运算放大器反向输入端的电压变成了被测电阻 R_x 与电流引线端电阻 r 上的电压之和，即 $U_x+\Delta U=I_S(R_x+r)$；而放大器正向输入端的电压等于电容电压 ΔU 与电阻 R_2 上的电压 $U_0R_2/(R_1+R_2)$ 之和（U_0 为运放输出端对地的电压）。依据运算放大器正、反向输入端等电位的特点，便得到

$$U_x=I_SR_x=U_0R_2/(R_1+R_2) \tag{19-22}$$

可见，该测量电路消除了被测低值电阻电流引线的引线电阻和接触电阻可能造成的测量误差。

19.4.3 超高值电阻的测量

对阻值在 $10^9\sim10^{14}\Omega$（已大于或等于数字电压表一般量程输入阻抗）超高阻值电阻的测量，常采用运算放大器与数字测量线路相结合的电路（见图 19-25），其测量原理是电容充电原理，测量误差可低于±0.1%。

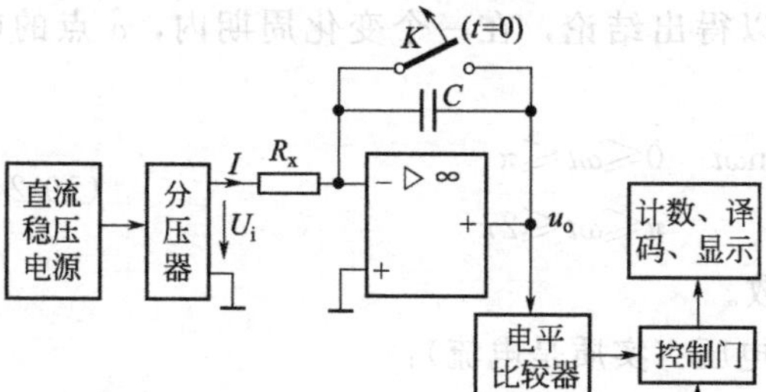

图 19-25　超高值电阻的数字测量原理框图

设 $t=0$ 瞬间打开 K，让电容 C 充电，其输出电压 u_o 为

$$u_o=-\frac{1}{C}\int_0^t I\mathrm{d}t$$

式中，$I=U_i/R_x=$ 常数。假定电平比较器的“门坎”值为“$-U_k$”，输出电压 u_o 经过时间 T 达到值“$-U_k$”，于是

$$U_k=\frac{U_i}{R_xC}T$$

或

$$R_x=\frac{U_i}{U_k C}T \tag{19-23}$$

可见，由数字测量仪表计数、显示出的 T，就能计算出超高值电阻 R_x 的值。

19.4.4 交流电压/电流的测量

要用直流数字电压表测量交流电压，显然必须先将交流电压，通过变换器转换成直流电压，直流数字电压表是线性化显示仪表，因此，与其相配接的交-直流（AC-DC）变换器也必须具有将被测交流电压的有效值线性地转换成直流电压的功能。能实现这种转换功能的装置称为线性检波或线性整流器。图 19-26(a) 所示电路是一种全波式线性整流器原理电路，其信号变换波形如图 19-26(b) 所示。

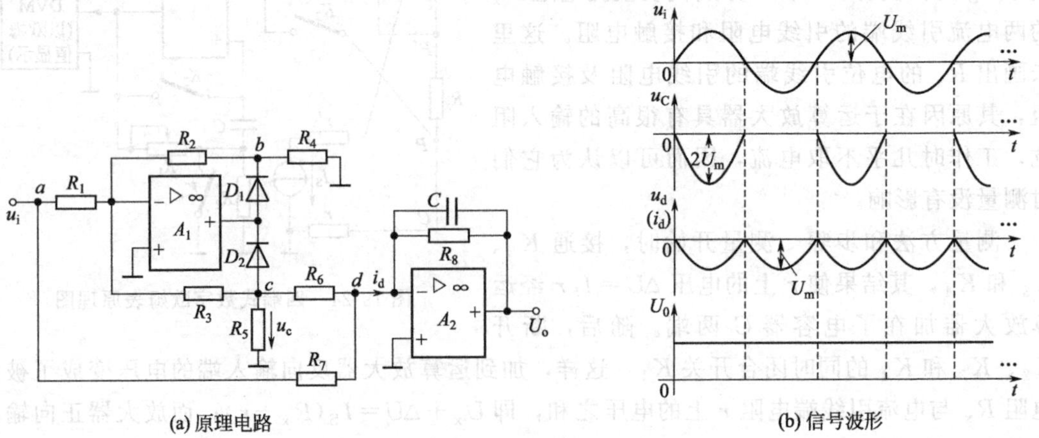

图 19-26 全波式线性整流器工作原理

设被测电压 u_i 为正弦电压 $u_i(t)=U_m\sin\omega t$，当 u_i 为正半周时，运算放大器 A_1 输出负电压，D_2 导通，D_1 截止；在 R_5 上得到的负半周电压（u_c）通过 R_6 送到运算放大器 A_2 和电容 C、电阻 R_8 组成的滤波器的入口 d 点（且同时也经 R_7 反馈到 A_1 的输入端）。当 u_i 为负半周时，A_1 输出正电压，D_1 导通，D_2 截止；在 R_4 上的压降通过 R_2 反馈回 A_1 的输入端，使得 A_1 在所有时间内均获得有反馈电压；由于 D_2 在此半周不工作，R_4 上的压降不能直接加到 c 点，但这时 a 点的负半周电压通过电阻 R_7 已引到 d 点。实际上，a 点处的正半周电压也经 R_7 送到了 d 点。由以上分析可以得出结论，在一个变化周期内，c 点的电压为

$$u_c(t)=\begin{cases}-A_f U_m\sin\omega t & 0\leqslant\omega t\leqslant\pi\\ 0 & \pi\leqslant\omega t\leqslant 2\pi\end{cases} \tag{19-24}$$

式中，A_f 是运算放大器 A_1 的闭环放大倍数。

将 $u_c(t)$ 与 $u_i(t)$ 相加，就得到了 d 点的电压（实质是电流）：

$$u_d(t)=\begin{cases}-A_f U_m\sin\omega t+U_m\sin\omega t & 0\leqslant\omega t\leqslant\pi\\ U_m\sin\omega t & \pi\leqslant\omega t\leqslant 2\pi\end{cases}$$

若选择合适的元件参数使 $A_f=2$，则 $u_d(t)$ 便改写成

$$u_d(t)=\begin{cases}-U_m\sin\omega t & 0\leqslant\omega t\leqslant\pi\\ U_m\sin\omega t & \pi\leqslant\omega t\leqslant 2\pi\end{cases} \tag{19-25}$$

即此电路实现了对所加正弦交变电压的合理整流，见图 19-26(b) 中的第三条曲线。应当说明的是，图中 u_d 的波形曲线是在后边开路条件下得出的，当接上由运算放大器 A_2 与 C、R_8 构成的滤波器后，d 点的实际波形（电流）将发生变化。

由 A_2 与 C、R_8 组成的滤波电路具有很大的时间常数，足以将全波整流后得到的信号（波形）中的交流成分（脉动部分）完全滤掉，在其输出端得到十分平滑的直流电压 U。[见图 19-26(b) 中最后一条曲线]，以便用直流数字电压表进行测量。

19.4.5　频率的测量

测频率的方法很多，其中数字测量也有多种方式。这里仅介绍一种目前最好的数字测量方法—用电子计数器显示单位时间内通过的被测信号周期的个数实现对其频率的测定方法。

图 19-27 是按上述方法制成的计数式测频仪表（数字频率计）的原理框图。由图可见，被测的正弦周期信号 u_i 经整形、放大后变成一同频率的周期脉冲序列 u_1 送至主计数门，在测频率之前，计数器置零。门控信号 u_2 前沿打开主计数门，让脉冲序列进入计数器并进行计数，直到门控信号 u_2 按设定的时间 T 在相应时刻关闭主计数门，则计数停止。设门控信号开门时间 T 内计数器记录到的脉冲个数是 N，则被测信号的频率

$$f_x = N/T \tag{19-26}$$

很显然，在计数器最大允许计数范围内，应尽最大可能把门控信号的“闸门”时间 T 选得大些，以获取最高的测量精度。

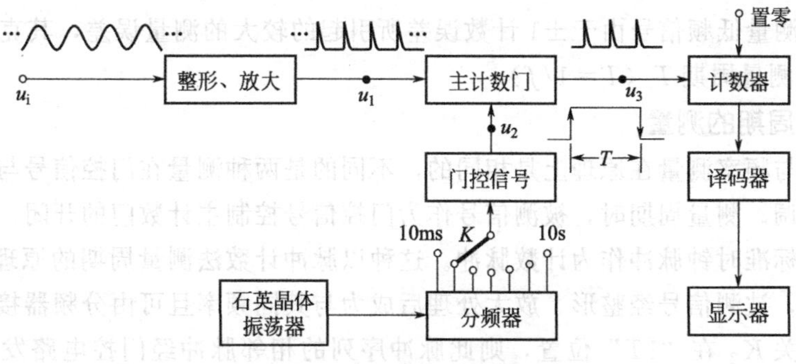

图 19-27　计数式测频仪原理框图

例如，一台可显示 8 位的计数式频率计，其测量单位为 kHz。假设某被测量信号频率是 20MHz，则当所选闸门时间 $T=1\text{s}$ 时，该频率计的显示值为 20000.000kHz；选 $T=0.1\text{s}$ 时，显示值为 020000.00kHz；而选 $T=10\text{ms}$ 时，显示值成了 0020000.0kHz。由此可见，选择大一些的 T，测量显示值的有效位数多，因而测量精度高。

计数误差：产生计数误差的原因在于被测信号与门控信号不同步引起的。实际上门控信号到来的时间是随机的。在图 19-28 中，如果门控信号（u_2）在 t_1 时刻到来，经时间 T 结束，则 u_1 有 4 个脉冲通过主计数门，则在 T 时间内脉冲计数（u_3）为 4；若门控信号（u_2）在 t_1' 时刻到来，经相同的门控时间 $T'=T$，则此时的脉冲计数（u_3'）为 3。这样在计数器末位就产生了±1 个字的计数误差，又称量化误差，它是电子计数器的固有误差。对于闸门时间 $T=1\text{s}$ 的计数频率计，“±1”计数误差则会产生±1Hz 的频率误差；而当 $T=10\text{ms}$ 时，这将产生±100Hz 的频率误差。因此，在使用计数式频率计时，闸门时间 T 的选取应尽量大些，以减小量化误差的影响，提高测量精度。

然而，当被测信号的频率很低时，即使选取很长的闸门时间，量化误差仍可能超过允许

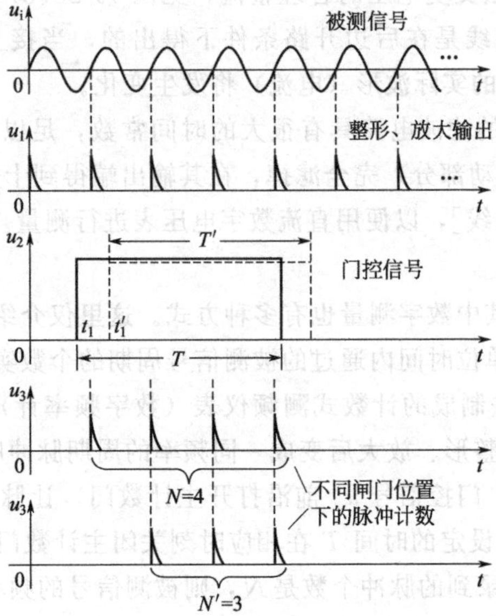

图 19-28　±1 计数误差的波形解释

范围。如被测信号的频率 $f_x=10\text{Hz}$，$T=1\text{s}$ 时，频率计显示的数字可能是 9 或 11。如此大的误差不要说数字测量，就是用其他落后些的测量技术与手段进行测量时也是不允许的。用计数式频率计测量低频信号由于±1 计数误差所引起的较大的测量误差，其克服办法通常是改测频率 f 为测量周期 T（$T=1/f$）。

19.4.6　周期的测量

周期测量与频率测量在原理上是相同的，不同的是两种测量在门控信号与计数脉冲成分上正好互为对调。测量周期时，被测信号作为门控信号控制主计数门的开闭，而由石英晶体振荡器发出的标准时钟脉冲作为计数脉冲。这种以脉冲计数法测量周期的原理如图 19-29 所示。由图可见，被测信号经整形、放大处理后成为与其同频率且可由分频器接受的标准脉冲序列。假定开关 K_2 在“1T”位置，则此脉冲序列的相邻脉冲经门控电路发出时间间隔为 T_x 的闸门信号，让周期为 T_s 的基准脉冲（时钟脉冲）通过主计数门到达计数器进行计数。若在 T_x 时间间隔内，计数器记录到 N 个基准脉冲，则

$$T_x=NT_s \tag{19-27}$$

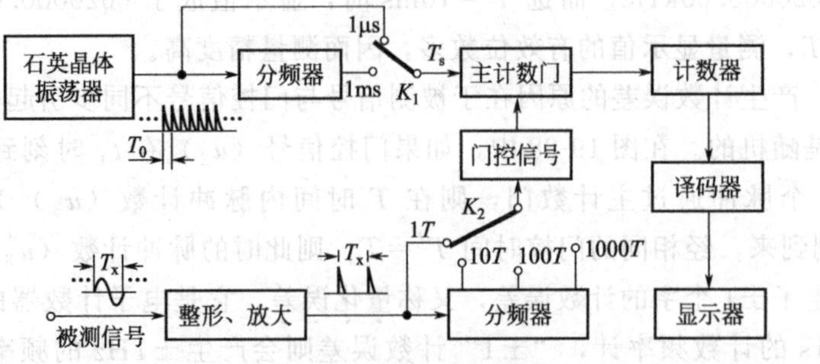

图 19-29　脉冲计数法测量周期原理框图

为了提高测量的准确度，还可以将被测信号的周期 T_x 经几级十分频电路扩大 10 倍、100 倍或 1000 倍等。其结果，主计数门开放时间与脉冲计数值都增加同样倍数，经内部电

路自动移动显示数字的小数点位置，可使显示数即为被测信号的周期时间。利用这种周期倍乘的方法可以减小计数误差影响，提高测量精度。

如果希望测定低频信号的频率，则只需按此法测出被测信号的周期 T_x，取其例数（$f_x=1/T_x$）即可。

19.4.7　相位的测量

测量两同频率信号的相位差，即相位测量，相位测量也有多种方法。由电子计数器构成的数字相位计就是其中的一种，它具有测量速度快、直接读数和准确度高等优点。其原理框图如图 19-30 所示。

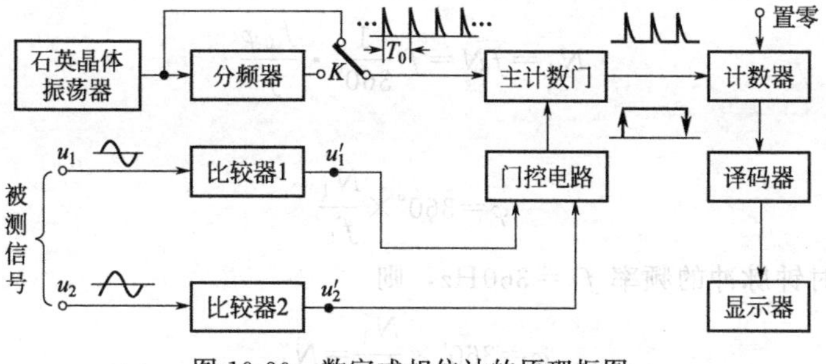

图 19-30　数字式相位计的原理框图

被测信号 u_1 在相位上领先于被测信号 u_2，它们分别送至零电平比较器 1 和 2。当它们由负变正通过零时，被相应的比较器检测出并发出一个脉冲 u_1'、u_2'给门控电路。u_1'作为开启信号使门控电路打开主计数门，让标准频率的时钟脉冲序列进入计数器；u_2'为关门信号，使计数停止。其结果，计数器显示出的脉冲计数值便对应于两被测信号的相位差。图 19-31 为数字式相位计中各处的信号波形。

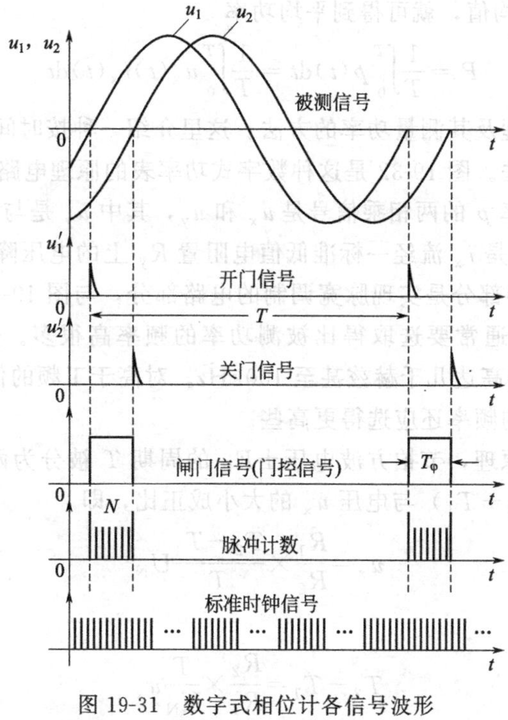

图 19-31　数字式相位计各信号波形

由波形图可见，这种相位测量方法实际上是测量两同频率的周期信号波形对应点的时间间隔。以 N 代表对应于相位差的脉冲计数，T_0 为标准计数脉冲的周期，则两信号对应点的时间间隔可表示为

$$T_{\varphi}=NT_0 \tag{19-28}$$

则相位差为

$$\varphi=2\pi\times\frac{T_{\varphi}}{T}=360°\times\frac{T_0}{T}N=360°\times\frac{f}{f_0}N \tag{19-29}$$

式中，f（或 T）分别代表被测信号的频率（或周期）；f_0 为标准时钟脉冲的频率。

假定总的测量时间为 1s，若 1s 内有 f 个闸门信号（门控信号），则 1s 内将累计计数

$$N_1=fN=f\ \frac{1}{360°}\cdot\frac{f_0\varphi}{f}$$

于是

$$\varphi=360°\times\frac{N_1}{f_0} \tag{19-30}$$

可见，若取标准时钟脉冲的频率 $f_0=360\text{Hz}$，则

$$\varphi=360°\times\frac{N_1}{360}=N_1^{\circ} \tag{19-31}$$

即 f_0 按 360×10^n（n 为整数）取值时，计数器单位时间记录到的脉冲个数就恰好是以度为单位的两被测信号的相位差，根据 n 的取值，内部电路自动移动显示数小数点位置。f_0 取值越大，脉冲计数所示的相位差的数量级就越小，其测量精度也就越高。

19.4.8 单相有功功率的数字测量

根据电路原理，单相交流信号的瞬时功率为

$$p(t)=u_{\text{x}}(t)i_{\text{x}}(t) \tag{19-32}$$

在一个周期内取 P 的平均值，就可得到平均功率

$$P=\frac{1}{T}\int_0^T p(t)\text{d}t=\frac{1}{T}\int_0^T u_{\text{x}}(t)i_{\text{x}}(t)\text{d}t \tag{19-33}$$

前面讨论过电动系的原理及其测量功率的方法。这里介绍一种按时间分割原理制作的数字式功率表的原理和测量方法。图 19-32 是这种数字式功率表的原理电路图。

这里，形成被测功率 p 的两相乘信号是 u_{x} 和 u_{y}，其中 u_{y} 是与组成被测功率 p 的电流 i_{x} 成正比的电压，即 u_{y} 是 i_{x} 流经一标准低值电阻置 R_{y} 上的电压降，作为电流 i_{x} 的替身。不难见，图 19-32 中上半部分是实现脉宽调制的电路部分，与图 19-16 完全相同。此时，节拍方波电压 $\pm E_{\text{c}}$ 的频率通常要选取得比被测功率的频率高很多。例如，被测功率是工频（50Hz）时，节拍频率要高达几千赫兹甚至 100kHz。对高于工频的低频信号（低于 500Hz）功率的测量，节拍电压的频率还应选得更高些。

按前述的脉宽调制原理，节拍方波电压 $\pm E_{\text{C}}$ 的周期 T 被分为两个不等的时间间隔 T_1 和 T_2，它们的差值（T_2-T_1）与电压 u_{x} 的大小成正比，即

$$u_{\text{x}}=\frac{R_1}{R_2}\times\frac{T_2-T_1}{T}U_{\text{N}}$$

因此

$$T_2-T_1=\frac{R_2}{R_1}\times\frac{T}{U_{\text{N}}}u_{\text{x}} \tag{19-34}$$

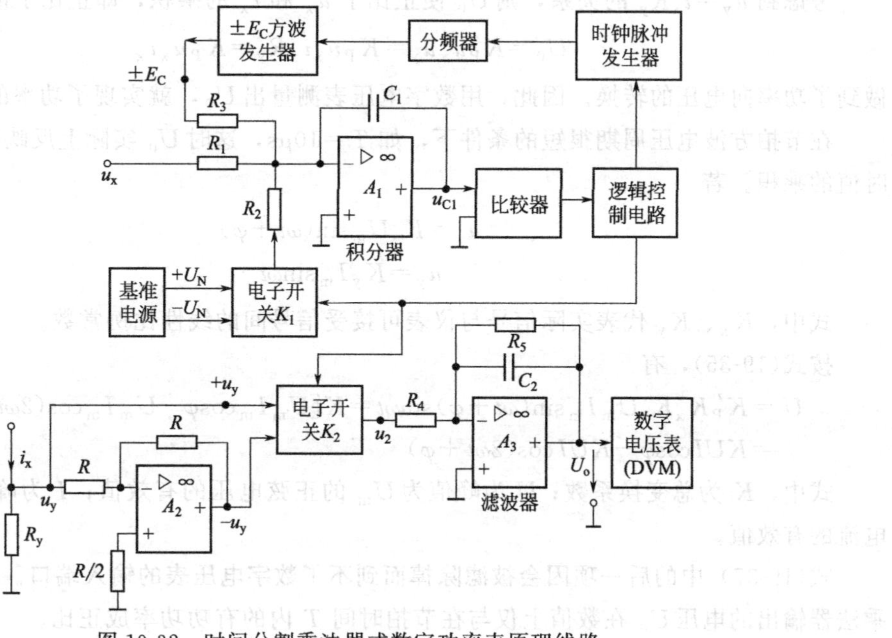

图 19-32 时间分割乘法器式数字功率表原理线路

u_y 经过由两个等值电阻 R 与运算放大器 A_2 组成的反相器电路，可得到反相电压 $-u_y$。

由图 19-32 可见，逻辑电路根据比较器发来的不等长的改极性信号，既控制电子开关 K_1，同时又控制电子开关 K_2。控制 K_1 将 $+U_N$ 与 $-U_N$ 按 T_1 和 T_2 不同时间间隔送至积分器的输入端口，实现对 U_N 脉冲宽度的调制；同时控制 K_2，意味着当积分器输出 $u_{C1}>0$ 即 T_1 时间间隔内，让 K_1 接通 $+U_N$ 的同时使 K_2 接通 $+u_y$；而当 $u_{C1}<0$ 即 T_2 时间段里，K_1 接通 $-U_N$ 的同时 K_2 接通至 $-u_y$；也就是 $\pm u_y$ 被比较器、逻辑电路控制的电子开关 K_2 所调制，见图 19-33。图中的信号波是在恒定的 $u_y(U_y)$ 条件下得到的。通过电子开关 K_2 的电压经运算放大器 A_3 与 R_4、R_5 及 C_2 组成的反向低通滤波器滤波，得到一周期 T 内的平均电压 U_0，即有

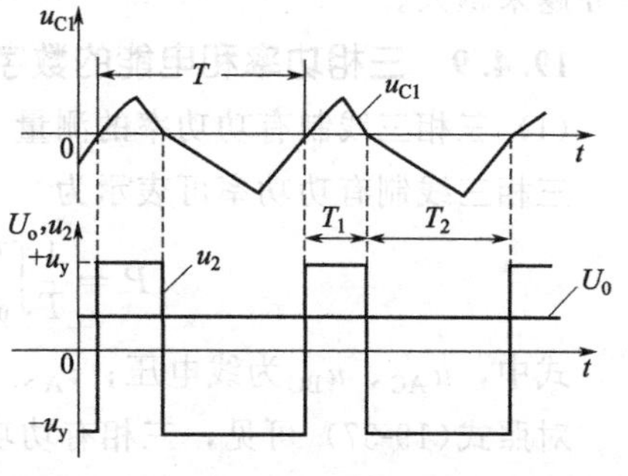

图 19-33 时间分割式乘法器的信号波形

$$U_0=-\frac{R_5}{R_4}\left(\frac{u_yT_1}{T}+\frac{-u_yT_2}{T}\right)=\frac{R_5}{R_4}\times\frac{T_2-T_1}{T}u_y$$

将式(19-34) 代入，便得到

$$U_0=\frac{R_5R_2u_x}{R_4R_1U_N}u_y=K'_Pu_xu_y \tag{19-35}$$

式中，$K'_P=R_5R_2/(R_4R_1U_N)$ 是比例常数。

综上所述，时间分割乘法器在节拍电压信号提供的周期内，对构成被测功率的一个信号 u_x 进行脉冲调宽式转换，并再以此脉冲宽度控制另一被测信号 u_y 的积分（滤波）时间，从而实现两信号相乘。这种相乘是在节拍周期内瞬间、连续进行的，节拍频率越高，乘法器的运算频率亦越高。

考虑到 $u_y = i_x R_y$ 的关系，则 U_0 便正比于 u_x 和 i_x 的乘积，即正比于被测功率，即

$$U_0 = K'_P u_x u_y = K'_P u_x i_x R_y = K_P u_x i_x \tag{19-36}$$

做到了功率向电压的转换。因此，用数字电压表测量出 U_0，就实现了功率的测量。

在节拍方波电压周期很短的条件下，如 $T=10\mu s$，这时 U_0 实际上反映的是 u_x 和 u_y 瞬时值的乘积。若

$$u_x = K_x U_m \sin(\omega t + \varphi)$$

$$u_y = K_y I_m \sin\omega t$$

式中，K_x、K_y 代表实际信号与仪表可接受信号间的线性比例常数。

按式(19-35)，有

$$\begin{aligned} U &= K'_P K_x K_y U_m I_m \sin(\omega t + \varphi)\sin\omega t = K[U_m I_m \cos\varphi - U_m I_m \cos(2\omega t + \varphi)]/2 \\ &= KUI\cos\varphi - KUI\cos(2\omega t + \varphi) \end{aligned} \tag{19-37}$$

式中，K 为总变换系数；U 为峰值为 U_m 的正弦电压的有效值；I 为峰值为 I_m 的正弦电流的有效值。

式(19-37) 中的后一项因会被滤除掉而到不了数字电压表的输入端口。因此，时间分割乘法器输出的电压 U_0 在数值上仅与在节拍时间 T 内的有功功率成正比。

由此可见，时间分割乘法器输出的电压 U_0 反映了输入电压 u_x 和 u_y 瞬时平均值的乘积。实际上“瞬间”的含义是相对的，它就是节拍方波的周期 T，在实际中它不可能做到无限小。因此随着被测的 u_x、u_y 频率的增高，“瞬间”的含义就显得越来越粗糙，运算误差亦越来越大。

19.4.9 三相功率和电能的数字测量

(1) 三相三线制有功功率的测量

三相三线制有功功率可表示为

$$P = \frac{1}{T}\int_0^T u_{AC} i_A \mathrm{d}t + \frac{1}{T}\int_0^T u_{BC} i_B \mathrm{d}t \tag{19-38}$$

式中，u_{AC}、u_{BC} 为线电压；i_A、i_B 是线电流。

对照式(19-37) 可见，三相有功功率的测量可由两个时间分割乘法器将电压和电流分别按上式相乘后再加而体现。其测量原理框图见图 19-34。

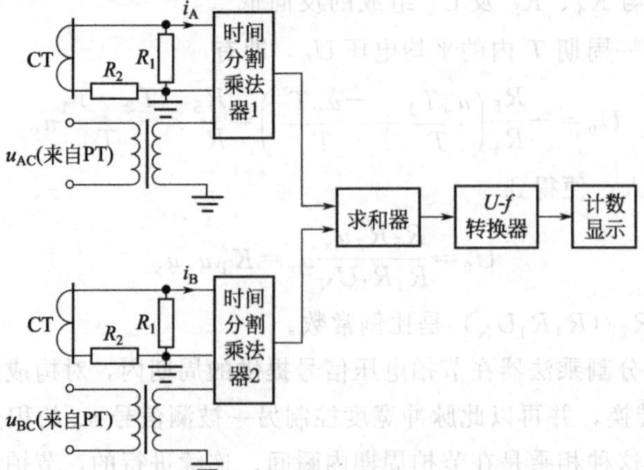

图 19-34　三相有功功率数字测量原理框图

从电压互感器的副边取得被测高电压的替身电压 u_{AC} 和 u_{BC}，它们再通过精密隔离电压互感器送至时间分割乘法器单元。相仿地，在被测系统中电流互感器的副边串联精密电流互感器 CT，而后再串小标准电阻在 CT 的副边，用来获取代表电流 i_A、i_B 的电压信号送给时间分割乘法器。交流功率经时间分割乘法器转换为直流电压。求和后，直流电压 U 又转化为频率量。该频率被计数器计数显示功率。

(2) 三相三线制无功功率的测量

三相三线制无功功率也可仅采用两个时分割乘法器进行测量，并能和有功功率测量共用一套取样（电压）元件；只是相乘的电流电压组合与测量有功功率时不一样。使用两个时间分割乘法器测量三相三线制无功功率所依据的关系表达式为

$$Q=\frac{1}{\sqrt{3}}\left[\frac{1}{T}\int_0^T u_{BC}(2i_A+i_C)\mathrm{d}t+\frac{1}{T}\int_0^T u_{AB}(2i_C+i_A)\mathrm{d}t\right] \tag{19-39}$$

根据电路理论，读者不难推出此结果。

(3) 三相电能的测量

电压信号形式的三相系统的功率经 U-f 转换后变为频率 f（频率正比于电压 U 的脉冲序列），即该频率与有功功率 P 成正比，亦就是 $P=Kf$。这里 K 是常数。因此，三相系统总的有功能量可表示为

$$W=\int_0^t P\,\mathrm{d}t=\int_0^t Kf\,\mathrm{d}t \tag{19-40}$$

可见，只要将此“功率脉冲序列”在一段时间内累积求和，就相当于测出了该时间段内消耗的电能。

然而，电能的基本单位是 kW·h。因此，式(19-40) 中累积时间 t 的单位应以小时计，于是式(19-40) 改写作

$$W=\frac{1}{3600}\int_0^t Kf\,\mathrm{d}t\ (\mathrm{kW\cdot h}) \tag{19-41}$$

这样，在累积之前，对脉冲序列还应进行 36×10^2 的分频；当要求电能的显示为 10^3kW·h 时，则应为 36×10^5 分频。

19.5　数字万用表

数字万用表（DMM，又称数字多用表或数字繁用表）是数显技术与新型大规模集成电路（LSI）技术的结晶。高准确度、高分辨力、高输入阻抗、数显、多重显示和多功能等优于模拟指针式万用表的性能特点，使其备受青睐。在电子测量、电工检测及检修工作中，已有数字万用表逐步取代模拟指针式万用表的趋势。

19.5.1　数字万用表的构成原理

数字万用表是在直流数字电压表的基础上，配以各种变换器和选择转换开关，组成的多功能数字测量仪表。常见的变换器有：交/直流电压，交或直流电流/直流电压，电阻/直流电压，电容/直流电压，温度/直流电压，二极管正向压降/直流电压，晶体管电流放大倍数/直流电压，频率/直流电压，功率、相位变换器和高灵敏度直流电压放大单元等。除此之外，数字万用表还常附加有自动关机电路、报警电路、蜂鸣器电路、保护电路、量程自动切换电路等。图 19-35 所示为数字万用表原理框图，图 19-36 则给出了数字万用表的外观与板面布置图。

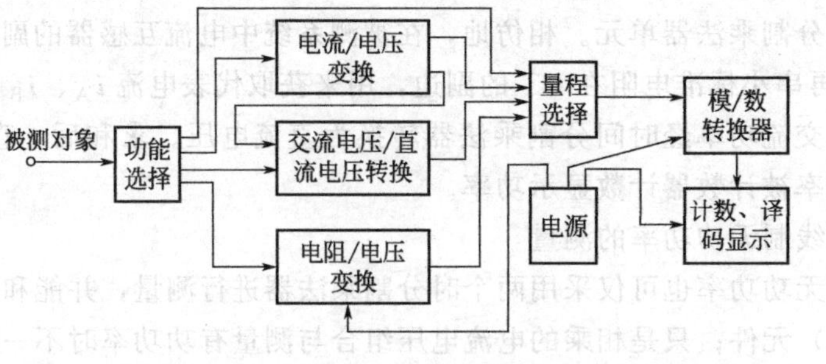

图 19-35　数字万用表原理框图

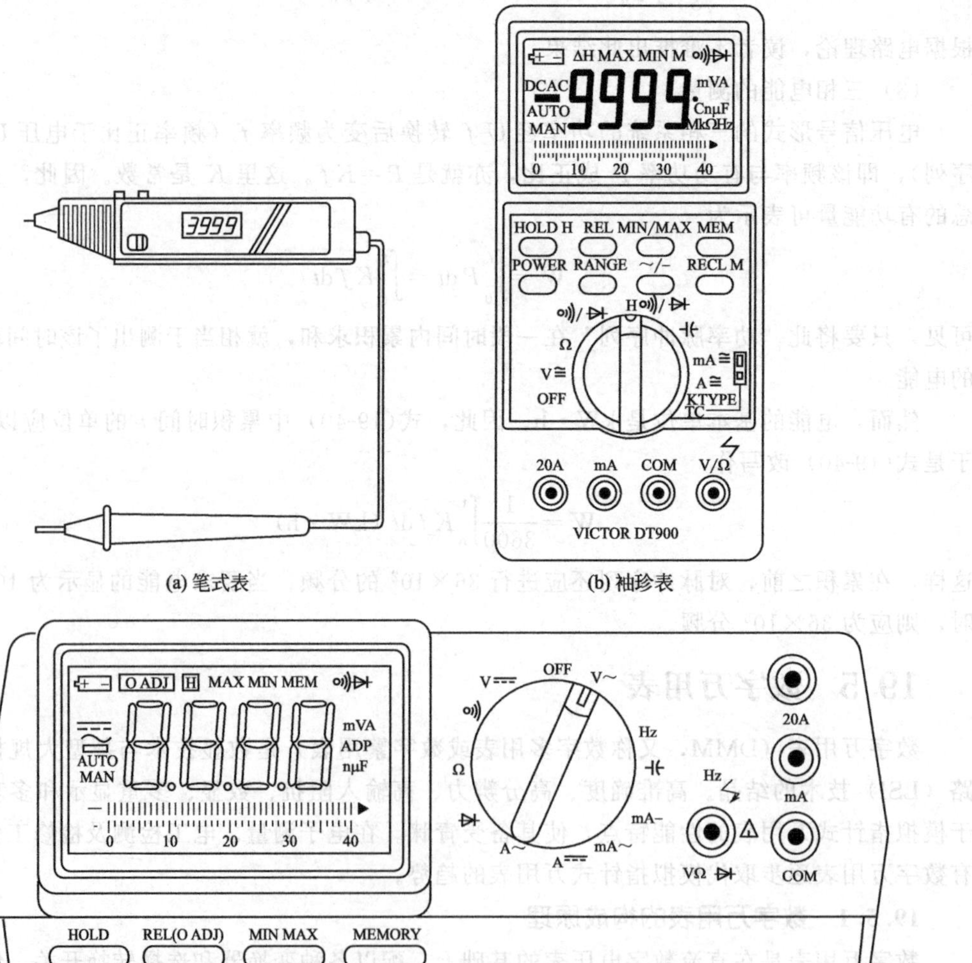

(a) 笔式表　　(b) 袖珍表

(c) 台式表

图 19-36　数字万用表外观与板面布置实例

数字万用表的构成特点决定了被测量均转换为直流电压再进行测量；变换器实现模/模变换之后，电压表完成模/数转换，并以高准确度数字配以被测量的单位显示出来。下面对DT830型数字万用表的几种基本转换电路进行分析。

（1）数字万用表的直流电压挡

数字万用表的直流电压挡就是一个多量限的直流数字电压表，如图19-37所示。该表共设置五个电压量程：200mV和2V、20V、200V、2000V，由量程选择开关S_1控制，其分压比依次为1/1、1/10、1/100、1/1000、1/10000。只要选取合适的挡，就可将0～2000V范围内的任何直流电压衰减为0～200mV的电压，再利用基本表（量程为200mV）进行测量。该基本表就是前面讲过的单片7106构成的直流数字电压表。

基本表的输入阻抗一般高达100MΩ，故流入基本表输入端的电流极其微小，完全可以忽略。满量程时分压电路的总电阻R_{in}为

$$R_{in}=U_{in}/I_{in} \tag{19-42}$$

变换量程时，各档的分压电阻可由式(19-43)计算确定

$$R_i=R_{in}\left(1-\frac{U_{in}}{U_n}\right) \tag{19-43}$$

式中，R_i为所选量程的分压电阻；R_{in}为分压电路的总电阻；U_{in}为数字电压表显示满度的输入电压值；U_n为所选量程值。

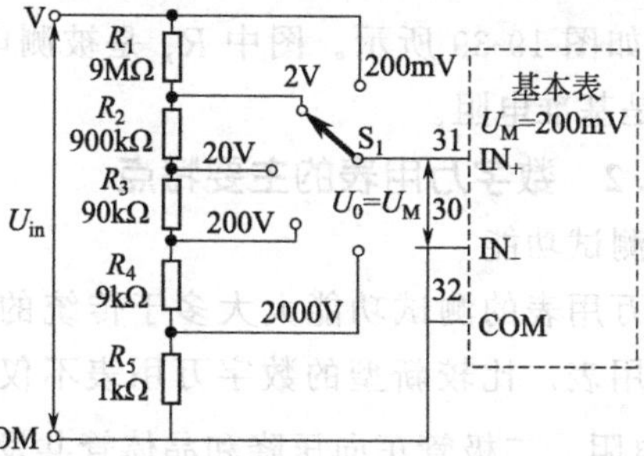

图19-37　DT830数字万用表直流电压挡的电路

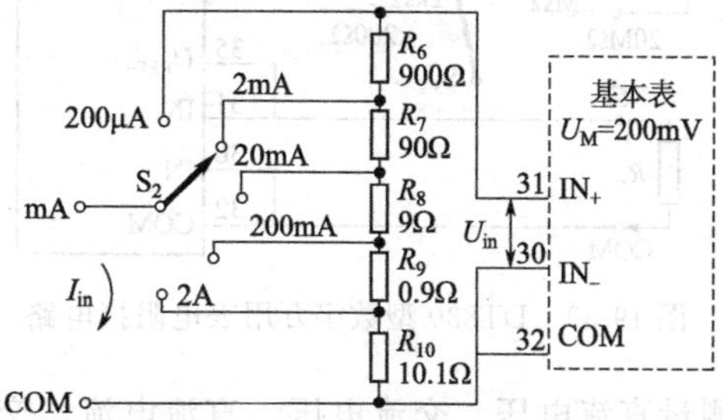

图19-38　DT830数字万用表直流电流挡的电路

（2）数字万用表的直流电流挡

DT830型数字万用表的直流电流挡分五个量程，电路原理图如图19-38所示。电阻R_6～R_{10}是分流电阻，当被测电流流经分流电阻时产生压降，以此作为基本表的输入直流电压。在各挡满量程时，基本输入端得到200mV的输入电压。

各挡的分流电阻计算式为

$$R_i=\frac{U_{in}}{I_n} \tag{19-44}$$

式中，I_n为各电流量程值。

例19-1　已知条件如图19-38所示，$U_{in}=200$mV，计算各电流挡分流电阻。

解　由式(19-44)可计算出各挡的分流电阻值：

对于2A挡有

$$R_{10}=\frac{U_{in}}{I_{10}}=\frac{0.2}{2}=0.1\ (\Omega)$$

对于200mA挡有

$$R_9=\frac{U_{in}}{I_9}-R_{10}=\frac{0.2}{0.2}-0.1=0.9\ (\Omega)$$

对于 20mA 挡有

$$R_8=\frac{U_{in}}{I_8}-(R_{10}+R_9)=\frac{0.2}{0.02}-1=9\ (\Omega)$$

对于 2mA 挡有

$$R_7=\frac{U_{in}}{I_7}-(R_{10}+R_9+R_8)=\frac{0.2}{0.002}-10=90\ (\Omega)$$

对应 200μA 挡有

$$R_6=\frac{U_{in}}{I_6}-(R_{10}+R_9+R_8+R_7)=\frac{0.2}{0.0002}-10=900\ (\Omega)$$

(3) 数字万用表的电阻挡

DT830 型数字万用表的基本表（直流电压表）采用 7106A/D 转换芯片，该芯片第 1 脚有 2.8V 的基准电压输出，可作为基准电压源供电阻测量使用。电阻测量原理是利用被测电阻和基准电阻串联后接在基准电压源上，被测电阻上的压降作为基本表的电压输入端，通过选择开关改变基准电阻的大小，就可实现多量程电阻测量，原理接线如图 19-39 所示。图中 R_x 是被测电阻，R_1～R_6 是基准电阻。

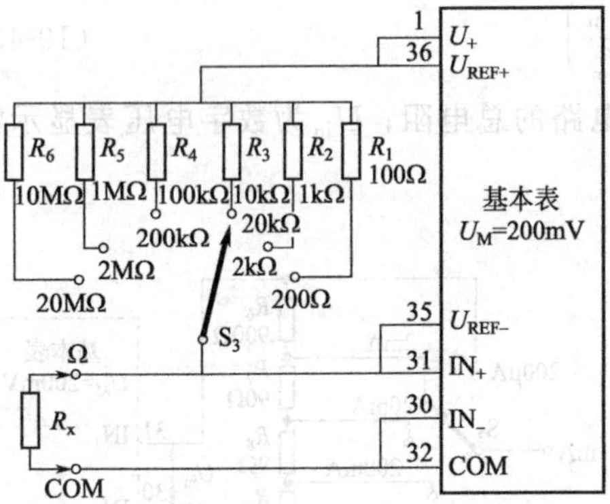

图 19-39　DT830 型数字万用表电阻挡电路

19.5.2　数字万用表的主要特点

(1) 测试功能

数字万用表的测试功能大大多于传统的模拟指针式万用表。比较新型的数字万用表不仅可以测量直流电压、交流电压、直流电流、交流电流、电阻、二极管正向压降和晶体管共发射极放大系数，还能测量电容、电导、温度、频率，并增设有用以检查线路通断的蜂鸣器档、低频功率测电阻挡，有的表还能提供方波电压信号。

新型数字万用表在设计上大多增加了示值保持、逻辑测试、真有效值测量、相对值测量、电源自动关断、脉冲宽度测量和占空比测量等实用测试功能。有的表还具有交流/直流(AC/CD) 自动转换功能。

新型智能数字万用表测试功能更多，增加的有：模拟条状图形（简称模拟条图）显示、多重显示（例如同时显示最大值、最小值和实时值）、最小值/最大值存储、峰值保持、存储、读取所存数据、复位、数据输出、预置、测量范围（上、下限）设定、自动校准、功率电平测量和快速测量等。

(2) 显示位数与显示方式

① 显示位数　数字万用表的显示位数一般为 3～8 位；具体有 3 位、$3\frac{1}{2}$位、$3\frac{2}{3}$位、$3\frac{3}{4}$位、$5\frac{1}{2}$位、$7\frac{1}{2}$位、$8\frac{1}{2}$位共 7 种。$3\frac{1}{2}$位读作“三又二分之一位”，其余类推。

② 显示方式　常见袖珍式数字万用表一般采用字高为 12.5mm 的液晶显示器；一些新

型号数字万用表则采用字高为 18mm 甚至 25mm 的大或超大液晶显示屏，并增加了单位符号（例如：mV，kV，mA，A，Ω，kΩ，MΩ，ns，kHz，nF，μF），测量项目符号（AC，DC）和特殊符号（如低电压"LOW BAT"、蜂鸣器符号）等标示符显示功能。

为反映被测电量的连续变化及变化趋势，新近问世的有一些数字/模拟条图双显数字万用表，其液晶显示屏见图 19-40(a)。图 19-40(b) 列举的是一可同时显示被测电参量三种数值（例如最大值、最小值、平均值）的数字万用表的三重显示屏。

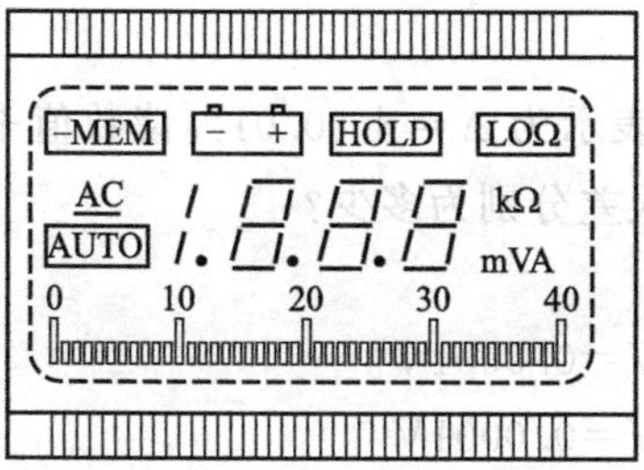

(a) 数字，模拟条图双显

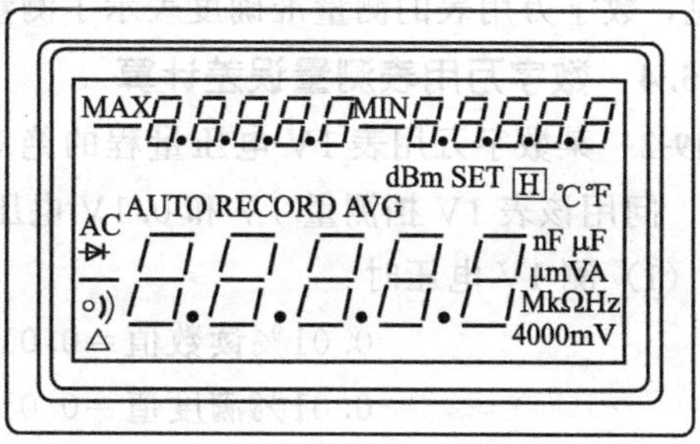

(b) 三重显示

图 19-40　数字万用表液晶显示屏示意图

(3) 分类

数字万用表大致可分为普及型、多功能型、高准确度型和高准确度智能型四种类型。普及型表档次最低，是 $3\frac{1}{2}$袖珍式表。多功能型表以 $3\frac{1}{2}$位的居多，也有 $3\frac{2}{3}$位和 $3\frac{3}{4}$位的。高准确度多功能型表多为 $4\frac{1}{2}$位和 $4\frac{3}{4}$位，制成有袖珍式和台式两种。$5\frac{1}{2}$位和 $5\frac{1}{2}$位以上的均为台式高准确度智能型数字万用表。

(4) 分辨力和分辨率

① 分辨力　数字万用表（或电压表）能够显示出的最小增量电压值，被称为该表的分辨力，它表征数字万用表的灵敏度。显然，数字万用表的分辨力随显示位数的增加而提高。

② 分辨率　数字万用表的分辨力也可用分辨率来表示。分辨率为所能显示的最小非零数字与最大数字之比，一般以百分数表示。例如，$3\frac{1}{2}$位数字万用表可显示的最大数字为 1999，则分辨率为 1/1999≈0.05%。同时，可算出 $3\frac{3}{4}$位的分辨率为 1/3999≈0.025%，$4\frac{1}{2}$位的分辨率则约为 0.005%。

(5) 量程选择

数字万用表的量程选择有手动、自动和自动/手动三种方式。

手动选择量程式数字万用表的内部电路较简单，但操作比较繁琐，且若量程选得不合适，仪表容易过载。自动选择量程式数字万用表操作简单，并且可有效地避免过载现象，但却使被测对象量值很小，这种表测量时也是从最高量程开始，然后逐渐降低至合适量程，这显然使测量时间较长。自动/手动选择量程式数字万用表兼有前两者的优点，使用比较灵活。

除上述特点外，数字万用表内部设有较完善的保护电路，在出现误操作时可以保护集成电路不至于损坏。

19.5.3 数字万用表的测量准确度

数字万用表的测量准确度有如下两种表示方式：(与直流数字电压表误差一致)

$$准确度=\pm(a\%读数值+b\%满度值) \tag{19-45}$$

$$准确度=\pm(a\%读数值+n\ 个字) \tag{19-46}$$

式中，“$a\%$读数值”为读数值误差项；“$b\%$满度值”是满度值误差项，若将式(19-45)中满度值误差项折合成末位数字的变化量，即得到式(19-46)，这说明上两式完全等价。

可见，数字万用表的测量准确度表示了测量的绝对误差。

19.5.4 数字万用表测量误差计算

例 19-2 某数字万用表 1V 电压量程的绝对误差表示为 $\Delta=\pm(0.01\%读数值+0.01\%满度值)$，问用该表 1V 挡测量 1V 和 0.1V 电压时的误差分别为多少？

解 (1) 测 1V 电压时

$$0.01\%读数值=0.01\%\times1V=0.0001V$$

$$0.01\%满度值=0.01\%\times1V=0.0001V$$

则总的绝对误差为两项之和，即 $\Delta=\pm0.0002V$。其相对误差为

$$\delta_1=\frac{\Delta}{1V}=\frac{\pm0.0002V}{1V}\times100\%=\pm0.02\%$$

(2) 用 1V 挡测 0.1V 电压时

$$0.01\%读数值=0.01\%\times0.1V=0.00001V$$

$$0.01\%满度值=0.01\%\times1V=0.0001V$$

其总的绝对误差 $\Delta=\pm0.00011V$，相对误差为

$$\delta_2=\frac{\Delta}{0.1V}=\frac{\pm0.00011V}{0.1V}\times100\%=\pm0.11\%$$

比前者增加近五倍。

例 19-3 DT940C 型 $3\frac{1}{2}$ 位数字万用表 2V 量程的准确度为

$$准确度=\pm(0.5\%读数值+1\ 个字)$$

问用该表 2V 量程测量 1.975V 和 0.215V 电压的误差分别为多少？

解 (1) 测 1.975V 电压时

测量准确度$=\pm(0.5\%读数值+1\ 个字)$

$=\pm(0.5\%\times1975+1\ 个字)\approx\pm11\ 个字$(计算时去掉小数点)

这表明测量的绝对误差 $\Delta=\pm11$ 个字。表示成相对误差为

$$\delta_1=\frac{\Delta}{1975}=\frac{\pm11}{1975}\times100\%\approx\pm0.55\%$$

(2) 用 2V 量程测 0.215V 电压时

测量的绝对误差 $\Delta=\pm(0.5\%\times215+1\ 个字)\approx\pm2$ 个字，相对误差为

$$\delta_2=\frac{\Delta}{215}=\frac{\pm2}{215}\times100\%\approx\pm0.93\%$$

由上述两例可见，与使用模拟指针式仪表相仿，用数字万用表测量电压时也应通过粗测选择量程，使被测量值尽可能接近量限值，因为用大量程测量小量值将增大测量结果的相对误差。此外要注意，数字万用表电阻挡对外应用时，红表笔为正，黑表笔为负。

*19.6　新型数字化仪表

随着大规模和超大规模集成电路、计算机技术、通信网络技术的不断发展，诞生了微机化仪表、智能化仪表、虚拟仪器等现代新型仪表，数字仪表进入了一个崭新的阶段。

19.6.1　微机化仪表

将微机的软硬件技术和仪器仪表的设计相结合，称为微机化仪表（Instruments Based on Microcomputer）。微机化仪表的迅速发展，大致形成了两个分支，一是个人计算机仪表，二是智能仪表。

所谓个人计算机仪表，用户只要采购含有相关功能的仪表的硬件模块，这些模块都已做成标准插件，将采购的模块直接插到通用微机的总线扩展槽内，于是一台个人计算机仪表便构成了。不但具有微机的所有功能，而且增加了某种仪表所具有的特殊功能，在相关软件的支持下，它能将电压、电流、电容、电感以及温度、流量、压力等参数的测量值及其他相关信息在 CRT 显示屏上显示出来，所显示的图形美观形象，色彩丰富，信息量大。用户可借助鼠标单击 CRT 显示屏上那些仿真操作按钮进行操作。

第二个分支是智能仪表。为了与传统仪器仪表相区别，习惯上将仍具有仪表外形的、内部装有 CPU 等芯片的可以编程监控的仪表叫做智能仪表。智能仪表一般都具有量程自动转换、自校正、自诊断等含有一定人工智能的分析能力；传统仪表中难以实现的问题如通信、复杂的公式计算等问题，对于智能仪表而言，只需软、硬件设计配合得当就可以。硬件结构更为简单，稳定性、可靠性、性能价格比都大大提高。由以下实例可见其优越性是仅用 LED 或 LCD 做显示器件的数字式仪表所不能比拟的。

(1) 智能温度测量控制仪

图 19-41 是一台智能温度测量控制仪的原理框图，简单分析如下。

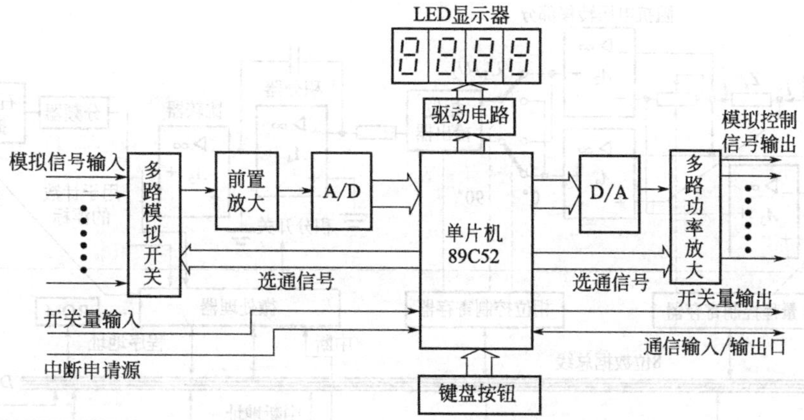

图 19-41　一台智能仪表的原理框图

① 智能仪表硬件结构的核心是单片机芯片（简称单片机），它是微电子高集成技术发展的产物。在一块小小的芯片上，同时集成了 CPU、存储器、定时/计数器、串并行输入输出口、多路中断系统等。有些型号的单片机还集成了 A/D 转换器、D/A 转换器，采用这样的单片机，仪表的硬件结构更简单。仪表的监控程序就固化在单片机的存储器中。单片机包含的多路并行输入输出口有的可作为仪表面板轻触键和开关量输入的接口；有的用于 A/D、D/A 芯片的接口；有的可作为并行通信接口如连一个微型打印机等；串行

输入输出口可用于远距离的串行通信；多路中断处理系统能应付各种突发事件的紧急处理。

② 智能仪表的输入信号除开关量的输入信号与外部突发事件的中断申请源之外，主要还有多路模拟量输入信号，可以连接多种型号的热电偶与热电阻，监控程序会自动判别，量程也会自动调整。

③ 智能仪表的输出信号有开关量输出信号、串并行通信信号以及多路模拟控制信号。

④ 智能仪表的操作：用户可以通过仪表面板上的轻触键让仪表巡回显示多路被测信号的测量值、给定值。也可随意指定显示某一路的测量值、设定值。对于仪表的PID参数的整定以及各路被测参数的设定值，既可用仪表面板上的轻触键来设定，也可借助串行通信口由上位微机来远距离设定与遥控。

除了要有正确的硬件结构设计之外，还要有完善的软件监控程序，才能使智能仪表远优于传统的显示控制仪表。

(2) 带微处理器的*R-L-C*自动测量仪

*R-L-C*自动测量仪可以测元件参数*R*、*L*(*M*)、*C*、tanδ（或称*D*）和*Q*的值并进行数字显示。由图19-42可见，这种测量仪的测量电路部分为半桥线路。它用运算放大器使流过被测元件的电流也流过标准电阻，然后通过测量被测元件电压和标准电阻电压的相量比的所谓变换式相量分析技术，转而达到测量出阻抗（或导纳）以及损耗角的正切和品质因数等目的。实现这些功能的模拟电路又可细分为阻抗电压转换（半桥）、取与电流同相位的分量和积分型比率变换等部分。而对模拟电路工作状态的逻辑控制，则是由微处理器完成的。这使仪表电路大为简化，且可靠性得到提高。

上述这种*R-L-C*测量仪的构成大体上可分为两部分：一是模拟测量部分；二是微处理器控制的数字部分。它们对应于图19-42中被点划线隔开的上、下两部分。

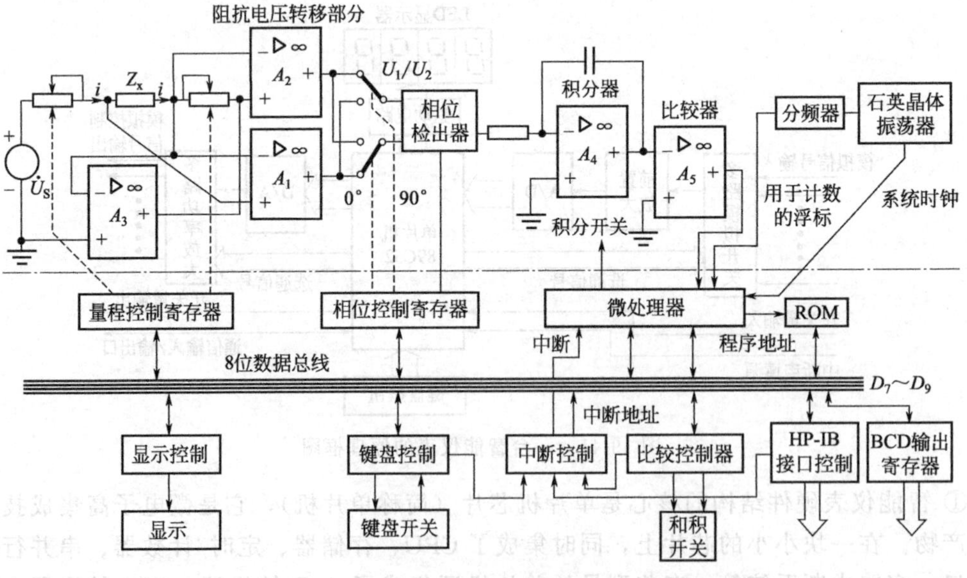

图19-42 微处理器控制的自动阻抗测量仪原理框图

只读存储器ROM中存放的是预先编好的程控指令，这些指令用于实现对量程、相位等开关的控制。为从ROM读出指令，可由键盘开关和键盘控制直接对ROM寻址，发出直接控制的顺序程控指令到量程控制寄存器和相位控制寄存器，实现预编的程控；也可由来自键盘的指令寻址，具体是通过键盘控制和中断回路到微处理器，由微处理器发出选址信息，从 ROM 中读出顺序控制指令到量程控制寄存器和相位控制寄存器，实现量程和相位的微处理器控制。全部程序控制流程如图 19-43 所示。

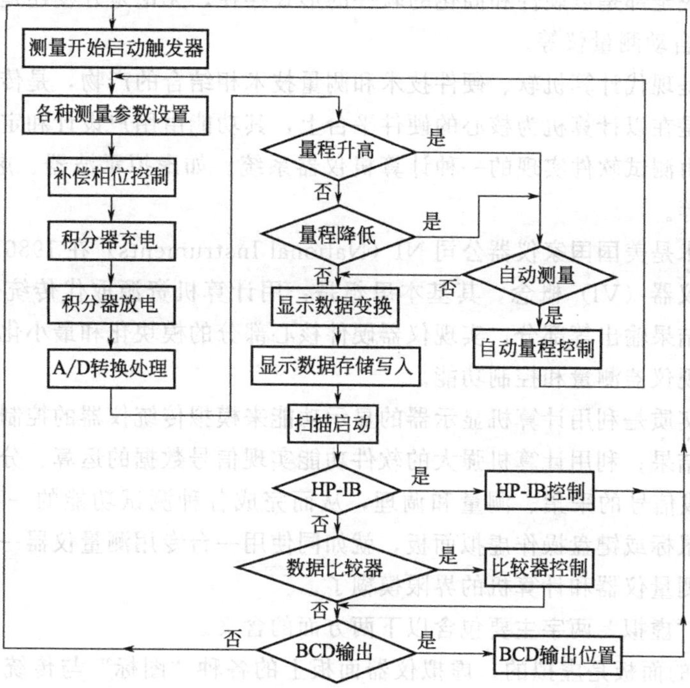

图 19-43　带微处理器电路参数测量仪的程序控制流程图

测量数据是在微处理器内部进行 A/D 变换的，在外部没有再设置计数器和寄存器，相应的功能由微处理器内部的寄存器来完成。经变换得到的被测参数的数字量或称数据在“写入”指令控制下，经数据总线写入到数据寄存器的某个单元，这个单元由扫描计数器寻址。全部数据写完后，在“读出”指令控制下，数据存储器中的数据经扫描计数器脉冲寻址被连续读出，直到下一次测量开始新的一次写入循环为止。这里所提到的写入、读出控制和扫描计数器的控制指令等，是由独立的控制线提供的，它们直接取自 ROM 中事先编好的程控软件。

19.6.2　虚拟仪器简介

（1）虚拟仪器的基本概念

测量仪器发展至今，大体可以分为五个阶段：模拟仪器、电子仪器、数字化仪器、智能仪器和虚拟仪器。

模拟仪器：这类仪器是以电磁感应基本定律为基础的指针式仪器仪表。基本结构是电磁机械式的，借助指针来显示最终结果，如指针式电气仪表、比较仪器、三极管电压表等。这类仪器具有较高的稳定性和可靠性，在实验室和工程中仍在继续使用。

电子仪器：以现代电子技术为基础的一类电测仪器仪表，如频率计、示波器等，具有精度高，响应快，灵敏度高等特点，特别是电子示波器，可观测动态信号波形，形象直观。

数字化仪器：这类仪器目前相当普及，如数字电压表、数字频率计等。这类仪器将模拟信号的测量转化为数字信号测量，并以数字方式输出、显示最终结果，适用于快速响应和较高准确度的测量。

智能仪器：这类仪器内置微处理器，既能进行自动测试又具有一定的数据处理功能。智能仪器的功能模块全部是以硬件和固化的软件的形式存在，无论是开发还是应用，都缺乏灵活性。如 *R-L-C* 自动测量仪等。

虚拟仪器：是现代计算机软、硬件技术和测量技术相结合的产物，是传统仪器观念的一次巨大变革，就是在以计算机为核心的硬件平台上，其功能由用户设计和定义，具有虚拟面板，其测试功能由测试软件实现的一种计算机仪器系统。如虚拟示波器、虚拟逻辑分析仪、虚拟频谱分析仪等。

虚拟仪器技术是美国国家仪器公司 NI（National Instruments）在 1986 年提出“软件即是仪器”的虚拟仪器（VI）概念，其基本思想是：用计算机资源取代传统仪器中的信号输入、数据处理和结果输出等部分，实现仪器硬件核心部分的模块化和最小化；用计算机软件和仪器软面板实现仪器测量和控制功能。

虚拟仪器的实质是利用计算机显示器的显示功能来模拟传统仪器的控制面板，以多种形式表达输出检测结果；利用计算机强大的软件功能实现信号数据的运算、分析和处理；利用 I/O 接口设备完成信号的采集、测量和调理，从而完成各种测试功能的一种计算机仪器系统。使用者利用鼠标或键盘操作虚拟面板，就如同使用一台专用测量仪器一样。因此，虚拟仪器的出现，使测量仪器和计算机的界限模糊了。

虚拟仪器的“虚拟”两字主要包含以下两方面的含义。

① 虚拟仪器的面板是虚拟的。虚拟仪器面板上的各种“图标”与传统仪器面板上的各种“器件”所完成的功能是相同的。由各种开关、按钮、显示器等图标实现仪器电源的“通”、“断”，被测信号的“输入通道”、“放大倍数”等参数的设置，及测量结果的“数值显示”、“波形显示”等。传统仪器面板上的器件都是“实物”，而且是由“手动”和“触摸”进行操作的；虚拟仪器前面板是外形与实物相像的“图标”，每个图标的“通”、“断”、“放大”等动作都可以通过操作计算机鼠标或键盘来完成。因此，设计虚拟仪器前面板就是在前面板设计窗口中摆放所需的图标，然后对图标的属性进行设置。

② 虚拟仪器测量功能是通过对图形化软件流程图的编程来实现的。虚拟仪器是在以 PC 为核心组成的硬件平台支持下，通过软件编程来实现仪器的测量功能的。因为可以通过不同测试功能软件模块的组合来实现多种测试功能，所以在硬件平台确定后，就有“软件就是仪器”的说法。这也体现了测试技术与计算机深层次的结合。

（2）虚拟仪器的特点

虚拟仪器彻底改变了传统仪器由生产厂家定义功能的模式，而是在少量附加硬件的基础上，由用户定义仪器功能。因为它的运行主要依赖软件，所以修改或增加功能、改善性能都非常灵活，也便于利用 PC 的软硬件资源和直接使用 PC 的外设和网络功能。虚拟仪器不但造价低，而且通过修改软件可增加它的适应性，进而延长它的生命周期，是一种具有很好发展前景的仪器。与传统仪器相比，虚拟仪器具有高效、开放、易用灵活、功能强大、性价比高、可操作性好等明显优点，具体表现为以下方面。

① 智能化程度高，处理能力强　虚拟仪器的处理能力和智能化程度主要取决于仪器软件水平。用户完全可以根据实际应用需求，将先进的信号处理算法、人工智能技术和专家系

统应用于仪器设计与集成，从而将智能仪器水平提高到一个新的层次。

② 应用性强，系统费用低　应用虚拟仪器思想，用相同的基本硬件可构造多种不同功能的测试分析仪器，如用同一个高速数字采样器，可设计出数字示波器、逻辑分析仪、计数器等多种仪器。这样形成的测试仪器系统功能更灵活、更高效、更开放、系统费用更低。通过与计算机网络连接，还可实现虚拟仪器的分布式共享，更好地发挥仪器的使用价值。

③ 操作性强，易用灵活　虚拟仪器面板可由用户定义，针对不同应用可以设计不同的操作显示界面。使用计算机的多媒体处理能力可以使仪器操作变得更加直观、简便、易于理解，测量结果可以直接进入数据库系统或通过网络发送。测量完后还可打印、显示所需的报表或曲线。这些都使得仪器的可操作性大大提高而且易用。

虚拟仪器与传统仪器主要性能比较如表 19-1 所示。

表 19-1　虚拟仪器与传统仪器性能比较

虚 拟 仪 器	传 统 仪 器
软件是关键，升级方便	硬件是关键，必须由专业厂家升级
基于软件体系，开发和维护费用低	基于硬件体系，开发和维护费用高
数据可编辑、存储、打印	数据无法编辑
价格低，并且可重用性与可配置性强	通用性差，价格高
仪器功能可由用户定义	仪器功能只能由厂家定义
系统开放、灵活，功能可更改而构成多种仪器	系统封闭、功能固定不可更改
容易与网络、外设及其他设备连接	不易与其他设备连接
自己编程硬件，二次开发强	无法自己编程硬件，二次开发差
显示图形界面大，信息量大	显示图形界面小，信息量少
具有完整的时间记录和测试说明	部分具有时间记录和测试说明
信号电缆少，采用虚拟旋钮，故障率低，有操作保护	信号电缆和开关多，操作复杂
测试过程完全自动化	测试部分自动化
技术更新周期短（1～2 年）	技术更新周期长（5～10 年）

（3）虚拟仪器技术

① 虚拟仪器的基本组成　虚拟仪器由通用仪器硬件平台和软件两大部分组成，如图 19-44所示。

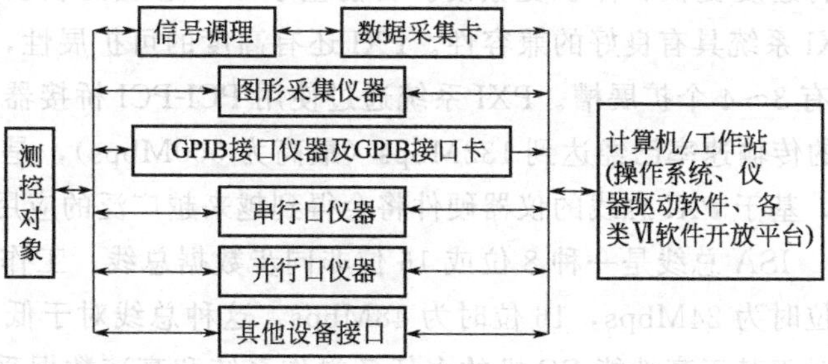

图 19-44　虚拟仪器系统框图

虚拟仪器与传统仪器构成的主要区别如图 19-45 所示。

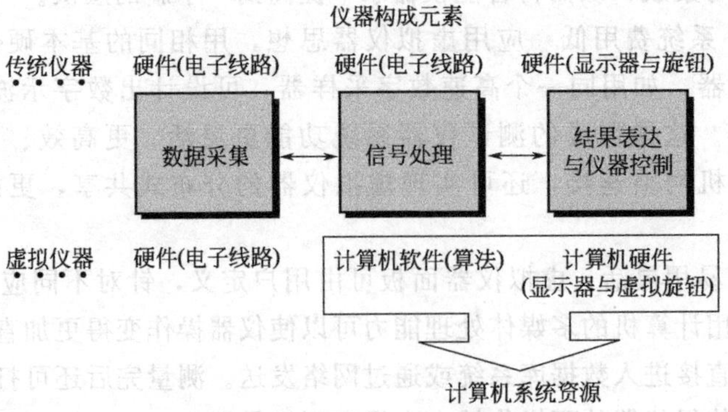

图 19-45　传统仪器与虚拟仪器构成比较

② 虚拟硬件技术　虚拟仪器硬件平台包括计算机和总线与 I/O 接口设备两大部分。

a. 计算机　一般为 PC 机或计算机工作站，是硬件平台的核心。

b. 总线与 I/O 接口设备　总线是连接 PC 机与各种程控仪器与设备的通道，完成命令、数据的传输与交换。I/O 接口设备主要完成被测信号的采集、放大、A/D 转换，当然也包括机械接插件、插槽、电缆等。

③ 虚拟仪器总线技术　虚拟仪器总线主要有以下几点。

a. 仪器总线

ⓐ GPIB（General Purpose Interface Bus）总线（即 IEEE 488 总线）是一种数字式并行总线，主要用于连接测试仪器和计算机。该总线最多可以连接 15 个设备（包括作为主控器的主机）。如果采用高速 HS488 交互握手协议，传输速率可高到 8Mbps。

ⓑ VXI（VMEbus Extensions for Instrumentation）总线（即 IEEE 1155 总线）是一种高速计算机总线—VME 总线在仪器领域的扩展。它是在 1987 年，由五家测试和仪器公司（HP，Wavetek，Tektronix，Colorado Data Systems，Racal-Dana Instruments）制订的仪器总线标准。VXI 总线具有标准开放、结构紧凑、数据吞吐能力强，最高可达 40Mbps，定时和同步精确、模块可重复利用、众多仪器厂家支持的特点，因此得到了广泛的应用。不过，由于价格较高，推广应用受到一定限制，主要集中在航空、航天等国防军工领域。

ⓒ PXI（PCI Extensions for Instrumentation）总线是以 Compact PCI 为基础的，由具有开放性的 PCI 总线扩展而来（NI 公司于 1997 年提出）。PXI 总线符合工业标准，在机械、电气和软件特性方面充分发挥了 PCI 总线的全部优点。PXI 构造类似于 VXI 结构，但它的设备成本更低、运行速度更快、体积更紧凑。目前基于 PCI 总线的软硬件均可应用于 PXI 系统中，从而使 PXI 系统具有良好的兼容性。PXI 还有高度的可扩展性，它有 8 个扩展槽，而台式 PCI 系统只有 3～4 个扩展槽。PXI 系统通过使用 PCI-PCI 桥接器，可扩展到 256 个扩展槽。PXI 总线的传输速率已经达到 132Mbps（最高为 500Mbps），是目前已经发布的最高传输速率。因此，基于 PXI 总线的仪器硬件将会得到越来越广泛的应用。

b. 计算机总线　ISA 总线是一种 8 位或 16 位非同步数据总线，工作频率为 8MHz，最高数据传输率在 8 位时为 24Mbps，16 位时为 48Mbps。这种总线对于低速数据采样与处理来说是有效的，但对于基于高性能 PC 机的多任务操作系统和高速数据采集系统来说，ISA 总线由于其带宽、位数等的限制，故不能满足系统工作的要求。新型主板和高版本操作系统已不再支持 ISA 总线。

PCI总线是一种同步的独立于CPU的32位或64位局部总线，时钟频率为33MHz，数据传输率高达132～264Mbps，PCI总线技术的无限读写突发方式，可在一瞬间发送大量数据。PCI总线上的外围设备可与CPU并发工作，从而提高了整体性能。PCI总线还有自动配置功能，从而使所有与PCI兼容的设备实现真正的"即插即用"（plug & play)。PCI总线由于上述优点而得到了广泛应用，已成为PC工业的事实标准。

USB通用串行总线（Universal Serial Bus）和IEEE 1394总线（又叫Fire ware总线）是被PC机广泛采用的两种总线，它们已被集成到计算机主板上。

USB总线能以雏菊链方式连接127个装置，需要一对信号线及电源线。USB2.0标准的数据传输率能达到480Mbps。该总线具有轻巧简便、价格便宜、连接方便快捷的特点，现在已被广泛用于宽带数字摄像机、扫描仪、打印机及存储设备。IEEE 1394总线是由苹果公司于1989年设计的高性能串口总线，目前传输速率为100、200、400Mbps，将来可达3.2Gbps。这种总线需要两对信号线和一对电源线，可以用任意方式连接63个装置，它是专为需要大数据量串行传送的数码相机、硬盘等设计的。

USB及IEEE 1394总线均具有"即插即用"的能力，与并行总线相比，更适合于连接多外设的需要。

c. 工业现场总线　为了共享测试系统资源，越来越多的用户正在转向网络。工业现场总线是一个网络通讯标准，它使得不同厂家的产品通过通讯总线使用共同的协议进行通讯。现在，有很多现场总线标准，如ISA-SP50、ProfiBus、CAN、FieldBus和DeviceNet等，它们竞争非常激烈。通用现场总线的发展需要一段时间。

④ 虚拟仪器软件技术　软件是虚拟仪器的关键，主要包括虚拟仪器应用软件的开发平台、仪器驱动程序以及I/O接口软件。虚拟仪器的开发环境主要有Visual C++、Visual Basic以及HP公司的VEE和NI公司的LabVIEW、LabWindows/CVI等。VC、VB、LabWindows/CVI虽然是可视化的开发工具，但它们对开发人员的编程能力要求很高，而且开发周期较长。图形化软件开发平台LabVIEW与HPVEE为用户提供了简单、直观、易学的图形编程方式，把复杂繁琐、费时的文本编程简化成"画流程图"的方法。与通用的文本编程语言相比，可以节省大约70%～80%的程序开发时间。编程工作是由开发平台本身完成的，省去用户大量的编程工作。图形化软件开发平台只需用鼠标将屏幕上的各个功能图标按一定的顺序连接起来，就能方便迅速地完成程序的编写。该类软件开发平台同时支持与多种总线接口系统的通信连接，提供数据采集、仪器控制、数据分析和数据显示等与虚拟仪器系统相关的多种功能，是面向测试领域的优秀软件开发平台，受到了从事虚拟仪器系统的软件开发的广大工程技术人员的欢迎。

(4) 主要类型虚拟仪器简介

① PC-DAQ虚拟仪器系统　PC-DAQ系统是利用PC机来组建成灵活的虚拟仪器，是以数据采集卡、信号调理电路与个人计算机为硬件平台组成的插卡式虚拟仪器系统，是现在比较流行的一种虚拟仪器系统。这种系统采用PC机本身的PCI或ISA总线，将数据采集卡插入到计算机的PCI或ISA总线插槽中，并与专用的软件相结合，完成测试任务。它充分利用了微计算机的软、硬件资源，更好地发挥微型计算机的作用，大幅度地降低了仪器成本，并具有研制周期短、更新改进方便的优点。

目前，各厂家已设计了多种性能和用途的数据采集卡、运动控制卡等各种仪器插卡。按PC机总线类型来分，有ISA卡和PCI卡等类型。随着计算机的发展，ISA型插卡已逐渐退出舞台。而PCI总线正在广泛使用。PCI总线的数据传输率高达132～264Mbps，PCI总线技术的无限读写突发方式，可在瞬间发送大量数据。PCI总线上的外围设备可与CPU并发工作，从而提高了整体性能。PCI总线还有自动配置功能，从而使所有与PCI兼容的设备实现真正的“即插即用”(plug & play)。

因PC机数量非常庞大，插卡式仪器价格最便宜，因此其用途广泛，特别适合于各种实验室条件下使用，目前仍有强大的生命力。

② GPIB虚拟仪器测试系统　IEEE 488.1（也称GPIB）标准接口系统是美国HP公司于1972年推出，经改进后于1975年被美国电气与电子工程师学会（IEEE）接受，并正式颁布标准文件。

GPIB总线是一种并行方式的外总线，计算机连接的仪器数目最多不超过15台，电缆总长度不超过20m，最高数据传输速率为1Mbyte/s。凡是符合GPIB标准的仪器设备，不论出自何厂，均可用此标准总线连接起来，构成自动测试系统。图19-46为GPIB自动测试系统的组成框图。

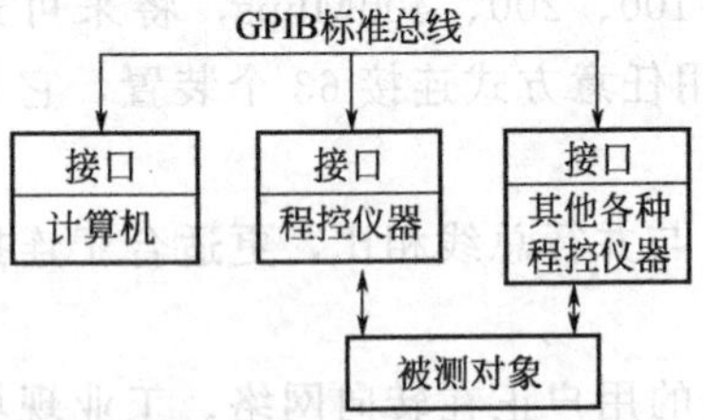

图19-46　GPIB测试系统框图

GPIB系统成功地将仪器和计算机联系起来。GPIB系统的应用从最初的测试仪器控制迅速普及到自动控制、电视、导航、通信、核物理和工业控制等众多领域。目前各大公司生产的台式仪器中几乎都配有GPIB接口，很多集成电路的制造商也生产了各种GPIB的接口芯片。

由于GPIB仪器总线只是8位并行仪器总线，传输速率和传输距离有限，已经跟不上当今大规模测试系统的需求。但是，GPIB总线仍然是实验室条件下，组建中等水平的自动测试系统所欢迎的总线。

③ VXI总线虚拟仪器系统　随着科学技术的发展，测试项目和测试范围与日俱增，测试对象也逐渐复杂，测试的参数繁多，测试速度和测量精度的要求不断提高，这就使得用户对开放结构的模块式仪器提出了越来越迫切的要求。在此背景下，由世界上5家著名的仪器公司（HP，Wavetek，Tektronix，Racal，Colorado Data-Systems）于1987推出了VXI总线标准。

VXI总线是VME总线（一种高速计算机总线）在仪器领域的扩展，即在VME总线原有的基础上扩展了一些适应仪器系统所需的总线而构成的。VXI总线具有小型、便携、数据传输率高、组建及使用方便等优点，具有标准开放、结构紧凑、数据吞吐能力强，基本总线数传输速度为40Mbyte/s，本地总线可达1Gbyte/s，定时和同步精确、模块可重复利用、众多仪器厂家支持以及电磁兼容性好等特点，已成为当今国际上测量仪器总线的主体，在世界范围内得到了迅速的发展和推广，被称为21世纪测试仪器系统的优秀平台。

④ PXI总线虚拟仪器系统　PXI总线是在VXI总线技术之后出现的，它汲取了VXI总线的技术特点和优势。由于VXI总线系统第一次投资成本较大，若采用VXI总线组建小规模测试系统，其价格偏高。为适应仪器与自动化测试系统用户日益多样化的需求，美国NI公司基于目前性能最先进的计算机PCI总线，吸取VXI总线精华，简化VXI总线结构，提出了一种新的测试系统总线：PXI总线。PXI是PCI总线在仪器领域的扩展。它将Compact PCI规范定义的PCI总线拓展为适合于仪器与测试领域的总线规范，从而形成了新的虚拟仪器体系结构。

PXI 总线测试系统的机箱体积和模块尺寸均较小，适于组建规模不是很大的测试系统。目前 PXI 总线测试系统已得到较为广泛的应用。在我国，1998 年已拥有了 PXI 模块仪器系统的第一批用户。

PXI 测试系统的外形与 VXI 系统有些相似。但 PXI 测试系统用的 PCI-PCI 桥接器，可扩展到 256 个扩展槽，价格与 VXI 系统相比要低。

目前，由于 PXI 模块仪器系统其卓越的性能/价格比，使得越来越多的工程技术人员开始关注 PXI 的发展。尤其是在某些使用场合，要求测试系统的体积小。另外，由于 PXI 测试系统的数据传输速度更高，在某些高频段的测试，已经采用了 PXI 测试系统。

⑤ 串行总线虚拟仪器　RS-232 总线是 PC 机早期采用的通用串行总线，至今仍然适用于要求较低的虚拟仪器系统中。

⑥ 网络化虚拟仪器　网络化虚拟仪器是虚拟仪器的一个重要发展方向。

计算机技术与网络技术的飞速发展，可将分散在不同地理位置不同功能的测试设备联系在一起，使昂贵的硬件设备、软件在网络上得以共享，减少了设备重复投资。人们可从任何地点、在任意时间获取到测量信息（或数据），并控制仪器进行测量操作。因此，它与传统的仪器相比是一个质的飞跃。

目前，国内对网络化仪器的研究正处于起步发展阶段。“网络就是仪器”的提法也已出现，网络化仪器在测控领域已有实际应用。如网络流量计已应用于检测流体的流量。这种仪器不仅能记录各个时段的流量，还能在流量过大或过小时报警；应用于水文监测的网络传感器，能对江河到入海口的各个关键测控点的水位、流量及雨水量进行实时在线监测；网络电能表，已应用于对异地用电信息的获取和检测。

现在，有关测量与控制网络 MCN（Measurement and Control Networks）方面的标准正在积极进行，并取得了一定进展。

由上所述，网络化虚拟仪器将具有广泛的应用前景，将成为虚拟仪器技术发展的一个重要方向。

思考题与习题

19-1　简述电子计数器测量频率的原理。

19-2　计数误差是如何产生的？能否设法消除？

19-3　测量周期时，根据什么原则选择时标信号的周期？

19-4　对于低频信号频率的测量，通常是通过其周期的测量来确定的，为什么？

19-5　如何测量时间间隔？

19-6　在图 19-47 中，哪个是门控信号？哪个是时标信号？测量周期时，这些信号各来自何处？测量频率时，它们又分别反映哪些信号？

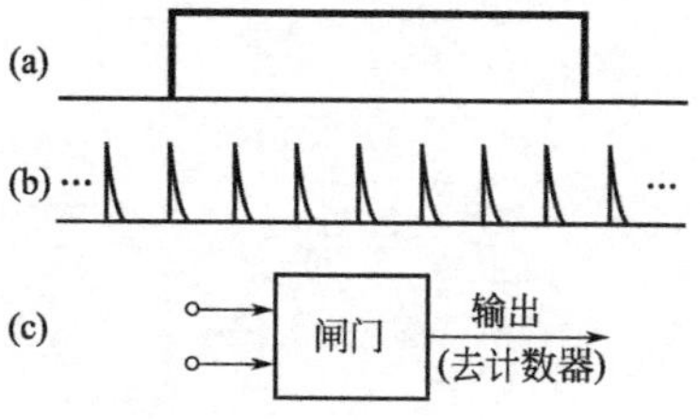

图 19-47　习题 19-6 图

19-7　用电子计数器测量相位时，怎样控制闸门的开、闭？

19-8　电子计数器可以单独组成数字式仪表吗？

19-9　试说明为什么 A/D 转换器与电子计数器是直流数字电压表中必不可少的部件？

19-10　试解释电压-时间（U-T）型单斜率式数字电压表的抗干扰能力比较差？

19-11 试从原理上说明电压-时间（U-T）型双斜率积分式数字电压表具有一定的抗干扰能力。另外，为克服50Hz工频干扰，常在T的选取上采取哪种措施？

19-12 与电气直读式仪表相比较，数字式仪表有哪些明显的优点？

19-13 造成脉宽调制式数字电压表、电压-时间型单斜率式和双斜率积分式数字电压表的测量速度慢的原因是什么？从原理上讲，它们间的区别是什么？

19-14 双斜率积分式数字电压表和脉宽调制积分式电压表相比较，哪个的（积分）线性误差小？为什么？

19-15 试比较模拟指针式万用表与数字万用表的工作原理与构成特点。由此，试仿照数字万用表原理框图绘制模拟指针式万用表的原理构成图。

19-16 何为虚拟仪器？它具有哪些主要特点？

参 考 文 献

[1] 陈立周．电气测量．第5版．北京：机械工业出版社，2009.

[2] 吕景泉．现代电气测量技术．第2版．天津：天津大学出版社，2011.

[3] 刘建民．电工测量与电测仪表．北京：中国电力出版社，2002.

[4] 杨红．电工及电气测量技术．北京：机械工业出版社，2013.

[5] 魏中．电子测量与仪器．北京：化学工业出版社，2005.

[6] [苏] A.B 福莱姬坎等编．电气测量．尤德斐译．北京：机械工业出版社，1986.

[7] 唐统一等．近代电磁测量．北京：中国计量出版社，1992.

[8] 孙焕根．电子测量与智能仪器．杭州：浙江大学出版社，1992.

[9] 张永瑞．电子测量技术基础．第2版．西安：西安电子科技大学出版社，2009.

[10] 涂君载．电磁测量数字化及其应用．北京：机械工业出版社，1989.

[11] 罗利文等．电气与电子测量技术．北京：电子工业出版社，2011.

[12] 王松武，张植朴．电子测量仪器原理及应用．哈尔滨：哈尔滨工程大学出版社，1997.

[13] 穆志坚等．电磁计量技术．北京：机械工业出版社，1988.

[14] 杨学新．电测仪表．北京：中国电力出版社，2004.

[15] 王松武，蒋志坚．通用仪器．哈尔滨：哈尔滨工程大学出版社，2002.

[16] 周启龙．电工仪表及测量．北京：中国水利水电出版社，2008.

[17] 萧家源．电子仪表原理与应用．北京：科学出版社，2005.

[18] [日] 熊谷文宏．电气电子测量．北京：科学出版社，2000.

[19] Diefenderder，A James. Principle of Electronic Instrumentation，1978.